JN222487

# デジタルアイデンティティのすべて

## 安全かつユーザー中心のアイデンティティシステムを
## 実現するための知識

Phillip J. Windley 著

Drummond Reed 序文

富士榮 尚寛 監訳

柴田 健久、花井 杏夏、
宮崎 貴暉、塚越 雄登、
田島 太朗、名古屋 謙彦、　訳
村尾 進一、瀬在 翔太、
松本 優大、安永 未来、
池谷 亮平

# Learning Digital Identity

*Design, Deploy, and Manage*
*Identity Architectures*

*Phillip J. Windley*

Beijing · Boston · Farnham · Sebastopol · Tokyo

# 序文

3週間前、私は320人以上が集まるグループの輪の中心に座っていた。世界で最も珍しくて魅力的なカンファレンスの1つであるInternet Identity Workshop（IIW）の開会式に出席するためである。最前列に座ったのは、Kaliya "IdentityWoman" Young、Doc Searlsとともに18年前にIIWを創設したPhil Windleyだ。

18年というと、毎年恒例で行われる業界カンファレンスのように聞こえるかもしれない。しかし、IIWは年次開催ではなく、毎年2回行われる。

そう、2022年11月は35回目だった。

18年間、平均250人が世界中から飛行機で35回も集まり、解決に向けて取り組んできたインターネット上のデジタルアイデンティティの問題は、何がそれほど緊急で重要なのか？

この本にその答えがある。それをこれから説明する。

「デジタルアイデンティティ」という言葉を聞くと、ほとんどの人はユーザー名とパスワードでログインする苦痛と、個人情報の盗難という2つの悩みを思い浮かべるだろう。

しかし、デジタルアイデンティティとは、本当にそんなものなのか、それだけに限られるものなのかというと、まったく違う。

実際、半年ごとにIIWに集まる専門家にとって、問題となっているのはインターネットの未来そのものである。それはなぜか。その答えは、Thales Groupの2021年のコメントに集約される。

> 信頼はデジタルの世界で最も重要な通貨である。デジタルアイデンティティは、この信頼を伝え、埋め込むための手段である。よって、オンライン社会にとってこの重要性はいくら強調してもし過ぎることはない。

要するに、デジタルアイデンティティは、今日のインターネットの根本的な信頼問題を解決する鍵となるものだ。ほとんどの読者は、その規模や重要性について説明を必要とはしていないだろう。でたらめな情報、ランサムウェア、本物のイーロン・マスクかどうか確認が難しいX（旧Twitter）アカウントのことなどの記事が定期的にトップページの見出しになる。しかし、ほとんどの読者は、これらの課題

の深刻度や複雑さを理解できていない。実際、Philは、解決すべき8つの根本的な問題を説明するためだけに、章を1つ（3章）費やす必要があった。

　だからこそ、PhilとO'Reillyがデジタルアイデンティティの学習に力を入れてくれたことをうれしく思う。ことわざにあるように、日頃インターネットユーザーが目にしているのは、氷山の一角にすぎない。このテーマを完全に理解するには、単に水面下にあるものを理解するだけでなく、過去20年間にインターネットアイデンティティがこれほど急速に進化した方法とその理由にさかのぼり、なぜ最終的に「アイデンティティレイヤー」ができるまでそれが続けられるかを考える必要がある。

　この進化について私は、集中型、フェデレーション型、分散型という3つの主要な「時代」があると説明している。Philと私が初めて出会ったのは、2003年のDigital Identity Worldカンファレンスだった。アイデンティティフェデレーションの仕組みが普及し始めたばかりであり、誰もがユーザー名・パスワードの地獄を解決してくれると期待していた。

　そのカンファレンスでホットな話題となったのは、これらの新しいフェデレーション型システムが真に「ユーザー中心」、つまり企業だけでなく個人の利益にも役立つ方法となることだった。Doc Searlsは、Philと私をKim Cameronに紹介してくれたが、Kim CameronはMicrosoftのチーフ アイデンティティ アーキテクトに就任したばかりだった（彼は、その役職をその後20年間務めた）。翌年、Kimはユーザー中心のインターネットアイデンティティシステムの「基本ルール」を確立するために、アイデンティティの7つの原則[1]を発表した。この7つの原則は、さまざまなブログで広く議論され（当時はそれが主流だった）、時間とともに磨きがかけられたもので、Philはそれらの説明に章を1つ割いている（4章）。

　翌年の春、Phil、Kaliya、Docは、初のIIWを主催した。KaliyaとHeidi Nobantu Saulのリードの下、IIWはOpen Space（https://openspaceworld.org/wp2/what-is/）テクノロジーを使用して、Philが本書で取り上げている関係要素のあらゆる側面（命名、識別子、ディスカバリ、プライバシー、完全性、暗号化、認証、認可、アクセス制御）と、SAML、OpenID、OAuth、UMA、およびSCIMを含む過去20年間の主要なアイデンティティ標準技術すべてに関するセッション群で構成されたイベントとして企画された。

　何より、IIWはインターネットアイデンティティの第三の時代、つまり分散型のグラウンドゼロでもあった。ブロックチェーン技術をユーザー中心のアイデンティティに活用する方法についてのトピックは、2015年春のIIWで初めて浮上した。秋までに、このトピックに関するIIWセッションが半ダースはできた。翌年の春には、「自己主権型アイデンティティ」（SSI）が本格的に導入された。その後、IIWのほぼすべての焦点は、本書の後半でPhilが取り上げるトピック、つまり分散型識別子（DID）、デジタルウォレットとエージェント、デジタルクレデンシャル、非集中型デジタルトラストとガバナンスフレームワークに移った。

　そしてようやく、これを牽引する兆しが見えてきた。2021年夏、欧州連合（EU）は、2024年までにすべてのEU市民に政府認定のデジタルウォレットとデジタルアイデンティティクレデンシャルを装備する「EU Digital ID Wallet」イニシアティブを発表した。カナダのブリティッシュコロンビア州

---

※1　Doc Searlsは、Kimが2021年に亡くなった後、これらの法則に関する素晴らしい回顧録 を出版した。

は、Hyperledger Ariesオープンソースコードに基づく独自のデジタルウォレットアプリ（iOSおよび
Android）をリリースした（オンタリオ州とケベック州がこれに続く予定）。ブータン（国民総幸福量の
測定で最もよく知られている国）は、非集中型デジタルアイデンティティを国の法律として制定する国
家デジタルアイデンティティ法を準備している。

　これらすべてが、この本をこれまで以上にタイムリーなものにしている。Philが3週間前にIIWのオー
プニングサークルでその日のスポンサーについて恒例の発表をするのを見て私は、20年間その最前列
の席に座り、これまで学んできたことの包括的な全体像を共有することがいかに並外れたものであるか
を実感した。また、単なるオブザーバーとしてではなく、彼は同じ期間にBrigham Young大学でコン
ピューターサイエンスの教授として教鞭を執り、この分野のスタートアップを設立し、このトピックに
関する最も活発なブログ※2を運営してきた。

　要するに、デジタルアイデンティティについて本当に学びたいのであれば、本書以上の出発点を見つ
けることはできない。さっそく飛び込もう！

—— Drummond Reed

Gen Digital トラストサービスディレクター

『Self-Sovereign Identity』（Manning刊、2021年）共著者

W3C Decentralized Identifiers（DIDs）1.0共同編集者

Trust Over IP（ToIP）Foundation 運営委員会メンバー

---

※2　Phil Windley's Technometria（https://www.windley.com/）。私はPhilに、彼のデジタルアイデンティティに関する記
　　事でブラウザのブックマークのスペースが足りなくなったことをからかった。

# 監訳者まえがき

　本書は、デジタルアイデンティティの精神的な支柱の1人であるPhil Windleyが執筆したデジタルア
イデンティティに関する2冊目の著書『Learning Digital Identity』（2023年）を、日本のアイデンティ
ティ・コミュニティの有志で日本語に翻訳したものである。

　本編に入る前に、著者であるPhil Windleyについて、そして日本のアイデンティティ・コミュニティに
ついて語っておこう。まずは原著者であるPhil Windleyだが、本書の序文でTrust Over IP Foundation
のDrummond Reedが紹介、そしてまえがきでPhil自身が語っているように毎年春と秋に開催されてい
るInternet Identity Workshop（IIW）の発起人の1人を務めるなど、永らくグローバルなアイデンティ
ティ・コミュニティの形成に多大なる貢献をしてきた人物である。最初にPhilがデジタルアイデンティ
ティに関する著書『Digital Identity』（2005年。未翻訳）を出版したのはIIWが初めて開催されたのと
ちょうど同じ年だった。

　当時、ちょうどOASIS OpenがSAML2.0をリリースしたこともあり、日本のアイデンティティ・コ
ミュニティも徐々にその活動を研究から普及啓発活動に舵を切り始めた時期だった。私もよく武蔵野の
NTT研究開発センターで開催されていたLiberty Allianceの勉強会に顔を出してフェデレーション型ア
イデンティティシステムの可能性に魅せられ、Sun MicrosystemsのIdentity Server、Federated Access
Manager、そしてその後オープンソース化されたOpenSSOなどSAMLに対応した製品の検証や導入を
していた記憶がある。

　しかし当時のフェデレーション型アイデンティティシステムはまだまだ未成熟で、技術仕様もws-
federationとSAMLがしのぎを削るなど、オープンで互換性がある世界とは程遠かった。そもそもWeb
システム自体がSOAPベースのWebサービスからRESTfulなAPIエコノミーへ移行しつつある時代
だったことも考えると仕方がないことだと思われるが、フェデレーション型アイデンティティシステム
の使いどころの想像力を働かせるには実案件としてのフィールドが非常に少なかったことも1つの原因
だったのかもしれない。

　そのような時代に先駆けてPhilは、最初の著書の中でそもそも「Identity」とは何なのか、そして
「Trust」や「Privacy」など関連するキーワードについて丁寧に解説、そして12章「Federating Identity」の
中でメタディレクトリやバーチャルディレクトリを中心にアプリケーションとアイデンティティシステムが

密に結合された世界（当時はこれをCentralizedと呼んでいた）とフェデレーション型アイデンティティ・システムの比較や、どのようなデザインパターンが存在するか、など非常に有用な情報を提供していた。

　当時と比較すると、デジタルアイデンティティに関する情報は数多く公開されており、日本語でも多くの情報を取得できるようになっているが、IdentityやTrust、Privacyなどデジタルアイデンティティを構成する根本的な要素に立ち返って体系的に学ぶための情報はそれほど多くない。逆に情報があふれすぎていて、本質の理解が必要な原則的な情報へ到達するのが困難になってきてしまっている可能性すらある。Philの前著から18年が経過、前述の原則は変わらない一方で当然システムのアーキテクチャや技術などデジタルアイデンティティを取り巻く環境は変化しており、私たちは改めて体系的にデジタルアイデンティティについて学び直す時が来ていると言える。特に、2014年に正式リリースされたOpenID Connect 1.0がws-federationとSAMLで構成されてきたフェデレーション型アイデンティティシステムを上書きする勢いで広く普及、またOpenID Connectを下支えするAPIセキュリティのデファクトとして世界中で利用されているOAuth2.0の躍進、そして2024年に欧州連合で発行されたeIDAS2.0規制の中心として注目されるデジタルアイデンティティウォレットを中心とした新たなアイデンティティシステムのアーキテクチャなど、2005年当時と比べてアイデンティティシステムの形態は大きく変わってきている。

　今こそ、現代のデジタルアイデンティティについて原則となる考え方から最新のシステムアーキテクチャに関する技術情報に至るまで網羅している本書を用いて、「Learning Digital Identity（デジタルアイデンティティについて学ぶ）」時が来ているのである。

　もちろん、環境の変化や技術の進化は継続的に続いており、実際本書に記載されている一部の技術についてはその後の変化により状況が変わっているものも存在する。しかし、これらの状況変化に対して正しくキャッチアップするためには、いったん2023年時点のスナップショットとしての本書について理解しておくことは非常に重要だ。そして本書の翻訳に関与した有志たちが属する日本のアイデンティティ・コミュニティの活動にぜひ加わり、最新の、そして今後のデジタルアイデンティティに関する情報を正しく理解し、日本社会に、またグローバルに情報を発信していく役割を果たす技術者になることを期待したい。

　最後に、本書の翻訳に際し多大なる努力をしてくれた有志メンバー、そして粘り強く校正作業を行ってくれた編集者の皆さんには感謝を申し上げたい。本書の翻訳を行うにあたり、ただでさえ理解が難しい「アイデンティティ」について歴史も文化圏も異なる日本語へ当てはめることは非常に難しく、時には原著の意図を伝えるために思い切った意訳を行う必要もあり、多くの議論が必要となった。時には悩むことも多かったと思うが、粘り強く作業を続けてくれたことに重ねて感謝を申し上げたい。この経験はデジタルアイデンティティに関する理解を確実に深めるものとなったはずであり、ぜひこの経験を活用して日本のデジタルアイデンティティ・コミュニティを盛り上げてもらうことに期待している。

富士榮 尚寛
2024年10月
月末のIIWへの出発準備をしながら

# 日本語版へのまえがき

　（監訳者の）富士榮尚寛さんからInternet Identity Workshopの会場で、本書の翻訳に取り組んでいる
と聞き、私はとても興奮しました。実は私は数年間日本に住んでいた経験があり、日本と日本人をとて
も愛しています。私の本を新しい読者に届けるために尽力してくれた彼に感謝しています。

　『デジタルアイデンティティのすべて（原題：Learning Digital Identity）』の執筆は、デジタルアイデ
ンティティの物語をどのように語るべきかを数年間考えてきた集大成です。デジタルアイデンティティ
は、専門家コミュニティの外の多くの人々が理解している以上に深く、大きなテーマです。私はそのよ
うな人々に、この分野の広さと、正しく実装すれば何を実現できるのか、そして間違った実装をするこ
とがどれほど危険なのかを伝えたかったのです。あなたが読んでいるこの本は、そのことを実現してい
ると思います。

　あなたが会社の重役であれ、プロダクトマネージャーであれ、開発者であれ、本書の内容からデジタ
ルアイデンティティに関する重要な教訓を学んでほしいと思います。がんばってください！

Phil Windley

2024年11月

# まえがき

1942年12月2日、シカゴ大学のスタッグ・フィールドの展望台の下で、Enrico Fermiと彼のチームは、歴史上初めての人為的で自律的な核連鎖反応を起こした。人類が核連鎖反応の仕組みとその発現方法を知ってしまったことで、原子爆弾の開発は避けられないものとなった。

避けて通ることができなかったのは、核兵器がいつ、どこで、どのように使用されるかという問題だった。20世紀後半の地政学的な状況は、その技術がいつ、どこで、どのように使われるかという問題を扱っていたが、それは今日の多くの国際問題でも同様である。

現在、人工知能、ソーシャルメディア、オンライン監視、デジタルアイデンティティなどのテクノロジーをめぐって、同様の、そしておそらく同じくらい影響力のある議論が行われている。開発者、アーキテクト、プロダクトマネージャー、創業者などが日々行う選択が、未来を変える。本書が、デジタルアイデンティティを取り巻く重要な問題についての情報を提供し、私たち全員にとってより良いオンライン体験をもたらすより良い決断を下すことに役立つことを願っている。

しかし、この本は実用的でもある。私は2005年に最初のアイデンティティの本『Digital Identity』を出版した。偶然にも、その年はこの分野における大きな変化の始まりとなった。Web 2.0が大流行し、さまざまな組織が、彼らの発展途上のプラットフォームやサービスの基盤となる新しいアイデンティティツールやプロトコルを探していた。

同年、Doc SearlsとKaliya Young、そして私は、Internet Identity Workshop（IIW）を始めた。私たちと参加者のほとんどが、いわゆるユーザー中心のアイデンティティを必要とするプロジェクトに取り組んでいた。私たちは、URLベースの識別子を使用することが、インターネットのアイデンティティ問題に対する答えであると考えた。私たちは、何度かの会議で解決策を考案した後、他の問題に取り掛かることを想像していた。しかし、それから18年が経ち、35回目の会議が開催された現在でも、IIWは力強く活動を継続している。そして、新しいデジタルIDの問題に対する解決策が提案され、議論され、受け入れられたり、そうならなかったりしている。

この本では、デジタルアイデンティティとは何か、なぜ正しく理解するのが難しいのか、優れたアイデンティティシステムとは何か、その基盤となるテクノロジーは何か、またそれらがどのように行われ、今後どこへ向かうのかについて説明する。

あなたは、デジタルアイデンティティがすべてのオンラインサービスとインタラクションの中心に位置付けられる理由と、取り組むべき最も重要なテクノロジーの1つである理由を学ぶことができるだろう。

## 本書の対象読者

本書が主に対象とする読者は、プロダクトマネージャー、アーキテクト、開発者である。読者はこの本のアイデアを活用して、デジタルアイデンティティの原則に基づき、アイデンティティの問題を解決するために利用できるアーキテクチャやテクノロジーについて理解を深めることで、自身の業務の基礎固めができるようになる。この本は、デジタルアイデンティティシステムで重要な役割を果たす基本的なテクノロジーとプロトコルについて解説している。本書によって、使いやすく魅力的なデジタル製品を開発する上でアイデンティティが果たす役割について、新鮮な視点を得られるだろう。

次に本書が対象とする読者は、最高情報責任者（CIO）、最高情報セキュリティ責任者（CISO）、最高プライバシー責任者（CPO）、リスク管理者、セキュリティエンジニア、およびプライバシーの専門家である。彼らは、用語、概念、およびアーキテクチャを理解できるだろう。さらに重要なこととして、ビジネスをより安全で俊敏で魅力的なものにするためのアイデンティティシステムの可能性を理解してもらえることを、私は望んでいる。この本を通じて、実現可能なアイデンティティアーキテクチャを学び、それらのアーキテクチャがデジタルサービスや製品のユーザビリティ、可用性、信頼性、セキュリティ、プライバシーにどのように影響するかを学べるだろう。

## 本書の表記法

本書では、以下に示す表記法を使います。

等幅（Constant Width）
　　プログラムリストや段落内で使用され、変数名や関数名、データベース、データ型、環境変数、ステートメント、キーワードなどのプログラム要素を参照します。

## オライリー学習プラットフォーム

オライリーはフォーチュン100のうち60社以上から信頼されています。オライリー学習プラットフォームには、6万冊以上の書籍と3万時間以上の動画が用意されています。さらに、業界エキスパートによるライブイベント、インタラクティブなシナリオとサンドボックスを使った実践的な学習、公式認定試験対策資料など、多様なコンテンツを提供しています。

オライリー学習プラットフォーム Webサイト
https://www.oreilly.co.jp/online-learning/

また以下のページでは、オライリー学習プラットフォームに関するよくある質問とその回答を紹介しています。

オライリー学習プラットフォーム よくある質問ページ

https://www.oreilly.co.jp/online-learning/learning-platform-faq.html

# 問い合わせ先

ご意見、ご質問等は、オライリー・ジャパンまでお寄せください。連絡先は以下のとおりです。

株式会社オライリー・ジャパン
電子メール　japan@oreilly.co.jp

この本のWebページには、正誤表やコード例などの追加情報が掲載されています。

https://learning.oreilly.com/library/view/learning-digital-identity/9781098117689/（原書）
https://www.oreilly.co.jp/books/9784814400980（和書）

この本に関する技術的な質問や意見は、次の宛先に電子メール（英文）を送ってください。

bookquestions@oreilly.com

オライリーに関するその他の情報については、次のWebサイトを参照してください。

https://www.oreilly.co.jp/
https://www.oreilly.com/（英語）

# 謝辞

　私は、過去25年間、デジタルアイデンティティの学習に力を貸してくれた何百人もの人々に恩を感じている。ここで、特に感謝を贈りたい人を紹介したい。

　Kelly Flanaganは、私のプロとしてのキャリアのほとんどにおいて、良き友人であり、メンターであり、熱烈な支持者だった。Steve Fullingもまた、長年のビジネスパートナーであり、いくつかの冒険において素晴らしい友人だった。2人とも、私のアイデンティティへの探求に対して、技術的、経済的、精神的にゆるぎないサポートをしてくれている。Troy Martinと私は、個人向け学習システムについて多くの有益な議論を交わし、それが私の自己主権型アイデンティティへの関心につながった。

　Kaliya YoungとDoc Searlsは、Internet Identity Workshop（IIW）の共同創設者である。彼らとIIWの参加者は、デジタルアイデンティティの作業を楽しく、有益で、充実したものにしてくれた。IIWのプロデューサーであるHeidi Saulは、半年に一度のIIW開催を可能にしてくれている。Docは私のIIWの共同創設者であるだけでなく、素晴らしい友人であり、信頼できるアドバイザーでもある。本書に書かれているアイデアの多くは、彼との議論に根ざしている。私は彼の知恵に感謝している。

Drummond Reedとは同じ会社で働いたことはないが、アイデンティティ、個人データ、プライバシーの問題に関して約20年間緊密に協力してきた。彼の明るく前向きな姿勢と丁寧な指導に感謝している。

昨年亡くなったKim CameronとCraig Burtonの2人は、アイデンティティ分野の草分け的存在であり、長年にわたってその発展に影響を与え、導き続けてくれた。2人とも私の考え方に多大な影響と、(アイデンティティと人生の両方について) 重要な教訓を与えてくれた。4章では、アイデンティティメタシステムとアイデンティティの原則に関するKimの考え方を紹介し、その後、私が議論している概念、プロトコル、アーキテクチャを分析するためのフレームワークを説明する。

私は、この本のトピックについて、重要な概念を学び、難しいアイデアを説明するために、多くの技術的な議論をしてきた。ここでは、その中でも特に際立つものをいくつか紹介する。Daniel Hardmanと私は、ゼロ知識証明、名寄せ、プライバシーの時間的価値、最小限の開示について有益な議論をした。Sam Currenは、Verifiable Credential Presentationsの概念の理解を助けてくれた、15年来の信頼できる同僚である。Sam Smithの考えは多くのデジタルアイデンティティのトピックに関する洞察の根拠にさせてもらっているが、私が最も感謝しているのは、プライバシー、自己証明ID、および評判に関する彼の考えだ。Nathan Georgeは、暗号プロトコルとそれに基づくアーティファクトの詳細に関するほとんどすべての質問に対して、頼りになる人物である。Jason Lawによる暗号化、プライバシー、および資格情報に関する明確な説明は、自己主権型アイデンティティに関する私の理解を深める上で不可欠だった。最後に、私が今まで聞いた中で最高のデジタルアイデンティティの定義をしてくれたJoe Andrieuに感謝する (2章を待たれよ)。

妻のLynneと子供たちのBradford、Alexandra、Jacob、Joseph、Samanthaは、デジタルアイデンティティの問題を理解し解決するための多くの出張、ほぼ絶え間ない執筆活動、そして多くの会議に耐えてきてくれた。また、彼らはみな、IIWの運営を軌道に乗せることにも関わってきた。彼らの愛とサポートは欠かせないものである。

O' Reillyの方々は、この本の執筆を実現してくれただけでなく、楽しいものにしてくれた。体裁を整えてくれた編集者のSarah Greyに特別な感謝を送りたい。彼女の編集は本の理解度を大幅に向上させ、彼女のアドバイスは私をいくつかの困難から救ってくれた。

## クレジット

図9-11は、DHS Science and Technology Directorateが作成した図を、許可を得て改変したものである。図10-5はDIFからのもので、許可を得て使用している。

表16-2は、『Self-Sovereign Identity』(Drummond Reed、Alex Preukschat 著、Manning刊、2021年) の10章の表から引用したものである。

## 追悼

私に多くのことを教えてくれ、仕事、プロフェッショナリズム、優しさを通じて世界に良い影響を与えた、2人のアイデンティティのパイオニアであるKim CameronとCraig Burtonを偲ぶ。

# 目　次

## 17章　デジタル関係の真正性　　　　　　　　　　　　　　　295

## 18章　アイデンティティウォレットとエージェント　　　　311

# 1章
# アイデンティティの本質

我思う、ゆえに我あり

——ルネ・デカルト

　1648年に三十年戦争を終結させたヴェストファーレン条約は、ヴェストファーレン主権（https://en.wikipedia.org/wiki/Westphalian_system）の概念、すなわち「各国家は、他国の内政不干渉の原則に基づき、すべての外部勢力を排除して、自国の領土と内政に対する主権を有し、各国家は（規模の大小に関わらず）国際法上において平等である」という国際法の原則を生み出した[1]。

　後世には、これらの国家の多くが、領土統治をその土地に住む人々に対する統治へ拡大するため、市民登録制度を始めた。現代の出生証明書の原点となったこれらの登録制度は、個人のアイデンティティと法的アイデンティティの基礎となり、これら2つの概念を融合する形で確立された。

　出生証明書は、法的アイデンティティの源であり、市民権の証明であり、ほとんどの国で個人のアイデンティティの基礎となっている。市民登録は、国家が市民とどう関係するかの基盤となる。現代の国民国家が市民の生活にますます影響力を持つ（そしてしばしば支配する）ようになるにつれ、市民登録とそれに付随する法的アイデンティティは、市民の生活の中でますます大きな役割を果たすようになった。人々は、さまざまな場面で自分が何者か、また、確かに市民であることを証明するために、市民登録の証明書を提示する。

　それでも、デカルトは「私は出生証明書を持つ、ゆえに我あり」とは言わなかった。**アイデンティティ**という言葉を聞くと、ほとんどの人は出生証明書、パスポート、運転免許証、ログイン、パスワード、その他の種類の資格情報を思い浮かべる。しかし、明らかに私たちは、法的なアイデンティティが示すものだけでは表現しきれない存在である。ほとんどのやり取りにおいて、私たちのアイデンティティは人間関係を通じて定義される。さらに深く言えば、私たちはそれぞれが個々の視点を持つ自律的な存在として、これらの関係を独立して経験し、認識している。

　**この二分法は、アイデンティティの二面性を反映している。**アイデンティティは他者が私たちに割り当てるものである一方で、デカルトが実際に言った「我思う、ゆえに我あり」を反映した、私たちの心の奥底にあるものでもある。

---

※1　"Nation-States and Sovereignty", History Guild, 2022年10月5日に参照．（https://historyguild.org/nation-states-and-sovereignty/）

## 1.1　薪の束?

アイデンティティの二面性について考える別の方法は、「私は属性の集合以上のものなのか」と問うことである。財産権は他の権利から分離可能であり、独立した価値があることから、しばしば**薪の束**として考えられる。同様に、アイデンティティも多くの場合、それぞれが独立した価値を持つ属性の束と見なされる。これは、David Humeが提唱した**束理論**（Bundle theory、https://en.wikipedia.org/wiki/Bundle_theory）という哲学として知られている。

束理論では、**結び付けるもの**を気にせずに、属性を一括りにする。たとえば、あなたはプラムを、紫色、球形、直径5センチメートル、ジューシーなもの、といった一見関連性のない属性を持つものと識別するだろう。束理論の批評家は、対象となる実体（この例ではプラム）のことを知らずに、これらの属性が関連しているとどうやって知ることができるのかと疑問を呈す。

一方、**実体論**では、属性は「**他のエンティティの存在に関係なく、そのエンティティの存在自体**」によって存在すると主張する[2]。実体論は、個人のアイデンティティに関する哲学における持続性（https://plato.stanford.edu/archives/fall2002/entries/identity-personal/#2）という考えを生む。人、組織、物は時を経ても存在し続ける。ある意味で、あなたは16歳の頃のあなたと同じ人である。しかし、他者から見ると必ずしも同一ではない。一生をかけて同じ人間でいられるのは、実体である。一方で、他者から見るあなたは、時間の経過とともに絶え間なく変化する属性の集合体である。

私は哲学者ではないが、どちらの視点もデジタルアイデンティティを理解するのに役立つと信じている。多くの実用的な目的のためには、人、組織、および物を属性の束として見るだけで十分だ。この見方は、現代のWebが構築されている前提でもある。異なるサービスにログインし、それぞれに異なる属性の束を提示する。少なくともデジタルな意味では、それらを結び付けているのはあなただけであり、あなたは明らかに非デジタルな存在だからである。

あなただけがコントロールできる、あなたのデジタル的な表現に欠陥があるのは、私がこの本で何度か立ち戻るテーマの1つだ。現在、あなたはデジタル空間には存在せず、あなたのデジタルな存在は他の存在に依存している。オンラインで提示するさまざまな属性を結び付けるような、デジタル空間における実体は存在しない。人々がオンライン上での存在を運用し、自律した人間としての尊厳を維持できるようなデジタルの未来を構築するには、デジタルアイデンティティシステムが私たちを体現し、実体を与えるものでなければならないと私は信じている。

## 1.2　アイデンティティはあなたが考えるより多岐にわたる

一見すると、デジタルアイデンティティは非常にシンプルに見える。あなたが構築しているサービスは、接続相手が誰であるかを知る必要がある。アカウントを設定し、ユーザー名とパスワードでログインさせる。必要な属性を収集し、アカウントに保存する。これで完了である。

私は、デジタルアイデンティティに取り組んできた25年間で、このような考え方の例をたくさん見

---

※2　実体論はデカルトよりも多くの支持者がいるが、彼の定義はアイデンティティの二面性について考えるのに役立つ。

てきたし、私自身もその考え方に屈してきた。数年前までは、オンラインサービスを提供するすべての企業は、この前提をもとにシンプルなアイデンティティシステムを構築し、運用してきた。しかしその後、新たに発生する課題がアイデンティティシステムの持つ機能では解決できず、開発リソースがどんどん消費されていくようになると、彼らは頭を抱えた。

　現在、ほとんどの企業がアイデンティティシステムを導入している。アイデンティティアクセス管理（IAM）は、2005年には市場カテゴリとしてほとんど存在していなかったが、現在では数十億ドル規模の市場となっている。そして、依然としてデジタルアイデンティティ業界は成長を続けており、新しいコンセプト、製品、サービスが毎日のように登場している。

　これらのことから得られる教訓は何だろうかって？ **アイデンティティはあなたが考えるよりはるかに多岐にわたり、複雑だということだ。**本書では、ログインとアクセス制御の従来の概念をはるかに超えたアイデンティティの例を紹介するつもりだ。プライバシー、信頼性、真正性、機密性、フェデレーション（複数のサービスやシステムによる連携のこと。13章で詳しく説明する）、データの真正性、モノのアイデンティティ、アイデンティティエコシステムは、本書で説明する分野の一部である。

　アイデンティティは、非常に単純なオンラインサービスを除くすべてのサービスの基盤である。あなたが構築中のワークフローで、特定の作業が実行され、その作業の詳細が含まれていることを示す署名付きアテステーションが必要だとする。その結果からは、何が起こったかを表す、セキュアで、デジタルで、機械可読可能で、監査可能な記録が得られる。ワークフローは、このアテステーションが本物であるかを要求する。では、それをどのようにすれば確認できるのだろうか？

　**認証された**誰かまたは何かによって署名されている場合で、暗号を**信用に足るものと判断できる**必要なプロセスが忠実に実施されている場合、または**ドキュメントの出自を確立する**プロセスがある場合、そのドキュメントは本物と見なすことができるだろう[※3]。そして認証、信頼、出自はすべてアイデンティティに基づいている。

　サービス以外にも、私たちが日常的に使用する多くのドキュメントには、アイデンティティに関連する目的を持つものがある。映画のチケット（本書で何度か取り上げる例）は、特定の時間に特定の劇場の座席に座る権利がある人として所有者を識別するドキュメント、と言うことができる。さらに、チケットの受け取り側が本物であると認識できるように設計されている。

　請求書はどうか？ 請求書は、特定のサービスに対し特定の参加者による支払いの要求を示すものである。これには識別子があり、ワークフローの一部であるため、本物として認識できる。請求書は、より大きな関係性の中で行われる取引を識別する。

　これらを含む大多数の例は、すべてデジタルアイデンティティの一部である。アカウントにログインして一部の属性を取得するためのものではないが、本書で学ぶように、これらの例には多くの共通点がある。

---

※3　ドキュメントの出自を確認する（信頼性や真正性を評価する）ためには、文書の出所、作成者、文書の生成に使用されたデータのソース、および文書の送信方法が考慮される。

## 1.3　普遍的なアイデンティティシステムなどない

　一部の人々は、アイデンティティは単純であるという誤った前提と、アイデンティティは法的な識別子を人々に結び付けるプロセスにすぎないという近視眼的な見方を併せ持っている。その結果、普遍的なアイデンティティソリューションの探求が始まる。普遍的なアイデンティティシステムが魅力的なのは、デジタルアイデンティティが難しくて不便だからだ。普遍的なアイデンティティシステムという名の誘惑は、オンラインでのやり取りを簡素化するというフレーズで開発者とユーザーの両方を魅了するが、実際は複雑さの壁に打ち砕かれるだけである。

　私は何年にもわたって、多くの人々から、彼らの製品が身体を（文字どおり生体認証を通じて）法的識別子に具体的に結び付ける手段を提供するため、デジタルアイデンティティの普遍的な解決策であると売り込まれてきた。不正行為を減らすことはできるが、これを行うアイデンティティシステムは、普遍的たりえるために多くの個人情報を収集する必要があり、ほとんどの場合、プライバシーの面で大惨事が起こる。その結果、ハッカーが無視できないほど魅力的に感じる個人情報のハニーポットが生まれる。さらに気がかりなのは、単一の普遍的な識別子によって、多種多様なシステムで人々の活動をコンピューターが関連付ける手段が提供され、その結果政府や企業が人々を監視したり、制御したりできるような普遍的な書類が作成されることだ。普遍的な識別子など20世紀の技術であり、デジタル時代には何の役にも立たない。

　前項の例が、組織内、そしてさらに重要なあなたの人生においてアイデンティティが果たす役割について考えるきっかけになれば幸いだ。アイデンティティは、何らかの形で、ほぼすべてのトランザクション、関係、および相互作用の基礎となるため、アイデンティティシステムには**多面性**がある。その結果、定義上、単一の形式しか持たない普遍的なシステムは、常に一部の問題しか解決しないことになる。つまり、**普遍的なアイデンティティシステムなど存在しないのである**。

　しかし、より良いオンラインアイデンティティ体験、不正行為の減少、機能の向上を期待する人々にとって、すべてが失われたわけではない。インターネットは有益なたとえを提供する。オンラインでメッセージが交換されるあらゆる方法を考えてみよう。電子メール、インスタントメッセージング、Webページ、ビデオなどは、インターネットがコンピューター間のメッセージフローを促進する最も一般的な方法である。しかし、インターネットは万能のメッセージングシステムではない。これらのメッセージの種類には、それぞれ異なる形式と目的がある。むしろ、インターネットは共通のインフラストラクチャ上にメッセージングシステムを構築するためのシステムである。同様に、プロトコルと標準技術は、**アイデンティティシステムを構築するためのシステム**を提供してくれる。

## 1.4　この後の道のり

　デジタルアイデンティティを学ぶにあたっては、重要な概念と背景を理解しておく必要があるため、アイデンティティについて総合的に考えることから始める。したがって、本書の第1部では、デジタルアイデンティティの定義、関連する問題、デジタルアイデンティティを管理する法律を扱う。次に、人間関係、信頼、プライバシー、暗号化など、この後の議論に必要な概念について学習する。

第2部では、デジタルアイデンティティに必要な技術、方法論、プロトタイプについて説明する。これらには、名前付け、検出、認証、フェデレーション、アクセス制御などの機能が含まれる。

第3部では、暗号学的要素と紐付けられた識別子、Verifiable Credentials、デジタルアイデンティティシステムのアーキテクチャパターン、アイデンティティウォレットとエージェント、モノのアイデンティティについて説明する。私たちが初期段階で開発したコンセプトを使用してソリューションを比較し、信頼できるデータと信頼できるオンライン関係をサポートするアイデンティティシステムを構築するために、さまざまなアーキテクチャがどのように使用されているかを見ていく。

最後に、ポリシーとガバナンスという、アイデンティティシステムとエコシステムを構築し機能させていくための2つの重要な概念について説明する。そして、本書で論じられている概念、プロトコル、テクノロジー、アーキテクチャが、私たちが共存できるデジタルの未来に備えて、生き生きとしたオンラインのやり取りを可能にするデジタルアイデンティティ基盤をどのように提供できるかを見ていく。

# 2章
# デジタルアイデンティティの定義

　家族療法士のSalvador Minuchinは、「人間のアイデンティティ体験には、所属感と分離感という2つの要素がある」と述べた[1]。これは、私たちの心理的アイデンティティの優れた説明であるとともに、デジタルアイデンティティの優れた説明でもある。デジタルアイデンティティには、人や物を一意に記述するデータが含まれるが、主体と他のエンティティとの関係に関する情報も含まれている。

　この例を見るために、州または国のコンピューターのどこかに保存されている、車を表すデータレコードについて考えてみよう。アメリカで一般にタイトル[2]と呼ばれる車の権利証書には、車を一意に識別する車両識別番号（VIN）が含まれる。さらに、年式、メーカー、モデル、色など、車の他の属性が含まれている。タイトルには関係性も含まれており、最も注目すべきは、タイトルが車両をその所有者に関連付けていることである[3]。多くの場所で、タイトルはその車が製造されて以降すべてのオーナーを特定するだけでなく、洪水に見舞われたかや、何らかの形で回収されたかも示す。

　哲学、商業、テクノロジーなど、さまざまな分野がアイデンティティを定義しているが、そのほとんどはデジタルアイデンティティシステムの構築、管理、利用の役には立たない。その代わりに私たちは、デジタルアイデンティティを機能的に考える必要がある。そしてそれは、デジタルアイデンティティに関連して発生する問題について私たちが判断したり考えたりする際の手がかりを提供するものであるべきである。

　Legendary Requirementsのプリンシパルである Joe Andrieuは、「アイデンティティとは、特定の人や物を認識し、記憶し、反応する方法である。アイデンティティシステムは、主体、識別子、属性、生データ、コンテキストの情報資産を取得し、関連付け、適用、推察し、管理する」と述べている[4]。

　この定義を私は気に入っている。なぜならこの定義は、難しいアイデンティティの問題を考える際に役立つことが長年にわたって証明されているためである。私はこれを、この本の随所で使用させてい

---

※1　Salvador Minuchin, *Families and Family Therapy* (Cambridge, MA: Harvard University Press, 2009), 47.
※2　アメリカでは車の所有権を表す権利証書（Certificate of title）のことをCar Title、Vehicle Titleなどと呼ぶ。
※3　5章でデジタル関係がデジタルアイデンティティによってどのようにサポートされるかを詳しく説明する。
※4　Joe Andrieu, "Five Mental Models of Identity", Rebooting the Web of Trust 7, 2022年1月27日に参照．(https://oreil.ly/eAmS8)

ただく。

　自動車のアイデンティティレコードには、システムが認識するために必要な属性（この場合はVIN）が含まれている。タイトルには、所有者、州、潜在的な購入者など、車に関連する（つまり、**対応する必要がある**）人や組織に役立つ属性も含まれている。政府は、車両の作成、管理、譲渡、および統制に使用されるタイトルを管理するためのシステムを運営している（また、Andrieuによると、それを**忘れないでいる**）。このシステムは、主要な目標（課税と規制に関心を持つ国にとって貴重な情報を記録すること）と二次的な目標（潜在的な購入者を保護し、所有権を証明する方法を作成すること）を達成するように設計されている。

　デジタルアイデンティティの管理は、自動車の所有権を含むレコードなどのデジタルレコードを作成、管理、使用、および最終的に破棄するプロセスで構成されている。これらの記録は、人、車、コンピューター、土地、その他のほとんどすべてを識別する可能性がある。単に目録の目的で作成されることもあるが、より興味深いのは、建物へのアクセスの許可または拒否、ファイルの作成、資金の移動など、他の目的を念頭に置いて作成されることだ。これらの関係と、関連する認可されたアクションにより、デジタルアイデンティティは有用で価値あるものとなり、ときに管理が困難となる。

## 2.1　デジタルアイデンティティで使われる用語

　デジタルアイデンティティの世界には、独自の用語がある。ほとんどの用語は馴染みがあるが、特定の方法で使用されている。この節では、それらの用語の一部を紹介する。

　レコード内の人、組織、ソフトウェアプログラム、マシン、またはその他のもののことを**主体**と呼ぶ。アイデンティティシステムの主な目的の1つは、主体が本人であることを**認証**し、リソースへのアクセス要求を**認可**することである。**リソース**には、Webページ、データベース内のデータ、クレジットカード取引などがある。リソースにアクセスするために、主体は**アイデンティティレコード**を要求する。人々は、これを通常、**アカウント**と呼ぶ。この本を通じて、人、場所、物、組織などのアイデンティティレコードの主体を一般に指す言葉として、**エンティティ**という用語を使用する。

　私は、人について話すときにもし避けられるのであれば、**主体**や**ユーザー**などの言葉を使うことを避けたいと思っている。オンラインのプライバシーと監視に関する問題の多くは、技術者がシステムを構築している人々の人間性を奪った結果でもあると思う。同様に、人々が本当に意味するのがアカウント、アイデンティティレコード、または識別子であるときに、**アイデンティティ**という言葉を使用するのも避けたい。問題は、**アイデンティティ**には多くの意味があるということだ。私たちは、話していることを正確に伝えた方がよい。Amazonのアカウントは、あなたのアイデンティティではない。あなたのアイデンティティは、単一のデータベースレコードや、収集し記録できるものよりも、はるかに複雑な意味合いを含む。そして、アイデンティティシステム、レコード、アカウントなどには、実際には「アイデンティティ」というものはない。

　このコンテキストでは、アイデンティティレコードは、属性、好み、特性を表す主体に関する収集データである。

### 属性

属性は、主体に関する情報、特に取得された特性に関する情報を言う。人の場合、これには薬物アレルギー、購入記録、銀行の残高、信用格付け、ドレスのサイズ、年齢などが含まれる場合がある。

### 好み

好みは、航空会社の好みの座席、お気に入りのホットドッグのブランド、普段使用する暗号技術、デフォルトの通貨など、お気に入りとデフォルト設定を表す。

### 特性

属性と同様に、特性は主体の特徴だが、後天的なものではなく、先天的に備わったものである。属性は常に変更される可能性があるが、特性はゆっくりと変化する。特性の例としては、人の目の色や、会社が設立された方法と場所などがある。

属性、好み、特性の区別がアイデンティティシステムの設計に違いをもたらすことはめったにないため、特に区別する必要がない限り、通常は、3つすべてを意味する**属性**という用語を使用する。

アイデンティティシステムの主な目的の1つは、特定のアクションを認可することである。このプロセスを図2-1に示し、次のように分類する。

1. アイデンティティレコードを使用してリソースへのアクセスを正当化するには、要求側はリクエストとともに**識別子**と**認証要素**を提示する必要がある。認証要素は、主体が特定の識別子を制御していることを主張する権利を持つことを証明するものである。認証要素には、単純なユーザー名とパスワード、X.509証明書、暗号化アーティファクト、生体認証など、さまざまな形式がある。

2. **PEP（ポリシー実行ポイント）**は、要求と認証要素を受け取る。PEPは、要求の受信と処理を担当するシステムである。PEPは、認証要素を検証する際に別の場所にある認証サーバーを利用する場合もある。**認証**は、その名前が示すように、認証要素の正当性の検証を行う。アイデンティティアーキテクトは、リソースへのアクセスで発生するリスクと、要求する信頼レベルを総合的に判断して、適切なレベルの認証手段を選択する。認証サーバーが別の組織によって実行されている場合、通常、そのサーバーは**アイデンティティプロバイダー**と呼ばれ、PEPは**リライングパーティ**と呼ばれる。

3. 識別子と認証要素が検証されると、PEPは**PDP（Policy Decision Point）**と呼ばれるアクセス制御システムへの**アクセス要求**を行う。要求には、要求されたリソースと要求者の識別子が含まれる。

4. PDPは、リソースの**セキュリティポリシー**を取得するが、これは、ある種の機械可読ドキュメント、またはポリシーをエンコードしたコードの塊である可能性がある。

5. PDPは、主張された識別子に関連付けられているアイデンティティレコードのポリシーと情報を使用して、**アカウントストア**にアクセスする。アカウントストアは、識別子を属性と関連付ける。特定の識別子の属性のセットは、識別子が参照するエンティティに関するステートメントで

あるため、**クレーム**と呼ばれることもある。PDPは、属性とセキュリティポリシーを使用して、この要求の資格とアクセス許可の内容を決定する。**エンタイトルメント**は、クレジット制限、ディスク容量、帯域幅割り当てなど、アイデンティティが**アクセス**を許可されているサービスとリソースである。**パーミッション**は、リソースに関して要求者が実行できるアクション（資金の引き出し、購入の完了、レコードの更新など）である。繰り返しになるが、これがどのように行われるかの詳細はシステムごとに異なり、エンタイトルメントとパーミッションはハードコーディングされている場合もあれば、動的に決定される場合もある。

6. PDPは、この情報をPEPに転送する際に**ADA（Authorization Decision Assertion：認可決定アサーション）**で実行する。システムアーキテクチャによって、ADAは、関数呼び出しから返される単純なブール値から決定（「はい」または「いいえ」）する場合から、決定の理由も含む構造化されたJavaScript Object Notation（JSON）やXMLドキュメントに至るまで、多岐にわたる。

7. PEPは、ADAの内容に応じて、アクセスを許可または拒否する。

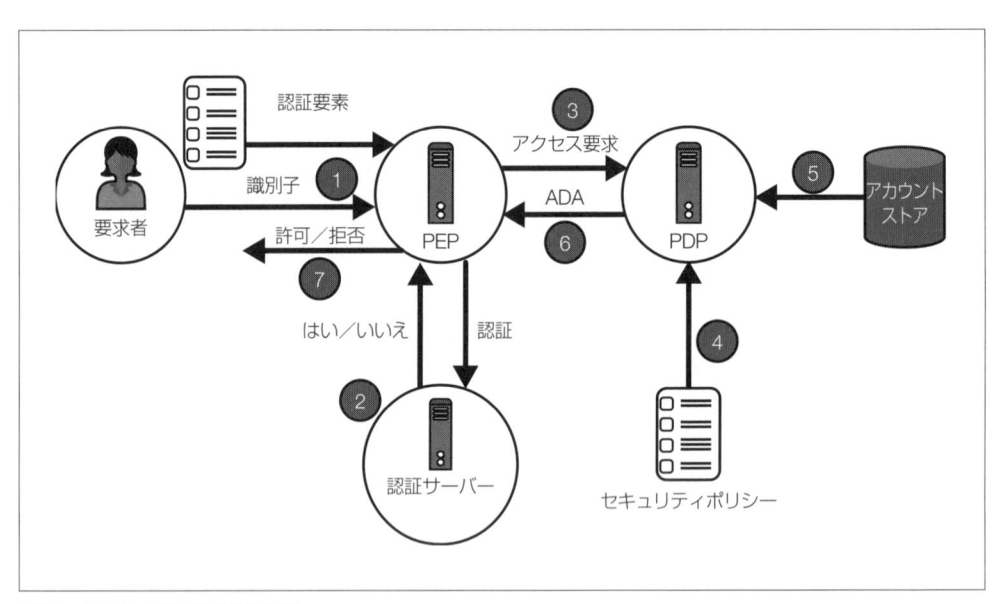

図2-1　PEPとPEP間の相互作用

PEP、認証サーバー、およびPDPは、デジタルアイデンティティインフラの複雑さに応じて、個別のシステムである場合もあれば、1つのシステム内で機能するだけの場合もあるが、通常はこれらすべての機能を実行する。

## 2.2 物理世界におけるアイデンティティシナリオ

前節で使用した概念や言葉は難解に思えるかもしれないが、そのほとんどは、物理的な世界での日常的な経験を考えると完全に理解できる。例として、アメリカのコンビニエンスストアでビールを買うという一般的な取引を考えてみよう。

顧客（主体、またはエンティティ）がビールを購入する（リソースに対してアクションを実行する）場合、運転免許証を提示して、法定飲酒年齢に達していることを証明する必要がある。運転免許証は、**主体**が特定の**属性**と**特性**を持っていることを主張するクレームと、所有者が車を運転する（アクションを実行する）ことを許可する権限を含んだ**資格情報**である。店員（PEP）は、運転免許証が本物に見えるかどうかを調べ（資格情報の正当性と有効性を判断する）、写真（埋め込まれた生体認証要素）を使用して、運転免許証を提示する人が運転免許証の所有者と同一かどうかを確認する（運転免許証により認証する）。運転免許証が本物であり、運転免許証が発行された人と同一人物によって提示されたことを確認できたら、店員は運転免許証から生年月日（属性）を読み取り、その人が21歳以上であるかどうかを判断する（州によって決定されたセキュリティポリシーを参照し、特定のリソースのアイデンティティに関連付けられた権限に関するポリシーを決定する）。

ここで、その人がクレジットカード（別のアイデンティティクレデンシャル）で支払うとする。店員は運転免許証を見たばかりであるため、運転免許証の名前とクレジットカードの名前を照合することで、この認証の有効性を立証できる（属性マッチング）。店員はPOS端末にカードを通し、カード所有者の名前、クレジットカード番号、有効期限（アイデンティティ属性）を銀行に転送し、ビールの購入に必要な金額（アクセスするリソース）のクレジット（認可リクエスト）を要求する。銀行（PDP）は、顧客が必要な金額をクレジットする資格があるかどうかを判断し、クレジット認可（ADA）を送信する。これを受け取った店員は取引を完了する。

後の章では、これらの用語とプロセスについて詳しく説明し、あまり馴染みのないシナリオでどのように適用されるかを確認する。

## 2.3 アイデンティティ、セキュリティ、プライバシー

デジタルアイデンティティは、コンピューターまたは情報セキュリティのサブトピックと見なされることがある。確かに、デジタルアイデンティティはセキュリティの重要な基盤だが、単に情報を保護するだけでなく、より大きな有用性を持っている。デジタルアイデンティティによって重要な関係がどのように有効になるかについてはすでに説明した。同時に、情報セキュリティは認可や認証以上のものである。情報**セキュリティ**の目標は、不正アクセス、破壊、または改ざんから情報を保護することだ。たとえば、ファイアウォールはセキュリティを提供するが、必ずしもアイデンティティに関するものではない。

**プライバシー**の概念では、一般的に、主体（通常は組織よりも個人）が、自分に関する情報の収集方法と使用方法を決定する自由を持つべきであるとされている。プライバシーは優れた情報セキュリティの基盤の上に成り立っており、それは優れたデジタルアイデンティティインフラ構造に依存している。

この関係を図2-2に示す。

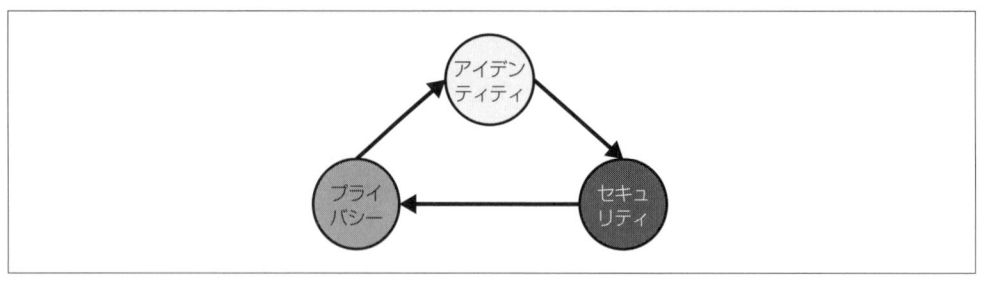

図2-2　アイデンティティ、セキュリティ、プライバシーのトライアングル

　8章では、上記よりも詳細で繊細なプライバシーの議論が行われる。情報セキュリティについて、アイデンティティと共通する概念を超えるものは、本書では扱わない。

## 2.4　デジタルアイデンティティの視点

　私たちは通常、単数形でアイデンティティを語るが、主体、特に人は、複数のアイデンティティを持つ。内部的な視点から見ると、これらは単一のアイデンティティの異なる側面のように見えるが、他のエンティティは、私たちの内部的な視点のサブセットにのみ対応する、特定の視点を持っている。たとえば、私の銀行は、私のクレジットカード番号、口座番号、クレジットスコアなど、特定の属性セットのみ認識している。私の雇用主は、名前、社会保障番号、給料を預けるために雇用主に渡す銀行口座など、いくつかの点だけが重複する別のサブセットを認識している。

　私が持つ複数のアイデンティティは、Phil Windleyが誰であるか、そして私がどのような属性を持っているかについて、異なる視点から表している。これらの属性のほとんどは、無数のデータベースにさまざまな形式で保存されている。私がユタ州の最高情報責任者（CIO）を務めていたとき、州政府には250を超える異なるデータベースがあり、データベースがサポートする特定の関係に応じて、私のデジタルアイデンティティの一部が保存される可能性があることを知った。これらの複数のアイデンティティ（**ペルソナ**と呼ばれることもある）は、いくつかの共通データ要素（**属性の相関**と呼ばれる）によって結び付けられている。これらのシステムは、私の名前、住所、ソーシャルセキュリティ番号、誕生日などの属性を、（不完全ではあるが）複数のアイデンティティを結び付けるためのキーとして使用する。

### 2.4.1　アイデンティティの階層

　Ping Identityの創設者兼CEOであるAndre Durandは、2002年に「アイデンティティの階層」という概念を導入した[5]。図2-3に、3つの層の概略図を示す。一番下には「自分のアイデンティティ」というラベルの付いた第1層がある。第1層は、時間に関係なく無条件に主体に関連する特性で構成されてい

---

[5]　Andre Durand, "Three Tiers of Identity", Digital ID World, March 16, 2002.

る。私の名前はPhillip John Windley、私は青い目をしている、などである。

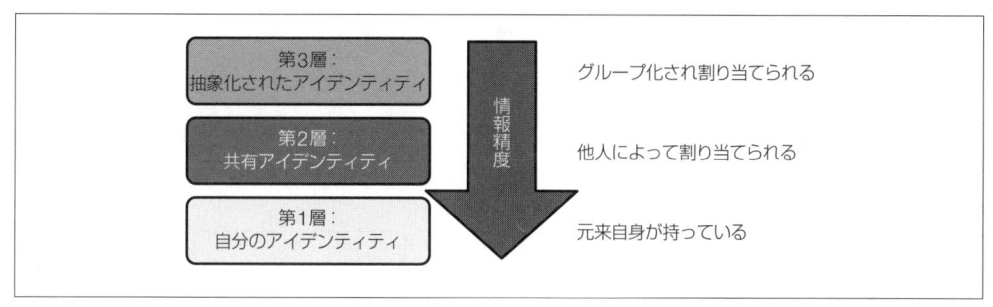

図2-3 アイデンティティの階層とその関係

「共有アイデンティティ」というラベルの付いた第2層は、他のユーザーによって割り当てられた属性で構成される。これらの属性は、個人を識別するために共有されるが、何らかの関係性に基づいて一時的に発行される。あなたの財布は、運転免許証、従業員バッジ、クレジットカード、健康保険証、図書館カードなど、第2層にあたるIDカードでいっぱいだろう。アイデンティティ定義する関係が終了すると、それに関連付けられている属性はもはや役に立たなくなる。

最上位層である第3層の「抽象化されたアイデンティティ」は、グループ化されたアイデンティティを確立する。たとえば、私は「ユタ州民」、「60歳以上の白人男性」、あるいは他の人口統計学的グループのメンバーとして識別される可能性がある。企業は私を「頻繁に利用する客」または「初めての顧客」に分類するかもしれない。これらのグループはすべて、何らかの形で私を識別するが、それは抽象的なものにすぎない。第3層は、主にマーケティングに関するものである。

第2層におけるアイデンティティの関係性は、あなたの同意があってもなくても作られるが、ほとんどの場合、おそらくあなたにとって価値のある関係性に基づいているため、歓迎される。一方、第3層における関係性は、通常、私たちに強制されるものだ。たとえば、スパムメールは、電話勧誘やテレビ広告と同様に、第3層のアイデンティティに起因する問題である。オンライン監視（このトピックについては8章で取り上げる）は、現代のWeb 2.0エクスペリエンスを決定づける現実の1つである。第3層のアイデンティティは不正確で、不明瞭で、具体的でないため、それらが実際に主体のニーズを満たすことはほとんどなく、主体にとっての利点は取るに足らないほど小さなものである。ほとんどの人は、第3層ベースの関係性を煩わしいものとして認識し、嫌悪感を抱いている。しかし、企業はそのような関係性から大きな利益が得られることを認識しており、その収集と管理に多額の資金を投資している。

## 2.4.2 コントロールの軌跡

デジタルアイデンティティを捉えるもう1つの方法は、その**コントロールの軌跡**という観点から見ることである。誰が、あるいは何が関係性をコントロールするかということである。コントロールには、次のようにいくつかの要素がある。

- 関係性を開始するのは誰か？

- 識別子の所有者は誰か（つまり、誰がそれを変更することができるか）？

- やり取りを管理するルールは誰が設定するのか？

- 属性の共有方法を決定するのは誰か？

　図2-4は、この次元を示しており、アイデンティティシステムが参加者に提供する自律性の程度の軸に沿って、3つの大きなカテゴリに分けたものである。

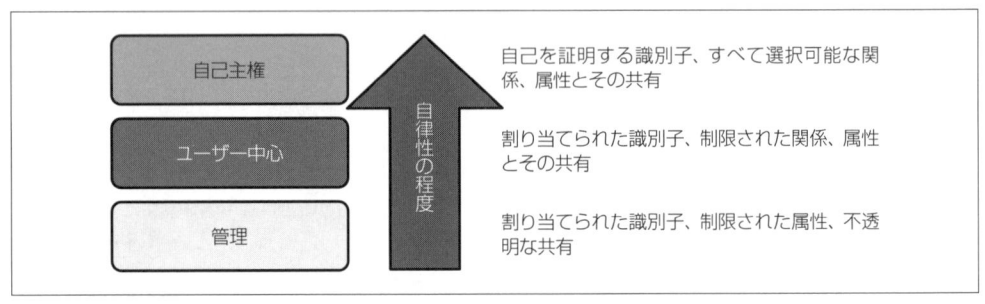

図2-4　主権と自律性

　図の一番下、最も低いレベルの自律性を持つのは、私が**管理**と呼んでいるカテゴリである。現在使用されているアイデンティティシステムの大部分は、組織の目的のために管理、構築、運用されている。組織は、システムの運用ルール、許可される属性、属性の使用方法、およびそれらを共有できるかどうか、どこで共有できるかを決定する。多くの場合、共有のプロセスは不透明であり、主体である人は、アイデンティティシステムがどのように使用されているか、または誰によって使用されているかについてほとんど考えていない。

　2004年、Web 2.0が台頭し、アカウントに対する飽くなき欲求が高まると、アイデンティティの専門家は、ユーザーに高度な自律性を与える**ユーザー中心**のアイデンティティシステムについて話し始めた（図2-4の真ん中のカテゴリ）。これらの議論から、OpenIDやOAuthなどのプロトコルが誕生した。これらにより、**ソーシャルログイン**、つまり、あるサービス（多くの場合、ソーシャルメディアアカウント）から別のサービスにアカウントをフェデレーションする機能が生まれた。Xアカウントを使用してMediumにログインすることは、その一例である。ソーシャルログインは、ユーザーが使用するアカウントを（小さなリストから）選択し、アカウント共有を承認するために証明書利用者（Mediumなど）からアイデンティティプロバイダー（この場合はX）にリダイレクトされるため、**ユーザー中心**のモデルである。このモデルでは自律性が制限されている。受け入れられる**アイデンティティプロバイダー**が**リライングパーティ**によって選択され、基盤として使用されるアカウント（X）が依然として管理用であり、それが意味するすべての制限があるためである。

　2015年以降、多くの人々が**自己主権型アイデンティティ（SSI）**と呼ばれる新しいモデルを構築している。管理やユーザー中心のアイデンティティシステム（一方の側から決められた識別子と相互作用を

関係の基礎とするシステム)とは対照的に、SSIベースの関係では、暗号化手段を使用して相互に認証できる識別子を交換する。この関係は、対話のニーズに合わせて調整できる**プロトコル**を介したメッセージを交換するための信頼できるチャネルを提供する。

**主権**という言葉は、ほとんどの人が外交や国民国家と結び付けたり、「個人が完全に支配している」ことを意味すると思い込んだりするため、混乱を招く可能性がある。この文脈では、どちらの意味も正しくない。主権とは、関係と境界に関するものである(詳細は5章で説明する)。「主権国家である」と言うとき、それは「他の主権国家と対等に振る舞うことができる」という意味であり、やりたいことを何でもできるという意味ではない。主権は境界を定義し、その中で主権者は完全な支配権を持つが、その外側では、確立された規則と規範(テクノロジーの世界で**プロトコル**と呼んでいるもの)の中で他者と関係性を築く。

SSIも同じ状況を説明している。SSIシステムは、エンティティ(個人または組織)が制御できるものと、他のエンティティとの関係性に関するエンゲージメントのルールを定義する。たとえば、SSIシステムでは、エンティティに関するクエリに応答して共有する属性を完全に制御できる。しかし、主権とは、属性に依存する当事者がそれを受け入れなければならないことを意味してはいない。リライングパーティの主権により、どの属性が要求を満たし、どの属性が要求を満たしていないかを決定することができる。しかし、主権とは、すべての権力が相互的であることを意味し、誰もが他人が提示する主張を拒否できることを意味する。主権の鍵は、すべてのエンティティが対等であることだ。関係内のすべての当事者は、同じ権限と権利を持っている。主権のあるべき姿は、完全な形で全体をコントロールすることではなく、両当事者が何を要求し、共有し、同意するかについて自律性を持っている状況である。

本書では、自律性に立ち返り、異なるアーキテクチャがさまざまな主権の度合いをどのように支えているかを論じていく。

## 2.5　非集中型と分散型の再考

アイデンティティシステムには、そのプロパティに影響を与える特定のトポロジーがある。私はBrigham Young大学で「大規模分散システム」というコースを毎年教えている。分散システムのトポロジーについてクラスで議論すると、必ずと言っていいほど**非集中**システムと**分散**システムについて質問を受ける。図2-5に示す図は、1962年にRAND Corp.のPaul Baranが集中型、非集中型、分散型システムを説明するために使用したものだ[6]。この図は、非集中化に関する論文やプレゼンテーションで頻繁に再現されており、集中型、非集中型、分散型コンピューティングのアイデアをある種の連続体に置こうとする試みとして、常に印象に残っている。

---

[6]　Paul Baran, *On Distributed Communications Networks*, RAND Corp. Report P-2626, September 1962.

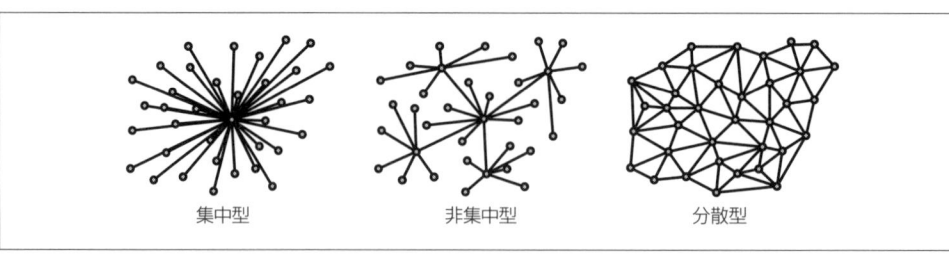

図2-5　集中型、非集中型、分散型の連続システム

　私は、研究者のRohit Khareのように、**非集中型**という用語を、異なるエンティティの制御下にあり、法定通貨で調整できないシステムを表すために使うことを好む[7]。

　多くのシステムが分散され、**かつ**、単一のエンティティの制御下にある。たとえば、大規模なWeb 2.0サービスは、ほとんどすべてが、さまざまなデータセンターからホストされる。インターネット、電子メール、その他の分散システムの違いは、組織の境界を越えて機能するように設計されていることである。すべてを統括する中心的なポイントはない

　そこで、図2-5の線形グラフを2次元グラフに置き換えた新しい考え方を提案したい（図2-6）。

　図2-6は、システムを2つの軸で分類したものである。

### 配置

　配置軸は、構成部品を**同じ場所に配置**するか、**分散**させるかを決定する。これは、コンテキストと抽象化のレベルに応じて、物理的または論理的のいずれかになる。

### 制御

　制御軸は、コンポーネントが単一のエンティティの制御下にあるか、複数のエンティティの制御下にあるかを決定する。中央の制御ポイントは、システム内のノードを効果的に調整できる限り、論理的または抽象的である可能性がある。

---

※7　Rohit Khare, "Extending the Representational State Transfer (REST) architectural style for decentralized systems" (PhD diss., University of California, Irvine, 2003), 2022年4月11日に参照. （https://ieeexplore.ieee.org/document/1317465）

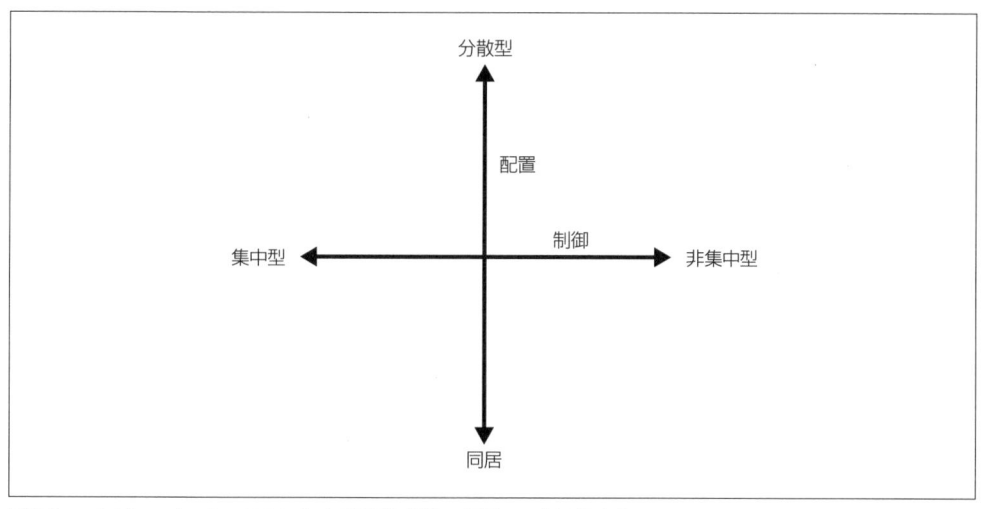

**図2-6**　コンピューターシステムにおける配置と制御の関係の2次元概念化

　図2-7に示すように、システムをトポロジー別に分類する3番目の軸を使用することで、これを拡張できる。**階層システム**では、ノードは上位と下位の関係によって区別される。**非階層型システム**では、ノードはピア関係を持つ。

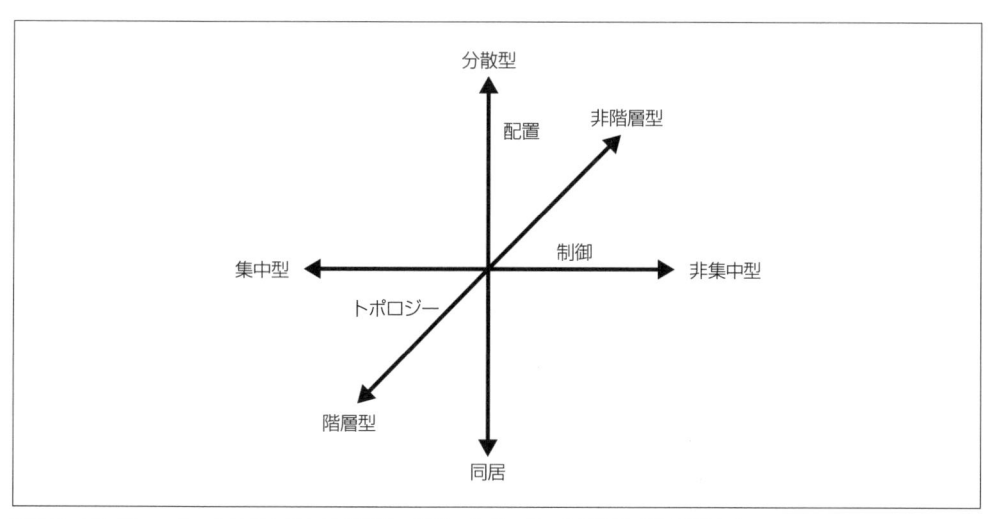

**図2-7**　コンピューターシステムにおける配置・制御・トポロジーの関係の3次元概念化

　この区別を理解するために、よく知られたシステムの例と、それらがグラフの8つの象限のどこに分類されるかをいくつか紹介する。

- スーパーコンピューターは通常、制御は集中、（レイテンシーの問題により）配置が同居で、階層

　　型のシステムである。

- DNSは、制御は非集中、配置が分散で階層型のシステムである（10章を参照）。
- FacebookのOpen Graphは、制御が集中、配置が分散で非階層型のシステムである。

　これらの用語は、デジタルアイデンティティシステムのアーキテクチャについて説明するときに頻繁に使用される。

## 2.6　共通の用語

　デジタルアイデンティティの用語は、アイデンティティシステムの目標、働き、および成果について会話する際、正確なコミュニケーションを保証する方法として役立つ。以降は、これらの用語を使用して、さまざまなアイデンティティアーキテクチャについて論じていく。

# 3章
# デジタルアイデンティティの課題

インターネットのアイデンティティの問題を解決するのは困難である。インターネットにはアイデンティティレイヤーがないため、Webサイト、サービスプロバイダー、およびアプリケーションはそれぞれ独自の方法で問題を解決してきた。その結果、人々は操作の難しさによるイライラや不満、コストの増加、プライバシーに関する不安、さらには詐欺被害の脅威にさらされている。過去20年間、先駆者たちは数多くのシステムやプロトコル、標準仕様を提案してきたが、そのほとんどは個別課題を解決したにすぎず、全体的な解決には至らなかった。

数年前、私はEvernym社（現Gen Digital社）のAndy Tobinのプレゼンテーションを聴いた。そこで彼は、デジタルアイデンティティを物理世界におけるアイデンティティよりも難しくしている5つの問題（https://oreil.ly/59RxN）を挙げた。私は、さらにいくつかの問題をそこに加えた。この章では、オンラインと現実世界のアイデンティティの違いについて明らかにし、デジタルアイデンティティがなぜ難しいのかについて考察する。4章では、これらの問題を克服するシステムを設計するための法則（物理法則）について考察する。

## 3.1　暗黙知と物理世界

おそらく、物理世界とデジタル世界の最も大きな違いは、自然界の情報はほとんど暗黙的であるのに対し、デジタル世界における情報はすべて明示的であるということだ[1]。『The Tacit Dimension』（University of Chicago Press刊、2009年）の中で、Michael Polanyiは暗黙知という概念を「私たちは語る以上のことを知ることができる」というシンプルな言葉で表している。たとえば、私たちは歩き方、話し方、自転車の乗り方、車の運転の仕方を知っているが、そのメカニズムをどれも正確に説明することはできない（少なくともこれらのメカニズムを誰かに説明する上で詳細を伝えることはない）。そのため、私たちは自分自身でそれらを学ぶ必要があるのだ。

しかしデジタル世界では、どんなタスクであっても、完了させるためにはすべての詳細がプログラミ

---

[1]　このトピックについて詳細に議論し、デジタルアイデンティティの問題を理解する上でなぜそれが重要なのかについて深く考えてくれたDoc Searlsに感謝する。

ングされたロジックに従い実行されなければならない。

この違いは非常に重要である一方で、説明が困難である。なぜなら、それは私たちが物理世界を「現実」と呼び、デジタル世界を「仮想」と呼んでいるためである。そのため、私たちは物理世界では暗黙のうちに理解し行動する一方で、デジタル世界ではすべてを明示的に理解し行動しなければならない。

私たちが道を歩いたり、店に入ったりすると、そこで出会う人はみな実在し、何らかの形で名前が付けられているが、私たちは人々を匿名、文字どおり名前のない存在として暗黙的に認知している（偶然知り合いである場合を除いて）。しかし、私たちは無意識のうちに何らかしらの識別子を設定することで、それらの人々を認識し、記憶し、反応もしている（このメカニズムを説明することは不可能である）。この匿名性は他者を認識し、記憶し、反応することを妨げるものではない。

私たちをもっと知りたいと思う相手が出てくるまで匿名でいられることは、文明の恩恵である。「認識し、記憶し、反応する」ことができるということは、暗黙的な認知の実践でもあり、明示的なものは、必要になるまではオプションのままである。この選択性の領域（暗黙的領域）は、誰もが名札を付けて歩き回ったりすることや、たとえば運転免許証、出生証明書、納税記録、生活習慣、直近の所在地など、オンラインシステムにとって重要な関心事となる情報を常時他人に提示していることを、不条理で不快に感じる理由だ。オンライン監視も物議を醸しているが、その理由は、情報の重要性のレベルが物理的な世界と極端に異なるからである。私たちは物理世界において市民社会を維持するため、昔からの仮定や伝統、規範に従って生活するが、それらはすべて暗黙知であり、具体的な仕組みについてほとんど説明されることはない。

しかし、**仮想世界においては言語化することが求められる**。つまり何が何であり、何が何でないのかを明確にすることが必要とされる。私たちがデジタルアイデンティティシステムを導入する際、そのように明確化することを試みるわけだが、後述するとおりそれは簡単なことではない。解決する必要があるいくつかの問題を探っていこう。

## 3.2　距離感の問題

この問題は、デジタルアイデンティティシステムが対処しなければならない主要な問題である。仮想世界における距離感の問題は、お馴染みのPerter SteinerによるNew Yorker誌の風刺漫画「インターネット上では、誰もあなたが犬であることを知らない」[※2]と同じくらいに歴史がある。

**アイデンティティ**の機能的定義は、何らかのエンティティを認識し、記憶し、反応する（または相互作用する）ことであることを思い出してほしい。肉体を持つ存在である私たちは、感覚を使って人、物、場所を認識できる。そして自然に、暗黙のうちに、それら認識したものを記憶して後々使用し、

---

※2　訳注：1993年7月5日付の『The New Yorker』誌に掲載されたPerter Steinerの戯画およびそこに登場するセリフ。コンピューターを操作している大きな犬が、隣の床に座っている小さな犬にこのセリフを話しかけているというもの。インターネット上での匿名性を風刺的に表現しているとされる。
https://ja.wikipedia.org/wiki/インターネット上ではあなたが犬だと誰も知らない（2024年11月3日参照）

私たちの体や制御下にある道具を使用して反応したり、相互作用したりすることができる。

オンラインでは、私たちは仮想的かつ離れた場所で対話しているため、他者との距離感を感覚的に認識することができない。そのため組織は顧客、従業員、または市民のデータを識別して呼び出したいという特定のニーズに対応するために、**管理的なアイデンティティシステム**を構築した。しかし、組織はアイデンティティを管理することにより顧客、従業員、市民を知ることができる一方で、その逆は成立しない。人々は、組織とそのプラットフォームで許可されている断片的な方法を除いて、オンラインで他者を知る能力を欠いている。

## 3.3　自律性の問題

管理的なアイデンティティシステムに依存した結果、私たちは自らの身体が備える物理的な相互作用が持つ自律性を欠くことになった。これは、私たちが物理世界において制限なく行動しているという意味ではなく、アイデンティティシステムによって管理されなくても他のエンティティと独立してやり取りをしていることを示している。自律性について考える1つの方法は、境界を想像することである。自律性という言葉は、他者の許可なしに独立して行動可能な領域があることを意味している。

各組織は独自の便宜のためにアイデンティティシステムを構築し、その目的のためにアイデンティティの視認性を最大化するように設計を行い、自分たちに有利なようパワーバランスを歪めているため、人々の自律性は限られており、自然権はほとんどなく、現在のオンラインアイデンティティソリューションではほとんど影響力を持てていない。その結果、人々はオンライン上に自律的に人々が存在可能な場所を失っている。私たちはデジタル上で**肉体を持つ**ことはできない。私たちがオンラインで交わすほとんどすべてのやり取りは、どこかの組織のアイデンティティシステムによって仲介され、そのルールによって制御されている。私たちはその恩恵を受けてオンライン上に存在している。

この自律性の欠如は、人々が物理世界で問題を解決する際にするような、場当たり的な方法により問題を解決することの難しさにつながっている。その結果、私たちはデジタル世界において自身のデジタルアイデンティティを十分に運用することができず、物理世界のように自立した存在になることができないのだ。

## 3.4　柔軟性の問題

自律性の問題と密接に関連しているのが、柔軟性の問題である。現在のデジタルアイデンティティシステムの製作者は、通常、非常に狭い用途を念頭に置いている。現在使用されているアイデンティティソリューションの多くは、固定のスキーマまたは属性セットによって制限されている。たとえば、GOV.UK Verify[※3]は英国市民向けの普遍的な身元確認のためのシステムだったが、扱うデータセットは限定的だった。また、GOV.UK (https://www.gov.uk/) がスキーマを合理的に拡張してすべてのユース

---

※3　訳注：現在は、クローズされている。
　　　https://www.gov.uk/government/publications/introducing-govuk-verify/introducing-govuk-verify

ケース（リレーションシップタイプ）をカバーすることは不可能である。単純に、システムが扱う属性があまりに多くなりすぎるためである。

　私たちの実生活は雑然としている。何十億人もの人々が、何兆もの関係をそれぞれ持っている。これには、極めて高い柔軟性が求められる。私たちは無限に多様であり、私たちの置かれた状況もまた多様である。私たちの誰もが、誰に対しても、どの組織に対しても、同じ自分の姿を見せることはない。なぜなら、それぞれの人間関係はユニークであり、アイデンティティは流動的だからだ。私たちが他者を認識し、記憶し、応答するために用いる方法は、コンテキストに大きく左右される。

## 3.5　同意の問題

　また、自律性に関連して、同意の問題も存在している。私たちが利用せざるを得ない、サイロ化されたさまざまなアイデンティティシステムの運営者は、私たちのデータを収集するだけでなく、私たちの同意なしにそのデータを他者と共有する。これは、**主体**である利用者のために行われることもあるが、多くの場合、アイデンティティシステムを管理する組織の利益のために行われる。

　物理世界でも同意の問題は起こり得るが、2つの点でその範囲は制限される。第一に、データ収集と監視は困難であること。第二に、物理世界で収集された情報がどのように利用されるかについては何世紀にもわたって強固な法的枠組みが構築されてきたことがその理由である。同意もまた、物理世界では暗黙的な手段に頼ってきたが、デジタル世界では明示的な手段に取って代わらなければならない。モノのインターネット（IoT）は、デジタル機器（カメラ、マイク、ドアベル、温度センサーなど）が物理的空間との間に介在するため、同意とプライバシーの問題の境界線をさらに曖昧にする。デジタル空間において、同意について正しく理解することで、物理空間でのプライバシーも向上させることができる。

## 3.6　プライバシーの問題

　コンピューターはパターンマッチングが得意である。その特性を踏まえると、デジタル世界におけるプライバシーは物理世界とは全く異なる意味合いを持つ。法定年齢を証明するために運転免許証や身分証明書をバーテンダーに渡すとき、もし彼らがあなたの住所や生年月日など、そこに記載されているすべてを記憶していたら、あなたは驚き、おそらく不安に思うだろう。もしバーテンダーがあなたのデータだけでなく、これまでに出会ったすべての客のデータも記憶しているとしたらどうだろう。一方、コンピューターは、オペレーターが削除するまで、知り得たすべての情報の完璧な記録を保持するようにプログラムすることができる。また、複数の情報源から情報を収集し、たった一度の出会いややり取りから収集したデータをはるかに超える個人プロファイルを組み立てるようプログラムすることもできる。

　現在のデジタルアイデンティティシステムは、膨大なデータコレクションに依存しており、多くの場合、主体の知らないうちに（つまり同意なしに）収集される。データは異なるシステムで繰り返し複製され、グローバルなデータエコシステムが構築される。第三者は、社会保障番号、国民ID番号、電話

番号などの普遍的なIDを利用して、本人の知らないうちにID情報を紐付ける。普遍的でユニバーサルな識別情報は、多くのプライバシー問題の根源である。8章でプライバシーについて改めて深く議論する。

# 3.7 匿名性（の欠如）の問題

匿名性はプライバシーと密接に関係している。実生活において、私たちはしばしば、相対的な匿名性を持って、他者、すなわち人や、組織、物など接する。私たちと他者との関係は**刹那的**で、出会っている間だけ継続する。店に行って現金でコーラを買う場合、アイデンティティ情報の交換は必要ない。クレジットカードを使用したとしても、クレジットカードが表すアイデンティティシステムの管理下で取引全体が行われることはめったにない。取引の金銭的な部分のみが、そのアイデンティティシステム内で行われる。実生活でのほとんどのやり取りがそうである。

本章で説明したように、物理世界で私たちは具現化され独立した自らのアイデンティティを表現する代理人（つまり物理世界における自分自身）として行動する。このことは、私たちが匿名の状態でも暗黙的に相手を認知することができるおかげで成り立っている。これは、物理的な存在が、私たちが匿名性を保ちながら行動できることに寄与しているからである。これとは対照的に、デジタル世界では、すべての意味あるやり取りはデジタルアイデンティティシステムの制御範囲の中で実行されることが多い。これにはいくつかの理由がある。

### 継続性

Webセッションは仮名にすることができるが、ログイン時に複数の独立したセッションやデバイス間で紐付けられることが多い。時間が経過しても、複数のデバイスを利用していても中身が保持されるオンラインショッピングカートがその例だ。

### 利便性

顧客が認証している限り、システムは住所やクレジットカード番号などの付加情報を保存して、顧客が同じ情報を何度も入力しなくても取引を完了できる。

### 信頼

特定のユーザー、または特定の役割、特定の属性を持つユーザーのみにより実行される必要のあるアクションが存在する。たとえば、通販サイトにクレジットカードが保存された際、その情報を利用できるのは自分だけのはずだ。アイデンティティシステムは、ネットワークの向こう側に誰がいるかを知る手段として認証メカニズムを提供し、システムがどのようなアクションを実行できるかを知ることができる。これにより、識別子をコンテキストの中に置き、信頼できるようにする。

### 監視

残念ながら、アイデンティティシステムは、個人に関するデータを収集する目的で、トランザクション内で個人を追跡する手段も提供している。このデータ収集は無害な場合もあれば悪

質な場合もあるが、それらにインターネット上のアイデンティティシステムが加担していることは疑いようがない。

　実生活では、私たちはたいていのことをアイデンティティシステムなしで実現している。映画館に行って映画を見るのに自分の名前を名乗る必要はないし、レストランの席に座って友人とプライベートな会話をするのに何らかのシステムにログインする必要もない。映画館のチケット係は、私たちが観たい映画のチケットを持っていることだけを気にしている。適切なデザインがあれば、このような一過性で刹那的な関係を利用したオンライン上のやり取りは、現在よりももっと多くなるだろう。

## 3.8　相互運用性の問題

　ほとんどの人間は、物理的な世界の他の人々、組織、場所、および物を認識し、記憶し、共有する能力を持っている。その結果、ランチで友人と話したり、窓口で注文したりできるかどうかを心配する必要はない。

　オンラインにおいては、状況はより複雑になる。電子メールは良い例だが、標準規格、プロトコル、および共通コードのおかげで機能的に相互運用可能なものもあれば、そうでないものもある。たとえば、広く受け入れられているメッセージングプロトコルは存在していない。最新のメッセージングエクスペリエンスは、数十の異なるアプリに分断されている。そのため、私たちの多くは複数のメッセージングアプリを使い分けている。

　さらに、携帯電話上のアプリはすべて、それぞれ異なるユーザーエクスペリエンスを提供し、他のアプリからはほぼ独立している。最近、妻のLynneが電話で、「このビデオを共有するにはどうすればいい？」という一見何の変哲もない質問をしてきた。10年前なら、URLをコピーして送ればよいという簡単な答えで済んだ。しかし、今この質問に答えるのは、はるかに困難である。まず彼女がどのアプリを使用しているかを判断する必要があり、次に、私はそのアプリにそれほど詳しくなかったため、アプリを開いて画面上から共有ボタンを見つけ出さなければならなかった。

　相互運用性はアイデンティティだけでなく、より多くの点において重要なものだが、アイデンティティの基本的な性質は、とりわけ相互運用性の欠陥を強く感じさせる。無数のIDサイロがあるため、人々は一貫性のないユーザーエクスペリエンスに直面している。さらに重要なことは、人間はシステムからシステムへとコンテキストを持ち運ぶことができないということだ。あるシステムでは友人や同僚が別のシステムと異なる識別子を持っている場合があり、システム間で友人や同僚を一貫して認識して記憶することが困難となっている。

## 3.9　スケールの問題

　オンライン上には53億5千万人の人々が存在しており[4]、それぞれが数十、数百もの関係を築いている。また、IoTには推定264.5億台のデバイスが存在しており、それぞれが独自の接続を持つアクティブなエンドポイントとなっている。専門家は、この数字が桁違いに増加すると予想している。したがって、汎用アイデンティティシステムでは、オンラインの世界を構成する何十億もの人々、組織、および物の間の何兆もの関係を考慮する必要がある。しかし、単一の中央集権的なシステムでは、これを実現することはできない。

　現在、デジタルアイデンティティはアイデンティティ情報のハブに依存している。私たちは、FacebookやGoogleという巨大なIDプロバイダーを利用しログインしている。しかし、これら大手のアイデンティティプロバイダーを利用している場合もあれば、ソーシャルログインシステムをまったく利用していない場合も多数存在する。多くの企業は、顧客情報の管理を、来週何かを変えてしまうかもしれない別の企業に委ねることに警戒心を抱いている。これが、CompuserveやProdigyの時代にオンラインサービスの足かせとなっていたのと同じ懸念であることは、偶然ではないだろう。

　アーキテクチャが非集中化され、管理されたプロトコルを利用していれば、スケールの管理は容易になる。インターネットがスケールするのは、誰でも、どこでも、自分のローカルネットワークをインターネットに接続し、他の誰とでもパケットを交換できるカプセル化プロトコルを利用しているからである。デジタルアイデンティティのスケールの問題に関しても、同様のアーキテクチャが必要となるであろう。

## 3.10　問題解決

　まとめると、デジタルアイデンティティの問題には設計上の大きな課題が存在し、それらの課題の存在がデジタルアイデンティティそのものを難しいものにしている。これらは、人々がオンラインで経験する多くの不満や弊害の根底にあるが、手に負えないものではない。本書では、これらの問題に取り組み、機能するデジタル識別システムを作成するためのパターン、プロトコル、およびシステムを紹介する。次の章では、業務の指針となる概念アーキテクチャと一連の法則について説明していく。

---

[4]　DataReportalの「Digital 2024 Global Overview Report」（https://datareportal.com/）の2024年11月3日時点での情報を参照した。

# 4章
# デジタルアイデンティティの原則

　前章で論じたデジタルアイデンティティの問題を解決するには、今日のインターネットで見られるような、使い回しができないコンテキスト固有のアイデンティティシステム（「ID」を付与するシステム）よりも、より汎用的なものを構築する必要がある。あなたが利用しているアイデンティティシステムのほとんどは、事業者による**アイデンティティ管理を目的**としたものである。そのため、管理対象のシステムの数だけ「ID」が管理され、付与されることになる。1980年代、私たちはネットワークに関して同じような状況に陥った。当時私たちは**メタシステム**、つまりシステムのためのシステムを用いて、世界中の、分離され、独立している排他的なネットワークの統一を行った。このメタシステムが、インターネットである。

　インターネットは、抽象化と一般化を象徴するものだ。電話のような通信システムではなく、通信メタシステム、つまり通信システムを構築するためのシステムである。インターネットは、TCPとIPというカプセル化プロトコルを使用して、すべての人やあらゆるものが、ネットワーク間で通信するための単一でシンプルな方法を提供し、構造を統一した。これにより、誰でもプロトコルを決めることで、必要なシステムを構築することができる。TCP/IP上で動作するこれらの新しいプロトコルは、独自なものであってもオープンなものであっても、特定用途に向けたものでも汎用的なものでも問題ない。新しいプロトコルが登場するたびに、インターネット通信に利用できる新しい種類のメッセージが追加され、その性質が変化し、豊かになる。しかし、インターネットは共通のプロトコルに基づいて構築されているため、基本的な相互運用性やモジュール性を犠牲にすることなく、ニッチな要求にも対応できる。

　同様に、インターネットのアイデンティティ層もメタシステムでなければならない。**アイデンティティメタシステム**は、相互運用可能なアイデンティティシステムの集合体である。アイデンティティメタシステムは、ユーザーが特定のニーズを満たすアイデンティティシステムを構築するために必要な構成要素とプロトコルを提供すると同時に、他のアイデンティティシステムとの相互運用性を実現する。

　アイデンティティメタシステムは、アイデンティティが物理世界と同じくらい自然な状態のオンライン世界を作る上で、なくてはならないものだ。後の章で説明するように、アイデンティティメタシステムは摩擦を取り除き、認知的負荷を軽減し、オンラインでのやり取りをよりプライベートで安全なものにする。

## 4.1　アイデンティティメタシステム

2005年、Microsoft社のチーフアイデンティティアーキテクトであるKim Cameronは、デジタルアイデンティティに関する7つの重要な原則を示した画期的な論文「The Laws of Identity」（https://oreil.ly/cjdgN）を発表した。Cameronはこの中で、欠落しているアイデンティティ層を提供できるアイデンティティメタシステムについて述べている。

> メタシステムは、異なる種類のアイデンティティシステムの存在により構成される必要がある。これは、単純なカプセル化プロトコル（合意済みの転送方法）が必要であることを意味する。また、個人や組織が日々の活動を行う際に適切なアイデンティティプロバイダーや機能を選択できるような、統一されたユーザーエクスペリエンスを通じて情報を表示する方法も必要である。モノリシックなシステムを新たに構築してはならない。それは多中心的（フェデレーションはこれを意味する）であり、また多態性（さまざまな形態で存在する）を持たなければならない。これにより、アイデンティティのエコシステムが出現し、進化し、自己組織化することが可能になる。

Cameronの説明から、6つの重要な特徴がわかる。

#### カプセル化プロトコル

プロトコルは、一連のやり取りのルールを記述するものだ。プロトコルは相互運用性を実現するための基礎であり、スケーラビリティを担保する。やり取りがどのように発生するかを定義することで、近接性の問題を軽減する。カプセル化プロトコルは、その上に他のプロタイプを定義することを可能にする。たとえば、インターネットプロトコル（IP）は、ユーザーデータグラムプロトコル（UDP）と伝送制御プロトコル（TCP）をカプセル化したプロトコルである。このように、カプセル化プロトコルは、特定のコンテキストとニーズに適応し、疎結合なシステムの間においても柔軟な情報のやり取りが可能となる。

#### 統一されたユーザーエクスペリエンス

物理世界において、アイデンティティが暗黙的に持つ素晴らしい特徴の1つは、アプリを切り替えたり、コンテキストごとにまったく新しい対話方法を学んだりする必要がないことである。従来、デジタルアイデンティティシステムは、この種の一貫性を提供してこなかった。統一されたユーザーエクスペリエンスとは、単一のユーザーインターフェースを意味するものではなく、体験（エクスペリエンス）に焦点が当てられている。統一されたユーザーエクスペリエンスにより、ユーザーは何を期待すればよいか知ることができる。その結果、特定のコンテキストにおける対話方法を、直感的に理解できる。統一されたユーザーエクスペリエンスにより、ユーザーの自律性が向上し、プライバシーが強化され、ユーザーがやり取りの内容をよく理解できるようになるので、有効な同意を取得しやすい。

#### ユーザーによる選択

メタシステムは、人々が適切なサービスプロバイダーと機能を選択できるようにすることで、

自律性、匿名性、柔軟性を実現する。1つのシステムでは、人々が生活する中で発生するすべてのシナリオを予測することはできない。メタシステムは、コンテキスト固有のシナリオを構築でき、誰も予想していなかったアドホックな対話をサポートすることさえできる。

### モジュラー型

アイデンティティメタシステムは、特定の機能を持つ単一のシステムにより実現することはない。メタシステムには、さまざまな関係者によって構築および運用される、交換可能なコンポーネントが含まれる。プロトコルと標準が、これを可能にする。モジュラー型の構成をとることは相互運用性、そして代替可能性を実現するために重要な考え方である。

### 多中心的（非集中型）

アイデンティティメタシステムは、自律性と柔軟性を実現し、より優れたプライバシーをサポートするために非集中化されている。1つのシステムでは、さまざまな関係性をすべて予測することはできない。また、単一のアクターが、誰がどのような目的でシステムを使用するかを決定することは許されない。さらに、非集中化によりメタシステムは必要に応じてスケーリングが可能となる。

### 多態性（異なるデータスキーマ）

人間やシステムがさまざまな人、組織、場所、物を認識し、記憶し、反応するために必要な情報は、コンテキストに依存し、状況によって大きく異なる。アイデンティティメタシステムが介在することで提供されるコンテンツは、多様な相互のやり取りが可能となり、ユーザーが自律的に制御できるような柔軟性を提供できるようになるべきである。

インターネットには、特定のサービスやアプリケーションのアイデンティティを管理するために設計された、特定のコンテキスト向けのアイデンティティシステムがあふれている。過去20年間にわたり、開発者、セキュリティ研究者、アイデンティティの専門家は、異なるコンテキスト間でアイデンティティ情報を共有するための多くの試みを行ってきた。これらの取り組みが成功したのは、システムを構成するパートナーの間の関係性が近いケースにおけるアイデンティティデータのフェデレーションや、単純な認証の取り組み（Googleサインインなど）に限られており、これらの特性を持つ統一的なメタシステムに発展したものはない。Cameronの「The Laws of Identity」は、なぜそうなるのかを探り、アイデンティティメタシステムを構築する際に従うべき重要な設計指針を提供している。

## 4.2　アイデンティティの原則（The Laws of Identity）

「The Laws of Identity（アイデンティティの原則）」は、アイデンティティシステムがメタシステムとして機能するために満たさなければならない7つの原則が記述されている。これらの7つの原則を満たすシステムは、広く受け入れられ、多くのコンテキストで使用することができる。各原則は、メタシステム構築の指針となるアーキテクチャの原則を生み出す。原則を理解することで、システム設計者やエンジニアが多くの時間を浪費する前に、不適切な設計の多くを排除することができる。また、現

実世界のアイデンティティシステムの評価にも使用できる。22章では、**正統性**の概念と、The Laws of Identityが、アイデンティティシステムのガバナンスとポリシーとともに、どの程度広く採用されているかという基本的な情報を説明する。

　Cameronはこれらを書いた際、検証可能な観察結果を得るために仮説と検証という科学的なアプローチを適用することが可能であるという意味において、「**原則**」という言葉を用いている[※1]。原則をテストするには、原則を使用してアイデンティティシステムの成功と失敗を評価する必要がある。それらは**命題**（第一原理から証明された）でも**公理**（自明の真理）でもない。法律や道徳の原則でも、哲学的なものでもない。

　以下の項では、7つの原則について個別に論じる。それぞれの冒頭には、Cameronの論文と同じように、Cameronが定義している原則をそのまま示した。

## 4.2.1　ユーザーの制御と同意

> アイデンティティシステムは、ユーザーの同意を得た場合にのみ、ユーザーを識別する情報を開示しなければならない。
>
> —Kim Cameron「The Laws of Identity」

　近年、2章で説明したように、人々が自分のデジタルアイデンティティをより細かく制御できるようにするという考え方は、**自己主権型アイデンティティ（SSI）**として知られるようなった。SSIは自律性を意味することを思い出してほしい。さらに、主権は**不可侵**であり、他者に譲渡したり、奪ったり、否定したりすることはできない。不可侵であるということは、主権者であるということであり、個人の領域に対して最高の権威を行使することである。管理上の識別子（他者が私たちを識別するために使うもの）は、他者により奪われたり否定される可能性があるものである。つまり、関係性は否定される可能性があり、多くの属性についても否定される可能性がある。私たちが誰であるか（1章で私がそう呼んだように、私たちの**実体**）と、私たちが世界に対して自分自身をどのように提示するかを選択する権利は、奪うことのできないものだ。不可侵なものと不可侵でないもの、自己主権的なものと管理的なものとの区別が不可欠である。この区別がなければ、私たちは常にさまざまな管理体制に翻弄されることになる。

　**非集中型、ユーザー中心型、自己管理型**などの他のラベルは、ユーザーが制御できるシステムを説明するために利用されてきたが、自律性、プライバシー、またはその他の望ましい機能を提供しない分散型、ユーザー中心、または自己管理システムにも同時に存在し得る。これらの用語はいずれも、必ずしも自律性（つまり自分のために行動すること）を意味するわけではない。つまり**自己主権**は必ずしも自分のためだけに使われるわけではない。

　アイデンティティメタシステムは、制御の境界を作り出し、さまざまな活動に対する制御をさまざまな役割に割り当て、他者により奪われたり否認され得るものとそうでないものを区別する。**ユーザーが**

---

[※1]　彼はまた、それらを「laws（原則）」と呼ぶことで、原則と呼ばれるものに対して本質的に敬意を払っている弁護士やリスクマネージャーを出し抜くことができると冗談を言うこともあった。

制御することにより、エンティティとそのエンティティを観察する人々との間にデジタルの境界線を形成し、そのエンティティに関する属性・関係性・情報を格納できる中心的な場所を形成できるようになる。

## 4.2.2 制限された利用のための最小限の開示

> 最も安定し、長期にわたって使用できるソリューションとは、開示するアイデンティティ情報を最小限にし、情報へのアクセスを適切に制限するソリューションである。
>
> — Kim Cameron「The Laws of Identity」

何十万人、何百万人もの人々の身元情報を脅かす大規模な組織でのデータ漏洩ニュースが、毎週のように報じられている。不幸なことに、データ漏洩は日常茶飯事だということだ。データ漏洩を完全になくすことはおそらくできない。一方、幸いなことに、漏洩するデータの量を減らしたり、機密性の高いデータの漏洩を少なくするような制御を行うことは可能である。

多くの組織は人々に関するデータを過剰に収集し、いつか必要になるかもしれないという前提のもと保管している。アイデンティティメタシステムが「ジャスト・イン・タイム」転送をサポートすることで必要なデータを都度転送することができるにもかかわらず、である。

アイデンティティメタシステムは、組織がデータを過剰に収集したり、必要期間を超えて保管するのを防ぐことはできない。これは組織のポリシーであり、規制上の問題である。しかし、メタシステムは最小限の開示をサポートし、必要に応じてデータを簡単に取得できるため、収集するデータを減らすことが可能となる。

情報の種類によって、個人を特定しやすいものとしにくいものがある。たとえば、社会保障番号（SSN）は、使い捨ての識別子よりも個人を特定しやすい。個人を特定できる情報が少ないほど、複数のコンテキストをまたいで個人を特定できる可能性は低くなる。この情報は、SSNのような単一の、相関性の高い識別情報である必要はないが、個人を識別するために使用できる情報の集まりであってもよい。

良い例は、年齢を知る必要があるシステムである。伝統的に、このようなシステムは利用者に誕生日を尋ねるが、本当に必要なのは年齢だけである。誕生日は、郵便番号や性別などの情報と組み合わせると、年齢よりも一意に識別される可能性が高くなる。アイデンティティメタシステムは、「この人の年齢は何歳ですか？」ではなく、「この人の年齢は21歳以上ですか？」などの質問に答える機能をサポートすることで、さらに実際の年齢を特定しにくくすることができる。属性に対してイエスかノーで答えられる形式で質問をすることで、開示される情報の量と、その情報の識別方法を大幅に減らすことが可能となる。この場合、21歳以上の人は、特定の日に生まれた人よりも桁違いに母数が多くなる。

## 4.2.3 正当と認められる当事者

> デジタルアイデンティティシステムは、特定の状況において識別情報を必要とし、かつ入手できる正当な権利を持つ当事者のみに対して識別情報を開示するように設計されなければならない。
>
> — Kim Cameron「The Laws of Identity」

デジタルアイデンティティが重要なのは、人、組織、物が他の人、組織、物とデジタル上で関係を持つ必要があるためである。関係の当事者であるすべての人が、関係する他者について知る正当な理由を持っていることは明らかである。しかし、必ずしもすべてを知る必要があるとは限らない。最小限の開示の原則では、共有する情報は必要なものだけであるべきとされている。そして、**正当と認められる当事者**の原則では、これらの情報は、知る必要がある主体にのみ開示されるべきとされている。たとえば、12人の人々がBobのためにパーティーを計画しているとする。AliceがBobの年齢を知る必要がある場合、最小限の開示の原則では、Bobに誕生日を尋ねるべきではない。**正当と認められる当事者**の原則では、グループチャットではなく、ダイレクトメッセージで年齢を尋ねるべきだとしている。同様に、アイデンティティシステムは、トランザクションに関与し、知る必要がある当事者のみに、システムが送信するデータを表示できるように構築する必要がある。

この原則を念頭に置いて、**ソーシャルログイン**について検討してみよう。AliceがGoogle、Facebook、Apple、またはその他のサービスを使用してBravo社のサイトにログインすると、リライングパーティ（RP）であるBravo社のWebサイトにアクセスし、たとえばアイデンティティプロバイダー（IdP）であるGoogleにリダイレクトされ、そこでログインする（これらの用語の復習については2章を、ソーシャルログインの詳細については13章を参照）。IdPはAliceが正しい資格情報を提示したことを示す暗号化トークンをRPに送り返す。また、Aliceに関する他の属性情報も送り返す場合がある。

ソーシャルログインは当原則に違反するだろうか。IdPは、トランザクションを完了するために認証サービスが必要なため、正当な当事者であると主張することが可能である。またAliceとRPはこの取り決めに明確に同意しているので、IdPを正当な当事者と見なすことができる。

これらの原則の目的の1つは、アイデンティティシステムのアーキテクチャに情報を提供し、そういった情報がどこで効果的なのか、また、どこで悪用されたり、害を引き起こしたり、失敗する可能性があるのかを分析するのに役立つことである。ソーシャルログインのシナリオでは、IdPはAliceがBravo社にログインしていることを確認するだけでなく、ソーシャルログインを利用してBravo社のサービスを利用している**すべての**ユーザーの一覧を把握することができる。IdPはAliceがログインしている他のサービスについても知ることができるし、Bravo社はAliceについて知る必要がないこと（彼女がGoogleのアカウントを持っていること）まで知ることができる。その結果、多くの人がソーシャルログインを避け、可能な限りユーザー名とパスワードを使い続けている。ユーザーはソーシャルログイン企業に監視されたくないと考えている。

それでも、ソーシャルログインは人気があり成功しているように見える。しかし、その利用方法は普遍的とは言いがたい。たとえば、（アンチマネーロンダリングの）規制対象事業者である金融機関ではソーシャルログインを使用しない。彼らがソーシャルログインを望まない、もしくは利用できない理由をすべて知っているわけではないが、根源的な部分で、彼らが顧客との関係性の中で、ソーシャルログインを提供する企業を正当な当事者として見なしていないということだ。

正当な当事者であるということは、どんなアイデンティティ情報のやり取りであっても、それらの当事者の存在がアイデンティティシステムにより利用者に周知され認知されている、ということを意味する。ソーシャルログインは、利用者をIdPにリダイレクトすることで、存在を明確に認知させている。

いくつかのフェデレーションアイデンティティシステムでは明確に周知されていないケースも存在している。それらのシステムではリダイレクトする代わりにバックグラウンドで利用者に関する情報のやり取りをしている。これは、RPがIdPに直接接続するため、「phone home」問題[※2]と呼ばれることがある。意味のあるユーザー制御には、当原則に暗黙的に含まれる透明性が必要である。

　また、アイデンティティシステムに基づき構成されるオンライン広告ネットワーク抜きに、当原則を語ることはできない。広告ネットワークのアイデンティティシステムの中心となるのは、HTTPプロトコルに組み込まれた単純な相関識別子である**Cookie**である。**相関識別子**は、リクエストで利用できる一意の文字列となっている。HTTP Cookieはサーバーによって生成され、ブラウザに保存される。ブラウザがサーバーにリクエストを行うたび、ブラウザはCookieを送り返し、サーバーはそのブラウザからのすべてのリクエストを紐付けることができる（11章では、Cookieと相関関係についてより深く議論している）。

　（単純な）広告トラッキングの仕組みについて考えてみよう。Acme社のWebサイトに表示される広告は、Acme社が契約している広告会社が所有するサーバーから提供されている。広告サーバーは、ユーザーのブラウザにCookieを埋め込み、次に同じ広告サーバーからの広告を含むBravo社のWebサイトにアクセスさせる。ブラウザは、広告がBravo社のWebサイトで表示されたという情報とともに、Cookieを広告サーバーに送信する。広告サーバーを運営している会社は、ユーザーが両方のWebサイトにアクセスしたことを（他の多くのメタデータとともに）認識する。この仕組みの中では、1つのサイトでのリクエストを関連付けるのではなく、Cookieを使用してWeb全体のアクティビティを関連付けている。

　広告トラッキングがどれほど普及しているかを知るには、Fou Analytics社のPage X-Ray（https://pagexray.fouanalytics.com/）を見てみるとよい。Page X-Rayでは、ページ内のCookieとトラッカーの詳細情報が確認できる。たとえばwired.comをX-Rayで見ると、トラッカーが膨大な量のデータを共有し、何百もの関係者で構成される少なくとも5つのレイヤーにまたがって、扇状に広がっていることがわかる。これらすべての関係者は、自分たちの関与は正当であり、制限された使用のために最小限の開示で済むと信じている可能性があるが、多くの人々は同意しておらず、広告ネットワークがオンラインプライバシーに与える影響にますます懸念を抱いている。

## 4.2.4　方向付けられたアイデンティティ

ユニバーサルアイデンティティシステムは、オープンなエンティティが使用する「全方位的」な識別子と、プライベートなエンティティが使用する「指向性」を持った識別子の両方をサポートしなければならない。このようにして、情報を公開しつつも、不要な相互関係までサポートすることを回避すべきである。

— Kim Cameron「The Laws of Identity」

---

[※2]　訳注：コンピューターセキュリティにおいて、phone home（家に電話をかける）は、アプリケーションが情報を提供するためにそのメーカーのコンピューターにコンタクトするプロセスである。これは歓迎される（スマートフォンが紛失した場合に見つけられるように位置を報告する）こともあれば、ハッキング（ハッキングを作成者に報告するウイルス）や監視（広告でサポートされているサイトで行われる追跡Cookieなど）など歓迎されない場合もある。

アイデンティティシステムは識別子に依存している（10章でさらに詳しく解説する）。識別子にはさまざまな形式があるが、**方向付けられたアイデンティティ**の原則では、識別子は全方位的識別子と指向性を持った識別子の2つのタイプに分類される。より一般的には、前者を**パブリック識別子**と呼び、後者を**ピア識別子**または**プライベート識別子**と呼ぶ。

パブリック識別子は、誰でも簡単に認知・識別できることが良い点である[※3]。パブリック識別子は不変で誰でも知ることができるものだ。実際、この永続性が、パブリック識別子の特徴である。パブリック識別子は、識別子がバインドされているエンティティに関する情報を簡単に発見できるよう設計されている。

URLは、最も一般的なパブリック識別子である。これらは、同様にパブリックであるDNSドメイン名に基づいて設定される。また残念ながら、電話番号とメールアドレスもパブリック識別子だ。これらも比較的永続性があり、ほとんどの人は、情報が変更された際にすべての連絡先に通知することが非常に面倒なため、永続的であることを望んでいる。

一方、ピア識別子の価値は、公開されていないことである。ピア識別子は、非公開システムまたはメソッドを使用して識別が行われる。識別子は、混乱を避けるために再割り当てすることはできないが、永続性は不要で、実際にその多くは一時的に識別するためだけに利用されている。

ユーザー名（メールアドレスでない場合）は、ピア識別子の一例である。この識別子は特定のWebサイトのみで利用し、他のWebサイトと共通の値である必要はない。便利なパスワードマネージャーを使えば、オンライン上でそれぞれ異なるユーザー名を設定することもできる。もちろん、ユーザー名にメールアドレスしか使用できないWebサイトも実際は多いのだが。

ピア識別子は、すべてのトランザクションで相関性のある情報を漏洩しないため、パブリック識別子よりもプライバシー保護の面で非常に優れている。世界が直面している大きなプライバシー問題の多くは、社会保障番号（SSN）、電話番号、国民ID番号などのユニバーサルな識別子の漏洩に関連したものだ。

公開鍵基盤（PKI）証明書を使用してWeb接続をセキュアに保護することは、パブリック識別子によるアイデンティティシステムのもう1つの例である（詳細は9章で説明する）。PKI証明書は、識別子を公開鍵に紐付ける。この場合、識別子は証明書のドメイン名だ。このように利用することで、証明書が組織やWebサイトにとって非常に有効なアイデンティティシステムとなることが証明される。

一方、**ユーザー識別**を目的としたPKIベースの証明書の利用は、うまくいっていない。秘密鍵を所有する人は、PKI証明書を使用してWebサイトで認証したり、マシンにリモートログインしたりできる。初期のWeb標準では、Webサイトでの認証に証明書を使用することが想定されていた。Netscapeのブラウザと Web サーバーは、この機能をサポートしていた。PKI証明書の取得にかかる費用が当時としてはかなり高額であっため、この取り組みが失敗したとも言われている。しかし、人々が永続的な識別子を持ち、それをWeb上で利用することのプライバシーへの影響についても大きな懸念があった

---

※3　Resolve（訳注：原文は「The value of a public identifier is that it is easily resolvable by anyone.」）は、識別子と一緒に使うとおかしな言葉のように思えるかもしれない。私がこの用語を一般的な用語として使っているのは、特定の識別子で何をするかは、それが使用されるコンテキストに大きく依存するためである。

ことも大きな失敗要因である。

　ブラウザのCookieは興味深いケースである。前述のように、広告ネットワークはCookieを利用して、Webを利用する人々を監視する。クロスドメインのHTTP参照とCookieの利用により、ピア識別子を利用していたとしても、意図に反してパブリック識別子として機能してしまうこともある。

　公開鍵などの暗号化識別子は、連携するつど新しい鍵ペアが作成されれば、ピア識別子として機能することができる。これは大変に思えるかもしれないが、近年はソフトウェアで鍵を管理することができ、分散型識別子（DID）の開発により、多数のピア暗号識別子の管理が容易になった。これにより、指向性を持つ識別子の実現が容易になっている。9章では公開鍵と秘密鍵について詳細に説明し、15章では暗号化識別子について説明する。

　識別子は一見シンプルに見えるが、Cookieの例が示すように、正しく実装するのは難しい。アイデンティティ設計は、アイデンティティシステムの使いやすさ、安全性、および柔軟性に大きな影響を与える。アイデンティティメタシステムは、パブリック（全方位的）識別子とピア（指向性を持つ）識別子の両方をサポートする必要がある。要するに本原則は、アイデンティティメタシステムが単一で不変の識別子だけのサポートでは不十分であることを示している。

## 4.2.5　運用と技術の共存

> ユニバーサルアイデンティティシステムは、複数のアイデンティティプロバイダーによって実行される複数のアイデンティティテクノロジーを橋渡しし、有効に機能させなければならない。
>
> — Kim Cameron「The Laws of Identity」

**運用と技術の共存**の原則は、1つ以上のアイデンティティシステムが必要であることを示している。世界にはアイデンティティシステムがあふれており、それぞれが特定のコンテキストと目的のために構築されており、Cameronはこれを「アイデンティティ・エコロジー」と呼んでいる。

　一見するとこの原則は、他の原則、特に本章の後半で紹介する**特定のコンテキストに依存しない一貫したエクスペリエンス**の原則と矛盾しているように思えるかもしれない。アイデンティティのコンテキストに関係なく、制御と一貫したエクスペリエンスが必要な場合、それはユビキタスで広範なシステムを意味しないのだろうか。このジレンマを解決するには、アイデンティティメタシステムと、その上に構築されるアイデンティティシステムの関係を理解する必要がある。

　メタシステムにはカプセル化されたプロトコルがあり、その上に他のプロトコルを構築することができる。さらに、メタシステムは非集中化されており、多態性があり、さまざまな種類のデータを転送することができる。アイデンティティメタシステムは、アイデンティティシステムを構築するための安定したユニバーサル基盤を提供する。アイデンティティの原則を満たしているので、そこで構築されたシステムも同様にアイデンティティの原則を満たすこととなる。

　パスポート、運転免許証、国民IDカード、従業員バッジ、商業登記証明書、クレジットカード、職業免許証はすべて、特定の目的を達成するために特定のコンテキスト用に設計されたアイデンティティシステムだ。たった1つのシステムを設計して、これらすべてを何らかの普遍的なアイデンティティシ

ステムに置き換えることができると考えるのは馬鹿げている。しかし、これらはすべて、基盤となるメタシステム（物理世界で資格を確認する仕組み）を使用しているため、ユーザー制御と一貫したユーザーエクスペリエンスを実現している。

しかし、私たちにはそれ以上のことができる。映画のチケットはアイデンティティシステムである。あなたが**誰であるか**は特定しないが、あなたが**何であるか**は特定する。つまり、ある特定の時間に特定の劇場の座席に座ることのできる**N**人のうちの**1**人であることがわかる。この観点から見ると、あらゆる会場のチケット発行システムはアイデンティティシステムだ。処方箋、請求書、領収書、車や土地の所有権に関するシステムも同様である。それぞれが、誰かまたは何かを識別し、何らかの権利を伝達したり、何らかの取引を記録したりするように設計されている。また、これらはすべて、共通となる基本的なパターンを利用して、一貫したエクスペリエンスとユーザー制御を提供している。

ほとんどの組織は、中小企業であっても、意識的か無意識的かにかかわらず、アイデンティティシステムを設計して展開している。しかし、その多くはデジタル化されてはいない。インターネットが今後、より私たちの生活に入り込んでいくにつれ、デジタル化は進んでいくだろう。アイデンティティメタシステムは、これらすべてをサポートしていく必要がある。

## 4.2.6　ユーザーの統合

> ユニバーサルアイデンティティメタシステムは、利用者たるユーザーを分散システムのコンポーネントの1つとして定義しなければならない。ユーザー - マシン間の明確なコミュニケーションメカニズムを策定してユーザーを分散システムに統合し、アイデンティティを保護しなければならない。
>
> — Kim Cameron「The Laws of Identity」

2005年にKaliya HamlinとDoc SearlsとともにInternet Identity Workshopを始めた際、私たちが選んだテーマは「ユーザー中心のアイデンティティ」であった。これは大きな変化だった。それまでの数年間、アイデンティティに関する議論は主に企業とその内部ニーズに焦点が当てられており、あらゆる組織が、それぞれの状況に合わせたアイデンティティソリューションを構築しなければならないと感じていた。これに対し、**ユーザー中心**という用語は振り子を逆方向に振り戻し、人々と企業のニーズとを、アイデンティティシステムの中で統合するという設計哲学を示すものであった。

フィッシング攻撃、詐欺、複雑なシステムに関する不満、これらは人間がアイデンティティソリューションにどう参加するかを考えてこなかった結果である。フィッシングを例にとってみよう。フィッシング攻撃では侵入者は正当な組織、アプリケーション、またはWebサイトになりすまして、ユーザー名やパスワードなどの認証要素を盗む（11章参照）。フィッシングは、アイデンティティシステムの技術インフラを攻撃するのではなく、ユーザー自身を攻撃する。そのため電子メール、音声、ショートメッセージサービス（SMS）、ページハイジャック、さらにはカレンダーを介して発生する可能性がある。クイックレスポンス（QR）コードは、正規のQRコードに不正なQRコードが上書きされただけのフィッシング攻撃で使用されることがある。

QRコードフィッシングは、一般的なフィッシング手法であるURLリンク操作の1つの例である。リ

ンクはWebページ、電子メール、またはSMSメッセージに記載される可能性があるが、攻撃者の目的は正当なリンクに見せかけてターゲットを騙し、クリックさせることだ。新しいリンクは通常、本物と同じように見えるが、パスワード、クレジットカード番号、またはその他の個人的な情報を盗むといった、何らかの悪意があるページにつながるように設計されている。また、ソーシャルエンジニアリングでは、詐欺師がターゲットを騙してパスワードの公開、アクセスコードの引き渡し、資金の送金などの行動をターゲットに実行させている。

不正なリンク、偽のWebページはアイデンティティとは無関係に思えるかもしれないが、これらはアイデンティティシステムの設計がコンピューター上で表示される画面に終始し、人間の介入要素を無視しがちなために発生しているのだ。**ユーザーの統合**の原則によれば、設計者は、人々がいつ、どこで、どのようにアイデンティティを利用するかを考慮しながら設計を拡張していく必要がある。

ユーザーの統合の原則に従った設計がこの問題を軽減できる例として、Web認証について考えてみよう。認証に利用されるユーザー名とパスワードは、フィッシングの主要な攻撃対象である。Web認証は、ユーザーのブラウザとサイト間のセッションを繰り返し再構築する。セッションを再確立するこの流れは混乱を招くことが多く、ほとんどの人は、この複雑なプロセスがユーザーのやりたいことを阻害していると見なしている。そのため、フィッシング詐欺に悪用できる弱点となっている。アイデンティティシステムは、攻撃者に傍受されにくい相互認証接続を利用することでこれに対抗している。これによりトリッキーでエラーが発生しやすい操作がユーザーの手から離れ、より理解しやすい操作に置き換えられる。

ユーザーの統合には、人々がアイデンティティシステムをどう体験するかを根本的に変えること、つまりシステムが意思決定をサポートするのに十分な予測可能情報が必要である。要するに、アイデンティティシステムの設計において、**優れた**ユーザーエクスペリエンスを提供するためには、ユーザーという人間を考慮する必要がある。

## 4.2.7 特定のコンテキストに依存しない一貫したエクスペリエンス

> アイデンティティの統一的なメタシステムは、運用者やテクノロジーごとにコンテキストを分離することを可能にしつつも、シンプルで一貫したエクスペリエンスを確保できるものでなければならない。
>
> — Kim Cameron「The Laws of Identity」

**特定のコンテキストに依存しない一貫したエクスペリエンス**の原則は、人々の経験はコンテキストが変わっても**一貫**している必要があることを示している。一貫したユーザーエクスペリエンスを提供することで、デジタル世界の暗黙知の欠如を補うことができ、その代わりに人々の行動ルーチンを定義し定着させることができる。あるコンテキストに対して優れたユーザーエクスペリエンスを設計しても、別のコンテキストにおいてはまた異なるユーザーエクスペリエンスを利用しているのであれば、そのユーザーエクスペリエンスは不十分である。

一貫したユーザーエクスペリエンスの最も身近な例の1つに、自動車がある。1955年に亡くなった私

の祖父は、2022年モデルの車に乗ったとき、少し教わっただけで安全に運転することができた。自動車のユーザーエクスペリエンス（インターフェースだけでなく）は70年前からほとんど変わっていない。他にも、電子メール、ウィンドウ形式のユーザーインターフェース、さらには由緒あるQWERTYキーボードなど、さまざまな例がある。

　Webブラウザの過小評価されている機能の1つは、一貫したユーザーエクスペリエンスである。タブ、アドレスバー、戻るボタン、リロードなどの機能はどのブラウザを使用してもほぼ同じとなっている。「Don't break the back button!（リダイレクトのリフレッシュによりブラウザのバックボタンを使えなくしないこと）」という言葉が長年にわたりWebデザイナーにアドバイスされてきたのには、理由がある。人々は、Webの一貫したユーザーエクスペリエンスに依存しているのである。

　しかし大変残念なことに、アプリは、開発者をWebの制約から解放することで、そのすべてを変えてしまった。実際うまく利用されていることは間違いないが、私たちが失ったのは、核となるユーザーエクスペリエンスの一貫性である。加えてWeb、さらに言えばインターネットには、認証のための一貫したユーザーエクスペリエンスがない（少なくとも定着したものはない）。その結果、ユーザーエクスペリエンスは非常に断片的となっている。

　現在のWebサイトやアプリケーションに精通している人なら誰でも、使用するWebサイトやアプリケーションごとに認証手続きがわずかに異なっていることでフラストレーションが生じていることを知っている。ユーザー名とパスワードの入力ボックスは、おそらく「ログイン」ボタンの後ろなど、さまざまな場所に配置されている。ユーザー名を入力するまでパスワードボックスが表示されない場合もあるし、許容されるパスワードの長さと文字種に関するルールは、うんざりするほど複雑になる場合もある。サイトが多要素認証（MFA）を利用する場合もあるかもしれないが、一貫性がない。どういうことかと言うと、MFAにSMSやメールを利用するサイトに加えてアプリを使うものもあり、私の携帯電話には、定期的に利用する5つのMFAアプリがインストールされている。そして、これは認証のためだけのものである。

　これまでアイデンティティシステム設計上の問題として考えたことがなかったかもしれないが、Webサイトやアプリケーションが個人プロファイルの情報、住所、さらにはクレジットカード情報などを要求する場合はいつでも、属性、つまりアイデンティティデータを送信していることになる。これらの通信は、Webサイトやアプリケーションごとに異なる。同じ会社の異なるアプリケーションでさえ異なっていることが多い。パスワードマネージャーはこれらの問題をある程度解決したが、それでもまだいらいらさせられている。さらに悪いことに、一貫性のないユーザーエクスペリエンスは、オンライン上で横行する不正行為の多くの原因となっている。

　**コンテキスト間で一貫したエクスペリエンス**の原則は、他の原則やメタシステムと密接に結び付いており、メタシステムは、人々が他の人々、組織、物との間で安全なチャネルを確立するための共通手段を提供する必要ある。メタシステムのカプセル化プロトコルは、アイデンティティ情報を要求し、選択し、提供するための一貫した方法を提供している。何百万もの個別のアイデンティティシステムがアイデンティティメタシステムの上に構築されている場合でも、メタシステムはあらゆる種類のアイデンティティ情報を交換できる安全なチャネルを確立する役割を担っていれば、それぞれのユーザー

エクスペリエンスは一貫した状態を保てる。

　セキュリティの世界には「独自の暗号スイートを作ってはならない」という格言があるが、私は、アイデンティティには「独自のインターフェースを作ってはならない」という同様の格言が必要であると考える。一貫したユーザーエクスペリエンスは、同意が明確であり、どのサービスがシステムに参加しており情報のやり取りをしているのかをユーザーが確実に把握できるようになる。

## 4.3　アイデンティティの問題の解決

　アイデンティティメタシステムは、コンテキスト固有のアイデンティティシステムを構築するための基盤として利用できるための、以下の3つの主要な機能を提供している。

**関係性**
　　メタシステムは、人、組織、物が互いに関係性を持つための手段を提供する。これらの関係性は相互に認証され、安全であり、当該のユースケースの中だけに閉じている。

**安全なメッセージング**
　　メタシステムは、当事者間の安全なメッセージングをサポートすることにより、信頼関係を構築し、安心してアイデンティティ情報のやり取りを行えるようにする。

**信頼できるクレーム交換**
　　メタシステムは、メタシステム内に関係性を持つ当事者がメッセージングを使用して、多態的なクレーム（属性に関するメッセージ）を確実かつ安全に交換する手段を提供する。

　これらの特性を持つメタシステムが適切に設計されていれば、7つの原則に準拠し、そこ構築されたアイデンティティシステムも同様に原則に準拠させることができる。上記の性質を持ち、同一性の原則と整合するように設計されているアイデンティティメタシステムは、3章で述べたアイデンティティの問題を解決することができる。

　その方法を見てみよう。

**近接性**
　　**相互認証**された**チャネルを介した安全なクレーム交換**により、物理的な距離の問題を克服し、信頼できるデジタル上の関係を提供する。

**自律性**
　　**ユーザーの制御**、**最小限の開示**、および**正当と認められる当事者**の原則に準拠するメタシステムにより、境界が確立され、各参加者がメタシステム内の他の参加者との安全な関係を作成および管理できるようになり、参加者には自律性が与えられ、選択されたデータのみが共有されるようになる。

**柔軟性**
　　**非集中的**で**多態的**かつ**モジュール化**されたメタシステムにより、ユーザーや組織は必要なコ

ンテキスト固有のアイデンティティシステムを構築する。

### 同意

**ユーザーの制御と同意**、**正当と認められる当事者**、**ユーザーの統合**、および**一貫したエクスペリエンス**の原則に準拠したメタシステムにより、人々は自分が何を共有しているのか、誰と共有しているのかを明確に知ることができる。

### プライバシー

**最小限の開示**と**方向付けられたアイデンティティ**の原則に対する**安全**で**相互認証された関係**と形式を提供するメタシステムは、コンテキスト間の相関関係を減らし、共有されるデータの量を最小限に抑える手段を提供する。

### 匿名性

**信頼できるクレーム交換**をサポートし、**最小限の開示**と**方向付けられたアイデンティティ**の原則に準拠するメタシステムは、誰が永続的に参加しているかを明らかにすることなく、一時的な関係を作成し、必要なデータを共有できる。

### 相互運用性

**カプセル化されたプロトコル**を持ち、**運用と技術の共存**の原則に準拠し、**特定のコンテキストに依存しない一貫したエクスペリエンス**を備えたメタシステムにより、ユーザーは特定のユースケース以外でもクレームを共有できる。メタシステム上に構築されたアイデンティティシステムは、一貫したテクノロジーとユーザーエクスペリエンスを通じて相互運用される。

### スケーラビリティ

**非集中化**され、**カプセル化されたプロトコル**上に構築されたメタシステムは、さまざまなコンテキストで何百万ものアイデンティティシステムをサポートし、セキュリティ、プライバシー、またはユーザーエクスペリエンスを犠牲にすることなく、誰でも必要なアイデンティティシステムを構築できるようにする。

次の章では、デジタルアイデンティティの中核となる概念、アイデンティティシステムの実装を支えるテクノロジー、およびアイデンティティの原則に準拠したアーキテクチャについて説明する。その過程で、既存のアイデンティティのプロトコル、標準、およびシステムについても説明し、それらを原則に照らして評価する。

# 5章
# 関係性とアイデンティティ

私たちは普段あまり意識することはないが、物理世界において目的や期間にかかわらず、やり取りをするたび、関係性が構築されるものである。それはデジタル世界でも同様である。

アイデンティティについて考える上で私が好むシナリオの1つは、友人とのランチに関するシナリオだ。

時間どおりにレストランに着くと友人の姿はどこにも見当たらない。あなたは受付に予約について尋ねる。受付担当は、予約は正しく友人はすでに到着していると言う。あなたはテーブルまで案内され、そこで友人に挨拶をする。受付担当はあなたを席に案内しメニューを渡す。しばらくするとウェイターが注文を取りに来る。さまざまな料理についていくつか質問をする。2人とも注文を決め、ウェイターは厨房と連絡を取るためにテーブルを去る。料理ができあがるまでの間、友人とおしゃべりを楽しむ。その後、飲み物のお代わりをしたり、デザートを注文したりする。最終的にはクレジットカードで支払いを済ませる。

あなた、あなたの友人、受付担当、およびウェイターは、このシナリオの間、数え切れないほど何度も他の人、場所、および物を認識し、記憶し、やり取りをしたが、自分自身を特定の人物として識別する必要はなかった。クレジットカードでの支払いでも識別は必要ない。クレジットカードは、あなたに関する「何か」を表している。つまり、あなたが**誰**であるか、よりもあなたが**何**であるかを示している。また、名前と銀行の口座を持っていることは表示されるが、クレジットカードの素晴らしさは、信用を得たいすべての場所（店など）に口座を持っている必要がないことだ。そのつどトークンを提示するだけで、加盟店は支払いを受けることができることを確信できる。

このシナリオに出てくる「何」についていくつか挙げてみる。

- 受付
- あなたの友人
- 友人が座っているテーブル
- ウェイター

- 21歳以上の成人

- ミディアムレアステーキを注文した人

- お代わりが必要な人

- チップをよく払う人

- 79.35ドルを借りている人

- マスターカードを所持している人

あなたはレストランで食事をするのに、これらのどれも登録しておく必要はない。しかし、関係性は必要である。友人や銀行との関係のように、長い間継続し、身元が特定されている（あなたが誰であるかを知っている）ものもある。しかしほとんどは一時的で仮に名付けたものだ。ウェイターは確かに常連客を「識別」するが、通常は取引が完了するとすぐに忘れてしまう。また、ウェイターは通常、仮名を用いて識別をする（「PhilとLynne Windley」ではなく、「テーブル3のカップル」というように）。

これまで述べてきたように、デジタル世界では相手と距離が離れているという問題に悩まされている。そのため、関係性を築くための技術的手段が必要となる。

アイデンティティシステムを構築する理由は、アイデンティティを管理するためではなく、デジタル上での関係性をサポートするためである。アイデンティティは重要だが、最終目標ではない。デジタル上の関係性の本質を理解することで、目標を達成するためにどんなアイデンティティシステムの種類があるのかを理解することができる。

## 5.1　アイデンティティにおける適材適所

誰に尋ねるかによって答えは異なるが、人は平均しては100から300のオンラインアカウントを所持している。私のパスワードマネージャーには1,000以上のエントリーがある。アイデンティティの専門家であるSteve Wilsonは、フェデレーションスキームを使用して、すべての目的にかなうアイデンティティを集約して作成することには大きな欠陥があると述べている[1]。彼が言いたいのは、私たちは多くの関係性を保持しているからこそ、アイデンティティの数もこれほど多くなっているということである。

私たちのデジタル上の関係はすべて私たち自身という共通のルーツを持っているが、それらは個々のコンテキストを持つ。長く続くものもあれば一時的なものもあるし、個人的なものもあれば、ビジネス的または公共的なものもある。また重要なものもあれば、些細なものもある。それでも私たちはそれぞれの関係性を保持している。私たちは生息する環境に適応して進化したことで有名なように、多くの人が**アイデンティティデータ**と呼ぶ自分自身の情報を特定の関係性に適応させている。一度このことに気づくと、すべてのニーズに対応するためにオンラインアイデンティティを限られた数のみ作成するという考えは、馬鹿げているように思える。

それぞれの関係は、適材適所で進化してきただけでなく、今もなお絶えず変化している。多くの場

---

[1]　Stephen Wilson, "Identities Evolve: Why Federated Identity Is Easy Said Than Done". （2011年5月18日）SSRNのプレプリントサーバーで参照可能。(https://oreil.ly/QM3ZB)

合これらの変化は、すでにそこにあるものをさらに増やすだけにすぎない。たとえば私のNetflixアカウントは、私とNetflixの関係性を表している。私の視聴データは常に更新されているが、その構造が劇的に変化することは通常ない。ただし大きく変化する場合もある。Netflixでは追加のプロフィールを作成できるので、家族がそれぞれに関係性を構築することもできる。NetflixがDVDからストリーミングに移行したとき[2]、私たちの関係性は大きく変化した。

Googleログイン、Appleログイン、Facebookログインなどのアイデンティティシステム（**フェデレーション型アイデンティティシステム**と呼ばれ、13章で詳しく説明する）は、この重要な事実を無視し、複数のコンテキストを単一のアカウントで横断的に利用可能にしようとしている。組織はフェデレーションを利用することでアイデンティティシステムをアウトソーシングしようとする。しかし、認証（適切な人がログインしているか）をアウトソーシングすることはできても、コンテキストをアウトソーシングすることはできないため、これでは完全な解決策にはならない。その結果、フェデレーションを利用して認証をアウトソーシングする場合でも、各々のコンテキストごとのアカウントは維持されることとなる。

オンライン取引では物理的なやり取りがないため、本来オフラインで利用していたような相手が誰であるかを知るための手段は役立たない。アイデンティティの機能的定義は、私たちが他の存在を認識し、記憶し、反応する方法であることを思い出してほしい。これらの行動は、デジタルアイデンティティの問題を克服するためにデジタル上の関係性が持つべき3つの特性に対応している。

**完全性**
　私たちは、複数のやり取りの間で以前と同じエンティティを扱っていることを知っておきたい。言い換えれば、このやり取りが安全で信頼できるものでないといけない。

**存続期間**
　私たちは関係性を長続きさせたい場合もあるが、個別に扱いたい場合もある。短期間のやり取りのために一時的な仮名の関係性を作ることもある。

**実用性**
　私たちは、特定の目的のために特定のコンテキストの中でオンライン上の関係を構築する。

それぞれについて、以下で詳しく説明する。

## 5.2　関係の完全性

完全性がなければ、関係性の中で相手を認識し続けることはできない。したがって、すべてのアイデンティティシステムでは関係の完全性を管理するのが基本的な機能となる。フェデレーション型アイデンティティシステムは、組織アカウント管理のオーバーヘッドを削減し、ユーザーの利便性を高め、セキュリティを強化する形で完全性を提供することで、単体の（多くの場合はカスタマイズされた）ア

---

※2　訳注：Netflixは創業当初、郵送によるDVDレンタル事業を行っていた。

イデンティティシステムを改善できる。

　一番シンプルな関係性は、2つの当事者の存在で成り立つ。ここではAliceとBobと呼ぶことにする。AliceはBobとつながり、その結果AliceとBobの間には関係性が生まれる。AliceとBobは人であってもいいし、組織や、Webサイト・アプリ・サービスによって表される物である場合もある（この例では、AliceとBobを人間として扱う）。オンライン上の関係性において相手を認識するということは、相手（または物）に出会うたびに、同じエンティティを相手にしていることがわかるということだ。

　一般的なアイデンティティシステムでは、AliceがBobとの関係性を開始すると、Bobのシステムはユーザー名とパスワードを使用して関係の完全性を確認する。Aliceを識別するためのユーザー名と、以前と同じAliceであることを確認するためのパスワードを要求することで、BobがAliceと対話していることをある程度保証できる。このモデルでは、AliceとBobは同等ではない。むしろ、Bobはシステムを制御し、システムの使用方法と使用目的、認証に必要な要素、およびシステムが収集するデータ内容を決定する。

　フェデレーション型アイデンティティシステムでは、2章で学習したように、通常、Aliceは**主体または要求者**と呼ばれ、Bobは**リライングパーティ**（RP）と呼ばれる。要求者がRPのサイトにアクセスしたり、アプリを開いたりすると、RPが信頼する**アイデンティティプロバイダー**（IdP）（Google、Apple、Facebookなど）を通じて関係性を確立する確立するように促される。要求者は、これらのIdPと関係がある場合もない場合もある。RPはユーザー登録時の摩擦を減らすために、登録者数が多い有名なIdPを選定する。要求者は、RPで表示されるメニューから利用するIdPを選択し、IdPのアイデンティティサービスにリダイレクトされ、そこでIdPに対して認証され、RPにリダイレクトされる。このフローの一部として、RPはIdPから、IdPがこの人物を保証することを示す何らかのトークンを取得する。また、IdPがコンシューマー用に保存した属性を取得する場合もある。

　フェデレーションモデルでは、IdPが個人を識別し、RPとの関係の完全性を証明する。IdPは**関係性の中間に位置し、管理的な役割を果たす**第三者の立場である。IdPのサービスがなければ、RPは関係性が長期にわたって保全されていることを保証できないかもしれない。一方、このモデルでは、利用者はRPとIdPの関係の完全性に関して何ら保証を得ることはできない。そのため通常、（通信の）保全性を担保するためにトランスポート層セキュリティ（TLS）[3]に依存することになる。しかし、Webブラウザを介したやり取りについては利用者の目に触れることができるが、モバイルアプリ内では利用者が識別することはほとんどできない。AliceとBobはフェデレーションモデルでは対等ではなく、AliceはIdPとRP両方の管理下に置かれ、RP（Bob）はIdPの管理下に置かれる。

　これまで見てきたように、フェデレーションモデルに代わるものとして、自己主権型アイデンティティ（SSI）がある。SSIではAliceとBobが**分散型識別子**（DID）を交換することで関係が始まる。たとえば、AliceがBobのWebサイト、アプリ、またはサービスにアクセスすると、接続の招待が事前に送信される。招待を承諾すると、ソフトウェアエージェントを利用して、この関係のために作成されたDIDを共有する。次に彼女はBobからDIDを受け取る。DIDは暗号学的な性質を持っており、両者が

---

※3　TLSは、Web上でのやり取りを保護するために使用されるプロトコルである。これについては、9章で詳しく説明する。

相互に認証する手段を提供するため、このことを**コネクション**と呼ぶ。これは利用するソフトウェアにより裏側で実施されるため、Aliceが実際にこのアクティビティのすべてを見るわけではない。

SSIでは第三者による証明に頼ることなく、参加者は相互に認証を行う。そのため各参加者の識別子は各々が自身で証明する。これは、フェデレーション型モデルとは対照的に、SSIによる関係は第三者の介入なしに固有の完全性を持っていることを意味する。DIDを交換することで、両者は公開鍵も交換する。その結果、暗号学的な手段によって、コネクションを開始する際に受け取ったDIDをコントロールできる当事者とやり取りしていることを確認できる。SSIでは、AliceとBobはどちらも等しくコネクションを制御できる同等の存在となる。

仲介者が関係の完全性を保証しなくてもよいことに加えて、SSIにおいて関係性が同等であるという性質は、どちらの当事者も相手の資格情報にアクセスできないことを意味する。**相互認証**とは、各当事者がそれぞれの鍵を管理しながら、相手を認証できることを意味する。どちらも秘密鍵を他の当事者と共有する必要はない。このアーキテクチャでは、システムを使用するすべてのユーザーの資格情報に管理者がアクセスできないため、クレデンシャル盗難のリスクが大幅に軽減される。これについては、11章で詳しく説明する。

## 5.3　関係の存続期間

物理世界であれデジタル世界であれ、関係性には存続期間がある。現代のデジタルアイデンティティシステムの最大の欠陥の1つは、人はしばしば短期間の関係性を望んでいること、さらには必要としていることを認識していない、ということだ。

あなたの典型的な1日を少し考えてみてほしい。物理世界で永続的な関係性を築けるような人々や組織がどれだけあるだろうか。コンビニエンスストアに立ち寄ってコーヒーを飲むたびに、コーヒーマシン、レジ係、POS端末、そして前後に並んでいる顧客と永続的な関係を築かなければならないと想像してみてほしい。馬鹿げていると思うだろうが、このことはデジタル上の取引においては必要なものである。あらゆる場面で、オンラインで取引や交流をするための永続的なアカウントを開設するよう求められる。

これにはいくつかの理由がある。最大の理由は多くのWebサイト、アプリ、およびサービスが（良くても）あなたに広告を送ろうとしており、（より悪いものだと）他のサイトであなたを追跡しようとしているためだ。不必要で永続的な関係性は監視経済の基盤であり、現代のオンライン体験の枠組みを決めつつある[4]。より一般的な理由は、単に短期間のデジタル上の関係性を素早く作成し直ちに解消するシステムが不足しているためである。

一方で長期間関係性を築くことを<u>望む</u>サービスもある。たとえば、私たちはAmazonやNetflixとの関係を大切にしている。しかし、やり取りしている間だけ関係性を持てればいいこともたくさんある。最近、私はECサイトでカートップキャリア用のボルトを注文した。私はいつもこれらのボルトを注文

---

[4]　「監視経済（Surveillance economy）」は、Shoshana Zuboffが著書『The Age of Surveillance Capitalism』（邦訳：『監視資本主義―人類の未来を賭けた闘い』東洋経済新報社刊、2021年）の中で提唱した造語。詳細は8章で説明する。

するわけではないので、注文してしまえば終わる一時的な関係を望んでいた。

モノのインターネット（IoT）においては、一時的な関係性の構築がさらに必要とされる。めったに訪れない建物のドアを開ける際のデジタル認証では、その建物と長期的な関係を築くような面倒なことはしたくない。私は単にドアを開けたいだけで、その後は忘れてほしい。

デジタル上の関係は、簡単に設定したり破棄したりできるものでなければならない。双方が望むなら、時間の経過とともに関係性を成長させられるようにもしなければならない。関係が続く間は、それをコントロールできるさまざまな手段を提供し、管理を簡単にできるようにしておく必要がある。自分に長期的なメリットがない限り、長期的な関係を築く必要はないはずだ。そしてデジタル上の関係が終わるというとき、真にその関係は破棄されているべきだ。

### 5.3.1　匿名性と仮名性

一時的で短期的な関係は、匿名性と仮名性につながる。人々が物理世界のやり取りを説明するために**匿名**という言葉を使うとき、彼らはほとんどの場合、技術的に言えば**仮名**のことを話している。喫茶店でバリスタとやり取りするとき、彼らはあなたの名前を知らないという意味で匿名である。しかし彼らはやり取りの間、あなたを認識して覚えており、さらにはあなたが常連客であることまで知っているかもしれない。ほとんどのオンラインサービスが少なくともセッションが続く間、ある種の識別子を使用する必要があるため、完全な匿名を保つ真の匿名性は非現実的である。サービス側が、異なるユーザーを区別できるということは、ユーザーは匿名ではない。つまり、アイデンティティの世界では、私たちはほとんどの場合常に仮名を扱っている。

仮名を扱うシステムでは、ユーザーは一意に識別されるが、他の識別情報は共有されない。このシステムは、属性、権利、および特権を関連付けることができる一意の識別子を主体に与える。**仮名**は、通常、人に対してのみ利用される用語だ。なぜなら、一意の識別子とそれに関連する属性、権利、および特権は、私たちが定義しているようなアイデンティティレコードを構成するためである。仮名は、主体以外の誰も、このレコードと、主体が記録されている可能性がある他のレコードを結び付けることができないことを意味する。

企業は、オンラインサービス設計プロセスの早い段階で「絶対に必要な識別情報は何か」を考えるべきである。私が「企業」と言ったのは、ほとんどの場合、これはビジネス上の決定であり技術的な決定ではないからだ。理想的なのは、要求する各属性が、データ収集の必要性と、データを提供することで顧客が受け取るメリットにもリンクしている状態である。

このルールは実際、あまり守られていない。あなたはおそらく企業がサービスを提供するために必要な量より多くの項目を要求するWebフォームに情報を記入したことがあるだろう。そしてあなたはおそらく嫌な気持ちになっただろう。さらに企業はあなたの利益のためであろうとなかろうと、そのデータを利用しなかった可能性が高い。不要なデータの収集は、顧客を遠ざけ、フォームが煩雑になるので、行うべきではない。

## 5.3.2 流動的な多仮名性

　これまで述べてきたように、物理世界において私たちは比較的匿名性を保ったまま他者（人や組織の両方）とやり取りをする。物理世界のほとんどの関係性は一時的である。実生活では、ほとんどのものにアイデンティティシステムは存在していない。映画を見るために映画館に身分を明かす必要はない。私たちは具現化し独立した存在として行動している。私たちは、物理的存在と物理原則によって、多くの場面で匿名性を保ちながら行動することが可能となっている。対照的に、ほとんどのデジタル上の関係性は、デジタルアイデンティティシステムの配下で構築される。

　オンラインでは、私たちは、利用者の行動が完全に把握されることが、長期的な関係性を作る上でデフォルトであると受け入れてきた。1つの理由は利便性だ。私たちがクレジットカードや配送情報をAmazonに記録しておくのは便利だからだ。私がどんな本を買ったか記憶しているので、同じ本を何度も買うことがない。しかし、Amazonにアカウントを作成せずにこの便利さを手に入れることができるとしたらどうだろう？

　Web上でのやり取りのほとんどに、長期的な関係性が必要な技術的な理由はない。だからといって利便性が不要というわけではないが、スーパーマーケットのロイヤリティプログラムのように、サービスに必須ではなくオプションであるべきだ。私たちのデジタル上での生活は、アイデンティティシステムの設計者がそれを可能にするシステムを構築すれば、物理的な生活と同じくらいプライベートなものになる。企業が私たちを監視する必要はない。そして、企業がより良いサービスを提供するために私たちを監視しているというのは、単なる言い訳にすぎない。本当の理由は、それが儲かるからである。

　私は、哲学教授のKathleen Wallaceの言葉「自己は単に社会的なネットワークの中で『ネットワーク化』された存在というだけでなく、自分自身がネットワークでもある」という言葉が好きだ[5]。私たちはアイデンティティの機能を、私たちが特定の人や物をどのように認識し、記憶し、反応するかのためのものと定義してきたが、Wallaceの洞察では、人、組織、または物の観点からアイデンティティを定義している。私たちは複数の自己を持っており、時間とともに、たとえ1日の間でさえ変化している。アイデンティティシステムの設計者はシステムを設計する際に、このことを忘れてはならない。Emil Sotirovは、この考えを**流動的な多仮名性**と呼んでいる[6]。私がこの言葉を気に入っているのは、アイデンティティがどのように機能するかを正確に表していると思うからだ。

　従来のアイデンティティシステムの設計は、実生活のような流動的な多仮名性を反映していないため、人々の実際の生活と一致していない。誰か（通常は政府）が、すべての人に永続的な「アイデンティティ」を発行することで、オンラインアイデンティティの問題を解決するよう求める声をよく耳にする。私たちの関係性には多様な性質があるため、この考えが愚かであることはわかるだろう。全員を（文字どおり）政府が発行する識別子と少数の属性に結び付けても、アイデンティティの問題が解決するわけではなく、むしろ悪化するだろう。

　このような声は、多くの場合、アイデンティティコミュニティ内からは発信されない。アイデンティ

---

※5　Kathleen Wallace, "You Are a Network", Aeon, May 2021,（2022年2月2日に参照）.（https://oreil.ly/GAkP2）
※6　2021年8月28日の投稿（https://oreil.ly/w6X3s）、2022年2月2日に参照。

ティの専門家は、この問題がいかに難しいか、そして誰にとっても単一のアイデンティティは存在しないことを理解している。しかし、アイデンティティの専門家でさえ、**アイデンティティ**という言葉を「アカウント」という意味で利用している。私たちはみな、物理世界でもオンラインでも複数の関係を持っており、その多くは仮名で一時的である。しかし最初は仮名で一時的な関係であっても、時間の経過とともに永続的でより明確に定義されるものに発展する可能性がある。オンラインサービスとの関係も、時間の経過とともに変化する。要するに私たちの関係性は流動的であり、それぞれが異なるものなのだ。

## 5.4　関係の実用性

　接続相手を認証するためにデジタル上の関係を築くわけではないのは明らかだ。完全性はアイデンティティシステムにとって必要条件だが十分条件ではない。これは、ほとんどのアイデンティティモデルで不足している点である。現代のWebの進化を考えると、なぜそうなるのか理解できる。Eコマースサイトなど、物理的に存在しない場所に訪問するようになったことで、ユーザー中心のアイデンティティシステムが必要となった。アイデンティティシステムが関係の完全性を確立したら、少なくともWebサイトの観点からは、残りの部分はHTTPが提供することが期待されていた。

　従来のアイデンティティおよびアクセス管理（IAM）システムのほとんどは、完全性とアクセス制御以上のものを提供していない。サービスが、ユーザーが誰であるか、または何であるかを確認すると、そのサービスはあなたにどのリソースを表示したり変更させてもよいかを知ることができる。しかし、デジタルサービスが私たちの生活にますます多く介在するにつれて、アイデンティティシステムには単純なアクセス制御以上の実用性が必要になる。フェデレーションモデルでIdPが提供できるのは、完全性と、おそらく静的でカスタマイズ不可能なスキーマのほんの一部の属性だけだ。さらに悪いことに、これらの属性は通常自己申告されたものにすぎないため、RPが信頼できる度合いが大幅に低下する。深い関係を築くには自己申告された属性以上のものが必要である。

　関係は、実用性を提供するために確立される。ECサイトは、あなたに物を売りたいと考えている。そしてソーシャルメディアサイトは、広告を表示したいと考えている。したがってIAMシステムを中心に構築されたアイデンティティシステムは、関係の完全性を確立するだけでなく、ユーザーとユーザーのアクティビティに関するデータを保存するように設計されている。ほとんどの場合、これは歓迎すべきことである。Amazonが過去の注文を表示してくれたり、Netflixがシリーズのどのあたりまで見たか教えてくれたり、X（旧Twitter）がフォロワーや過去のツイートを追跡してくれたりするのは、ユーザーにとって利益がある。

　実際のアイデンティティシステムは、IAMが提供する部分よりもはるかに大規模で専門的だ。これらの企業が利用するすべてのアカウントまたはプロファイルデータは、企業が構築し実行するアイデンティティシステムの一部と考えるのが適切である。2章で説明したように、アイデンティティシステムは、主体、識別子、属性、生データ、およびコンテキストの情報資産を取得し、関連付け、適用し、推論し管理する。これは非常に範囲が広い。

フェデレーション技術を使用する認証システム関係の完全性をアウトソーシングしているかどうかにかかわらず（上記のどの企業もアウトソーシングしていないことに注意）、企業はサービスを提供するために顧客との関係を追跡する必要がある。アイデンティティシステム内のデータは特定の用途に合わせて進化しているため、第三者に委託することはできない。NetflixやAmazonからアイデンティティシステムを取り除けば、もはやこれまでと同じ会社ではなくなってしまう。

これはシンプルだが重要な結論につながる。つまり**関係性をアウトソーシングすることはできない**、**ということである**。オンラインのアプリやサービスは、入手した情報で関係性を具体化し、利便性を提供する。これをうまく実現することが現代のWebの基盤である。

そのため、企業は常にアイデンティティシステムを構築、管理、使用する必要がある。アイデンティティシステムこそが企業そのものであり、「万能」のモデルは存在しない。本書では、目的に合致し、参加者のコンテキストの変化に合わせて進化するような、オンライン上での関係性を築くアイデンティティシステムの概念、手順、アーキテクチャ、および機能について詳しく説明する。

## 5.5　取引関係と互恵関係

関係性を管理するためにアイデンティティシステムを構築するという前提から始めると、利用するアイデンティティシステムによってどのような関係性がサポートされているのか疑問に思うかもしれない。言い換えると、あなたはどのようなオンライン関係があるだろうか? 私の場合、大半は取引関係である。**取引関係**は通常、売買という商業的なやり取りに焦点を当てているが、必ずしもそれに限定されるわけではない。取引関係は基本的にビジネス上の取引であり、互恵関係に基づいている。

私とAmazonとNetflixの関係は取引型だ。この関係は適切であり、期待どおりのものでもある。しかしX（旧Twitter）での関係性はどうだろうか? 友人、同僚、あるいは家族の関係性だと思うかもしれない。しかし、私はそれらも取引関係に分類している。

X上での私の関係性は、X社の管理下にある。X社は収益化するために関係性の生成を促進している。たとえあなたが気づいていなくても、やり取りの種類、頻度、親密さに影響を与えている。Xのプラットフォームと製品の決定はX社に最も利益をもたらす種類のやり取りをどんどん促進していく。あなたのX上での興味関心と行動は、これまでの取引の産物である。その関係性の中で、私ができることは、Xが私に何を許可するかにかかっている。ソーシャルメディアプラットフォーム上であなたが持つすべての関係性は、あなたとプラットフォーム自体との関係性に準じることとなる。

この主張に同意できるのであれば、私たちのオンライン上の関係性はほとんどが取引的か、少なくとも商業的であることに同意できるだろう。そこに**互恵関係**と呼べるものはほとんどないが、メールは例外である。メールは、このような取引的に管理されたオンライン上の関係性における良い例外の1つである。AliceとBobが電子メールを送り合う場合、両者は特定のメールプロバイダーと取引関係を持っているが、そのやり取りは必ずしも単一の電子メールプロバイダーの管理領域内で行われるとは限らない。何が異なるのか探ってみよう。

メールと、オンライン上の関係性をサポートするために構築された他システムとの最も明白な違い

は、メールがプロトコルに基づいていることだ。アイデンティティの原則でプロトコルの重要性を説明したことを思い出してほしい。下記がプロトコルに基づいた設計の結果である。

**ユーザーは、メールサーバーを選択する（場合によっては制御も可能）**
メールクライアントでは、複数のメールプロバイダーを選択できる。必要に応じて、自分でメールサーバーを運用することもできる。

**データは「クラウド」内のサーバーに保存される**
メールクライアントは、アカウント情報以外のユーザーデータを保存する必要はない。多くのメールクライアントは、パフォーマンス上の理由からメールデータをローカルに保存するが、実際のデータはクラウド上にある。

**メールクライアントの動作は、どのサーバーに接続しても変わらない**
メールクライアントが適切なプロトコルを利用するメールサーバーと通信している限り、同じ機能を提供できる。

**クライアントは代替可能である**
メールを受信する場所やメールを交換できる相手を変更することなく、機能に基づいてメールクライアントを選択できる。

**複数のクライアントを同時に利用できる**
あるメールクライアントを自宅で利用し、職場では別のメールクライアントを利用しても、自分のメールを一貫したUIで確認することができる。パソコンが手元にない場合は、Webクライアントからメールにアクセスすることもできる。

**メールアドレス以外何も知らなくてもメールを送信できる**
メールの受信方法や処理方法に関する詳細は、送信者には関係がない。メールアドレスにメールを送るだけである。

**メールサーバーは、所有権の境界を越えて相互に通信できる**
GmailやYahoo!メールを使っても、メールは配信される。

**メールプロバイダーを簡単に変更したり、自分でサーバーを運営することもできる**
私はGmailを使用しているが、windley.orgでメールを受信している。また、私は自分のメールサーバーを運営していたこともある。Gmailがなくなっても、自分のサーバーをまた運用することができる。そして周りに知らせる必要もない。

**メールをやり取りする当事者は、対等な関係で対話する**
どちらも相手のシステム内には存在せず、相手の制御下には置かれない。

**メールは、想像しうるほとんどすべての種類の関係をサポートする**
柔軟性はメールの特徴であり、多くの識者の予測にもかかわらず、メールが滅びない理由でもある。

　要するに、メールはインターネットのアーキテクチャに沿って設計され、4章で概説したメタシステムの特性に従って機能する。メールは非集中的であり、**決められた通信手順に従って動作する**（つまりプロトコルを使用する）。メールはオープンな仕組み（必ずしもオープンソースではないが）であり、その中核をなすプロトコルである IMAP（Internet Mail Access Protocol）と SMTP（Simple Mail Transfer Protocol）を使用できるクライアントやサーバーを誰でも構築できるという点でオープンである。その結果、メールは選択の自由を最大化し、混乱の可能性を最小限に抑えている。

　デジタルアイデンティティに関する本でメールについて論じる理由は、メールが提供する機能やメリットは、すべてのオンライン上の関係性において必要なものだからだ。これらの関係性により、メールによる取引で互恵関係を構築することができる。ここでの重要な洞察は、互恵関係をサポートするシステムは、必要ならば取引関係も簡単にサポートできるということである。しかし、その逆は当てはまらない。取引関係を構築するためのシステムは、互恵関係を容易にサポートはできない。

　メールには明らかな弱点がある。最も顕著なのは、関係する当事者間の相互認証をサポートしていないため、スパムやフィッシング攻撃などの問題に悩まされていることだ。しかし、Slack や Teams などのソーシャルメディアや業務用プラットフォームの台頭にもかかわらず、メールが柔軟な関係性を生んでいる点が、いまだに使用されている主な理由である。

## 5.6　豊かな関係性の促進

　関係性はデジタルアイデンティティの核心である。アイデンティティシステムのアーキテクチャは、完全性、適切な存続期間、および特定の関係に必要な実用性を提供する必要がある。同時に、システムはアイデンティティの原則に準拠する必要がある。プロトコルベースのアーキテクチャは、4章で説明した特性を提供すると同時に、実生活に近くて信用できると感じられるような、意味のあるオンライン関係を構築するための柔軟性を持っている。そして安全性を高め、人々が効果的なオンライン生活を送ることを可能にするだろう。

# 6章
# デジタル上の関係のライフサイクル

　私が小学生の頃、クラスで青虫を捕まえて、葉っぱの入った瓶に入れて、どんなことが起こるのか観察していたことがある。あなたもおそらく経験したことがあるだろう。もちろん、やがて青虫は蛹<sup>さなぎ</sup>となり小さな瓶の中の観察は退屈なものとなった。しかし、先生は私たちに観察を続けるように励まし、ある朝、瓶の中に大きな蝶がいるのを見て感激した。この簡単な実験は、蝶と青虫は、その生涯の異なる段階にいる同じ生き物であるということをはっきりと示した。

　科学者はライフサイクルを利用して、一見無関係に見えるものをつないでいく。私は、同じ理由で、ライフサイクルを利用して情報技術の問題を分析することを非常に好んでいる。ライフサイクルは問題の発生やプロジェクトのフェーズを定義するのに役立ち、断片的ではなく全体的に処理できるようにする。また、プロセスに関連するアクティビティを分類する場合にも役立つ。

　図6-1に示すように、デジタル上の関係にはライフサイクルがある。そして、その関係性が長期的か短期的か、または一時的な関係性かどうかはライフサイクルの有無に影響はしない。デジタル上の関係のライフサイクルがシステムや企業全体でどのように展開されているかを理解することは、関係性を管理するための戦略を策定する上で非常に重要である。

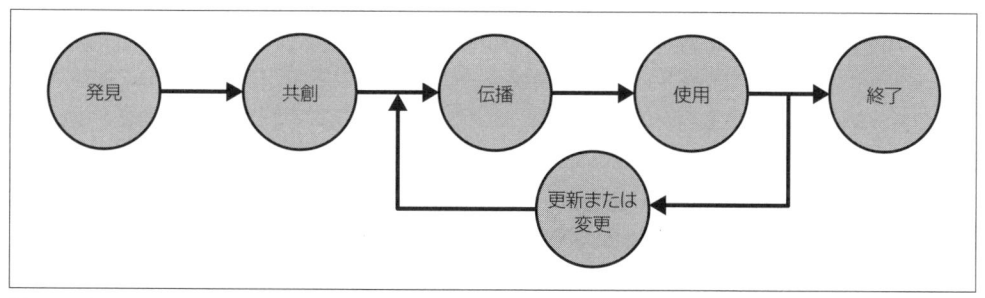

図6-1　デジタル上の関係のライフサイクルの管理

　簡単に言うと、デジタル上の関係は、あるエンティティが別のエンティティを**発見**することから始まる。もし双方が関係性の構築を求めれば、関係性は**共創**される。この関係性は関連するシステムに伝

播され、その後使用される。前の章で説明したように、関係性は時間の経過とともに**変化**または**更新**されるため、定期的にアップデートする必要がある。ある時点で関係性がその目的を果たし、もはや必要とされなくなったとき関係性は**終了**する。次節から、各フェーズについて詳しく説明する。

## 6.1　発見

発見は、ライフサイクルの初期段階である。もしあなたが、顧客がどのようにサービスやデジタル製品を見つけるか気にしている場合は、これをマーケティング機能として捉えるかもしれない。しかし、次のようなことまで考えを広げると、より興味深く、そして複雑なものとなる。

- 友人同士はオンライン上でどう知り合うのか
- あなたの携帯電話は、接続したい電子錠[※1]をどう見つけるのか
- 特定企業の**正しい**識別子どう見つけるのか
- 特定の識別子が何を指しているのかを、どう調べるか
- 特定のエンティティ（Webサイト、API、Bluetooth接続など）とやり取りするための正しい場所をどのように見つけるか

10章では、発見について詳しく説明する。

## 6.2　共創

関係性を築きたいエンティティを見つけたら、実際に関係を構築する必要がある。私がこれを「共創」と呼ぶのは、関係には常に少なくとも2つの当事者が関与し、すべての当事者が関係性構築のプロセスに参加する必要があるからである。関係性の構築は、各当事者が役割を持ち、手順に従って行う手続きである。手続きの性質は、関係の種類に大きく依存する。

5章のレストランの例に戻ると、食事の過程において短期間な関係性や一時的な関係性がいくつも生まれる。それがとても自然に感じられる理由は、私たちはみな、レストランにおける食事の過程で起こる多くの手続きが当たり前のものとなっているからである。

Webサイトやアプリでアカウントを作成する場合、人は何らかの方法で情報を入力し、場合によっては多要素認証を設定する必要がある。しかし、その他に必要となるプロセスの大部分は、企業が用意したソフトウェアが主要な役割を果たす。

**プロビジョニング**とは、クライアント、顧客、または他のユーザーにサービスを提供するためにシステムを利用可能な状態にするプロセスである。デジタル上の関係において、プロビジョニングはアカウントを作成し、属性を入力することを意味する。これらの属性の多くは、アカウント作成者により提供され、名前、場所、メールアドレス、電話番号などの標準的な情報だけでなく、システム固有の情報も含まれる。たとえば、Xのアカウントシステムには、「プロフィール」としてバナー、プロフィール写

---

※1　訳注：BluetoothやWi-Fiを利用してドアのロックを制御できるドアロックのこと。

真、自己紹介などが含まれている。

　プロビジョニングは、管理者が実施する場合と、ユーザーが実施する場合（セルフサービスと呼ばれる）のいずれかで行われる。たとえば、新入社員が会社に入社すると、そのアカウントは複数のシステムにプロビジョニングされ、オフィスの割り当て、給与支払い管理、コンピューターの取得、バッジの取得、健康保険への加入などが行われる。これには、各管理者による個別のアクションが必要な場合や、一度のリクエストによってすべてのアクションが発生するように処理が連携されている場合もある。

　私たちはみなセルフサービスのプロビジョニングに慣れ親しんでおり、Webやスマートフォンのアプリでこれを日常的に目にしている。セルフサービスのプロビジョニングは、ネットワーク経由で提供されるサービスに最適であり、物理的な資格情報（クレジットカード以外）を確認する必要がほとんどない場合にうまく機能する。

　ソーシャルメディアの爆発的な普及により、X（旧Twitter）、Facebook、LinkedInなどのプラットフォームを介した関係性が生まれた。プラットフォーム上にアカウントを作成し、プラットフォームのシステム内で互いにフォローしたり、つながり合ったりする。これらの関係性の一部（たとえばXのフォローなど）は、両者が同じレベルで実施する必要がないため、非対称である。その他（Facebookの友だちなど）は対称的であり、ある関係における特性や要素は両者で共有される。これらの関係性は、プラットフォーム自体との関係性に従属しており、一般的に簡単に作成することができる。

　関係性の構築は、もっと形式ばらない場合もある。2人がメールまたはビットコインのアドレスを交換するとき、連絡先管理ツールやデジタルウォレットなどのツールによって関係性がサポートされている。

## 6.3　伝播

　私がiMallの最高技術責任者（CTO）だったとき、小規模な加盟店がアカウント登録をしてフルサービスのオンラインストアを作成できる大規模なEコマースシステムを開発した。このシステムでは、加盟店が自身のアカウントをプロビジョニングできる、セルフサービスのアカウント管理システムが存在していた。その後、システムが多数のシステム上にディレクトリやファイルを作成したり、他のシステム上のデータベースにレコードを追加したり、外部パートナーを通じて加盟店の銀行口座を開設できるように、アイデンティティ情報が伝播された。このアイデンティティ情報の伝播は、システムの全体的な機能にとって重要であった。

　人事システムの場合は、**ゼロデイスタート**機能といって企業がオフィスの割り当て、給与の設定などのシステムをリンクさせることで、従業員が配属初日に必要な物理的および仮想的なすべてのリソースにアクセスできるようにしている。これで、従業員は初日から生産性を上げることが可能になる。

　単純なシステムの場合、伝播はアカウント情報をディレクトリに書き込むのと同じくらい簡単である。より複雑なシステムでは、複数のシステムで使用するためにアイデンティティディレクトリを共有する場合がある（10章を参照）。ITアーキテクチャは、単一の**システム**や**データ**（アカウントなど）を唯一のリポジトリとして機能させるという考えから、すでに進化している。今日の分散ITシステムでは、そのような単一の状態が存在すると、密接に結合されたシステムを生んでしまい、障害やパフォーマンスの問題に対して脆弱となる。代わりに最新のシステムでは複数のリポジトリにデータを保管しており、それらは同期された状態を保つ必要がある。

　伝搬は、アイデンティティレコードが変更されるたびに、確実に行われる必要がある。最近の分散システムは、複数のトランザクションがあるとデータの一貫性（複数の独立したアクションにわたる原子性）を保証できないため、これが課題となり得る。分散システムでは、厳密な一貫性を保つために（通常はトランザクションを）できるだけシステムの狭い範囲にとどめ、それ以外の部分では最終的に一貫性が保たれるような回復処理を施している。

　その理由を知るために、この節の冒頭で挙げた例を考えてみよう。あなたがアカウントを作成したとする。システムは、ディレクトリレコード、ファイル、およびデータベースレコードを複数のシステム上に作成するが、アカウント作成のための支払いが拒否されたことを検出する。アカウントのプロビジョニングは部分的に完了した状態にあり、初期状態に戻すことは簡単でない。一度の伝播に含まれるアクションが多いほど、問題の回復はより困難を極める。そのため、支払いと初期のプロビジョニングをトランザクションで保護することが考えられる。これで、アカウント作成時の支払いがうまくいかなかった場合、プロビジョニングが送信されないようにすることができるだろう。

　アカウントのプロビジョニングには、多数のシステムが関係している可能性がある。そのうちの1つがオフラインであるか、メッセージ受信に失敗した場合、システムは不整合に注意しながらリカバリーアクションによって原状復帰する手段を準備しておく必要がある。分散システムの設計と実装は本書の範囲を超えているが、現代のアイデンティティシステムは通常、分散されているため、このことを考慮して設計する必要がある。

## 6.4　使用

　ライフサイクルの中で、使用フェーズは最も理解しやすい段階と言えるだろう。関係性が一度築かれ伝播されると、その関係性を作り出した人たちは、それを生かしてさまざまな目的に使うことができる。これはリソースに対するユーザーアクションを認証および認可するためにアカウントを参照することと同じくらい簡単な場合もあれば、請求、給与計算、タイムラインの更新、さらにはその関係性を支えるAIエージェントへのデータ提供といった、より複雑な処理まで含まれる場合もある。

## 6.5　更新または変更

　エンティティ間の関係性の性質に関係なく、その関係性が使用される属性は、一方の当事者の基本属性が変更されたり（たとえば、新しい住所など）、役割や仕事が変更されたりして、随時更新され

る。これらの更新は、関係性を支えるシステムの構造やスキーマは変更せずに属性値を更新できるよう設計されている。

また、新しいビジネスチャンスのサポート、新機能の追加、それまでの関係性からの変化（無料サービスから有料サービスへの移行など）のために、関係性そのものが変わる場合もある。短期的な関係から始まった関係性が、長期的な関係性になることもある。関係性が変更されると、新しいフィールドがレコードスキーマに追加されたり、アカウントをまったく新しいシステムに伝播する必要が生じる場合がある。

関係性には、人や組織だけでなく、物も含まれる場合がある。このような場合は、エンティティ全体が変更される可能性がある。一例として、部門別レーザープリンターのアップグレードを考えてみよう。新しいプリンターをインストールすると、その名前とIPアドレスだけが同じままになる場合がある。それでも、その役割は依然として「部門のレーザープリンター」である。また、この変更が終わった後は、影響を受けるシステムへの再反映が必要となる場合がある。

アイデンティティ関連情報の維持管理は、ITヘルプデスクが日々処理する最もコストのかかる作業の1つである。ユーザーは頻繁にパスワードを紛失したり忘れたりするし、役割が変わったり、引っ越したりもする。ユーザーが自分でできることが多ければ多いほど、すべての関係者にとって負担は少なくなる。

## 6.6 終了

関係性を構築するのと同じくらい重要なのは、ライフサイクルが終了するタイミングで関係性も終了することである。アイデンティティ管理システムが高い評価を得ているある会社の従業員は、この高度なシステムのおかげで、入社したその日から仕事を始める準備ができていたと私に語っていた。皮肉なことに、彼が退職してからから2年経った今でも、彼のボイスメールは機能していた。この会社は、関係性を築くことには長けていたが、関係性を終わらせることには失敗していたのだった。

ボイスメールのアカウントを有効なままにしておくことは大した問題でないかもしれないが、退職する従業員に機密性の高いシステムへのアクセス権を残しておくと、大惨事になりかねない。関係性を適切に終了しないと、混乱や、部外者による重要なデータへのアクセス、さらには詐欺や盗難につながる可能性がある。古いアカウントを有効なままにしておくことは、2つの理由で危険なセキュリティホールとなる。まず、従業員は退職後も会社のリソースを使い続けることができてしまう。さらに心配なのは、これらのアカウントは監視されておらず、不審な行動をしても気づかれることがないため、ハッカーがシステムに侵入する絶好の場所となってしまうことだ。

## 6.7 ライフサイクル計画

この章では、デジタル上の関係のライフサイクルは、その長さに関係なく適用されることを学習した。一時的な関係性であっても、発見、共創、伝播、使用、および終了する必要がある。各フェーズを計画することは、すべての関係者のニーズを満たすデジタルアイデンティティ基盤を設計する上で

非常に重要だ。この計画は、単に抽象的なレベルで行うのではなく、サービス内の各サブシステムにまでおよぶ必要がある。たとえば、企業のCRMシステムとERPシステムは、ライフサイクルの各段階で異なるアカウントと独自のニーズを持っている。しかし、関係性の作成、伝播、終了において協力する必要もある。16章では、アイデンティティシステムのさまざまなアーキテクチャと、それらがサポートする関係性の性質について説明する。

# 7章
# 信頼、信用、リスク

信頼せよ、されど確認せよ。（Доверяй, но проверяй.）
——ロシアのことわざ

　**信頼**（Trust）はすべての関係の中心である。信頼は社会の基盤である。私たちは、配偶者が家を出る際にはドアに鍵をかけてくれると信じている。私たちは、同僚が私たちの代わりに書類を電子メールで送付してくれると信じている。私たちは銀行が私たちのお金をなくさないことを信じている。私たちは、航空会社のパイロットが私たちを目的地まで安全に連れていってくれると信じている。人や組織に対する信頼がなければ、人生を生きていくのは困難である。

　NickelとVaesenは、彼らの優れた論文である「Risk and Trust」[1]の中で、信頼を「特定のドメインにおいて、自分自身や自分の利益のために、恩恵を得たり保護したりするような行動を実行するため、進んで他の個人やエンティティに依存する性質」と定義している。この定義には明記されていないが、信頼には信頼する側が信頼される側によって傷つけられてしまう脆さを伴っている。信頼には根本的な部分でのリスクが伴う。

　デジタル領域で関係性が積み重なり拡大していくことで、私たちはデジタル社会を創造している。そこでは、信頼が必要である。関係性は、共有された領域、文脈、一連の活動を意味している。私たちは関係性についての参考情報を教えてくれる第三者に依存することが頻繁にある。私たちの脆さ、すなわち私たちのリスクは、他者の成したものに対してどの程度依存するのかにかかっている。関係性は決して「信頼なし（No Trust）」にはなり得ない。なぜなら、私たちは相手に依存することを期待して関係を構築するからである。ビットコインやその他の暗号通貨の信頼性が低い、もしくはまったく信頼できないと表現されるのは、システムの目的がすべての関係性への依存を減らすこと——つまり、取引相手にも、ましてや、第三者にも依存しないことだからである。対照的に、オンラインでのやり取りのほとんどは他者との関係性に依存しており、それゆえにある程度の信頼が必要とされる。

　距離感の問題があることから、デジタルの関係性には潜在的な危険がある。「Blockchain as a Confidence Machine: The Problem of Trust & Challenges of Governance」[2]において、著者らは「信頼

---

※1　Philip J. Nickel and Krist Vaesen, "Risk and Trust," in Handbook of Risk Theory, ed. Sabine Roeser et al. (New York: Springer, 2012)

※2　Primavera De Filippi, Morshed Mannan, and Wessel Reijers, "Blockchain as a Confidence Machine: The Problem of Trust & Challenges of Governance," in Technology in Society (2020), 62

と信用は異なる現象である。信頼は、個人の脆弱性とそれに対するリスクテイクに基づく。一方で信用は、過去の経験や知識に基づく内的な期待が根拠となる」と主張している。**リスク**とは、信頼される側は独立した判断を下す行動主体であるため、信頼する側の期待に添わない可能性があることを指す。一方で、**信用（Confidence）** はそのリスクを伴わず、保証や確実性を根拠としている。

　図7-1が示すように、他人や組織やシステムを信用する度合いが高まると、リスクと脆弱性が減少するため、信頼が低下する可能性がある[3]。信頼とは対照的に、信用は関係のいくつかの側面が予測可能であり、不確実性を減らすため、**信頼する側が弱い立場をとる必要がない**。過去の経験、他者が持つ自由度の評価、統計的な評価や他の証拠に由来する関係性において、予測可能性、すなわち信用を得ることができる。

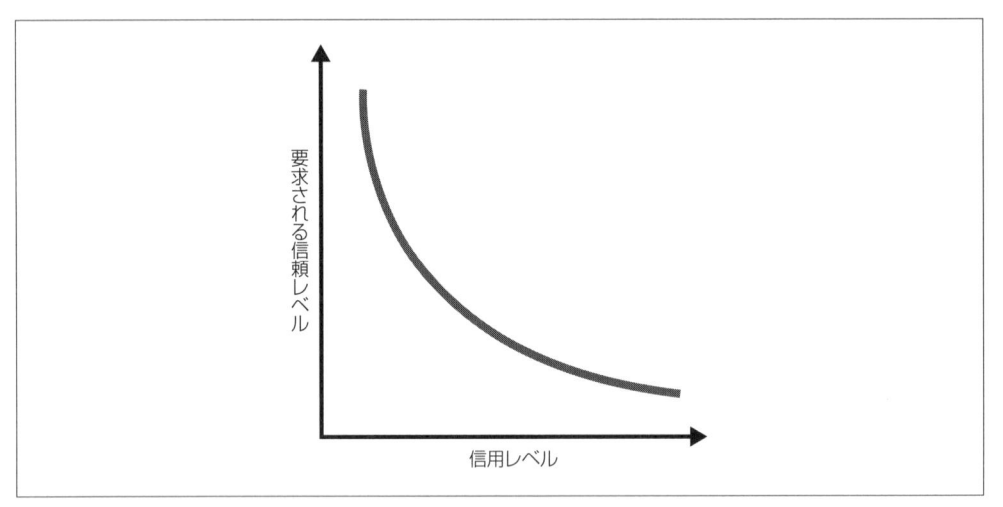

図7-1　信頼と信用は反比例の関係を持つ

　信用とは、必ずしもやり取りするシステムや相手組織を完全に理解することを含むものではない。たとえば、関連する技術システムを理解していたり自分で操縦する方法を知らなくても、自らが乗っている飛行機が安全であることに関して信用を持つことができる。たとえ飛行機に乗ったことがなくても、飛行機はめったに墜落しないという一般常識を持っているため、リスクは非常に低いと判断できる。

　しかし、飛行機の例は、信頼と信用の微妙な関係を指摘するものでもある。航空機が墜落しないという私たちの持つ信用は、航空会社のエコシステムのさまざまな参加者に対する信頼によって支えられている。これらの参加者すべてのことを個人的に知ったり確認したりすることはできないため、他人である彼らが正しいものとして、空の旅が安全であることを保障していると信頼しなければならない。言い換えれば、ある物事に対する私たちの信用は他の物事への信頼に依存している可能性がある。

---

※3　訳注：信頼は個人の脆弱性とリスクテイクに基づくと主張しているため、リスクや脆弱性が少ない環境においては信頼が下がることとなる。

5章で説明したように、アイデンティティシステムを必要とする主な理由は、関係性を支えるためである。優れたアイデンティティシステムは、相手方の人物があなたが最初に関係を築いたときと同一人物であると信用させてくれる。私たちは、デジタルなやり取りを通じて実体験と実績を積み重ねている。私たちの脆さとリスクは体験と実績に比例して減少するため、これにより関係に対する信頼の必要性が減少する。アイデンティティシステムは、関係性における当事者が証拠を収集、管理、分析する際に役立つかもしれない。

Francis Fukuyamaは、影響力のある著書の『Trust: The Social Virtues and the Creation of Prosperity』[4]において、国民全体の価値観、特に信頼と信用が国家経済の方向性を形作る、と述べている。とりわけFukuyamaは、信頼と信用がどのように取引コストを、最終的には経済的摩擦を減少させるのかを示している。同様に、デジタルの関係性に基づくデジタル社会では、信用と信頼を確立するためのデジタルアイデンティティ基盤が必要である。

# 7.1 リスクと脆弱性

アイデンティティ基盤によって支えられるデジタル上の関係性において、デジタルアイデンティティの問題には以下を含む多くのリスクがある。

- 資格情報（credential）を提示してきた相手は、本当に正しい本人なのか？
- Aliceが対話しているシステムは、Aliceの望んでいた相手なのか？
- Aliceの話したことが歪曲されず、保護されているか？
- アクセス制御ポリシーは、価値ある資産を十分かつ一貫して保護しているか？

もう少し説明を続けよう。

リスクは能動的、あるいは受動的に管理できる。一部の組織や人々は、リスクを非常に嫌っている。一方で、リスクを低減するためのコストがあまりにも高い場合は、多くの人がそのコストを避け、リスクを受け入れる方を選ぶことがある。それでも、ほとんどの人や組織はデジタル上の関係性に伴うリスクを低減し、結果に自信を持ちたいと考えている。リスク管理は、ほとんどの企業で確立された取り組みである。企業はシステムやアプローチに対する信頼を測定しようとはしていない。代わりに、特定のビジネスプロセスのリスクを定量化し、そのリスクと期待される報酬やリターンとの均衡をとっている。

リスクと脆弱性は、関係性の性質や継続期間によって異なる。短期間かつ一時的な関係で終わるような関係性においては、リスクを定量化できることが多い。こうした関係性では適切なポリシーを定めることで信頼を高めることができ、過度に信頼する必要がなくなる。電子錠について考えてみよう。電子錠とは、ドアを利用する必要があるたびに一時的な関係を築くことになる。もし、その電子錠が利用者の従業員IDカードなどで識別子の真正性を確認し、その識別子を持つものがドアを開ける権限を持

---

[4]　Francis Fukayama, *Trust: The Social Virtues and the Creation of Prosperity* (New York: Free Press, 1996)
　　邦訳：『「信」無くば立たず』（フランシス・フクヤマ著、加藤 寛 訳、三笠書房刊、1996年）

つとポリシーによって判断できる場合、ドアを不正に開けられるリスクはほとんどないだろう。

　しかし、その識別子は、それが割り当てられている人によって行使されているだろうか。ここでは、自らの従業員IDカードを他人に使わせないように、従業員に指示するポリシーを信頼する必要があるかもしれない。あるいは、暗号を通じて、その識別子が発行された人物によって使用されていることを信頼できるVerifiable Crendentialsを使用している可能性がある。誰かが自分のカードを貸し出す（つまりドアへ出入りする）リスクを許容できるかどうかは、ドアが何を保護しているのかに大きく左右される。これもまた、トランザクションの領域に関係している。

　親密で長く続いており幅広い責任を持つ関係性は、多くの場合、関係者の1人または複数人が行う行動に対して非常に脆弱である。たとえば、企業のCEOの補佐は多くの場合、その職務を遂行するために会社のシステムへの広範なアクセス権と、リソースの使用に関する多く裁量を必要とする。リスクは大きく、軽減することは非常に困難である。その結果、CEOはこの人物が悪意や能力のなさ、または過失によって自分の地位を濫用しないと信じるしかない。アイデンティティシステムはこのシナリオに特定のリスクの一部を軽減することはできるが、権限が広範なため、この人物への信頼レベルを大幅に下げることは不可能である。

　特定の資格情報の所有者が実行可能なアクションを制御するデジタルアイデンティティシステムのポリシーを作成する際には、次のようないくつかの要素に基づき目標を設定することになる。

- 関係する取引の状況
- ビジネス要件
- ビジネス要件と取引の状況から企業が負うリスクの度合い
- リスクを許容可能なレベルまで低減するために企業が支払うことのできるコスト

　これらの目標は、必要な信頼のレベル、リスク低減策によって得ることのできる信用、および十分な自信を持つために必要な材料の量を決定している。

　特定の関係性や領域におけるリスクを測定することで、戦略を立てることができる。それぞれの領域でデジタルアイデンティティ基盤が期待通りに機能しないリスクを測定できなければならない。これらの疑問に答えるためには、パートナーとのやり取りや要求事項に対する実行能力の評価など、デジタルアイデンティティ基盤を構成するシステムとプロセスの詳細を理解する必要がある。プロセスのどこで信用を確立でき、どこが脆弱なままなのかを把握し、さらに、潜在的な損失とその発生確率を定量化する必要がある。

　長く存在してきた領域については、過去のデータを用いて予想されるリスクの度合いを判断することがよくある。これは、デジタルアイデンティティ基盤の管理に使用されるプロセスに、システムとその成果の監視と追跡が含まれていることを前提としている。これらの分析で利用可能な詳しさの度合いは、システムのアーキテクチャとそれを管理するポリシーの成熟度によって異なる。このトピックについては後の章で詳しく議論する。

## 7.2 忠実度と出自

　信頼と信用の結び付きは、もう少し具体的な枠組みで表さないと、理解するのが難しいように感じるかもしれない。図7-2は、相互に支え合う関係を示しており、信頼が上にあり、信用が下にある。

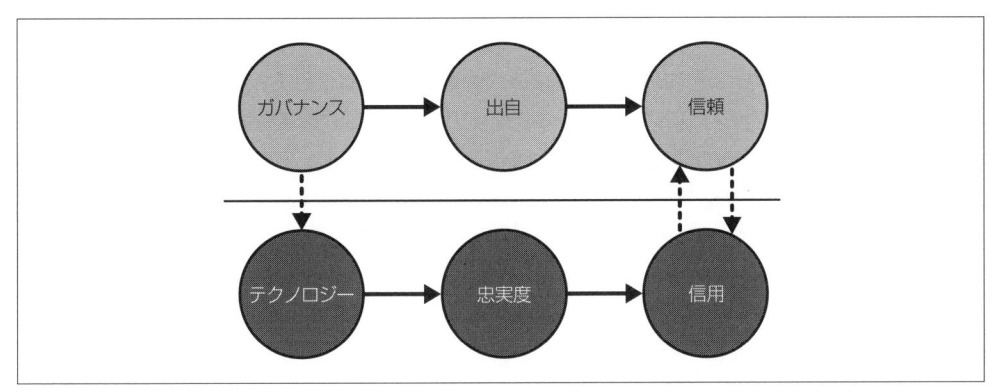

図7-2　アイデンティティシステムにおける信頼と信用に対する忠実度と出自の関係

　信頼は、私が**出自**（provenance）と呼ぶものに依存している。出自には、以下に示すような、信頼が依存するさまざまな考慮事項を含んでいる。

- 信頼される側の評判または道徳的立場
- 信頼される側の評判やブランドを維持したいという願望
- 信頼関係の組織的背景
- 信頼する側の肯定的な見通しの度合い
- データの収集方法と収集場所

出自は**ガバナンス**（governance）に依存している。ガバナンス[5]には次のようなものを含んでいる。

- 信頼される側または信頼する側によって設定された技術的、財務的、人事的およびその他のポリシー[6]
- 運用ルール、役割と責任およびポリシーの法的有効性
- 信頼関係を成り立たせている法律や規則の枠組み
- 信頼される側と信頼する側が独自に設定するルールと基準

　図7-2の下層は、信用が、私が広義に**忠実度**（fidelity）と呼ぶものに依存することを示している。忠実度には、以下に示すような、デジタル上の関係において信用を得るためのさまざまな要素が含まれている。

---

※5　22章でガバナンスの詳細について説明する。
※6　ポリシーは21章のトピックである。

- 認証要素の生成および保存方法
- 多要素認証の有無
- データが保護されたチャネルで送信されるかどうか
- 認証のやり取りに使用されるプロトコル
- 属性情報の送信に使用されるVerifiable Credentialsまたはその他のメカニズムの暗号強度

忠実度は主に、デジタル上の関係の構築、維持、サービス提供に使用されるデジタルアイデンティティのアーキテクチャ、テクノロジー、そしてアルゴリズムの種別に大きく依存する。例としては、OAuth、FIDO（Fast Identity Online）、TLS（Transport Layer Security）、デジタル証明書と公開鍵基盤（PKI）、ゼロ知識証明およびデジタル署名が含まれる。これらについては後の章で詳しく議論する。

この図には、**ガバナンス**から**テクノロジー**への点線の矢印も含まれていることに留意すべきである。特定のテクノロジーが忠実度を提供する（したがって信用を確立する）のにどれだけ効果的であるかは、通常、そのテクノロジーがどのように展開、維持、使用されるかによって決まる。たとえば、TLSを使用してWebへの接続を保護すると、その機密性に対する信用は高まるが、その有効性は使用されているデジタル証明書の種類、発行者、ポリシーの内容、セキュリティの強度などに依存する。これらは、すべてガバナンスの問題である。

## 7.3　トラストフレームワーク

ガバナンスには持続可能なエコシステムが必要である。ガバナンスが完全に、ある組織内に閉じている場合、その組織が長期間存続し続ける能力があるかどうかが、ガバナンスの継続性を決定付ける。そして、そのガバナンスが必要な信頼を提供するための出自となる。

それ以外のエコシステムは単一の組織を超えて拡張されており、実行のために他の手段が必要となる。これは、利害関係者がサポートする非営利団体またはその他の組織形態をとる場合がある。たとえば、学校や雇用主、またはその他の組織が、米国の大学が提供する成績証明書を信頼するかどうかは、第三者機関が管理する**適格性認定**（accreditation）と呼ばれる出自を証明するプロセスに依存している。私たちは、これらの第三者が使用するプロセスを観測し、認定された大学の卒業生の能力を判断できる。

第三者がガバナンス（場合によってはテクノロジーも）を提供して、ある関係における二者の間の信頼に関する情報をやり取りするこの取り決めは、**トラストフレームワーク**と呼ばれている。クレジットカード会社は、おそらく世界で最もよく知られ、最も広く使用されているトラストフレームワークである。UberやGrubhub[7]などのプラットフォーム企業もその例である。

図7-3は、Visaにおけるトラストフレームワーク上の関係を示している。私がVisaカードを販売者に提示しても、販売者は私とは何の関係もなく、おそらく私の銀行とも何の関係もないだろう。それでも、彼らは完全に支払いをしてもらえると思っている。トラストフレームワークは、ガバナンスとテク

---

※7　訳注：シカゴに本拠地を置く、フードデリバリー企業。https://www.grubhub.com/

ノロジーを組み合わせることで、この結果を提供している。

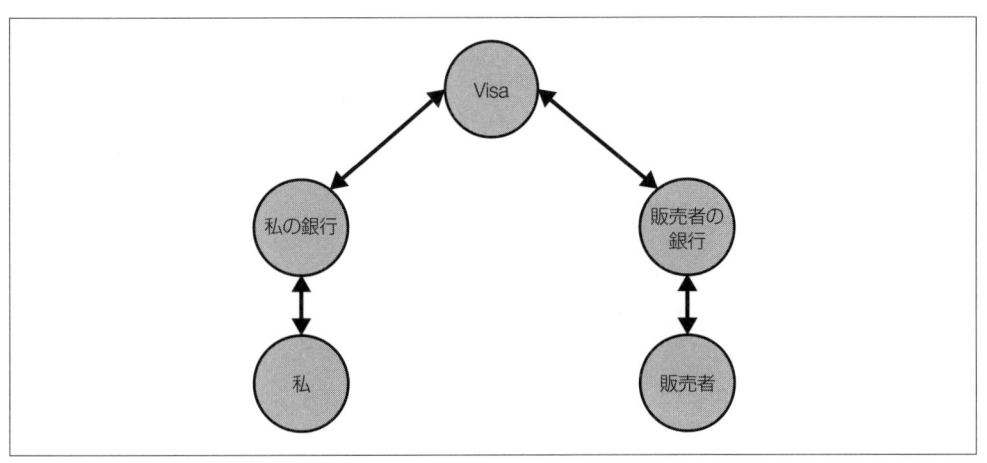

図7-3　クレジットカードのトラストフレームワークにおける関係

　私が販売者と築いた関係はおそらく短期間のものだ。しかし、トラストフレームワークで裏付けられた長期的な関係により、取引を実行するために必要な信頼と信用を得ることができる。販売者と私はお互いが、それぞれの銀行と法的な関係にある。これらの銀行は両方ともVisaと法的な関係がある。Visaは、取引を管理するポリシーと規則を作成している。同時にVisaは、取引が詐欺ではないこと、そして私の銀行口座から販売者の銀行口座に資金を移すことに関して可能な限り信用を高めるために、クレジットカードネットワーク内のテクノロジー（その多くは他社によって提供される）に準拠しており、その使用を義務付けている[8]。

　Visaのネットワークは持続可能である。なぜなら、Visa、銀行およびサードパーティの処理業者はそれぞれ、ネットワーク上のあらゆる取引の分け前を得るからである。このような仕組みがうまく構成できる場合はよいが、多くの場合、サービスに対して費用を請求するなど別の手段を講じないとトラストフレームワークは持続できないことが多い。

## 7.4　信頼の性質

　信頼とは、「特定のドメインにおいて、自分自身や自分の利益のために、恩恵を得たり保護したりするような行動を実行するため、進んで他の個人やエンティティに依存する性質」であることを思い出してほしい。たとえば、レストランでウェイターにクレジットカードを渡すということは、ウェイターがそのクレジットカードを使って食事代の支払い処理をしてくれると信頼していることを表明していることになる。あなたは支払いだけが処理され、ウェイターがクレジットカード番号を盗むことはないだろ

---

※8　Visaの設立と成功に貢献したアイデアについて詳しく知りたければ、Visa創設者であるDee Hockの著書『One from Many: VISA and the Rise of Chaordic Organization』（Berrett-Koehler刊、2005年）を読むのがよい。

うと期待している[9]。クレジットカードシステム自体を信用するのみならず、ウェイターに対しても信頼する必要がある。私がこれまでにクレジットカードの番号を盗まれたのはレストランでの1回だけだが、今でもウェイターが来たら軽率にクレジットカードを渡している。明らかにリスクはあるが、クレジットカード会社のポリシーにより私の責任範囲は限定されるのでリスクは小さいと確信でき、このことを受け入れている。

　信頼とは、あるエンティティが——無意識に、ときには意識的に——他者に権限を付与したり、はく奪したりするものである。私たちの大半は、食事の支払いにクレジットカードを使用するリスクについて意識していない。私たちは、これまでの経験、レストランの外観、そしておそらく最も重要なこととしてクレジットカード会社のガバナンスに対する信頼など、さまざまな要素に基づいて直感的に評価している。信頼が、あなたが誰に何を任せるかというリスクにつながっていることに疑いの余地はない。

　信頼は、取引に関与するエンティティだけでなく、その役割や取引の文脈にも基づいている。Aliceは Bob が車を修理することに対しては信頼しても、子供の世話をすることは信頼しないかもしれない。彼女はいつでも信頼を調整したり、完全に取り消したりすることができる。これは、信頼が持つ重要な特徴を表している。

- 信頼は非常に特殊な状況で推移的[10]である。たとえば、Alice が Bob の音楽の好みを信頼していたとして、Bob が直近のパーティでの曲選びを Carol に任せていた場合、Alice は自分の曲選びに Carol を信頼して任せるかもしれない。
- 信頼は共有できないものである。Alice が Bob を信頼し、Alice が Carol を信頼する場合に、Bob が Carol を信頼するとは限らない。
- 信頼は対称的ではない。あなたが私を信頼しているからといって、私もあなたを信頼しているとは限らない。
- 信頼する価値があることを自己申告することはできない。これはあまりにも自明の理であり、「私を信じてください」というフレーズは確実に笑いを誘う決まり文句となっている。

　デジタル上の関係において、一般に信頼は特定の識別子とそれに関連する属性にリンクされている。たとえば、私が複数の電子メールアドレスを持っていて、それらがすべて私のものだったとしても、人々はそれらを異なる文脈で読み、私の個人メールアドレスから送信されたものより仕事用のメールアドレスから送信された方を信頼する可能性がある。

---

※9　もしあなたがヨーロッパでこれを読んでいるのなら、ウェイターがカードに対して機械を持ってくるのではなくカードを機械に持っていくことを許可するプロセスには、おそらく首を横に振るだろう。これは、テクノロジー、ポリシー、プラクティスがリスクを軽減し信用を高めることで、どのように信頼に影響を与えるのかを示す良い例である。

※10　訳注：日本語では馴染みのない言葉であり、数学や哲学の学術用語で用いられることが多い。原文では「transitive」となっている。

# 7.5　一貫性と社会システム

　デジタル上の関係の集合は、何らかの目的を達成するための社会システムを形成している。小規模なものもあれば、グローバルなものもある。永続的で拡張性があり、生産的な社会システムを作るには、参加者間の一貫性が必要である。一貫性があれば、複雑であっても管理ができるようになる。どんな集団の人々であっても協調するためには一貫性が必要である。インターネットの構築に必要な一貫性は、一部は標準仕様によってもたらされたが、より大きな役割を果たしたのは、組織を立ち上げ、標準について考え、サービスを実行し、交換の場を整備した人々の努力だった。

　**一貫性**により、ある人々の集団が一連のアイデア、プロセス、結果について心をひとつにして活動できるようになる。信頼と信用は、一貫した社会システムを確立する上で重要な役割を果たしている。アイデンティティシステムには目的に応じたさまざまなアーキテクチャがあるが、そのどれにおいても参加者の間では一貫性を確保する必要がある。人々は、社会システムに一貫性を作り出す4つの手段である仲間、機構、市場、ネットワークを持っている[11]。したがって、すべてのアイデンティティシステムは、これら4パターンのいずれかに当てはまる。それらの詳細を見てみよう。

### 仲間

　たとえば、スタートアップ企業と家族は、どちらも「仲間」またはコミュニティとして機能している。少人数の場合、集団行動とリーダーシップがルールを作り、報酬と抑止力を適切に設定する。コミュニティ内の関係は通常、取引型ではなく対話型である。コミュニティのルールや規範に従った交流（対話）を通じて、私たちの最初の信頼はコミュニティの他のメンバーに対する信用へと変わっていく。一貫性はその結果として得られる。

### 機構

　企業が成長するにつれて、信用を確立し一貫性を生み出すために、ルールと官僚主義的な統治が必要になっていく。家族が機構に成長することは（非常に裕福な場合を除いて）めったにないが、新興企業は機構に成長することがある。機構内の関係は、機構の目的と組織に応じて取引型と対話型がある。優れたリーダーシップは重要だが、機構は関係者よりも組織を重視する。仲間や機構は通常、中央集権化されている——つまり、誰か、または何らかの組織が、すべての出来事を実現させている。さらに、機構は階層に依存する形で相互作用を管理し、リスクを軽減し、信用を高め、一貫性を実現している。

### 市場

　市場は非集中化している。そして、それは階層的なものではなく、頂点を持たない並列的なものである。市場のルールや特別な作法は、数え切れないほどのやり取りを通じて、時間をかけて進化したものである。これにより相互作用は統制され、信用は確立される。市場の関

---

[11] これら4つの社会組織モデルの詳細については、David Ronfeldt が RAND Corporation から1996年に発表している論文「Tribes, Institutions, Markets, Networks: A Framework About Societal Evolution」（https://oreil.ly/6R6hx）と、それについての John Robb の解説（https://oreil.ly/5T-ZB）を見るのがよい。

係はどれほど友好的であっても、ほぼ完全に取引の関係である。経済的な機会をもたらす市場は、参加者にルールを遵守するインセンティブを与える。市場への参加者はまた、機構（法の支配など）によって特定の方法で行動するよう抑制されている。私的な利益を求める競争（公正かつ自由に行動することが望ましい）が繰り返されることにより、異なる意図を持つ複数のプレイヤーが、多様な利益をめぐり複雑な取引を処理できるようになる。それにもかかわらず、ほとんどの市場関係は信頼から始まり、時間が経つにつれて信用へと進んでいく。市場は機構に取って代わるものではなく、機構と共生関係にあり、信頼と信用の相互作用を反映して複雑なエコシステムに一貫性をもたらしている。市場は、法律や規制、銀行や規制当局に対する信頼があって初めてうまく機能する。同時に、市場自体がうまく機能することによって、経済全体に対する信用が生まれ、それがさらに市場の信用を高めるという相互依存の関係がある。

### ネットワーク

ネットワークも非集中化しているが、1対1の関係がベースとなっている。さらに、対話のルールは**プロトコル**、つまり公式な手続きで定められている。プロトコルは市場リスクを軽減し、ネットワーク効果を高める対話のテンプレートを提供している。ネットワーク関係はプロトコルに応じて対話型または取引型になる。しかし、プロトコルだけでは十分ではない。インターネットはおそらく、ネットワーク化された組織の最善かつ最大の例である。プロトコルを定義することは、ケーブルを配線したりルーターをセットアップすることではない。さらなる何かが必要になる。仲間、機構、市場と同様に、ある組織形態は別の形態に取って代わるのではなく、元々あったものを増強する。ネットワークもまた同様である。インターネットは、機構的な力、市場主導の力およびネットワークがもたらす力の組み合わせの結果である。これらはネットワーク内の他の参加者に対する信頼と信用の複雑な組み合わせを構成している。インターネットが存続し、機能してきたのは、これらの力が仕様によりもたらされたのであろうと、幸運によりもたらされたのであろうと、グローバルで公的な非集中型通信システムという概念を、パケットをある場所からある場所へルーティングする実際のネットワークへと落とし込むのに必要な一貫性を生み出すのに十分なものだったからである。

　企業が運営するアイデンティティおよびアクセス管理システムに基づく従業員ポータルから、Googleサインインのようなソーシャルログインシステムに至るまで、ほとんどのアイデンティティシステムは、組織的な制御、パターン、および一貫性を生み出す方法に依存している。対照的に、非集中型のネットワークアイデンティティシステムは、プロトコルを使用して一貫性を確立し、自律的なやり取りを可能にしている。

# 7.6 信頼、信用、一貫性

　デジタル上の関係は、参加者がその目的を達成するために必要な信頼と信用を確立できなければ価値がない。信頼に依存するよりも信用に依存する方がよいが、デジタル上の関係を必要とするシステムは、アーキテクチャの忠実度だけで得られるものはほとんど存在していない。ほとんどの場合、ある程度の信頼と、さらにその信頼に必要なガバナンスを必要とする。デジタルアイデンティティ基盤を構築するときは、単純であろうと複雑であろうと、デジタル上の関係の社会システムを実現しようとしていることを、忘れるべきではない。このシステムが成功するか失敗するかは、設計によって生み出される一貫性と、その関係が呼び起こす信用の度合いに基づいて決まっている。

# 8章
# プライバシー

我々にプライバシーはない。諦めろ。
（You have zero privacy anyway. Get over it.）

　この有名な言葉は、1999年に当時Sun MicrosystemsのCEOだったScott McNealyが発した言葉である[1]。McNealyの野蛮な発言にもかかわらず、プライバシーは依然として、アイデンティティの専門家、プロダクトマネージャー、アーキテクト、開発者、企業の職員およびその他多くの人々が配慮しなければならない問題である。

　プライバシーはアイデンティティにおいて、テクノロジー、ポリシー、法律の交わる場所となっている。たとえば、2000年代初頭にGeneral Motors（GM）は、企業が100年前から取り組んできた全社規模の電話帳の作成に着手し、それをオンライン化した。これには2年を要した。GMの取り組みを妨げたものは技術ではなく法的な問題だった。GMは多くの国で従業員を雇用しており、それぞれに独自のプライバシー法があり、中には米国よりもはるかに厳しい国も存在していた。プライバシーは一見単純なプロジェクトを2年間の試練へと変えてしまったのである。

　昨今、ますます多くの組織が、最高プライバシー責任者（Chief Privacy Officer）として上級役員を任命している。最高プライバシー責任者とは、人々に関するデータが保護されていることを保証するため、または（皮肉な見方をすれば）少なくとも罰金や訴訟のリスクを低減するための高位の役員である。プライバシーは重要だ。人々は自身のアイデンティティデータが非公開であるべきだと信じている。彼らは必ずしも他人のデータを非公開にすべきだとは思っていないものの、自分の情報を保護したいと考えている。

## 8.1　プライバシーとは何か

　10人にプライバシーとは何かを尋ねると、おそらく12通りの答えが返ってくるだろう。プライバシーに対する人々の感情は、その人が認識するコンテキストや経験によって異なる。コンピューターが登場するずっと前から、人々はプライバシーを気にかけ、政府の介入という観点から議論していた。
　1890年、後にアメリカ合衆国最高裁判所判事となるLouis Brandeisは、これを「干渉されない権利」

---

※1　Polly Sprenger, "Sun on Privacy: 'Get Over It'", Wired Magazine, January 1999, 2022年2月23日に参照.
　　（https://oreil.ly/TEt6e）

と定義した（https://oreil.ly/b8c1Z）。

　技術の進歩により人々はプライバシーをより意識するようになり、新たな課題が生じている。今日の民間企業は、おそらく政府よりもはるかに多くのデータを持っている。プラットフォームはユーザーにどれだけうまく広告を表示できるかに基づいて評価されるため、広範な監視につながっており、通常はユーザーがその程度や結果を知ることはない。

　この議論には、プライバシーの明確な定義が必要である。International Association of Privacy Professionals（IAPP）はプライバシーを4つのクラスに定義している（https://oreil.ly/ED69B）。

### 身体的プライバシー（Bodily privacy）

人の肉体的存在とあらゆる侵襲に対する保護。これには、遺伝子検査、薬物検査、体腔検査などの実施が含まれる。

### 通信のプライバシー（Communications privacy）

郵便、電話での会話、電子メール、その他の形式の通信を含む通信手段の保護。

### 情報プライバシー（Information privacy）

個人、グループまたは組織に関する情報をいつ、どのように、どの程度他者に伝えるかを決定するための主張。

### 地理的プライバシー（Territorial privacy）

職場、車両、公共空間を含む個人の環境に侵入する能力に対する制限の付与。地理的プライバシー侵害には、ビデオ監視や身分証明書の検証が含まれる場合がある。

　身体的および地理的プライバシーはオンラインで問題になる可能性がある一方で、通信と情報プライバシーはデジタルアイデンティティの要素を持つ可能性が最も高いものである。オンラインにおけるプライバシーについての議論を始めるには、まず「オンライン上の会話」が意味することを具体化する必要がある。

　それぞれのオンライン上のやり取りは、当事者間を流れるデータパケットで構成されている。私たちの目的は、このパケットの交換を会話と見なすことである。単純なインターネット制御メッセージプロトコル（ICMP）のエコー要求パケットとその応答でさえ、私が定義しているように会話を構成している。そのメッセージが人間にとって意味のあるものである必要はない。

　会話にはコンテンツとメタデータ、つまり会話に関する情報がある。ICMPエコーには、メタデータとしてTCPヘッダとICMPヘッダ[※2]のみが存在しており、送信元と宛先のIPアドレス、TTL（存続時間）、メッセージの種類、チェックサムなどの情報が含まれている。より複雑なプロトコル、たとえば電子メールのSMTPでは、メタデータに加えてコンテンツ（メッセージ）がある。

---

※2　ICMPパケットにはデータを含めることをできるが、これはオプションであり、ほとんど利用されていない。

## 8.1.1 通信のプライバシーと機密性

**通信のプライバシー**はメタデータに関係している。**機密性**はコンテンツに関係している。別の言い方をすれば、会話をプライベートなものにするためには、会話の当事者だけが、他の参加者が誰であるか、または会話に関するその他のメタデータを知っている必要がある。このプライバシーと機密性の区別はカジュアルな会話ではあまり行われず、「プライバシーを守りたい」と言うものの本当は秘密の保護を意味していることがよくある。

このように定義すると、オンライン上でプライバシーを確保することは不可能に見えるかもしれない。結局のところ、インターネットはルーターからルーターへパケットを渡すことで機能しており、ルーターはすべての送信元 IP アドレスを見ることができ、宛先 IP アドレスを知っている必要がある。その結果、パケットレベルではオンライン上のプライバシーは保護されていない。しかし、通信処理全体から見ると、そうとも言えない。

Transport Layer Security（TLS）を用いて、ブラウザとサーバーの間に暗号化された Web チャネルを作成することを検討してみよう（暗号化については 9 章で詳細を述べる）。パケットレベルでは、ルーターは送受信される暗号化されたパケットの IP アドレスを**認識している**（ルーターのオペレーターも知ることができる）。第三者がこれらの IP アドレスを実際の当事者と関連付けることが可能な場合、通信はプライベートではない。これは問題かもしれないが、そうでないかもしれない。

ホスト名と TLS 接続の設定に必要な情報以外、ヘッダの残りの部分はすべて暗号化される。つまり、同じ通信における他のメタデータ（ヘッダ）はプライベートであることを意味しており、Cookie や URL パスを含んでいる。通信を盗聴した人はサーバー名を知ることはできても、ブラウザが接続したサイト上の特定の場所を知ることはできない。たとえば、Alice がブラウザで uvu.edu/equityandtitleix と打ち込んで、Utah Valley 大学（UVU）の Title IX オフィス（性的な違法行為、差別、嫌がらせ、報復が報告される部署）にアクセスしたとする。Alice が TLS 接続を使用している場合、URL のパス（/equityandtitleix）は暗号化されているため、盗聴者は Alice が Utah Valley 大学に接続したことは知ることができるが、UVU の Title IX のサイトに接続したことはわからない。

この例を拡張すると、プライバシーと機密性の違いを簡単に理解できる。Title IX オフィスが uvu.edu のサブドメイン、たとえば titleix.uvu.edu にある場合、通信が TLS 接続で保護されていたとしても盗聴者は Alice が Title IX の Web サイトに**接続したことを知ることができる**。Alice に送信され、彼女がこれに送り返した**コンテンツは機密性**が保たれるが、Alice が Title IX オフィスに接続していることを示す重要なメタデータはプライベートではない。

ここで、この議論に新たな重要用語「**真正性**」（「8.3 プライバシー、真正性、機密性」で説明）を導入する。Alice が titleix.uvu.edu ではなく uvu.edu に行った場合、盗聴者は Alice が UVU で誰と話しているのかを簡単に確認することができない。なぜなら、そこには多くの人がおり、誰と会話したかわからないからである。Alice の IP アドレスと Alice をどれだけ簡単に関連付けることができるかによって、盗聴者は Alice かどうかを確認できない可能性もある。ゆえに、Alice が uvu.edu を介した Title IX オフィスとの会話は、**完全なプライベートではないが**、メタデータだけでは会話の当事者に対する確証が簡

単には持てないため、**機能的にはプライバシーを守っている。**

## 8.1.2　情報プライバシー

AliceがTitle IXオフィスに接続すると、フォームへ入力したり認証したりするだけでデータを送信し、サイトがAliceを識別し、他の情報をAliceと関連付けることが可能になる。これらはすべて、TLS接続によって提供される機密性のあるチャネル内で行われるが、Aliceは自分が通信でやり取りした情報のプライバシーについて懸念を抱いている。

情報プライバシーは即座に技術領域からポリシーへと移行する。Aliceの情報はどのように取り扱われるのか。誰がそれを見るのか。共有されるのか。誰に対してどのような条件なのか。これらはすべて、Aliceが自発的に共有した情報のプライバシーに影響を与えるポリシー上の問題である。情報プライバシーとは一般的に、誰が情報開示をコントロールする権限を持つのか、という点が関わる。

通信のプライバシーには多くの場合、メタデータの非自発的な収集、つまり**監視**が伴う。対照的に情報プライバシーには、通常、自発的に提供されたデータを処理するためのポリシーとその実践が伴う。もちろん、この2つが重なるところもある。メタデータから形成されるデータは**個人識別用情報（PII）** となり、ポリシーに従って処理される場合のプライバシー上の懸念の対象となったり、規制の対象になったりする。それでも、通信のプライバシーと情報プライバシーの区別は有用である。

## 8.1.3　トランザクションプライバシー

通信のプライバシーと情報プライバシーの交差点は、**トランザクションプライバシーまたはソーシャルプライバシー**と呼ばれることもある[3]。トランザクションプライバシーは、常に特定の文脈（たとえば、Amazonで本を購入する）で評価されるため、別の観点からも検討する価値がある。したがって、トランザクションプライバシーは、人々がプライバシー情報がどのように扱われるかの懸念と、オンラインショッピング中に得られる利便性がトレードオフになる性格を持つ。トランザクションプライバシーに関する懸念は多くの場合、プライバシーに関する人々の一般的な懸念よりも一過性のものである。

現代のWebは、メタデータとコンテンツデータの両方を含むトランザクションであふれている。このデータが個人のプライバシーを損なう手段で使用されるリスクは大きくなっている。また、その仕組みは（ときにWebの専門家にとっても）わかりにくく、人々は自分が関与するトランザクションにおけるプライバシーについて適切な決定を下すことができない。したがってトランザクションプライバシーは、人々のプライバシーに関する権利とそれを保護するテクノロジー、ポリシー、規制および法律を評価する上で重要である。

プライバシーにおいては、絶対的なものを扱うことはめったにない。インターネットを使わなければ絶対的なデジタルプライバシーを実現できるが、それはオンラインでのやり取りから完全に遮断されることを意味する。つまり、トランザクションプライバシーは幅広い選択の余地を持ったもので、私たち

---

※3　トランザクションプライバシーという用語が、人々が自らのデータをすべて販売するという考えについて説明するために使用されているのを見たことがある。これは私が使用している意味ではない。私は、より一般的にオンラインで行われるトランザクションについて話している。

一人ひとりが、どの程度を良しとするのかを選択する必要がある。この章の後半で、いくつかのトレードオフについても議論する。

## 8.2 相関関係

前節では、IPアドレスを通信の一方または双方の当事者と関連付けることができる場合、プライバシーが低下することを指摘した。これはまったく突飛な話ではない。私の自宅のIPアドレスは、技術的には動的に割り当てられているにもかかわらず、何年も同じものである。私のインターネットサービスプロバイダー (ISP) は、便宜上それを固定している。その結果、インターネット上で通信する相手は誰でも私のIPアドレスを記録可能だ。しかし、彼らはそれで何ができるだろうか。

IPアドレスを調べ、どのISPがそのアドレスのブロックを管理しているかを確認できることは知っているだろう。ISPは、裁判所の命令なしに、どの顧客に特定のIPアドレスが割り当てられているかなどの情報を提供する可能性は低い。しかし、だからといって企業があなたを特定するためにそれを使用することを妨げることはできない。

たとえばAmazonは私がログインしているとき、私の名前、住所、その他の情報を知っている。これは、過去に私がAmazonに提供したためである。彼らはまた、私のIPアドレスを見て、特にIPアドレスがめったに変更されない場合は、両者を結びつけることができる。その結果、私がログインしていなくても彼らは私のIPアドレスを使用して、私が誰であるかを一定の確度で推測できる。IPアドレスだけでは、確実な識別子とは言えないので、それだけで購入処理をすることはできないだろう。しかしながら、たとえば、私が購入しそうな商品を私に推奨するためだけであれば、IPアドレスを使う可能性がある。

Amazonは、Phil Windley（筆者）という人物が特定のIPアドレスを使用しているという情報を他の企業に販売することはないだろう。しかし、多くの企業、特に広告ネットワークの企業はそうした情報を売買しているかもしれない。その結果、私の名前、住所およびその他の情報は、間違いなく多くの会社のデータベースで私のIPアドレスと関係付けられている。この関連性は、データセットをリンクすることで強化できる。

人々は無邪気にこう考えがちだ。ある当事者にはあるデータを共有し、別の当事者には別のデータを共有するように使い分けている、2つのデータセットを関係付けることはできない、と。しかし、私たちが共有するデータのほとんどには、メールアドレスや電話番号などの紐付けられる確度の高い識別子が含まれている。あなたが異なるサイトで同じメールアドレスを使用したり、電話番号を日常的に提示したりしている場合、データブローカーはこれらの識別子を用いて、他の異なる複数の記録からあなたに関する他のデータをリンクすることができる。

## 8.3 プライバシー、真正性、機密性

この章のはじめの方で、私は**真正性**と**機密性**という言葉を用いた。真正性により、会話の当事者は誰と話しているのかを知ることができる。機密性により、会話の内容が他者から保護される。プライ

バシー、真正性および機密性の3つは同時に実現することができないため、トレードオフが生み出される[4]。機密性は暗号化によって簡単に達成されるため、ほとんどの場合、プライバシーと信頼性のトレードオフとなる。図8-1は、これらのトレードオフを表現している。

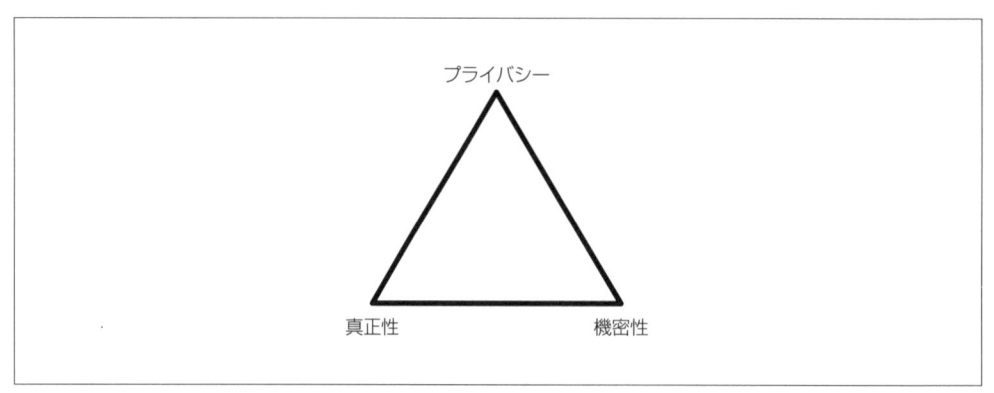

図8-1　プライバシー、真正性および機密性は、互いに相反する

　真正性は会話のメタデータに影響を与えるため、プライバシーと両立することが困難である。真正性は多くの場合、会話の当事者以外の他者が、誰が参加しているかを潜在的に知っていること、すなわち否認防止を必要とする。具体的には、AliceとBobが対話している場合、Aliceは自分がBobと話していることを知るだけでなく、自分とBobが対話していることを、第三者に証明する能力も必要になるかもしれない。

　たとえば、現代の銀行法にはKnow Your Customer（KYC）や反マネーロンダリング（AML）と呼ばれる規定がある[5]。KYCでは、銀行が取引の当事者を特定できることが求められる。そのため、銀行口座を開設すると多数の身分証明書の提示が求められる。その目的は、法執行機関が違法と見なす取引の背後にいる実行者を特定できるようにすることだ（保証があると望ましい）。したがって、銀行取引は真正性には強いが、プライバシーには弱い[6]。

　真正性は、デジタルな関係を分類するもう1つの手段である。5章で説明したように、多くの関係は一時的であり（あるいは一時的であり得る）、あなたが**誰である**かを特定するよりも、あなたが**何であるか**を特定することに依存している。あなたが誰であるかは特定しないが、あなたが何であるかを特定する例として、映画のチケットの例を思い出してほしい。チケットは、あなたが特定の時間に特定の劇場の座席に座る権利を持つN人のうちの1人であることを示すものである。あなたはチケット係と一

---

※4　私は、ユタ州の自己主権アイデンティティに関するミートアップで、Sam Smithから、プライバシー、真正性、機密性のトレードオフについて初めて学んだ。

※5　訳注：KYCとは口座開設等における十分な身元確認のことを指しており、日本においては「金融機関等による顧客等の本人確認等に関する法律」において規定されている。また、AMLについては「犯罪による収益の移転防止に関する法律」において規定されている。

※6　注意してほしいのは、これは銀行取引が公開されるという意味ではなく、参加以外の誰が会話に参加したかを知ることができる、という意味である。

時的な関係を築き、チケット係はあなたが有効なチケットを持つと判断すれば、あなたは劇場に入場できる。この関係は、チケット係が偶然あなたを知らない限りは、プライバシーには強い。一方で真正性は弱く、機密性もあまり必要とされないものである。

　クレジットカードの取引は、プライバシーと真正性の複雑な性質を示す、もう1つの興味深いケースである。ここには、2つの関係がある。1つが加盟店との関係であり、もう1つが銀行との関係である。加盟店にとって、クレジットカードはあなたが**誰であるか**ではなく、あなたが**何**（購入するのに十分な信用を持っている人物）**であるか**について示すものである[7]。確かに、加盟店は永続的に関係付けることが可能な識別子（クレジットカード番号）を持っているが、取引外でそれを使用するよう求められることはほとんどない。

　しかし、KYCのおかげであなたは銀行によく知られており、クレジットカードネットワークのルールにより、チャージバックや捜査当局からの要請に基づいて、取引からあなたが特定されることが保証されている。したがって、この関係は強い真正性があるが、プライバシーの保証は弱くなっている。

　プライバシーと真正性のトレードオフは、**正当と認められる当事者の原則**（4章を参照）として知られており、そこでは、開示は知る必要のある当事者にのみ行われるべきであると書かれている。正当な当事者は、すべてが最大限にプライバシーを守るべきだとは言わないが、プライバシーを犠牲に真正性を高めることの正当性を慎重に検討する必要があると述べられている。デジタルシステムは誰が、いつ、何をできるのか知ろうとすることが非常に頻繁にある。彼らはプライバシーを犠牲にして、仮名で一時的な関係を用いて、プライバシーを犠牲にした真正性のある永続的な関係を構築している。

　信頼は、プライバシーと引き換えに真正性を選ぶ理由として挙げられることが多い。しかし、前章で触れたように、これは多くの場合、信頼を誤って理解していることがもたらす結果である。多くのやり取りで本当に必要とされているものは、交換されるデータに対する信用である。例として、バーがどのように常連客が飲酒可能な年齢であることを確認するかについて考えてみよう。バーは登録簿を作成し、酒を飲みたいと望むすべての人に生年月日を含むいくつかの身分証明書を提供させ、登録させることができる。バーは注文のたびに登録者であるか認証し、誰がいつ何を注文したかをバーが検証できるようにもできる。このシステムはあなたが**誰であるか**に依存している。

　しかし、それはバーのやり方ではない。代わりに、バーとあなたの関係は一時的なものである。飲酒に十分な年齢であることを証明するために、あなたはバーテンダーまたは店員に誕生日が記載されたIDカードを提示する。彼らはIDカードの情報を記録することなく、生年月日から飲酒可能な年齢かどうかを確認する。このシステムは真正性よりもプライバシーを優先している。

　バーのユースケースでは、IDカード所有者の信頼（思い出してほしい。信頼とは、誰かに自分の代わりに行動することを委ねるという意思のことだった）は必要ない[8]。しかし、データに対する確信が必要である。バーは飲酒する者が法定年齢を超えていると信頼する必要がある。どちらのシステムも

---

[7]　7章の議論を思い出してほしい。クレジットカードネットワークのトラストフレームワークの目的は、顧客と販売者の間に認証された関係を必要とする状況を減らすことである。顧客と販売者は相互の関係は持たないが、それぞれが銀行との認証された関係を持っている。

[8]　バーはIDカードの発行者を信頼する必要がある。これについては、22章で取り上げる。

その信用を提供するが、一方はプライバシーを保護しており、もう一方は保護していない。信頼よりも信用が必要であると認識すれば、プライバシー保護のために真正性の比重を減らすことがある。対照的に、信頼を必要とするシステムは一般的に真正性をより求めるため、プライバシーは低下する。

　一般に、法的手段とアカウンタビリティ（説明責任）が求められる場合、デジタル上の関係には真正性が必要となる。アプリケーションが異なれば、関係に内在するリスクに関する判断も異なるため、プライバシーと真正性のトレードオフも異なる。この点については少し慎重に述べたい。なぜなら、多くの組織では、リスク管理者がビジネスリーダーに多大な影響力を持っており、必ずしも必要でないかもしれないケースでも、安全のためにアカウンタビリティを強く求めがちだからである。これについてはアイデンティティの専門家が、プライバシーの観点から、信用があれば十分である理由を説明する役割を果たしてくれることを願っている。

## 8.4　機能的プライバシー

　プライバシーとアカウンタビリティが対立関係にあるということは、一見すると、不正を防止したいならプライバシーを確保することは不可能だ、というように選択肢が1つしかないと感じるかもしれない。しかし幸いなことに、状況はそこまで悪くはない。

　私は、真正性を促進する要因が、アカウンタビリティの必要性からくることが多いと示してきた[9]。アカウンタビリティを理解することは、プライバシーと真正性の間にある選択肢の幅の中から的確な判断をする際に役立つ。KYCとAML規制では、銀行が取引の当事者を特定できることが義務付けられている。これは、プライバシーを犠牲にして真正性を重視することを優先するためである（とは言え、若干ニュアンスが異なり、銀行はこのデータを収集するが、詐欺やマネーロンダリングが疑われない限り、このデータを使用する必要はない）[10]。技術的な意味では、銀行取引における否認防止能力は銀行取引のプライバシーを狭めているが、銀行取引のプライバシーについて心配している人は多くない。これらの取引に関連する真正性は、一時的または潜在的なものである。取引は法的な要求がある場合にのみ外部に公開され、ほとんどの人はそのことについて心配していない。その観点から、一時的な真正性を持つ取引は十分にプライベートである。私はこれを**機能的プライバシー**と呼んでいる。

　私は映画のチケットを、真正性を必要とせず機能し、それゆえにプライベートである一時的なトランザクションの例として紹介してきた。ここで、一時的で認証されていない取引では不十分な別の例を考えてみよう。しばらく前に、私たちの家族はアイススケートリンクへ行き、そして映画館と同じように、チケットを買って入場した。そこで、私たちは一人ひとり、スケートリンクがリスク軽減のために要求した免責事項の同意書に署名を行った。この免責同意書は、取引のプライバシーを損なうことを意味していた。KYCのデータが共有されていないと信用できる銀行とは異なり、スケートリンクが私

---

※9　多くの企業はアカウンタビリティの域を超えて、オンライン上で人々を監視することで生計を立てているか、監視の助けとなるデータの収集を支援することで報酬を得ている。この点についてはこの章で後ほど説明する。

※10　私が必要だと言ったことに注意してほしい。銀行はおそらく、それ以上の目的でデータを利用しており、多くの場合、それをどのように利用しているのか明らかにしていないことに私は気づいている。

のデータをどう扱っているかはわからない。

　これは、最小開示が私のことを助けてくれない例である。事故の際に、私に責任を持たせるために必要なデータを提供してしまったのである。スケートリンク側からは、そのデータをどう扱うかについて、私には何の約束もなかった。私に責任を負わせつつ、私のプライバシーを保護する唯一の方法は、取引の真正性を**合意**によって**一時的**にすることである。もしスケートリンクが、私が事故に遭い、スケートリンクを訴えると脅した場合にのみこのデータを使用すると強く約束をしたならば、たとえ私がスケートリンクに特定されたとしても、明確に定義された状況を除いて私のプライバシーは保護される。

　オンラインでは、スケートリンクは暗号学的コミットメントとキーエスクローを用いて、この暫定的な真正性をさらに信頼性の高いものにすることができる（9章を参照）。このアイデアは、免責同意書を強制するために必要な私に関するデータはスケートリンクから隠されており、私には変更不可能であり、私が訴えると脅した場合にのみ明らかにされるというものである。この技術的要素が加わることで、スケートリンクへの信頼をエスクローエージェントへの信頼に置き換えることができる。これは、私が関わるすべてのビジネスを信頼するよりも扱いやすいかもしれない。エスクローサービスは受託者として規制されることで、その信頼性を高めている。

　一時的な真正性は、めったに起こらない出来事（人身傷害訴訟など）でデータが必要な場合に機能する。しかし、多くの場合、企業はデータを積極的に利用して関係の有用性を高めている。たとえば、Amazonに住所を伝えて、商品を発送してもらうとしよう。このような場合、機密保持契約（基本的には秘密保持契約［nondisclosure agreements：NDA］）は、機能的プライバシーを提供すると同時に、アカウンタビリティと利便性のために必要な真正性を提供することを保証する。これらの契約が、企業が機密保持を約束するわけではなく、個人の活動や情報を監視し続けることであってはならない[11]。むしろ、基本契約に書かれた機密保持と同じレベルでデータの機密保持が約束されるべきである。

　一時的な真正性とデータのNDAは、アカウンタビリティと関係の有用性を犠牲にすることなく機能的プライバシーを保護するための重要なツールである。機能的なプライバシーとアカウンタビリティは、人々を尊重し保護するデジタルシステムを構築するために必要となる。

## 8.5　プライバシー・バイ・デザイン

　プライバシー・バイ・デザイン（PbD）は、アーキテクト、プロダクトマネージャー、開発者への手引きを目的とした一連の原則である。この原則は、2009年にカナダのオンタリオ州の情報およびプライバシーコミッショナーであったAnn Cavoukianによって、フレームワークとして公開された（https://www.ipc.on.ca/en/resources-and-decisions/privacy-design）。この原則は発行以来、国際プライバシー委員会、データ保護機関会議、IAPPなどの組織によって採用されている。欧州連合（EU）の一般データ保護規則（GDPR）にもPbDが組み込まれている。

　曖昧すぎて中身のある設計アドバイスを提供することができないという批判もあるが、この原則はア

---

※11　附合契約は、Webサイトが人々に同意を求める利用規約と同様に、当事者の一方が他方よりもはるかに大きな権限を持ち、契約条件を提供する機会を与えることのない「交渉の余地がない」契約である。

イデンティティの専門家にとって重要な高水準の手引きである。これらは、個々の製品機能からエコシステム全体まで、さまざまな設計上の問題に適用される。アーキテクトは、それらをユースケースごとの状況に当てはめ、プロジェクトに特化したガイダンスを開発する必要がある。

　以下の項では、7つの原則のそれぞれについて順番に説明し、PbD フレームワークの文章を冒頭に引用し、その後議論する※12。

### 8.5.1　原則1：事後的ではなく事前的、救済的でなく予防的

> 「プライバシー・バイ・デザイン（PbD）のアプローチは、受け身で対応するというより、むしろ先見的に対応することが特徴である。プライバシー侵害が発生する前に、それを予想し予防することである。PbDは、プライバシーの脅威が具体的に起きるのを待つものではなく、また、いったんそれらが起こった場合に、プライバシー侵害を解決するための救済策を提供するものでもない。——それらの発生を防ぐことを目的としている。要するに、プライバシー・バイ・デザインは、事後ではなく、事前に作用する。」

　PbDの最終的な目標は、システムや製品の技術やワークフローにプライバシーを後付けで組み込むのではなく、最初からプライバシーについて検討し設計することである。**事前準備の原則**は、このことを明確に述べている。「前もってプライバシーについて考えよ」と。

　この原則は、プライバシーに関するユーザーストーリーをプロジェクト要件に組み込むことで適用できる。たとえば、以下のようなものである。

- 買い物客として、アプリからデータ共有を制御することで、誰が自分のデータを見るかを決定できるようにしたい場合
- あるサイトのメンバーとして、自分の投稿を閲覧可能な他のメンバーを制限することで、攻撃的なコメントから身を守りたい場合
- 作家として、自分の作品の本体をコントロールできることで、自分が執筆したものを削除できるようにしたい場合

　これらの例は、一般的にこの原則が製品のプライバシーへの配慮が行き届いた製品要件を作成するのにどう役立つのかを示している。ユーザーストーリーは、さまざまなアクターと彼らが取る行動を分析するのに役立つ。これにより、設計チームはプライバシーに関するリスクを見つけ、製品の設計においてプライバシーを尊重しつつ、必要な真正性をどのように確保するかを考えることができるようになる。

　PbDはまた、データ収集について十分に検討する必要があることも示唆している。ユーザー、パートナー企業、そして自らの組織がデータ収集によってどのようなプライバシーへの影響や負担があるのかを評価しなければならない。そして、アーキテクチャとシステム運用の指針となるポリシーや実践方法を策定する必要がある。これらについては、原則6「可読性の原則」で詳しく議論する。

---

※12　訳注：ここでは、総務省から公開されている堀部政男氏の訳文から引用している。https://www.soumu.go.jp/main_content/000196322.pdf

## 8.5.2　原則2：初期設定としてのプライバシー

「我々は、1つのことについて確信し得ている——標準ルールである！ プライバシー・バイ・デザインは、所定のITシステムまたはビジネス・プラクティスにおいて、個人データが自動的に保護されることを確保することによって、最大級のプライバシー保護を提供することを目指している。個人が何もしなくても、彼らのプライバシーはそのまま保護される。彼らのプライバシーを保護するために、個別の措置は不要である。——それは、システムに最初から組み込まれているものである。」

　人々はプライバシーを重視すると言われているが、差し迫った取引の最中にそれについて考えるのは困難である。毎朝、私のニュースフィードには、プライバシーを保護するためにアプリまたはデバイスの設定を変更する方法についての記事が、少なくとも1つ並んでいる。これらの見出しのクリックベイト（または煽り文句）による不安の助長を差し引いても、これらのアプリやデバイスの多くの設定がプライバシーにどのように影響するかは、設計を詳しく理解しなければほぼ判断できない。

　**初期設定としてのプライバシー**はこの考え方を逆転させ、設定（単独の場合も、組み合わせの場合も）のプライバシーへの影響を理解し、プライバシーを最もよく保護する設定を初期設定にする責任があると、設計者に伝えている。

　この原則の問題点は、多くのアプリが初期設定でプライバシー保護を優先した設定にするとなると、収益が得られなくなる。Appleは最近、アプリがユーザーを追跡しているかどうかを通知し、それを続行するかどうかの選択肢をユーザーに提供する機能をiOSに追加した。この記事を書いている時点で、Facebookは2021年第4四半期の決算説明会において、この変化により2022年には100億ドルの損失が発生すると予測していた。翌朝、株式市場が開場すると株価は25％下落し、Facebookの価値の2000億ドルが消え去った（https://oreil.ly/NRz-d）。

　これは、PbDが単なる製品設計にとどまらないことを示している。初期設定としてのプライバシーの原則は、設定の構成だけでなく、アプリのビジネスモデルにも適用される。プライバシーを重視するのであれば、一部のビジネスモデルを諦める、あるいはプライバシーを尊重しないビジネスモデルの企業で働くことを拒否しなければならないかもしれない。

## 8.5.3　原則3：プライバシーを設計に組み込む

「プライバシー・バイ・デザインは、ITシステムおよびビジネス・プラクティスのデザインおよび構造に組み込まれるものである。事後的に、付加機能として追加するものではない。これによって、プライバシーが、提供される中心的な機能の重要な構成要素になる。プライバシーは、機能を損なうことなく、システムに不可欠なものである。」

　アプリやデバイスに対してプライバシー観点から不適切な設計が行われ、事後的に問題を修正するためのポリシーが適用されている場合がある——たとえば、データを過剰に収集するアプリを構築した後、そういった使われ方の可能性を制限するためのポリシーを作成する、といった具合だ。ポリ

シーは重要ではあるが、優れた設計の代わりとなるものではない。

　プライバシーをシステムに組み込むということは、プライバシーをシステムの他の部分や機能に全体的な方法で統合することを意味している。これにより、設計者はより幅広い文脈を考慮し、より多くの選択肢を得ることとなる。たとえば、アプリでは複数のAPIや認証パートナーを使用する場合がある。設計時にそれらについて考えることで、設計者はどのトレードオフがプライバシーをより保護できるかを考慮できる。このような設計は、(内部の標準や原則を含む) 標準やフレームワークに照らして監査可能である必要がある。

　設計者がプライバシーと真正性のトレードオフを評価し、ビジネスモデルとアーキテクチャに適した選択を行った後、**組み込みの原則**により、ユーザーのミスまたは管理者のミスや不正行為によって、これらの決定が簡単に損なわれることがなくなる。

### 8.5.4　原則4：全機能的——ゼロサムではなく、ポジティブサム

　「プライバシー・バイ・デザインは、不要なトレードオフの関係を作ってしまう時代遅れのゼロサムアプローチではなく、ポジティブサムの「ウイン−ウイン」の方法で、すべての正当な利益および目標を収めることを目指している。プライバシー・バイ・デザインは、プライバシーとセキュリティの両方とも持つことが可能であることを実証し、プライバシー対セキュリティのような誤った二分法を回避する。」

　優れた設計は、多くの場合に他の目標を達成できないという代償を払い、いくつかの目標の達成を要求する。設計の目的は、製品、サービス、デバイス、またはシステムが達成しなければならないすべての目標に基づいて、適切なトレードオフを行うことである。

　プライバシーと真正性の間の非常に現実的なトレードオフは、無視できないものである。多くの場合、真正性に対する必要性は、セキュリティ要件として表明される。設計者は、これらの要件を慎重に精査し、真正性に対する正当なニーズに対応する必要がある。前述したように、アカウンタビリティと実用性の要件を達成しながら、「セキュリティ第一」の立場で許容される以上のプライバシーを提供する方法がある。

　16章では、暗号化やその他の手法を使用してプライバシーを保護し、アカウンタビリティを達成し、完全な機能を保証するポジティブ・サムな設計を提供するためのアイデンティティアーキテクチャについて議論する。

### 8.5.5　原則5：全般にわたるセキュリティ——すべてのライフサイクルを保護

　「プライバシー・バイ・デザインは、情報の最初の構成部分が収集されるより前にシステムに組み込まれことから、関係するデータのライフサイクル全体を通じて安全に拡張する——ライフサイクル全般にわたり強力なセキュリティ対策は、プライバシーに不可欠である。このことは、時期を逃さず、すべてのデータが安全に保持され、プロセスの終了時には確実に破棄されることを確保している。このように、プライバシー・バイ・デザインは、情報の安全なライフサイクル管理を、揺りかごから墓場まで、終始、全ライフサイクルにわたって確保している。」

セキュリティ原則は、製品またはシステムのライフサイクル全体を通じてプライバシーに継続的に注意を払う必要性を強調している。これはセキュリティを何度も評価し、製品やシステムを更新または保守する際にプライバシーを考慮し続けることを意味している。

6章で学習したように、多くのシステムの中核である関係性にもライフサイクルがある。関係性の記録に関するセキュリティを考慮することは、その関係性における参加者のプライバシーを保護するために不可欠である。この原則は、自社の製品がデータを収集、推測、使用するデータのセキュリティニーズを評価する際に、ライフサイクルの各フェーズを考慮するよう、設計者に求めている。最終的に関係性が終了すると、そのデータも安全に処理されなければならない。理想的な状況では、簡単に削除され得るが、記録の保持についての法律やビジネスからの要求により、それが許可されない場合がある。そのような場合、安全なデータストレージは、保存されている内容とその保持要件の適切なインベントリと組み合わせることが、プライバシーを確保する上で重要である。

## 8.5.6　原則6：可視性と透明性——公開の維持

「プライバシー・バイ・デザインは、ビジネス・プラクティスや慣行にかかわらず、独立した機関による検証を経て、実際に表明された約束や目的に沿って運営されていることをすべての利害関係者に保証することを目的としている。その構成部分および機能は、利用者および提供者に一様に、可視的で透明であり続ける。信頼せよ、されど検証せよ、という原則を忘れてはならない。」

PbDの大部分は、合理的なポリシーと慣習に従ってPIIデータが収集、保存、管理されるようにすることである。**可視性**と**透明性**は、ユーザー制御と同意についての法律に準拠する上で重要である。PIIを含むプロジェクトの開始時には、次のような質問をする必要がある。

- どのような種類のアイデンティティデータを収集しているか？
- このアイデンティティデータはどのように収集されるか？
- なぜアイデンティティデータを収集したのか？
- その利用に関する特別な条件はあるのか？ 合意されているのか？
- 影響を受ける個々人は、収集されたデータとその利用を管理するポリシーと慣習について、明確でわかりやすい方法で通知を受けたか？
- データの所有者は誰か？
- 運用者は誰か？
- そのデータを利用するのは誰か？ なぜ、どのように普段そのデータにアクセスするのか？（遠隔か、Web経由か、家からか）
- そのデータはどこでどのように保存されるか？ そのデータはオンプレミスに保存されるか、あるいはクラウドか？
- そのデータをどれくらいの期間保持すべきか？ その後も定期的に保持するのか？
- ノートPCあるいはスマートフォンなど、定期的に拠点外に動かされるデバイスに保存されるデータはあるか？

- どのような情報が第三者に転送されるか？ なぜ転送されるか？ 第三者は、私たちの組織がその
  データに行った約束について、アカウンタビリティを負っているか？
- バックアップはあるか？ その場合、バックアップに関してもこれらの質問に答えるべきである
- データのアクセスログはあるか？
- ログはどこに保存されるか？
- ログは保護されているか？
- データを保護するために、他のどのようなセキュリティ対策（ファイアウォール、侵入検知シス
  テムなど）が使用されているか？

これらの質問に対する回答は、システムとそのデータの開発と保守の手引きとなる約束、目的、ガイ
ドライン、ベストプラクティス、およびポリシーを含むフレームワークに明文化されるべきである。し
かし、これはほんの始まりにすぎない。

多くの企業は、プライバシーフレームワークを、顧客の怒りを買わないようにするためのもの、と捉
えている。業界の要求、あるいは誰かがCEOやCIOに、会社にプライバシーフレームワークがなけれ
ば責任を問われると説得することによって、実施しなければならないものだと見なされている。これら
はすべて正しいのかもしれないが、プライバシーフレームワークを持つことへの本当の理由は、顧客が
認識する利益のためにあなたが提供する利用規約の基準を提供する、ということである。

たとえば、取引のさまざまな段階で顧客からアイデンティティ情報を収集し、その見返りとして顧客
に何らかの利益をもたらすオンライン商売を考えてみよう。まず、顧客が訪問するたびに、サービス
はブラウザにCookieをインストールし、ショッピングカートが機能するようにする。プロダクトマネー
ジャーは、Cookieを使用して、顧客の次回来店時にその顧客を識別したり、買い物の習慣を追跡した
りできることを認識している。顧客が何かを購入すると、サービスは名前、電子メール、住所、クレ
ジットカード番号などのPIIを収集し、Cookieを顧客プロファイルにリンクできる。このオンライン商
売のプライバシーポリシーには、何と記載すべきだろうか？

第一に、真実を伝える。どのようなデータを収集し、なぜ収集し、どのように使用するかを顧客に
伝える。第二に、具体的であること。この例では、ショッピングサイトは次のように述べるべきだろう。

- 当社はCookieを使用しています。私たちのショッピングカートは、Cookieなしでは機能しません。
- お客様が購入される際、お客様の個人情報は、お客様が支払いフォームの「情報を保存」ボッ
  クスをクリックして当社に許可を与えた場合にのみ、当社のシステムに保存されます。これを行
  うと、買い物時にいくつかのフォームに自動入力され、より良いサービスを提供できます。
- 当社は、お客様の買い物の習慣を追跡するためにCookieを使用しています。このデータを使用
  して、検索ツールを改善し、より良い製品の選択を提供します。当社は、お客様の買い物習慣に
  関する情報をパートナーやサプライヤーに集約して開示することがありますが、お客様の個々の
  買い物の習慣は、事前に取得したお客様の個別許可がある場合にのみ第三者に公開されます。
- 当社のシステムに表示される広告は、Cookieを使って広告のクリックスルーを追跡し、それらの
  広告を特定の顧客にターゲティングするために、サードパーティの広告応答追跡システムを使用

する場合があります。

　実際のプライバシーポリシーはもっと長く、弁護士はおそらく他の多くの情報でこれを埋めたがるだろう。このプロセスに弁護士を関与させるのは良い考えだが、最終的にはあなたと顧客との間の合意文書であるため、顧客があなたのプライバシーポリシーを簡単に読んで理解できるようにしなければ、PIIを収集する条件を明確な言葉で通知するというあなたの目標を達成できない。**明確でなければ、同意には意味がない。**

　目標は、PIIの使用方法に関するアカウンタビリティを作り出すことである。アカウンタビリティは、次の要素からもたらされる。

- プライバシーフレームワークを作成する。
- フレームワークの各部分の実施と遵守に関する責任者を任命する。
- 組織内、および必要に応じて組織外の透明性を確保するオープンな慣習とプロセスを作り出す。PIIを収集した個人に対しては、特にオープンにする必要がある。これらの慣習とプロセスを公開して、顧客が簡単にそれらを見つけられるようにする。
- 監査（監視、評価、検証）してコンプライアンスを確保し、コンプライアンス違反の影響を受ける可能性のある組織内のユーザーと外部ユーザーの両方に救済メカニズムを提供する。救済には、不利な決定に対する不服申し立ての手段を含めるべきである。

　主体のオープン性については、プラクティスの透明性をさらに高めるために、コードベースのどの部分をオープンソースにするか、あるいはオープンソースリポジトリから引き出すのかを検討する必要がある。

### 8.5.7　原則7：利用者のプライバシーの尊重——利用者中心主義を維持する

> 「特に、プライバシー・バイ・デザインは、設計者および管理者に対し、強力なプライバシー標準、適切な通知、および権限付与の簡単なオプションのような手段を提供することによって、個人の利益を最大限に維持することを求めている。利用者中心主義を維持すべきである。」

　プライバシーは、**個人の識別情報**に関係している。私が「個人の」という部分を強調しているのは、システムや製品を設計する中で、個人が見落とされがちだからである。要件を集める際、ユーザーストーリーにプライバシーを含めるのが好きな理由の1つは、これが、ユーザーがプライバシー要件の中心となることを保証するからである。

　PbDの最良の結果は、個人がプライバシーに積極的に参加する権限を与えられたときに発生する。この作業を支援するために実装可能な、3つの重要なプラクティスが存在する。

#### 同意

　PIIがどのように使用されるかについて、明確でわかりやすい方法で個人に通知し、有意義な同意の機会を提供する（有意義とは、選択肢が「すべてのデータを私たちに提供してくださ

い」または「私たちと取引しない」の二択ではないことを意味する)。

**アクセス**

個人は自分のPIIにアクセスし、必要に応じて修正または削除できる必要がある。

**アカウンタビリティ**

組織は、個人がポリシーと慣習について学び、独自のポリシーと関連規制の遵守を見直し、問題を明らかにするために組織とやり取りし、不利な決定に異議を申し立てる機会を提供する必要がある。

14章から19章では、単なるユーザー中心主義を超えて、自己主権を実現可能なテクノロジーとアーキテクチャについて議論する。ユーザーには、PIIとその処理方法をより詳細に制御できるツールが提供される。

## 8.6　プライバシー規制

PbDは、PIIの技術的保護とポリシーによる保護のバランスをとる必要性を示している。テクノロジーだけではプライバシーを保護することはできないが、技術的なサポートのないポリシーは悪用の余地が大きすぎるため、取り締まりが困難な場合がある。ポリシーだけでなく、規制を設けることにより、管轄範囲内の組織全体で一貫したプライバシー保護が保証される。

### 8.6.1　一般データ保護規則（GDPR）

2016年4月に欧州議会で採択されたGDPR（General Data Protection Regulation）は、EUの奥の手とも言える、世界で最も包括的で広範囲に及ぶプライバシー規制だ。これは欧州連合（EU）の規制だが、データ処理がEU外で行われた場合でも、EUの住民（市民だけではない）のデータを処理するすべての企業に適用される。GDPRは欧州データ保護委員会（European Data Protection Board）に対して、最大2,000万ユーロ、または組織の全世界での年間収益の4%、いずれか高い方の罰金を課す権限を与えている。その結果、GDPRは2018年5月に施行された際に、世界中の企業の注目を集めた。

GDPRは、製品やサービスにデータ保護機能を組み込み、設計によってデータを保護することを目的としている。組織に対しては、人に関連するデータの保護を義務付けている。これは、**データ管理者とデータ処理者**（常に企業）が、**データ主体**（個人）に関するデータを保護する責任を持つ、という言葉をビジネスに組み込むことに焦点を当てている。**GDPRは個人を特定する情報**ではなく**個人データ**を対象としており、この特徴は適用範囲を広げている。

GDPRの定義によると、個人データには次のものが含まれる（ただし、これらに限定されるものではない）。

- 氏名
- 自宅住所
- 識別番号（米国の社会保障番号や従業員番号など）

- メールアドレス
- 犯罪歴、医療記録、宗教記録などの要配慮データ
- IPアドレスとメディアアクセス制御（MAC）アドレス
- Cookieとその他の相関識別子
- 公開鍵

最後の3つは、個人を特定するために常に使用できるとは限らないため、PIIと見なされることはあまりないが、GDPRには個人データとして含まれている。

GDPRの条文5.1-2（https://gdpr.eu/article-5-how-to-process-personal-data/）では、個人データを処理するための7つの原則を遵守する責任をデータ管理者に負わせている。

**適法性、公正性および透明性**
個人データは、「データ主体との関係において、適法であり、公正かつ透明性のある方法で処理される」ものとする

**目的の限定**
個人データは、「特定の明示的かつ合法的な目的のために収集」され、かつそれらの目的と矛盾する方法でさらなる処理をされないものとする

**データの最小化**
個人データの収集は、「適切で、関連性があり、処理される目的と関連した必要なものに限定される」ものでなければならない

**正確性**
個人データの収集は、「正確で、必要に応じて最新の状態に保たれる」ものでなければならない

**記録保存の制限**
個人データは、特定の目的のために「必要とされる期間を超えない範囲で、データ主体を特定可能な形式」で保存されなければならない

**完全性と機密性**
個人データは、「不正または違法な処理、偶発的な損失、破壊、または損傷からの保護を含む、個人データの適切なセキュリティを確保する方法で処理」されなければならない

**アカウンタビリティ**
データ管理者は、これらすべての原則に対するGDPRの遵守に責任を持ち、それを実証できなければならない

さらに、GDPRには、データセキュリティにおいて、企業がデータを処理可能な場合、同意を構成するもの、データ保護責任者を任命する必要がある場合に関する具体的なガイダンスが含まれる。

データ保護はプライバシーの前提条件である。ただしGDPRには、データ主体に対する一連のプライバシー権（https://gdpr.eu/tag/chapter-3/）も含まれている。

- 情報を得る権利
- アクセス権
- 修正する権利
- 消去する権利（しばしば「忘れられる権利」と呼ばれている）
- 処理を制限する権利
- データポータビリティの権利
- 異議申し立ての権利
- 自動化された意思決定およびプロファイリングに関する権利

　見てわかるように、GDPRは広範囲に及んでおり、**ユーザーの制御、同意、最小開示、正当な当事者**など、アイデンティティに関するいくつかの法律をサポートしている。その範囲は、企業の所在地ではなく、人々が住む場所に基づいて罰金を課す能力と相まって、世界中のデータ保護とプライバシーに影響を与え、今後も影響を与え続けることを意味している。

　GDPRに準拠するための最善の方法を決断することは困難な場合がある。そうした状況は、あまり混ざり合うことのない2つのグループが関係している——それは、弁護士と技術者だ。PbDと同様、ビジネスモデルが個人のデータ保護やプライバシーと容易に整合し得ない場合、これはさらに困難になる。しかし、たとえそうだとしても、法的要件によって、製品設計やアプリケーションエンジニアリングの観点からは必ずしも意味をなさないような変更が製品に強制されることはよくある。製品そのものの域を超え、コンプライアンスを確保するだけでなく実証できるようにするための、新しいポリシー、手続き、およびプロセスを更新または実装しなければならない可能性がある。

　GDPRはデータ保護とプライバシーを規制する上で大きな一歩であり、より多くの組織がこれらの重要なテーマについて考慮を余儀なくされることは疑いようがないが、いくつかの制限もある。他の規制と同様に、GDPRはデータ保護に関する特定の視点を固定している。これにより、既存モデルにうまく適合しない未来のイノベーションが制限されてしまう可能性がある。たとえば、GDPRは個人を単なるデータ主体としており、データ主体をデータ管理者にすることはできない。GDPRは、これらの役割を相互に排他的なものと見なしているため、個人を個人データの管理者と見なす自己主権型アイデンティティなどのモデルと競合している。時間の経過とともに、これらの対立を解決する必要があるが、規制の変更は困難で時間がかかる可能性がある。

## 8.6.2　カリフォルニア消費者プライバシー法

　2020年1月に施行されたカリフォルニア消費者プライバシー法（The California Consumer Privacy Act；CCPA）[13]は、ポストGDPRの時代に制定された、初めての主要な米国のプライバシー法であ

---

※13 訳注：現在はカリフォルニア州プライバシー権法（CPRA）が施行されている。CRPAでは適用対象となる基準のうち、消費者のPII処理数が5万人から10万人へと引き上げられ、収集したPIIの共有を受けた事業者も新たに対象となっている。また、日本における要配慮個人情報に相当する「センシティブ個人情報（Sensitive Personal Information）」や個人情報の訂正を事業者側へ請求する「訂正請求権」が新しく規定されるなど、CCPAからの大幅な変更が加えられている。

る。カリフォルニア州は世界第5位の経済規模を誇り、ハイテク企業を擁する大きな州であるため、CCPAはデータ保護とプライバシーに対してGDPR同様の大きな影響力を持つと見込まれている。

　GDPRと同様に、CCPAは、個人データに対する幅広い権利を人々に付与する包括的なプライバシー規制になることを目指している。それはしばしば「カリフォルニアのGDPR」と呼ばれているが、重要な違いがある。CCPAはPIIを販売する企業に焦点を当てており、顧客には同意ではなくオプトアウトを要求しており、CCPAに違反した場合の罰金はGDPRよりもはるかに低くなっている。表8-1に、この2つの比較を示す。

表8-1　GDPRとCCPAの比較

| | GDPR | CCPA |
|---|---|---|
| 保護 | 自然人 | カリフォルニア州市民である自然人（『消費者』） |
| 権利 | 管理者の同意と通知、その連絡先についての情報、収集を可能にする正当な利益を必要とする | オプトアウトとデータ販売に意図についての明示的な通知を必要とする |
| 適用対象 | すべての組織 | 年間総売上が2,500万ドルを超える、または50,000人以上の消費者のPII処理している、または年間収益の50%以上をPIIの販売から得ている営利企業 |
| 法的根拠 | データ処理に必要な法的根拠（正当な利益）の存在 | データ処理についての積極的な法的根拠が記載されていないこと |
| スコープ | EU内の組織またはEU内に住む人々とビジネスを行っている組織 | カリフォルニアでビジネスを行っている組織 |
| 保護されるPII | 組織によって処理されるすべての個人データ | 販売または共有されるデータのオプトアウト：医療データ（臨床試験データを含む）、消費者報告機関、公衆データ（合法的には利用可能）、他のデータによってカバーされるデータ（ドライバーデータなど）は除外 |
| アクセス | 管理者は不当な遅延なく収集されたデータに対するアクセス権を与えなくてはならない | 過去12か月以内に収集されたデータに適用される：アクセス要求は年2回に制限 |
| 執行内容 | 世界全体で見て年間売上高の最大4%または2,000万ユーロいずれかの高い方 | 違反ごとに最大2,500万ドルおよび故意の違反ごとに最大7,500万ドル |
| 民事上の救済措置 | あらゆる違反で民事訴訟とし次の請求が可能となる；制限のない損害賠償 | 企業のセキュリティ義務に違反した盗難、流出、または開示を通じて暗号化されていないPIIが無許可のエンティティによってアクセスされた場合にのみ許可される：インシデント1件につき、消費者1人あたり100ドルから750ドルに制限された賠償金、または実際の損害額の補償のどちらか大きい方 |

　表8-1からわかるように、CCPAはGDPRよりも範囲が狭く、罰則もはるかに軽いものである。これまでのところ、GDPRは米国で事業を行う企業にはほとんど影響がないが、GDPRは広告収入と暗黙

の監視に顕著な影響を与えている。しかし、GDPRと比較すると、いくつか重要な違い――弱点と言う人もいる――があるにも関わらず、CCPAは米国で最も包括的なプライバシー法である。これは、米国におけるプライバシー法の終わりというよりはむしろ始まりであり、他の州も追随するだろう。

### 8.6.3　その他の規制努力

　GDPRとCCPA以外にも、組織に影響を与える注目すべき法律や規制がいくつか存在する。表8-2に、プライバシーに関する米国とカナダの著名な法律と規制の一部を示す。

表8-2　その他の注目すべきプライバシー法および規制

| 法律／規制 | 詳細 |
| --- | --- |
| カナダ個人情報保護及び電子文書法（Canadian Personal Information Protection and Electronic Documents Act） | 商業活動の過程で個人情報を収集、使用、または開示するカナダ全土の民間組織に適用される。PIIは収集された目的のみに使用できる。組織は他の目的に利用するために同意を取得しなければならない。 |
| 顧客識別プログラム（Customer Identification Program、愛国者法：Patriot Act） | 米国の金融サービスを提供する組織に対して、顧客のデータを収集および保存することで、政府が所有する既知のテロリストまたはテロ容疑者のリストとの照合を義務付けている。 |
| 医療保険の携行性と責任に関する法律（Health Information Portability and Accountability Act：HIPAA） | 米国で医療データを管理するすべて組織に適用される。個人健康情報（PHI）へのアクセスと利用を制御する患者の権利を確立する。組織がPHIを制御および保護しなければならない。アクセス制御、監査、データの完全性確保、およびセキュリティに関する技術標準の準拠を課している。 |
| Gramm-Leach-Bliley法 | 米国の金融サービス組織を適用対象とする。顧客データを保護するための物理的管理および技術的手段を要求する。データの再利用および開示は顧客が具体的にオプトインした場合に可能となる。 |
| 児童オンラインプライバシー保護法（Children's Online Privacy Protection Act：COPPA） | 米国の法律で、米国外を含む13歳以下の子供に関するPIIに適用される。プライバシーポリシーと保護者の同意、および未成年者のPIIを保護するための運営者の責任について概説している。 |

　これらの規制はすべて、組織のアイデンティティ管理計画に直接影響を与える可能性がある。たとえば、一部の規制では、記録を保持する必要がある期間が設定されている。これは、デジタルアイデンティティインフラストラクチャの設計と実装に対して明らかに影響するものだ。

　間接的な影響を持つ別の米国連邦法として、2002年に制定されたSarbanes Oxley法（SOX法、https://oreil.ly/_xDrK）がある。Sarbanes-Oxley法は上場企業に適用され、特に、ディレクトリやアクセス制御などに関するアイデンティティ管理の決定に直接影響し得る、内部統制と手続きの有効性に関する年次報告を義務付けている。その結果、上場企業はSarbanes Oxley法の要件に準拠するだけでなく、可能な限り準拠に必要な監査とレポート作成のコストを最小限に抑えるために、デジタルアイデンティティインフラストラクチャを設計および実装する必要がある。

　多くのIT部門が従来セキュリティを管理してきたようにアイデンティティを管理しようとすると、どのような法律や規制がアイデンティティ管理戦略に影響を与えるのか、またはそれらに対して何をすべ

きかを判断することは不可能である。これらはビジネス上の課題であり、ビジネス上のインプットが必要となるからだ。たとえば、企業の取締役会の監査委員会は、Sarbanes Oxley法の準拠方法に関する基本ルールを決定している。それらを確実に満たすための指示を理解しないことは、キャリアを制限する行為になり得る。

## 8.7　プライバシーの時間的価値と時間的コスト

　私たちはプライバシーについて、その価値とコストは不変であるという話をよくしている。実際、人々は普段、古い情報よりも現在の情報のプライバシーを重視している。Aliceは現在の住所は公表したくないかもしれないが、大学生の頃に住んでいたアパートの住所を誰が知っているかは気にしないかもしれない。同様に、最近のデータを非公開にするコストは、通常、長期間にわたってデータを非公開にするコストよりも低くなる。時間が経つにつれて、データを取り巻く文脈はますます蓄積され、他の情報との関係を防ぐことが難しくなる。簡単に言えば、時間が経つにつれて、秘密を守ることが難しくなる。これにより、図8-2に示すような動的な関係が生まれる。

　図8-2のグラフには、情報のプライバシーを維持するためのコストがプライバシーの価値よりも大きくなる交差点が存在している。その点の右側では、プライバシーの維持は費用対効果が高くなり、左側では法外なコストがかかる。これは、個々のデータの種類に対しての費用対効果を分析し、諦めてすべてを公開するポイントを計算する必要があることを意味しているわけではない。むしろ重要なのは、データ管理を実行することで交差点がシフトし、プライバシーをより費用対効果の高いものにすることができるということである。

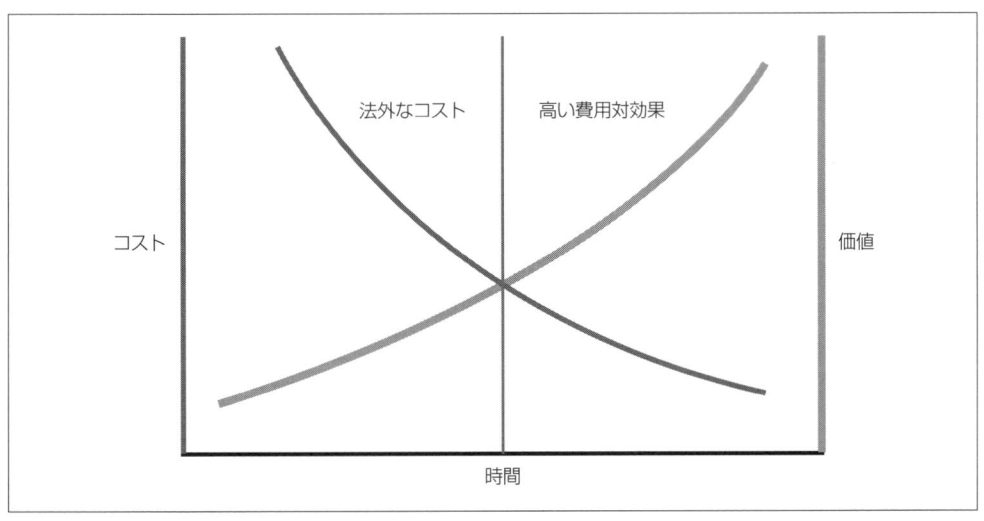

図8-2　プライバシーの時間的コストと時間的価値

　図8-3は同じグラフを示しているが、コストの線が2本存在している。新しいコストの線はより低

く、それによって交差点が左にシフトするため、合理的なコストでデータをより長く非公開にしたり、以前は法外なコストがかかっていた可能性のあるデータのプライバシーを維持したりできる。

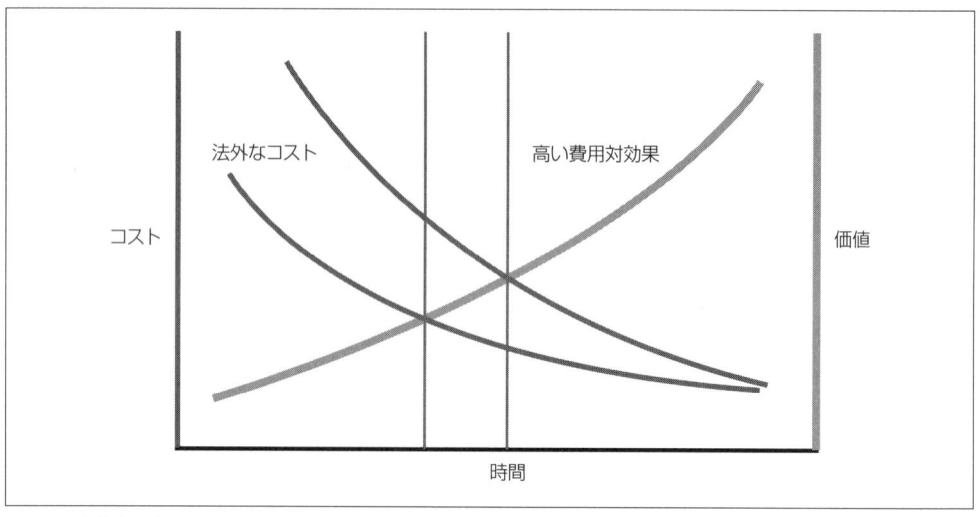

図8-3　交差点を左にシフトした場合

　どうすればコストを下げられるだろうか？ 個人を特定するデータをより減らすべきだろう。これは当たり前のことのように思えるかもしれないが、私はコストが安いからと言って、本当に必要なもの以上のデータを保持している組織にいつも驚かされている。保存のコストのみを考慮しているのである。データ保護と規制遵守の確保にかかるコストを考慮すれば、PIIの維持コストははるかに大きくなるはずだ。

　保持するデータを減らすことは、収集するデータを減らすことから始まる。そのためには、製品やサイトのデザインに細心の注意を払い、ビジネスの目的に必要なPIIのみを収集する必要がある。また、さまざまなクラスのデータを定期的に確認して（規制やビジネス要件に応じて）消去することで、PIIの保持コストを削減することも可能である。15章では、ビジネスのニーズに悪影響を与えることなく、収集するPIIの量を大幅に削減可能な、最小開示を支える手法と技術について議論する。

## 8.8　監視資本主義とWeb2.0

　哲学者で社会心理学者のShoshana Zuboffは、著書の『The Age of Surveillance Capitalism』（PublicAffairs刊、2019年）[14]の冒頭で、「デジタルの未来は私たちのホームになり得るだろうか？」と問いかけている。

---

※14　邦訳は『監視資本主義――人類の未来を賭けた闘い』（ショシャナ・ズボフ著、野中香方子 訳、東洋経済新報社刊、2021年）。

　この質問は、おそらく私たちの時代において最も重要な質問の1つだろう。私たちの生活は、ますますデジタルシステムによる仲介が進んでいる。しかし、これらのシステムは私たちのものではなく、それを提供する企業のものである。それらのシステムに関して私たちが経験したことは、私たち自身のものではなく、それらを提供する企業の目標、欲求、ニーズに基づいている。私がこれらのシステムを**管理システム**と呼ぶのは、管理者の特定の目的のために、特定のドメインでの経験を管理するように構築されているためである。

　Zuboffは、監視資本主義が人類の未来に重大な脅威をもたらす理由について、いくつかの説得力のある主張を行っている。包括的な結論では、これらの企業は、私たちの生活を**監視しやすくする**ためにすべての人を彼らの管理システム内に入れることで、独裁者になるとした。

> 独裁政治は政治の抹殺である。それは、独裁者を除くすべての人が、他者と同等の有機体として理解されるという、それ自身のゆがんだ、過激な無関心に基づいている。

　多くの人が信じているかもしれないこととは逆に、政治を抹殺することは良いことではない。政治こそ、非集中型の民主主義システムが正統性と一貫性を達成する手段である。政治をなくすには、すべての人や物を監視資本主義の中央集権的な管理システムに置くことが必要となる——つまり人々の自律性、個性、人間性に徹底的に関心がない独裁者の支配下に置かれることとなる。

　ビッグテックの管理システムの中で過ごすことは、遊園地の中で生活するようなものである。それはまったく不愉快なことではないが、本物とは程遠く、喜びの瞬間が点在しているが、本当の幸せと自由は存在していない。パーソナライゼーションのふりをしているにもかかわらず、私たちはみな、同じように取引的に扱われている。

　監視資本主義は資本主義の新しい「ならず者」の形態であるというZuboffの結論は、その悪を規制する以外にほとんど手だては残っていない。この苦境に対する彼女の処方は、民主的なプロセスを守り、信頼し、活用すること——つまり、シニシズムによって私たちを思いとどまらせたり、希望を失わせたりすることなく、集団で立ち向かうことである。

　Cory Doctorowは、著書の『How to Destroy Surveillance Capitalism』（OneZero Books刊、2020年）の中で、別の救済策を提示している。彼の見解では、単に大規模な独占状態を規制するだけでは、それをさらに固定化し、世界を現状に閉じ込めるだけである。もし私たちが監視資本主義を破壊したいのならば、それを解体して分散化させ、「ビッグテックの小規模化」を行う必要があると、Doctorowは主張している。結局のところ、ビッグテックを修復するか、インターネットを修復するかの選択となる。Doctorowは後者の選択を主張している。

　インターネットの修復は困難だが、不可能ではない。Doctorowは、Lawrence Lessigの『Code: And Other Laws of Cyberspace』（Basic Books刊、1999年）[15]を引用して、「私たちの生活は次の4つの力に

---

よって規制されている：法（何が合法か）、コード（何が技術的に可能か）、規範（何が社会的に受け入れられるか）、市場（何が利益を生むか）だ。」と述べている。私たちは、この4つのすべてをこの問題に結び付けることができる。

多くの人々は、ビッグテックを解体することで、私たちが享受し頼りにしてきたデジタル世界の産物が失われるのではないかと恐れている。中央集権化は、メッセージングプラットフォーム、アプリストア、ソーシャルネットワークなどを構築するための、唯一安全で効率的な方法であると彼らは言う。

ここで、Lessigの他の3つの力が作用する。中央集権的なWeb 2.0のプラットフォームのほとんどを分散化するための手段は存在している（Lessigの言葉を借りれば、それは「技術的に可能」である）。インターネット自体、そしてビットコインやイーサリアムなどの最近の非集中型ネットワークは、大規模な、非集中型システムがグローバルな目標を達成するための正統性を達成できることを示している。

「デジタルの未来は私たちの家になり得るだろうか？」というZuboffの冒頭の質問に立ち返ろう。ビッグテックを修復しても、問題はわずかに減るだけで、現状のままだろう。それは、デジタルの家には通じない袋小路である。しかし、インターネットを修復し、再び分散化することで、私たちの物理的な生活を補完する本物のデジタル生活を送ることが可能な未来が約束される。

## 8.9　アイデンティティのプライバシーと原則

プライバシーは後回しにすることはできない。リスクが高すぎるのだ。規制や法的要件を超えて、倫理面および道徳面で責任を伴う。この章では、プライバシーがアイデンティティと交差する場所に関する重要なアイデアを紹介してきたが、プライバシーは1つの章でカバーしきれない大きなテーマである。アイデンティティの専門家は機能的であるだけでなく、それを使用する人々を尊重し、保護するようなアイデンティティシステムを構築するために、プライバシーに精通している必要がある。

4章で紹介した「The Laws of Identity」（29ページ）の多くは、プライバシーの側面を持っている。

- **ユーザー同意**は、ユーザーに関するデータが共有される方法と場所を、ユーザーがどの程度制御するかを示している
- **最小限の開示**とは、共有されるデータの量に関するもので、システムがデータを過剰に共有したり収集していないかどうかが焦点である
- **正当な当事者**は、人々の共有するデータを誰が見るか、そのデータへのアクセスが正当化されるかどうかを扱っている
- **方向付けられたアイデンティティ**は、公的なグローバル識別子から生じる可能性のある、相関関係の量に対処している

本書の前半で見てきたように、アイデンティティの原則とアイデンティティメタシステムの特徴は、3章で論じたアイデンティティの問題を解決するための重要な手段を提供している。この章では、プライバシーとアイデンティティの原則との相互作用について説明してきた。プライバシーについてどのように考え、設計し、保護するかは、人々が効果的で安全なオンラインでの生活を送るための関係をア

イデンティティシステムがどの程度支えられるかに大きな影響を与えることを確信させたはずである。16章と17章では、アイデンティティのためのさまざまなアーキテクチャと、それらがZuboffのデジタルの未来のビジョンに向かってどのように適合、または阻害するかについて論ずる。

# 9章
# 完全性、否認防止、機密性

デジタルアイデンティティの基本概念には、完全性、否認防止、機密性がある。**完全性**は、メッセージやトランザクションが改ざんされていないことを保証する。**否認防止**は、メッセージまたはトランザクションが実際に存在したことを証明し、かつ一度送信されたらその内容を否認できないことを保証する。**機密性**は、メッセージまたはトランザクションの内容を表示および使用する権限を持つ人またはプロセスのみが、それらの内容にアクセスできることを保証する。ある状況では、これらの性質は過剰な対策となってしまうこともあるが、ある状況では、1つが欠けているだけで惨事となる。これらを理解し、いつ使用するかを知ることが、デジタルアイデンティティの管理戦略にとって重要である。

## 完全性

完全性は、信頼できるアイデンティティ基盤の基本的な要件である。アイデンティティシステムは、属性、プロビジョニング情報、およびその他のデータに関するメッセージやトランザクションだけでなく、資格情報も交換する。これらが改ざんされていないと信頼できることが重要だ。たとえば、資格情報を表すドキュメントを考えてみる。これらの資格情報を信頼するためには、これらが本物で変更されていないと検証できることが重要である。

## 否認防止

否認防止は、メッセージが送信または受信されたことについて、否認できないよう保証する性質を指す。もしもメッセージやトランザクションが否認される可能性があれば、重要なアイデンティティの処理を疑われ、その正当性が脅かされてしまう可能性がある。これらの否認には2つのケースがある。AliceとBobがメッセージを交換しているとする。1つ目のケースは、Bobが受信したと主張するメッセージについて、Aliceが送信を否定するというものだ。Aliceの否定に対抗可能であることを**発信の否認防止（NRO）**という。2つ目のケースは、Aliceが送信したと主張するメッセージについて、Bobが受信を否定するというものだ。Bobの主張に対抗するために証拠を提供することは**受領の否認防止（NRR）**という。

## 機密性

機密性は、複数の方法で実現可能である。最も一般的なのは、ステガノグラフィと暗号化の

2つだ。**ステガノグラフィ**は、観察者に存在を知らせず、メッセージ中に別のメッセージを入れ込むプロセスである。たとえば、画像中の下位ビットを変更してメッセージを送信すると、画像の表示に支障をきたさないため、メッセージの存在を検知することが難しい。ステガノグラフィは面白い用途を持っているが、多くのアイデンティティシステムでは、機密性の基礎としては使うことができない。**暗号化**とは、鍵を使ってメッセージを変更し、鍵を使わずにメッセージを表示した人が、その内容を特定できないようにするプロセスを指す。

　この章では、これら3つの重要な特性を実現する方法、手順、および技術に焦点を当てる。これらすべての基礎は暗号学である。基本的な暗号学の概念を説明し、それらを完全性、否認防止、および機密性の問題解決に応用する。暗号学だけではアイデンティティに関する問題を解決できないが、暗号学は本書の残りの章においても重要な要素である。

## 9.1　暗号学

　暗号学は、元の情報の価値を考えた際に、隠された情報の発見にかかるコストが割に合わないようにする科学である。ここで重要なのは、すべての問題に単一の暗号的解決策は存在しないということだ。機密性のニーズが増加するに伴って、方法はより複雑になり、コストはより増加する。

　暗号学の限界を理解することは、おそらく暗号学を学ぶ目的の中で最も重要なことだ。多くの人は、暗号学はデータを完全に保護するものだと勘違いし、その結果、信頼する暗号アルゴリズムが何者かに解読されたと聞いて動揺する。このようなニュースには確かに注意を払う必要があるが、簡単に侵害されるアルゴリズムでも、特定の状況下では使い道がある。その目的は、問題の論点を理解し、それを最小コストで解決する暗号化手法（通常は計算サイクルで測定）と結び付けることだ。次節から、いくつかの暗号化システムと、それらが最も適しているケース、およびそれらを実装するための一般的なアルゴリズムについて説明する。

### 9.1.1　共通鍵暗号

　共通鍵暗号は、メッセージの暗号化と複合に同じ鍵を使う暗号方式である。共通鍵暗号は、対称暗号（メッセージの暗号化と復号に同じ鍵が使用されるため）または従来型の暗号としても知られている。

　図9-1に単純な共通鍵トランザクションを示す。AliceとBobは、内容を外に漏らさずにメッセージを共有したいと考えている[1]。Aliceは彼女の共通鍵を使って、平文メッセージを暗号化されたメッセージに変換する。Aliceは、盗聴者が共通鍵を持っていない限り、誰にも読まれることなくBobにメッセージを送ることができる。その後Bobは同じ鍵を使用して、暗号化されたメッセージから平文メッセージを再作成する。

---

[1]　Alice、Bob、Charlieなどは、暗号に関する多くの論文でシナリオ説明に使用される登場人物に使われる名前。（https://en.wikipedia.org/wiki/Alice_and_Bob）

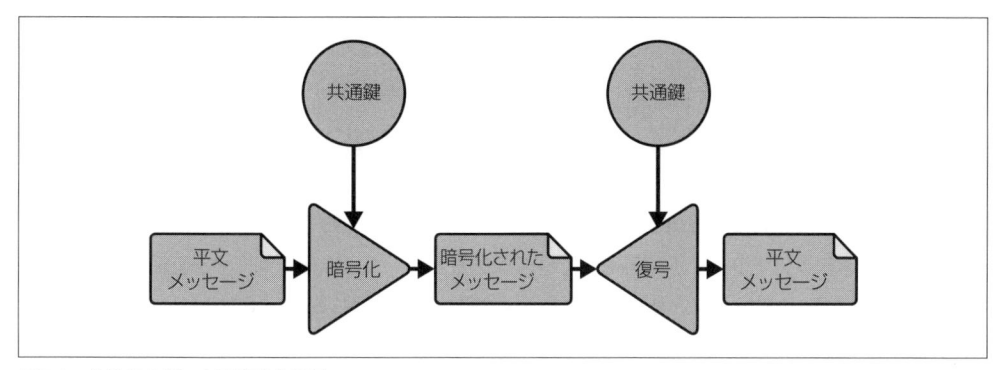

図9-1　共通鍵を用いた暗号化と復号

　共通鍵暗号プロセスの強度に影響する最も重要な要因の1つは、鍵の長さである。多数の共通鍵アルゴリズムが存在しており、鍵長や、暗号化と復号の効率、攻撃に対する脆弱性が異なっている。ほとんどのアイデンティティシステムにおいて、共通鍵アルゴリズムはその他の懸念事項と無関係で、結果的に手元のタスク要件に基づいて選択される。

　よく知られた共通鍵暗号アルゴリズムには、Advanced Encryption Standard（AES）、International Data Encryption Algorithm（IDEA）、Rivest Cipher 5 and 6（RC5、RC6）がある。通常、アルゴリズムを選択するだけでなく、アルゴリズムを実装するソフトウェアも選択する必要がある。これには、暗号の専門家のアドバイスや助けを得るのが得策だ。よくある注意事項として、独自の暗号化ソフトウェアは実装しないほうがよい。

　図9-1に示すプロセスは、AliceとBobが共通鍵について事前に合意していることを前提としている。どちらか1人が鍵を選択し、別の通信形式（「アウトオブバンド」と呼ばれることが多い）を使用して相手に配送するか、または会って鍵を選択・交換することができる。両手法の問題点は、どちらの場合でも、攻撃者が鍵を盗む可能性があることだ。鍵配送は共通鍵暗号の主要な弱点の1つである。ひとたび鍵が侵害されると、攻撃者はこの鍵で暗号化されたあらゆるメッセージを復号し、読み取ることができる。

　さらに悪いことに、暗号アルゴリズムに対するよくある攻撃には、同じ鍵を使用して暗号化された大量の暗号文を収集するものも含まれる。この攻撃に対処するには、鍵を頻繁に変更する必要があり、鍵交換がたびたび行われるようになる。次の節では、この問題を解決する概念について説明する。

## 9.1.2　公開鍵暗号

　AliceとBobが直面している課題は、鍵の交換方法だ。これはただAliceとBobが鍵を交換するだけの場面でも、非常に大きな課題である。あなたの所属する部署で、すべての人と暗号化メッセージを交換する難しさを想像してほしい。たとえば、開発部がプライベートでメッセージを交換したいとき、開発部全員が知っている鍵が必要になるが、この鍵は互いにメールを交換するための他のどの鍵とも異なる。この仕組みを管理する際の複雑さは驚異的だ。幸い、共通鍵の交換、保管、使用を必要とし

ない暗号技術がある。この技術は**公開鍵暗号**と呼ばれる。

　公開鍵暗号は、**公開鍵**と**秘密鍵**という2つの異なる鍵を使用する。秘密鍵はその所有者によって秘密にされ、決して公開されない。公開鍵は自由に他の人と共有でき、掲示板やWebサイトに投稿することもできる。公開鍵と秘密鍵は数学的に相互に関連しており、**鍵ペア**と呼ばれる。鍵が共有する数学的関係により、一方が暗号化したメッセージを他方が復号できる。しかしどちらの鍵も、自ら暗号化したものを復号するためには使用できない。したがって、公開鍵で暗号化されたメッセージは、対応する秘密鍵のみによって復号でき、秘密鍵で暗号化されたメッセージは、対応する公開鍵のみによって復号できる。この性質から、公開鍵暗号システムは**非対称**と呼ばれる。

　図9-2は、AliceとBobが公開鍵暗号を使用してメッセージを交換する方法を示している。Bobの公開鍵は自由に共有できるので、彼は自分のWebサイトに公開鍵を公開している。AliceはBobの公開鍵をダウンロードし、それを使ってメッセージを暗号化する。そして彼女は暗号化されたメッセージをBobに送る。Bobは秘密鍵を使ってAliceのメッセージを復号する。Bobが秘密にしている彼の秘密鍵でのみ、彼の公開鍵で暗号化されたメッセージを復号できるため、Aliceのメッセージの機密性は保証される。

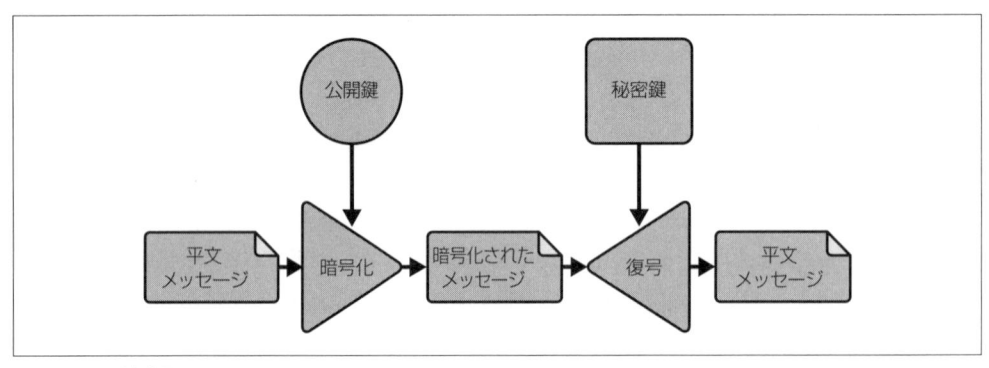

図9-2　公開鍵暗号

　ここで、Bobの公開鍵でAliceのメッセージを暗号化する代わりに、Aliceが自分の秘密鍵を使ってメッセージを暗号化したとする。Aliceは暗号化されたメッセージをBobに送信し、Bobはそのメッセージを解読して読むために、Aliceのサイトまたはその他の場所からで入手可能なAliceの公開鍵を使用する。もちろん、他のユーザーもAliceの公開鍵を持っている。そのため、Aliceは自分の秘密鍵を使ってBobに機密性の高いメッセージを送ることはできない。機密性の高いメッセージをBobに送る際は、Aliceはメッセージの暗号化にBobの公開鍵を使用する。

　ただし、秘密鍵を使用したメッセージの暗号化にも、それなりの理由がある。秘密鍵によるメッセージの暗号化は、メッセージの完全性と否認防止をもたらす。もしAliceが秘密鍵を秘密にしていたならば、Aliceの公開鍵を使ってメッセージを復号する人は、次の2つを知ることになる。（a）メッセージが送信中に改ざんされていないこと、（b）メッセージが本当にAliceからのものであることの2つだ。もし

もメッセージが変更されていたなら、Aliceの公開鍵では復号できない。もしもメッセージがAliceの秘密鍵以外で暗号化されていたなら、Aliceの公開鍵では復号できない。もしも第三者CharlieがAliceになりすましたければ、彼女の秘密鍵にアクセスする必要がある。

秘密鍵を使用してメッセージを暗号化すると、**デジタル署名**が作成される。秘密鍵で暗号化されたメッセージを、公開鍵によって復号することを**署名検証**という。

秘密鍵が、それと関連付けられた公開鍵で暗号化されたメッセージを復号でき、公開鍵が、それと関連付けられた秘密鍵で暗号化されたメッセージを復号できる場合、その鍵システムは**可逆的**という。秘密鍵は暗号化できるが復号できず、公開鍵は復号できるが暗号化できない場合、その鍵システムを**不可逆的**という。可逆鍵システムは、機密性、完全性、否認防止のために使用できる。不可逆鍵システムは、完全性と否認防止のためにのみ使用できる。

### 9.1.3　ハイブリッド鍵システム

公開鍵暗号システムは共通鍵アルゴリズムよりも計算コストが高い。公開鍵暗号システムは、共通鍵システムに比べて同じメッセージを暗号化または復号するのに100から1,000倍の時間がかかる。その結果、公開鍵暗号システムは大量のデータの暗号化にはほとんど使用されない。むしろ、当事者間で共通鍵を取り決めるために、通信の初期段階において使用される。これを、**ハイブリッド鍵システム**、または1976年にWhitfield DiffieとMartin Hellmanによって発表された一般的なスキームにちなんで、**Diffie-Hellman鍵交換**という。

Diffie–Hellman鍵交換アルゴリズムにより、お互いの公開鍵を知っている二者が、自分の秘密鍵と相手の公開鍵を使用して共通鍵を計算できるようになる。この例では、AliceとBobが公開鍵を交換している。共通鍵を生成するために、彼らは大きな素数と、ジェネレーターと呼ばれる素数よりも小さい別の数を交換する。Aliceは自分の秘密鍵、Bobの公開鍵、大きな素数とジェネレーターを使って共通鍵を作成する。このプロセスは可換性があり、Bobは自分の秘密鍵、Aliceの公開鍵、素数、ジェネレーターを使用して、Aliceと同じ共通鍵を計算する。Charlieは2人の公開鍵、素数、ジェネレーターを知ることができるが、どちらの秘密鍵にもアクセスできないため、共通鍵を計算することができない。

もちろん、Charlieが何らかの方法で鍵交換の中間に紛れ込み、BobとAliceが正しい鍵を持っていると思い込んでいる隙に、自分の公開鍵を渡すことができれば、CharlieはBobになりすましてAliceと共通鍵を設定し、AliceになりすましてBobと共通鍵を設定することができる。その後、彼は会話の中心に居座って通信を傍受し、AliceのメッセージをBobへ転送し、BobのメッセージをAliceへ転送することができる。これを**中間者攻撃**という。Aliceがメッセージを送ると、それはCharlieに送られ、Charlieはそれを解読し、読み取り、Bobと取り決めた共通鍵を使って再暗号化し、送信する。AliceとBobはCharlieが2人の会話を盗み見ていることに気づかないかもしれない。この種の攻撃に対し、信頼できる鍵交換が必要となるが、このトピックについては章の後半でデジタル証明書を説明する際に触れることとする。

最も広く使用されているハイブリッド鍵システムはトランスポート層セキュリティ（TLS）であり、Webページを保護するプロトコルである。TLSが推奨される名称だが、まだSSL(Secure Sockets Layer

を指して）と呼称する人に出会うことがあるかもしれない。TLSはあらゆる主要なWebブラウザとサーバに組み込まれている。最近の「encrypt everything」キャンペーン[※2]や、簡単な利用を実現するツールによって、小規模なWebサイトでも採用が進んでいる。

　TLSは、2つのアプリケーション間に暗号化されたチャネルを作成する。暗号化チャネルは、ユーザーが何もしなくても、ネットワーク上で送信されるすべてのデータを自動的に暗号化する。TLSは公開鍵暗号システムを使用して、通信の暗号化に使用される共通鍵を取り決める。この取り決めは、Diffie–Hellmanを使用して実行され、鍵をネットワーク上で送信することなく、両者に共通鍵を提供する。TLSはアプリケーションプロトコルの下位に位置するため、HTTP通信、Email送付、またはインターネット上のその他のアプリケーションプロトコルを保護するために使用できる。

　プロトコルの最新バージョンであるTLS 1.3は、共通鍵の作成を大幅に簡素化および高速化し、TLS 1.2の複数のセキュリティホールに対応する。図9-3は、TLS 1.3におけるDiffie-Hellman交換を示す。

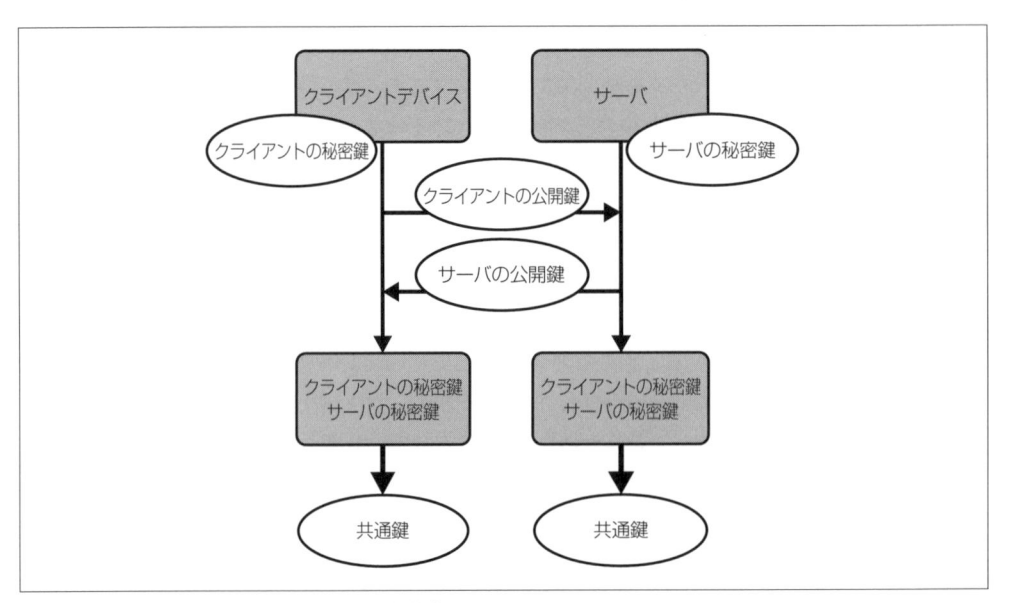

図9-3　TLS1.3におけるDiffie-Hellman共通鍵生成

　TLS 1.3では、クライアントは最初の`HELLO`メッセージとともに公開鍵をサーバへ送信する。サーバはサーバの公開鍵を返す。次に、それぞれが自分の秘密鍵と相手の公開鍵によって、Diffie-Hellmanを用いて共通鍵を生成する。セッションごとに異なる共通鍵が取り決められる。共通鍵は、その後のすべての通信を暗号化するために使用される。

---

※2　訳注：SSL/TLS証明書発行事業者を中心に、インターネット上のすべての通信を暗号化することを目指したキャンペーンをいう。

### 9.1.4 公開鍵暗号システムアルゴリズム

　公開鍵暗号方式はいくつかある。表9-1に、4つの主要な公開鍵アルゴリズム、そのタイプ、および主な使用方法を示す。どのアルゴリズムを使用するかは、タスクやタスクに必要なセキュリティレベル、相対的な効率性などによって決まる。公開鍵暗号方式は、予測できない攻撃にさらされることがあるため、特定のアプリケーションに使用するアルゴリズムまたは方式を選択する際には、暗号の専門家を雇うことが最善である。

表9-1　公開鍵アルゴリズム

| アルゴリズム | タイプ | 主な使用方法 |
| --- | --- | --- |
| デジタル署名アルゴリズム（DSA） | 不可逆的 | デジタル署名 |
| 楕円曲線デジタル署名アルゴリズム（ECDSA） | 不可逆的 | デジタル署名 |
| Rivest-Shamir-Adleman（RSA） | 可逆的 | 機密性、デジタル署名、鍵交換 |
| Diffie–Hellman key agreement プロトコル | 可逆的 | 鍵交換 |

　アルゴリズムの選択に加えて、アルゴリズムを実装するソフトウェアの選択も必要な場合がある。libsodium、OpenSSL、Hyperledger Ursaなど、重要な暗号アルゴリズムに対応するオープンソースの優れた実装を容易に手に入れることができる。

### 9.1.5 鍵生成

　対称暗号システムと非対称暗号システムのどちらも、鍵（通常は大きな整数）を生成する必要がある。もしも攻撃者が鍵の生成方法を推測できる場合、攻撃者は鍵を盗まなくてよいかもしれない。必要に応じて簡単に複製鍵を生成できるからだ。結論として、鍵生成は暗号システムのセキュリティにおける重要な要素である。

　鍵のランダム性は、1948年に情報理論の先駆者であるClaude Shannonによって導入された概念である**情報エントロピー**を使用して測定される。熱力学的エントロピーと同じく、高い情報エントロピーはメッセージ中の高い無秩序性またはランダム性と相関する。高いエントロピーはより大きなランダム性をもたらし、すべての条件が同じであれば、より安全な鍵が得られる。

　鍵は通常、何らかの乱数生成器（Random Number Generator：RNG）を使用して生成される。真のRNGは、何らかの物理現象を測定し測定誤差を補正する必要があるため、入手が難しい。たとえば、Silicon Graphicsは、ラバランプ[※3]がランダムなパターンを映し出す壁面を利用したLavarandと呼ばれるRNGシステムを開発した。このシステムは現在も、Webインフラとセキュリティの会社であるCloudflareで使用されている。

　便宜上、鍵は一般的に、擬似乱数生成器（Pseudorandom Number Generator：PRNG）を用いて生

---

※3　訳注：着色された水と油などの浮遊物を透明な容器に入れ、水の対流によって浮遊物の独特な動きや光の視覚効果を楽しむ照明器具。

成される 。PRNGは、一見ランダムな整数シーケンスを生成できる計算プロセスを使用する。PRNG
アルゴリズムの強度は、アルゴリズムそのものと初期シードに依存する。暗号に使用されるPRNGアル
ゴリズムは、「暗号的に安全な」PRNGと呼ばれる。独自のRNGを実装したり、ライブラリやオペレー
ティングシステムに組み込まれているRNGを無条件に使用したりしてはならない。この場面でも、暗
号技術者の指導があれば後々のセキュリティ問題を回避できる。

　初期シードの情報エントロピーが、生成された乱数の予測不可能性の程度を決定する。もしも攻撃
者がシードを推測できる場合、攻撃者はアルゴリズムが生成するすべての鍵にアクセスできる。自然
現象を観察して真のランダム性を生成するには時間がかかるため、RNGとPRNGはしばしば併用され
る。RNGを使用して初期シードを生成し、PRNGアルゴリズムを使用して使用する鍵を生成するのだ。

## 9.1.6　鍵マネジメント

　鍵マネジメントは、暗号技術の中でも特に難しいパートの1つであり、鍵の数が増えるにつれて難し
さは顕著になる。鍵マネジメントは、主に技術的なアクティビティではなく、ガバナンスに、そして残
念ながらポリシーに関わるアクティビティである。優れた鍵マネジメントポリシーを作成し、ポリシー
とベストプラクティスに基づいて人々を訓練し、鍵を必要とするすべての人に対するアクティビティを
用意するのは困難だ。多くの場合、鍵マネジメントは法律のコンプライアンス要件に準拠する必要が
ある。

　ほとんどの管理アクティビティと同様に、鍵マネジメントは各ステップに固有の要件とベストプラク
ティスを備えたライフサイクルと考えることができる。

**生成**

　　前章で説明したように、鍵生成はセキュリティが侵害される可能性のある場面の1つだ。管
　　理アクティビティとして、**誰が、何を、どのように、どこで、**のすべてが、議論で考慮すべ
　　き事項となる。たとえば、各ユーザーが鍵を生成することは可能か、はたまた管理者による
　　アクティビティとなるか。どのように、どんなマシン上で鍵が生成されるか。

**交換・配送**

　　鍵を使用する人やシステムに鍵を渡すことも、セキュリティが侵害される可能性のある場面
　　の1つだ。ハイブリッド鍵システムを使用して必要に応じて共通鍵を生成する場合でさえ、秘
　　密鍵は適切なユーザーとシステムに配送する必要がある。一部の鍵システムでは、マスター
　　から鍵を派生できるため、エンドポイントへの鍵配送が容易になる。

**ストレージ**

　　鍵が配布または交換された後は、安全な方法による保管が必要だ。企業はこの目的で鍵マネ
　　ジメントソフトウェアを使用することが多い。ソフトウェアのセキュリティが十分であると判
　　断できる場合は、パスワードユーティリティに鍵を格納することも可能だ。近年多くのシステ
　　ムでは、CPUはトラステッドプラットフォームモジュール（Trusted Platform Module：TPM）
　　と対になっている。この一方通行の暗号化モジュールは、鍵の書き込みができるが、読み出

しはできない。

### 使用

鍵の使用とは、ストレージから鍵を削除し、選択したアルゴリズムで使用することである。アプリケーション（例：Secure Shell［SSH］）によっては、ストレージは単なるファイルだが、他のアプリケーションではより強いセキュリティが求められる場合がある。たとえば、TLSで使用される秘密鍵は、Webセッションの暗号化に使用できるよう、WebサーバまたはTLSハードウェアアプライアンスに保存されている必要がある。TPMが使用されるアプリケーションでは、TPMは暗号化エンジンを提供し、鍵はTPM内で使用されて読み取ることはできない。

### 破壊

鍵は、偶発的な侵害を防ぐために、不要になった、または期限切れとなった際には削除する必要がある。鍵を削除するには、一般的にオペレーティングシステムの「delete」コマンドを使用したり、ゴミ箱にドラッグしたりするだけでは不十分だ。より安全なプロセスでは、鍵が保存されていたディスクの領域を繰り返し上書きすることで、鍵が削除されたのに読み取られてしまうといった事象を回避する。

### 置換

未検出の鍵侵害のリスクを抑えるために、鍵は定期的に交換または変更されることが望ましい。インターバルの長さは、リスクとアプリケーションに依存する。置換は、鍵の再交換や再配布を必要とするためチャレンジングな作業である。

これらはすべて、あらゆる規模の個人や組織に適用可能である。ソリューションはさまざまだが、鍵を安全に生成して管理する必要性は変わらない。

## 9.2　メッセージダイジェストとハッシュ

暗号化のような計算オーバーヘッドをかけずとも、悪意の有無にかかわらず文書やメッセージがいつ変更されたかを判断できれば十分な場合がある。このような場合、完全性を示すために**メッセージダイジェスト**（非公式には**ハッシュ**と呼ばれる）と呼ばれる数学的手法を使用できる。

メッセージダイジェストは、可変長メッセージから特殊な数学関数を使用して生成される固定長のビット文字列である。その数学関数は次の3つの重要な性質を持つ。

### 不可逆

メッセージダイジェストを別の関数に入力しても、元の文書は生成されない。これは、長い文字列をより短い固定長の文字列に変換するアルゴリズムの前提として妥当である。なぜなら単純に、固定長の短い文字列は、長い文字列を復元するのに十分な情報キャパシティを持たないからだ。

### 非相関

元のドキュメントに小さな変更を加えると、新しいダイジェストに大きな変更が加わる。

### 一意

同じメッセージダイジェストを生成する2つの文書を見つけることは数学的に不可能である。

不可逆性は、メッセージ内容の漏洩を心配することなく、メッセージダイジェストを伝達できることを保証する。例として、ダイジェストアルゴリズムの一般的な使用法は、コンピューターシステムへのパスワードの保存だ。この使用法では、ユーザーのパスワードはメッセージダイジェストアルゴリズムを通して処理され、その結果がマシンに保存される。ユーザーがログインしてパスワードを入力すると、同じメッセージダイジェストアルゴリズムを通して処理され、2つのダイジェストが比較される。一致すれば、入力されたパスワードは正しいということになる。この方法では、パスワードが丸わかりの状態で保存されることなく、ユーザーの認証に使用できる。気づくと思うが、ダイジェストアルゴリズムを逆に利用することができてしまうと、この方法は安全でない。

非相関性は、既に特定されたドキュメントとわずかに異なるドキュメントが、ハッシュ値の利点によって「関連している」と識別されてしまわないよう保護する。先ほどのハッシュ化したパスワードの例に戻ると、攻撃者は、もしダイジェストアルゴリズムに相関性があれば、2つのパスワードが非常に似ていると推測し、最初のパスワードが解読された後、その情報を使って続くパスワードをより早く解読できてしまう。

一意性は、メッセージダイジェストが作成された元のメッセージを、別のメッセージに置き換えることができないことを保証する。メッセージの完全性を証明する目的でダイジェストを用いているため、これは重要なことだ。私がもし特定のダイジェストを持つメッセージを発見できれば、同じダイジェストを持つあなたが送ったメッセージと入れ替えることができ、誰も気づくことはない。このことが引き起こしかねない問題の例として、メッセージダイジェストの一般的な使用法であるコード配布の完全性確保について考えてみよう。コード配布時に悪意のあるコードを挿入して（たとえば、すべてのユーザーのパスワードをメールで私に送信するコードを挿入して）、最新のコード配布時と同じメッセージダイジェストを作成することができてしまえば、あなたは私の悪意あるバージョンのコードをダウンロードしてインストールし、入れ替わったことに気づかないことになる。

表9-2は、いくつかのメッセージダイジェストアルゴリズム（**暗号ハッシュ関数**とも呼ぶ）のダイジェストサイズ（ビット単位）、およびアルゴリズムの開発者または所有者を示している。Ronald Rivest（RSAの「R」）はMD2、MD4、MD5の発明者である。MD2は1989年に開発され、8ビットマシン用に最適化された。MD4とMD5は32ビットマシン用に作られている。MD5はMD4よりも計算コストが高いが、より優れたセキュリティを提供する。MD5は、パスワードのハッシュ構築から、コード配布の完全性チェックサムまで、多くのアプリケーションで使用されている。

表9-2　メッセージダイジェストアルゴリズム

| メッセージダイジェストアルゴリズム | ダイジェストサイズ（ビット） | 開発者または所有者 |
| --- | --- | --- |
| MD2 | 128 | RSA Data Security, Inc. |
| MD4 | 128 | RSA Data Security, Inc. |
| MD5 | 128 | RSA Data Security, Inc. |
| SHA | 160 | US government |
| SHA-1 | 160 | US government |
| SHA-2 | 224, 256, 384, 512 | US government |
| SHA-3 | 224, 256, 384, 512 | US government |

　SHA（Secure Hash Algorithm）およびSHA-1は、米国国立標準技術研究所（NIST）によって開発され、Federal Information Processing Standards（FIPS）180および180-1に規定されている。MD5とSHA-1は、どちらも一般的なメッセージダイジェストアルゴリズムである。

　MD5にはいくつかの理論的脆弱性が発見されており、その結果しばらくの間、SHA-1がMD5よりも好まれてきた。SHA-1にも脆弱性は報告されている。具体的には、衝突耐性に対する攻撃だ。よってSHAとSHA-1は、パスワードストレージのような衝突耐性を必要とするアプリケーションでは使用すべきでない。

　このような脆弱性の報告は、突然これらのアルゴリズムが危険になったことを示すわけではないが、代替手段に移行していく必要性を示している。また同様に、暗号化機能を簡単に変更できるようにIDシステムを設計することの重要性や、暗号を使用するシステムとそれを管理するポリシーを定期的に見直す必要性も示している。

　SHA-3は、2015年の最新のNIST標準である。SHA-3は、SHAファミリーのこれまでのアルゴリズムとは構造的に異なる。NISTはSHA-2を廃止していない。アプリケーションでは、SHA-2の代わりにSHA-3を直接使用できる。

## 9.3　デジタル署名

　公開鍵暗号システムを逆に使用することで、ある種のデジタル署名を提供できることは説明した。私の秘密鍵で文書を暗号化したとき、一致する公開鍵さえあれば誰でも復号できる。私が秘密鍵を安全に保管していれば、これは私が当該文書を暗号化したという強力な証拠であり、署名の役割を果たすことができる。

　この方法にはいくつか欠点がある。

- 署名されたドキュメントは、公開鍵で復号されない限り、読めなくなる。稀に署名を確認するだけのアプリケーションにとっては厄介だ
- 署名と文書は不可分である。署名を別送する方法はない

　公開鍵暗号とメッセージダイジェストを組み合わせれば、これらの欠点を克服できる。図9-4は、この方法論を模式的に示している。メッセージダイジェストは（特定の暗号的な制約下で）ある文書に対して固有であるため、文書やメッセージのメッセージダイジェストを作成し、そのダイジェストに署名することで、文書やメッセージそのものではなくダイジェストに署名することができる。メッセージは平文のままで、署名とメッセージを分離できる。

　署名を検証するには、送信者の公開鍵を使用してメッセージダイジェストを復号し、それと同じメッセージダイジェストアルゴリズムを、署名前のメッセージに当てはめてみる。2つのメッセージダイジェストが一致する場合、送られてきたメッセージは、送信者が署名したメッセージそのものである。

　このように作成されたデジタル署名は、意図的であろうとなかろうと、文書が変更された場合に受信者の計算するメッセージダイジェストが変わるため、文書の完全性の証拠となる。デジタル署名は否認防止にもなる。なぜならデジタル署名は、元のダイジェストを作成した人物が同一の文書にアクセスしていたことや、秘密鍵の管理下で署名を作成できる唯一の人物であることを証明するものだからだ。

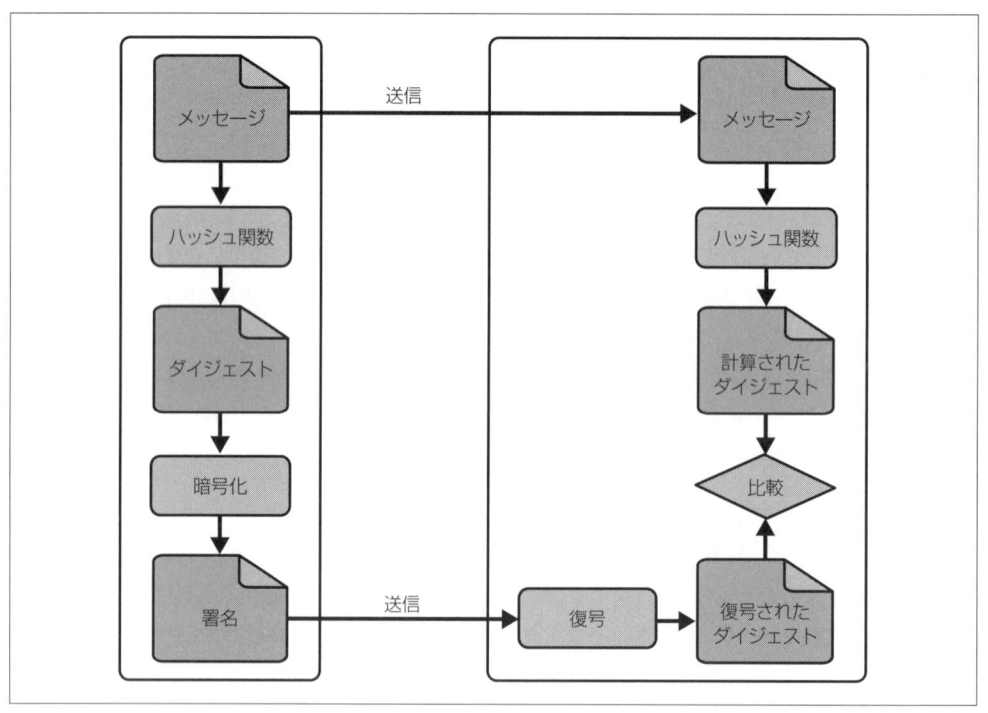

図9-4　デジタル署名とメッセージ検証

　デジタル署名の目的で使用される場合、秘密鍵は**署名キー**と呼ばれ、公開鍵は**検証キー**と呼ばれることがある。技術的には、これらの鍵は標準の公開鍵ペアと同じように動作する。この用語は、どの鍵がどのような目的で使用されるかを単純かつ明確に示している。

## 9.4 デジタル証明書

公開鍵暗号システムは、機密性、完全性、否認防止をサポートするアイデンティティシステムを作成するための基盤技術を提供する。しかし、これまで見てきたように、いくつかの重大な制約を受ける。

- 秘密鍵を制御できなくなると、偽装され、機密文書が読み取られる可能性がある
- 攻撃者が、彼らの公開鍵をあなたの公開鍵だと偽って私を説得できれば、私は攻撃者が伝えるすべてを、あなたからのものとして受け入れてしまう

1点目で問題になるのは認証だ。これについては、11章で詳しく説明する。2点目は、軽減可能な方法がある。最も広く使用されている方法の1つは、**デジタル証明書**と**公開鍵インフラ**である。もう1つの分散型識別子（DID）については15章で説明する。

**デジタル証明書**は、識別情報を公開鍵に関連付けるデータ構造である。これまで見てきたように、公開鍵は非常に長い、一見ランダムな数字にすぎない。公開鍵を見て、それが誰のものかを判断する方法は存在しない。公開鍵を名前、住所などの他の識別情報と組み合わせることで、鍵の所有者をより簡単に識別し、正しい鍵であることを確認できる。もちろん、信頼できる第三者にデジタル署名させることで、デジタル証明書の完全性を保証し、誰かに改ざんされたり、他の鍵にすげ替えられたりしないようにしたい。この信頼できる第三者が、デジタル証明書の**発行者**である。

デジタル証明書は、個人に発行する必要はない。実際、ほとんどは個人向けではない。デジタル証明書は、個人、企業、グループ、組織、政府機関、物などのさまざまな主体に対して発行できる。証明書の公開鍵に関連付けられた識別情報を持つエンティティを、**証明書主体**という。

デジタル証明書は、目的に応じて作成され、プロファイルと呼ばれる形式が若干異なっている。証明書が最も広く使用されているのは、TLSプロトコルでHTTPトラフィックを保護する場合だ。しかし、電子メール、コード署名、クライアント側のTLS、EMV（Europay、Mastercard、Visa）のペイメントカードなどにも使用されている。

証明書が作成されると、データ構造が作られ、発行者は情報のメッセージダイジェストを作成し、発行者の秘密鍵でダイジェストを暗号化することによって証明書に署名する。証明書に署名することにより、発行者は証明書に含まれる公開鍵と証明書内の識別情報が一緒であることを表明する。デジタル署名により、証明書の完全性が保証される。

デジタル証明書は、人間が読める文書ではなく、コンピュータープログラムで使用することを意図したデータ構造である。しかし、OpenSSLのようなプログラムの助けを借りれば、証明書の内容を表示できる。私がwindley.comでTLSに使用しているデジタル証明書の内容は次のとおりである。

```
Certificate:
    Data:
        Version: 3(0x2)
        Serial Number:
            58:e3:98:ba:6e:77:1e:86:09:42:74:65:98:97:62:c6
        Signature Algorithm: sha256WithRSAEncryption
        Issuer: C=GB, ST=Greater Manchester, L=Salford, O=Sectigo Limited,...
```

```
        Validity
            Not Before: Aug 18 00:00:00 2021 GMT
            Not After : Sep 18 23:59:59 2022 GMT
        Subject: C=US, ST=Utah, O=PJW, L.C., CN=www.windley.com
        Subject Public Key Info:
            Public Key Algorithm: rsaEncryption
            Public-Key: (2048 bit)
            Modulus:
                00:f6:5b:88:1a:11:76:3a:12:44:df:eb:78:58:3a:
                76:12:c3:44:c6:a9:79:2a:62:43:22:40:ef:0d:a5:
                b4:1c:ec:25:ba:d1:21:00:2e:35:30:5d:ae:e4:61:
                d0:72:96:ba:0d:88:75:f4:cb:36:3f:9d:ad:4d:32:
                0c:4f:02:1b:89:ed:54:f3:d4:f6:24:b0:5f:5c:d3:
                e3:75:89:0f:ac:60:94:74:b3:02:04:57:03:ec:8f:
                1a:3b:f6:40:73:de:38:53:17:b5:d2:c4:d2:85:fb:
                02:2a:b1:fc:14:31:32:f4:86:89:5c:d4:1d:3b:4c:
                b0:d2:17:20:92:fa:d6:69:f9:d4:d7:40:11:92:c5:
                18:ba:92:c9:7e:02:5f:fe:34:4d:65:bd:af:21:b7:
                79:11:e3:38:89:6d:af:82:2a:7f:63:93:ef:1f:1f:
                78:24:e3:89:61:42:6a:7d:fb:36:a4:0a:ea:f7:6d:
                a4:ec:b9:5b:8c:78:4b:a2:a7:d5:8d:27:2d:42:62:
                6a:d6:2d:41:a4:d0:48:9a:1e:a3:79:3e:bf:a0:3b:
                98:0c:bb:3d:61:b8:87:5c:cb:23:6b:fe:b9:6a:d2:
                7a:b7:bc:53:a5:ec:c7:f3:0d:66:0c:36:0f:72:ac:
                12:38:70:0e:c6:3a:0a:a2:8a:37:7a:7d:1a:1c:9b:
                48:77
            Exponent: 65537 (0x10001)
    X509v3 extensions:
        X509v3 Authority Key Identifier:
            keyid:17:D9:D6:25:27:67:F9:31:C2:49:43:D9:30:36:44:8C:6C:A9:4F:EB
        X509v3 Subject Key Identifier:
            92:AA:60:A4:4F:D0:87:BC:56:4E:18:1F:12:AF:FB:BF:53:25:75:D9
        X509v3 Key Usage: critical
            Digital Signature, Key Encipherment X509v3 Basic Constraints:
            critical
        CA:FALSE
        X509v3 Extended Key Usage:
            TLS Web Server Authentication, TLS Web Client Authentication
            X509v3 Certificate Policies:
            Policy: 1.3.6.1.4.1.6449.1.2.1.3.4
                CPS: https://sectigo.com/CPS Policy: 2.23.140.1.2.2
        X509v3 CRL Distribution Points:
            Full Name:
URI:http://crl.sectigo.com/SectigoRSAOrganizationValidationSecureServerCA.crl

        Authority Information Access:
                CA Issuers - URI:http://crt.sectigo.com/... OCSP
                - URI:http://ocsp.sectigo.com

                X509v3 Subject Alternative Name:
```

```
                    DNS:www.windley.com, DNS:windley.com
            CT Precertificate SCTs:
                Signed Certificate Timestamp:
                    Version   : v1(0)
                    Log ID    : 46:A5:55:EB:75:FA:91:20:30:B5:A2:89:69:F4:
                                F3:7D:11:2C:41:74:BE:FD:49:B8:85:AB:F2:FC:
                                70:FE:6D:47
                    Timestamp : Aug 18 17:54:22.678 2021 GMT
                    Extensions: none
                    Signature : ecdsa-with-SHA256
                                30:44:02:20:44:CE:BD:BA:85:3C:C2:36:59:B5:
                                62:91:4D:C5:20:26:0B:68:13:9C:C4:BB:BB:67:
                                C3:66:FF:DA:8F:5B:61:6E:02:20:74:CB:F5:E0:
                                94:17:4E:AE:05:CB:43:D4:65:B3:69:05:08:3A:
                                DC:8F:E2:E2:07:11:06:33:10:A3:D9:AA:52:6C
                Signed Certificate Timestamp:
                    Version   : v1(0)
                    Log ID    : 41:C8:CA:B1:DF:22:46:4A:10:C6:A1:3A:09:42:
                                87:5E:4E:31:8B:1B:03:EB:EB:4B:C7:68:F0:90:
                                62:96:06:F6
                    Timestamp : Aug 18 17:54:22.616 2021 GMT
                    Extensions: none
                    Signature : ecdsa-with-SHA256
                                30:46:02:21:00:DF:A5:D7:C2:5A:59:00:BF:E9:
                                0C:80:D8:BB:95:08:CE:38:C9:2D:CD:F7:34:26:
                                84:38:6A:89:C8:8E:B6:86:71:02:21:00:8B:CF:
                                14:C2:F5:61:21:29:47:F3:57:ED:BB:FA:41:32:
                                CC:26:04:CD:EB:58:49:C9:74:70:96:71:EA:87:
                                BE:31
                Signed Certificate Timestamp:
                    Version   : v1(0)
                    Log ID    : 29:79:BE:F0:9E:39:39:21:F0:56:73:9F:63:A5:
                                77:E5:BE:57:7D:9C:60:0A:F8:F9:4D:5D:26:5C:
                                25:5D:C7:84
                    Timestamp : Aug 18 17:54:22.574 2021 GMT
                    Extensions: none
                    Signature : ecdsa-with-SHA256
                                30:45:02:20:5E:CA:3C:F4:54:AE:5C:BE:36:23:
                                3C:6D:C9:11:58:B9:15:F1:A8:45:31:FB:3B:9B
                                :80:8D:14:78:E7:94:AF:17:02:21:00:9A:87:A
                                1:C2:1D:B2:04:3C:1E:1F:C4:12:17:F8:B5:E2:
                                41:63:F2:6F:BB:28:09:5F:E3:21:81:82:B3:2F
                                :C7:26
    Signature Algorithm: sha256WithRSAEncryption
        33:05:0a:11:bd:80:44:36:36:fe:1f:cf:be:93:d6:60:61:2e:
        bf:ae:10:90:73:96:67:4e:3c:fb:c4:dc:6e:46:5f:8e:50:79:
        9e:f5:b6:a4:52:0f:9f:df:02:cd:42:5f:e1:a1:73:38:90:f4:
        79:1f:b1:21:f9:93:bd:0b:70:54:91:3d:a0:2d:e9:96:45:b1:
        71:f4:e9:7a:0d:48:ef:7d:30:22:ff:ee:37:ba:46:08:7a:01:
        7f:48:a4:be:da:15:5a:63:93:09:38:2f:9b:f3:fb:70:eb:87:
```

```
bc:3d:92:16:82:e3:a7:b8:5d:27:70:55:ef:c5:26:80:ce:5f:
9e:b8:21:1d:e4:be:b3:c8:ba:03:52:07:b5:0f:ba:e9:ac:e2:
b1:09:62:4f:1c:e0:b1:5c:98:26:4d:d9:94:04:35:2d:18:ed:
62:2c:cc:4f:29:5c:ab:a0:59:bf:2c:61:98:f5:4a:0b:fe:80:
57:2e:9f:e1:55:47:05:7a:85:5e:d4:99:d8:dc:51:56:f1:5c:
9f:bc:66:c3:35:03:62:1f:7c:74:69:41:26:ff:80:ae:63:47:
a4:bb:d8:00:e8:f0:cc:6a:44:89:53:e5:4f:28:30:e1:72:5c:
8d:ec:7b:ef:c8:4e:f2:90:55:47:62:e9:31:6c:9e:d3:9b:f2:
86:40:07:ed
```

証明書の項目は興味深い。データブロックと署名アルゴリズムブロックの2つの主要パートがある。データブロックは、証明書のシリアル番号、証明書の主体、使用された署名アルゴリズム、および証明書の発行者を示す。データブロックには、実際の公開鍵（この場合は2,048ビット）と拡張機能の一覧も含まれる。署名アルゴリズムブロックには、実際の署名付きハッシュが含まれる。

データブロックの複数個所に文字列「X509」があることに気づいたかもしれない。X.509はディレクトリのX.500標準の一部である。X.509は、証明書情報を保持するデータ構造のフォーマットを指定する。X.500の一部として始まったにもかかわらず、X.509は標準として独立している。

X.509仕様は、発行者が重要と考えるデータを包含できるよう、証明書を拡張する方法を定義している。拡張機能は、キーと値のペア形式である。各拡張機能には、証明書を使用するアプリケーションに対し、理解できない拡張機能を無視して問題ないかどうかを示す重要度フラグが関連付けられている。証明書の X509v3 extensions という項目の下にいくつかの拡張を確認できる。拡張は証明書の利用者に追加情報を与える。たとえば、X509v3 CRL Distribution Points extensionは、この証明書の証明書失効リストを取得できるURLを一覧化する。

www.windley.comにアクセスして、アドレスバーの鍵アイコンをクリックすると、より読みやすいバージョンでこれらすべてを見ることができる。macOSでは、結果は図9-5のようになる。これは、生の証明書データ[4]よりも読み取りやすい。

この結果から、署名アルゴリズムはRSA暗号を使用したSHA-256であり、公開鍵は2,048ビットRSA鍵であることがわかる。これらは、証明書の目的に応じて証明書発行者が選択する。

前述のように、証明書はデータ構造であり、バイナリデータとしてエンコードされる。しかし、証明書は多くの場面、ネットワーク上を伝送して利用される。これを可能にするために、データ構造はDistinguished Encoding Rules（DER）と呼ばれる符号化アルゴリズムを用いてシリアル化される。シリアル化すると、証明書はオクテット文字列の形式をとり、これはネットワーク接続を介した伝送に適している。電子メールやその他のテキストドキュメントに証明書を含める場合、オクテット文字列はbase64エンコードされ、ASCII文字のストリームが作成される。これは長くランダムに見えるASCII文字の文字列で表示されるため、多くの人がエンコードされた証明書と公開鍵自体を混同してしまう。base64エンコード証明書は慣例により、ヘッダーとして機能する開始文字列「—BEGIN

---

[4]　Safariを使用している場合は、鍵をクリックした後に「証明書を表示」を選択する。Chromeでは、表示されるメニューから「証明書」を選択する。他のブラウザにも証明書を検査する機能はあるが、アクセス方法や表示方法は異なる。

CERTIFICATE—」と、フッターとして機能する終了文字列「—END CERTIFICATE—」で区別されているため、認識可能だ。

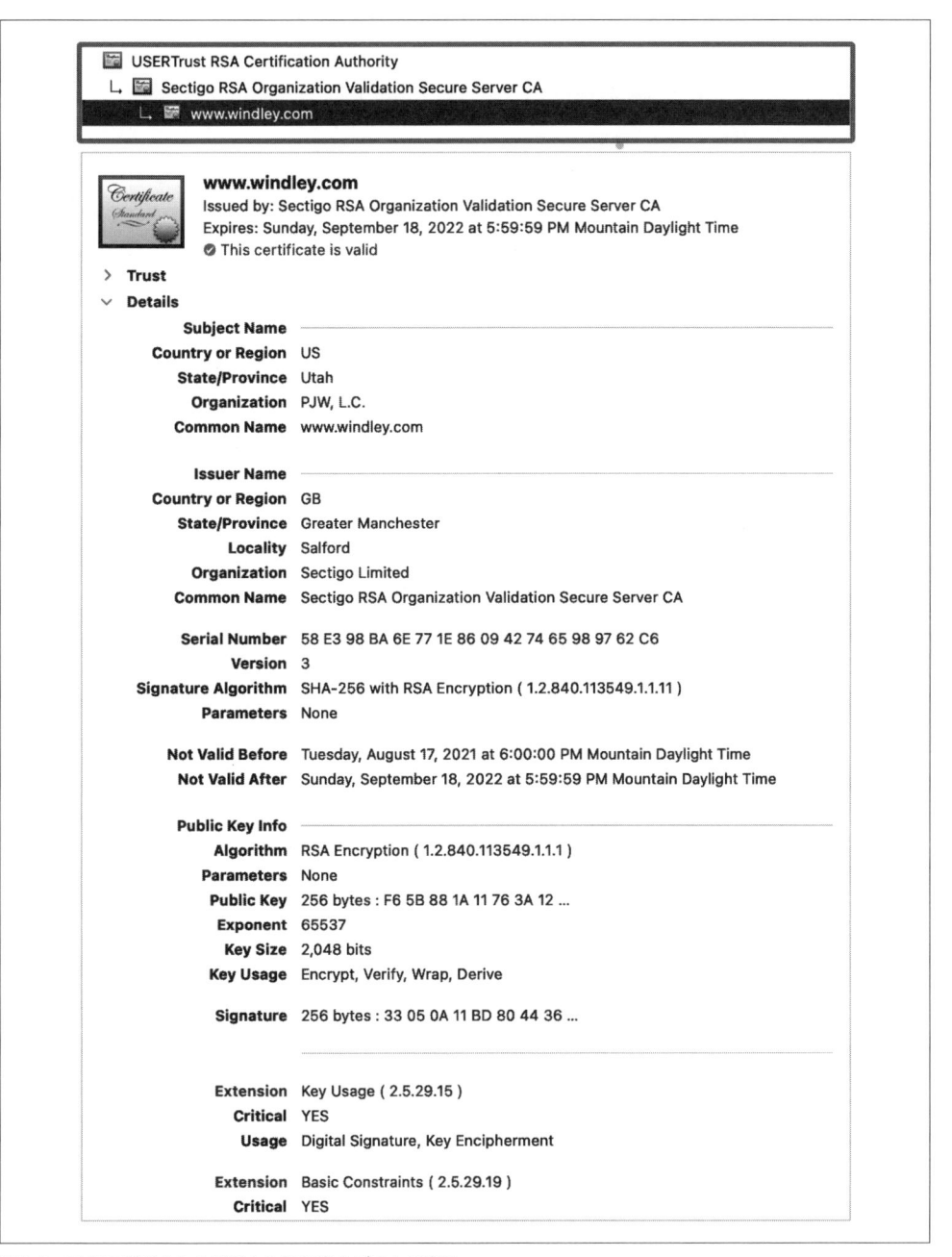

図9-5 TLSに利用されるデジタル証明書のブラウザ表示

### 9.4.1　認証局

　ここまで見てきたように、デジタル証明書は、信頼できるパッケージ内で、公開鍵と識別情報を関連付ける。証明書の発行者が署名するため、証明書の情報が改ざんまたは変更されていないことも簡単に確認できる。しかし、アイデンティティデータと公開鍵が正しく関連付けられていることは、どのように確認できるだろうか。言い換えれば、署名は証明書の忠実度に信用を与えてくれるが、その**出自**をどうやって信頼すればよいだろうか。

　OpenSSLまたはその他の証明書発行APIを使用して誰でも証明書を発行できる一方で、**認証局（CA）**と呼ばれる信頼された証明書の発行者が存在する。認証局は、エンティティからの証明書申請を受け入れて処理し、エンティティが提供する情報の認定、証明書の発行、および証明書とその主体に関する情報リポジトリの保持を行う。

　主体に関する情報の検証レベルと質は、申請によって異なる。たとえば、TLS証明書には、domain、organization、extendedの3つの検証レベルがある。domain validation（DV）では、認証局は組織が当該ドメインを制御していることだけを確認する。organization validation（OV）では、組織が法的に登録されたビジネスであることを確認する。extended validation（EV）では、組織の情報と場所がさらに検証される。各レベルの追加検証にはより多くの時間とコストがかかる。

　この階層構造は、証明書業界における組織的な偏りを示している。あらゆるものを暗号化し、すべてのWebサイトをTLSを介したHTTP接続（https）に移行させようとする動きに伴い、Let's Encrypt（https://letsencrypt.org/）のような認証局が登場し、DV証明書を提供することで、証明書の取得を簡単かつ安価に（多くの場合は無料で）行えるようになった。ますます多くの接続が暗号化されることはメリットである。デメリットは、証明書がWebサイトの正統性についてほとんど何も示さないことだ。DV証明書をOV証明書やEV証明書と区別することは容易ではない。たとえば図9-5をもう一度見ても、証明書の種類を識別する情報が何も記載されていないことに気づくだろう。

　認証局は次のサービスを提供する。

**証明書登録処理**

　　エンティティがデジタル証明書を申請する処理。

**主体認証**

　　認証局は、登録者が真に本人であることを認証する。認証が行われるレベルは、認証局によって規定されている保証レベルによって異なる。

**証明書の生成**

　　これまで見てきたように、証明書の生成は複雑な計算処理ではない。完全に安全な方法で行わなければならないことが、この処理を難しくしている。

**証明書の配布**

　　証明書とそれに関連する秘密鍵は、登録者に安全に提供されなければならない。

**証明書の失効**

　発行された証明書の完全性に問題がある場合（たとえば、秘密鍵が侵害された、など）は、証明書は失効リストに追加される。

**データリポジトリ**

　登録および認証に関連するすべての情報は、証明書およびその使用に関する情報が疑問視された場合に備えて、他の重要な情報とともに、合意された期間（たとえば、10年、100年など）安全に保管されなければならない。

　認証局は通常、上記のアクティビティに関連するポリシーと実施規定を**認証運用規定（CPS）**として公表する。これらの文書は一般的に理解しやすく、法律用語で埋め尽くされてはいない。ただし長く、DigiCertのCPS（https://oreil.ly/NYGPU）は80ページに及んでいる。デジタル証明書のほとんどのユーザーは、CPSの確認を意識したことがない。もしも規制対象とされている目的で証明書を使用し、コンプライアンスを証明する必要がある場合は、法務部門（または弁護士）にCPSが規制要件を満たしていることを確認してもらう必要がある。

　一連の規格の拡張仕様がX.509仕様のバージョン3に追加され、証明書に対する認証局の制御が強化された。これには、主体が認証局であるかどうかを示す**基本制約**フィールド、認証局が証明書を発行したポリシーへの参照を含む**証明書ポリシー**フィールド、および証明書に含まれる鍵の目的を制限する**鍵使用**フィールドが含まれる。鍵使用フィールドは通常「critical」であるため、認証局はこのフィールドを使用して、発行する汎用鍵の使用法をデジタル署名や否認防止など特定のタスクに制限することができる。鍵使用フィールドは、主体が意図しない目的で鍵が使用されないようにする。皮肉屋なら、認証局がより多くの証明書を販売することにも役立つと気づくかもしれない。

## 9.4.2　証明書失効リスト

　組織では、機密を保持する必要がある重要なシステムへのアクセスを制御するために、しばしばデジタル証明書を使用する。たとえば、ユタ州では、デジタル証明書を使用して、州警察や州周辺の公安当局が使用するシステムの一部へのアクセスを制御している。このシステムを侵害すると、機密データの喪失またはもっと悲惨なデータ喪失につながる可能性があるため、設計者は認証のためにデジタル証明書を使用している。当然、「ユーザーが証明書を紛失した場合、または証明書が何らかの方法で侵害された場合はどうなるか？」という疑問が浮かび上がるだろう。

　これまで見てきたように、X.509証明書には証明書の有効期間がある。有効期間を過ぎると、証明書は失効する。しかし、証明書の有効期限が切れる前に証明書が無効になるような出来事が起こる場合もある。例としては、証明書に関連付けられた秘密鍵の偶発的な開示、証明書に含まれる識別情報の変更、認証局の秘密鍵の侵害などがある。認証局の秘密鍵が侵害されると、その秘密鍵を使用して署名されたすべての証明書が無効になり、認証局とその顧客にとって大惨事となる。

　証明書が早期に終了した場合、その証明書は**失効した**という。失効した証明書を使用すると、通常は認証局のポリシーと矛盾し、その完全性を信頼できなくなるため危険だ。

証明書が失効すると、認証局はその証明書を**証明書失効リスト（CRL）**に登録する。CRLは、認証局に関する識別情報、タイムスタンプ、および失効したすべての証明書のシリアル番号のリストを含むデータ構造になっている。認証局はCRLに署名して、その真正性を示し、改ざんから保護する。証明書を使用する場合は常に、証明書を発行した認証局から最新のCRLを取得し、証明書のシリアル番号がCRLにないことを確認する必要がある。もちろん、自動プロセスでなければ誰もこんなことをしようとは思わないし、実施したとしても場当たり的なものだろう。

認証局は事前に定義されたスケジュールでCRLを提供する。発行の頻度は、含まれる証明書の種類で規定されている保証レベルによって異なる。低リスク用途で発行された低コスト証明書のCRLは、高価値トランザクションに使用される高コスト証明書ほど頻繁に更新されない。任意のクラスの証明書がもたらす保護レベルは、CRLの発行頻度、およびCRLステータスの取得方法に部分的に依存するのだ。CRLをチェックする一般的な方法は3つある。

- 証明書を使用するアプリケーションは、認証局に最新のCRLを要求できる。これはポーリングと呼ばれる。利点は、CRLが必要なときにのみ転送されることである。欠点は、頻繁なポーリングによってシステムに大きなオーバーヘッドが発生する可能性があることだ。
- アプリケーションは、事前定義されたスケジュールでCRLを送信する認証局のサービスに登録できる。アプリケーションは常に最新のCRLを保持できるようになるが、攻撃者がCRLの到達をブロックできる可能性があり、アプリケーション側はおそらく何も気づかない。
- アプリケーションは、認証局またはその他のパーティによって提供されるオンラインサービスを照会できる。これには、Online Certificate Status Protocol（OCSP）と呼ばれるプロトコルが使用される。このアプローチの利点は、アプリケーションが常に最新の情報を入手し、かつアプリケーションに関連する情報（特定の証明書のステータス）のみが返されることだ。

もちろん、アプリケーションがCRLをチェックしなければ、これらはすべて無意味だ。ほとんどのブラウザは、無効になった証明書のリストを、随時アプリケーションのアップデートで入手する。SSL.com（https://www.ssl.com/）が2021年2月に実施した一般的なブラウザのテストでは、失効チェックはまばらで、主にルート証明書と中間証明書に関連する優先度の高い緊急インシデントに焦点が当てられていることが示された[5]。これは、サイトの証明書が侵害されて失効している場合でも、ブラウザがTLSを使用してサイトに安全に接続されているように示す可能性があるということだ。これを改善するには、OCSPを有効化する（ほとんどのブラウザは標準設定で無効化されている）。しかし、有効にすると、標準設定で無効になっている理由がわかる。ブラウザは一部の証明書に関するCRL情報を取得できないことがよくあり、そのたびにエラーを報告されることになる。

証明書の失効は、デジタル証明書の使用における大きな穴の1つだ。その理由は、多くのアプリケーションが証明書の失効をサポートしておらず、かつ認証局がCRLへのアクセスを難しくしているか、少なくとも費用を高くしているためだ。これはおそらく、Webブラウザではほとんど問題にならない。

---

※5　"How Do Browsers Handle Revoked SSL/TLS Certificates?", 2021年11月15日に参照.（https://oreil.ly/Sr1f_）

機密性の高いアプリケーションへのアクセスや機密データの保護を制御する認証スキームで証明書が使用される場合において、より大きな問題となる。

　システム設計者は、CRLがシステムの一部である必要性を認識しつつも、OCSPプロセスは計算コストや金銭的費用が高すぎると考えることがよくある。結局、コストはあらゆるアイデンティティシステムにおいて重要な役割を果たしており、コストとリスクのトレードオフは定量化が難しいのだ。

### 9.4.3　公開鍵基盤

　**公開鍵基盤**（PKI）は、デジタル証明書が広く使用されるよう、ポリシー、ルール、合意された標準、および相互運用性のガイダンスを提供する、デジタル証明書のサポート基盤だ。PKIは、デジタル証明書をグローバルに使用するためのセキュリティとスケーラビリティを提供する階層型分散システムである。

　アルゴリズム、X.509証明書、CPS、CRL、OCSPなど、公開鍵インフラを構成する多くの標準と手順についてはすでに説明した。認証局が1つだけであれば、これで十分であり、その認証局がPKIを構成する。しかし、その唯一の認証局は単一障害点となる。よって、PKIは世界中の何十もの認証局を含むように設計され、各認証局からの証明書を活用し正しさを確立する。

　図9-6は、認証局間の上下関係を示している。この図式では、デジタル証明書と認証局の2つの独立した階層がある。一方のツリーのルートはCA1で、もう一方のツリーのルートはCA2である。これらは**トラストアンカー**とも呼ばれる。これらの各ルートCAには、CA1の場合はCA3とCA4というように、複数の下位CAがある。したがって、CA3がデジタル証明書DC2を発行するために使用する秘密鍵は、たとえば、CA1が署名したデジタル証明書に関連付けられた秘密鍵を使用して署名される。図の双方向矢印は、CA1とCA2が相互認証し、互いのデジタル証明書に署名していることを示している。

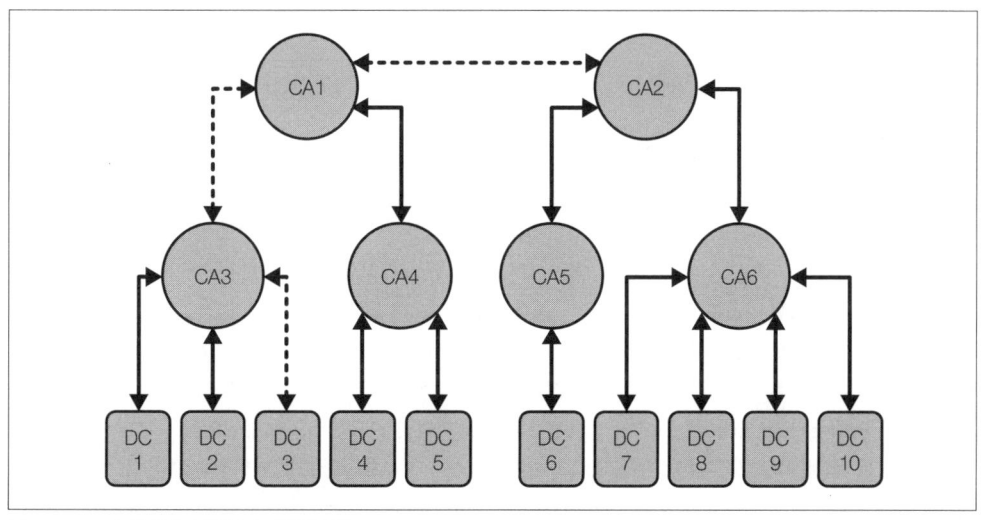

図9-6　PKIを構成する認証局の階層構造

　デジタル証明書DC3の完全性と正確性を確認したい場合は、たとえばCA3のデジタル証明書を使用して証明書の署名を検証することができる。さらにCA3のデジタル証明書がCA1によって署名されていることを確認することでCA3を確認でき、CA1の証明書がCA2によって署名されていることを確認することでCA1を確認できる。図の点線矢印は、**証明書パス**と呼ばれる確認の流れを表している。

　理論的にはデジタル証明書が提示されるたびに、その有効性の確認のために証明書パスを探索することが可能だ。妥当性確認を実行するアルゴリズムは、IETF RFC 5280に記載されている。実際には、証明書パスのチェックには計算コストが高くつく場合がある。一度だけならば計算コストは高くないだろうが、アプリケーションが証明書を使用するたびにチェックするとなれば、高コストになるだろう。ほとんどのアプリケーションは、日頃から毎回すべてのパスを確認するのではなく、結果をキャッシュしている。

　実際のところ、認証局間の相互認証は稀である。代わりに、アプリケーションは通常、ルート証明書が既知の信頼できる認証局からのものであることを確認する。たとえばブラウザは、どの認証局を信頼すべきかをどうやって判断するのだろうか？　Certificate Authority/Browser ForumまたはCA/Browser Forumと呼ばれる組織には、デジタル証明機関、OSベンダー、ブラウザベンダー、およびPKIに関心を持つその他の機関が含まれる。

　CA/Browser Forumは、デジタル証明書の発行と管理に関するガイドラインを公開している。ブラウザおよびOSベンダーは、これらのガイドラインを使用して、ソフトウェアに含めるルート認証局を決定する。

　図9-7は、windley.comでTLSに使用されている現在の証明書の証明書検証パスを示している。

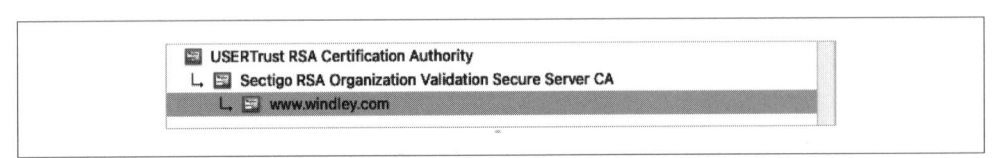

図9-7　windley.comの証明書検証パス

　興味があれば、パス内の各証明書の詳細を確認することができる。windley.comの証明書はSectigoの証明書によって署名されており、これはUSERTrustの証明書によって署名されている。windley.comの証明書は、Sectigoが信頼してよいとしているので信頼できる。Sectigoの証明書は、USERTrustが信頼してよいとしているので信頼できる。そしてUSERTrustの証明書は、（私のノートPCでは）Appleが信頼してよいとしているので信頼できる。あなたが別のOSを使用している場合、USERTrustの証明書が含まれていない場合もある。その場合、windley.comにアクセスしてもブラウザに鍵アイコンが表示されなくなる。もちろん、それはUSERTrustのビジネスにとって壊滅的なダメージとなるので、彼らはCA/Brower Forumのガイドラインに従った信頼を維持するために懸命に活動する。

　macOSは、信頼する認証局のルート証明書をキーチェーンに格納する。Windows 10にはCertificate Managerというプログラムがある。DebianベースのLinuxシステムでは、ルート証明書は`ca-certificates.crt`というファイルとともに`/etc/ssl/certs`フォルダに保存される。ブラウザを含

む個々のアプリケーションは、信頼できる証明書の独自のレジストリを保持できるが、通常は保持しない。あなたは開発またはその他の目的で、証明書をOSに手動で追加できる。たとえば、開発用にHTTPプロキシを使用して、ネットワーク上のHTTPトラフィックを表示することがある。TLSで保護されたサイトで使用するには、プロキシが生成する証明書を信頼できる証明書としてOSにインストールする必要がある。このようにして、プロキシは私のブラウザトラフィックに対して中間者攻撃に相当するものを実行できる。

図9-8は、macOSのキーチェーンアクセスにリストされている信頼されたルート証明書の一部を示す。USERTrustのRSA証明書をハイライトしてあるが、2038年まで失効しないことがわかる。ルート証明書は一般的に非常に長寿命である。なぜなら、通常のブラウジングを行う上でルート証明書を直接意識することはないためである。代わりに、OSベンダーであるAppleが必要に応じてOSアップデートで証明書を追加、更新、削除することを想定している。証明書パスの末端の証明書は、有効期限が短くなる。この図では、Sectigo RSA証明書は2030年に、windley.comの証明書は2022年に期限切れになることがわかる。ドメイン名の所有者が変わった際にブラウザが失効に神経質にならなくてよいように、また認証局が失効処理を実施しなくてよいように、TLS証明書は通常1年で期限切れになる。

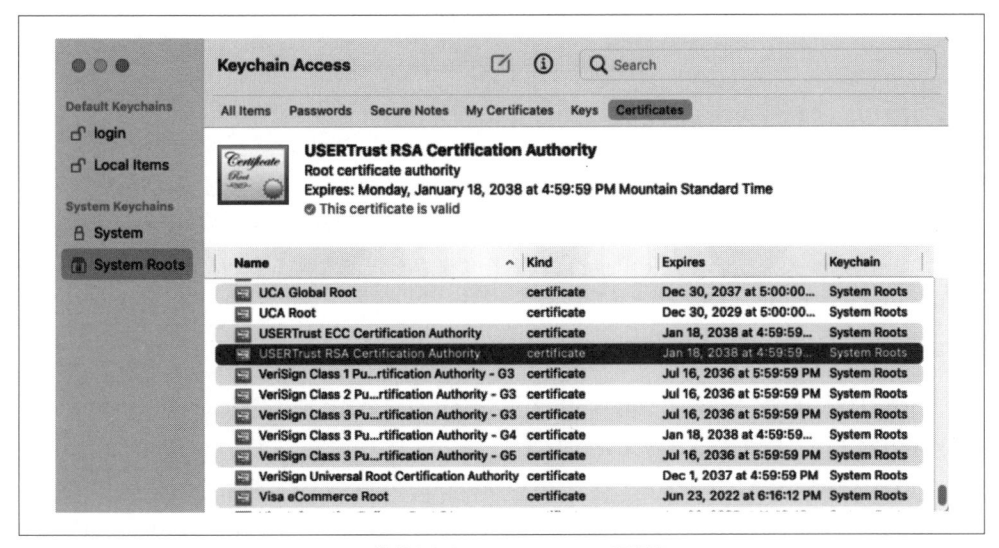

図9-8　macOSのキーチェーンアクセスに格納されたUSERTrust RSA証明書

## 9.5　ゼロ知識証明

Peggyが秘密を明かすことなく、秘密を知っていることをVictorに証明する必要があるとする。彼女は本当に秘密を知っているとVictorを納得させることができるだろうか？ これはアイデンティティシステムで採用できる最も強力な暗号処理の1つ、**ゼロ知識証明（ZKP）**の核心にある問題だ。たとえば、Peggyがデジタル運転免許証を持っていて、それを渡すことも、生年月日を見せることもせずに、バー

テンダーのVictorに自分が21歳以上であることを証明したいとする。ZKPは、Peggyが他に何も明かさなくても（すなわち、**余分な**知識はゼロで）Victorを納得させつつ、運転免許証に少なくとも彼女は21歳と記載されていることを証明できるようにする。

この問題は当初、1980年代にMITの研究者であるShafi Goldwasser、Silvio Micali、Charles Rackoffによって情報漏洩対策として検討された。目的は、証明者Peggyに関して検証者であるVictorが知ることができる余分な情報の量を減らすことだ。

ZKPがどのように機能するかを理解する1つの方法として、図9-9に示す暗号学者のQuisquaterらによって初めて発表された「アリババの洞窟」のストーリーがある[6]。

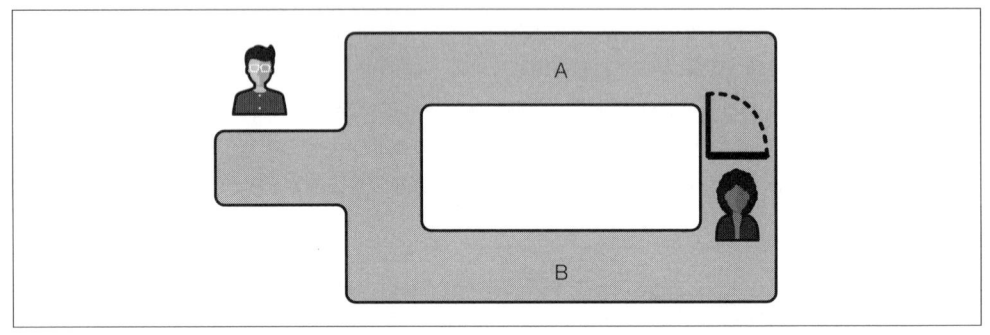

図9-9　「アリババの洞窟」内のPeggyとVictor

アリババの洞窟には、AとBと書かれた2つの通路があり、入口からつながった1本の通路から分岐している。PeggyはAとBをつなぐドアの鍵を開けることができる秘密のコードを持っている。Victorはそのコードを買いたがっているが、Peggyがそれを知っていると確信するまでは支払わない。PeggyはVictorが支払うまで秘密のコードを共有しない。

Peggyがコードを知っていると証明するアルゴリズムは、次のように動く。

1. Victorは洞窟の外に立ち、Peggyは中に入り、通路の1つを選択する。Victorは、Peggyがどちらの通路に入るか確認することを許されない。
2. Victorは洞窟に入り、「Aから出てきて」もしくは「Bから出てきて」と指定する。
3. Peggyは入るときの選択に関わらず、簡単にドアのロックを解除できるため、Victorが指定したほうの通路から出てくる。
4. もちろん、Peggyは運良く勘が当たっただけかもしれないので、PeggyとVictorは何度も実験を繰り返す。

[6] Jean-Jacques Quisquater et al., "How to Explain Zero-Knowledge Protocols to Your Children," in *Advances in Cryptology—CRYPTO '89: Proceedings*, Lecture Notes in Computer Science, vol. 435 (New York: Springer, 1990), 628–631. doi:10.1007/0-387-34805-0_60. ISBN 978-0-387-97317-3.
https://link.springer.com/chapter/10.1007/0-387-34805-0_60

Victorがどちらの通路を選択しても、Peggyが毎回戻ってこられれば、Victorは高い確率でPeggyが本当にコードを知っていると推測することができる。20回の試行の後、Peggyが単にVictorの指定する文字を推測している可能性は、100万分の1（正確には$2^{20}$分の1）にも満たない。これは、Peggyが秘密を知っているという確率的証明を構成する。

このアルゴリズムは、Peggyがコードを知っていることをVictorに納得させるだけでなく、Victorが他の誰かに対し、Peggyがコードを知っていると説得できないことを保証する。たとえば、Victorがトランザクション全体を録画するとする。視聴者が見るのは、Victorが文字をコールする姿と、Peggyが正しい洞窟から出てくる姿だけだ。視聴者は、VictorとPeggyが視聴者をだますために事前に一連のコールについて合意していないとは言い切れない。この特性は、Peggyと第三者である視聴者がVictorの選択を予測できないよう、高い情報エントロピーのシードを持つ優れたPRNGを使用するアルゴリズムに依存していることに、注意が必要だ。

このように、PeggyはVictorに対して秘密を知っていることを否定できないが、他の第三者に対しては秘密を知っていることを否定できる。これにより、彼女がVictorに証明したことは彼らの間にとどまり、Victorは（少なくともPeggyがVictorに対して証明した暗号的な方法では）これを漏洩することができない。Peggyは、彼女の秘密と彼女がそれを知っているという事実の両方をコントロールしている。

厳密には、私たちが「ゼロ知識」と言うとき、Victorが証明したい命題以外に何の知識も得ていないということは、真実ではない。アリババの洞窟で、Peggyは秘密を知っていることをゼロ知識で証明する。しかし、VictorがPeggyについて学んだ、ZKPにはどうすることもできないことが他にもたくさんある。たとえば、VictorはPeggyが彼の声を聞き、彼の話す言語を理解することができ、歩くことができ、協調性があることを知る。彼はまた、ドアのロックを解除するのにかかる時間など、洞窟について学ぶかもしれない。PeggyはVictorについて似たようなことを学ぶ。つまり、証明は**ほぼゼロ知識**であり、**完全にゼロ知識ではない**というのが現実だ。

## 9.5.1 ZKPシステム

アリババの洞窟の例は、ZKPの非常に特殊な使い方であり、**知識のゼロ知識証明**と呼ばれる。Peggyは自分が何かを知っている（または持っている）ことを証明している。より一般的には、PeggyはVictorに多くの事実を証明したいかもしれない。これらには、命題句や値さえも含まれる。ZKPはそれらも証明できる。

ゼロ知識による命題の証明方法を理解するために、社会主義大富豪問題（the socialist millionaire problem）とも呼ばれている他の例を考えたい。PeggyとVictorが正当な賃金をもらっているか知りたいとする。具体的には、自分たちが同じ金額をもらっているかどうかは知りたいが、具体的な時給はお互いに、あるいは信頼できる第三者にさえ開示したくない。この場合、Peggyは秘密を知っていることを証明しているのではなく、平等（または不平等）の命題を証明している。

単純化するために、PeggyとVictorが1時間あたり10ドル、20ドル、30ドル、40ドルのいずれかを支払われていると仮定する。アルゴリズムは、このように機能する。

1. Peggyは4つの鍵付きの箱を購入し、10ドル、20ドル、30ドル、40ドルのラベルを付ける
2. Peggyはすべての箱に鍵をかける。彼女は自分の給料が書かれた箱の以外のすべての箱の鍵を捨てる
3. Peggyはすべての鍵のかかった箱をVictorに渡し、Victorは自分の給料が書かれた箱の上部の隙間に「+」と書かれた紙片をこっそりと入れる。彼は他のすべての箱に「−」の付いた紙片を入れる
4. Victorは箱をPeggyに返し、Peggyは秘密裏に彼女の鍵を使って彼女の給料が書かれた箱を開ける
5. Peggyが「+」を発見した場合、彼らは同じ額を稼いでいる。そうでなければ、異なる額を稼いでいる。彼女はこれを使ってVictorに事実を証明することができる。

これは**oblivious transfer**と呼ばれ、`VictorSalary = PeggySalary`という命題をゼロ知識（つまり、他の情報を一切明かさずに）で真または偽であると証明する。

これが機能するためには、PeggyとVictorは、相手が率直に本当の給料を言うことを信頼しなければならない。VictorはPeggyが他の3つの鍵を捨てることを信頼する必要がある。PeggyはVictorが「+」の付いた紙片を1枚だけ箱に入れてくれると信頼しなければならない。

デジタル証明書が自己発行証明書だけでは不可能な信用を確立するためにPKIを必要とするように、ZKPは、PeggyとVictorが自分自身について述べたことからだけでなく、他人が自分について述べたことから事実を証明できるシステムにおいて、より強力なものとなる。たとえば、PeggyとVictorが自分の給与を自己申告するのではなく、人事部からの署名付き文書に頼ることができれば、お互いに相手が本当の給与を申告していると知ることができる。16章では、Verifiable Credentialsについて説明する。Verifiable Credentialsは、ZKPを使用して多くの異なる事実を単独で、または協調して証明するシステムであり、この方法論に対する信用と、データに対する信頼を与える。

## 9.5.2 非インタラクティブなZKP

前の例では、Peggyは一連のやり取りを通じてVictorに物事を証明することができた。ZKPが実用的であるためには、証明者と検証者の間の相互作用は最小限でなければならない。幸いなことに、**SNARK**と呼ばれる技術が、非インタラクティブなZKPを可能にする。

SNARKには次の特性がある（これが名前の由来でもある）。

Succinct（簡潔な）

　メッセージのサイズは、実際の証明の長さに比べて小さくなる。

Noninteractive（非インタラクティブな）

　一部の設定を除いて、証明者は検証者に1つのメッセージだけを送信する。

ARguments（議論）

　これは実際には何かが正しいという議論であって、数学的に解釈される証明ではない。具体的には、理論上、証明者が十分な計算能力を与えられれば命題の誤りを証明することができ

る。つまり、SNARKは「完全に正しい」のではなく「計算上正しい」のである。

### of Knowledge（知識に関する）

証明者は、問題の事実を知っている。

　一般的には、検証者がプロセス中に証明された事実以外に何も知り得ないことを示す意図で、SNARKの前に（ゼロ知識を表す）「zk」が表記される。

　zkSNARKの基礎となる数学には、高次の多項式に対する準同型計算が含まれる。しかし、正しいことを保証する準同型計算の複雑な数学を知らなくても、zkSNARKがどのように機能するかを理解することはできる。数学の詳細を知りたければ、Christian ReitwiessnerのEthereumに関する記事「zkSNARKs in a Nutshell」（https://oreil.ly/Iol7R）を読むことをお勧めする。

　簡単な例として、Victorに何らかの値のsha256ハッシュであるHが与えられたとする。Peggyは、sha265(s) == Hである値sを知っていると、Victorにsを明かすことなく証明したい。この関係を表す関数Cを定義する。

```
C(x, w) = ( sha256(w) == x )
```

　つまり、C(H, s) == trueとなり、wが他の値のときはfalseを返す。

　zkSNARKを計算するには、G、P、Vの3つの関数が必要となる。Gは鍵生成器で、lambdaと呼ばれる秘密パラメータと関数Cを受け取り、**証明キー** pk（proving key）と**検証キー** vk（verification key）の2つの公開鍵を生成する。これらは、与えられた関数Cに対して一度だけ生成されればよい。パラメータlambdaは、二度と必要とされず、これを持つ誰もが**偽**の証明を生成できるため、この手順後に破棄する必要がある。

　証明関数Pは、証明キー pk、パブリックな入力x、およびプライベート（秘密）の**証拠**wを入力とする。P(pk,x,w)の実行結果は、証明者がCを満たすwの値を知っているという証明、prfである。

　検証関数VはV(vk, x, prf)を計算し、証明prfが正しければ真、そうでなければ偽となる。

　PeggyとVictorの話に戻ると、VictorはPeggyに証明してほしいことを表す関数Cを選択し、乱数lamdaを生成し、Gを実行して証明キーと検証キーを生成する。

```
(pk, vk) = G(C, lambda)
```

　Peggyはlambdaの値を学習してはならない。VictorはC、pk、vkをPeggyと共有する。

　Peggyは、x = Hに対してCを満たす値sを知っていると証明したい。彼女はこれらの値を入力に使用し、証明関数Pを実行する。

```
prf = P(pk, H, s)
```

　Peggyは証明prfをVictorに提示し、Victorは検証関数を実行する。

```
V(vk, H, prf)
```

　結果が真であれば、VictorはPeggyが値sを知っていることを確信できる。

この例のように、関数Cをハッシュに限定する必要はない。基礎となる数学の範囲内であれば、Cは非常に複雑であり、VictorがPeggyに証明させたいと思っている値を一度にいくつでも含むことができる。

## 9.6　ブロックチェーンの基礎

ブロックチェーンは、過去10年間で最もエキサイティングで物議を醸した新技術の1つだ[7]。人々がより非集中型のアーキテクチャを求めるのに従って、アイデンティティシステムでの利用も増加している。またブロックチェーンは、この章で説明した暗号技術やアルゴリズムの多くを利用しているため、ある目的を持ったより複雑なシステム内で暗号技術がどのように使用されるか確認するための良い例となる。

ブロックチェーンのようなプロトコルは、1982年にDavid Chaumによって初めて提案された。Stuart HaberとW.Scott Stornettaは、1990年代初頭にブロックの安全なチェーンの概念をさらに進化させ、1995年にはDave Bayerとともに、Surety, Inc.として改良し商業化した。2008年にビットコインと呼ばれる非集中型デジタルキャッシュシステムの設計の一環として、Satoshi Nakamoto（彼が誰であれ）が最初の近代的なブロックチェーンを概念化した。

### 9.6.1　非集中型コンセンサス

複数のコンピューターシステムが協力して動作する際には、値についてのコンセンサスを得て、グループ全体で結果となる値を統一することが必要だ。Googleドキュメントを他のユーザーと同時編集セッションで使用したことがある人なら、非集中型コンセンサスが実際に使われているのを見たことがあるだろう。複数の関係者が同じ章を同時に編集し、最終的には、全員が同じ文書を閲覧できる。なぜならば、Googleドキュメントは複数の作成者がいる文書でコンセンサスを得ることのできるアプリケーションだからだ。

ただし、全員が正しいドキュメントを見られるとは言っていないことに注意したい。なぜならば、Googleドキュメントは何が「正しい」か、知る手段を持たないからだ。もしあなたが「青」という単語を「赤」に置き換え、共同編集者がほぼ同時に同じ単語を「緑」に置き換えた場合、最終的には両方の文書に「赤」または「緑」が表示される。しかし、どちらの言葉が正しいかについての保証はない。コンセンサスとは、正しい値を得るための方法ではなく、**同じ値**を得るための方法なのである。

Googleドキュメントの例からもう1つ学べることは、私がコンセンサス結果を表すために「最終的に」という言葉を使ったことだ。非集中型コンセンサスのメカニズムは、時間の経過とともにコンセンサスになる。これは、避けがたいネットワーク遅延を考慮すると理にかなっている。最終的な一貫性を実現できないならば、システム内のさまざまなノードがコンセンサスを得るまでの間、処理が行われないようロックをかける以外に選択肢はない。

---

※7　ここでは、さまざまな機能を持つアーキテクチャを区別することはせず、分散型台帳の一般的な用語として「ブロックチェーン」という一般的な単語を使用する。

## 9.6.2　ビザンチン障害とシビル攻撃

　分散型および非集中型システムにおいて、コンセンサスを得るために多くのアルゴリズムが存在する。たとえば、Googleドキュメントが使用するものは、**競合のない複製データ型**（CRDT）と呼ばれるアルゴリズムのクラスに関連している。他に広く使われるアルゴリズムには、Leslie LamportのPaxosアルゴリズムがある。

　CRDTとPaxosはどちらも、ノードのシステム離脱や参加、ネットワーク障害、そのほか非集中型システムで予想される問題があっても、コンセンサスに達するように設計されている。しかし、コンセンサスを破壊しようとする悪性ノードに対抗できるようには作られていない。

　ビザンチン帝国は陰謀と政治的策略で知られていた。そのためLamportは、悪意を持って行動する参加者との合意形成の問題を、この話をもとに「ビザンチン将軍問題」と呼んだ。そして、行為者が誤った値を報告できてしまう不具合はビザンチン障害として知られている。ビザンチンのフォールトトレランスを示すアルゴリズムの優れた例はいくつかあるが、ビットコインのブロックチェーンは特に興味深いものを使用している。

　たとえば、ビットコインのような中央管理者のいないデジタル通貨を作りたいとする。分散型、非集中型、かつ階層型なものだ。主な問題の1つが、全員に対し、他の人たちがビットコインをいくら持っているか伝える台帳を作ることだが、次の問題がある。

- 嘘をつく人がいるかもしれない
- 誰も紛争を仲裁することができない

　この問題を解決する古典的な方法として、ビザンチン将軍問題に関するLamportの1982年の論文[8]で述べられているのは、多数決の利用だ。しかし、悪意のある参加者が新しいノードを自由に導入できる場合、投票は機能しない。彼らは自分たちに有利な票で投票システムを圧倒するだけだ。これはシビル攻撃（Sybil attack）と呼ばれる。

　ビットコインは、一部の参加者が不純な動機を持ち、好き勝手に往来する可能性がある場面での典型的なビザンチン・シビル合意（すなわち、正しい台帳の管理）問題を示している。ビットコインをはじめ他のブロックチェーンは、このような厳しい条件の下で非集中型システムのコンセンサスを達成している。

## 9.6.3　ブロックチェーンの構築

　上記2つの問題に対するビットコインの解決策は、特に独創的なアルゴリズムである。私たち独自の

---

[8]　Leslie Lamport, Robert Shostak, and Marshall Pease, "The Byzantine Generals Problem," *ACM Transactions on Programming Languages and Systems* 4, no. 3 (July 1982): 387–389. CiteSeerX 10.1.1.64.2312. doi: 10.1145/357172.357176.

暗号通貨[9]を設計することで、その仕組みを探ってみよう。私たちの仮想通貨を「Yコイン」と呼ぶことにする。

### 9.6.3.1　問題1：送金

私たちが解決しなければならない最初の問題は送金方法だ。AliceがBobにYコインを1枚送りたいとする。Aliceは「AliceはBobに1枚のYコインを送る」というメッセージを作成し、自分の秘密鍵で署名できる。

これまでに学んだように、これはAliceの公開鍵を持つすべての人に対し、下記を可能にする。

- 彼女（および彼女のみ）が送信したことの検証
- Aliceによる転送の否認からの保護

これらは2つの重要な特性である。しかし、Bobがそのようなメッセージを2つ受け取ったらどうだろうか？　Aliceは彼に2枚のYコインを送ったのだろうか？　はたまた、誤ってメッセージが重複してしまったのだろうか？

### 9.6.3.2　問題2：一意なコイン

コインを一意に識別するという問題は簡単に解決できる。Aliceは、送信する各Yコインに一意のシリアル番号があることを確認できる。

これを行う一般的な方法は、銀行を作成することだ。銀行はシリアル番号（すなわち、トランザクションID）を発行し、誰がどのシリアル番号を持っているかを追跡する。銀行は台帳が最新かつ正確であることを保証するよう委託されている。社会において何かしらの機関を設置することは、赤の他人同士が取引できるよう、信頼を個人の領域から移動させるための1つの方法である。

Aliceがシリアル番号156のYコインをBobに送ると、Bobは銀行に連絡して、シリアル番号が有効であること、Aliceがシリアル番号156のYコインの現在の所有者であり、他の誰もそれを主張していないことを確認できる。彼がそれを受け入れると、銀行は台帳を更新し、Bobが現在Yコイン156番を所有していることを示す。

### 9.6.3.3　問題3：分散型の銀行

しかし、私たちは中央銀行を持たない解決策を望んでいるため、もっと野心的になる必要がある。

AliceがYコインを送ってきたときに銀行に確認する代わりに、BobはYコインを持っている他のすべての人に確認するとしよう。誰がどのYコインを所有しているかは、ブロックチェーンと呼ばれる共有された公開台帳で誰もが追跡している。

AliceとBobは公開鍵で識別される。BobがAliceからのメッセージを受け取ったら、Bobは彼女の公

---

開鍵を使ってメッセージがAliceからのものであることを確認し、Aliceが本当にYコイン156を所有しているかを確認するため、ブロックチェーンのコピーを確認する。彼女が所有していれば、彼はAliceのメッセージとYコインを受け取ったことをネットワーク全体に知らせる。誰もがAliceの公開鍵を使って彼女のメッセージを検証できる。

Bobのメッセージを受け取ると、ネットワークの全員が台帳のコピーを更新して、Aliceの残高からYコイン156を削除し、Bobの残高に追加する。

ここで、シリアル番号を排除できることに注意してほしい。単一の共有台帳があるのだから、私たちは台帳上のAliceの記録からYコインの一部の金額（端数もOK）を削除し、Bobの記録に追加するだけだ。シリアル番号は必要ない。

Aliceが不誠実（言い換えればビザンチン）でない限り、これはうまく機能する。

### 9.6.3.4　問題4：二重支出の防止

AliceがBobとCharlieに同じYコインを使おうとしたらどうだろう？ 誰もが気づくので難しいと思うかもしれないが、Aliceがネットワーク分割または遅延を利用した場合はどうだろう？ 彼女はBobとCharlieの両方に、彼女が送金したYコインは自分たちのものだと思わせ、誰かが問題に気づく前にYコインと引き換えの品物を回収することができる。

その答えは当然ながら、2段階の受け入れアルゴリズムである。単にAliceの送金を額面通りに受け取るのではなく、BobとCharlie両者は検証のためにネットワーク全体にトランザクションを送信する。ネットワークの他のメンバーは、Aliceがコインを持っていて使っていないかどうかを確認する。

二重支出のシナリオでは、一部のネットワークメンバーがBobのトランザクションを先に確認し、他のメンバーがCharlieのトランザクションを確認する。ビザンチン障害に対する古典的な対応は多数決のため、トランザクションの1つだけが承認され、台帳はこれに従って最終的に更新される。

### 9.6.3.5　問題5：ネットワークハイジャックの防止

Aliceが、自分の嘘を広める独自のノードを追加してネットワークを乗っ取ることができれば、上記の解決策を持ってしても二重支出を実現できてしまう。つまり、Aliceはシビル攻撃を仕掛けることができる。

Aliceが成功してしまうのは、検証が投票システムに基づいているからだ。Yコインネットワークにノードを持っている人なら誰でも投票でき、ノードは自由に往来できてしまう。単なる仮想マシンやプロキシはノードの追加を安価に実現する——Aliceが不正なYコイントランザクションで稼ぐ額がコストを上回る可能性がある。

単なる小さな仮想マシンやネットワークプロキシではないことを示すために、検証者が**プルーフ・オブ・ワーク**（proof of work）と呼ばれる一定の労力を費やした後にのみ検証を許可することで、不正行為にかかる費用をより高くすることができる。

Aliceは自分の不正取引を検証するために実作業をしなければならない。そのため、Yコインネットワーク全体のコンピューティングパワーの半分以上を彼女が支配している場合のみ、不正取引を行う

ことができる。参加者が多ければ、費用が高すぎるため現実的ではない。

プルーフ・オブ・ワーク方式では、ネットワーク上のノードがトランザクションを検証する前に、暗号パズルを解く必要がある。このパズルでは、ナンス（nonce）と呼ばれる値を見つける必要がある。ナンスは、Yコインメッセージに付加してハッシュ化された際、結果の最初のn桁がすべてゼロになるような値だ。

恣意的にも思えるが、nを変化させることで、ある時点でのネットワークのニーズに応じて作業量を調整できるという巧妙な特性を持っている。nの値が大きいほど、適切なハッシュを見つけるために多くの計算が必要になる。

ハッシュは不可逆であることを思い出してほしい。結果的に、特定の値を持つハッシュを探す唯一の方法は、可能なすべての計算を試すことだ。これは、ビットコインでは**マイニング**と呼ばれる。さまざまな関係者が、暗号パズルを解いてブロックを検証するために競う。

しかし、これらの暗号パズルを解くのに現実のお金がかかるのなら、なぜノードはこれを行うのだろう？ Satoshi Nakamotoの巧妙な設計の特徴の1つは、パズルを解いた採掘者に報酬を与えることだった。繰り返し解決策を模索する中で、私たちはビザンチン障害問題を投票で、シビル攻撃問題をプルーフ・オブ・ワークで解決することを想定した。しかし、実際のブロックチェーンの仕組みはそうではない。代わりに両方の問題を同時に解決する。すなわち、ブロックを検証した採掘者のみが報酬を得るのだ。

### 9.6.3.6　問題6：トランザクションの順序および不一致の処理

Yコインネットワークは、トランザクションの順序を一致させなければならない。そうすることで、誰が何を所有しているのか、いつでも知ることができる。これは、コピーが多数あったとしても、台帳は1つだけであることを意味する。

ブロックチェーンと呼ぶのは、文字通りブロックの連鎖だからだ。それぞれの新しいブロックには、新しいトランザクションのバッチが含まれる。ネットワークは単に個々のトランザクションを検証するのではなく、それらをブロックにグループ化し、各ブロックが検証されるたびにチェーンに追加され、全員がブロックの正確な順序と一致するようにする。

デジタル署名は、ブロックに署名するために使用される。署名に先立ち、誰もが暗号的に順序を検証できるよう、ブロックは前のブロックのハッシュと紐付けられる。

適切な状況下であれば、チェーンは同時に2つのブロックによって拡張され、分岐の発生によって、避けるべき問題を引き起こしてしまう可能性がある。ある人はあるバージョンの台帳を、別の人は別のバージョンの台帳を見てしまうことになるのだ。これらの台帳は、最後の部分を除いて互いに一致している。

ネットワークは分岐を追跡しながら、最も長いチェーンだけを拡張することへの合意によって、分岐に対処できる。プルーフ・オブ・ワークの問題は確率的な性質を持つため、1つの分岐が長くなって勝利のチェーンとなり、すべてのトランザクションを完全に順序付ける唯一の直線的なチェーンが保証される。ビットコインでは、ブロックチェーンの深さが6になると、別の分岐が受け入れられる可能性が

限りなく低くなるため、そのブロックは「解決済み」とみなされる。

## 9.6.4　シビル攻撃への他の対抗策

プルーフ・オブ・ワークは、台帳システムへのシビル攻撃に対する唯一の方法というわけではない。実際、プルーフ・オブ・ワークは現実の作業を伴い、大量の電力を消費し、気候変動に加担する可能性があるため、議論の的となっている。

シビル攻撃を防ぐもう1つの方法は、**プルーフ・オブ・ステーク**（proof of stake）と呼ばれる。プルーフ・オブ・ステークでも、ノードには報酬が与えられる。しかし参加するには、ノードは良い行いに対してある程度の暗号通貨を賭けなければならない。ネットワークのアルゴリズムによって不正な動作が検出された場合、掛け金の一部またはすべてが没収される。イーサリアムのブロックチェーンは2022年にプルーフ・オブ・ワークからプルーフ・オブ・ステークへと移行し、これを実施する最大のブロックチェーンとなっている。

この問題を解決する3つ目の方法は、**プルーフ・オブ・オーソリティ**（proof of authority）を使用することだ。問題はAliceが複数のノードを設定できることだった。プルーフ・オブ・オーソリティには、各ノードの参加承認が必要となる。承認方法の決定にはさまざまなスキームがある。ノードは、一種のレピュテーションシステムでアルゴリズム的に権利を得るかもしれない。あるいは、どこかの機関から権限を与えられるかもしれない。これについては、次章で詳しく説明する。

## 9.6.5　ブロックチェーンの分類

ブロックチェーンには数多くの設計とアーキテクチャがある。これらを分類する1つの方法は、検証の実行方法とアクセスの処理方法を調べることだ。先ほど説明したように、ノードが新しいブロックをチェーンに追加すると、トランザクションが検証される。プルーフ・オブ・ワークまたはプルーフ・オブ・ステークを使用するブロックチェーンは、**パーミッションレス型**に分類される。参加に許可は必要ない。認証権限の証明を使用するブロックチェーンは、その認証権限が制度的なものであるかアルゴリズム的なものであるかにかかわらず、**パーミッション型**として分類することができる。

同様に、一部のブロックチェーンは、読み取り、書き込み、またはその両方のためのアクセスを特定の関係者に制限している。それらは**プライベート**ブロックチェーンと呼ばれる。このような制限のないブロックチェーンアクセスは**パブリック**である。プライベートかつパーミッションレス型では意味がないことに注意してほしい。

図9-10は、アクセス方法と検証方法のマトリックスである。各ボックスには例を記載している。3つのボックスのいずれかに記載できるブロックチェーンは、何十、何百とある可能性がある。議論のため、私が各ボックスの例を選んでおいた。

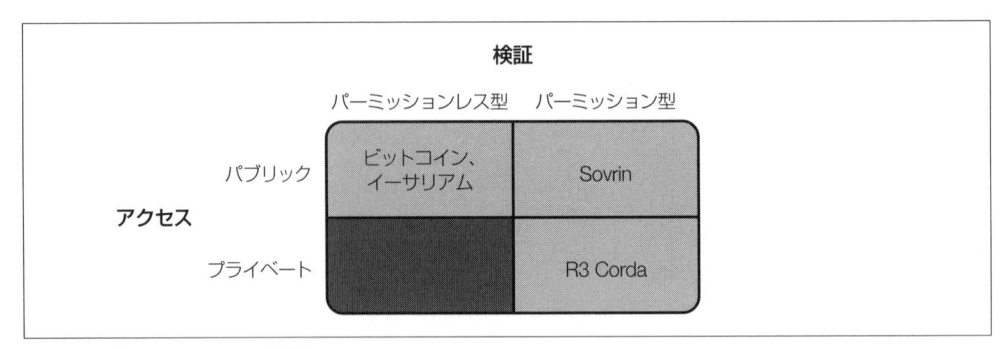

図9-10　ブロックチェーンの分類

　ビットコインとイーサリアムはどちらも**パブリック・パーミッションレス型**ブロックチェーンの有名な例である。誰でもノードを実行でき、誰でも台帳を閲覧できる。

　Sovrinネットワークは**パブリック・パーミッション型**ブロックチェーンの一例だ。ネットワークへの読み書きは誰でもできるが、検証ノードは非営利団体Sovrin Foundationが管理する公開ガバナンスフレームワークによって管理される。ガバナンスフレームワークの遵守に同意した組織のみが、検証ノードを実行できる[10]。

　R3 Cordaは**プライベート・パーミッション型**ブロックチェーンの一例だ。組織のグループはそれぞれの目的のためにCordaブロックチェーンを実行できる。ブロックチェーンの読み書きができるのはグループのメンバーだけで、検証ノードはグループの参加者によって選ばれる。

## 9.6.6　あなたはブロックチェーンを使うべきか？

　ブロックチェーン技術が普及するにつれて、多くのグループや組織が暗号通貨以外のさまざまな目的で使用するようになっている。どんな新しいテクノロジーでもそうだが、ユースケースの中には疑わしいものもある。コンセンサスを得るには、ブロックチェーンを使うよりも、もっと簡単でコストのかからない方法があるかもしれない。

　図9-11に示すフローチャートは、特定の問題に対してブロックチェーンが正しい答えかどうか評価するのに役立つ。

　図の左側にあるボックスを厳密な条件と考えてはいけない。「いいえ」と答えたからと言って、あなたのプロジェクトにブロックチェーンを選択すべきでないとは限らない。むしろ、ボックス内のプロンプトは、あなたの選択についてきちんと考えてもらうためにある。

---

[10]　訳注：Sovrinネットワークはメインネット台帳を2025年3月31日に終了予定であることを、Sovrin Foundationが2024年10月15日に発表している。
　　　https://us14.campaign-archive.com/?u=b2c2f50b93f0ad7684f55ccde&id=97dcc86838

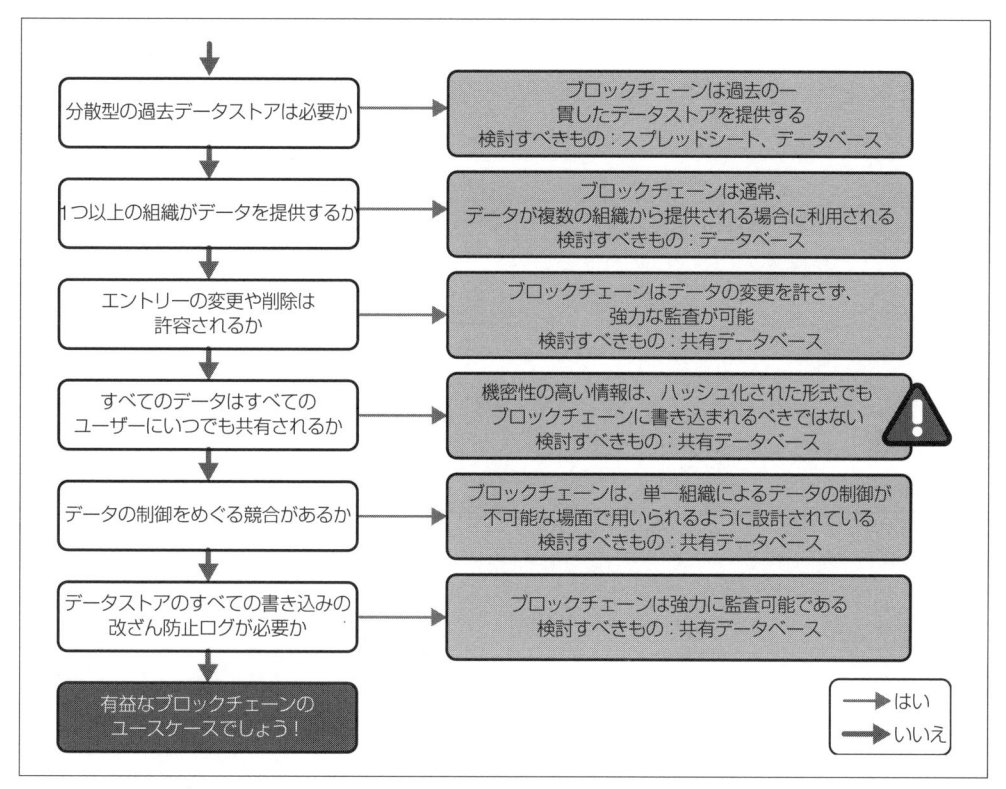

図9-11　あなたはブロックチェーンを使うべきか？

## 9.7　PKIの制約

完全性、否認防止、および機密性は、アイデンティティシステムにおける重要な基本特性だ。アイデンティティ管理におけるほとんどすべてのアクティビティは、これら3つのうち1つ以上の概念に依存している。

公開鍵暗号とPKIは、長年にわたり表面化してきたすべてのセキュリティ問題への解決策かのように思われ、過大評価に苦しんできた。たとえば、認証と認可のタスクにデジタル証明書とPKIを広く採用することを提案している人もいる。技術は理論的にはタスク遂行に十分な能力を備えているが、これらのスキームは通常、複雑さ、組織ポリシー、政治、そして広範な採用のためには費用がかかりすぎたり、管理が困難になるという感覚による重圧のもとに崩壊してきた。

次の章では、数十年にわたってアイデンティティシステムを悩ませてきた問題の多くを解決する、公開鍵暗号、ZKP、およびブロックチェーンに依存する認証と認可の技術について探る。

# 10章
# 名前、識別子、ディスカバリ

アイデンティティに関する話題が出たときに、最初に思いつくものは「名前」である。名前はアイデンティティを構成する属性の一部なのは事実だが、私たちは周囲のほぼすべての物体には名前が付いているので、名前はアイデンティティに関連する最も一般的な属性となる。多くのものに名前を付けるのは、それらを後で見つけ出して識別できるようにするためである。この、見つける行為を、**ディスカバリ**と呼ぶ。ディレクトリはディスカバリの主要な手段の1つである。情報システムにはディレクトリがたくさんある。ファイルのディレクトリ、電子メールアドレスのディレクトリ、ドメイン名のディレクトリ、さらにはコンピューター上のプロセスのディレクトリまである。最も単純なディレクトリは、名前を、「ファイル」、「アドレス」、「IPアドレス」、「プロセス」などと関連付けたものである。この章では、名前、識別子、ディスカバリ、ディレクトリ、およびこれらがデジタルアイデンティティにおいて果たす役割について議論する。

## 10.1　ユタ州政府：ネーミングとディレクトリのユースケース

私がユタ州のCIOを務めていたとき、ディレクトリの問題に多くの時間と労力を取られるように感じていた。私がCIOに就任したとき、州はドメイン名state.ut.usを使用していた。このドメイン名は特に覚えやすいものではなく、部署や機関を特定するためのサブドメインを1つまたは2つ追加すると、とてもおかしく感じられた。たとえば私のメールアドレスは、pwindley@gov.state.ut.usだった。メールアドレスが長く、独特な構造を持っていたため、州知事は、自分のメールアドレスを人々に伝えるとそれを聞いた人がそのリズムや韻律に反応して踊り始めるように感じられる、と皮肉った。

公式ドメイン名に加えて、州政府の機関は、市民に向けたWebサイトを立ち上げるたびに、.org TLD（トップレベルドメイン）でドメイン名を登録する習慣になっていた。ユタ州は公式のもの以外に100以上のドメイン名を管理していた。結果として人々は、ユタ州のオフィシャルサイトにいるのかそうでないのかがわからない状況となるという、州のWebサイトのブランドを構築する上で大きな問題となっていた。

CIOに就任した直後、私は、ユタ州がutah.gov（https://www.utah.gov/）というドメイン名を所有し

ていることに気づいた。このドメイン名ははるかに短く、覚えやすく、より権威があるものだった（米国内の政府機関のみが.gov TLDのドメイン名を取得できる）。知事の支持を受け、私はユタ州がutah.govに移行することを宣言した。これは人々に好かれる戦略とは言えなかったが、わずか1か月で、utah.govを主要なドメイン名として使用することに成功した。また、残りの組織についても移行方法を検討している状況であった。移行する前の主な問題は2つあった。

- utah.govは、ユタ州に委任された名前空間を表し、そこでサーバ名やメールアドレスなどを管理するべきであったが、実際には管理ができていなかった。
- 州全体で統一された命名戦略がなかったため、各部署や機関が個別に電子メールやパスワードのディレクトリサービスを運営していた。中には多数のディレクトリを運営し、それぞれの部門が独自のディレクトリを管理しているところもあった。

　最初の問題を解決するには、サブドメイン登録の手続きが用意され、州内の組織がutah.gov内でサブドメインを予約できるようにするための担当者が決まっている必要があった。担当者の仕事は、utah.gov内でドメインの名前空間を定義し、名前が一意で意味があり、正しく登録されるようにすることだった。

　2つ目の問題はもっと難しいものだった。まず私たちは、utah.govのメールアドレスを希望する人々が名前を予約できるプログラムを作成した。そのプログラムによって、予約された名前に送信されたメールを現在使用中のメールボックスに転送した。これは、従業員一人ひとりにユニークな名前（これがメールアドレスになる）を割り当てるための手続きが確立するまでの一時的なものだった。私たちは、重複のない命名の方法として、メールアドレスの形式をイニシャル／ラストネームとする命名スキームを採用した。このポリシーでは、dumbo@utah.govのような、実際の名前に関連しないメールアドレスの登録を防ぐために、名前に関連しないメールアドレスの登録を明示的に禁止した（もちろん、その人の本当の名前がDoug Umboだった場合を除く）。

　また、機関内のディレクトリを集約して単一の大きな論理ディレクトリを形成するためのメタディレクトリも設定した。これは想像以上に困難であった。多くのディレクトリを利用しているソフトウェアが何年も更新されておらず、メタディレクトリのリンクをメンテナンスしていなかったからだ。具体的には、1つのディレクトリを作成するために、州内の複数のディレクトリのアップグレードプロジェクトを進める必要が生じた。さらに、既存のディレクトリからこの論理ディレクトリを作成するために、これらのディレクトリ内の名前を、前述の命名規則に従って事前に正規化する必要があった。

　複数の分散ディレクトリの使用は、パフォーマンスとローカルコントロールの点で利点があったが、他の企業との人事（HR）システムを統合するようなケースにおいて、いくつかの困難な事象を引き起こした。HRシステムの目的は、HRシステム内の従業員のステータスに基づいて、ディレクトリへの登録やアクセス制御の権限を提供することだった。

　政治的な問題に比べれば、エンタープライズディレクトリを作成する際に直面した技術的な問題など、大したことではなかった。まず、私は多くの人にメールアドレスを変更してもらうように依頼したのだが、その中の何人かは、長年使用されていたメールアドレスが対象だった。そのため、個々人と

しても、組織全体としても、変更への対応は負荷が大きかった。権力者の中にはメールアドレスを変更したくないと主張する人もいた。将来のメールアドレスの割り当てをめぐる争いに備えて、一番最初にメールアドレスを取得したことを主張する人もいた。ある執行役員は、自身の名前に似た別の人に誤ってメールが送信されることを防ぐために、その執行役員の名前とイニシャルのすべての可能な組み合わせを自身に割り当てることを主張した。

最終的に、私たちはutah.gov内で、すべてのメールとログイン用の単一の名前空間を確立することに成功した。私たちは州の多くのWebサーバをutah.govドメイン内のサブドメインに変換した。この取り組みにはほぼ2年間を要したが、一度完了すると、州のWebサービスのブランド化は強化され、Webプレゼンスに対する信頼は高まり、メールアドレスを提供するために特別な手段や工夫を必要とせずに簡単に配布することが可能となった。

## 10.2　命名

名前は物事を指し示すために使われる。名前がなければ、私たちは話題にしたい人、場所、物について毎回説明をしなければならなくなる。たとえば、誰かの名前を思い出せないときに、「あの、緑のシャツを着て、ひげを生やし、犬を連れていた男のこと知ってる？」と聞いて回らなければならない。ある特定のエンティティには、同じものを指し示す複数の名前があり得る。私は状況によって、Phil、Phillip、Phil Windley、父さん、などと呼ばれている。

ネーミングは、複雑さに対処するための基本的な抽象化の1つである。名前は、大きく複雑なものに便利なハンドルを提供し、それらを、長く扱いにくい説明ではなく、短くて覚えやすい文字列で操作し、参照することを可能にする。たとえばファイル名は、最終的には特定のセクター、特定のトラック、特定のディスクの集まりであるビットのコレクションに、意味のあるハンドルを付けることを可能にする。

コンピューティングでは、同様の理由で名前を使用する。メモリ位置（変数）、inode[1]（ファイル名）、IPアドレス（ドメイン名）などのものを簡単に参照するためである。名前は通常、以下のような重要な特性を持っている。

- 特定の名前空間内でユニークであるべきである
- 記憶に残りやすいものであるべきである
- 人間がコンピューティングデバイスに入力できるような、短いものであるべきである

Crosbie Fitchがアイデンティティに関する優れた論文[2]で指摘しているように、名前はグローバルに一意である必要はなく、特定の範囲で一意であればよい。名前は、すでにアイデンティティを持っているものに付ける識別子である。名前とアイデンティティは同じものではない。

コンピューターでは、しばしばユニークな名前を指すために「**識別子**」という用語を使用する。なぜ

---

※1　訳注：inodeは、UNIX系システムでファイルのメタデータを管理し、ファイル名と実際のデータをつなぐ役割を担う。
※2　Crosbie Fitch, "Ideating Identity", July 11, 2007, 2021年9月21日に参照.（https://oreil.ly/9KZwD）

なら「**名前**」という用語はユニークでないものを指すことが多いからである。たとえば、アメリカ合衆国には55,000人以上のJohn Smithsがいる。個人のプロファイルを持つシステムを構築する際、名前属性はその人の実際の名前であるのに対し、識別子やIDはシステム内でユニークなものになる。

　また、名前は参照をそのものから切り離すので、基本的な表現が変わっても名前は変わらない。これの最も身近な例はドメイン名である。ドメイン名windley.comはあるIPアドレスを指している。もしwindley.comでホスティングしているサービスを、別のIPアドレスを持つ別のマシンに変更することにした場合、それは簡単に行うことが可能で、ドメイン名を参照しているすべての人が正しい場所にたどり着ける。間接性は、それがなければ参照するものが変わるたびに名前も変わらないといけないため、時間を越えてアイデンティティを保持するための強力なメカニズムであると言える。

## 10.2.1　名前空間

　名前空間は、名前がユニークであることが保証され、その名前が意味を持つ範囲を定義する宇宙のようなものである。そのため、名前空間はときどき「ドメイン」と呼ばれる。現実世界の人名にたとえると、姓（通常）は名前空間として機能し、与えられた名前が一意で意味を持つ。電子メールアドレスでは、名前（@記号の前の部分）は、名前空間（@記号の後のドメイン名）内でユニークであることが保証されている。ファイル名は、それらが存在するディレクトリの名前空間内でユニークである。

　名前空間は、フラットまたは階層的になる。スタンドアロンコンピューター上のユーザー名は、フラットな名前空間の例である。ファイルシステムは、階層的な名前空間の最も馴染み深い例である。ドメイン名も、階層的な名前空間の別の馴染み深い例である。図10-1は、ドメイン名とファイルシステムで階層的な名前空間がどのように機能するかを示している。

　階層的な名前空間には、以下のようないくつかの興味深い特性がある。

- 階層内のルートノードとリーフノードの間のパスは、階層的な名前空間内の任意のエントリを指定するために使用できる
- 一部のパスは、ルートからリーフへの（たとえば、ファイルシステム）と、リーフからルートへの（たとえば、ドメイン名）の両方の方法で参照され、記述できる
- たとえばドメイン名のような階層的な名前空間では、名前はノードとリーフの両方になることがある。たとえば、windley.comとwww.windley.comは両方とも参照できるが、一方ではwindleyがノードとして、もう一方ではリーフとして機能する
- ファイルシステムのような他の階層的な名前空間では、リーフとノードは厳密に区別される。ディレクトリは、少なくとも概念的なレベルにおいてはファイルではない

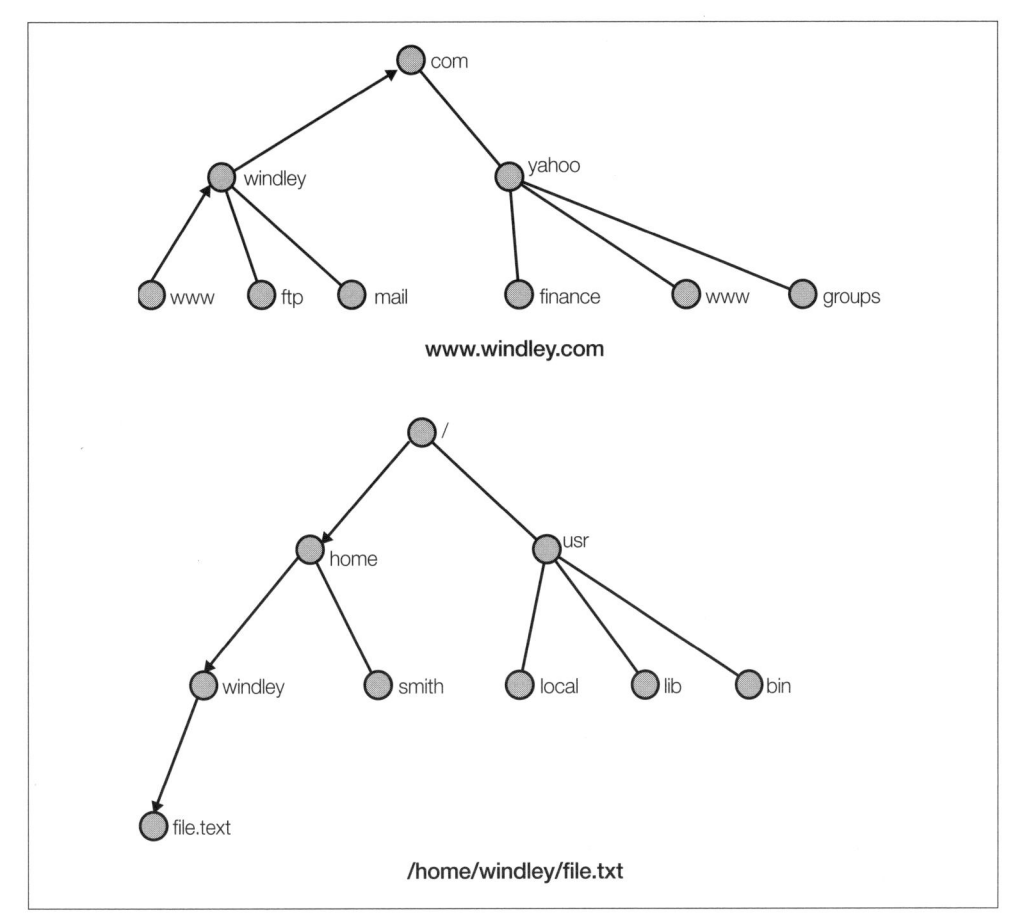

**www.windley.com**

**/home/windley/file.txt**

図10-1　ドメイン名とファイルシステムの階層型名前空間

　多くの階層的な名前空間で、階層は実際の物理世界の階層を反映している。しかし、通常、名前空間内の階層と、階層によって表されるオブジェクトの組織は、一対一の対応関係を持っているわけではない。たとえば、ファイルシステムはディスク上のビットの位置とは完全に独立した階層であり、純粋にユーザーの利便性のために存在する。ドメイン名の場合、階層はときに物理世界を反映するが、常にそうとは限らない。たとえばyahoo.comは、Yahoo, Inc.という実際に存在する組織が所有している。一方、windley.com、ftp.windley.com、www.windley.commail.wind-ley.comはすべて同じマシンを参照している。

## 10.2.2　識別子

　皮肉なことに、名前空間に格納するものを「名前」と呼ぶことは多くない。私たちは、その代わりに**識別子**と呼んでいる。名前空間内の名前と、個人の名前との混同を避けるためである。現在使用され

ている識別子の最良の例は、ブラウザを使用したことがある人なら誰でもタイプしたことがあるWebアドレス、つまりURLである。

## 10.2.2.1　URI（Uniform Resource Identifiers）：普遍的な名前空間

オンラインで何かを注文して、それがUPSやFedExを介して配達されたことがある人は多いだろう。注文後に受信する確認メールに含まれる項目の1つに、荷物の追跡番号がある。この追跡番号はFedExの荷物追跡ページへのURLの一部である。この荷物追跡ページをインターネット上のその荷物のホームページと考えたことはあるだろうか? FedExやUPS、その他のほとんどの会社を介して出荷される荷物にはすべて、それを参照するために使用されるURL（Uniform Resource Locators）によって名付けられたホームページがある。URLはWeb上のユニークな場所であり、そのURLは他の文書にリンクされたり、後で参照するためにブックマークできる。荷物のページは、この点においてインターネット上の他のページと何らかわらない。

URI（Uniform Resource Identifier）は、URLをより一般的に表現したものである。URLは場所を表し、インターネット上の実際のリソースに通常対応しているのに対し、URIは名前がWebの場所と関連付けられていない場合でも、単一のグローバル名前空間内のものに名前を付けるために使用できる。しかし、構造は同じであるため、多くのURIはURLとしても機能する。

URIはWebの最も重要な機能の1つである。URIがなければ、私たちがWeb上で当たり前と思っている多くのことは機能しない。簡単な例として、URIを使用して作成された普遍的な名前空間を持つことで、Web上のどこにあるドキュメントでも他のドキュメントを参照することができる。これは、2つのドキュメントの著者がWebに固有のURIを持ちさえすれば、どんなソフトウェアパッケージやサーバを使っていても問題ないということだ。実際、Paul Prescodは次のように述べている。「Webがそれ以前のハイパーテキストシステムと決定的に異なる点は、Webが単一のグローバルで統一された名前空間を採用していることである。」[3]

URIは、Web上のリソースを特定するために使用されること以外にも、多くの他のコンテキストで使用されている。URIシステムは普遍的な名前空間を表しているため、データベースレコードなどのWeb外リソースにURIを与えることで、それらは同じ普遍的な名前空間の一部となり、他のリソースとは明確に区別できるようになる。

URLとURIには、以下に示す5つの主要な構成要素がある。

- プロトコル識別子（「スキーム」と呼ばれる）の後にコロンが続く（例：https:、ldap:、tel:）
- 権限コンポーネント。通常はドメイン名。インターネット上のユニークな名前空間を示す（例：www.windley.com）
- パスコンポーネント。そのドメイン内のどの特定のリソースを識別するかを示す（例：/llp）
- クエリコンポーネント。通常、疑問符の後に続く。リソースの属性を示す（例：?ln=windley&lang=en）

---

[3]　Prescod, Paul, "Roots of the REST/SOAP Debate", 2021年9月22日に参照.（https://oreil.ly/0ezrQ）

- フラグメントコンポーネント。シャープ桁記号の後に続く。サブリソースを示す（例：#top）

これらのコンポーネントをまとめると、以下のようなお馴染みの形式で記述される。

https://www.windley.com/llp?ln=windley&lang=en#top

認証情報やポート番号など、他のコンポーネントもあるが、ここに挙げた5つが最も一般的である。

### 10.2.2.2　クールなURIは変更されない

　URIはリソースへの公開されたインターフェースであるため、慎重に検討する必要がある。URIを設計する際に念頭に置くべき重要な要素の1つは、URIは決して変更されるべきではないということである。URIがリソースの名前であると考えれば、これはそれほど過激な考えではない。一般に言って、何かの名前を変更するのは良くない考えだからである。なぜなら、その名前がどこで使用されているかを完全に知ることは不可能であり、その結果、名前（URI）が変更されたときにそれを知らせることができないからである。したがって、URIは意味があり、変更される可能性が低いように決めるべきだ。システムが更新され保守される際にも、URIの不変性は保持されるべきである。これを可能にする多くのツールや技術が存在する。URLの書き換えは最も強力な方法の1つで、サーバがURI参照をほぼ任意のリソースに解決することを可能にする。

　情報システムのURIを設計することは、設計フェーズの中で最も重要なタスクの1つであるべきだ。URIを設計することを考えることは、少し奇妙にに思えるかもしれない。結局のところ、私たちは単にネットワークの専門家にドメイン名を教えて、パスはそのままにしておくだけではないだろうか？しかし、よく設計されたシステムではそうではない。前のセクションでは、通常URLの一部となるコンポーネントについて説明した。これらすべては通常私たちのコントロール下にあり、注意深く選択する必要がある。

　APIにおいては、URL設計の問題は激しい議論の対象であり、優れたAPI設計の原則を議論するための多くのリソースが存在している。これは、ある面では優れたURL設計に類似している。APIのURLはリソースコレクションやアイテムの名前を表す。バージョニングやページネーション、クエリ文字列の適切な使用などの問題はすべてAPIの一部であり、したがってURLの設計にも関連している。

　この原則を、すべてのリソースが恒久的である必要があると解釈しないでほしい。URIが変わらないからといって、リソースが常に利用可能でなければならないわけではない。一部のリソースは一時的なものであり、一部は消滅する可能性がある。それでも、その名前を変更すべきではない。138ページで議論したUPSの追跡番号を思い浮かべてほしい。荷物が配達され、そのリソースが不要になった場合、荷物のURIが解決されないことがある。しかし、UPSは追跡番号を再利用すべきではないため、追跡番号を表すURIを変更しない。

### 10.2.2.3　URN（Uniform Resource Names）

　URN（Uniform Resource Names）は **urn:** スキームを持つURIである。URNは永続的で、場所に依存

しない識別子である。URLとは異なり、URNは解決可能である必要はない。URIと同様に、URNにはいくつかの主要なコンポーネントがある。

- スキーム（urn:)
- 名前空間識別子（例：isbn:)
- 名前空間固有の文字列（例：0596008783)
- リゾルバーが使用できるパラメータを示すリソースコンポーネント（例：?+method = a）
- クエリコンポーネント。通常、リソース属性を指定する（例：?=ln=windley&lang=en）
- シャープ記号に続くフラグメントコンポーネント。サブリソースを示す（例：#top）

URNが有用である良い例は、書籍を識別するために使用されるISBN番号である。

urn:isbn:0596008783

このURNは、2005年に発行された書籍『Digital Identity』を表している。もちろん、この書籍には複数のURLがある。たとえば、次のURLはAmazonでの同書である。

https://www.amazon.com/dp/0596008783

そして、このURLはO'Reillyの同書である。

https://www.oreilly.com/library/view/digital-identity/0596008783/

この例のURNは抽象的であり、書籍を物理的なものではなく概念として命名している。URLは具体的であり、オンライン上の特定の場所を示している。

## 10.2.3　Zookoの三角形

2001年にZooko Wilcox-O'Hearnが発表した仮説は、広く「Zookoの三角形」[4]として知られている。Zookoの前提は、識別子は「非集中型」「安全」「高可読性」のいずれか2つの特性を持つことができるが、3つを同時に満たすことは難しいというものである。

**非集中型**
識別子は中央集権的な権威に依存することなく、正しい値に解決できる

**安全**
システムは悪意のある攻撃から保護されている

**高可読性**
識別子は人間が覚えやすく、使いやすいものである

---

※4　Zooko Wilcox-O'Hearn, "Names: Distributed, Secure, Human-Readable: Choose Two", 2001 (https://oreil.ly/3e-nT)

これらの3つの特性は、識別子にとって望ましいものである。ただし、これら3つの特性を一度に提供しようとすると問題が発生する。

たとえば、ビットコインアドレスは安全で非集中型だが、長いランダムな文字列であり、ユーザーフレンドリーではない。電子メールアドレスは可読性が高く、比較的安全であるが、それを（電子メールアドレスまたは識別子として）解決するには、集中型のサービスに依存する。

近年、人々はブロックチェーンベースのシステムを使用して、Zookoの仮説を否定する命名システムを作成している。基本的なアイデアは、高可読性のある識別子とその値をブロックチェーンに格納することだ。その結果、安全で非集中型になる。しかし、これら3つの特性を同時に満たすための代償として、名前と値のペアを格納するブロックチェーンは複雑になってしまう。

それにもかかわらず、識別子を利用するサービスを計画する際には、Zookoの三角形を念頭に置くことが重要である。セキュリティを無視できるユースケースは非常に少ないため、通常、非集中型と高可読性のどちらかを選択することになる。企業のユースケースの多くは、非集中型であることは重要ではなく、それを提供するコストを避けることができる。他のケースでは、識別子がコンピューターによって保存され、人間が読む必要がないため、高可読性を必要としない。

## 10.3　ディスカバリ

URLは名前ではないと言うと異論が出るかもしれない。URLはZookoの三角形の良い例である。URLはグローバルに一意であるが、記憶に残りにくく、ほとんどの人がそれを入力することを嫌う。IBMのWebサイトを探している場合、ブラウザにibm.comを入力するのは喜ばしいことである。しかし、2012年のIBMの技術レポートを探している場合はどうだろうか？ URLを知っていても、ブラウザに入力することはあまりないだろう。代わりに、いくつかのキーワードを使用して検索するだろう。たいていの場合それは非常にうまくいくため、うまくいかないと驚く。

一般に、私たちは名前、識別子、アドレスを区別する。

- 前述したように、URIは普遍的な**識別子**である。
- URLは**アドレス**である。形式はURIと同じで何かの位置を示している。
- URNは**名前**である。

識別子やアドレスは名前とは同じものではないが、これらの3つの概念はしばしば混同される。良い名前がない場合、もしくは、名前が実用的ではない場合、ディスカバリは代替手段となる。インターネットはいくつかの重要な問題を解決したが、ディスカバリは、その中に含まれていない。その結果、Aliweb、Yahoo!、および他の多くの企業やプロジェクトがディスカバリ問題を解決するために生まれた。最終的に、Googleは90年代後半のディスカバリ戦争に勝利し、最初のページで意味のある結果を提供する検索エンジンを開発した。

検索エンジンにキーワードを入力することは、ディスカバリの良い例である。Webページには名前がなく、少なくとも世界的に一意なものはない。そして、たとえ名前があったとしても、誰もそれらを

すべて覚えることができない。しかし、検索エンジンは、そのコンテンツを含むWebページの属性を使用して、Webページのアドレスを発見することを可能にする。

ディスカバリは難しい問題である。GoogleでWebページを検索したり、Facebookで昔の高校の友人を探したり、特定の目的のためのAPIを見つけたりする場合でも、検索対象が何についてのものかを理解する必要がある。言い換えると、ディスカバリは意味に関する問題であり、単なる構文的な問題ではない。

関連性を決定することはディスカバリの重要な目標である。ディスカバリは、メタデータの意味を見つけるためのアルゴリズムを使用して関連性を決定する。Googleのような検索エンジンが成功した理由の1つは、2つの問題を解決したからだ。まず、Webページに関するメタデータの自動生成を行った（例：Googleクローラー）。次に、与えられたメタデータ属性のセットに対してどのアドレスが最も重要かを決定するための、シンプルで高速なアルゴリズムを開発した（例：GoogleのPageRankアルゴリズム）。

## 10.3.1　ディレクトリ

ディレクトリは、最も広く展開されているディスカバリツールの1つである。ほとんどのシステムには、アドレス帳、パスワードファイル、アプリケーションを利用するユーザーのリストなど、複数のディレクトリがある。IT部門は大規模な、全社的ディレクトリを管理している。実際、平均的なIT組織は、あらゆるタイプの数十ものディレクトリを維持している。

ただし、過去10年間で、これらのディレクトリは主に他のツールに吸収されており、ディレクトリを独立した製品として見ることはほとんどない。たとえば、OktaやSailPointのようなクラウドベースのアイデンティティプロバイダーを使用している場合、ユーザーのディレクトリがあるが、それは単に大きなアイデンティティサービスの一部にすぎない。

**ディレクトリサービス**は、ネットワーク対応のディレクトリであり、ディレクトリを一元管理しながら、同時に分散型アプリケーションにディレクトリ情報を提供することができる。通常、ディレクトリは人々と情報を関連付けるものと考えられているが、ディレクトリは幅広いITおよびビジネスのニーズに役立つ。

ディレクトリサービスには、多くの場合複雑な相互関係を持つ構造化された情報リポジトリが含まれている。構造はスキーマで定義されており、各エントリ内の各データの全体的な関係を定義するメタデータである。スキーマは、エントリに関連付けられるプロパティ、プロパティの許可される形式やタイプ、およびそれがオプションであるか必須であるかを指定する。ディレクトリ内の各エントリは、スキーマに準拠した名前−値のペアとして与えられる属性を持つオブジェクトとして定義される。

MicrosoftのActive Directory（AD）のようなスタンドアロンのディレクトリは、複雑なスキーマを設定可能になっている。その結果、ADやそれに類する他のディレクトリは、アイデンティティに直接関連しない多くのエンタープライズアプリケーションで広く使用されてきた。ADの主な用途の1つは、ユーザーに加えてコンピューターやプリンターなどのIT資産を整理することである。対照的に、他のサービスの一部であるディレクトリ、特にクラウド上のディレクトリのスキーマは柔軟性に乏しく、所

属するサービスの機能のみをサポートするように設計されている。

これまで見てきたように、名前空間が階層的であることは珍しくない。ディレクトリも同様である。ディレクトリの階層構造は、ディレクトリツリーに格納される。ツリーのノードにあるディレクトリオブジェクトはコンテナオブジェクトと呼ばれ、他のコンテナオブジェクトやリーフまたは端末オブジェクトを含むことができる。たとえば、組織を表すコンテナオブジェクトがあり、その下に主要な組織部門の他のコンテナオブジェクトがあり、リーフには人々やプリンター、オフィスなどのリソースがある、というように階層的になっている。

ディレクトリサービスは、ディレクトリのクエリとエントリの管理に関するメソッドを提供する。これらのメソッドは、対話形式のクライアントプログラムや、ディレクトリが保持する情報にアクセスする必要がある他のプログラムからアクセスできる。

### 10.3.1.1　ディレクトリはデータベースではない

先ほどの説明から、ディレクトリサービスと標準データベースを区別するのは難しいかもしれない。実際、ディレクトリはデータベース内に構築されることがあり、実際に使用されているディレクトリの多くはそのようなものである。それでも、ディレクトリは通常、いくつかの重要な点でデータベースとは異なる。

- ディレクトリは通常、階層的であり、データベースはそうではない。ディレクトリは、マネージャーがMary Jonesであるすべての人と、Salt Lake Cityで働いているすべての人を教えてくれるが、簡単な問い合わせであるリレーショナルデータベースでは、「マネージャーがSalt Lake Cityにいる人々」をすぐには教えてくれない。
- ディレクトリでは、更新よりも検索が重要であり、その結果、ディレクトリは書き込みよりも読み取りに最適化されている。通常、ディレクトリのアクセスの約90%が検索やクエリであり、残りは追加や更新である。
- ディレクトリは、多くの数百万の小さな、比較的単純なオブジェクトを保存および管理するように最適化されている。
- ディレクトリは通常、トランザクションをサポートしていない。つまり、他のアプリケーションの操作と整合がとられるように、ディレクトリ上の操作が原子的に（すべてが発生するか、何も発生しないかのどちらか）行われることはない。
- ディレクトリは、マッチング、部分マッチング、フィルタリング、およびその他のクエリ操作に広範なサポートを提供している。
- ほとんどのディレクトリには、共通の目的にすぐに使用できるように事前に構成されたスキーマがあり、非常に具体的な方法でのみカスタマイズ可能である。データを保存する前に、通常はデータベースのスキーマにかなりの作業が必要である。
- ディレクトリは通常、リレーショナルデータベースよりも管理が簡単である。
- クエリと検索が主な機能であるため、冗長性とパフォーマンスのためにディレクトリを複製する

のは簡単である。

### 10.3.1.2　LDAP

　ディレクトリの議論は、LDAP（Lightweight Directory Access Protocol）を抜きにしては語れない。LDAPは、その前に存在した、はるかに複雑なプロトコルであるX.500（9章のデジタル証明書の議論で言及したもの）の機能の一部に簡単にアクセスできるように作成された。LDAPは、X.500が持っていなかったクライアント向けのAPIを利用できる。APIを具備したことで、ディレクトリサービスを使用するために必要なコードの大部分を含む標準ソフトウェア開発キット（SDK）を作成することが可能になった。

　LDAPは、多くの異なるディレクトリをサポートするプロトコルである。LDAPを理解することのできるアプリケーションのいくつかは、それらのディレクトリと連携できる。異なるベンダーの製品間の相互運用性のサポートが、LDAPの重要な特徴である。

　LDAPプロトコルには、ディレクトリからエントリを作成、取得、更新、削除するための操作が含まれている。LDAPはまた、ディレクトリ内の情報をディスカバリするための検索演算子も提供する。

　市場にはいくつかのネイティブLDAPディレクトリサーバが存在する。LDAPは、階層的な名前空間を持つネットワークベースのサーバを持つ。LDAPは他のディレクトリに参照を行う方法も持っており、複数のLDAPサーバが協力して個々のサーバの名前空間から単一の仮想名前空間を作成することができる。ほとんどの商用ディレクトリはLDAPに準拠しており、LDAPクライアントAPIをサポートしている。

### 10.3.2　ドメイン名システム（DNS）

　インターネット上でのディスカバリの問題は、企業内でのそれよりも複雑である。企業のディレクトリは、ポリシーを決定し名前を強制する権限を持つ単一の組織の管理下にあるが、オンラインシステムは自分たちの管理下にない他の組織と協力して動作する必要がある。

　ドメイン名システム（DNS）は、この複雑な例の中で最もよく知られたものであり、ほとんどのオンライン名前システムの基盤を形成している。たとえば、先に述べたように、ドメイン名はURLの基礎を形成する方法となっている。

　私が1980年代半ばにUnixを使い始めたとき、DNSは広く使用されていなかった。代わりに、カリフォルニア大学バークレー校のコンピューターからhostsファイルをFTPで取得し、ローカルのhostsファイルとマージして、/etcディレクトリにインストールしていた。メールアドレスにはときどき、明示的な内部ルーティングを指定するために感嘆符（!）が含まれていた。私たちはマシン名を持っていたが、それらを検索したり参照したりするためのグローバルなシステムはなかった。

　この状況はDNSの登場で変わった。DNSは、階層構造に基づいて検索を行う非集中型のネーミングサービスを提供した。DNSは、ドメイン名をIPアドレスにマッピングする普遍的なディレクトリであり、以前、議論したとおり、階層的なドメインの名前空間を中心に構築されている。DNSは、非集中

型で分散化された階層型のディレクトリであり、単一のグローバルドメイン名のディレクトリの基盤として機能する。このディレクトリは、世界中の何千もの組織が所有する何千ものサーバから構築されている。DNSのアーキテクチャにより、これらのマシンは効率的かつ協力的にドメイン名のマッピングに関する問い合わせに回答し、同時に任意の名前空間のマッピングに対する外部からの依頼に基づく制御も行う。

　マシンがドメイン名をIPアドレスに解決する必要がある場合、DNSサーバに問い合わせを行う。まず、多くの場合はローカルサーバに答えを求める。ローカルのサーバが解決したいIPアドレスを知っている場合、それは問い合わせがローカルのマシンに関するものであるか、DNSサーバが最近検索したマシンに関するものであるかである。そうでない場合は、名前の階層構造を使用して解決したいIPアドレスを見つける。

　ある遠隔のマシンがwww.windley.comを探しているとする（図10-2）。そのマシンは、自身のDNSローカルサーバに問い合わせるが、そのサーバは答えを知らない。ローカルサーバは、ルートDNSサーバの1つに問い合わせる。ルートDNSサーバのIP番号はよく知られており、オペレーティングシステムにバンドルされたDNSソフトウェアに組み込まれている。ルートサーバは、TLDサーバ（この場合は.com）のIPアドレスを応答する。TLDサーバはwww.windley.comのマッピングを知らないが、そのドメインのすべてのDNSサーバのアドレスは知っている。TLDサーバはローカルサーバにwindley.comを扱うDNSサーバに参照依頼し、ローカルサーバはwindley.comを扱うDNSサーバに問い合わせる。そのサーバはwww.windley.comのアドレスを知っているため、そのアドレスがローカルサーバに応答され、キャッシュされて、元の問い合わせ元にも送信される。もちろん、ドメインの名前空間は3層以上になることもあり、関連するサーバも同様である。その場合、このプロセスは長くなるが、マッピングが存在し、サーバが適切に構成および登録されていれば、最終的には答えが返される。

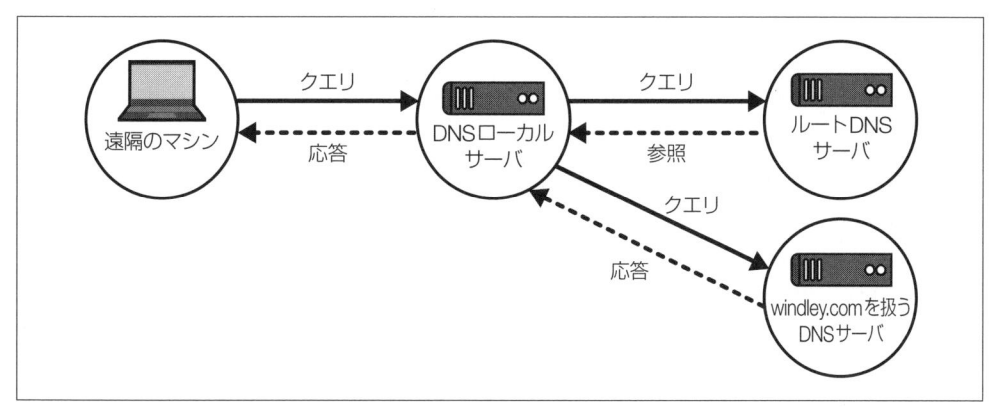

図10-2　www.windley.comのDNSクエリ、参照、および応答パターン

## 10.3.3　WebFinger

　Unixのfingerコマンドは、タイムシェアリング方式のUnixシステムのユーザーが他のユーザーに関する情報を見つけることを可能にした。fingerの興味深いアーキテクチャの特徴の1つは、システムが知っている情報とユーザーが提供した情報の両方を使用して応答を作成するハイブリッドディレクトリであることだ。ユーザーは、fingerを使用してユーザーに関する情報を提供するために、ホームディレクトリにファイルを作成する必要があった。

　WebFingerは、Web用に同様に設計されたシステムである。UnixのfingerコマンドとWebFingerは非常に異なるプロトコルであるが、両方ともユーザーが識別子にメタデータを付与できるようになっている。公式仕様書によれば、「WebFingerは、セキュアなトランスポート層の通信上（つまりHTTPS）で標準のHTTPメソッドを使用して、URIによって識別されるインターネット上の人々または他のエンティティに関する情報を発見するために使用される」となっている。

　WebFingerクエリは、JSON Resource Descriptor（JRD）と呼ばれるJSONオブジェクトを応答する。ユーザーのJRDには、電子メールアドレス、電話番号、公開鍵などが含まれる。他の種類のエンティティの場合、データには関連する情報が含まれる。たとえば、JRDにはプリンターの場所、サーバの機能、ブログ記事の著者などが含まれる。

　RFC 7033はWebFingerプロトコルを記述する仕様書である。WebFinger内のエンティティは、URIを使用して識別される。ユーザー（正確にはアカウント）の場合、URLスキームacct:がURIを作成するために使用される。アカウントURIの形式は次のとおりである。

```
acct:<識別子>@<ドメイン>
```

　これは電子メールアドレスのように見えるかもしれないが、これがURIであることに注意してほしい（acct:スキームを使用しているためわかると思う）。よって、電子メールアドレスとして機能する必要はない。

　WebFingerのクエリは、サーバが表すドメイン内の識別子に対して、「well-known URI」を対象として行われる。well-known URIとは、RFC 5785で仕様が定義されており、「パスのコンポーネントが/.well-known/で始まり、スキームがhttp、https、または他のスキームであって明示的にwell-known URIを使用することが指定されているもの」とされている。そして、WebFingerはwell-known URIの中で/.well-known/webfingerを登録している。

　特定のURIのJRDに対する問い合わせは、図10-3に示すように、既定のWebFingerのURLに対し、問い合わせ対象となるサブジェクトのURIをクエリ文字列として指定して行われる[5]。

---

※5　図10-3およびこのセクションの他の箇所では、わかりやすくするために問い合わせ文字列をURLエンコードしていないが、実際にはURLエンコードが行われている。

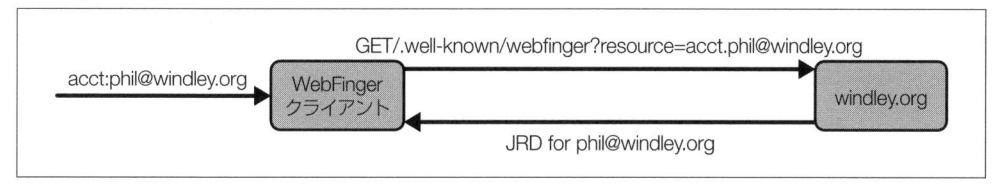

図10-3　phil@windley.orgのWebFingerクエリ

返されるJRDは、次のようになる。

```
{
 "subject" : "acct:phil@windley.org" ,
 "aliases" :
  [
   "https://phil.windley.org" ,
   "acct:phil@windley.com"
  ],
 "links" :
  [
   {
    "rel" : "http://openid.net/specs/connect/1.0/issuer" ,
    "href" : "https://openid.windley.com"
   },
   { "rel" : "http://kynetx.org/rel/well-known-eci" , "property" :
   {
    "http://kynetx.org/rel/eci" , "76161ABCD-18D4-00163-ABCD12"
   }
   },
   {
    "rel" : "http://webfinger.net/rel/profile-page" ,
    "href" : "https://phil.windley.org"
   },
   {
    "rel" : "http://webfinger.example/rel/businesscard" ,
    "href" : "https://phil.windley.org/phil.vcf"
   }
  ]
}
```

JRDレスポンスには、以下のように、名前と値のペアが含まれる。

**subject**

JRDの主体となる値を持つ名前と値のペア。この値は、主体が移動した場合や正規の識別子
がある場合には、クエリ内の値と異なる場合がある。

**aliases**

エンティティを識別する他のURIのリストを持つ名前と値のペア。この項目は任意である。

property

　プロパティ URIと値を示すオブジェクトを持つ名前と値のペア。この項目は任意である。

links

　関係タイプや（オプションで）href、プロパティ、タイプ、タイトルを含むオブジェクトのリストを持つ名前と値のペア。この項目は任意である。

もちろん、クエリを行う際にはすべての情報に興味を持つ必要はない。WebFinger仕様では、クエリ文字列内の対象リソースの特定の関係タイプにクエリを制限することが許可されている。たとえば、次のクエリを見てみよう。

```
GET /.well-known/webfinger?
    resource=acct:phil@windley.com&
    rel=http://webfinger.net/rel/profile-page
```

返されるJRDは、次のようになる。

```
{
 "subject" : "acct:phil@windley.org" ,
 "aliases ":
  [
   "https://phil.windley.org" ,
   "acct:phil@windley.com"
  ],
 "links" :
  [
    {
     "rel" : "http://webfinger.net/rel/profile-page" ,
     "href" : "https://phil.windley.org"
    }
  ]
}
```

返されたJRDには、要求した関係だけが含まれている。複雑なエンティティには数百もの関係タイプがある可能性があるため、これによりクライアントが関連するリソースリンクを見つけることが容易になる。

WebFingerはHTTPに基づいているため、単一のWebFingerサーバから複数のドメインにまたがるアカウントへのリダイレクトを使用することができる。たとえば、前の例ではacct:phil@windley.comがacct:phil@windley.orgのエイリアスである。同じWebFingerサーバは、これらのサーバからのリダイレクトを使用してwindley.comおよびwindley.orgの両方に適切なJRDを提供することができる。

WebFingerにはいくつかのプライバシーおよびセキュリティ上の懸念が存在する。特に、JRDには高度なフィッシング攻撃を可能にする情報が含まれている可能性がある。WebFingerの仕様では、「WebFingerを通じて個人データを公開するシステムやサービスは、ユーザーがWebFingerインター

フェースを通じて公開するデータ要素を選択できるインターフェースを提供しなければならない」と明記されている。また、「Webfingerを使用してユーザーの情報を提供することは、情報を共有されているユーザー本人がそれを明示的に許可していない限り、行ってはならない」と述べられている。

WebFingerサーバは、認証スキームに基づいて情報へのアクセスを許可したり、認証された役割や他の認可方法に応じてクライアントごとに返すデータを調整したりできる。

WebFingerは、リソースに関するメタデータや追加情報を提供する良い方法である。acct:スキームと組み合わせて使用すると、単一の、覚えやすい識別子を使用して、より長く複雑な識別子を使用してのみ特定される追加情報を見つけることができる。たとえば、acct:phil@windley.orgを使用すると、私の完全なvCardレコードや公開カレンダーの一部を取得することができるが、本来、これらはより複雑なURIで識別されるものである。

## 10.4　非階層的ディレクトリ

この時点で、DNSとWebFingerは非常に類似したアーキテクチャを持っていることに気づいたかもしれない。両者はクライアントが非集中型のソースから特定の識別子のプロパティを取得することを可能にする。ドメイン名やWebFinger URIの中央集権的なデータベースは存在しない。両システムとも、識別子に関連するレコードを、その情報に責任を持つエンティティが管理することを許可している。これは規模と精度の両方で利点がある。

ただし、DNSとWebFingerは非集中型であるが、依然として階層的である（WebFingerの階層性はDNSに依存しているためDNSから継承している）。階層構造には、非集中型システムにおいても単一障害点（Single Point Of Failure：SPOF）を作ってしまうという重要な制限がある。たとえば、DNSでは、限られた数のルートサーバがある。ルートレジストリがどのように設計されているかによって、ネットワーク障害や攻撃に対する可用性に重大な影響を与える。

DNSの階層構造には、検閲を可能にするという欠点もある。独裁的な政権は特定のTLDへのアクセスを制限したり、それらをプロキシしたりして、任意のクエリに対して異なる結果を返すことができる。幸いにも実施されなかったオンライン著作権侵害防止法（Stop Online Piracty Act：SOPA）[6]の主要な規定の1つは、著作権の侵害と見なされるWebサイトを検閲できるようにすることをDNSサーバに義務付けることであった。

DNSは非集中型でありながらSPOFと検閲の対象となっている。問題は階層的なアーキテクチャにある。2章で議論したように、階層構造の代替として非階層構造がある。この節では、非階層的ディレクトリのアーキテクチャを持つディレクトリについて見ていく。

---

[6]　訳注：オンライン著作権侵害防止法（Stop Online Piracy Act, SOPA）は、2011年10月アメリカで提案された法案で、著作権を侵害するWebサイトに対し、インターネット上でのアクセス制限や遮断を強制する規定が含まれていたが、検閲の懸念から成立には至らなかった。

## 10.4.1 個人ディレクトリと紹介

前述したように、ディスカバリはしばしば、Zookoの三角形で表現される制限を回避するために使用される。しかし、ディスカバリは問題を解決する唯一の方法ではない。自宅の住所を考えてみてほしい。それは長くて、扱いづらくて、覚えにくい数字と文字の連続である。人々の名前から彼らの住所を見つけるためのグローバルな方法はない。言い換えれば、（おそらくAcxiomやNSAを除いて）名前を住所にマッピングするグローバルなディレクトリはない。200年以上の歴史を持つ郵便局でさえ「おい。私たちは名前と住所のグローバルなディレクトリを作成する必要があるんじゃないか？」と考えたことはなかった。あるいは、考えたとしても成功しなかっただろう。

では、人々はどのように住所を覚えるのだろうか？ 私たちは人々と住所を交換し、自分自身のディレクトリを保持する。セキュリティの問題を回避するために、前述の方法とは別の手段で住所を交換し、検証する。ほとんどのアプリケーションは、これで十分である。

住所の交換は、「紹介パターン」と呼ばれる、分散型で非階層構造のディレクトリを作成する強力な方法の一例である。接続先と通信するための信頼できる方法がある限り、長い住所は思ったほど大きな問題ではない。信頼できるチャネルがない場合に、私たちは名前とディスカバリに頼るのである。

個人ディレクトリは、ビットコインや他の仮想通貨を交換する方法でもある。私は別のチャネル（たとえば、電子メール、私のWebサイトなど）であなたに私のビットコインアドレスを提供する。あなたはそれを自分のシステム上の個人ディレクトリに保存する。お金を送りたいときは、あなたは私のビットコインアドレスをあなたのウォレットに入れる。さらに興味深いことに、ビットコインアドレスは単なる公開鍵と秘密鍵のペアであるため、私は個人別に新しいアドレスを生成することができ、個人間でお金をやりとりするためのピアツーピアのチャネルを作成することができる。

個人ディレクトリは非階層的であり、それぞれがランク付けされていない。私たちは自分のアドレス帳を他のものよりも好む。個人のアドレス帳の問題点は、グローバルな検索が難しいことである。あなたとすでに何らかの関係があるか、友人が紹介してくれる場合でない限り、個人のアドレス帳は私にとって役に立たない。この問題を解決する方法の1つは、DNSのような他の情報の識別子のグローバルな解決をサポートするシステムを使用しながらも、非階層的なシステムを作ることである。そのようなシステムの1つが、分散ハッシュテーブルだ。

## 10.4.2 分散ハッシュテーブル

分散ハッシュテーブル（Distributed Hash Tables/DHT）は、一元管理されていない非階層的なディレクトリである。DHTは、ノードの障害が発生した場合に自動的に修復し、新しいノードもいつでも参加できる。DHTはアドレス空間でリングを形成し、各ノードはその後継ノードと先行ノードを認識する。リングであるため、DHTを非階層的なディスカバリメカニズムと分類することに反対する人がいるかもしれない。しかし、ノードの関係から見ると、非階層的と分類されることは正当だ。ノードは対等であり、1つのノードは他より重要でもなければ、軽視されることもない。どのノードに対してクエリを発行しても、同じ答えを得ることができる。

　単純な検索アルゴリズムは、キーが見つかるまで連続的に問い合わせを行う。ただし、これは非常に遅く、平均して$N/2$回のクエリが必要である。代わりに、アドレス空間が$N$の場合、$\log(N)$のエントリを持つテーブルがあれば、特定のキーに関連する値を$\log(N)$回のホップで取得できる。つまり、キー空間が$2^{128}$エントリという非常に大きな空間を持つDHT（分散ハッシュテーブル）は、最大128ステップでクエリを処理できる。DHTは高速かつ効率的な非集中型ディレクトリシステムを提供する。

　多くのDHTアルゴリズムがあるが、最も人気があるのはKademliaかもしれない。次に示す例では、Chordアルゴリズムを使用する。Chordアルゴリズムは比較的理解しやすいためだ。図10-4でChordが検索をどのように管理するかを見てみよう。

　変数mはアドレス空間の対数的なサイズを表す。単純化のために、m = 5とする。m = 5では、システムに最大で32のノードをサポートできる。

　DHTは、データがまばらに配置されている。図10-4では、32のノードのうち9つしか存在しない。各ノードは、自身と前のノードの間のすべてのキーに関連する値を知る必要がある。したがって、図に示すようにノード18はキー15、16、17、および18に対応する値を管理する責任を持っている。そしてデータは他のノードに複製されるため、予期せずネットワークからノードが離れても、そのデータを維持することができる。

　例で示しているDHTは、現実で使われるDHTよりもかなり密度が高い。実際に運用されるDHTは、m = 128またはm = 160といった大きなもので、大規模なアドレス空間（$2^{128}$または$2^{160}$のキー）となっている。そのような空間では、たとえ中に数百万のノードがあったとしても、全体のごく一部にしかならない。

　DHTでは、各ノードが自分の前後の値を認識した、双方向リストに似た構造となっている。たとえば、この例のノード14は、自分が11の後ろで、18の前にあることを認識している。

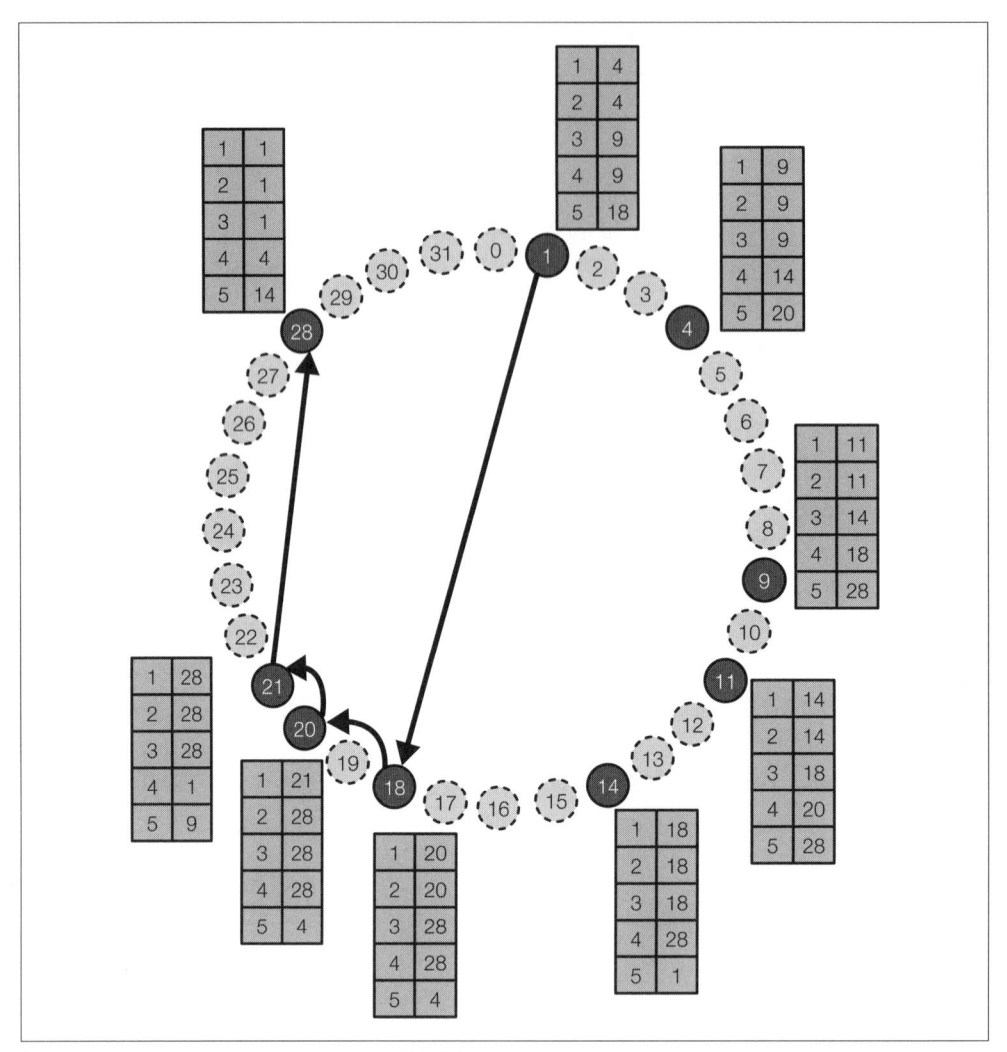

図10-4　ノード1からのキー26のルックアップを示すChord DHT

　Chordは、キーの検索に使用される情報を保持するために、フィンガーテーブルと呼ばれるデータ構造を使用している。各ノードはm行のフィンガーテーブルを持っている。したがって、図10-4の例では、各ノードは他の5つのノードに関する情報を保持している。$2^{160}$の可能なノードと、何百万にもおよぶ実在のノードのアドレス空間を持つシステムでも、各ノードは160個のエントリを持つテーブルだけで済む。

　ノードpのテーブルの行iには、ノードpから対数ステップ数だけ離れたノードが表示される。この計算には式succ(p+$2^{i-1}$)が使われている。ここでのsucc()は次のノードを意味し、単なる増分ではない。図10-4の各ノードのフィンガーテーブルを見てみると、それらが正しいことを確認できる。

ノード1からキー26を検索するには、そのキーに対応するノードに徐々に指数関数的に近づく一連のノードから問い合わせを転送する必要がある。図では、ノード1のフィンガーテーブル内のどの値も26を超えていないため、問い合わせはリングを半周して18に到達する。

20<26<28であるため、ノード18は20に転送される。同様に、21<26<28であるため、20は21に転送される。最後に、26は21のフィンガーテーブルのいずれのエントリよりも小さいため、行1の値である28がキー26に対応するノードとなる[7]。ノード28は、26に対応する値(存在する場合)を返答する。

分散ハッシュテーブルは、情報の分散ディレクトリを作成するための便利でスケーラブルな方法を提供する。これらは個人識別用情報(PII)の保存には適していないが、信頼できないノードにも対応でき、効率的に機能する。主な欠点は、ビザンチン攻撃やシビル攻撃に対して完全ではないことである。そのため、DHTの使用は、ノードのオペレータが識別され、責任を負うことができる信頼できる環境に限定されるべきである。たとえば、私は大量の処理ノードをインデックス化し、負荷を分散しSPOFを回避するためにDHTを使用したことがある。DHTノードが信頼できるエンティティによって実行されていたため、ビザンチン攻撃やシビル攻撃の危険はなかった。

### 10.4.3 ディスカバリのためのブロックチェーンの使用

ディレクトリが有用であるためには、エントリについての合意が必要である。名前の意味について合意がとれなければ、ディレクトリは役に立たない。企業ディレクトリは、中央集権的な技術とポリシーを通じて合意を形成する。DNSは分散合意を実現するが、私たちが望むほど障害、攻撃、および検閲に耐性があるとは言いがたい階層構造を使用している。

9章でブロックチェーンの基本的な操作と特徴について議論した。ブロックチェーンは、ビザンチン攻撃とシビル攻撃の両方に耐性のある共有情報についての合意を形成する方法を提供する[8]。分散ハッシュテーブルなどの分散合意を提供する他の手段は、ブロックチェーンのように攻撃に対する耐性を持っていない。そのため、ブロックチェーンは非集中型ディレクトリを作成するための独自の解決策を提供する。

ただし、ブロックチェーンをディレクトリとして使用する際に考慮すべき制限もある。

- ブロックチェーンは不変である。従来のディレクトリのように単にエントリを削除することはできない。
- ブロックチェーンは高額である。ブロックは通常、第三者による確認後に書き込まれ、その対価が支払われる。プロセスとコストはブロックチェーンによって異なる。
- ブロックチェーンはスペースに制約がある。ほとんどのブロックチェーンは、ブロックのサイズに基づいて、データを保存する容量が制限されている。

---

[7] 一部の検索が上部をループすることに注意すること。テーブルは、アドレス空間内にとどまるためにモジュロ算術を使用する。

[8] この項では、特定のアーキテクチャの詳細に関係なく、あらゆる種類の分散台帳を一般的に指すために、「ブロックチェーン」という言葉を使用する。

- ブロックチェーンは、組み込みのクエリ言語を持つデータベースではない。ほとんどはキーと値のストアとしてうまく機能するように設計されていない。
- ブロックチェーンは、通常、一般にアクセス可能であるため、PIIを格納する適切な場所ではない。その情報がハッシュ化または暗号化されていたとしても、適切ではない。

これらの制限を考慮すると、ブロックチェーンをディレクトリとして使用することは悪いアイデアのように思えるかもしれないが、注意深く設計すれば、ブロックチェーンはディスカバリのための有用なツールとなり得る。ブロックチェーンをグローバルで分散型のレジストリとして使用する方法の詳細は、ブロックチェーンのアーキテクチャと機能によって異なる。これには3つの一般的なアプローチがある。

最初のアプローチは、必要な機能をサポートするために、ビットコインなどの既存のブロックチェーンに他のシステムを追加することである。ビットコインはデジタル通貨として設計されており、その機能はディレクトリとして使用するケースに非常に適している。たとえば、トランザクションを保持するブロックのハッシュを確認し、それが適切にチェーン内に位置していることを確認することで、特定のトランザクションが発生したことを簡単に確認できる。

Sidetreeは、Decentralized Identity Foundation（DIF）によって開発されたプロトコルで、ブロックチェーンを利用して他のContent Addressable Storage（CAS）に保存された一連の操作をアンカー（固定）する。Sidetreeはオーバーレイネットワークとして機能し、Sidetreeノードは基盤となるブロックチェーンとCASを運用するノードとは独立して動作する。たとえば、IONはSidetreeプロトコルを使用して分散型識別子（DID）の保存、更新、復旧、および無効化を行うシステムだ。IONは、SidetreeベースのシステムでビットコインとInterPlanetary File System（IPFS）をブロックチェーンとCASとして使用し、did:ion DIDメソッドを実装している[9]。図10-5は、Sidetreeネットワークのノードとそれらの台帳およびCASへの関係を示している。

この方法の利点は、IONがビットコインやIPFSなどの充実した非集中型インフラストラクチャを使用して、実装者が構築しなくても基本的な機能を提供できることである。主な欠点は、オーバーレイネットワークが基盤システムに依存することである。たとえば、IONネットワークの使用コストは、利用しているビットコインのコストに依存するため、その変動がコストを増減させる可能性がある。

---

※9　DIDについては、14章で詳しく説明する。

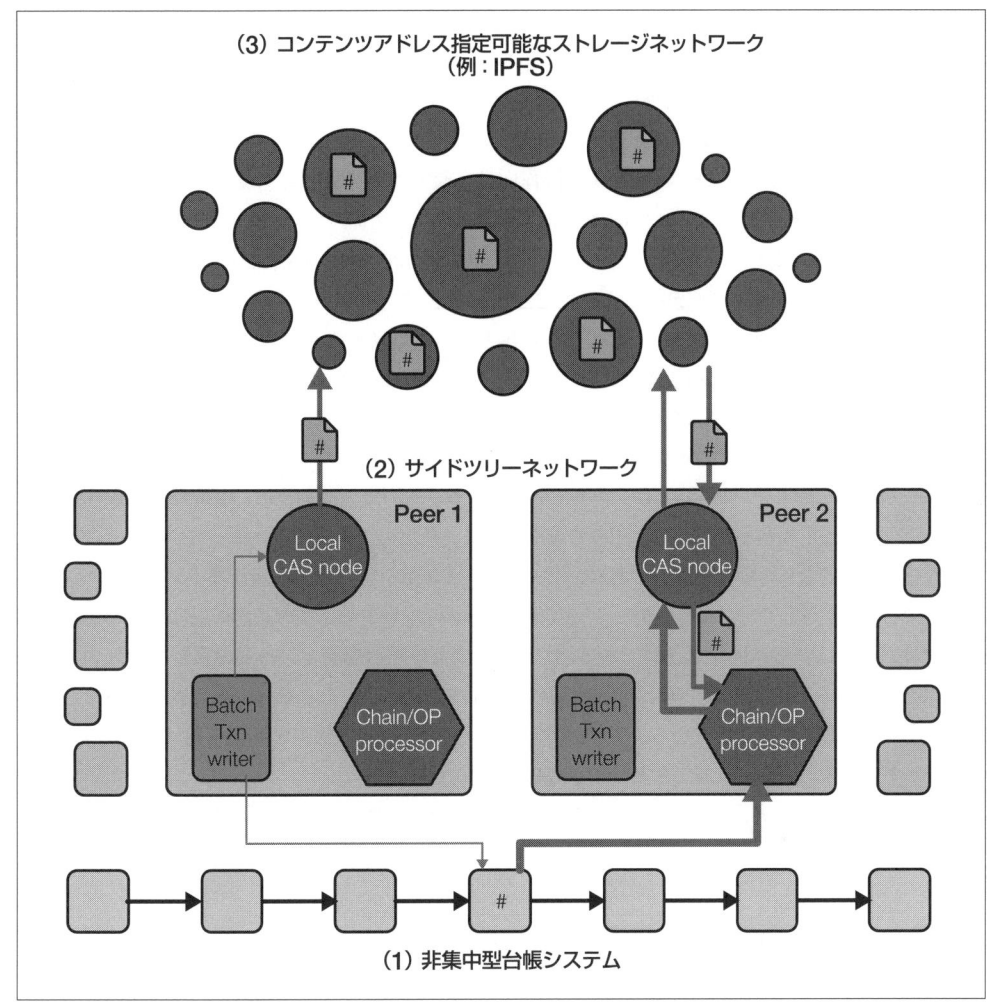

図10-5　Sidetreeは、公開台帳（1）およびコンテンツアドレス指定可能なストレージネットワーク（3）と相互作用するノードのネットワークである

　2つ目のアプローチは、スマートコントラクトをサポートするブロックチェーンに適用される。スマートコントラクトは、ブロックチェーンに格納されたプログラムであり、ブロックチェーンを操作するノードは、これらのプログラムを要求に応じて実行する。ブロックチェーンの基盤となる暗号技術の性質により、これらのプログラムは信頼性がある。スマートコントラクトプログラミング言語を使用すると、データをブロックチェーンに永続的に保存および取得できる。

　スマートコントラクトを使用する利点は、1つ目の方法の利点と類似している。スマートコントラクトを実行するためのリソースが豊富な非集中型プラットフォーム（たとえば、イーサリアム）が運営されていることである。スマートコントラクトのディスカバリシステムは、この公開インフラストラク

チャで動作する。スマートコントラクトは自己完結型であり、資金を集める方法、取引の実行方法、および資金を含むリソースの配布方法を自由に決めることができる。スマートコントラクトのコードは誰でも確認可能であり、透明性が保たれている。また、1つ目の方法と同様に、スマートコントラクトの動きは基盤の仕様と運用に依存する。

3つ目のアプローチは、特にディレクトリ操作向けに設計されたブロックチェーンを使用することだ。たとえば、Hyperledger Indyブロックチェーンは、DID、クレデンシャルスキーマ、クレデンシャル定義、およびクレデンシャル失効アキュムレータを含むVerifiable Credentialsを保存するよう設計されている。Indyは、基盤とデータベースをカップリングしてキー値ストアを提供することで、これを実現している。Indyのトランザクション履歴は、状態レコードを構築するために再利用できる。Merkle Patricia Trieは、データベース内の値がトランザクション履歴と一致することを証明するために使用される[10]。詳細については専門書で学んでほしいが[11]、最終的に、非常に高速で、暗号学的に信頼できるキー値ストアを得ることができる。

ディスカバリにおけるカスタムブロックチェーンアプローチの最大の利点は、必要な機能がすべて、最初からコードに組み込まれているところである。逆に、最大の欠点は、誰かがそのブロックチェーンを運営しなければならないという点である。パーミッションが不要の場合、適切なインセンティブ構造を構築することが難しく、ブロックチェーンの存続はそのインセンティブの設計の質に依存する。私の経験では、これは非常に困難な作業である。パーミッション型の場合、ノードの運用を管理するために組織を構築する必要がある。多くの人々は、その組織の実体や、そもそも組織が存在すること自体に反対するかもしれない。なぜなら、ブロックチェーンの世界では、実際の非集中化はパーミッションを必要とするシステムでは達成できないと考える人が多いからである。

14章では、これらの方法がパブリックDIDのディスカバリメカニズムを実装するために使用されていることがわかる。

## 10.5　ディスカバリが鍵である

ディスカバリは、どんなデジタルアイデンティティインフラストラクチャにおいても基本的な活動の1つである。多くの組織は、最重要なアイデンティティ管理の問題を解決するために、優れたディレクトリ戦略を立てる必要がある。世の中が、ユーザー中心的な考え方、または非集中型のアイデンティティソリューションにますます関心を持つようになったため、企業の壁を超えたディスカバリがますます重要になっている。これが具体的にどのように展開されているかについては、今後の章で詳しく探っていく。

---

※10　トライ（trie）は検索木の一種で、トライ内ノードの位置によって関連付けられているキーが定義される。

※11　詳細については、Indyのドキュメント（https://hyperledger-indy.readthedocs.io/projects/sdk/en/latest/docs/）を参照してほしい。

# 11章
# 認証と関係の完全性

認証（しばしば「authn」と略される）は、オンラインで他のエンティティを認識するプロセスである。

5章で議論したように、オンラインの関係は、接続するたびに相手がいつも同じかどうかを認識できるかにかかっている。私は、アイデンティティとは、特定の人や物を認識し、記憶し、反応することと定義した（2章）。3章で議論した距離感の問題にあるように、私たちは相手との距離の近さにより相手を信頼する性質があるため、物理世界に近い方法で相手を識別する必要がある。別の言い方をすれば、関係性の完全性はそれぞれの相手とのつながりの真正性、つまり、つながっている人や物を特定できるかどうかに依存している。

認証は、外部からの不正なシステムへのアクセスを防ぐ。これにより、ユーザーはアイデンティティを盗まれることから保護される。認証が十分に堅牢であることを確認することは、システムのセキュリティと関係の完全性にとって重要である。

オンラインで自分を識別してもらうにはまず、自分の識別子を相手に宣言するところから始まる。関係のタイプやその用途に応じて、その宣言の真正性を確認する必要があるかもしれない。これを行うための方法は数多くある。

インターネットは、マシン間でパケットをルーティングする。電子メールや他のインターネットサービスが開発されたとき、その開発者たちは人々が特定のマシンやドメインを使用していると仮定したので、個人を識別する方法は必要ないと考えられていた。この仮定に基づいて、電子メールはsomeone@some.domainに宛てて送信されている。これはWebがインターネットの利用を爆発的に増加させるまでうまく機能していた。突然、より多くの人々がさまざまなサービス（ときには何百も）を使用し、ほぼすべてのサービスにアカウントが必要になった。これらのサービスは使いやすい必要があったが、多くのパスワードを管理しなければならないため、付随するセキュリティとプライバシーリスクのバランスも同時にとる必要があった。要するに、アカウントへの攻撃が頻発し、個人データが頻繁に失われたり不適切な共有が行われ、認証にとっての危機が発生した。

デジタルアイデンティティの基本的な目的は、その管理する関係の完全性を維持し、これらの懸念を軽減する認証システムを設計および導入することである。この章では、有用で使いやすい認証システムを設計する際の重要な要因について紹介する。

# 11.1　登録

　登録することで新しい関係が開始される。具体的には、ユーザーが、自身、所属する組織、または所持する物のためにアカウントを作成し、そのアカウントをコントロールしていることを証明するために認証要素を関連付けるプロセスが、**登録**である。最も一般的な登録プロセスは、アプリやWebサイトで新しいアカウントを登録することである。この馴染み深い流れでは、ユーザーが識別子（通常は電子メールアドレス）とパスワードを選択する。これらが受け入れられた後、ユーザーに他の属性の提供が求められることがある。ただし、これは単に最も一般的なユーザー登録の体験にすぎず、他にも多くの体験があるだろう。登録プロセスの重要なコンポーネントのいくつかを見ていこう。

## 11.1.1　身元確認

　**身元確認**は、特定のユーザーがアカウントに関連付けられていることを確認するプロセスである。身元確認の種類や厳格さは、関係のタイプに依存する。多くのWebアカウントでは、実質的に身元確認は行われない。DoS攻撃を減らすために、多くの登録プロセスでは、要求者が人間であることを確認するためにCAPTCHAを使用する。

　CAPTCHAは、「Completely Automated Public Turing test to tell Computers and Humans Apart（完全に自動化された、コンピューターと人間を区別する公開チューリングテスト）」の略語で、おそらくお馴染みのものだろう。CAPTCHAは、Botが人間向けのフォームに記入することを防ぐために設計されたチャレンジレスポンスシステム（11.3.3参照）である。これらは、N×Mの画像マトリックスで、特定の性質（たとえば、船が描かれている、など）を持つすべての画像を特定するよう求めたり、テキストが簡単に読めないように加工されている画像から文字や数字を読み取り、入力するよう求める場合がある。CAPTCHAは、画像認識を実際の人間に委託するなどのさまざまな方法で攻撃される可能性はあるが、これらはDoS攻撃や不正な目的による大量登録を回避するための重要な手段となっている。

　アカウントに電子メールアドレスや電話番号が必要な場合、身元確認プロセスではこれらが正しく入力されていることを確認する。通常はメールアドレスまたは電話番号に一度限りのコードを送信し、ログインした状態でそのコードを入力してもらう。コードが登録され、メールアドレスや携帯電話番号が使用されていることが証明されるまで、アカウントサービスが利用できない場合もある。

　多くの社会や組織との関係においては、身元確認プロセスははるかに複雑である。たとえば、就職のとき、雇用主は出生証明書やパスポートなどの本人確認書類の提供を求めるであろう。同様に、銀行口座を開設するには、8章で学んだ反マネーロンダリング規制と顧客の本人確認に関する法規制のために、より厳格な身元確認が必要である。

　従業員と雇用主や銀行と顧客の関係をサポートするために必要なデータは、オンラインショップのアカウントを設立するために必要なデータよりもはるかに多いため、登録プロセスはより複雑になる。歴史的には、重要な登録プロセスは対面で行われてきたが、リモートワークの増加に伴い、これが変わりつつある。多くの企業が現在、リモートでの身元確認サービスを提供している。

### 11.1.2 生体データの収集

アカウントの登録には、写真、指紋、手形、音声データ、顔などの生体データが収集されることがよくある。以下で詳しく説明するように、この生体データは認証プロセスを強化し、特定の個人のみが認証を行えるようにする目的で収集される。しかし、社員証の写真や身元調査用の指紋など、他の目的もある。これらの属性は、直接認証に使用されない場合でも、アカウントと関連付けられ、アカウントコントローラー（ユーザー）の身元を確認することに用いられる。

### 11.1.3 属性の収集

名前や住所などの属性は、登録プロセスの一部としてよく収集される。これらは、ユーザーとサービス提供者が関係を構築するために必要な基本的な情報となる。すべての情報が登録時に収集されるわけではない。たとえば、オンラインショップの新規買い物客は、名前や住所以外の情報を一切提供せずにアカウントを登録できる場合がある。しかし、商品購入後などには、次回以降の買い物の際も必要となる配送先住所やクレジットカード情報登録画面が表示され、入力すればアカウントに関連付けられる属性が増えることになる。

属性の段階的な収集は、想像以上に一般的である。関係は常に変化しており、その変化は、通常、既存のものへの追加となる。私のNetflixアカウントは常に私の視聴データで更新されており、私とNetflixの関係の有用性を高める属性が増え続けている。

## 11.2 認証要素

認証を行う際は、特定の識別子とそれに関連付けられたアカウントが、それらを提示したユーザーによって所有、管理されていることを証明する必要がある。私はこの**証明**という言葉を、非常に広い意味で使っている。証明の際に求められる真正性の程度は、構築する関係の深さや用途によって異なる。

しばしば、認証要素は**資格情報（クレデンシャル）**と表現されていることが多いが、その表現は、属性を持つ暗号文書を指すために取っておく[1]。その代わりに、ユーザーが提供する情報を単に、**認証要素**と呼ぶ。

**二要素認証（2FA）**や**多要素認証（MFA）**について聞いたことがあるだろう。これらの用語は、使用された認証要素の数を示すことで、認証の証明の強さを示すためのものである。認証要素は次のようにカテゴリ分けできる。

> **知識（記憶）要素**
> 記憶（知識）による認証（Something You Know）

---

[1] 15章で検証可能な資格情報について詳しく説明する。

**所有物要素**

　所有物による認証（Something You Have）

**生体要素**

　生体的特長による認証（Something You Are）

**振る舞い要素**

　振る舞いによる認証（Something you do）

**位置要素**

　位置情報による認証（Somewhere you are）

**時刻要素**

　時間帯による認証（Some time you're in）

それぞれについて詳しく説明しよう。

## 11.2.1　知識（記憶）要素：記憶（知識）による認証（Something You Know）

　これは最も一般的な認証要素だ。パスワードは知識要素であり、広く普及している。たとえば、自動預金機（ATM）などで使用される個人識別番号（PIN）がその例だ。**知識（記憶）要素**は、理想的にはあなたと認証サービスだけが知っている共有の秘密であるべきである。そのため、ユーザー名やメールアドレスは通常、知識要素とは見なされない。9章で見たように、共有の秘密にはいくつかの弱点がある。それには、秘密を安全に共有する必要があること、盗難のリスク、また、ブルートフォースで推測される可能性があることである。パスワードを再利用したり、短いパスワードを使ったり、よく知られている文字を利用したり、または推測しやすいパスワードを使用すること、および不十分なセキュリティの元でパスワードの保管がなされると、これらの問題を悪化させる傾向がある。

　パスワードマネージャーやスマートフォンを使うと、覚える必要があるすべての情報を管理しやすくなる。適切に使用すれば、より長く、推測しにくい、ワンタイムパスワードを使えるようになり、これらのリスクのいくつかを軽減できる。

## 11.2.2　所有物要素：所有物による認証（Something You Have）

　本人が物理的に所有しているものを利用する認証は、古くから正当性を証明するために使われている方法である。中世には、手紙の作成者は、固有のシンボルが彫刻された指輪を使用して、手紙の正当性を証明するためにワックスシールを作成していた。所持物要素の例は次のとおりである。

- 物理的な鍵
- ATMカード
- 身分証明書
- いわゆる「マジックリンク」：一度限りのコードが埋め込まれたハイパーリンクで、アカウントに

関連付けられたアドレスに送信される。リンクをクリックすることで、電子メールアカウントを所有（所持）していることが証明される。これは、アカウントが初期化される際に電子メールアドレスの有効性を証明するために行われ、以後、認証に使用される。

- リカバリーパスコード：サービスのアカウント登録時にパスコードを生成する。パスワードを忘れた場合など、アカウントを回復する必要がある場合に備えて保持するよう指示される。
- 認証用にSMSで送信するワンタイムコード：ワンタイムコードを取得するためにはSMSアカウントを保持している必要がある[2]。

ワンタイムコードを認証者に送信しないで済む方法の1つは、RSA SecurIDトークンのようなハードウェアデバイスを使用することである。このトークン発行デバイスは、オープンスタンダードなアルゴリズムで生成されるワンタイムコードを利用して、特定のデバイスを所有していることを証明することができる。HMACベースのワンタイムパスワード（HMAC-based One-Time Password：HOTP）に基づくトークンは、使用されるまで有効期限がなく、認証のタイミングでカウンタがインクリメントされることで、次のコードが生成される。これに対し、時間ベースのワンタイムパスワード（Time-based One-Time Password：TOTP）に基づくトークンは、一定期間（通常30秒）後に自動的に期限切れとなる一意の番号が生成される。

コードを生成してログインフォームに入力する代わりに、一部のハードウェアトークンはブラウザやアプリケーションに組み込まれた暗号プロトコルを使用する。これについては、この章の後半で詳しく説明する。

アプリは、スマートフォンを所有していることを認証手段として使用するが、その前提として、PINコードや生体認証でスマートフォンが保護されている必要がある。しかし、ソフトウェア認証アプリを使うと、特定のサービス専用のハードウェアトークンの代わりに、TOTPコードを生成できる。これにより、TOTPコードを利用して、サービスのログインで認証を行うことができる。

### 11.2.3　生体要素：生体的特長による認証（Something You Are）

**生体要素**とは、一般的にバイオメトリクスと呼ばれ、あなたの身体的特徴に関する情報を利用する。指紋、手形、網膜スキャン、音声、顔など、身体の構造に関するものであり、**形態学的バイオメトリクス**として知られている。また、DNA、血液検査などの**生物学的バイオメトリクス**もあり、これらはあなたに関するユニークなデータを提供することができる。認証のためのバイオメトリクスについて議論するとき、ほとんどの場合は形態学的バイオメトリクスを対象としている。

アカウントを登録する際に初めて形態学的スキャンを行うと、そのデータは構造化されて保存される。認証を試みる際には、再び形態学的スキャンを行い、新しくスキャンされた情報と保存されたス

---

[2]　これは非常に一般的だが、米国国立標準技術研究所（NIST）のデジタルIDガイドライン（800–63B）では、ソーシャルエンジニアリングやSMS番号の侵害の可能性があり、他の方法よりも安全性が低いため、ワンタイムコードの表示にSMSを使用しないことを推奨している。「Digital Identity Guidelines: Authentication and Lifecycle Management」（NIST Special Publication 800-63B, June 2017、2022年3月15日に参照）を参照のこと。
https://oreil.ly/e89D9

キャンの情報を比較する。この2つの情報を比較すると、必ず何らかの点で異なることが判明する。完全に同じ情報であることは期待できない。バイオメトリクスを利用した認証はこれを考慮して、正確な認証を行えるよう設計されている。

　バイオメトリクスを利用した認証は、便利でありながら正確な認証を提供するため、人気がある。ほとんどの人は、PINやパスワードを入力する代わりに指紋や顔を使用してスマートフォンのロックを解除することを好む。

## 11.2.4　振る舞い要素：振る舞いによる認証（Something you do）

　**振る舞い要素**はあまり使用されていないが、MicrosoftのWindowsにおける「ピクチャパスワード」は、振る舞い要素の例である。ユーザーは、図形を描いたり、画面上の正しい点をタップしたり、あらかじめ選択した画像で正しいジェスチャーを行ったりして本人であることを認証する。もう1つの例は、タイピングの振る舞いである。タイピングは、特に比較的長いフレーズの場合、驚くほど人それぞれ振る舞いが異なり、ユニークである。

## 11.2.5　位置要素：位置情報による認証（Somewhere you are）

　**位置要素**は、リモートでアクセスされた際に、ジオフェンシング[※3]をもとに、ユーザーの位置が妥当であるかを確認するものである。よく知られた例は、クレジットカードを持って旅行するときに、海外への旅行を銀行に通知しないと請求が拒否される場合がある。通常とは異なるパターンと認識されるためである。これと同じことを、IPアドレス、ネットワークルート、GPSデータ、またはpingの遅延時間を利用して行うことで、要求デバイスが予想される場所にあることを確認できる。位置要素は通常、単独で認証に使用するには安全性が不十分であるが、他の要素と組み合わせて使用されることで効果を発揮する。

## 11.2.6　時刻要素：時間帯による認証（Some time you're in）

　**時刻要素**も、位置要素と同様に、単独で認証を行うために使用するものではない。ユーザーが認証する時刻が、過去の同一ユーザーのアクセス時刻のパターンと同じであることを利用する。たとえば、通常のユーザーの勤務時間後に別の誰かがアクセスしていることにシステムが気づくかもしれない。また、時間と場所を組み合わせることもできる。現代の交通サービスでは非現実的なほど場所が急速に変化する場合、それは危険な信号となる。

　位置と時刻の要素に依存することは、予期しない結果につながることがある。アメリカにいる友人が最近、自分の電話とノートPCから銀行口座にログインしたが、ノートPCでドイツのWebサイトにアクセスするために仮想プライベートネットワーク（VPN）を使用していたことを忘れていた。これにより、システムからは彼が同時にアメリカとドイツにいるように見えた。銀行は彼のアカウントがハッ

---

※3　訳注：ジオフェンシング（Geofencing）は、GPSやIPアドレスを利用して、特定のエリアに入ったり出たりしたことを検知し、アクセスを制御する仕組みである。

キングされたと誤検知し、彼のアカウントをロックし、この事象の調査を行った。彼は銀行口座がロックされた状況を解消するのに数日間費やした。

# 11.3 認証方法

認証方法は、認証要素を単独または複数を組み合わせて使用する。リモートサービスに自分自身を識別させるためには、2つのステップがある。まず、識別子を主張する。次に、その識別子をコントロールしていることを証明するために、認証要素のいくつかの組み合わせを提示する。

10章で学んだように、識別子は通常、Zookoの三角形に従う。これは、識別子が非集中型、安全、高可読性のうち最大で2つの特性を持つことができるというものである。モバイルアプリなど、多くの馴染みのある認証システムは、他の特性についてあまり考慮せずに可読性の高い識別子を選択している。たとえば、メールアドレスはおそらく最も一般的なものであり、世界的に一意で覚えやすいものである。ただし、使用しているメールサービスによって、セキュリティが保証されていないことがある。つまり、認証を行うサービスは、自分のコントロール外の他のシステムのセキュリティに依存してしまう。

この節の残りの部分では、次の4つの異なるカテゴリの認証方法について説明する。

- 識別子のみ
- 識別子と認証要素
- チャレンジレスポンス
- トークンベース

## 11.3.1 識別子のみ

識別子のみの認証は実質的に「要素のない認証」であり、認証要素は使用されない。要求者は識別子を主張し、リライングパーティ側はそれを追加の認証なしで受け入れる。識別子のみの認証は広く使用されており、最も一般的なシステムはブラウザのCookieである。

多くの人々は、Cookieを認証システムと考えないが、それらは特定のセッションを主張するために使用される。「The Hacker's Dictionary」[4]では、Cookieを、協調プログラム間のハンドル、トランザクションID、またはその他の合意トークンと定義している。Cookieは、クリーニング店から受け取る預り証と同様のものである。それが役立つのは、異なる時間に起こる2つのトランザクションを関連付けることによって、衣類を取り戻すことである。

インターネット上では、ユーザーのブラウザがサーバにリクエストを行うたびに、サーバはHTTP Cookieを生成して送り返し、そのブラウザからのすべてのリクエストを関連付けることができる。

---

※4　訳注：「The Hacker's Dictionary」は、ハッカー文化の用語やスラングを集めた辞書で、特に1980年代から90年代にかけてのハッカーや技術者に親しまれてきたものである。ハッカー文化のユーモアや倫理観、独自の専門用語が収録されている。

ユーザーのブラウザは、将来、使用するためにCookieを保存する。これらのCookieは、クリーニングの預り証と同じ目的で使用される。他の方法では関係性の証明が困難なトランザクションを結び付けることができる。

　Cookieがどのように機能するか確認するために、Aliceが初めて訪れたWebサイト（foo.com）で何が起きるかを確認しよう。まず、foo.comの管理者は、Aliceがサイトを訪れるとサーバがHTTPレスポンスにCookieを返すように構成している。したがって、彼女がWebサイトを訪れると、サーバはCookieを彼女のブラウザに戻す。Aliceのブラウザは、これを専用のファイルに保存する。次にAliceがfoo.comのWebサイトにリクエストするとき、彼女のブラウザは前回の訪問で受け取ったCookieを含めてリクエストする。なお、これは同じブラウジングセッション内の場合もあれば、数日後や数週間後のケースもある。

　このプロセスで何が起こるかを確認しよう。

1. サーバは、AliceのブラウザにCookieを保存するよう依頼する。サーバは、Aliceのブラウザが次のリクエストを行うときにそのCookieが含まれた状態で返送されることを知っている。
2. サーバは、彼女のブラウザに与えたCookieを選択する。
3. AliceのブラウザはCookieに何も情報を追加せず、そのままサーバに返送する。
4. Aliceのブラウザは、Cookieを特定のファイルに保存する。このファイルはサーバではなく、ブラウザが選択する。
5. 次回、AliceがそのWebサイトからページを取得する際、彼女のブラウザはそのCookieをサーバに送信する。

　Cookieには、必ずAliceに関する情報が含まれるわけではないが、含まれる可能性もある。サーバがCookieで使用する文字列を選択していることは重要である。また、Cookieはプログラムでないため、何かを実行することはできず、Aliceのコンピューター上の他の情報にアクセスする機能もない。Cookieはセッションの識別子を表し、必ずしもAliceに用意されたものではない。たとえば、共有のコンピューターに保存されている場合、そのコンピューターを使用している人物は、サーバの観点からは他の人物と区別がつかない。CookieをAlice固有のセッションの識別子にするためには、ログイン認証されたときにCookieと紐付けるように設定し、ログアウトしたときにCookieを削除または無効にする必要がある。

　Cookieとセッションの関連付けは、現代のWebの基礎である。HTTPはステートレスなプロトコルであるため、すべてのリクエストは異なるセッションのように見える。Cookieを使用した、時間を隔てたトランザクションをリンクする機能があるからこそ、Webサイトはショッピングカートの機能を実現したり、ユーザーを認識した上でフォームにユーザー情報を自動入力したりすることができる。たとえば、お客様とお客様の衣服を関連付けられないクリーニング店は利用する価値がないように、時間を隔てたトランザクションをリンクできないWebサイトは、単純なページを提供する以外に役に立たない。

　Cookieには注意するべき点もある。これまで説明したように、Cookieの仕様は大部分無害であるが、詳細を見ていくと注意が必要な点がある。Aliceがfoo.comで買い物をしている場合、Webサイ

トは買い物が終わるまでセッションを維持する必要がある。一方、一般的に言って、サーバが送信するWebページは、HTMLの単一の要素ではない。WebページにはJavaScriptファイルや画像など他の要素が含まれており、独自のURLで識別されるものである。つまり、Cookieは、1つのサーバからのみ送信されることが保証されているわけではない。独自のURLで識別される、異なるサーバが独自のCookieを設定することもできる。そして、CookieがどのWebサイトとリンクしているかという情報を持っているので、複数のWebサイトをまたがるトランザクションを関係付けることができる。

　これが、Cookieを利用したシンプルな追跡型の広告機能である。WebサイトAで広告を見ると、WebサイトAと取引のある広告会社の広告サーバは、ブラウザにCookieを埋め込む。今度は、同じ広告サーバから広告を表示するWebサイトBを訪れたとする。あなたのブラウザは、広告サーバにCookieを返し、そのCookieがWebサイトBに関連付いている情報とともに応答する。広告サーバを運営している会社は、あなたがWebサイトAとBにいたことを（他の多くのメタデータと一緒に）知ることになる。単一のサイトでのトランザクションを関係付けるのではなく、Cookieを使用してWeb全体での活動を知ることが可能となる。この例は、ショッピングカートやチャットサーバの有用性をはるかに超えるものだ。あなたのブラウジング履歴だけでない。広告会社は、あなたが訪れたサイトから他の情報も取得し、やがてあなたの活動に関する包括的な資料を作成することができる。これが、8章で議論した監視資本主義の基盤である。

　識別子のみの認証は弱い認証形式である。なぜなら、同一エンティティが訪問ごとに同じCookieを使用していることを保証する方法がないからである。Cookieが共有コンピューター上にある可能性があるだけでなく、Cookieは別のブラウザに移動することも可能だからである。これらの問題があっても、識別子のみの認証はさまざまな状況で有用である。

## 11.3.2　識別子と認証要素

　ここまで議論してきたすべての認証要素は、それぞれが独自のセキュリティの脆弱性を持っている。そして、そのことによって、完全な信頼性を保証することはできないが、認証要素を組み合わせることで、これらの脆弱性を減少させることができる。なぜなら、1つの要素の強さが他の要素の弱さを補うからである。

　ユーザー名／パスワードは、**単一要素の認証**スキームである。つまり、パスワード（知っている情報）だけが認証要素として使用される。先に見たように、パスワードの弱点は、共有された秘密がハッキングによって攻撃者に知られる可能性があることだ。**二要素認証（Two Factor Authentication：2FA）**、たとえば携帯電話からのワンタイムコードなど、所有物を組み合わせた認証を利用することで、この弱点が補強される。攻撃者はパスワードを盗むだけでなく、何らかの方法であなたの携帯電話にアクセスする必要があるからである。

　2FAはますます一般的になってきており、多くのサービスで必須ではなくても利用できるようになっている。場合によっては、認証アプリからのワンタイムコードとパスワードを組み合わせたものを、**三要素認証**と見なすこともできる。なぜなら、パスワードは知識要素であり、ワンタイムコードは所有要素であるだけでなく、認証アプリにアクセスするために生体認証を使用することで、全体的な信頼

性の確立に生体要素という第三の要素も補完されるからである。サービスは場所や時間の要素も使用できる。そのため、要素を組み合わせるという一般的な考え方を表す用語として、**多要素認証**（Multi Factor Authentication：MFA）という名前が広く使われるようになった。

### 11.3.2.1　パスワード

最も一般的な識別子と認証要素の形式は、ユーザー名とパスワードである。私のような人間は、インターネット上のさまざまなコンピューターシステムに対して何百ものユーザー名とパスワードのペアを持っている。ユーザー名を入力することで、アカウントの存在を主張し、パスワードを利用した認証を行うことで、アカウントの持ち主であることを保証する。システムは、ユーザー名が表すアカウントを使用して、アカウント保持者に属性を関連付ける。たとえば、Webセッションでは、サービスがアカウント保持者のために保存している属性を利用できる。

パスワードの登録と使用のフローを図11-1に示した。パスワードやワンタイムコードなどの要素が、ユーザーからサービスに渡される。

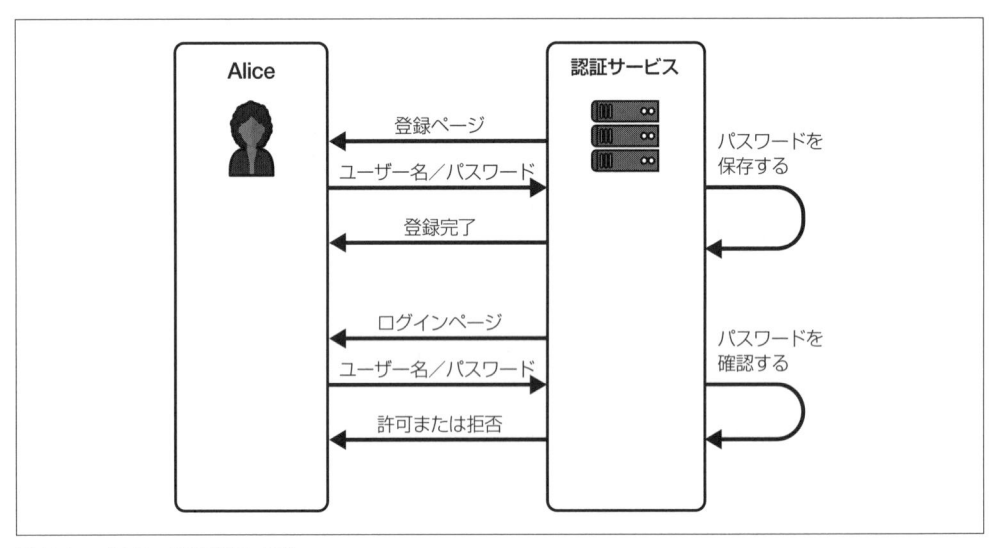

図11-1　パスワードの登録と使用

### 11.3.2.2　パスワード管理

ユーザー名とパスワードシステムの最大の利点は、そのシンプルさと親しみやすさである。最大の欠点は、パスワードに依存していることである。理論的には、パスワードは、あなた以外は知らない秘密であるため、安全なはずだ。秘密を持つエンティティのみが、認証システムにパスワードを提供できる。しかし、実際には、パスワードにはいくつかの重大な問題がある。

- 人は限られた数の項目しか、完璧かつ正確に覚えられない（平均して約8つ）。さらに、通常、覚

えておくべきパスワードは複数ある。その結果、人々は短くて単純なパスワードを作成する傾向がある。また、複数のアカウントで同じパスワードを使用することもよくある。

- 覚えやすいパスワードは、攻撃者によって簡単に推測される可能性がある。ユーザーとは関係のないパスワードでも、それが「辞書の単語」として知られているものであれば、効果的に推測することができる。最適なパスワードは、長くてランダムな文字列だが、人々はそれらを覚えられない。
- 人間（および機械）を騙して、攻撃者にパスワードを開示させる可能性がある。一般的な方法の1つは、**フィッシング**と呼ばれる手法であり、偽のログイン画面を作成する。もう1つは**ソーシャルエンジニアリング**と呼ばれるもので、攻撃者はアカウント所有者に連絡し、管理者やその人が信頼する人物になりすましてパスワードを漏らすように仕向ける。
- 人々はパスワードを書き留めたり、コンピューター上のファイルに保存したりする。これにより、盗難や誤用に対して脆弱になる。

多くのIT部門は、パスワードの紛失や共有による危険を軽減するために、定期的にパスワードを変更させるパスワードの有効期限ポリシーを導入している。さらに、パスワードポリシーに関するルールを強制し、パスワードを推測しにくくする。たとえば、辞書の単語を許可しない、8文字以上の長さのパスワードが必要、またはパスワードに文字、数字、記号の組み合わせが含まれる必要があるといったものである。これらのポリシーはしばしば、人々がパスワードを覚えようとするのを諦めて、パスワードを書き留めたり、メモをモニターに貼り付けたり、筆箱に入れたりすることにつながっている。

実装のされかたによっては、パスワードに有効期限を設定することは危険を増す可能性がある。たとえば、一部のパスワード有効期限の実装では、パスワードを直前のパスワードに変更できるようになっており、パスワードの変更という目的にかなっていない。また、多くのシステムがログイン時に新しいパスワードに変更することを強いて、ユーザーを戸惑わせる。急いでいるときに新しいパスワードに変更しなければならない状況に直面すると、多くの人々が以前のパスワードの単純なバリエーションを選択しがちだ。

パスワードを改善するための最良のツールは、パスワードマネージャーである。これは、パスワードを生成し、保存し、使用するための安全で便利な方法を提供するアプリだ。記憶の問題を解決することで、人々はより良いパスワードを選択することができる。ただし、このツールは、フィッシング、ハッキング、およびソーシャルエンジニアリングなどの他の問題の解決策にはならない。

### 11.3.2.3　パスワードのリセット

多くのアカウントを持つサービスにとって、パスワードの管理は重要な課題である。パスワードの問題は、ITヘルプデスクへのすべての対応の40%を占めるとも言われ、それにかかる費用はとても高額なコストであり、1件あたり最大70ドルにもなる場合がある[5]。パスワード管理コストを軽減するため

---

[5] "Resetting Passwords (and Saving Time and Money) at the IT Help Desk", 2022年6月28日に参照.
（https://oreil.ly/5lbN6）

に、多くの組織が変更前のパスワードを知る必要がないセルフサービス型のパスワードリセットシステムを導入している。

　パスワードリセットサービスはさまざまな方法で提供されている。最も一般的な方法の1つは、正しく回答する必要がある質問を提示し、正解した場合に、初めてリセットできるというものである。質問は定型化されている場合もある（「母親の旧姓は？」など）し、ユーザーが自分の質問と回答を入力できるようにするフリーフォームの場合もある。もう1つの一般的な手法は、いわゆる**マジックリンク**で、アカウントに関連付けられた確認済みの電子メールアドレスにパスワードリセットリンクを送信するものである。

### 11.3.2.4　生体要素

　先に述べたように、生体要素は生体認証をするための情報を特定の個人に結び付けるものである。この特性により、生体認証は認証だけでなく、識別にも使用できる。これにより、アカウントの共有を防ぐことができる。その違いを理解するために、月に1回だけ政府から食糧支援などの権利を受けることを保証する問題を考えてみよう。詐欺的にユーザー名とパスワードを入手すると、詐欺師は偽った名前で権利を申請する。生体認証は、その特定の個人がシステムに登録されているかどうか、およびその個人がすでに登録されていないかどうかを判断する。

　この利点の裏側には、生体要素の最大の**欠点**が存在する。生体認証の特性は複製や不正を許す可能性があり、一度生体認証の識別特性が危険にさらされると、それを簡単に修復する手段はほとんどないということだ。危険にさらされた特性を置き換えるために新しい虹彩や指紋を簡単に発行することはできないからである。これは仮説上の懸念ではない。実際に、2015年に米国人事管理局がハッキングされ、サイバー犯罪者は560万人の政府職員の指紋を持ち去った事例がある[6]。

　また、人々が知らないうちに自動的に識別されると、プライバシーの懸念が生じる可能性もある。顔認識や虹彩スキャンなどの一部の生体認証は、人々が気づかないうちに遠隔から簡単に行うことができる。

　これらのリスクを大幅に減らすためには、生体認証の認証情報の大規模なデータベースを保持する代わりに、デバイスごとに認証情報をローカルに保存するなど、盗難を制限しながら生体認証を使用することが重要だ。大規模な生体認証情報を収集しようとすると、単一のコンピューターではなく数百万台のコンピューターをハッキングしなければならなくなる。一般的に、ローカル生体認証は、グローバルで汎用性のあるアプリケーションよりも、セキュリティとプライバシーの懸念がはるかに少ない。

　生体認証を考える際に念頭に置くべきもう1つのことは、標準パターンに適合しない個人が存在することである。データセンターが各ドアに手形スキャナーを設置し、その仕組みを前提にデータセンターが運営されることを想像してみてほしい。これらのデバイスは、人口の0.2%に発生する多指症（1つ以

---

※6　"Hacking of Government Computers Exposed 21.5 Million People"、The New York Times, July 10, 2015, 2022年3月15日に参照．（https://oreil.ly/xqVOd）

上の余分な指を持つ）の個人の手形を正常に識別できない。データセンターが多指症の個人を雇用した場合、米国および多くの他の国では、この障害に対応する必要がある。合理的な配慮をしようとすると、セキュリティの障壁に特別な目的の侵入路を作ってしまい、認証システムのセキュリティのレベルを低下させてしまうことになる。

### 11.3.3　チャレンジレスポンスシステム

チャレンジレスポンス認証では、システムがランダムな文字列を生成し、ユーザーがその文字列をあらかじめ定義されたアルゴリズムに従って操作し、サーバに返送する必要がある。そのアルゴリズムは秘密であるか、暗号鍵を使用する。通常、アルゴリズムをより複雑にするためにコンピューターが操作を行う。これにより、推測が困難になる。

これからの話では共有された秘密を使用する。たとえば、Alice と Bob が動物園で品物を交換するために会うことに同意したとする。彼らはお互いの顔を知らず、スパイ映画のように口頭で合言葉を使って身元を確認することに同意している。2人が近づき、一方が何かを言い、もう一方があらかじめ決められた返答をする。これは単純なチャレンジレスポンスシステムである。

より高度なチャレンジレスポンスシステムでは、Bob は事前に Alice から提供された数に 3,133 を加えて返答するよう指示されていると仮定する。Alice が Bob に数を与える。たとえば、5,634 である。Bob は 8,767 と答える。Alice も同じ計算を行い、同じ答えを得て、Bob が会うべき相手であることを確認する。彼女は異なる相手には異なるチャレンジを与えることで区別できる。たとえば、他の相手には数を逆にして3を加えるように指示する。

チャレンジレスポンスシステムは、識別子や認証要素の方法に比べて、アルゴリズムを非常に複雑にすることができるため推測がほぼ不可能になるという利点がある。一方で、アルゴリズムは特定用途のデバイスにコード化されるか、個人のコンピューターやスマートフォンで実行される必要があり、紛失や盗難のリスクがあることが欠点だ。

チャレンジレスポンスシステムは、**暗号化された共有秘密**を使用して構築することもできる。この方式では、ユーザーとサービスの両方が秘密鍵を知っている。サービスはチャレンジフレーズを生成し、それをユーザーに送る。ユーザーは秘密鍵を使ってチャレンジフレーズのメッセージダイジェストを作成し、その結果をサービスに送る。サービスは共有秘密鍵を使ってフレーズのメッセージダイジェストを計算し、それをレスポンスと比較する。一致すれば、サービスはユーザーが秘密鍵を持っていることを確認できるが、ネットワークを介して秘密鍵を送信する必要はない。もしメッセージダイジェストアルゴリズムやそれがパスワードと組み合わされる方法が暗号的に安全でない場合、攻撃者はネットワークトラフィックから秘密鍵を推測する可能性がある。

9章で議論したように、共有秘密（Shared Secret）は通常別のチャネルで安全に通信する必要があるため、共有秘密をローテーションする必要がある場合、新しい秘密を再度通信する必要があるという問題がある。すでに学んだように、非対称鍵暗号はチャレンジレスポンスシステムにより適している。これは、デジタル証明書を使用して行われることが一般的であるが、両当事者がそれを信頼している限り、どの非対称鍵システムでも使用できる。チャレンジレスポンスは、ユーザーが公開鍵に関連付

けられた秘密鍵を制御していることを証明する。

　図11-2は、公開鍵を使用した一般的なチャレンジレスポンスシステムのフローを示している。登録時に、Aliceは公開鍵をサービスに送信する。認証部分では、サービスがAliceにチャレンジを送信し、Aliceが応答に署名して返送する。サービスは公開鍵を使用して署名された応答が有効かどうかを判断し、有効であればAliceを認証する。

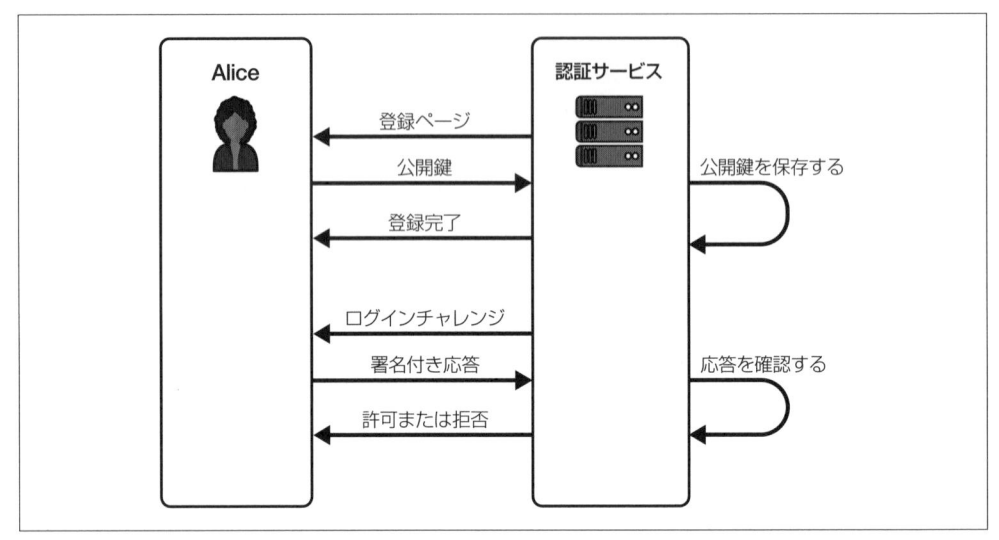

図11-2　キー登録とチャレンジレスポンスフロー

　図11-1と図11-2は、チャレンジレスポンスと、識別子と認証要素の流れの、重要な違いを示している。識別子と認証要素の流れでは、Aliceがサービスに秘密情報（パスワードまたはワンタイムパスワード）を送信する。一方、チャレンジレスポンスシステムでは、認証中に秘密情報が交換されない。非対称キーを使用したチャレンジレスポンスシステムでは、秘密情報は決してAliceのデバイスを離れない。

### 11.3.3.1　デジタル証明書とチャレンジレスポンス

　公開鍵基盤（PKI）に基づくデジタル証明書は、第三者によって署名された公開鍵とともにアイデンティティ属性を紐付けられるため、認証に容易に使用できる。前述のように、公開鍵はデジタル署名アルゴリズムを使用してチャレンジのメッセージダイジェストを作成することで、認証に使用できる。証明書は公開鍵を配布する信頼できる手段として機能する。認証によって、ユーザーは証明書内の公開鍵に関連付けられた秘密鍵を管理していることを証明できる。検証が成功すれば、証明書の発行者を信頼する場合、その証明書内の識別情報が証明書の所有者に属するものと見なすことができる。

　デジタル証明書は、トランスポート層セキュリティ（TLS）を使用してブラウザとWebサーバ間の通信を保護する上で大成功を収めている。現在、ほとんどのWebサイトはTLSを使用して、ブラウザ

やアプリに対してサーバを認証し、通信を暗号化している。TLSでは、チャレンジは、クライアントがサーバの証明書内の公開鍵を使用して暗号化し、サーバに送信する文字列である。サーバが証明書の公開鍵に関連付けられた秘密鍵を持っている場合、クライアントは独立して生成した秘密鍵を使用して、暗号化されたチャネルの確立を行う。正常にチャネルが確立されれば、クライアントは再度サーバを認証する。

クライアント認証に証明書を使用することは、別の話である。Microsoft、IBM、および他のテクノロジー企業は、クライアント側証明書を作成し、管理し、使用するシステムに数百万ドルを投資してきた。しかし、高セキュリティアプリケーション以外では、クライアント側証明書はあまり成功していない。主な問題は、ユーザーが証明書を管理することが複雑であり、IDやパスワードシステムのようなシンプルなシステムよりも難しい概念が必要となることである。また、秘密鍵の管理も難しい場合がある。

2番目の問題は、商業的に発行されたデジタル証明書にはコストがかかることである。定期的に更新する必要があり、アクセスコードを忘れたり証明書を紛失したりすることがよくあり、それによって更新対応などでコストがかかる。この継続的な費用は、組織が主要な認証メカニズムとしてデジタル証明書を採用するのを妨げる可能性がある。

クライアント証明書は、プライバシーの問題も提起される。コストが高いため、ほとんどのケースで数少ないクライアント証明書が使い回されている。その結果、クライアント側証明書が使用されるすべての場所には、強力な単一のグローバル識別子（公開鍵）があり、インターネット全体での活動を関係付けるために使用できる。これは、プライバシーにとってリスクがあると言える。

とは言え、デジタル証明書は認証システムにとって使いどころがないという意味ではない。しかし、なぜデジタル証明書を使うべきか、予想されるメリットと、費用などのデメリットを理解して評価すべきである。証明書ベースの認証は、セキュリティが特に重要な特定の目的のアプリケーションで最も効果を発揮している。

14章では、コスト、管理、およびプライバシーの問題を解決する認証のための暗号化識別子について議論する。

### 11.3.3.2　パスキー認証

Fast Identity Online（FIDO）は、公開鍵暗号を使用するチャレンジレスポンスプロトコルである。証明書を使用する代わりに、キーを自動的に管理し、その制御も担うことで、ユーザーフレンドリーな認証を実現する。ここではパスキー仕様であるFast Identity Online（FIDO）2について説明するが、古いFIDO U2F（Universal Second Factor Framework）およびUAF（Universal Authentication Framework）プロトコルもまだ使用されている。パスキーの標準を管理するFIDO Allianceは、パスキーの資格情報にpasskeyという名前を使用している。また、それらをDiscoverable CredentialやResident keyと呼ぶこともある。

パスキーは、**認証器**を使用して認証キーを作成、保存、および使用する。認証器にはいくつかのタイプがある。**プラットフォーム認証器**は、ユーザーがすでに所有しているデバイス、たとえばノート

PCやスマートフォンである。**ローミング認証器**は、USB、NFC、またはBluetoothを使用してノート
PCやスマートフォンに接続されるセキュリティキーの形をとる。

Aliceがオンラインサービスに登録するとき、彼女の識別子を利用して新しい暗号鍵ペアを作成し、
秘密鍵をローカルに安全に保存し、公開鍵をサービスに登録する。オンラインサービスは異なる認証
器を受け入れる場合があり、Aliceは使用する認証器を選択できる。Aliceは、PIN、指紋リーダー、ま
たは顔認証を使用して認証器のロックを解除する。

Aliceが認証するとき、彼女はブラウザやアプリなどのクライアントを使用してサービスにアクセス
する（図11-3）。サービスは、クライアントに対して、ログインのためにアカウント識別子を含む情報を
提示する。クライアントはこれを認証器に渡す。Aliceに対して、認証器のロックを解除するために、
プロンプトが表示される。認証器はチャレンジに含まれるアカウント識別子を使用して正しい秘密鍵を
選択し、チャレンジに署名する。Aliceのクライアントは署名されたチャレンジをサービスに送信し、
サービスは登録時に保存した公開鍵を使用して署名を検証し、問題なければAlice本人である、という
ことで認証が完了する。

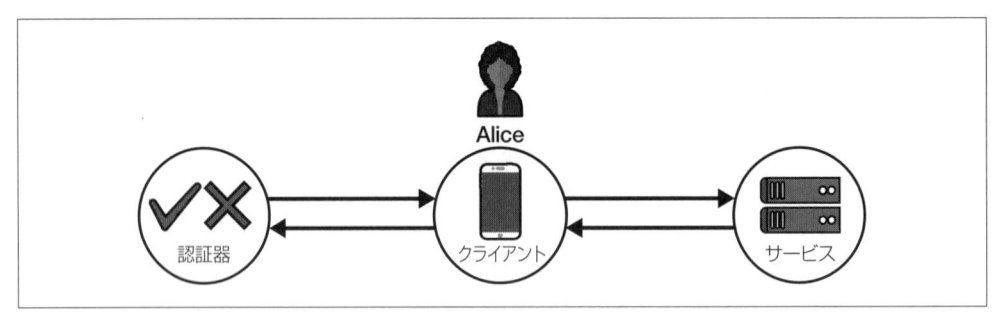

図11-3　パスキー認証フロー

FIDO2は2つの標準仕様を使用している。**Client to Authenticator Protocol（CTAP）**は、ブラウザや
オペレーティングシステムがパスキー認証器との接続を確立する方法を記述する。**WebAuthn**プロトコ
ルは、ブラウザに組み込まれており、WebサービスのJavaScriptがFIDOキーを登録し、認証器にチャ
レンジを送信し、チャレンジに対する応答を受け取るために使用できるAPIを提供する。

FIDOは、パスワード、SMSコード、またはTOTP認証アプリケーションに頼らずにユーザーを認証
する、安全で便利な方法を提供する。モダンなコンピューターやスマートフォン、および、ほとんど
の主要なブラウザは、パスキーに対応している。ローミング認証器は利用可能であるが、ほとんどの
ユースケースではプラットフォーム認証器で、機能は十分である。その結果、パスキーは人々が簡単
かつ安価に認証する方法となる。普及を妨げる最大の障害は、おそらく、そんなに簡単なものが安全
だとは信じてもらえないことくらいだろう。

### 11.3.4　トークンベースの認証

映画のチケットは、現実世界でのトークンの例である。チケットには所持者についての情報はない。

単に、保持者が特定の劇場で特定の時間に座る権利を持っていることを示している。遊園地のシーズンパスはさらに具体性が少ないかもしれない。それは保持者が、遊園地が開園しているときはいつでもどの乗り物でも利用できることを示している。

同様に、**認証トークン**は意味のある情報を含まない、単なる文字列であり、何かを行う権限を持っていることを表しているだけである[※7]。トークンが有効である限り、保持者はサービスにアクセスできる。映画を見るためには、映画のチケットを取得する必要があるように、認証トークンは通常、認証活動に基づいて発行され、特定のアカウントとサービス上の権限とを関連付けている。

トークンにはいくつかの利点がある。第一は、有効なトークンを保持していれば、繰り返し認証する必要性が減る。第二に、トークンを使用すると、プライマリサービスとは異なるドメイン、さらには別の認証サービスを使用できる（13章で詳しく見ていくが、これにはアイデンティティ連携に明確な利点がある）。第三に、トークンは時間経過またはイベントベースのアクセスを許可するのに役立つ。コンテキストや状況に応じて、期限切れにしたり、リフレッシュを許可したり、許可させないこともできる。

トークンベースの認証は、APIで有用性が証明されている。モバイルアプリやシングルページのWebアプリケーションでは、APIを利用して、サービスに繰り返しアクセスすることがある。ユーザーが認証を行わずに、APIを利用することもある。ユーザーが認証することで、モバイルアプリやWebアプリケーションが、サービスにアクセスするために必要なトークンを取得することもある。トークンはCookieと似ている面があり、両者にはいくつかの共通点があるが、トークンはCookieと異なり、通常暗号的に検証可能であり、APIアクセスで利用されるなど、Cookieがネイティブでサポートしていない状況で使用できるように設計されている。

## 11.4　認証強度の分類

「アイデンティティは新しい境界線（"Identity is the new perimeter"）」という言葉は、専門会議や専門誌でよく耳にする。情報セキュリティの知見がない場合、これが何を意味するか理解できないかもしれない。昔は、セキュリティは企業ネットワークへの侵入を防ぐためにファイアウォールに強く依存していた。これは、ほとんどのIT資産が自社内にあったときにはうまく機能していた。しかし、クラウドへの移行が進むにつれて、ITシステムの周りに、仮想のものであっても壁を設けることが難しくなってきた。その結果、認証が、人々、資金、システムを攻撃から保護する主要手段となっている。これは個人だけでなく、企業にも当てはまる。

先ほども触れたが、認証システムへの攻撃の主な手段の1つが、**フィッシング**と呼ばれるものである。フィッシングは基本的には、標的となるユーザーがログインしようとしているサイトやアプリが偽物であり、そのことに気づかないことを前提にした中間者攻撃である。フィッシング攻撃では、侵入者は使用されている認証要素を盗むために、合法的な組織、アプリケーション、またはWebサイトを装う。フィッシングは、偽のログイン画面（またはアプリ）を用意し、その偽のサイトやアプリを開くよう

---

[※7]　11.2.2の所有物要素の項で見たように、TOTPを使用するような所有物要素はトークンと呼ばれることがある。この節で説明するトークンは、ハードウェアトークンではない。

に標的のユーザーに通知を送ることをきっかけに、攻撃する。通知は、しばしば電子メールやテキストとして送られ、強力なアクションを促すものである。

図11-4は、フィッシングがどのように機能するかを示している。Aliceは自分が本物のサーバに接続していると信じているが、**実際には彼女のクライアントはMalfoy**が制御するフィッシングサーバに接続している。Malfoyは、Aliceが彼のフィッシングサーバで入力した情報を使用して本物のサーバにログインする。一部のフィッシング攻撃は非常に洗練されており、ときにはワンタイムパスワード（OTP）が送信されたSMSやTOTP認証アプリからの入力を模倣することさえある。通常、それらの不正を見破る方法の鍵はURLである。フィッシングサイトは、実際のドメイン名に似たドメイン名を使用し、しばしばブラウザにTLSの鍵マークを表示させるための証明書を持っている[8]。しかし、人々はURLに十分な注意を払わないことが多く、（ブラウザがときにはそれらを非表示にすることがあるため）フィッシングは利益を生むオンラインスポーツ（フィッシングだけに）となっている。

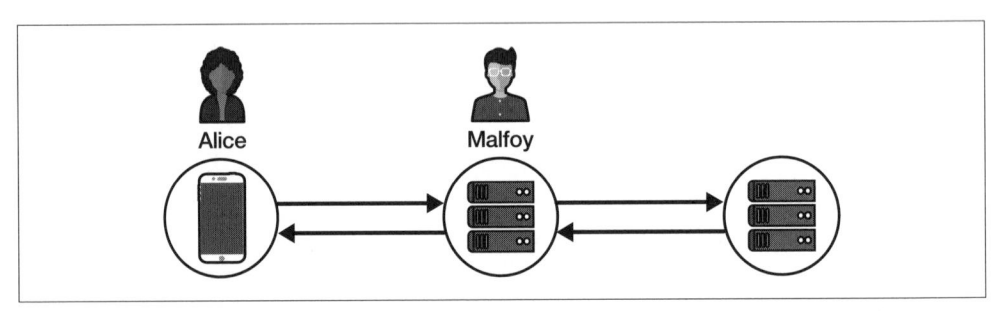

図11-4　フィッシングは中間者攻撃である

## 11.4.1　認証ピラミッド

図11-5は、認証方法の強さを、ピラミッドの形を模して示している[9]。ピラミッドの底から頂上に向かうにつれて、認証方法はだんだんと強固で安全になる。

---

[8]　9章で見たように、ほとんどのデジタル証明書は単に特定の公開鍵が特定のドメイン名に関連付けられていることを検証するだけである。それらは、ドメイン名の背後にある組織について必ずしも有用な情報を提供するわけではない。

[9]　Damien Bowdenが最初に、ピラミッドを使用して認証方式の相対的な強度を見る方法を紹介した（https://oreil.ly/XS-Q4）。後に、同じコンセプトをIntercedeで知った（https://oreil.ly/WJOxo）。ここで示す認証ピラミッドは、これらを私たちの議論に合わせて改変したものだ。

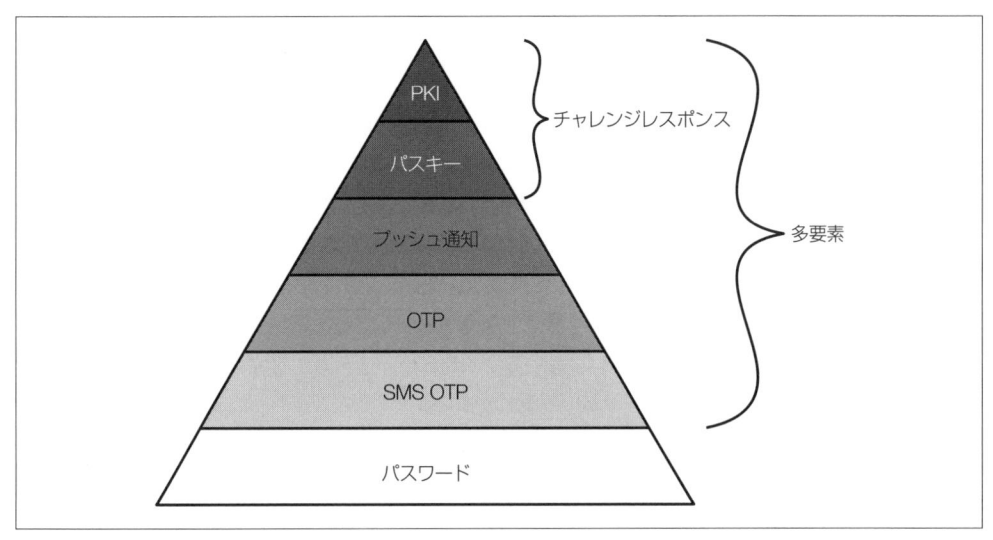

図11-5 認証ピラミッド

それぞれの方法を詳しく見てみよう：

**パスワード**

パスワードは認証ピラミッドの中で最も安全性が低く、最も広く使用されている。馴染みは
あるが、不便で、コストがかかり、不正アクセスの原因となるものである。多くの企業は、シ
ステムに保存されているパスワードをハッシュ化していなかったり、パスワードの定期変更を
強制したりすることで、状況を悪化させている。

**SMS OTP**

MFAはパスワード漏洩が発生した場合に、次の壁となるものである。最も一般的な第二要素
は、SMSまたは電子メールで送信されるOTPで、利点はシンプルであることだ。主な欠点
は、SMSと電子メールが安全な通信チャネルでないことだ。NISTは、第二要素としてSMS
の使用を推奨していない。

**OTP**

FIDO認証アプリやTOTPデバイスは、SMSを利用したワンタイムコードの送信を行わない、
OTPの例である。これらは一般的にSMSベースのOTPよりも安全だが、使いにくい傾向
がある。一部のパスワードマネージャーは、OTPアプリケーションを組み込み、ワンタイム
コードの入力の大部分を自動化することで、利便性を高めている。

**プッシュ通知**

Googleなどの一部のサービスやアプリは、直接アプリにプッシュ通知を送信することで認証
することができる。ログインするために、アプリに自身がログインしてよいかどうかを尋ねる
通知が表示される。これは通常、画面をクリックするだけで、認証が済むので便利だ。この

仕組みは、すでに認証されているチャネルとは別の、通知用のチャネルを使用するという利点がある。

認証ピラミッドの下層にある認証方法は、すべてフィッシング攻撃が可能という大きな欠点がある。プッシュ通知もこの大きな欠点を持つ。図11-6に示されているように、Aliceが本物のサイトにいると思っている場合、プッシュ通知の「はい、これは私です。」というボタンを押すと、本物のサーバがそれを受け取り、MalfoyがAliceであると誤認してしまう。**プロンプトボミング（prompt bombing）**と呼ばれる手法では、標的となるユーザーに対して複数のプッシュ通知を送信する。ときには連続して送信されることもあり、数日にわたって間隔をあけて送信されることもある。最終的にはそれらのうちの1つは承認してしまう、という理論に基づいている。これらのシステムに対するフィッシングへの防御策は、認証を行う人の警戒心、疑念、そして注意しかない。

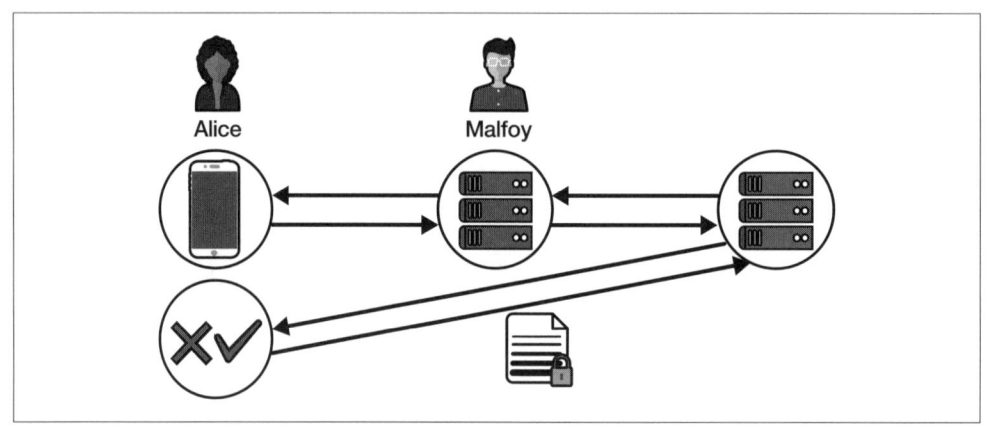

図11-6　プッシュ通知によるフィッシング攻撃

ピラミッドの最上位2層であるパスキーとPKIは異なる点はあるが、適切に実装されて、ユーザーも正しく使用した場合、フィッシングに対して耐性がある。なぜなら、それらは直接ブラウザやアプリに接続されているからである。どちらも非対称鍵暗号を基にしたチャレンジレスポンスシステムである。

### パスキー

クライアントがチャレンジをFIDO認証器に渡すと、認証器は秘密鍵を使用してチャレンジ（ブラウザが接続しているURLを含め）に署名する。図11-7に示されているように、MalfoyはAliceのクライアントを直接騙すことができないので、フィッシングサイトを用意してAliceを誘導する。Malfoyが署名されたチャレンジレスポンスを元のサーバに渡すと、元のサーバは署名された応答内のURLが偽物であることを検出し、アクセスを拒否できる。

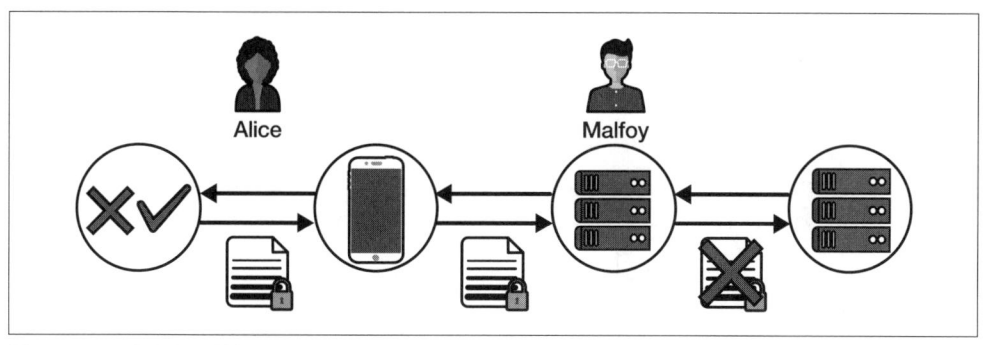

図11-7 FIDO認証器の署名チャレンジ

### PKI

デジタル証明書のインフラストラクチャであるPKIは、前述してきた認証とは少々異なる。クライアントと直接関連するわけではなく、クライアントを通じて機能する。ピラミッド上でPKIをFIDOの上に配置した理由は、正しく実行されるとデジタル証明書が特定のエンティティに結び付く身元確認を含めることができるからだ。TLSは証明書に関連付けられた公開鍵を使用して共有秘密を作成し、暗号化されたチャネルを提供する。クライアントはサーバを認証し、そのサーバが証明書の公開鍵に関連する秘密鍵を制御していることを確認できる。PKIベースの認証は、クライアント側の証明書を使用して同様の確認ができる。サーバとクライアントの両方が証明書を持っている場合、相互認証が可能となるため、フィッシング詐欺師はクライアントのチャレンジに署名するために使用される秘密鍵を制御していることを証明できない。

図11-8は、クライアントとサーバ間のPKI証明書交換を示している。Aliceは、ブラウザを使用してサーバ上の保護されたリソースへのアクセスを要求する。クライアントとサーバは証明書を交換し、それぞれが証明書内の公開鍵を使用して相互に認証を行うことができる。サーバの証明書にはURLが含まれている。同様に、Aliceの証明書には認証を行う人物に関する情報が含まれており、これによりサーバは彼女を検証できる。Malfoyは、Aliceの秘密鍵またはサーバの秘密鍵を持っていないため、不正行為はできない。

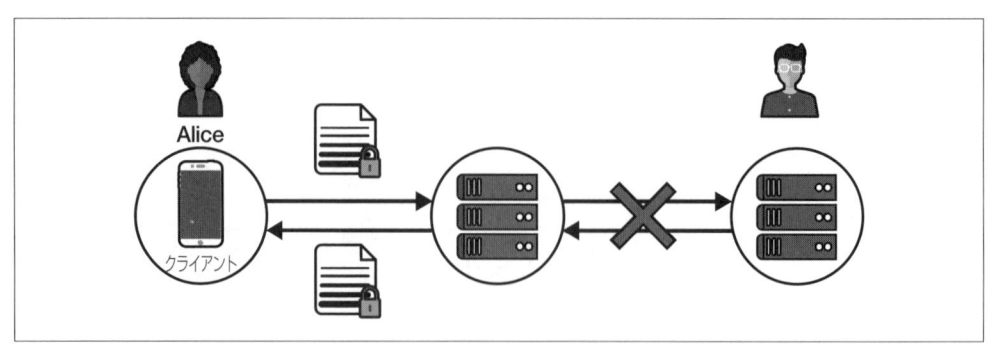

図11-8　PKI証明書の交換

## 11.4.2　認証保証レベル

　NISTの認証保証レベルは、米国政府のシステムで使用されるさまざまな認証方法の強度を分類している[10]。この機関が認証保証をどのように考えているかを知ることは示唆に富んでいる。

**認証保証レベル1（Authentication Assurance Level 1：AAL1）**
　AAL1では、単一の要素が必要である。これはパスワードまたは単なるハードウェアトークンでも構わない。AAL1では、バイオメトリクス単体では認証要素としてカウントされない。バイオメトリクスは、何らかの物理的な認証器と関連付けられている必要がある。

**認証保証レベル2（Authentication Assurance Level 2：AAL3）**
　AAL2では、パスワードとハードウェア認証器、またはハードウェア認証器とそのアクセスに使用されるバイオメトリクスの2つの要素が必要である。さらに、AAL2では再認証までの時間が短縮され、再生防止、ハードウェアトークンの標準仕様（FIPS 140レベル1）が指定され、また、認証器がユーザーの指示に基づいて実行されていることを確認できること（つまり、システムがマルウェアによってトリガーされた場合、ユーザーに警告される）が必要である。

**認証保証レベル3（Authentication Assurance Level 3：AAL3）**
　AAL3では、認証器がユーザー指示に基づいて実行されていることを確認できるよう、ハードウェアトークンが1つの要素として必要であり、バイオメトリクスが含まれている必要がある。さらに、バイオメトリクスは、フィッシングへの保護を提供する**検証者の偽装耐性**、および検証者が不正アクセスされた場合に認証器内のキーが破壊される検証者の侵害耐性が必要である。

　これらのレベルは、主に米国政府およびその請負業者やベンダーによって使用されている。これら

---

[10] NIST Special Publication 800-63B, Digital Identity Guidelines: Authentication and Lifecycle Management, 2022年3月29日に参照．（https://oreil.ly/hnRME）

は、それらを作成したアイデンティティとセキュリティの専門家チームの集合知の結晶なので、自分自身の認証システムの強度を理解するための有用なツールとなるだろう。

## 11.5　アカウントの復元

どの認証方法を使用しているかにかかわらず、アカウントの復旧プロセスは重要である。たとえば、FIDOを使用している場合でも、Aliceが認証器を紛失した場合にシステムがアカウントを回復するためにパスワードとOTPを使用することを許可している場合、そのシステムはパスワードとOTPと同程度の安全性しかないと言える。

図11-9は、私のGoogleアカウントの二要素認証の予備の手段を示している。コンピューターでログインした場合、「Try Another Way」と書かれたリンクをクリックすると、Googleはアカウントに登録されているFIDOセキュリティキー、1回限りのコード（メールまたはSMSを使用）、アプリのプッシュ、TOTP認証アプリからのコード、またはアカウント作成時に保存したバックアップコードのいずれかを使用して復旧できる。

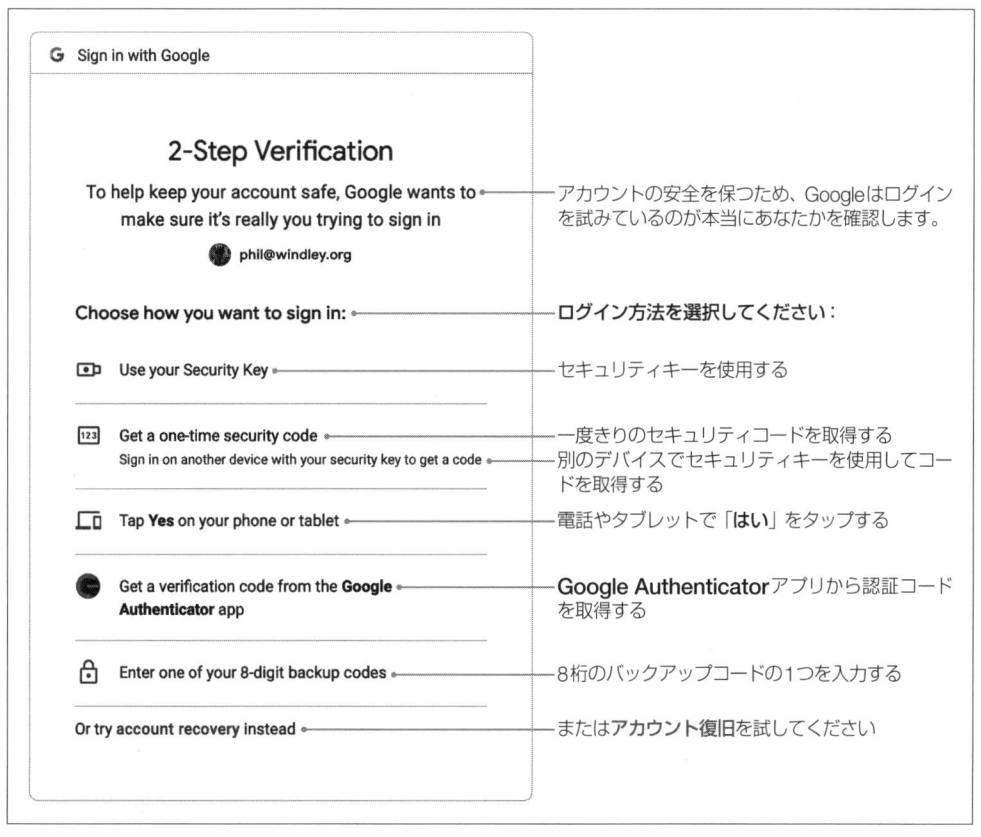

図11-9　Googleの二要素オプション

　ワンタイムセキュリティコードはSMSを利用して渡されるため、私のアカウントはそのレベルでのみ保護される。他の方法はさまざまな状況で私にとってより便利かもしれないが、たとえばFIDOセキュリティキーを持っているからといって、私のセキュリティが向上するわけではない。Googleは、これらのオプションをアカウントページのセキュリティタブである程度カスタマイズできるようにしている。

　図11-9の画面でアカウントの回復をクリックすると、図11-10（a）の画面が表示される。私はGoogleアプリを携帯電話にインストールしているので、チェックすると、図11-10（b）が表示され、「本当にあなたですか？」と尋ねられる。「Yes」をクリックすると、図11-10（c）の画面が表示される。正しい番号、つまり97を選択すると、ログインできる。

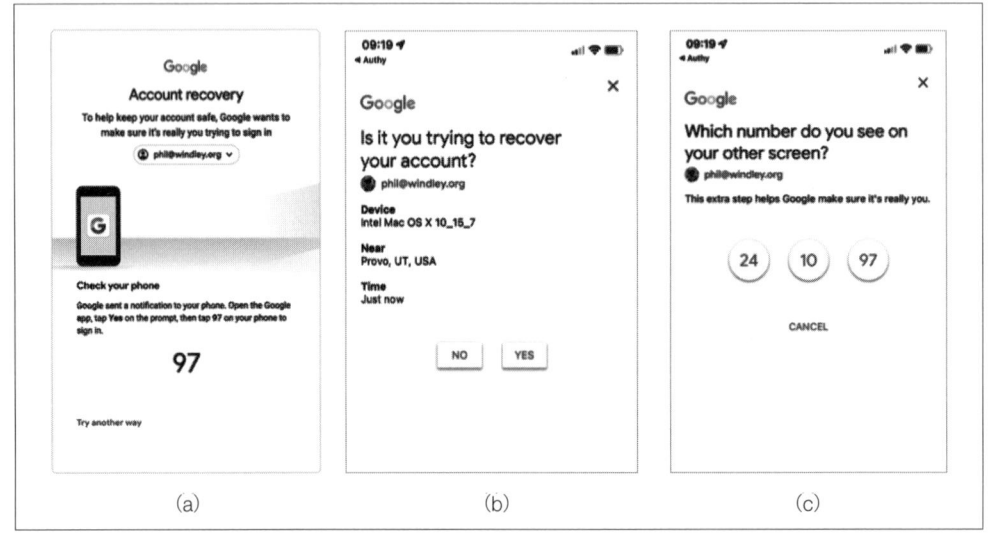

図11-10　Googleのアカウント復元

　Googleアプリを持っている場合、アカウントの回復はプッシュ通知を使用するようにデフォルトで設定されている。Googleはこのプロセスの一環として私に複数のメール通知を送信する。もちろん、私のメールが不正アクセスされている場合、攻撃者はメール経由でコードを取得し、そのメッセージとセキュリティ通知を削除することを選択するかもしれない。これを防ぐために、Googleはあなた、または、疑わしい活動を認識できる信頼できる誰かの第二のメールアドレスにも通知を送信する。私のアカウントは、妻と子供たちの第二のアカウントになっているので、これらの通知をよく見る。私は常に別のチャネルを使って妻と子供に連絡して、第二のメールの通知先が本当に妻と子供だったかどうかを確認している。

　Googleは、世界中の数十億人が依存する大規模でパブリックなシステムを運営しているため、アカウントを安全に保つために前述の対応をすべて行っている。これには、多層防御、デフォルト設定の最適化、洗練されたアカウントインフラが含まれている。これにより、システムのアカウント復旧プロセスを、ユーザーごとカスタマイズし、よりシンプルにすることができる。

## 11.6 認証システムの特性

この節では、認証システムが持つべき9つの重要な特性について説明する。これらの特性を使用して、組織内の認証システムの評価プロセスを作成できる。最も効果的な方法は、システム全体の設計基準に基づいてこれらの特性に優先順位を付け、優先順位付けされたリストに対してさまざまな設計を評価することである。

### 11.6.1 実用性

実用性は、おそらくどんな認証システムにも持っておいてほしい、最も重要な特性である。ユーザーの観点から見ると、認証システムは使いやすくて、邪魔にならないものでなければならない。認証が必要ない場面で認証が求められるようなシステムは、誰も好まない。また、関連するリソースと見なされる複数のリソースに対して、複数の異なる認証システムを使用することは好ましくない。たとえば、従業員の福利厚生が外部組織によって管理されている場合、雇用主のセルフサービス機能にアクセスする際に使う認証プロセスとはまた別の認証プロセスを使わなければならないとしたら、従業員が不満を抱くことになるだろう。

サービスまたは企業の観点から見ると、認証システムはスケーラビリティが高く、適切な保護レベルを提供し、コスト効果が高い必要がある。使いやすいことも優先されるが、サポートコスト効果も高い必要がある。組織は顧客、従業員、およびパートナーやサプライヤーの従業員など、大規模で多様なグループによって認証を管理することがある。これらのすべてのグループは、組織が管理するリソースにアクセスする必要がある。これらのグループそれぞれに固有のニーズがあり、認証システムはその固有のニーズに適応する必要がある。

新しい認証用のソフトウェアをインストールしたり、さらには、新しい認証用のハードウェア（生体認証デバイスやスマートカードリーダーなど）を導入する必要があるシステムは、利用促進および利用維持するのが難しく、費用がかかることになる。新しい仕組みは導入すべきではないという意味ではないが、選択する場合には深く考慮する必要がある。

### 11.6.2 適切なレベルのセキュリティ

異なるアプリケーションには異なるセキュリティレベルが必要である。また、前述のように、認証要素を使用して資格情報を認証する方法は多岐にわたる。ある認証方法のセキュリティの強度は、使用される認証要素の数やタイプに依存するが、それにかかるコストも同様に使用される認証要素の数やタイプに依存する。認証のレベルをアプリケーションのセキュリティ要件に合わせることが重要である。

認証強度を評価することは主観的な側面もある。暗号鍵システムのような複雑なシステムの弱点を評価するには専門知識が必要である。2つのシステムが非常に類似している場合を除けば、2つのシステムのセキュリティの相対的な強度を判断することは比較的簡単である。ポリシーの詳細のみが異なる2つの多要素システムの相対的な強度を判断することは、非常に困難である。

### 11.6.3　ロケーションの透過性

スマートフォンの利用、リモートワークの実施、グローバルな顧客基盤の保持、国際的なパートナーの存在などにより、現代のITシステムでは移動性が重要な要素である。ユーザーが特定の場所にいることを前提とすることはできない。場所を認証要素として使用するには、予測アルゴリズムが優秀で柔軟性が高い必要がある。

### 11.6.4　統合性と柔軟性

認証システムとさまざまなサーバが相互運用できるように注意するべきである。新しいツールを利用することで、開発者は認証にアクセスするアプリを簡単に開発できると思われるが、認証システムと**相互運用**できるシステムを開発するのは容易ではない。ほとんどの組織は認証システムを一から開発することはなく、さまざまな別のシステムと統合することになる。統合する上での柔軟性を高くするために、適切なSDK、ライブラリ、APIを持つ開発ベンダーを慎重に選ぶべきである。

### 11.6.5　適切なレベルのプライバシー

ユーザーデータのプライバシー保護の範囲は、組織や保護されるリソースによって異なる。たとえば、少なくとも米国では、企業は雇用主が適切と感じる範囲で、従業員の会社リソース（コンピューター、スマートフォン、電子メールを含む）へのアクセスをログに記録し、追跡できることになっている。一方、医療センターの患者が治療記録を閲覧できるシステムでは、HIPAAなどの法律や規制のために、認証メカニズムはより高いプライバシー保護を提供する必要がある。

### 11.6.6　信頼性

認証システムはミッションクリティカルなリソースへのアクセスを制御するため、信頼性が極めて重要である。信頼性には、適切な冗長性、運用の卓越性、構成管理、綿密な監視、および積極的なキャパシティ計画が必要である。認証システムを他の組織が使用する場合、認証機能の稼働時間とそれを満たせなかった場合のペナルティを規定するサービスレベル契約が求められることもある。

### 11.6.7　監査可能性

責任追及するためには、システムが監査可能であることが必要である。トランザクションログは監査可能なシステムの中核である。これにより、認証活動を確認し、問題があった場合、追跡することができる。

ログはさまざまなレベルで作成できる。統計ログは個々のトランザクションを追跡はできないが、合計や平均、トレンドなどのデータを統計的に確認できる。これらはキャパシティ計画やシステム全体の動作の理解に役立つ情報である。詳細なログは個々のアクションを追跡し、セキュリティ侵害などの問題に対処するために必要である。認証システムのログはシステム侵入に対処するための重要な情報となるが、法的およびその他の規制またはポリシーによって取り扱いに注意が必要となる可能性がある。

適切に保護されていない場合、詳細なログは比較的無害なデータしか含んでいなくても、プライバシーやセキュリティの懸念を引き起こす可能性がある。トラフィック分析は、メッセージのパターンから情報を推測する技術である。たとえば、最高財務責任者 (CFO) が大きな取引を発表する前に特定の会社の投資家の情報に必ずアクセスすることを知っていて、そのリソースの認証ログにアクセスできれば、その情報を利用して市場の先をいく取引を行ったり、CFOのエグゼクティブアシスタントに対して標的型フィッシング攻撃（**スピアフィッシング**）を行い、そのリソースにアクセスすることができるかもしれない。

## 11.6.8　管理可能性

管理可能性とは、認証システムの運用者が容易にアカウントを追加、更新、または削除できることを意味する。システムの運用者は、新しいクラスのアカウントを許可し、異なるグループ間では異なる構成を提供する必要がある。システムの運用者は証明書を追加、更新、削除し、ライセンスを維持し、新しいリソースが利用可能になったときにシステムを更新する。認証システムの管理オペレーションについて、十分に文書化されている必要がある。

## 11.6.9　フェデレーションのサポート

現代の組織は、組織全体にまたがってアクセスされるべきリソースを持っている。フェデレーションをサポートする認証システムは、このリソースを各組織が管理できるようにする。これを実現するためには、パートナー組織への信頼と周到な計画が必要である。組織がリソースアクセスに関するパートナーのポリシーに同意し、資格情報を発行するときの身元確認プロセスについても同意することが重要である。パートナーの認証システムに認証アサーションを行わせる場合、そのシステムおよびその相対的な強度に関するポリシーを理解する必要がある（フェデレーションについては、13章で詳しく説明する）。

## 11.7　認証により関係の完全性が維持される

認証、すなわちデジタルシステムがオンライン上で人、組織、および物について正当性を確認する方法は、デジタルアイデンティティシステムの基本機能であり、それぞれの識別子と認証要素の完全性がとられていることが必要である。その完全性がとられている場合に初めて、承認とアクセス制御の仕様を確定することができる。

# 12章
# アクセス制御と関係の有用性

認証（Authentication）は、遠隔（リモート）のエンティティが真正（authentic）であり、アカウントを最初に作成したエンティティと同じエンティティであるということを証明する。そのため認証は、離れた場所にいる相手をシステムに認識させることができるものであり、関係の完全性を支えるものでもある。しかし、アイデンティティの文脈では、単にシステムが相手を認識できるだけでなく、システムが相手を記憶することや、適切な応答をすることが必要となる。ゴールは、認証されたエンティティが許可されているアクションを実行し、当事者間で関係性を確立して活用できるようにすることである。関係の有用性は、各当事者が適切かつ安全な方法で行動できるようにすることにかかっている。

したがって、**アクセス制御**はデジタルアイデンティティの最も基本的な概念の1つである。アクセス制御は、特定のアカウントにリソースへのアクセス権を付与し、他のアカウントへのアクセスを拒否するプロセスとなる。次に例をいくつか示す。

- 電子メールシステムは、各従業員に対し自分の電子メールボックスへのアクセス権を与えるが、他の従業員の電子メールボックスへのアクセス権は与えない。電子メール管理者は、全員の電子メールアカウントにアクセスできる。
- 銀行は、私の銀行口座へのアクセス権を私に与えるが、そのアクセスは制限されている。たとえば、私はATMであらかじめ設定された限度額までしか引き出すことができない。特定の銀行員は、状況によっては口座への読み取りパーミッションを持ち、厳密に管理された状況では書き込みパーミッションを持っている。
- 私がWebサイトを管理するために使っているソフトウェアは、Webサイトに新しいファイルを作成したり、既存のファイルを削除したり更新したりできる。また、誰でもWebサイトにアクセスしファイルを読むことができる。

アカウントに対するパーミッションのセットを作成することは、システムとアカウントとの関係性をも定義することになる。たとえば、電子メールシステムに制限がなければ、受信者は自分の電子メールが誰から来たものなのか確かめることができない。ATMでの引き出し額を制限することは、十分な資金が得られないという不便さと、比較的軽い認証要件（たとえば、銀行のカードを所持し、4桁の暗証

番号を覚えていればよいこと）の利便性とのバランスをとる。

　私が自分のWebサイトを一般公開し、誰でもアクセスできるようにすると、私と一般の人との間に、Webサイトの著者と読者といった関係性が生まれる。このように、アクセスポリシーを設計することにより、関係性が決まることを覚えておかねばならない。

　アクセス制御では、与えられたアカウントに対する一連の**認可**を決定する必要がある。**アクセス制御**と**認可**（しばしばAuthorizationの略である「authz」と表記される）という用語は、よく同じ意味で使われている。多くの場合、管理者は主体がリソースに対してどのようなアクションをとることができるかを決定しなければならない。本章では、アクセス制御を取り巻く問題、パターン、技術について説明する。

## 12.1　ポリシーファースト

　アクセス制御においては、何よりもまずポリシーが問われる。アクセス制御技術は、設定されたアクセスポリシーに従って、アクセスの許可や拒否などのアクセス制御を自動的に行うように設計されている。ポリシーは、セキュリティ目的、アプリケーションアーキテクチャ、採用した技術、産業および専門組織で一般的に受け入れられている慣行、規制および法的要件、そして最も重要なこととして、組織目標を反映するものとなる。

　以下に、アクセス制御ポリシーの簡単な例を示す。

- 誰でもWebサイトを読むことができる
- 有効なOAuthトークンを持つアプリケーションは、アプリケーションAPIへのGETとPOSTが可能となる
- Aliceは sales データベースの orders テーブルを読み書きできる
- マーケティング部門の全メンバーは、社内Webサーバ上のマーケティング資料を読むことができる
- 管理職以上の人事部門の従業員は、会社のイントラネットから勤務時間帯に給与アプリケーションにアクセスする場合に限り、給与額を修正することができる

　このリストは、方針が単純で具体的なものから、複雑で抽象的なものへと進むように意図的に順番を付けた。たとえば、最初のポリシーは比較的簡単に実行できる。これらのポリシーのいくつかは、特定の人を指定するのではなく、ロールを対象としている（たとえば、「管理者」はロールである）。

　最後のポリシーは、システムが、どの従業員が人事部門で働いているか、その職位は何か、「勤務時間帯」はいつか（時間的要因）を特定できることを前提としている。労働時間は8時から5時までか？従業員ごとに変わるのか？ 会社のイントラネットからアクセスしていることを、システムは確実に特定できるのか（場所的要因）？ これらの質問には、ビジネスと技術の両方の側面がある。たとえば、勤務時間帯という考え方はビジネス上の概念だが、アクセス制御を担うインフラは、時間帯に基づいてユーザーをリソースから締め出すことができるか？ という技術上の問題を考える必要がある。

# 12.1.1 責任

アクセス制御において最も重要な問いは、責任に関することである。典型的な分類として、所有者（owner）、運用者（custodian）、ユーザー（user）の3つのカテゴリがある[※1]。所有者は、リソースを作成したユーザーや、リソースを所有する組織の長、またはその他の個人またはロールであることが多い。所有権は委任することも、割り当てることもある。誰がリソースを所有しているかがわからない場合、一般的にデフォルトは組織自体となる。

すでに気づいているかもしれないが、これらの責任があるロールは、データガバナンスで使用されているロールと似ている。もちろんこれは偶然ではない。アクセス制御はデータガバナンスと密接な関係がある。多くの点で、アクセス制御はデータガバナンスプロセスで作成されたポリシーの実施であり、その実施手段を提供するものである。

アクセス制御は、データガバナンスプロセスにおいて、データ所有者を明示的に指定することでより効果的になる。**所有者**は、その管理下にあるリソースが適切にアクセスされるようにするための最終的な意思決定権限と責任を持つ。政府機関では、所有者が法令や規則で指定されていることは珍しくない。あなたの所属する組織はそれほど厳格ではないと考えるかもしれないが、所有者を具体的に指定し、責任を負わせることは、情報セキュリティの重要な部分である。

**運用者**は、日々資源を管理するロールである。組織内のあらゆる人が、何かしらのリソースの運用者になる可能性がある。運用者は、アクセス制御ポリシーが正しく適用され、許可されたエンティティのみがリソースを使用できるようにする責任を負う。たとえばリソースが日々の業務で作成された文書やその他の情報である場合などは、しばしば運用者と所有者は同一人物となることがあるが、データベースやWebサイトなどの大規模なリソースは、通常、所有者以外の誰かが管理する。

運用者は、所有者が指定するアクセス制御ポリシーを実施し、監視するため、アクセス制御において重要なロールを果たす。多くの場合、運用者はシステム管理者または技術運用担当者である。運用者は重大な責任を負い、多くのリソースを任されることが多い。彼らは通常「スーパーユーザー」としての権力を持ち、自分の管理下にあるすべてのリソースにアクセスすることができる。したがって、注意深く運用者を選択し、運用者のアクションの相互チェックと監査を可能にするアイデンティティインフラを構築することが重要である。

**ユーザー**は、リソースへのアクセスを希望する個人、グループ、企業、ソフトウェアプログラム、アプリ、API、その他のエンティティのことである。ユーザーは、リソースを所有する組織の顧客や従業員かもしれない。また、パートナーやサプライヤーの従業員、あるいは顧客である場合もある。ユーザーはリソースの使用中に保護され、一時的に運用者となる。多くの場合、アクセス制御システムは、リソースを完全に保護するために必要なレベルのきめ細かい制御をしない、もしくはできないので、所有者の指示に従って行動することがユーザーの責任となる。

たとえば、ほとんどの文書管理システムは、文書自体へのアクセスは制御できるが、文書の個々の

---

[※1] 筆者は通常、ユーザーという用語を避け、より具体的な用語を使用するようにしているが、この議論ではユーザーという用語をアクセス制御の用語として使用する。

部分へのアクセスは制御できない。ある文書の所有者が、どの部分は変更可能で、どの部分は変更できないかといった具体的な指示とともに、その文書を同僚と共有する場合がある。同僚はリソースのユーザーとして、所有者の指示に従って文書を扱う責任があるが、アクセス制御システムではこれを強制することはできない。

## 12.1.2　最小特権の原則

アクセス制御ポリシーの基礎となる考え方の1つに、**最小特権の原則**（principle of least privilege）がある。最小特権の原則は、必要な機能を達成するために必要最低限な範囲を超えるリソースへのアクセス権限をユーザーに与えるべきではないというものである。最小特権の原則は、ポリシーを作成する際に従うべき良き原則であり、ポリシーの設計を容易にしてくれる。しかし実際には、現実のアクセス制御システムでは容易に克服できない以下のような限界が存在する。

- 最小特権を完全に実装するには、非常に細かい粒度のパーミッション定義が必要となる。基本的には、どのリソースに対しても、どのユーザーがどのようなアクションを起こすかによって、パーミッションが定義される必要がある。
- 与えられた任務を遂行するために必要な認可の種類とレベルは、時とともに変化する可能性がある。
- 1人のユーザーであっても、実行するタスク次第では異なるレベルの特権が必要となることがある。

上記のように求められる要件が複雑となるため、システムは最小特権の原則を不完全にしか実装できず、ときには悪い効果をもたらすこともある。この章の後半で、その例を示す。しかしそれでも、最小特権の原則は、アクセス制御ポリシーを構築する際に目指すべき理想を表している。

## 12.1.3　説明責任を実現することはポリシーの強制より優れている

最小特権の原則の限界から、アクセス制御ポリシーの開発指針となる新たな原則が生まれた。実装が最も簡単なアクセス制御ポリシーは、信頼と説明責任に基づいている。ユーザーの行動はログに記録され、ログは監査される。ログを監査した結果が、ユーザーによる不正アクセスを示した場合、適切な処置をとることになる。説明責任はログを処理することで実現可能であり、アクセス制御を行うシステムとは別のシステムでオフラインに処理できるため、非常によくスケールする。

一例として、電子メールで共有される文書の問題を考える。企業は通常、従業員の1人が会社の電子メールシステムを使って、会社の重要な機密を競合他社に送信しているかどうか、知ることができない。この問題に対する1つのアプローチは、アクセス制御機能とポリシーを使用して、外部電子メールに添付することができるファイルを管理するような、ある種のアクセス制御インフラストラクチャを作成することかもしれない。しかし、このアプローチはあまり現実的ではない。

しかし、説明責任のアプローチを用いてこの問題を解決するシステムは現実的となる。外部への電子メールを記録し、添付ファイルがあればそれを記録し、送信者、日付、文書のハッシュを記録するシステムを作る方がはるかに簡単だ。このシステムでは、文書の送信を止めることはできないが、少な

くとも誰かがそれを知ることができ、適切な次のステップを踏むことができるだろう。

　確かに、実世界のシナリオでは、説明責任のみに基づいたアクセス制御ポリシーによって発生するリスクを受け入れることはできない。しかし、説明責任のアプローチはアクセス制御ポリシーを補強することができ、従来の許可ポリシーに基づくアクセス制御では困難であったり、高いコストがかかったりする部分をフォローできる。説明責任のアプローチに基づくシステムは、実施システムよりもかなり安価に実装・運用できるが、どの程度のリスクなら許容できるか、よく検討してほしい。

## 12.2　認可パターン

　実世界のシステムは、最小特権の完全な実施を行うシステムと、説明責任のみに基づくシステムの中間に位置する。コンピューターとネットワークの技術が成熟するにつれて、さまざまなアクセス制御スキームが、これらのニーズのバランスをとるために開発されてきた。これらのスキームは、特定のスキームの実装を指定するだけでなく、アクセス制御ポリシーの開発を支援する広範で哲学的な枠組みを表している。

　実際のところ、ほとんどの組織では、リソース所有者が特定のリソースを厳重に管理し、運用者が他のリソースを管理するという、ハイブリッドな方法でアクセス制御を行っている。たとえば、ほとんどの組織では、人事システムへのアクセスを非常に厳格な方法で管理する一方で、従業員個人が、非常に大まかなガイドラインの範囲内で、自分が作成した文書を誰に見せるかを決定できるようにしている。

　これから説明するパターンの多くは、何十年も前からあるものだが、リソースがローカルディスク上のファイルからAmazon Web Services（AWS）上のLambdaに拡張されたとしても、まだ当てはまるコンセプトだ。

### 12.2.1　強制アクセス制御（MAC）と任意アクセス制御（DAC）

　米国国防総省は、コンピューターシステムのアクセス制御を体系的に検討した最初の組織の1つである。1983年に発行された「Department of Defense Trusted Computer System Evaluation Criteria」（表紙の色から通称「オレンジブック」）は、アクセス制御の2つのモード、すなわち強制アクセス制御と任意アクセス制御を定義した。

　**強制アクセス制御**（Mandatory Access Control：MAC）では、所有者または所有者の代理人がポリシーを設定し、運用者とユーザーはそれに従う義務がある。**任意アクセス制御**（Discretionary Access Control：DAC）では、どのような利用者にアクセスを許可するかは、運用者に任される。いったんアクセスが許可されたユーザーは、他のユーザーにアクセスを許可することができるため、実質的に運用者となる。

　軍で利用するセキュリティ基準に関して重要な研究を行う上で、いくつかの重要な発見があった。その中で最も重要なものは、特定のポリシーに基づいて、当初は安全であると判断されたDACベースのシステムが、時間の経過とともに安全であり続けることができないことを示した研究結果である。つ

まり、ユーザーの行動によって、最終的に権限のないユーザーにアクセスが許可される可能性があるということである。

もう1つの重要な結果は、「タッピングアウト情報」と呼ばれるものである。アクセス制御に機密と非機密の2つのレベルがあるシステムを考えてみよう。アクセス制御レベル間で共有されたリソース（たとえば、同じファイルシステム上に保存された機密文書と非機密文書）を持つシステムでは、機密情報にアクセスできるユーザーが、非機密の情報にしかアクセスできないユーザーとその情報を共有しないようにすることは不可能である。要するに、共有システムでMACを強制することは本質的に不可能である。なぜなら、機密情報にアクセスできるユーザーは、システム内に機密情報を別な形で隠すことができてしまう（たとえば、特定のファイルの存在自体を隠す、ファイルサイズを変更する、などの操作が可能である）。これらの両方のユーザーが見ることができるリソースを用いることで、非機密の情報にしかアクセスできないユーザーであっても、機密情報にアクセス可能なユーザーが残したメッセージを解読し、機密データを見ることができる。

これらの結果を踏まえると、基本的かつ重要な結論が導き出される。それは、**管理者と利用者がポリシーに従うことをある程度信頼しない限り、実用的なアクセス制御システムを構築することは不可能であるということだ。**

## 12.2.2　ユーザーベースのパーミッションシステム

おそらく最もよく知られ、最も広く使われているアクセス制御スキームは、Unixのファイルパーミッションシステムによって普及し、Linuxと（いくつかの修正を加えて）macOSで今日まで続いている、ユーザーベースのパーミッションシステムである。図12-1は、このシステムでユーザーとグループのパーミッションがどのように機能するかの概略を示している。システムは概念的に単純で、ユーザーとグループの両方がリソースへのアクセス権を直接持ち、ユーザーはグループに所属する。

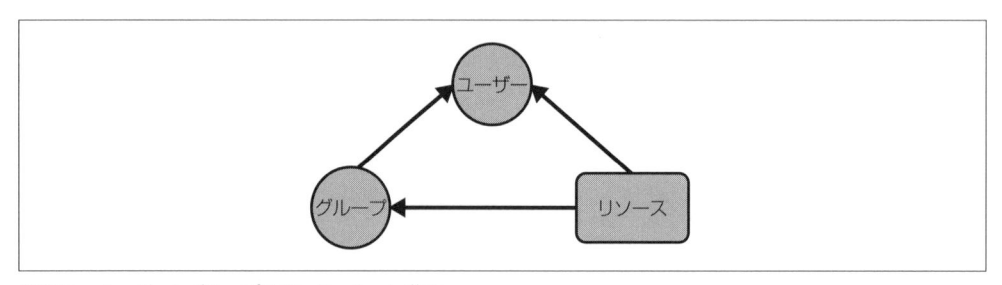

図12-1　ユーザーとグループのパーミッション階層

パーミッションシステムではUnixファイルシステムで具現化されているように、読み取り（r）、書き込み（w）、実行（x）の3種類のパーミッションレベルがある。これらのパーミッションレベルは、システム上のファイルやディレクトリの属性として適用される。ここではファイルについてだけ説明するが、この概念はディレクトリにも同様に当てはまる。

ファイルは所有者、システム上の特定のユーザー、およびユーザーの集まりであるグループに属

する。それぞれのパーミッションレベルは、ファイルの**所有者**（owner）、ファイルの**所有グループ**（group）、その他すべての人（others）に設定することができる。たとえば、ファイルの所有者は読み取りと書き込みが可能で、所有グループは読み取り専用で、それ以外の人は読み取れない、というように、ファイルのパーミッションを設定できる。ユーザーベースのパーミッションシステムは、使用も管理も簡単で、何十年もうまく機能してきた。しかし、以下のような欠点がある。

- ほとんどのユーザーはグループを完全に無視しており、グループを理解している人はほとんどいない。なぜなら、Unixにおけるユーザーインターフェースでは、グループを正しく使うことは困難となっているからだ。たとえば、グループ内の各ユーザーはそれぞれファイルを所有することができ、したがってパーミッションをコントロールすることができる。しかし、ユーザーがグループ用のファイルを作成した場合、グループのパーミッションを正しく設定するのを忘れてしまうことが多く、その結果、所有者にパーミッションの修正依頼が殺到する。
- グループの仕組みは柔軟性に欠ける。1つのファイルは1つのグループしか所有できないので、複数のグループがアクセスできるファイル群を作るのは難しい。唯一の方法は、3つ目のグループを作り、他の2つのグループの全員を新しいグループに入れることである。しかし、グループにはグループを含めることができないため、グループを構成する1つのグループのメンバーが変更されても、3つ目のグループは自動的に更新されない。
- グループは、長期間のファイル共有関係に最適だ。しかし、誰かが急ぎファイルを共有したいと思った場合、新しいグループを作成し、ユーザーをグループに追加し、ファイルを新しいグループの所有にするという手間がかかるため、かなりのオーバーヘッドがある。また、ほとんどのシステムでは、グループの作成にはスーパーユーザー権限が必要であり、ほとんどのユーザーはグループを作成することができない。
- テキストファイルを編集する以外で、グループを管理するツールはほとんどない。グループ共有ディレクトリを設定するためにユーザーが発行しなければならないコマンドは、Unixの専門家にとってもやや難解だ。
- ユーザーとグループの両方がリソースへのアクセス権を持っているため、グループを単に削除しても、グループメンバーのリソースへのアクセス権が削除されるとは限らない。実際、パーミッションはそれぞれのリソースに直接関連付けられているため、どのユーザーがどのリソースにアクセスできるかを判断することはほとんど不可能である。

このような欠点から、システム設計者はより柔軟で、理解しやすく使いやすいものを探すようになった。

## 12.2.3　アクセス制御リスト（ACL）

**アクセス制御リスト**（ACL）は、リソースにアクセスできる特定のユーザーとグループのリストであり、個々のユーザーに特定のリソースへのアクセスを許可する、より柔軟なパーミッションシステムを提供するように設計されている。ファイルシステムでは、ACLはファイルの属性として保存され、標準

的なファイルパーミッションシステムを包含し、特定のユーザーやグループが特定のレベルのアクセス権を持つよう指定できるように拡張する。

図12-2はACLの概略図である。この図と図12-1の主な違いは、リソースとユーザーとグループの間にパーミッションが挿入されていることである。ユーザーとグループが与えられたリソースに直接関連付けられるのではなく、ユーザーとグループの両方を含むパーミッションがリソースに紐付けられる。この間接性は、ACLベースのパーミッションシステムにさらなる柔軟性を与えるが、その代償として複雑さが増す。

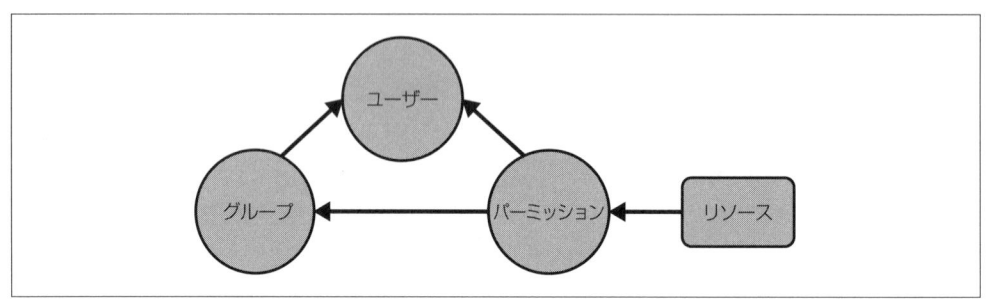

図12-2　ACLのパーミッション階層

ACLの問題点の1つは、パーミッションがリソースの属性として保存されるため、その記述がファイルシステム**全体**に分散し、個々のユーザーのアクセスを管理することが難しくなることである。たとえば、職域や業務手順の変更により、あるユーザーがリソースセットへのアクセスを必要としなくなった場合でも、これらのパーミッションを変更できる場所は1か所とはならない。1つひとつのリソースを確認して、そのユーザーのパーミッションを削除しなければならない。

それでも、ACLはクラウドベースのリソースにおけるアクセス制御のための優れたソリューションであることが証明されており、AWSやGoogle Docsなどで使用されている。

## 12.2.4　ロールベースのアクセス制御（RBAC）

ロールベースのアクセス制御（RBAC）は、通常、ユーザーは組織内でのロールに基づいてリソースへのアクセスを許可されるという考えに基づいている。図12-3は、RBACを図式化したものである。

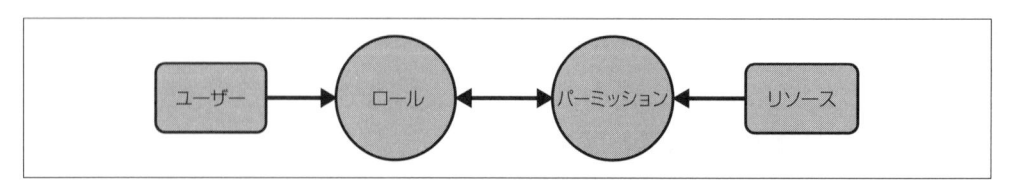

図12-3　RBACのパーミッション階層

RBACモデルの主な特徴は、すべてのアクセスがロールを用いて許可されることである。これは図

12-1に示すユーザーベースのパーミッションモデルと対照的である。RBACモデルでは、人事部のような権能を持つ何らかの存在がロールを割り当て、リソース所有者が（リソースに対する）許可を割り当てる。

　RBACベースの認可の主な特徴の2つ目は、図12-4に示すように、ロールを階層化できることである。ロールがこのように作成されると、ある従業員に開発者としてのロールを割り当てると、その人は自動的にエンジニアリング部門のメンバーおよび従業員としてのロールを割り当てることにもなる。また、階層的であることに加えて、ロールをパラメータとして管理を容易にすることもできる。

　ロールベースでの認可スキームは3つのルールに基づいている。

### ロールの割り当て
　システムのすべてのユーザーにはロールが割り当てられる。ユーザーはロールなしに何もアクションを起こすことができない。

### ロールの認証
　ユーザーにあるロールが付与される前に、そのロールが適切であることが確認される必要がある。

### アクションに対する認可
　ユーザーがアクションを実行できるのは、そのアクションが現在の認証されたロールに対して認可されている場合のみである。

　グループベースのアクセス制御システムは、ロールを実装するために使用することができるが、それはしばしば、RBACを、安全にしたり、管理を容易にしたりする機能を欠いている。ロールベースの認可は、単純なグループに基づく認可スキームと比べ柔軟であり、グループやロールの所属とは無関係にユーザーが認可される方式よりも安全である。さらに、ロールベースの権限付与は、ユーザーの組織機能の変化に応じて、たとえユーザーが日々タスクを変更したとしても、リソースへのアクセス権の追加や削除を比較的容易に行うことができる。

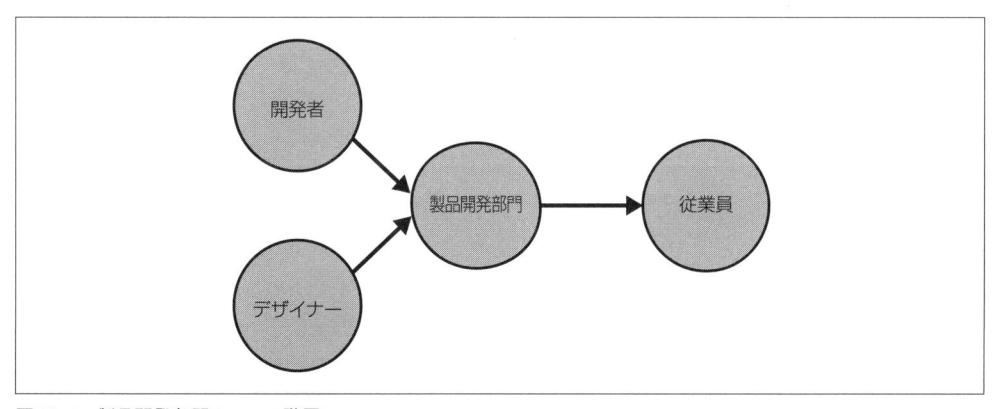

図12-4　製品開発部門のロール階層

## 12.2.5　属性／ポリシーベースのアクセス制御（ABAC／PBAC）

　**属性ベースのアクセス制御（ABAC）とポリシーベースのアクセス制御（PBAC）という用語は、**通常、互換性がある。PBACという用語は、属性よりもポリシーを重視している表現である。RBACはABACの特別なケースと見なすことができ、RBACで存在する唯一の属性はロールである。RBACでは、割り当てられたロールがリソースへのアクセスを決定するために使用される。これは実装が単純で、演算速度が比較的速い。ABACの場合、ポリシーはさまざまなシステムからのより多くの属性を用いて評価される。

　RBACと比較して、ABACはより柔軟で多次元的であるが、通常より演算コストがかかる。ABACでのロールは、ABACポリシーがアクセス決定を行うために使用する数多くの属性の1つにすぎない。たとえば、RBACポリシーでは「学部長」という役職の人は誰でも学生のアカウントにアクセスできるかもしれないが、ABACポリシーでは、MFAを使用して認証された場合に限り、「学部長」という役職の人は、その学部に在籍する学生であれば誰でもリソースにアクセスできるという形で記述されるかもしれない。

　ABACでは、アクセス制御ポリシーを記述するために、複雑なブーリアンルールセット[2]を使用できる。これらのルールを定義する標準的な方法は、eXtensible Access Control Markup Language（XACML、アクセス制御ポリシーの標準言語）を使用することである。これらのルールは、アクセスを要求する側の属性だけでなく、リソースとコンテキスト（検出可能なあらゆる環境特性を含む）に関する属性も考慮する。わかりやすい例は、時間帯や場所などだが、他の要因も含まれる。たとえば、製薬会社であれば、部屋が一定以上の温度であったり、湿度が不十分であったりすると、サンプルを管理するドアを開けることを許可しないかもしれない。

## 12.3　抽象的な認可アーキテクチャ

　認可は一定のパターンに沿っており、その詳細は異なるかもしれないが、認可システムの共通のニーズについて、抽象的なアーキテクチャを使って議論することができる。この抽象的なアーキテクチャは前述のXACML仕様の一部として最初に作成されたが、XACMLを使用しないシステムの場合でも使用されるほど一般的である。その後、このアーキテクチャで定義されたロールは、米国国立標準技術研究所（NIST）によって成文化された[3]。

　図12-5は、抽象的な認可アーキテクチャの動作を示している。

1. Aliceは保護されたリソースを要求する
2. **ポリシー実行ポイント（PEP）はリクエストを見て、Aliceが認可されているかどうか確認するためにポリシー決定ポイント（PDP）にリクエストを送る**

---

※2　訳注：真（True）または偽（False）の2つを使用して条件を定義するルールの集合。

※3　Guide to Attribute Based Access Control (ABAC) Definition and Considerations, NIST Special Publication 800-162, January 2014.

3. PDPは、リソースに関連するアクセス制御ポリシーを、**ポリシー管理ポイント（PAP）**から取得する

4. PDPはリソースとアクセス制御ポリシーに関する情報を使って、**ポリシー情報ポイント（PIP）**からAliceとリソースに関する関連属性を検索し、**PEP**に許可または拒否の答えを返す

5. **PEP**はリソースへのアクセスを許可または拒否する

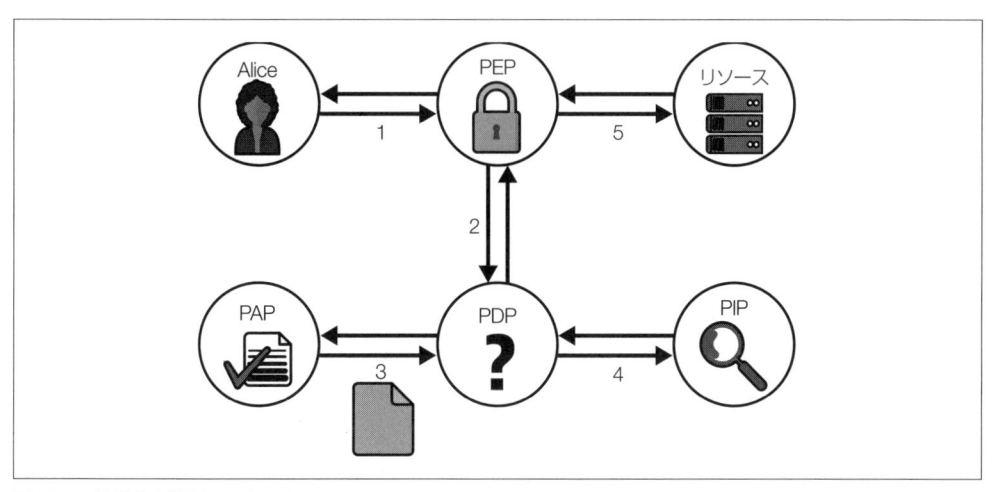

図12-5　抽象的な認可アーキテクチャ

　PEPは、ユーザーがリソースへのアクセスを要求するシステム内のポイントである。PEPはリソースを提供するシステムから独立している必要はない。たとえばAliceがWebページにアクセスしようとするとき、WebサーバはPEPを提供している。PDPはAliceがそのページにアクセスできるかどうかの決定を行う。

　PDPが、特定の主体が特定のリソースにアクセスする権利について決定を下す場合、その決定は**認可決定アサーション（Authorization Decision Assertion：ADA）**と呼ばれる。ADAは、PEPとPDPが合意すればどのような形式でも構わないが、通常は単純で軽量である。

　PDPは多くの場合、PEPを収容するのと同じシステムの一部であるが、そうである必要はない。PEPは軽量であり、保護するリソースの近くに配置されることが多い（クラウドベースのサービスなど）。一方、PDPはPAPやPIPにポリシーやアトリビュートを要求するため、それらのサービスの近くに配置するのがよい。PAP、PEP、およびPIPは、別々のサービスである場合もあれば、すべて一緒に実行されている場合もある。

　PEPとPDPが同じシステムまたはプログラム内に配置されている場合でも、認可をこれら2つの抽象的なシステム間の協調作業と見なすことは有益である。PDPは、事前に設定されたアクセスポリシーに基づいて、利用資格またはパーミッションの決定を行う。

## 12.4 アクセス制御ポリシーの表現と管理

アクセス制御ポリシーは、システムが構築され運用されるコンテキストを定義するのに役立つ。しかし、単にポリシーを書いただけでは、それがITインフラ全体に正しく浸透し、実施されることは保証されない。データ所有者によって自然言語で書かれたアクセス制御ポリシーが、データ管理者を通じて技術チームに翻訳され、技術チームがプログラミングロジックでポリシーを実装しているのを見たことがある。これは変更が難しいだけでなく、そのコードがデータ所有者の意思を忠実に表しているという確信を持つことも難しい。

さらに悪いことに、アクセス制御ポリシーはしばしば自然言語で書かれ、何十、何百もの異なるシステムに個別に実装される。これらのシステムはそれぞれ独自のコンフィギュレーション言語を持っている。さらに問題を深刻にしているのは、アクセス制御ポリシーが変更されるたびに、コンフィギュレーション全体をやり直さなければならないことだ。

アクセス制御アーキテクチャが、アクセスされる特定のリソースから独立してポリシーの決定を行うことを可能にする場合（図12-5）、システムはアクセス制御ポリシーを、レビュー、バージョン管理、参照、使用、保守が可能な成果物として扱うことができる。このようなアーキテクチャには、技術者ではないビジネスオーナーが理解可能な方法で表現できる、機械可読のポリシー言語が必要である。図12-5に示すように、ポリシー言語によって、異なるPDPがポリシーリポジトリ（PAP）から一貫したポリシーを使用できるようになる。

XACMLは、アクセス制御ポリシーを保存・共有するためのOASIS標準であるXMLベースの言語で、バージョン3が最新の仕様である。XACMLは、PDPとPAPによるABACシステムで広く使用されている。ポリシーを表す言語は、XACMLだけでなく、ほかにも存在する。たとえば、Open Policy Agentが使用するポリシー言語（https://www.openpolicyagent.org/）や、AWSのJSONベースのアクセスポリシー（https://oreil.ly/RTuG3）などがある。しかし、ほとんどのコンセプトは似ているので、XACMLを例にして説明する。

XACMLはルールベースの言語であり、命令型ではなく宣言型のポリシーをサポートする。ポリシーのルールを作成することで、アクセスをきめ細かく制御することができる。これらのルールは、以下のような項目に基づくことができる。

- リクエストを行う主体の属性（経理に関わるメンバーのみアクセス可能）
- とるべき行動（ドキュメントを閲覧するのみか、それとも更新するか）
- 時間帯（担当者はシフト時間帯のみログイン可能）
- 認証メカニズム（MFAで認証されたエンティティのみを許可する）
- アクセスに使用されるプロトコル（このリソースに対してHTTPSアクセスは許可するが、HTTPアクセスは許可しない）

論理演算子を使ってこれらを組み合わせると、複雑なポリシーを作成することができる。たとえば、経理部門のユーザーにはHTTPS経由でこのドキュメントを更新することを許可し、他部門のユーザー

にはHTTP経由でいつでもこのドキュメントを読むことを許可するといった形に。

　**ルール**は、XACMLポリシーの基本コンポーネントである。簡単に言うと、ルールには、target（ターゲット）、condition（条件）、effect（効果）が含まれる。**target**は、ルールが適用される組み合わせまたはリクエストを定義する。**condition**は、ルールを適用してよいかについての判定条件（時間帯の判定など）を記載し、その結果は真偽値で表される。**effect**は、targetがマッチし、条件がtrueの場合のルールの結果を定義する。

　ルールは<Policy/>要素に含まれる。この要素には、ポリシー全体が適用されるサブジェクト、リソース、アクションのクラスを定義する<Target/>要素も含めることができる。例として、XACML 3.0仕様（https://oreil.ly/vtzKZ）から抜粋した以下のルールを示す。

```
<Rule
  RuleId="urn:oasis:names:tc:xacml:3.0:example:SimpleRule1" Effect="Permit">
  <Description>
    Any subject with an e-mail name in the med.example.com domain can perform
    any action on any resource.
  </Description>
  <Target>
   <AnyOf>
    <AllOf>
      <Match
        MatchId="urn:oasis:names:tc:xacml:1.0:function:rfc822Name-match">
      <AttributeValue
       DataType="http://www.w3.org/2001/XMLSchema#string"
       >med.example.com</AttributeValue>
      <AttributeDesignator
        MustBePresent="false"
        Category=
          "urn:oasis:names:tc:xacml:1.0:subject-category:access-subject"
        AttributeId="urn:oasis:names:tc:xacml:1.0:subject:subject-id"
        DataType="urn:oasis:names:tc:xacml:1.0:data-type:rfc822Name"/>
      </Match>
    </AllOf>
   </AnyOf>
  </Target>
</Rule>
```

自然言語では、このルールはこうなっている。

　　"med.example.com"ネームスペースに電子メール名を持つユーザーは、どのリソースに対しても、どのようなアクションを実行してもよい。

　XACMLは、決定リクエストのsubject-id属性が、リテラル値med.example.comに対するName-match（特定のマッチング関数）でなければならないと述べている。Name-match関数が真を返す場合、Targetにはこのルールが適用され、ルールはその効果であるPermit（許可）を返す。

　XACMLには**結合アルゴリズム**と呼ばれる概念もある。このアルゴリズムは、複数の（場合によっては競合する）ルールをリソースに適用し、その結果として何らかのアクションを実行することを可能にする。たとえば、このルールが、**deny-overrides**の結合アルゴリズムを持つポリシーの中の唯一のルールであった場合、ポリシーの全体的な効果は、このルールが`Permit`を返さない限りリクエストを拒否することである。

　ルールはリクエストのコンテキストで評価される。たとえば、XACML 3.0仕様の次のようなXACMLリクエストを考える。

```
<Request xmlns="urn:oasis:names:tc:xacml:3.0:core:schema:wd-17"...
    ReturnPolicyIdList="false">
  <Attributes
      Category="urn:...:xacml:1.0:subject-category:access-subject">
    <Attribute IncludeInResult="false"
        AttributeId="urn:oasis:names:tc:xacml:1.0:subject:subject-id">
    <AttributeValue
      DataType="urn:oasis:names:tc:xacml:1.0:data-type:rfc822Name"

      >bs@simpsons.com</AttributeValue>
    </Attribute>
  </Attributes>
  <Attributes
      Category="urn:...:xacml:3.0:attribute-category:resource">
    <Attribute IncludeInResult="false"
        AttributeId="urn:oasis:names:tc:xacml:1.0:resource:resource-id">
      <AttributeValue DataType="http://www.w3.org/2001/XMLSchema#anyURI"
        >file://example/med/record/patient/BartSimpson</AttributeValue>
    </Attribute>
  </Attributes>
    <Attributes
      Category="urn:oasis:names:tc:xacml:3.0:attribute-category:action">
    <Attribute IncludeInResult="false"
        AttributeId="urn:oasis:names:tc:xacml:1.0:action:action-id">
    <AttributeValue DataType="http://www.w3.org/2001/XMLSchema#string"
        >read</AttributeValue>
    </Attribute>
  </Attributes>
</Request>
```

　この`<Request/>`では3つの属性を含む。1つ目は、リクエストを行う主体（bs@simpsons.com）である。2つ目は主体がアクセスを要求したリソース（`file://example/med/record/patient/BartSimpson`）である。3番目は、主体がリソースに対して実行したいアクション（`read`）である。

　ポリシーエンジンはリクエストのコンテキストでルールを評価し、応答を生成する。この場合、`subject-id`が`simpsons.com`であり、ルールのターゲットで要求されている`med.example.com`ではないので前述のルールはマッチしないことになる。応答も XACML の形式で生成される。

```
<Response xmlns="urn:oasis:names:tc:xacml:3.0:core:schema:wd-17"...>
  <Result>
    <Decision>NotApplicable</Decision>
  </Result>
</Response>
```

PEPはこの決定に基づいてアクセスを拒否する。

XACMLは完全な、宣言的なルール言語であり、この単純な例でカバーされている以上に、多くの要素がある。ほとんどの人はXACMLを直接記述しない。その代わりに、商用またはオープンソースのツールを使ってルールやポリシーを記述し、人間にとって使いやすいインターフェースを使用して、XACMLを生成する。ルールを書いたり読んだりする人は、ポリシーがどのように機能するか、サブジェクトとリソースがどのように識別されるか、さまざまなマッチング関数の動作、および条件ロジックの全体的な概念を理解する必要はあるが、XMLを記述できる**必要はない**。

## 12.5　複雑なポリシーセットを扱う

前節で紹介した内容を踏まえると、ABACを用いてポリシーを適用する場合の評価は一見簡単に思える。実際、1つのリソースに対して1つのポリシーだけを分析する場合、誰がアクセスできるかを決定するのは簡単である。しかし、通常は、複数の計算ノード、複数のストレージの位置、複数のネットワークエンドポイントから構成されるコンピューターシステムが利用されている。このようなシステムでは、それぞれが独自のアクセスポリシーを持っている可能性があるため、誰が何にアクセスできるかを判断するのは複雑となる。ハッカーはこの複雑さを利用して、明白ではない侵入経路を見つけるかもしれない。たとえば、ポリシーによってデータベースへの直接アクセスが制限されていても、データベースを使用するアプリケーションサーバへのアクセスに弱いポリシーがあれば、機密データへの意図しないパスが開かれてしまうかもしれない。

この問題に対処するためには、ポリシーをコードとして扱う必要がある。その場合でも宣言的なコードであることは確かだが、それでも実行可能なものであることに変わりはない。これによって、バージョン管理、コードレビュー、テスト、静的解析といった、開発者が自分たちのコードが正しく動作するという確信を得るためによく使うツールが利用可能になり、開発時だけでなく、ポリシーが変更されたときにも同様のツールを適用することが求められる。

## 12.6　デジタル証明書とアクセス制御

11章では、デジタル証明書を認証インフラストラクチャで使用する方法を示した。証明書は単なるデータ構造であり、拡張可能なため、ロールなどのパーミッションやその他の認可情報を格納するために使用することもできる。これらの属性が改ざんされていないことは、認証局の署名によって保証される。このように証明書を使用するには、2つの重要な前提がある。

- 証明書の主体に関するロール、パーミッション、および資格は静的なものであるため、更新頻度の低い証明書にエンコードすることができる
- 証明書内のパーミッションを使用する必要のあるシステムは、そのパーミッションが正しいアクセス制御ポリシーに従って設定されたことを、組織から認証局への信頼の連鎖によって、信頼できるようになる

デジタル証明書を用いたシステムは柔軟性に欠けるのが最大の欠点だ。このシステムでアクセス制御のパーミッションを変更するには、古い証明書を失効させ、新しい証明書を発行する必要がある。最大の長所は、パーミッションが証明書とともに信頼できる方法で移動するため、パーミッションを保存するための複雑なデータベースインフラを必要としないことである。

## 12.7　適切な境界の維持

認可は、認証を補完してアクセス制御の基礎を形成する。多くの点で、認可制御はデジタルアイデンティティシステムの中心となる。アクセス制御は、**ゼロトラスト**と呼ばれるセキュリティ原則の基礎となっている。ゼロトラストは、ファイアウォールのような静的な境界制御に頼るのではなく、デジタルアイデンティティおよびアクセス制御システムを使用して、認可されていないアクセスからリソースを動的に保護する考え方だ。今、私たちの生活の多くが情報システムによって仲介されるようになり、適切な境界制御は効率的なオンライン生活を送る上で非常に重要になっている。アクセス制御システムは、安全で機能的な関係を支えるデジタル世界での境界の基礎となる技術である。

# 13章
# フェデレーション型アイデンティティ
# —堅固な関係性の活用

インドの国民アイデンティティシステムであるAadhaarは、2009年に開始されたもので、すべてのインド国民にバイオメトリクス認証による識別子を与えることを目的としている。インド国民10億人分の虹彩と指紋をスキャンするだけでも、途方もない大きな仕事である。だが、**さらに大きな仕事**は、インドの人々の生活に役立つシステムとすることだ。

2018年、私はインドのバンガロールで開催されたワークショップの運営を手伝うため、他のInternet Identity Workshop（IIW）のオーガナイザーたちとともにインド現地を訪れた[※1]。

偶然にも同じ週に、インド商科大学院のDigital Identity Research Initiative（DIRI）がAadhaarに関するイベントを主催した。DIRIのイベントに参加したことで、私はインドの多くのデジタルアイデンティティシステムの基盤となっているAadhaarについてより深く知ることができた。実際、Aadhaarはヒンディー語で「基礎」や「土台」を意味する（英語では「foundation」に当たる）単語だ。

この週のハイライトは、インドの東海岸に近いヴィジャヤワダ郊外の村を訪れたことだ。Omidyar Network社が私たちのために企画してくれたAadhaarについての研修旅行のおかげである。私たちは肥料配給業者と農家、食糧配給を受ける家族と食糧配給所を運営する人々、地元の病院の保険事務所の職員や銀行の職員たちと話をした。彼らはそれぞれの領域でAadhaarがどのように使われているかを見せてくれた。私たちは課題も目にしたが、現場で働く人々から前向きな話も聞くことができた。

Aadhaarの狙いは、詐欺の低減、課税の効率化、経費の節約である。このプログラムはインドの人々の生活に良い影響を与えているが、（アカウントをリンクさせることによる）プライバシーの喪失や、（バイオメトリクス認証上の制限、システムの誤作動、エラーによる）排除などの懸念もある。

Aadhaarは、フェデレーション型アイデンティティシステムの一例であり、Unique Identification Authority of India（UIDAI）によって運用されている。UIDAIは、各個人に12桁の識別子を発行し、その識別子と個人のバイオメトリクス情報を紐付ける政府機関である。他の政府機関では、UIDAIのシステムを利用して個人の認証を行っている。

---

※1　このワークショップは、インドで開催されたことからInDITAと呼ばれるIEEE Digital Inclusion Through Trust and Agencyのイベントだった。
https://standards.ieee.org/industry-connections/diita/

　これは、**ハブ＆スポーク**と呼ばれる典型的なフェデレーションパターンだ。**アイデンティティプロバイダー（IdP）** をUIDAIが担当し、**リライングパーティ（RP）** の一例としては、私が訪問したような食糧配給所や肥料配給業者、その他の直接的な給付金事業、医療機関、銀行などがこれにあたる。図13-1は、食糧配給所でAadhaar端末の指紋認証リーダーを使って認証している女性である。事実として、ほぼすべての政府事業が、デジタルサービスの提供にAadhaarを利用しているか、利用を計画している[2]。

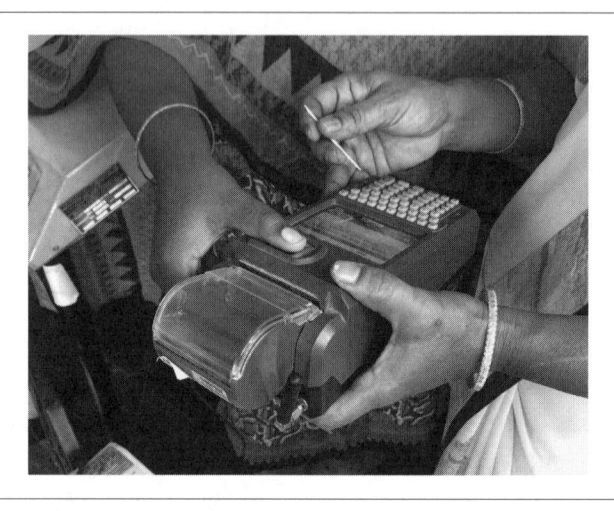

図13-1　Aadhaar端末で指紋をスキャンする（筆者撮影）

　Aadhaarは、その規模と範囲において非常に印象的なものだったが、2022年には、フェデレーション型アイデンティティシステムは世界的な標準となっている。スマートフォンでWebやアプリを利用する人のほとんどが、何らかの組織が提供するアイデンティティシステム（Google、Apple、Facebook、GitHubなど）を使って、別の組織が運営するアプリケーションやサービスを認証している。この章では、さまざまなタイプのフェデレーションとその基礎となるプロトコルについて説明する。

---

[2]　携帯電話プロバイダーのような民間企業は、サービスを利用するための条件として認証されたAadhaar識別子を顧客に要求することで、Aadhaarの認証インフラをそのまま使おうとしたが、2018年のインド最高裁判所の判決によって、それに歯止めがかかった。

# 13.1 フェデレーション型アイデンティティの本質

本書全体で述べてきたように、アイデンティティアカウントの急増は重大な問題を引き起こす。人々は複数のユーザー名とパスワードを覚えるのに苦労するし、組織は、複数のアイデンティティ管理システムを構築し、運用する必要がある。これらの課題に対処するために、**フェデレーション**は2つ以上のシステムにまたがったアカウントのリンクを行う。フェデレーションには、以下のような利点がある。

- さまざまなサービスを受けるために必要なアカウントの数を減らすことで、負担を減らし、ユーザー体験を向上させる
- 覚えなければならないパスワードの数を減らし、1つの認証サービスだけにリソース、ポリシー、運用を集中させることで、セキュリティを強化する
- 組織が多くの認証システムを構築する必要がないため、コストを削減できる

フェデレーション型アイデンティティと**集中型**アイデンティティを対比してみよう。2章で扱ったように、集中型アイデンティティシステムは、アカウントシステムが保護するリソースと同じドメインにあることから、**同居型**と呼ぶことができる。集中型アイデンティティでは、サービスを要求するエンティティをドメインごとに個別に認証する。ネットワーク化が進むにつれ、集中型アイデンティティシステムは少なくなってきている。集中型アイデンティティシステムの小さく身近な例として、個人のコンピューター上のアカウントシステムがある。コンピューターをセットアップするときに、自分用と家族用のアカウントを作成したことだろう。アカウントは、「あなたのコンピューター」という単一のドメインに対応する。しかし、この単純な例であっても、ほとんどの人はコンピューターのアカウントをApple iCloudやMicrosoftアカウントにリンクし、コンピューター上のアカウントとクラウド上のアカウントとの間でフェデレーションさせている。

図13-2に、一般的なフェデレーションパターンを示す。Aliceは、**アイデンティティプロバイダー（IdP）**と呼ばれる左側のシステムで認証を行う。次に彼女は、**リライングパーティ（RP）**と呼ばれる右側のシステムからサービスまたはリソースにアクセスする。IdPとRPの間にはすでに信頼関係があるので、RPはAliceが適切に認証されたと判断する。性質と範囲の沿った信頼関係を確立することが、フェデレーションの種類を決める基準となる。

図13-2のフェデレーション例の結果は、アイデンティティデータがIdPからRPに転送されることである。このデータは、IdPからRPに直接転送される場合がある（**Back-channel presentation**と呼ばれる）。また、Aliceを介して（リダイレクトを用いて）転送される場合もある（**Front-channel presentation**と呼ばれる）。

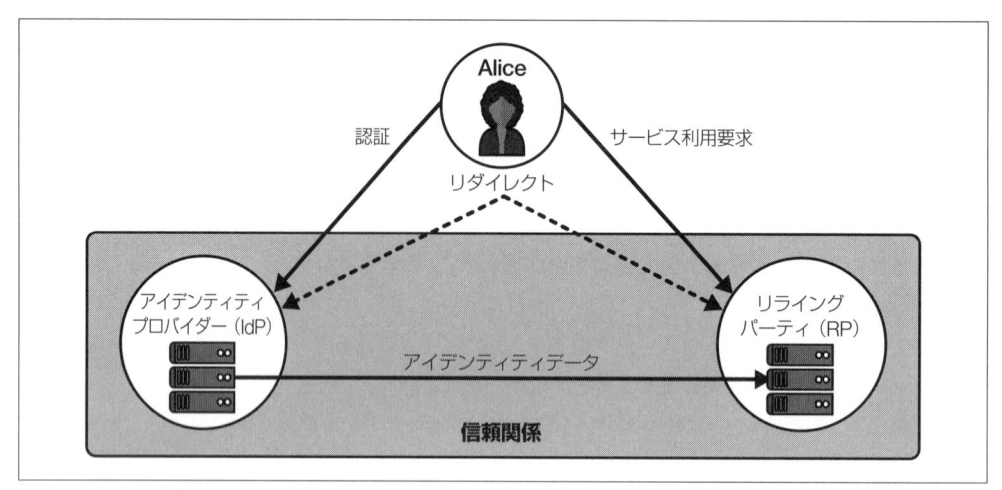

図13-2　一般的なフェデレーションパターン

　フェデレーションは、異なるシステムがそれぞれのアカウントを管理する必要性自体を減らすものではない。図13-2では、IdPとRPは両方ともAliceのアカウントを持っている。フェデレーションは、RPが独自の認証システムを構築し、管理し、サービスする必要性を**減らすだけである**。AliceとIdP、AliceとRPの関係の性質によって、アカウントの構造と属性が異なる。これは、IdPが、信頼関係を通じてAliceの属性の一部をRPと共有する場合でも同じである。RPは、Aliceがアイデンティティデータを提示した後は、IdPのアクティブなセッションに依存すべきではない（RPはAliceとの関係の管理責任を持つべきであり、AliceとIdPの間のセッションで管理するわけではない）。

## 13.2　SSOとフェデレーションの比較

　シングルサインオン（SSO）とフェデレーションは関連しているが、同じものではない。SSOシステムはすべてフェデレーションを使用するが、すべてのフェデレーション型アイデンティティシステムがSSOをサポートするわけではない。あなたも職場でこの違いを実感したことがあるだろう。

　SSOは、何度も何度も認証を要求されないという、合理的なユーザー体験を実現する。しかし現実は、アイデンティティシステムの技術的限界と、その限界を克服するために必要となる困難な作業に対して意志の乏しい多くのIT部門、そしてセキュリティ上の懸念のために、実際にはそのユーザー体験を実現することが難しい。

　それでも、フェデレーションの利用が拡大するにつれ、SSOを利用する機会も増えてきた。たとえば、私が非常勤講師をしているブリガムヤング大学（BYU）のシステムを使うとき、あるシステムから別のシステムへ移動するときでも再認証の必要がないことが多い。しかし、SSOが使えない場所もある。

　たとえば、BYUでは、外部業者が提供する福利厚生管理システムを使用している。その理由のすべ

てはわからないが、BYUと福利厚生管理システムの管理者は、システム間のフェデレーションしないことを選んだため、私はそれぞれのシステムで別のユーザー名とパスワードを使用している。

福利厚生管理システムは、退職給付金管理のために別の会社のサービスを使用している。両者はフェデレーションしており、福利厚生管理システムのWebサイトでは、退職給付金管理Webサイトと同じユーザー名とパスワードを使用できる。また、福利厚生管理サイトでパスワードを更新すると、退職サイトでもパスワードが更新される。しかし、福利厚生管理サイトから退職サイトにアクセスする場合でも、退職サイトには毎回ログインする必要がある。つまり、福利厚生管理サイトと退職管理サイトはフェデレーションをサポートしているが、SSOはサポートしていないことになる。

ドメインをまたぐWebアプリケーションとスマートフォンアプリケーションにおいて、SSOを実装するのは難しい。Webアプリケーションの場合、認証済みのセッションを管理するためにCookieが使用されるが、Webブラウザはリクエスト先のドメインのCookieのみを送信するからだ。たとえば、BYUは学習管理システムとしてInstructure社のCanvasを使用する。BYUの教員と学生がInstructureに使うURLは、canvas.byu.eduではなく、byu.instructure.comである。その結果、キャンバスがBYUをIdPとして使っていても、(Cookieを用いた) SSOとはならない。私はすでにbyu.eduでBYUにログインしているかもしれないが、私が認証されたというトークンを保存したCookieはinstructure.comドメインのサービスには送られない。

## 13.3　クレジットカード業界におけるフェデレーション

クレジットカード業界は、集中型からフェデレーション型アイデンティティ管理への移行、およびフェデレーションモデルの実装における課題について、多くの優れた教訓を与えてくれる。フェデレーション型アイデンティティシステムの中で最も広く普及し、よく知られている例であるため、いくつかの概念を説明するのにこれを使用する。

あなたはVisaとMastercardをアイデンティティシステムと考えたことはないかもしれない。もちろん、VisaとMastercardは主に決済を扱うが、その根底にあるのは、洗練されたアイデンティティ連携のシステムである。

例を見てみよう。1958年、バンク・オブ・アメリカは、当時の顧客が商品を購入する際に少額の消費者ローンを拡張する方法として、初のマルチマーチャント（複数の加盟店で使用可能な）クレジットカード「BankAmericard」を導入した。このクレジットカードには、加盟店として参加したいどの商店も参加することができた。要するに、銀行は取引の決済機関として機能し、顧客の支払い能力を加盟店に対して保証したのである。それ以前は、消費者は個々の商店と直接与信関係を持つだけであった。アイデンティティの観点からは、これらの独立した与信関係のアカウントは、それぞれ独自の識別子と属性ストアを持っていた。

BankAmericardは大成功したため、競争が激化することになった。1966年には、カリフォルニア州の他の5つの銀行が共同で、顧客基盤を大幅に拡大した競合商品である「Master Charge」を発行した。これを受けて、バンク・オブ・アメリカは全米各地の銀行にBankAmericardのフランチャイズ展

開を開始した。これにより、バンク・オブ・アメリカはネットワーク内のすべての加盟店および消費者と、直接の関係を築くことができなくなる。そのためカード発行銀行を通じて加盟店がカードを確認し、関係銀行が取引を決済するための仕組みを構築する必要があった。こうして誕生したのが、フェデレーション型の金融ネットワークとそれを支えるフェデレーション型のアイデンティティシステムである。もともと、各銀行は消費者や加盟店との関係性を独自に管理していた。フェデレーションは、加盟する銀行が相互に情報を交換するための共通のポリシーと技術を用いながら、こうした消費者や加盟店との関係性のデータを発行銀行に残すことを可能にした。

## 13.4　3つのフェデレーションパターン

フェデレーションは3つのパターンのいずれかに分類される。

**アドホック・フェデレーション**

アドホック・フェデレーションは、アイデンティティのフェデレーションを構築したいシステム間または組織間の二者間関係を特徴とする。

**ハブ＆スポーク・フェデレーション**

ハブ＆スポーク・フェデレーションでは、多くのRPが単一のアイデンティティプロバイダーを使用する。

**アイデンティティ連携ネットワーク**

アイデンティティ連携ネットワークは、中央ノードを介さずに多数のプレーヤーが互いにアイデンティティを共有することを可能にする。ノードは、IdPおよびRPの両方として同時に動作することができる。

この3つのパターンはすべて、標準仕様、アーキテクチャ、プロトコル、ガバナンスを必要とする。それぞれのパターンについて順番に説明する。

### 13.4.1　パターン1：アドホック・フェデレーション

アドホック・フェデレーションは、同一組織内または組織の境界を越えて、いくつかのシステム間で行われるもので、通常は特定の問題を解決するために行われる。バンク・オブ・アメリカが1958年にBankAmericardを立ち上げる以前には、商店（マーチャント・セントリック・クレジット・アレンジメント[3]と呼ばれる）を通じて貸金業者と消費者を結ぶアドホック・クレジット・アレンジメントがあった。アドホック・フェデレーションは通常双方向だが、多者間であることもある。

アドホック型のアイデンティティフェデレーションは、ネットワークが最初に発明され、あるシステム上のユーザーが別のシステムにアクセスする必要が生じたときから行われてきた。上で挙げた、BYUをIdPとして使用するCanvasの例は、アドホックなフェデレーションである。どんな規模の組織

---

※3　訳注：小売業者が中心となって信用取引の条件を設定し、顧客に対して後払いを認める仕組み。

でも、さまざまなパートナーと同じような取り決めをしている。クラウドと、サービスとして提供されるエンタープライズソフトウェアの台頭は、アドホック・フェデレーションを一般的なものにした。

　アドホック・フェデレーションは通常、SAML（Security Assertion Markup Language）またはOAuth（どちらもこの章で後述）を使用して、認証サービスを提供したり、アカウントデータを共有したりする。LDAPを使用してディレクトリ情報にアクセスする古いフェデレーション（または古いシステムへのフェデレーション）に遭遇することもあるかもしれないが、それは次第に消えつつある。組織にとっての課題は、購入するソフトウェアごとに独自に標準を採用しているため、複数のプロトコルをサポートしなければならない可能性が高いことである。

　アドホック・フェデレーションの最大の問題は、うまくスケールしないことである。SAMLやOAuthのような標準やプロトコルを使っても、それぞれのフェデレーションは個別に設定する必要があり、通常、カスタムインテグレーションとして、システムの変更に合わせて、時間をかけて設計、構築、維持管理する必要がある。

　組織の境界を越えるフェデレーションについては、法的な契約を結ばなければならない。これらは、双方の法務部門が関与し、カスタマイズされた非定型の契約であることが多い。組織の内部でのフェデレーションであっても、ガバナンスは必要である。組織内のガバナンスは、しばしば異なる部門間での口頭合意という形をとる。このような事態を招かないようにしよう。社内のフェデレーションをすべて文書化することで、ダウンタイム、コスト、そして心の痛みを避けることができる。

## 13.4.2　パターン2：ハブ＆スポーク・フェデレーション

　ハブ＆スポーク・フェデレーションは、アドホック・フェデレーションの課題に対する1つの回答である。ハブ＆スポーク・フェデレーションは、単一のIdPと複数のRPによって特徴付けられる。IdPは通常、専用のサービスであり、すべてのRPのただ1つの認証情報の取得元として機能する。

　クレジットカードの例で言えば、ハブ＆スポークとは、バンク・オブ・アメリカがクレジットに参入した当初の状況、すなわち、BankAmericardがバンク・オブ・アメリカ顧客の唯一のクレジットカード決済機関として機能していた状況である。この場合、複数の銀行の顧客にサービスを提供したい商店は、それぞれの銀行と加盟店の関係性を築く必要がある。アメリカン・エキスプレスとディスカバーは、現在もハブ＆スポーク・フェデレーションとして機能している。

　ある組織がハブ＆スポーク型のフェデレーションを構築する場合、通常は組織が運営するアイデンティティサービスがIdPとして機能し、組織内の他のシステムがRPとして機能する。たとえば、ほとんどの企業内SSOは、ハブ＆スポーク・フェデレーションに依存している。これを完璧に行うには、さまざまな障害がある。たとえば、これらの組織内システムの中には、アイデンティティサービスがサポートするプロトコルを使用していないシステムが存在する可能性がある。また、大規模な組織では、しばしばすでにレガシーなアドホック・フェデレーションが存在し、ハブ＆スポーク型への再構築にはコストがかかりすぎると判断されることが多い。また、アイデンティティ情報のように基盤的なものについて、単一の真実のソースのみを利用するよう統一することは難しい。現代のシステムは、独自のアカウント構造を持つことが期待されているからである。

　その代替策として、組織内のアイデンティティサービスを認証の唯一の方法としながらも、複数のアイデンティティ情報の保存をサポートすることがしばしばある。これらの情報はさまざまなパターンを使用して同期されることになる。このようなアドホックな同期を減らすことは称賛に値する目標だが、費用がかかる。すでにおわかりのように、アイデンティティは関係性をサポートするために使用され、各システムはアイデンティティサービスがどのような共通スキーマで構成されているかによらず、共通スキーマを超えた別のニーズを持っている。アドホック・フェデレーションと同様に、組織内であっても、異なるサービス間の合意を正式に文書化することは有益である。

　2005年以降、OAuthやOpenID Connect（OIDC）といったプロトコルの開発や、外部の組織にサービスを提供するAPIの利用増加を背景に、組織間のハブ＆スポーク・フェデレーションが急速に普及した。Aadhaarや、英国政府のGOV.UK Verifyは、ハブ＆スポーク・フェデレーションである。

　しかし、ハブ＆スポーク型のアイデンティティフェデレーションの利用は、各国の政府機関のみにとどまらない。Meta、Google、X（旧Twitter）、Apple、Amazonなどの企業を介して提供されるソーシャルログインサービスは、OAuth 2.0（この章で後述する）に基づいている[4]。この場合のIdPとRP間の契約は標準化されており、RPは自身の判断に基づきIdPを利用できる。また、ほとんどのIdPには、開発者の負担を軽減し、RPが独自の認証サービスをセットアップする必要をなくすために、さまざまな言語に対応したソフトウェア開発キット（SDK）が用意されている。こうした利点により、このようなサービスは非常に人気が高い。

　ソーシャルログインを使ってアプリやサービスにサインアップしたことがある人は、RPのアプリがほとんどの場合にRP独自のアカウント情報（**プロファイル**と呼ばれることもある）を保持していることを知っているだろう。多くのRPにおいて複数のIdPから選択できるような実装となっていることを考えれば、RP独自のアカウント情報の必要性は明らかである。多くのRP実装のソーシャルログインの弱点の1つは、1つのアカウントを複数のIdPにリンクできないことだ。BYUでは、システムが見たことのない識別子でログインすると、その新しい識別子をすでに確立されたアカウントにリンクするよう促す（図13-3参照）。

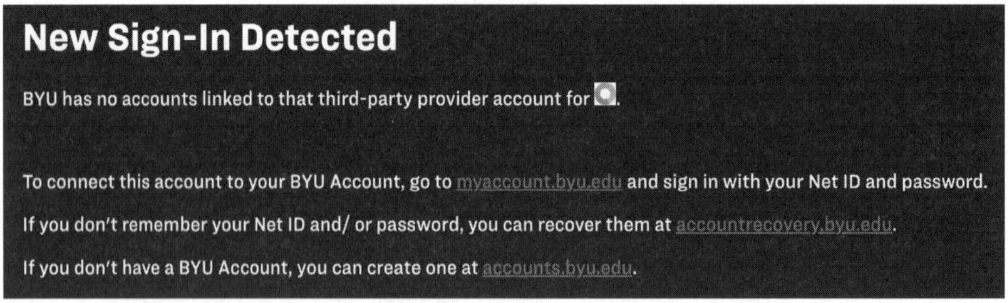

**New Sign-In Detected**

BYU has no accounts linked to that third-party provider account for 🔘.

To connect this account to your BYU Account, go to myaccount.byu.edu and sign in with your Net ID and password.
If you don't remember your Net ID and/ or password, you can recover them at accountrecovery.byu.edu.
If you don't have a BYU Account, you can create one at accounts.byu.edu.

図13-3　新しいサインインを検出すると、既存のアカウントとリンクできるようにする

---

※4　訳注：原著にはOAuth2.0とあるが、実際にはOpenID ConnectやOAuth1.0aを使うものもある。

　アカウントのリンクは、ソーシャルログインを一般の人にとってもっと使いやすくするためのベストプラクティスである。個人的には、どのサイトでどのIdPを使ったかを覚えておくのは大変なので、ソーシャルログインは通常使用しない。私のパスワードマネージャーは、ユーザー名とパスワードの組み合わせによる標準的なログインを、我慢できる程度に使えるようにしてくれるので、それで十分だ。

　この10年間で、Google、Meta、Apple、X、Amazonといった少数の有力企業が、それぞれが管理するアイデンティティドメインの中心的存在として台頭してきた。これらのIdPは非常に大きな影響力を持っている。ハブを担うこれらの企業がルールを設定し、多くの場合自分たちに有利になるようにしているため、フェデレーションを求める小規模な組織は、交渉力をほとんど持たない状況だ。

---

### バンク・オブ・アメリカ：警鐘となる事例

　これは、バンク・オブ・アメリカがクレジットカード事業をフランチャイズ化した後、クレジットカード業界で実際に起こったシナリオである。ライセンス戦略はある程度は成功した。バンク・オブ・アメリカは自社のカードで一定の知名度を獲得したが、同時に、そのシステムは負担に耐えられなくなっていた。BankAmericardシステムは、セキュリティ上の問題、遅延、システム停止に悩まされていた。

　さらに、ライセンシーたちはシステムだけでなく、ライセンス戦略そのものにも不満を抱くようになっていった。彼らはクレジットカードのためのフェデレーションと協力体制の必要性こそ感じていたが、自分たち加盟店の努力を利用して富を築き、協力の条件を一方的に押し付けられるような、1つの大銀行に頭が上がらない状況に不満を感じていたのだ。

　バンク・オブ・アメリカがシステムを支配していた時代、同社は技術上や運営上の負担に苦しんでいた。自社用にクレジットカードを開発したバンク・オブ・アメリカには、他の銀行との相互利用に必要なインフラに、十分なリソースを割くだけの専門知識も意欲もなかった。参加銀行は、分不相応な利息を得るために支払い請求の処理を遅らせ、「加盟店割引」やその他の処理手数料を歪め、不正行為やその他の損失をカバーする責任をめぐって争いを起こしていた。

　ソーシャルログインでは、IdPはフェデレーションをシンプルに保ち、認証とわずかな自己主張（self-attested）属性のみを提供することで、紛争を回避し、他者によるシステムの不正利用を防いできた。IdPは、他のフェデレーションのメンバーと他の分野で競合することがあり、ポリシーの対象となる人々の信頼を完全に獲得することはできない。その結果、ソーシャルログインは、一部のRPになり得る存在に対しては成功していない。たとえば銀行は、ハブ＆スポーク型のフェデレーションシステムを使いたがらない。なぜなら、認証システムとポリシーが他者にコントロールされてしまうからである。

### 13.4.3　パターン3：アイデンティティ連携ネットワーク

　3つ目のパターンは、アイデンティティネットワーク内のフェデレーションである。これは、アイデンティティフェデレーションの技術的、管理的、ガバナンス的側面のみに焦点を当てた、独立したエンティティである。4章では、この種のシステムを**メタシステム**（system of systems）と呼んだ。アイデンティティネットワークは通常、多数の参加者による多対多のアドホックフェデレーションを運用しきれなくなったり、ハブ＆スポーク・ネットワークがそれ自体の重みに耐えきれなくなったりしたときに支持を集めるようになる。

　バンク・オブ・アメリカがBankAmericardのフランチャイズ化を始めてからわずか2年後、状況は手に負えないほど悪化していた。バンク・オブ・アメリカはオハイオ州コロンバスで開催された会議にライセンシーを招集し、問題に対処しようとした。会議は、たちまち険悪な対立の場となった。そこで最後に、シアトルにあるライセンシーの銀行のDee Hock副頭取が立ち上がり、このグループで中核的な問題をさらに深く研究するための委員会を結成することを提案した。参加者は直ちに委員会を設立し、彼を委員長に任命した。

　Hockの委員会は、銀行が協力しあうだけでなく、権限を分散させた新しいタイプの組織を共同で創設することを提案した。Hockは、BankAmericardの連合に参加しながらも、独立した、競合する組織を作り、その組織を用いて、デバイス（BankAmericard）を国境を越えて使用するための基準、規則、プロセスについて合意する必要があると考えた。しかし、BankAmericardのすべての発行者のニーズに等しく対応できなければ、このフェデレーションは長続きしない。

　この提案を受けて、1970年にBankAmericardの連合は独立した。その結果、当初はNational BankAmericard Inc.と呼ばれたが、後にVisaと改名され、独立した組織となった。Visaは、拡大し続ける加盟店の協力を調整するために存在する自律的な組織であり、加盟店は競争しながらもクレジットカードの発行と管理を行うことができる。Visaは、独裁的なBankAmericardのライセンス制度に嫌気がさしていた銀行たちを、共通の目標と新たなビジョンを持って、共通のガバナンスのもとにまとめあげた。これにより、真のネットワークを構築したのである。

　Visaの成功は、独立したアイデンティティネットワークの利点を如実に示している。アイデンティティネットワークの主な使命は、ネットワークに参加する機関の間での円滑な情報交換の確保、技術標準の選択、責任範囲の定義、共通ポリシーの決定、セキュリティおよび詐欺リスクの管理、プライバシーポリシーの施行、メンバー間での問題の解決、政府との連携など、ネットワークのどのメンバーにとっても間接的な課題を処理することにある。アイデンティティネットワークを通じてフェデレーションが実現すれば、ネットワークはアドホックモデルやハブ＆スポークモデルに内在する冗長性を回避し、ネットワークが効果的に拡大し、すべてのメンバーのニーズに応えることに全力を注ぐことができる。

　アイデンティティネットワークは、企業と個人が交流し、取引し、競争するための秩序あるエコシステムを提供することができる。2022年現在、アイデンティティネットワークは数えるほどしか存在せず、まだ普及の初期段階にある。その成長に必要な技術、標準、プロトコル、およびガバナンスは

まだ発展途上にある。強力な法的組織が技術、標準、ガバナンスの構築に挑んだクレジットカードの
ネットワークとは異なり、アイデンティティのネットワークは、インターネットがそうであったように、
プロセスのさまざまな部分で役割を果たす複数の組織とともに発展している。後続の章では、アイデン
ティティネットワークの技術、標準、ガバナンス、および採用について詳しく説明する。

### 13.4.3.1　安全で保護された環境

　アイデンティティフェデレーションのための品質管理された環境を構築することで、アイデンティ
ティネットワークは、不正行為やセキュリティ侵害のリスクを軽減し、実際に発生した侵害による被害
を最小限に抑えることができる。ネットワークは、個々の参加者よりも優れた立場から、監視、認証、
追跡、コンプライアンスの仕組みを設計し、導入することができる。さらに、セキュリティ基準を強制
する能力があるため、ネットワークメンバーの間に弱点が生じないことが保証される。ポリシーに従わ
ないメンバーは、責任を問われたり、再認定の要求、金銭的制裁、資格停止、除名処分の対象となる
可能性がある。

　データと経験を共有することで、ネットワークは犯罪行為のパターンを特定し、個々の組織が個別に
対応するよりも迅速かつ低コストで、犯罪行為に対する効果的な防御策を構築することができる。攻
撃者は、ターゲットがその脆弱性を認識し閉鎖するまで、さまざまなターゲットに対して攻撃パターン
を繰り返す傾向がある。アイデンティティネットワークで可能な共通の慣行および情報共有により、メ
ンバーはフェデレーションに参加しない組織よりもセキュリティで優位に立つことができる。

　アイデンティティネットワークは、オンライン上の個人情報のプライバシー保護にも最適な環境を提
供する。アイデンティティネットワークでは、許可に基づいて個人情報へアクセスするため、1社が個
人識別用情報（PII）を完全に把握することはない。実際、アイデンティティネットワークの分散型の性
質により、個人の明示的な同意がない限り、各当事者はアイデンティティを構成する情報の一部分し
か知ることはできない。人々は自分の個人データへのアクセスを制御することができ、特定のオンライ
ンリソースにアクセスするために絶対に必要なものだけを提供することができる。

　さらに、サードパーティの認証機関が個々のユーザーを認証し、最小限のデータをゼロ知識の技術
で共有する場合[5]、企業は実際にデータを見ることなく個人データを利用することができる。アイデン
ティティネットワークが確立することで実施することができる強力なプライバシー保護は、罰金、法的
賠償、評判の失墜など、プライバシー保護の不備による重大な潜在的コストからネットワークの参加
組織を保護する。

### 13.4.3.2　アイデンティティネットワークは金融ネットワークよりも複雑

　アイデンティティ連携ネットワーク、またはアイデンティティメタシステムを確立するのは簡単な仕事
ではない。クレジットカードのネットワークでは、各取引から少額の手数料を徴収して運営資金を調達
できる。しかし、アイデンティティ連携ネットワークの参加組織は自身の負担で資金を調達しなければ

---

※5　9章のゼロ知識証明の議論を思い出してほしい。

ならない。また、金融サービスのネットワークでは、法的な責任の問題がより深く理解されており、リスクの高いトランザクションに対してはより高い手数料を請求することが比較的容易である。さらに、金融サービスの関係者は多くの法律知識が要求されるため、その法律知識が基本的なルールの確立に役立っている。だが、これらの問題は、アイデンティティ連携ネットワークではまだ解決されていない。

さらに重要なことは、アイデンティティにおける取引の性質は、金融取引よりも複雑だということだ。貨幣は代替可能（fundgible）であり、ある1ドルは別の1ドルで代替ができる。しかし、属性、認可、許可は代替可能ではない。実際、さまざまなアイデンティティのやり取りにおいて重要なのは、それらを代替不可能にすることにあり、私たちは、AliceがBobの認可に基づいてリソースにアクセスできないようにするために多大な努力を払っている。

さらに、アイデンティティネットワークは、金融ネットワークに比べ、はるかに多種のアイデンティティのトランザクションを処理する必要がある。たとえば、運転免許証は、属性のコレクションと、いくつかの許可（合法的に運転できる車種）を含むアイデンティティ文書である。大学の成績証明書は、複数の種類の機関から、まったく異なる形式のアイデンティティ文書として発行され、さまざまな目的で使用される。アイデンティティ連携ネットワークは、これらを含む数多くの種類のトランザクションとガバナンスをサポートする必要がある。4章のメタシステムに関する考察は、これに対応するアイデンティティシステムを構築する方法についてのいくつかのガイドラインを提供する。14章、15章、および16章では、さらに詳しい説明を行う。

## 13.5 信頼の問題に取り組む

アイデンティティのフェデレーションは、当事者間で信頼がすでに確立されている環境でのみ動作する。アドホック・フェデレーションでは、信頼は二者間協定を1つひとつ結ぶことで確立される。このときそれぞれの信頼は、それぞれ個別にすり合わせて作成される。ハブ＆スポーク型フェデレーションでは、信頼関係はIdPとRPの間に作成される。このときの一般的な信頼は、RPがサービスを利用する際に同意しなければならず、条件をそのまま飲むか、飲まずにあきらめるかの二択となる契約の形である。アイデンティティ連携ネットワーク型のフェデレーションでは、特定のエコシステムにおけるプレーヤーの責任を分担または制限する共通のガバナンスモデルを通じて、信頼が確立される。

いずれものパターンでも、信頼は参加者とその関係構造から生まれるものであり、技術仕様だけでは作り出すことはできない。たとえばSAMLは、アイデンティティのアサーションにどの程度の信頼を置くべきかを規定していない。またプライバシーポリシーについても、SAMLや他のアイデンティティ連携の標準では、直接対処していない。各組織は、どの程度のセキュリティ対策とプライバシー保護策が適切であるかを決定し、それに合わせた業務上の基本合意をパートナーと交渉しなければならない。

アイデンティティのフェデレーションは、それ自体が直ちに信頼を確立するものではなく、信頼を伝える存在である。デジタルアイデンティティがアイデンティティドメインを超えて、価値の高いオンライン取引で確実に認証され、利用される環境を構築することは、単にソフトウェア技術の問題ではなく、ビジネス、法律、社会的なプロセスも良い形で確立する必要がある。

デジタルアイデンティティは、単一のビジネスプロセスや単一の関係には必須ではないが、ネットワーク化されたビジネスの基本要素である。最終的に企業は、さまざまなユーザー、パートナー、およびアプリケーションに拡張可能な、信頼できるアイデンティティ連携メカニズムを必要としている。アイデンティティネットワークは、業務上、法律上、およびセキュリティ上の義務が満たされることを保証しながら、それを実現する唯一の効果的な手段であろう。

## 13.6 ネットワークの効果とデジタルアイデンティティ管理

メトカーフの法則（https://ja.wikipedia.org/wiki/メトカーフの法則）について聞いたことのある読者も多いだろう。それは「ネットワークの価値はノード数の2乗に比例して増大する」というものだ。この法則の理由は単純で、ノード間の潜在的な関係、ノード間でのリンクの数に価値があるというものだ。アイデンティティおよびアクセス管理（IAM）システムの管理は、潜在的な関係の数に比例して難しくなっていくため、メトカーフの法則はデジタルアイデンティティアーキテクチャにも当てはまる。

インターネットは、分散型のパケット交換アーキテクチャを採用することで、メトカーフの法則上のネットワークの効果に基づく複雑性を管理している。集中型のアーキテクチャでは、今日のインターネットの規模には対応できなかった。唯一の解決策は、各ノードが十分に高い処理能力を持つことで、インターネット上の任意の2点のホスト間の関係を、中央集権的な調整なしで確立できるようにすることであった。

大規模で集中型のデジタルアイデンティティシステムを構築しようとする努力は、下記に示すインターネットの分散型アーキテクチャの3つの重要な教訓に対する理解を欠いている。

**分散型アーキテクチャはより安全**

インターネットの分散型アーキテクチャと非集中的な性質は、攻撃者が努力を1か所に集中させてネットワークを破ることを困難にする。これとは対照的に、集中型のシステムでは、攻撃者にとってシステムを騙す方法や破壊する方法を学習するメリットが非常に大きいため、攻撃者がシステムを侵害する手段を発見することに多大な投資をする価値がある。

**分散型システムは、商業的または政治的な悪用が起こりにくい**

自分のデータが他人の管理下に置かれることを望む人はいない。なぜなら、データが悪用される可能性があるからだ。私たちが外部からのコントロールを我慢するのは、リスクに見合うだけのメリットがあるからだ。しかし、監視資本主義（Surveillance capitalism）のような問題は、集中型のアーキテクチャの危険性を示している。

**分散型アーキテクチャはより優れた耐障害性を備えている**

分散型アーキテクチャは障害時の機能低下が緩やかで、致命的な障害を受けにくい。これとは対照的に、集中型システムの重要な部分が侵害されると、システム全体が、接続されているすべてのデータとともに信頼できなくなる。

集中化が理論上よりも実際に難しい理由は、数多くの実例が示している。長年にわたり、企業向け

ソフトウェアベンダーは、顧客データやサプライチェーンデータを統合することで、強力な投資効果が得られると主張してきた。エンタープライズ・リソース・プランニング（ERM）、カスタマー・リレーションシップ・マネジメント（CRM）、エンタープライズアプリケーションの統合といった取り組みは、ある程度の価値を提供してきたものの、大きな痛手と導入コストが伴わないことはほとんどなかった。SaaS（software as a service）クラウド製品の台頭は、これらの統合と同期の問題をさらに深刻化させており、その原因は、多くの場合アイデンティティ管理の問題に帰結する。

　ITの課題だけでなく、集中型デジタルアイデンティティシステムでは、主観的およびユーザー行動上の重大な障害にも直面する。人々は、自分の情報をすべて1か所にまとめる作業をしたがらない。また、ユーザー名とパスワードの組み合わせをさらに増やしたいとは必ずしも思わない。単一の企業がアイデンティティデータを独占する可能性や、政府がそのようなリポジトリを使用して個人データにアクセスする可能性への懸念は、必然的に集中型アイデンティティスキームの障害となる。

## 13.7　フェデレーションの方法と標準仕様

　3章でオンラインアイデンティティの問題について論じたとき、インターネットにはアイデンティティのレイヤーがないため、過去数十年にわたって、すべてのWebサイト、サービスプロバイダー、およびアプリケーションが独自の方法で問題を解決してきたと述べた。さまざまな認証および認可方法が爆発的に増えたため、ログインの複雑さを軽減することに非常に関心が集まっている。その結果、21世紀初頭は、アイデンティティ連携の標準仕様が激しく進化した時期であった。この進化の多くは、るInternet Identity Workshop（IIW）のセッションで実現した。このIIWのセッションはさまざまなURLベースの識別子スキームを単一の標準にまとめるため、2005年に私たちが数人で始めたものだ。この後、長年にわたってIIWでは何十回もの会合が開かれてきたが、作業は今も続いている。

　この節では、組織内とオンラインの両方で広く使用されている4つの成熟したアイデンティティ連携の標準仕様について説明する。これらの標準仕様はすべて、組織内と組織間の両方に適用され、ハブ＆スポーク型フェデレーションパターンに重点を置いているが、アドホック・フェデレーションにもよく使用される。14章および15章では、アイデンティティ連携ネットワーク型のフェデレーションに関する新たな標準について説明する。

　これから説明する連携の標準仕様には、以下に示す重要な利点がある。

- フェデレーション相手となるリライングパーティ（RP）は、高コストのアイデンティティインフラ構造や、アカウントサービスに必要なサポート機能（パスワードリセットなど）を提供する必要はない。
- 人々は（そしてシステムも）、認証関係を確立する回数が減るため、多くのパスワードを覚えたり、他の認証要素を多くの場所に保存したりする必要がなくなる。
- 認証フローは、RPが認証要素を知る必要がないように設計されている。これらはすべてIdPのシステムに含まれている。機密情報を扱う部分を減らすことで、セキュリティが向上する。

## 13.7.1 SAML

IAMシステムには、認証および認可のアサーションを作成および配布する方法が必要である。SAML（Security Assertion Markup Language）は、IdPがサブジェクトに関する認証、認可、および属性情報をRPに渡すことを可能にする標準である。

SAMLの仕様では、RPを**サービスプロバイダー（SP）** と呼んでいるので、仕様との整合性のために、この節ではこの用語を使う。IdPがSPに送信する情報は、デジタル署名されたXMLメッセージの形をとる**セキュリティトークン**に含まれる。SAMLは、主にWebベースのクロスドメインSSOに使用される。

SAML 2.0は、SAML 1.1に代わって2005年3月にOASIS標準として批准された。この標準は、4つの主要な仕様で構成されている。

Core

コア仕様は、アサーションクエリおよび要求、認証要求、アーティファクト解決など、主なSAMLプロトコルを定義している。

Binding

バインディング仕様には、SAMLをさまざまなトランスポートプロトコル（HTTPなど）にどのようにマッピングするかが記載されている。

Profile

プロファイル仕様では、SAMLメッセージを他のタイプのメッセージ（SOAPなど）に埋め込んだり、他のタイプのメッセージと一緒に使用したりする方法を説明している。

Metadata

メタデータ仕様は、識別子、バインディングのサポート、エンドポイント、証明書と鍵、その他のメタデータについて、拡張可能な標準を提供する。

さまざまなバインディング、プロファイル、メタデータ拡張をサポートしているため、SAMLは非常に柔軟である。詳しく説明すると本1冊が必要になるので、ここでは最も一般的なものの1つ、Webブラウザのフローに焦点を当てる。しかし、アプリケーションに必要なシステム、トランスポートプロトコル、メッセージング要件、特定のメタデータに関係なく、SAMLを使用できる可能性が高いことを覚えておいてほしい。

IdPは**SAMLオーソリティ**と呼ばれ、**SAML要求**に応答する。SAMLレスポンスは、**アサーション**と呼ばれる。アサーションには3つのタイプがある。

認証アサーション

SAMLオーソリティが特定の主体の認証ステータスに関するリクエストを受け取ると、その結果が**認証アサーション**として返される。たとえば次のような形だ。「example.comのAliceと言う主体は、時刻2023-05-06T13:20:00-05:00に保護された通信経路上でパスワードを使用して認証された」

属性アサーション

　　認証アサーションに加えて、SAMLオーソリティは、主体に関連する属性を要求できる。これらは**属性アサーション**として返される。SAMLオーソリティは、主体 $S$ が値 $X$、$Y$ を持つ属性 $A$、$B$ などに関連付けられていることを表明する。たとえば次のような形だ。「Bobという主体は、Engineeringという値を持つDepartment属性と、bob@engr.example.comという値を持つEmail属性に関連付けられている」

認可アサーション

　　SAMLオーソリティは、特定のリソースに関する主体の許可に関する要求に応えて、**認可アサーション**を返すことができる。たとえば次のような形だ。「http://A.com/services/fooという主体は、アサーションA1、A2、A8によって証明されるように、http://B.com/barにあるファイルを読み取るパーミッションが付与されている」

　SAMLオーソリティは、アサーションを生成するIdPとしても、他のオーソリティからのアサーションを受信し利用するSPとしても機能する。

　アサーションには以下の共通要素がある。

- 発行者の識別子（Issuer）と発行タイムスタンプ（IssueInstant）
- グローバルに一意なアサーションの識別子（ID）
- 主体名（名前とセキュリティドメインを含み、任意で主体の認証データも含む）
- （任意）発行機関が提供する追加情報（advice）
- アサーション有効期間など、アサーションが有効である条件（NotBeforeやNotOnOrAfterなど）
- 受信者の制限（AudienceRestrication）
- アサーションの対象URLなどの、利用対象の制限

　次の例は、SAMLの認証リクエストを示している[6]。

```
<samlp:AuthnRequest
    xmlns:samlp="urn:oasis:names:tc:SAML:2.0:protocol"
    xmlns:saml="urn:oasis:names:tc:SAML:2.0:assertion"
    ID="aaf23196-1773-2113-474a-fe114412ab72"
    Version="2.0"
    IssueInstant="2023-12-05T09:21:59Z"
    Destination="http://idp.example.com/SSOService.php"
    ProtocolBinding="urn:oasis:names:tc:SAML:2.0:bindings:HTTP-POST"
    AssertionConsumerServiceIndex="0"
    AttributeConsumingServiceIndex="0">
  <saml:Issuer>https://sp.example.com/SAML2</saml:Issuer>
</samlp:AuthnRequest>
```

---

[6]　SAMLの例は、WikipediaのSAML 2.0の項目から引用している。
　　https://en.wikipedia.org/wiki/SAML_2.0

　このリクエストは、https://sp.example.com/SAML2というURIで識別されるSPから発行された。SPは認証アサーションを要求している。通常、SPは主体を事前に識別することもせず、その作業をIdPに任せる。

　以下のXMLは、署名付き認証アサーションの例である。

```
<saml:Assertion
    xmlns:saml="urn:oasis:names:tc:SAML:2.0:assertion"
    xmlns:xs="http://www.w3.org/2001/XMLSchema"
    ID="aaf23196-1773-2113-474a-fe114412ab72"
    Version="2.0"
    IssueInstant="2023-12-05T09:22:05Z">
  <saml:Issuer>https://idp.example.org/SAML2</saml:Issuer> ❶
  <ds:Signature
    xmlns:ds="http://www.w3.org/2000/09/xmldsig#">...</ds:Signature> ❷
  <saml:Subject> ❸
    <saml:NameID
      Format="urn:oasis:names:tc:SAML:2.0:nameid-format:transient">
      3f7b3dcf-1674-4ecd-92c8-1544f346baf8
    </saml:NameID>
    <saml:SubjectConfirmation
      Method="urn:oasis:names:tc:SAML:2.0:cm:bearer">
      <saml:SubjectConfirmationData
        InResponseTo="aaf23196-1773-2113-474a-fe114412ab72"
        Recipient="https://sp.example.com/SAML2/SSO/POST"
      NotOnOrAfter="2023-12-05T09:27:05Z"/>
    </saml:SubjectConfirmation>
  </saml:Subject>
  <saml:Conditions ❹
    NotBefore="2023-12-05T09:17:05Z"
    NotOnOrAfter="2023-12-05T09:27:05Z">
    <saml:AudienceRestriction>
      <saml:Audience>https://sp.example.com/SAML2</saml:Audience>
    </saml:AudienceRestriction>
  </saml:Conditions>
  <saml:AuthnStatement ❺
    AuthnInstant="2023-12-05T09:22:00Z"
    SessionIndex="b07b804c-7c29-ea16-7300-4f3d6f7928ac">
    <saml:AuthnContext>
      <saml:AuthnContextClassRef>
        urn:oasis:names:tc:SAML:2.0:ac:classes:PasswordProtectedTransport
      </saml:AuthnContextClassRef>
    </saml:AuthnContext>
  </saml:AuthnStatement>
  <saml:AttributeStatement> ❻
    <saml:Attribute
      xmlns:x500="urn:oasis:names:tc:SAML:2.0:profiles:attribute:X500"
      x500:Encoding="LDAP"
      NameFormat="urn:oasis:names:tc:SAML:2.0:attrname-format:uri"
      Name="urn:oid:1.3.6.1.4.1.5923.1.1.1.1"
```

```
     FriendlyName="eduPersonAffiliation">
     <saml:AttributeValue
       xsi:type="xs:string">member</saml:AttributeValue>
     <saml:AttributeValue
       xsi:type="xs:string">staff</saml:AttributeValue>
     </saml:Attribute>
   </saml:AttributeStatement>
  </saml:Assertion>
```

このアサーションにはいくつかの重要な要素がある。

❶ `<saml:Issuer>`には、`https://idp.example.org/SAML2`という、アサーションを発行する
　IdPの一意の識別子が含まれる

❷ `<ds:Signature>`には、`<saml:Assertion>`要素全体に対するデジタル署名を含む（例では省略）

❸ `<saml:Subject>`は不透明（opaque）な仮の識別子（3f7b3dcf-1674-4ecd-92c8-
　1544f346baf8）を用いて認証されたプリンシパル[7]を識別している

❹ `<saml:Conditions>`は、アサーションが有効であると判断される条件を示す。ここでは、特定
　の日付範囲内であり、受信者が`https://sp.example.com/SAML2`内であることが条件となる

❺ `<saml:AuthnStatement>`は、IdPでどのような認証行為が行われたか、すなわち
　PasswordProtectedTransportであったことが示されている

❻ `<saml:AttributeStatement>`では主体に関連する属性を示す。具体的には属性
　eduPersonAffiliationが値memberとstaffの2つの値を持つことを示している

## 13.7.2　SAML認証フロー

　SAML標準は非常に柔軟であるため、さまざまな使用方法が考えられる。最も一般的な使用例は、
図13-4に示す認証フローである。ここでは、Aliceは、雇用主が選択したサードパーティの福利厚生
サービスが提供するサービスにアクセスしている。フローには以下のステップがある。

1. Aliceは**ユーザーエージェント**（たとえばWebブラウザ）を使って、サービスプロバイダーが提
　供するサービスにアクセスする。SPは1つ以上のアイデンティティプロバイダー（IdP）とフェデ
　レーション契約を結んでいる。複数のIdPが存在する場合、AliceからのリクエストにはSPが適
　切なIdPを選択できる情報を含める必要がある（たとえば、サードパーティの福利厚生サービス
　が複数の雇用主と連携している場合、リクエストはAliceの雇用主を特定する必要がある）。

2. SPは、ユーザーエージェントをIdPにリダイレクトする応答を送信する（たとえば、HTTP 302応
　答を使用して）。この応答にはSAML**認証リクエスト**が含まれている。この例のIdPは、Aliceの
　雇用主によって運営されている。

3. ユーザーエージェントは、リダイレクト応答で特定されるIdPに認証要求を中継する。

---

※7　訳注：SAMLにおける認証プロセスの対象となるエンティティ（多くは認証されるユーザー）のこと。

4. 必要であれば、IdPはAliceを認証する。AliceがすでにIdPとの有効なセッションを持っている場合、本ステップは省略される。

5. IdPは認証リクエストを処理し、アサーションを生成する。アサーションは、**認証アサーション**としてAliceのユーザーエージェントへの応答に含まれる。

6. このユーザーエージェントへの応答はリダイレクトでもあり、ユーザーエージェントはリダイレクトを用いて、アサーションをSPにリレーする。

7. アサーションの内容が肯定的だった場合、SPはステップ6でリレーされたリクエストに応答してセッションを確立する。Webブラウザの場合、セッションには通常Cookieが用いられる。この時点で、AliceはSPに**ログオン**したと言える。

8. AliceはSPで保護されたリソースをリクエストする。

9. AliceはすでにIdPを通して認証されているので、SPは保護されたリソースを含む応答を返す。

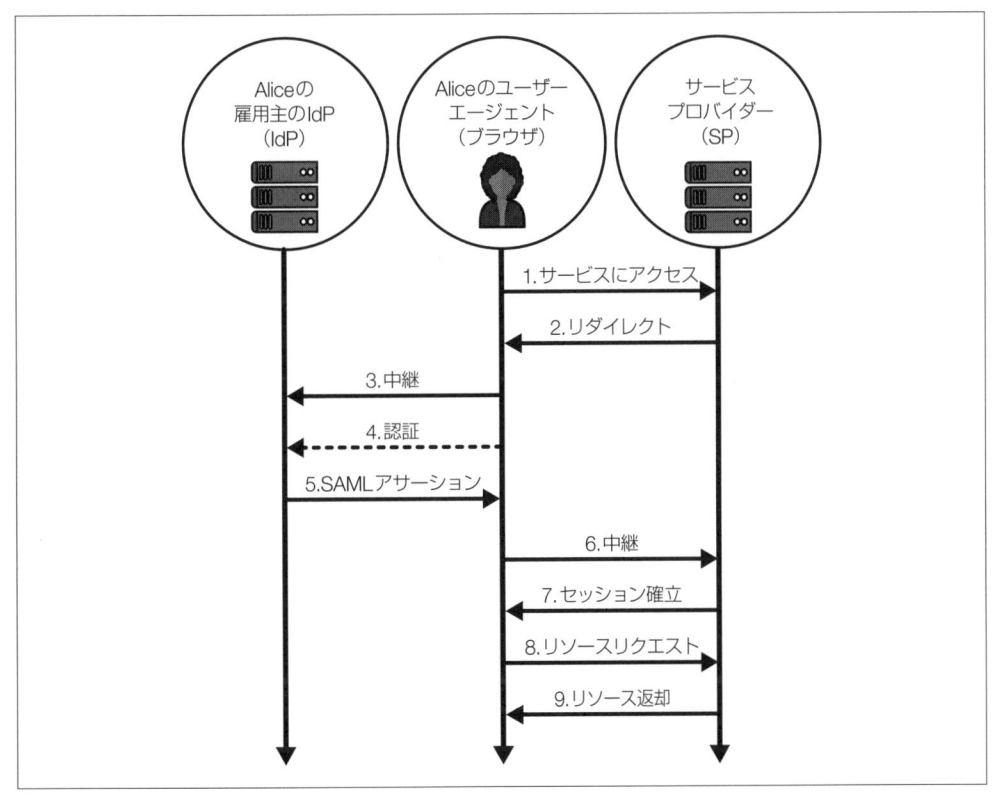

図13-4 典型的なSAML認証フロー

図13-4に示すフローでは、認証セレモニーはAliceによって開始される。ただし、SPまたはIdPがフローを開始する場合もある。SPがフローを開始する場合、ステップ1はスキップされる。IdPがフロー

を開始する場合、ステップ1～4はスキップされる。たとえば、Aliceが雇用主のWebサイトにいて、サードパーティの福利厚生サービスに行くためのリンクをクリックするかもしれない。雇用主のWebサイトは、Aliceをステップ1から開始するのではなく、Aliceが誰で何にアクセスしたいかを知っている（URLに含まれているため）ので、最初からアサーションを生成して、Aliceのリクエストに対するリダイレクト応答として送信することで、ステップ5から開始することができる。

### 13.7.3　SCIM

6章では、デジタル関係のライフサイクルについて説明した。アイデンティティ関係を作成したり、伝播したり、更新したり、終了したりすることは、単一のシステムでは比較的簡単である。しかし、フェデレーションは、これらの作業をより困難にする。System for Cross-domain Identity Management（SCIM、https://simplecloud.info/）は、このような重要な作業を実行するための標準仕様である。

現代の組織は通常、アイデンティティデータの中央リポジトリとして機能するIAMシステムを備えている（常に単一の真実のソースによるものではないが）。また、多数のオンプレミスおよびクラウドベースのシステムを使用して業務を遂行する。これらすべてにおいて、IAMシステムからアイデンティティデータを取得し、またIAMシステムにアイデンティティデータを送り返す必要がある。

SCIMは、標準化されたJSONスキーマを用いて、**ユーザー**と**グループ**を幅広く**リソース**として識別する。また、これらのリソースを操作するためのRESTful APIも提供する。たとえば、ユーザーリソースは次のようになる。

```
{
  "schemas": ["urn:ietf:params:scim:schemas:core:2.0:User"],
  "id":"2819c223-7f76-453a-919d-413861904646",
  "externalId":"dschrute",
  "meta":{
    "resourceType": "User",
    "created":"2011-08-01T18:29:49.793Z",
    "lastModified":"2011-08-01T18:29:49.793Z",
    "location":"https://example.com/v2/Users/2819c223...",
    "version":"W\/\"f250dd84f0671c3\""
  },
  "name":{
    "formatted": "Mr. Dwight K Schrute, III",
    "familyName": "Schrute",
    "givenName": "Dwight",
    "middleName": "Kurt",
    "honorificPrefix": "Mr.",
    "honorificSuffix": "III"
  },
  "userName":"dschrute",
  "phoneNumbers":[
    {
      "value":"555-555-8377",
      "type":"work"}
```

```
    ],
    "emails":[
      {
      "value":"dschrute@example.com",
      "type":"work",
      "primary": true
      }
    ]
  }
```

　リソースは、使用されているスキーマで識別され、レコード識別子、ユーザー識別子、メタ情報を提供し、多くのクレームを含む。

　SCIMリソースで使用できるREST操作は以下の通りである。

### 作成（Create）

POST https://example.com/{v}/{resource}

### 表示（Read）

GET https://example.com/{v}/{resource}/{id}

### 差し替え（Replace）

PUT https://example.com/{v}/{resource}/{id}

### 削除（Delete）

DELETE https://example.com/{v}/{resource}/{id}

### 更新（Update）

PATCH https://example.com/{v}/{resource}/{id}

### 検索（Search）

GET https://example.com/{v}/{resource}?filter={attribute}{op}{value}
&sortBy={attributeName}&sortOrder={ascending|descending}

### バルク操作（Bulk）

POST https://example.com/{v}/Bulk

　URL中の{v}はバージョン番号で、{resource}はユーザーまたはグループを指す。

　IAMシステムおよびサービスは、アイデンティティデータの交換にSCIMを使用するためにこのAPIを実装する。ほとんどの一般的なIAMシステムは、多くのオンプレミスおよびクラウドベースのサービスプロバイダーと同様に、SCIMをサポートしている。SCIMは、関係性のライフサイクルを自動化する標準的な方法を提供し、アカウント管理の一元化を可能にし、管理タスクを簡素化する。

## 13.7.4　OAuth

OAuthは、非常に具体的な目的のために発明された[8]。人々が認証要素を共有することを要求することなく、自分のアカウントに関連付けられたリソースへのアクセスを制御できるようにするためである。OAuthがこの章で説明する他のフェデレーションプロトコルと異なるのは、その目的が認証ではなく、アクセス制御（認可）にあることだ。

OAuthの主なユースケースは、APIを使ってアカウント内のデータにアクセスすることである。たとえば、Receiptify（https://receiptify.herokuapp.com/）サービスは、Spotify、Last.fm、Apple Musicで最近聴いた再生履歴のリストを、買い物のレシートのように作成する。図13-5は、最近聴いた再生履歴のレシートである。

OAuth以前は、Alice（**リソース所有者**）がReceiptify（**クライアント**）にSpotify（**リソースサーバ**）の履歴へアクセスさせたい場合、AliceはSpotifyのユーザー名とパスワードをReceiptifyに教える。Receiptifyはユーザー名とパスワードを保存し、彼女の代わりにSpotifyにアクセスする必要があるたびに、Aliceになりすます。Aliceのユーザー名とパスワードを使うことで、ReceiptifyはSpotify上の彼女のデータにアクセスするAliceの暗黙の許可を持っていることを証明する。これは「パスワードのアンチパターン」と呼ばれる。

パスワードのアンチパターンには、いくつかの重大な欠点がある。

- リソースサーバは、ユーザーとAPIにアクセスする他のサーバを区別できない
- パスワードを他のサーバに保存すると、セキュリティ侵害のリスクが高まる
- リソースサーバは誰がログインしているのかわからないので、細かいパーミッションをサポートするのは難しい
- 共有パスワードは取り消しが難しく、変更時には複数の場所で更新しなければならない

OAuthは、リソースサーバを、アクセスを委任するフローの一部にすることで、これらの問題を解決するために設計された。この設計により、リソースサーバはリソース所有者にどのような許可を付与するかを尋ね、アクセスを要求する特定のクライアントのためにそれを記録することができる。さらに、リソース所有者が持っているクレデンシャルや、ユーザーが許可した他のクライアントが使っているクレデンシャルとは別に、クライアントに独自のクレデンシャルを与えることができる。

---

[8] 本書で「OAuth」と言う場合、OAuth 1.0aではなく、より新しいOAuth 2.0プロトコルを指す。OAuth 1.0aで保護されたAPIに出くわすことはあるかもしれないが、OAuth 1.0aは新しい開発では考慮すべきではない。

```
RECEIPTIFY
HEAVY ROTATION

ORDER #0001 FOR RECEIPTIFY
THURSDAY, JUNE 16, 2022
-------------------------------------
QTY  ITEM                       AMT
01   TENDERNESS - JD SOUTHER      10
02   NATURAL HISTORY (EXPANDED    13
     EDITION) - JD SOUTHER
03   LAWYERS IN LOVE - JACKSON     8
     BROWNE
04   SOLO ACOUSTIC, VOL. 2        19
     (LIVE) - JACKSON BROWNE
05   SOLO ACOUSTIC, VOL. 1 -      20
     JACKSON BROWNE
06   LATE FOR THE SKY - JACKSON    8
     BROWNE
07   TIME THE CONQUEROR -         10
     JACKSON BROWNE
08   ALL TIME GREATEST HITS -     20
     ROGER MILLER
09   COLD HEART (PNAU REMIX) -     1
     SINGLE - ELTON JOHN & DUA
     LIPA
10   MARLISA, VOL. 1 - EP -        6
     MARLISA
-------------------------------------
ITEM COUNT:                       10
TOTAL:                           115

CARD #: **** **** **** 2021
AUTH CODE: 123421
CARDHOLDER: RECEIPTIFY

THANK YOU FOR VISITING!

receiptify.herokuapp.com
```

図13-5 Receiptifyから取得した、2022年6月16日の音楽再生の履歴

### 13.7.4.1 OAuthの基本

OAuthはアクセス制御のためのプロトコルである（https://oreil.ly/iPhx9）。そのため、特定のロールを持つ複数のアクター間の相互作用を定義する。これらの相互作用の中心人物は**リソース所有者**だ。

これは**クライアント**のリソースへのアクセスを制御するアクター（ほとんどの場合は人間）[9]である。図13-6は、これらのアクターとそれらの相互関係を示している。

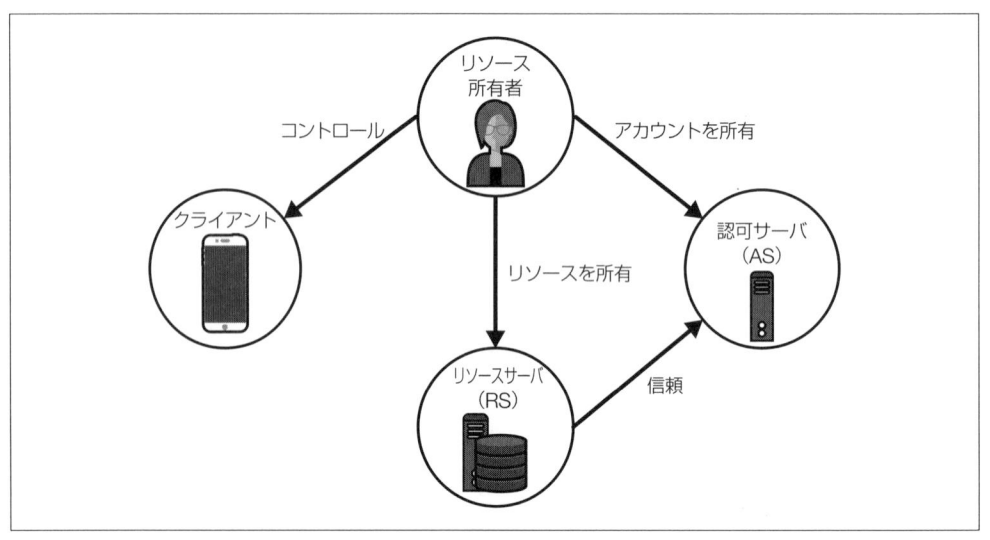

図13-6　OAuthプロトコルのアクター OAuthプロトコルのアクター

　リソース所有者は**リソースサーバ**（RS）上にリソースを持ち、RSはアクセスを制御することでリソースを保護する。サーバはクラウドベースのAPIかもしれないし、接続されたデバイスかもしれない。リソース所有者は**認可サーバ**（AS）も指定する。ASはRS上のリソースにアクセスするためのトークンを発行する。RSとASは同じであることが多いが、そうである必要はない。これらのアクター間のやり取りの結果、ASはクライアントに**アクセストークン**を付与し、それをRSに提示することで保護されたリソースにアクセスできるようになる。クライアントはASに登録し、クライアント識別子（client_id）とクライアントシークレット（client_secret）を受け取り、OAuthフローの間でASにクライアント自身を識別させるために使用する。

　先に、OAuthは認証プロトコルではなく、認可プロトコルであると述べた。アクセストークンは通常不透明（opaque）な値で、クライアントにはリソース所有者についてどんな情報も与えない。さらに、アクセスされるリソースはアイデンティティ情報を持っているかもしれないし、持っていないかもしれない。OAuthはAS、RS、クライアントが、OAuthトークン以外のユーザーの識別子を共有することを前提としていない仕様である。13.7.5（230ページ）では、OAuthをベースにした認証プロトコルであるOpenID Connect（OIDC）について説明する。

　OAuthには、トークンの取得とトークンの使用という2つの主要なアクティビティがある。

---

※9　クライアントとは、OAuth仕様がRPに使用している名称である。通常**ユーザーエージェント**と呼ばれるブラウザと、クライアントとを混同しないこと。リソースへのアクセスに興味があるのは、ブラウザではなく、Webページやアプリである。

### 13.7.4.2 トークンの取得

　アクセストークンを取得するために、クライアントはASとやり取りする。この過程（**フローと呼ばれる**）には4つの方法がある。これらは正式には**認可グラントタイプ**と呼ばれるが、多くの人は「OAuthフロー」と呼ぶ。異なるフローは、異なるタイプのクライアントやアクセスシナリオに対応するために存在する。

　　認可コードグラント

　　**認可コード付与**は最もよく使われるOAuthフローであり、「OAuthと言えば」ほとんどの人がこのフローを指す。ソーシャルログインを使ったことがあるなら、このフローを使ったことがあるはずだ。図13-7に認可コードグラントを示す。

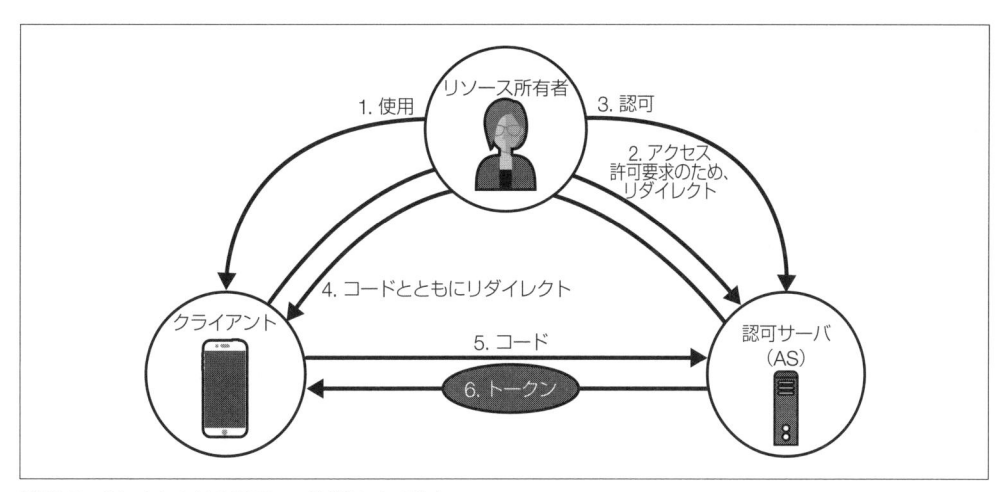

図13-7　OAuthにおける認可コードグラントの流れ

　　　このフローでは、リソース所有者はクライアントを使用し、自身のリソースへアクセスさせる（ステップ1）。クライアントはリソース所有者にリソースへのアクセス許可を求め、リソース所有者をASにリダイレクトする（ステップ2）。そこでリソース所有者は、**パーミッション画面**と呼ばれるページを見る。この画面には、クライアントが要求しているパーミッション（**スコープと呼ばれる**）がリストされている。リダイレクトには、クライアントがASに登録したときに受け取った認証情報の形で、クライアントに関する情報が含まれている。リソース所有者は「承認」（または同様のラベルのボタン）をクリックして同意することができる（ステップ3）。リソース所有者がアクセスを許可するために「承認」ボタンをクリックすると、ASからの応答はリソース所有者のブラウザをクライアントにリダイレクトする（ステップ4）。リダイレクトURLは、URLのクエリ文字列内に1回限りの不透明なコードを保持する。クライアントはこの認証コードを、ASに登録した際に受け取ったクライアントIDと秘密情報とともに、バック

チャネルで実際のアクセストークンと交換することができる（ステップ5と6）。

明らかに、このフローは、リソース所有者がASと対話するために存在し、クライアントはリソース所有者がWebブラウザを介してASと対話することを許可できる場合にのみ使用可能である。Webサイトはこの説明に当てはまるし、組み込みブラウザを使用できるデスクトップやモバイルのアプリケーションも同様である。

### インプリシットグラント

認可コードグラントと同様に、**インプリシットグラント**フローは、リソース所有者をASにリダイレクトし、そこでサインインし、クライアントにリソースへのアクセス許可を明示的に付与する。違いは、返される内容にある。認可コードグラントとは異なり、インプリシットグラントは、リソース所有者がクライアントにリダイレクトされたときにアクセストークンを**直接**返すので、図13-7のステップ4と5はスキップされる。

インプリシットグラントは、何らかの理由でアクセストークンを秘密にしておくことができないクライアントを想定している。そのため、返されるアクセストークンは通常、限定されたパーミッションしか持たず、通常は短期間しか有効でない。また、アクセストークンの有効期間を延長するためのリフレッシュトークン（後述）は付属しない。

### リソースオーナーパスワードクレデンシャルグラント

**リソースオーナーパスワードクレデンシャルグラント**では、クライアントはリソース所有者のユーザー名とパスワード（または必要に応じてその他のクレデンシャル）を収集し、それらをアクセストークンと交換する。前述したパスワードのアンチパターンのように感じるかもしれないが、リソース所有者のクレデンシャル付与では、クライアントはユーザー名とパスワードを保存せずに、単に交換することとなっている。リダイレクトが不可能なモバイルアプリやその他のユースケースでは、これが望ましい場合がある。

このグラントタイプは最適ではないと考える人も多いが、Webリダイレクトに依存しないという特徴は、複雑なHTTPインタラクションを行うためのWebインターフェースや、十分な処理能力を持たないIoTデバイスに適している。

### クライアントクレデンシャルグラント

**クライアントクレデンシャルグラント**は、ASが登録時にクライアントに与えたクレデンシャルのみを使用して、クライアント自身の権限でリソースにアクセスできるようにする。これは、クライアントがRS APIを「起動」したり、クライアント情報を提供したり、リソース所有者のアカウントを作成したりする際に有用だ。ほとんどのAPIプロバイダーは、そのプラットフォーム上でアプリケーションを構築する人々のために、クライアントのクレデンシャルとしてクライアント識別子とキーを提供している。これらの識別子とキーは、クライアント単位で利用される機能のAPIのためにクライアントクレデンシャルグラントでも使用することができる。

このグラントは、組織がアクセス制御にOAuthを使用しているが、クライアントとRSの両方

を制御している場合にも適用される。たとえば、ある組織がシステムを管理するために管理アプリケーションを使用している場合、そのアプリケーションはデータのリソース所有者ではないものの、他の正当な理由で管理権限でのアクセスが必要なときに、リソースへのアクセスを得るためにクライアントクレデンシャルグラントを使用するかもしれない。このフローのもう1つの使用法は、RS上のリソースが公開と見なされている状況で、RSが知っているクライアントのみがリソースにアクセスしていることを保証する必要がある場合である。

### 13.7.4.3　リフレッシュトークン

アクセストークンは持参人式トークン（bearer token）であり、アクセストークンを所有するものであれば、誰であってもリソース所有者に代わってリソースにアクセスできる。アクセストークンの紛失を防ぐため、アクセストークンは通常、有効期限付きで付与される。ASは同時に、アクセストークンを更新するために使用できる**リフレッシュトークン**をクライアントに与えることができる。リフレッシュトークンはクライアントからRSに送られることはなく、クライアントからASのみに送られる。その結果、RSはアクセストークンを保存して有効期限を越えて利用することができない。この制限は、リソース所有者によるリソースへのアクセス制御を強化する。

OAuth 2.0仕様では、各種トークンについて特定のデータ構造を定めず、特定のデータ構造であることを要求しない。通常、アクセストークンやリフレッシュトークンは不透明（opaque）な長い文字列で、実際の情報が格納されるデータ構造へのキーとしてのみ有用となる。

### 13.7.4.4　OAuthスコープ

先に述べたように、リソース所有者が許可を与えたり拒否したりできるページには、RSがどのような許可を要求しているかが表示されるかもしれない。これはUXデザイナーによって書かれた自由形式のテキストではなく、スコープによって制御されている。**スコープ**とは、クライアントがトークンを要求するときに要求する許可の範囲を定めたもののことで、クライアントを書いた開発者によってコード化される。

図13-8は、X（旧Twitter）アカウントの所有者である私が、RevueとThread Readerという2つの異なるアプリケーションに対してパーミッションを付与する画面を示したものである。

これらの認証画面について注意すべき点がいくつかある。第一に、これらの画面を表示しているのはXであり、クライアントではない（ブラウザウィンドウのURLに注意）。第二に、クライアントはこれら2つのアプリケーションに対してまったく異なるスコープを求めている。Revueは私のプロフィールの更新、ツイートの投稿と削除の許可を求めているのに対し、Thread Readerは私のアカウントへの読み取り専用アクセス権だけを求めている。最後に、Xは誰がアクセスを求めているのかを明確にしている。ページ下部には、クライアントが要求しているアクセス許可を確認するよう、注意するよう警告している。

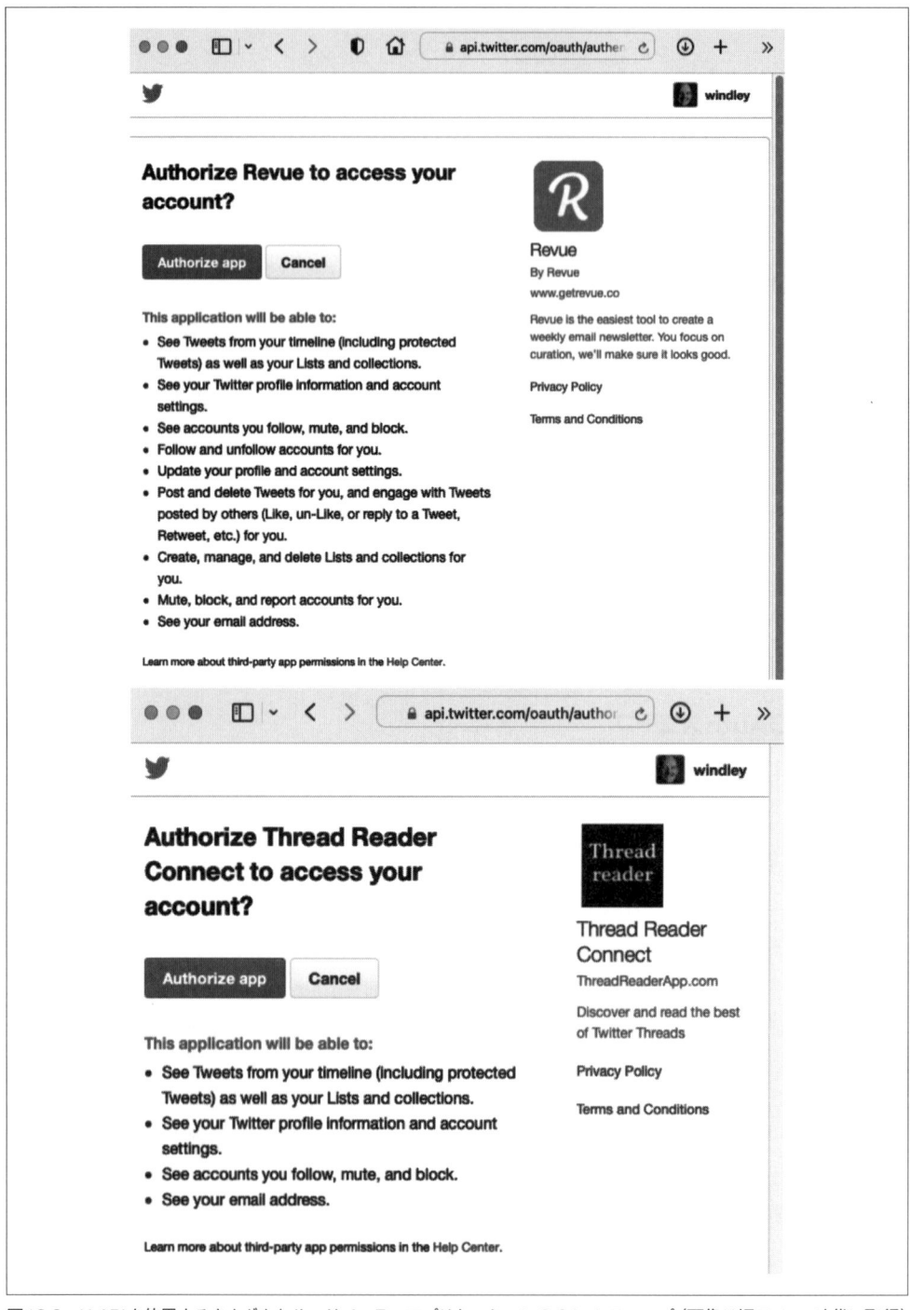

図13-8　X APIを使用するさまざまなサードパーティアプリケーションのOAuthスコープ（画像は旧Twitter時代に取得）

### 13.7.4.5 **トークンの使用**

クライアントがアクセストークンを手に入れた後、アクセストークンを利用するのは簡単だ。図13-9にOAuthトークンを使用する際の標準的なインタラクションを示す。クライアントはリソースへのアクセスが必要なときに、アクセストークンをRSに提示する。

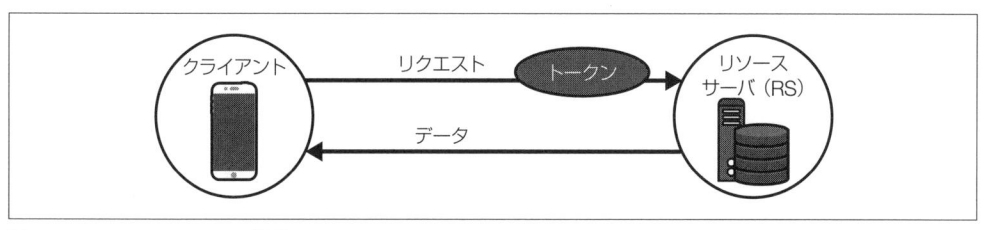

図13-9　アクセストークンの使用

標準的なやり取りでは、クライアントがHTTP Authorizationヘッダーの先頭にBearerという文字列を付けてアクセストークンを提示する形になる。これは、アクセストークンが持参人式トークン（bearer token）であることを示すものだ。RSは、誰がアクセストークンを提示したかに関わらず、リソース所有者から与えられたパーミッションに従ってリソースへのアクセスを提供する。したがって、トークンを安全に管理することが最も重要となる。

図13-10は、12章のアクセス制御の議論に登場した、抽象的な認可アーキテクチャを表したものである。

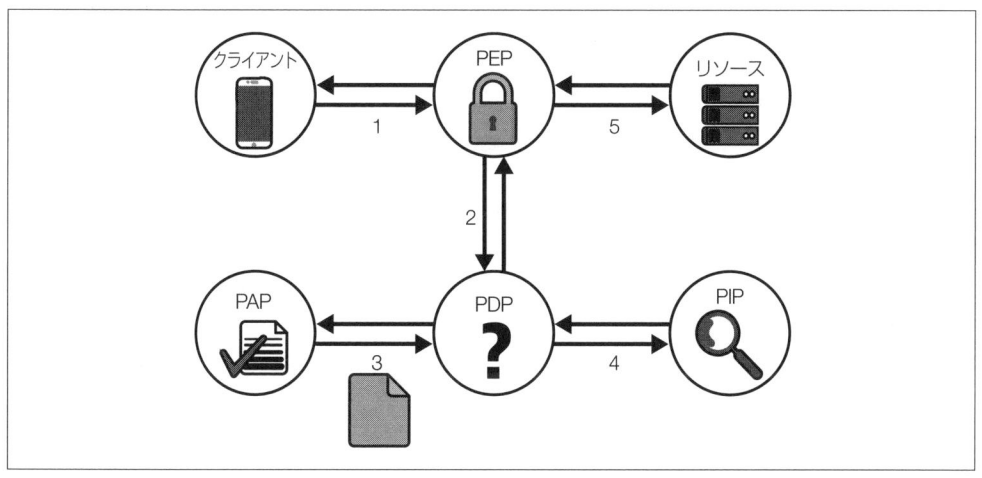

図13-10　抽象的な認可アーキテクチャ

この抽象的なアーキテクチャとOAuthの間には、以下のようなマッピングが可能だ。

- （Aliceではなく）クライアントがリソースへのアクセスを要求している。Aliceはアクセスを承認

するが、抽象的な認可アーキテクチャのアクターには現れない。

- OAuthのASはPAPとPDPのロールを担う。また多くの場合、PIPのロールも担う。
- OAuthのRSはPEPのロールを担う。

抽象的なアーキテクチャには示されていないが、リソース所有者は、PAPとやり取りして許可を与えている。

## 13.7.5　OpenID Connect（OIDC）

私が同僚とIIWを始めた2005年当時、Simple eXtensible Identity Protocol（SXIP）、Light-weight Identity（LID）、Extensible Resource Identifier（XRI）、OpenIDという4つの異なるURIベースのアイデンティティスキームが提案されていた。

その後数年間、そして数回のIIWを経て、これらの標準の支持者たちは、それぞれの最良のものを単一の仕様にまとめ、OpenIDと呼ぶようになった。最終的に、これらの議論の参加者は、仕様を監督し、オンライン認証のオープンスタンダードとして実装し販売するための追加作業を行うOpenID Foundationを結成した。

OpenIDにはOpenID 1とOpenID 2という2つの異なるバージョンがあった。どちらもリダイレクトを使用して、アイデンティティの所有者をフローの中間に置いた。これらの標準は人気を博したが、いくつかの問題に悩まされた。

- OpenIDでの識別子はURIに基づいていた。人気のあるOpenID URIのワンクリックボタンで問題を解決しようとすると、ログインページは人気のあるOpenID IdPのロゴで埋め尽くされてしまった（これは**NASCAR問題**と呼ばれるようになった）。
- OpenIDは、2000年代後半にニーズが高まっていたAPIやモバイルアプリとはあまりフレンドリーではなかった。
- OpenIDは、署名と暗号化の強固なサポートを提供していなかった。

これらの問題のうち、2番目と3番目の問題がOAuthの開発につながった。その作業の多くは、IIWでOpenIDの開発に取り組んだのと同じメンバーによって行われた。

これまで述べてきたように、OAuthは認証プロトコルではなく認可プロトコルだ。アクセストークン以外には何も転送しない。トークンは、リソース所有者が許可を与えたという暗黙のアイデンティティを含んでこそいるが、RPはそれ以上のものを必要とすることがよくある。だが、この制限があるにもかかわらず、2000年代後半から2010年代前半にかけて、主要なソーシャルメディア企業やその他多くの企業がログインにOAuthを使い始めた。

OIDCはOAuthの自然な拡張仕様として作られている（https://openid.net/developers/how-connect-works/）。OIDCでは、OAuthの上に識別子や属性を移動するためのレイヤーを追加することで、認証システムとしてOAuthを使用することの制限を解決し、さらにOpenID 1と2における問題を解決する。OIDCのフローはOAuthの認可コードグラントと同じだ。クライアントは認可リクエストにおいて

openidスコープを要求スコープに追加することで（図13-7のステップ2）、フローがOIDCであること
を示す。

OIDCのフローでクライアントがアクセストークンを受け取るとき（図13-7のステップ6）、あわせて
**ID**トークンも受け取る。OIDCのIDトークンはデジタル署名されたJSON Webトークン（JWT）であ
る。JWTは、以下のようなJSONデータ構造で、リソース所有者に関する主張を含む。

```
{
  "iss": "http://openid.example.com",
  "sub": "alice",
  "aud": "1234abcdef",
  "exp": 1655506780,
  "iat": 1655506780,
  "name": "Alice Abrams",
  "given_name": "Alice",
  "family_name": "Abrams"
}
```

JWTは、発行者（iss）、主体（sub）、およびRP（aud）の識別子を必ず含む。上に示したJWTでは
さらに、フルネーム（name）、名前（given_name）、家族名（family_name）のクレームを持ってい
る。また、その他のクレームも追加することができる。

JWTは上に示した本文のデータ構造にヘッダーと署名を加え、（必要に応じて暗号化して）base64エ
ンコードし、次のような文字列を生成する[10]。

```
eyJhbGciOiJIUzI1NiIsInR5cCI6IkpXVCJ9.
eyJpc3MiOiJodHRwOi8vb3BlbmQuZXhhbXBs
ZS5jb20iLCJzdWIiOiJhbGljZSIsImF1ZCI6
IjEyMzRhYmNkZWYiLCJleHAiOjE2NTU1MDY3
ODAsImlhdCI6MTY1NTUwNjc4MCwibmFtZSI6
kFsaWNlIEFicmFtcyIsImdpdmVuX25hbWUiOi
JBbGljZSIsImZhbWlseV9uYW1lIjoiQWJyYW1
zIn0.VesmKXMo96Ce4lEp9qhNhEKJ9V1fEBs
RarT6FXVlmys
```

この文字列（改行なし）がIDトークンである。IDトークンの一部として渡されるクレームに加えて、
OIDCは、RPがアクセストークンを使用してIdPに追加の属性を要求する標準的な方法も定義する。

多くの大手インターネット企業がすでにOAuth認証サーバとして機能していたため、OIDCへのアップ
グレードは比較的容易だった。

OIDCは拡張性に優れ、認証を行うサイトの数を減らすことで、パスワードの安全な設定、保存、更
新に伴う問題に対処し、セキュリティを強化する。さらに、IdP側で多要素認証やFIDOのようなチャ
レンジレスポンスプロトコルをサポートするなどの追加機能を提供することで、誰もがセキュリティ強
化の恩恵を受けることができる。

前段落で述べたようなメリットそのものが、IdPの分野における自然な独占状態を作り出している。

---

※10 JWT.ioを使ってJWTのエンコードとデコードを行い、その動作を確認することができる。

人気のあるIdPの多くは、人々のオンライン行動を追跡し、収益化するビジネスを展開している。これらのモデルはそのビジネスを支えている。人々の利用するIdPの数が少なくなる、オンライン上の行動の関連付けがより容易になる。さらに、OAuthとOIDCはIdPとRPを直接接触させ、関連付け可能な単一の識別子を使用している。

　その結果、OAuthとOIDCは重要な用途を持ち、オンラインアイデンティティに大きな影響を与えているが、まだ普遍的に採用されたわけではない。たとえば、顧客との主要な関係性をサードパーティのIdPに譲ろうとする銀行を私は知らない。

　「アイデンティティの原則」（4章）に立ち戻ると、なぜそうなるのかがわかる。OIDCは、ユーザーの制御と同意、運用と技術の共存、およびユーザーの統合の原則に一致しているが、最小限の開示、正当と認められる当事者、方向付けられたアイデンティティ、および特定のコンテキストに依存しない一貫したエクスペリエンス（すべてのRPおよびIdPは、ユーザー経験の重要な機能を独自のニーズに合わせて自由に作成できるため）の原則に反している。後に、「アイデンティティの原則」をよりよく遵守しようとするOAuthおよびOIDCの代替案について説明する。

## 13.8　フェデレーションのガバナンス

　独立した主体が協力するときはいつでも、ガバナンスが必要になる。フェデレーションは定義上、異なる主体間の協力であるため、何らかのガバナンスが必要であることを意味する。フェデレーションは、参加者が互いに信頼や信用を持たなければ機能しない。ガバナンスは、IdPとRPが特定の方法で行動することを信頼するための仕組みである。ガバナンスには、遵守しなかった場合の罰則も含まれる。

　ほとんどのSAMLベースのフェデレーションはアドホックであり、そのことがガバナンスの性質を決めている。雇用主とサードパーティの福利厚生プロバイダーが、SAMLを使用してアイデンティティデータをフェデレーションすることに合意する場合、通常は法律上の契約を締結する。これを頻繁に行う福利厚生プロバイダーには、間違いなく契約のテンプレートがあり、ほとんどの条項は単純なものになるだろうが、法律上の契約の性質上、各契約は微妙に異なることは確実だ。

　OAuthやOIDCが推進するようなハブ＆スポーク型のフェデレーションでは、一方の当事者（ASやIdP）が関係の中でほとんどの力を持っているため、定型的な**約款**が使用される。Google（または他の誰か）のAPIやアイデンティティサービスを使いたい場合は、Googleが条件を設定し、あなたはそれに同意する。条件に対する交渉の余地はなく、そのまま受け入れるか、サービス自体を利用しないかの二択になる。

　それでも、これらのフェデレーションはオープンで公開された標準仕様に基づいている。そのため、仕様の作成や修正は、フェデレーションがどのように機能するかの重要な一部となっている。結果、標準仕様はフェデレーションを使用するすべての人にとって、ガバナンスの仕組みの一部となる。

　アイデンティティ連携ネットワーク型のアイデンティティフェデレーションはまだ発展途上にあるが、ネットワークでは標準仕様のオープンなガバナンスをネットワーク運用自体にまで拡張している。

たとえば、Sovrin Foundationには広範なガバナンスの枠組みがあり、財団の目的、基本原則、基本方針を定義するマスター文書、標準化された法的合意、管理されている文書、用語集が含まれている（https://oreil.ly/GflMY）。また、Sovrin Foundation内の特定のサブグループによって管理される方針を含む、一連の管理文書もある。これらすべての作成プロセスはオープンである。また、Trust Over IP Foundationは、他のアイデンティティネットワーク用のガバナンスを構築するためにも使用可能な、テンプレート化されたガバナンススタックに取り組んでいる。ポリシーとガバナンスについては、21章と22章で触れる。

## 13.9　フェデレーションネットワークの勝利

　分散化が進むインターネットにおいて、アイデンティティ連携は、ますます重要な基盤となる。企業が顧客、従業員、およびパートナーとより密接に連携するにつれて、フェデレーションの仕組みは、新たな需要に対応し、さまざまな脅威に対抗できるように拡張していかなければならない。社内のアドホックなフェデレーションから、あらゆる業種の組織間におけるオンラインのフェデレーションへと移行が進む所以はここにある。

　クレジットカード業界の初期の歴史が示すように、アイデンティティ連携に対するアドホックなアプローチや中央集権的なアプローチは拡張が困難で、不安定になる可能性がある。Visaが、アイデンティティ関連のプロセスとシステムを管理する独立したアイデンティティネットワークを確立することによって、クレジットカード業界の爆発的成長の基盤を作ることに成功したように、独立したアイデンティティネットワークは、アイデンティティのすべての原則に準拠するアイデンティティ連携の形態を実現できるのだ。

# 14章
# 暗号識別子

　10章で学んだように、識別子は特定の名前空間内で意味を持つ。同じ文字列が、あるシステムでは電話番号であり、別のシステムでは製品IDである可能性があるため、識別子にはコンテキストを与える名前空間が必要である。

　たとえば、windley@example.comのような電子メールアドレスを考えてみる。識別子windleyは、メールドメインexample.comによってコンテキスト化される。それ以上のコンテキストなしにwindleyという文字列だけを与えたとしても、それを特定の何かと結び付けるのは難しい。私が@windleyと言ったら、それがX（旧Twitter）のハンドルネームだろうと推測するかもしれない。しかし、識別子の前に@を置く慣例は他のアプリケーションでもしばしば使われるので、確信を持つことはできない。私がX識別子のことを話していると確信してもらうには、全体のURL（https://x.com/windley）を伝える必要がある。

　コンテキストによって識別子が意味のあるものになる。あなたは、私のX識別子を使用して、私のプロフィールを表示したり、フォローしたりできる。一般的に使用される識別子のほとんどは、コンテキストファーストである。コンテキスト（この例ではX）はすでに存在しており、通常は誰かがアカウントを作成して識別子を指定するときに、そのコンテキスト内で識別子が作成される。従来の識別子はコンテキストファーストであるため、名前空間を管理する組織によって管理されている。たとえば、X社はあらゆるアカウントを一時停止して、識別子を使用できなくしたり、識別子を他の人に割り当てたりすることができる。それが起こった場合、私たちにできることはほとんど何もない。

　識別子にそのコンテキストの外で意味が割り当てられている場合、これはさらに大きな問題になる。私のXハンドルがX内でのみ使用されている限り、X社が私のアカウントを取り消しても、識別子を失うことは私のXアカウントを失う煩わしさの一部にすぎない。しかし、OAuthまたはOpenID Connectの一部としてサードパーティのサイトでそれを使用した場合はどうなるだろうか？ X識別子の制御権を失うと、他のアカウントの制御権も失う可能性がある[1]。私のXハンドルは管理上、私やサードパー

---

[1]　この章では識別子の制御について、それが何を意味するかについては特定せずに説明する。17章では、識別子の制御とさまざまなアイデンティティアーキテクチャのトラスト基盤について説明する。同様に、エージェントとして、複数の制御者が複数の識別子を制御するために使用するソフトウェアについては、18章で説明する。

ティのサイトではなく、X社によって制御されているのである。

　この関係を考えると、名前空間なしで識別子を使うのは不可能であるように思える。問題は一意性ではない。たとえば、Universally Unique Identifier（UUID、https://oreil.ly/yyue9）は、実用的な目的に対してグローバル的に一意である。バージョン4（バリアント1）のUUIDには128ビットがある。先頭6ビットは固定だが、残りの122ビットはランダムに生成され、合計$2^{122}$通りのUUIDが生成される。衝突の可能性は極めて低い。ソフトウェアエンジニアのLudi Rehak氏は、$3.26 \times 10^{16}$個のUUIDのサンプルにおいて重複が存在しない確率は99.99％であると推定している（https://oreil.ly/-10In）。

　より大きな問題は、識別子の管理的な制御を他のコンテキストや権威者に譲ることなく、ランダムに生成された識別子をいかに関係性の中で意味のあるものにするかである。これがなぜ問題なのかを理解するには、私が何度もレストランで友人と会って食事をするという例を思い出してほしい。デジタル世界では、あなたとあなたの友人は、おそらく他の誰かが管理する識別子を使用してお互いを識別するだろう。レストランがあなたに識別子を提供し、あなたとあなたの友人が会うためにそれを使用した場合、レストランでのあなたと友人の関係は、あなたの関係の他の側面から切り離されたサイロの中に存在することになる。

　この章では、ある特定のコンテキストの外で作成される**暗号識別子**（cryptographic identifiers）を紹介する。暗号識別子は、それらの作成者によって制御され、作成後に特定の状況に合わせてコンテキスト化され、従来の識別子に関するこれらの問題に対処する。

## 14.1　電子メールベースの識別子の問題

　多くのWebベースのアイデンティティシステムでは、デフォルトで電子メールアドレスが識別子として使用されている。その理由は簡単で、誰もが持っていて、電子メールアドレスが機能するにはグローバルに一意である必要があるため、誰かが一意性を確保する作業を行っているからである。

　しかし、電子メールアドレスは、次のような理由から識別子としては理想的とは言えない。

- 電子メールアドレスには別の使用目的（電子メールの送信）があるため、識別子としての使用とは関係のない理由でアドレスが変更される場合がある。
- 電子メールアドレスは通常、名寄せ[※2]可能である。もし、あなたがすべてのアカウント識別子として同じ電子メールアドレスを使用すると、あらゆる場所におけるあなたの行動を簡単に追跡し、関連付けることができる。
- 電子メールアドレスは通常、他人によって管理され、盗むことができる。あなた自身が所有するドメイン名を使用している場合でも、あなたはそれを借りているだけであり、将来的には制御を放棄しなければならないかもしれない。
- 電子メールアドレスのグローバルな解決可能性は限られている。あなたができることは、電子

---

※2　訳注：名寄せとは、いくつかの情報を関連付けて個人情報を特定する手法であり、プライバシー侵害や誤った結び付けのリスクが懸念されることから、適切な管理が求められる。

メールメッセージをその所有者に送信することだけである。

- 電子メールアドレスは再利用可能である。電子メールアドレスの使用を停止すると、電子メールシステムの管理者がそのアドレスを再割り当てし、あなたのセキュリティとプライバシーが低下するかもしれない。たとえば、ほとんどのパスワードリセットプロセスでは、そのアカウントの電子メールアドレスに電子メールが送信される。その電子メールアドレスを管理している人は誰でも、パスワードリセットプロセスをハイジャックして、そのアカウントを乗っ取ることができる。

## 14.2　分散型識別子[3]

分散型識別子（DID）は、前節で概説した問題を解決する一種の暗号識別子であり、自己主権型アイデンティティの基礎技術の1つを提供する。DIDは、World Wide Web Consortiumの分散型識別子ワーキンググループによって開発されたDID仕様（https://www.w3.org/TR/did-core/）によって定義される[4]。

DIDは、人、場所、組織、物などあらゆるものに対する識別子であると言うことができる。これらはコンテキストなしで作成され、後でコンテキストに割り当てられるように設計されている。したがって、それらはどのようなコンテキストの外でもグローバル的に一意である。

### 14.2.1　DIDのプロパティ

適切に実装されたDIDには、次の重要な特性がある。

**再割り当て不可**

DIDは永続的かつ持続的で、再割り当て不可能である必要がある。永続性により、識別子が常に同じエンティティを参照することが保証される。その結果、DIDは、ドメイン名、IPアドレス、電子メールアドレス、携帯電話番号などの再割り当て可能な識別子よりもプライベートであり、安全性が高くなる。

**解決可能**

DIDは、DID解決を通じて役立つようになる。つまり、DIDを使用して、そのDIDに関する詳細情報を検索できるようになる。DID解決により、そのDIDを使ったアクションが実行可能であることが保証される。DID解決の仕組みについては、以下で詳しく説明する。

**暗号学的に検証可能**

DIDは、暗号鍵に関連付けられるように設計されている。DIDを管理するエンティティは、これらの鍵を使用してその識別子の所有権を証明できる。これはいくつかの方法で行われるが、

---

[3]　訳注：原著では「Decentralized Identifiers」。本書ではDecentralizedは基本的に「非集中」と翻訳しており「分散」は「Distributed」としているため、これに倣うと「非集中型識別子」となる。ただし、日本語では「分散型識別子」が一般化しているため、本書でもそれを踏襲した。

[4]　DID仕様のバージョン1.0は、2022年6月30日にWorld Wide Web Consortium（W3C）によって承認された。

最も一般的なのはデジタル署名である。DIDが解決されて、関連付けられたDIDドキュメント（これについては後で詳しく説明する）を取得するとき、DIDドキュメントには完全性を保証するために暗号学的な署名が付与されることがある。この解決策では、DIDに関連付けられた1つ以上の公開鍵も提供され、公開鍵の所有者はそれらの鍵を使用してDIDを管理していることを証明できる。DIDを交換した当事者は、相互に認証し、通信を暗号化することができる。

**非集中型（Decentralized）**

DIDは、中央の登録機関なしで機能するように設計されている。ある特定のクラスのDIDのメソッド仕様によっては、単一の当事者やエンティティの制御の範囲外でDIDを作成および更新することもでき、検閲への耐性が高まる。誰かを検閲する1つの方法は、それらの識別子を取り消すことである。どの当事者もこの措置を講じることができない場合、検閲はさらに困難になる。検閲については、以降の章で何度か触れていく。

## 14.2.2　DID構文

DIDの構文はシンプルで、さまざまな非集中化方法をサポートするように設計されている。DIDは、Uniform Resource Identifier（URI）である。URIについては10章で学んだが、そこでは主にURIがWeb上でURLとしてどのように使用されてきたかに焦点を当てた。URIにはいくつかのコンポーネントがあることを思い出してほしい。DIDはURIと同じコンポーネントを持っており、それらが多少見慣れないように見えるのは、私たちがWeb上でURIがURLとして使用されることに慣れているためである。

URIのパス、クエリ、フラグメントコンポーネントを含まないDID自体は、Uniform Resource Name（URN）である。図14-1は、DIDの主要な必須コンポーネントを示している。

図14-1　DIDの構文

DIDの各コンポーネントはコロンで区切られる。**スキーマ**didはすべてのDIDに対して固定されている。この識別子を認識したソフトウェアに対して、それがDIDであることを通知している。**メソッド**は、DIDがどのように作成、更新、解決されるかを指定している。図14-1に示すメソッドはexampleである。このメソッドは名前空間として機能する。**メソッド固有識別子**は、メソッドのコンテキスト内で一意であることが保証されている英数字の文字列である。メソッドと識別子は、（Webコンテキストではドメイン名で表示されることが一般的である）URIの**オーソリティコンポーネント**を構成する[5]。

---

※5　技術的には、RFC3986の拡張されたBackus-Naur形式には、ホスト名とそのホストのオプションのアカウントおよびポート情報を必要とするオーソリティコンポーネントの非常に具体的な定義がある。しかし論理的には、メソッドと識別子は同じ目的を果たすため、これらをオーソリティコンポーネントと考えることができる。

## 14.2.3 DID解決

　識別子のスキーマが有用であるためには、その識別子の意味を検出する方法を提供する必要がある。各DIDメソッドは、その特定のDIDメソッドに対して検出がどのように実行されるかを定義している。このメソッドは、DID仕様で必要とされる識別子操作の技術固有の実装であると考えることができる。さまざまなメソッドが、特定のブロックチェーンまたは他のストレージシステムを使用して、独自の解決方法をサポートすることができる。**メソッド**は、DIDおよびそれに関連付けられたDIDドキュメントを作成、取得、更新、非アクティブ化する方法の概要を説明している。たとえば、did:indy:sovメソッドは、Sovrinの分散台帳上にDIDを作成、検索、および更新する方法を概説している[6]。リゾルバーは、このメソッドを使用して、特定の識別子とやり取りするために必要なルーチンを見つけることができる。このように、メソッドはさまざまなシステムが相互で運用するために必要な情報や機能を提供するリポジトリとしての役割を持つ。

　メソッドの主な目的は、DIDをDIDドキュメントに解決することである（DIDドキュメントの説明については、次項を参照）。**解決**とは、DIDのメソッド名で指定されたメソッドを使用して、特定のDIDのDIDドキュメントを検索する行為だ。全体として、DIDインフラストラクチャは、DIDがキーとなり、DIDドキュメントがバリューとなる、グローバルかつ非集中型のキー・バリューストアとして機能する。

　DIDの技術仕様書の中には100以上の可能なメソッドがリストされており、他のメソッドも開発される可能性がある。これは懸念すべきことのように思えるかもしれないが、私は次の3つの理由からこれを問題とは考えていない。まず、メソッドによって仕様を柔軟にすることができる。多くのメソッドは、ユースケースに特有の理由により他のメソッドとは異なる。たとえば、イーサリアムブロックチェーンメソッドを使用するDIDであるdid:ethは、DIDドキュメントを返すスマートコントラクトに解決されるが、did:indy:sovメソッドは、Sovrin台帳に保存されているDIDドキュメントを検索する。次に、時間の経過とともに、いくつかのDIDメソッドが主要になり、ほとんどのアプリケーションで使用されるようになる可能性がある。最後に、メソッドを使用してDIDを解決できる限り、ほとんどのアプリケーションは大きな問題なく幅広いメソッドをサポートできるはずである。

　これらのリポジトリは非集中化される可能性が高いが、仕様上それを強制するものはない。どのストレージシステムにもDIDメソッドが関連付けられている可能性がある。一部のリポジトリでは、DIDに期待される非再利用性と永続性の特性を満たすことができない場合があることに注意が必要だ。たとえば、ドメインネームシステム（DNS）を使用してDIDを解決するdid:dnsメソッドは、DNS名が永続的ではないため、永続性を保証できない。

---

[6]　メソッド名には1つのみ、この場合は、indyを含めることができる。Indyは、Hyperledgerのオープンソース台帳プロジェクトであり、そのコードを使用した複数の台帳がある。そのうちの1つがSovrin台帳である。DID仕様では、メソッドでサブ名前空間、この場合はsovを定義できる。したがって、Sovrin台帳のメソッドはindyで、サブ名前空間はsovである。メソッド名とサブ名前空間の組み合わせにより、リゾルバーにDIDの解決方法が指示される。

## 14.2.4　DIDドキュメント

　DIDドキュメントには、識別されたエンティティ、つまり主体との対話を開始するために必要な公開鍵、認証プロトコル、およびサービスエンドポイントが記述されている。DIDドキュメントは構造化されたキー・バリュー形式のドキュメントでDID自体[7]を含み、キー idによって識別され、いくつかのオプションのコンポーネントが含まれる。最も一般的な4つは次のとおりである。

- verificationMethodキーによって識別される、リスト内の1つ以上の公開鍵
- authenticationキーによって識別される、DIDおよび委任された機能の制御を認証するためのプロトコルのリスト
- serviceキーによって識別される、主体と対話する方法を検出できるサービスエンドポイントのリスト（通常はURL）
- createdキーによって識別される、DIDドキュメントがいつ作成されたかを示すタイムスタンプ

　JavaScript Object Notation for Linking Data（JSON-LD）表現を使用するDIDドキュメントは、DIDドキュメントを拡張し検出を支援するために他の形式のJSON-LDコンテキストを使用することができる[8]。たとえば、RSSフィードを記述するJSON-LDコンテキストを参照することで、エンティティのRSSフィードを含むようにデータモデルを拡張することができる。

　ほとんどのDIDドキュメントには、idに加えて、少なくとも1つの公開鍵、1つのサービス、およびメタデータが含まれる。以下は、DID仕様（https://www.w3.org/TR/did-core/）の中に示されている例を変更した最小限のDIDドキュメントの例である。

```
{
  "id": "did:example:123",
  "verificationMethod": [
    {
      "id": "did:example:123#key-1",
      "type": "Ed25519VerificationKey2018",
      "controller": "did:example:123",
      "publicKeyBase58": "H3C2AVvLMv6gmMNam3uVAjZpfkcJCwDwnZn6z3wXmqPV"
    },
    {
      "id": "did:example:123#key-2",
      "type": "JsonWebKey2020",
      "controller": "did:example:123",
      "publicKeyJwk": {
        "kty": "OKP",
        "crv": "Ed25519",
        "x": "r7V8qmdFbwqSlj26eupPew1Lb22vVG5vnjhn3vwEA1Y"
      },
```

---

※7　ドキュメントには、JSON、JSON-LD（JSON内にセマンティックデータとスキーマを含める方法）、またはCBOR（Concise Binary Object Representationの略。https://cbor.io/）を使用できる。

※8　JSON-LDコンテキストは、拡張機能の外部スキーマへのリンクを提供する方法である。

```
      }
    ],
    "authentication": [{
      "id": "did:example:123#z6MkpzW2izkFjNwMBwwvKqmELaQcH8t54QL5xmBdJg9Xh1y4",
      "type": "Ed25519VerificationKey2018",
      "controller": "did:example:123",
      "publicKeyBase58": "BYEz8kVpPqSt5T7DeGoPVUrcTZcDeX5jGkGhUQBWmoBg"
    }],
    "service": [{
      "id": "did:example:123#edv",
      "type": "EncryptedDataVault",
      "serviceEndpoint": "https://edv.example.com/"
    }],
    "created": "2022-02-08T16:03:00Z",
}
```

DIDドキュメントは、DIDドキュメント自体の内容だけでなく、サービスエンドポイントからのあらゆる情報も参照できる分散型識別子のルートレコードである。これは、パス、クエリパラメータ、およびフラグメントをDIDに追加することによって実現される。これらの構文は、URIの構文に精通している人なら誰でもよく知っている。このような参照は**DID URL**と呼ばれる。

フラグメントは、DIDドキュメントの特定の部分を識別するために使用される。前述のDIDドキュメントには、サービスが1つだけある。それでもなお、次のDID URLを使用して選択できる。

```
did:example:123#edv
```

DIDをパス、クエリ、フラグメントとともに使用することにより、DIDはURLのように機能する。DIDをURLに変換するには、フラグメントによって選択されたserviceEndpointで指定されたURLから始めて、パスとクエリを追加する。たとえば、

```
did:example:123/foo/bar?a=1#edv
```

上記のようなDIDは、次のURLと同等である（前述のDIDドキュメントの例に基づく）。

```
https://edv.example.com/foo/bar?a=1
```

サービスエンドポイントを通じて、DIDは、あらゆるインターネットサービスに永続的で解決可能な識別子を提供する。たとえば、私のDIDドキュメント内のサービスエンドポイントの1つが電子メール用である場合、私は自分の電子メールアドレスを自由に変更でき、そのDIDを保持している人は引き続き私に連絡できる。私がしなければならないことは、私が電子メールを変更したときに必ずDIDドキュメントを更新することである。

## 14.2.5　間接参照と鍵のローテーション

9章の公開鍵暗号についての説明を覚えている読者は、なぜ公開鍵を暗号識別子として単純に使用できないのか疑問に思うかもしれない。簡単に言うと、可能ではあるが、いくつかの問題があるのだ。

まず、公開鍵は名前解決できないため、公開鍵に関連付けられたデジタル証明書を見つける標準的な方法はない。次に、9章で説明したように、信頼を確立するには広範な公開鍵インフラストラクチャ（PKI）が必要である。最後に、鍵をローテーションすると識別子が変更され、公開鍵は永続的ではなくなる。

公開鍵と秘密鍵はペアであり、公開鍵の正当性は秘密鍵が安全に管理されていることに依存するため、注意が必要である。秘密鍵が侵害された場合（または侵害の疑いがある場合）、正しい手順は鍵をローテーションすること、つまり新しい公開鍵と秘密鍵のペアを生成することである。古い公開鍵を識別子として使用している場合は、その識別子を使用しているすべてのユーザーに新しいものに切り替えるように通知する必要がある。

DIDは、**間接参照**（indirection）を使用してこの問題を解決する。つまり、公開鍵を識別子として使用するのではなく、DIDはそれを含むDIDドキュメントを参照する。その公開鍵をローテーションする必要がある場合、DIDの制御者は公開鍵をローテーションし、新しい公開鍵をDIDドキュメントに記載し、更新する。DIDを再度解決すると、新しい公開鍵を取得することになる。

新しいDIDドキュメントが正当なものであることをどのようにして確認できるだろうか？ これを行う方法はDIDメソッドごとに異なるが、最も単純な方法は、古い鍵を使用して新しいDIDドキュメントに署名することである[9]。

図14-2は、このメソッドを使用して新しいDIDドキュメントを生成する手順を示している。Bobが何かのためにAliceからのDIDを必要としているとする。次に何が起こるかというと、

1. Aliceは新しいDIDを生成する。
2. 彼女はそれをBobと共有する。
3. BobはDIDを解決し、関連するDIDドキュメントと公開鍵を取得する。
4. BobはDIDドキュメントを保管する。
5. その後、AliceはDIDドキュメント内の鍵をローテーションする必要があると判断する。彼女はこれを実行し、新しいDIDドキュメントを生成し、前の鍵で署名する。
6. その後、Bobは再びAliceと対話しなければならなくなったとする。彼は、保存されているDIDドキュメントと以前に取得した鍵を使用するだけではなく、代わりに、DIDを再度解決し、新しいDIDドキュメントを取得する必要がある。
7. Bobは、以前の鍵を使用して新しいDIDドキュメントの署名を検証することで、その完全性をチェックできる。

---

※9　この単純なアプローチにはいくつかの問題があるが、この章の後半で解決する。

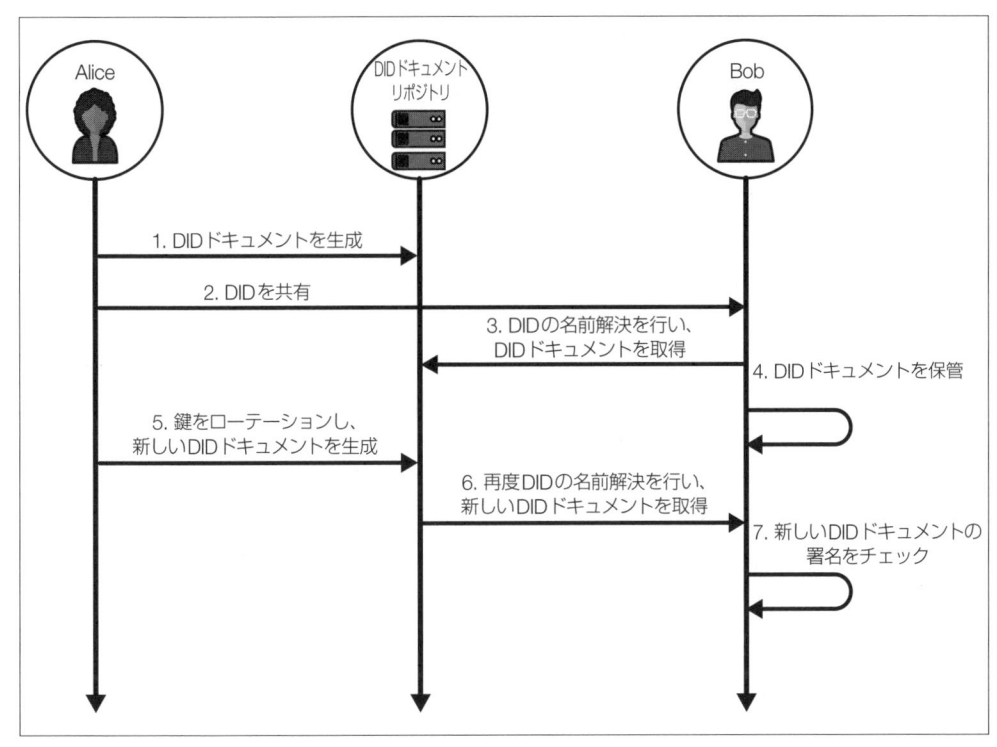

図14-2　鍵のローテーションと新しいDIDドキュメントの生成

　DIDドキュメント内の鍵をローテーションできるため、ある制御者から別の制御者にDIDを転送するのは簡単だ。

　永続的な識別子の転送が必要になる理由は数多くある。たとえば、親は通常、子供の保護者である。後見や同様の使用例では、DIDによって子供が識別されるが、親がそのDIDを制御する。子育ての過程で、親は子供のさまざまなデジタル上の関係のために、何百ものDIDを作成することがある。これらの関係の中には長期にわたるものもあるため、DIDは長期間使用されることになる。子供が成年に達すると、親が作成したDIDの多くを子供自らが制御したくなるだろう。DIDドキュメントは新しい鍵で更新できるため、子供は新しい鍵を生成でき、親は子供の鍵を含む新しいDIDドキュメントを生成できる。このようにして、子供はDIDの制御ができるようになる。

　委任状を持つ人や認知症の人の世話人も、後見人の一例である。これについての詳細は、デジタル後見に関するSovrin Foundationの論文を参照してほしい（https://oreil.ly/aqMf7）。

　後見以外にも、DIDドキュメントの主体が管理者ではない重要な使用例がある。あらゆる種類の組織にはディレクターやオーナーとなる人がいる。物理的な物（たとえば車）や自然物（たとえば猫）も同様だ。これらはすべて販売または譲渡の対象であり、ある人間から別の人間への制御権のスムーズな移行をサポートするDIDの機能は、他のタイプの識別子に比べて大きな利点だ。

## 14.3　自律型識別子

Key Event Receipt Infrastructure（KERI、これについては後ほど説明する）を紹介する論文（https://oreil.ly/GbHKz）の中で、Sam Smith氏は**自律型識別子**（autonomic identifier）という用語を作った。**自律型**（autonomic）という言葉は、ギリシャ語のauto（自己）とnomos（法）に由来しており、「自己統治（self-governed）」または「自己規制（self-regulating）」を意味する。おそらくこの言葉は、身体の自律神経系を説明する際に使われることから最もよく知られており、自律神経系は、循環や呼吸など、私たちが意識的に制御していない体内のさまざまなプロセスを担当している。

**自律型**（Autonomic）は、自己統治機能という特徴を持つ識別子を表すのに最適な言葉である。従来の識別子は、それらが作成されたコンテキストまたは名前空間の所有者によって管理される。DIDの場合、識別子がどのように動作するかを記述するのはDIDメソッドである。ほとんどのDIDメソッドは、ブロックチェーンや台帳などの外部システムに依存し、これを私は**検証可能なデータレジストリ**（VDR：verifiable data registry）と呼んでいる。DIDをどの程度信頼するかは、そのDIDが使用するDIDメソッド、ひいてはそのDIDがベースとするVDRに対する信頼レベルによって決まる。

対照的に、自律型識別子は自己証明型である。それらを信頼する根拠は、外部システムではなく暗号技術に根ざしている。このことは、自律型識別子を他の識別子と区別し、依存性の低減とプライバシーの向上を優先するアイデンティティシステムで特に役立つ。

### 14.3.1　自己証明

**自己証明**（Self-certification）とは、識別子の管理者がサードパーティに依存せずに制御権を持つことを証明できることを意味する。自己証明は、外部インフラに依存しない非集中型アイデンティティシステムにとって重要な特性である。**自己証明識別子**（Self-certifying identifiers：SCID）は新しいものではない。その歴史は、Marc Girault氏がPKIへの依存を減らすための自己証明識別子の使用について説明した論文を発表した1991年にまでさかのぼる[10]。自己証明URLと自己証明ファイルシステムについての他の取り組みも、これに続いた[11]。

SCIDの最も単純な形式は公開鍵である。これは、(a) 誰でも作成でき、(b) 秘密鍵を制御する人だけがそれについて権限のある記述をすることができるためである。DIDの説明で学んだように、公開鍵は識別子として使用される場合に弱点がある。DIDは、DIDドキュメントを使用して鍵を識別子にバインドすることで、これらの弱点を補っている。また、鍵がローテーションされるときに、以前の鍵を使用して新しいDIDドキュメントに署名し、DIDドキュメントの古いバージョンと新しいバージョンの間に信頼チェーンを作成できることも学んだ。図14-3は、それぞれが前の鍵で署名されたDIDドキュメントのチェーンを示している。

---

[10]　Marc Girault, "Self-Certified Public Keys," EUROCRYPT' 91, Workshop on the Theory and Application of Cryptographic Techniques, Brighton, UK, April 8-11, 1991.

[11]　Michael Kaminsky and Eric Banks, "SFS-HTTP: Securing the Web with Self-Certifying URLs", MIT, 1999; David Mazieres, "Self-certifying File System" (PhD diss., MIT, 2000).

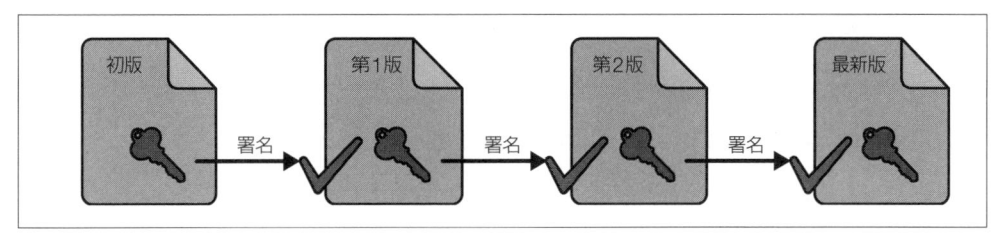

図14-3 署名されたDIDドキュメントのチェーン

　署名されたDIDドキュメントのチェーンは、ブロックチェーンを思い出すかもしれない（ブロックチェーンは各ブロックがその内容のハッシュと署名を使用して前のブロックにリンクされている）。ブロックチェーンとは異なり、この一連のドキュメントにはビザンチン攻撃に耐えたり、二重支出を防止したりする機能がない。しかし、公開された発見や解決可能性を必要としない多くのDIDアプリケーションの場合、この方法は識別子の完全性に関して必要な信頼を提供できる。SCIDは検証のための暗号アルゴリズムのみに依存しており、中央管理者やブロックチェーンが必要ないため、完全に持ち運ぶことができる。

　DIDおよびDIDドキュメントが自己証明できるかどうかは、これを行うために使用されるプロセス、特にDIDメソッドによって異なる。そのプロセスで説明する必要がある主な疑問の1つは、自己証明と解決を提供するためにチェーンがどのように機能するかである。この節の残りの部分では、これを行うための2つの異なる方法について説明する。まず、台帳を使用しない自己証明DIDを提供するように設計されたDIDメソッドであるPeer DIDについて説明する。その後、KERIについて説明する。

## 14.3.2　Peer DID

　Peer DIDの提案された仕様では、自己証明自律型識別子を作成するためのDIDメソッド、did:peerが定義されている（https://identity.foundation/peer-did-method-spec/）。ほとんどのDIDメソッドは、パブリックブロックチェーン、台帳、ディレクトリ、またはデータベースを使用して識別子をDIDドキュメントにバインドするDIDを記述している。DIDとDIDドキュメントのバインディングは公開されており、関係者は任意のDIDを解決し、DIDドキュメントを取得できる。パブリックDIDリポジトリを信頼している場合は、そのバインディングを信頼できる。

　ほとんどの関係では、任意のDIDを解決する必要はない。たとえば、AliceとBobがDIDを交換して関係を作成したとする。今、それぞれのDIDに関連付けられた鍵に基づいて相互に認証された関係が確立されている。Aliceは、BobからDIDドキュメントを入手できることを知っている。Bobは、AliceからDIDドキュメントを入手できることを知っている。AliceとBobは、お互いのデジタル上の関係を機能させるためにパブリックDIDリポジトリを必要としない。必要なのは、安全で信頼できる方法でDIDを交換し、それぞれのDIDドキュメントを取得し、どちらかが鍵をローテーションしたり、サービスエンドポイントを変更したり、DIDドキュメントを更新したりした場合に、それらの更新状況を取得することである。Peer DIDメソッドは、人々がデジタル上の関係を完全に制御できるように、これらの

活動を実行するプロセスを記述する。

### 14.3.2.1　Peer DIDの利点

Peer DIDには、Peer関係において、パブリックDIDに比べると次のような利点がある。

**コストの削減**

パブリックDIDリポジトリは通常、その運用をサポートするために支払いが必要だが、Peer DIDは関係者の計算リソースによって完全にサポートされているため無料である。

**プライバシーの向上**

相関関係を減らし、第三者が会話の参加者の身元を知るのを難しくする最善の方法は、コンテキストごとに異なる識別子を使用することである。パブリックDIDにおいてこのようなプライバシーへの対策を行うためにはコストがかかるため、手軽に利用することを躊躇することがある。一方、Peer DIDは安価であるため、異なるPeerごとに、または同じPeerとの異なる関係に対して新しいDIDを作成することは理にかなっている。たとえば、大学の学生職員は、大学と学生と教育者の関係だけでなく、従業員と雇用者の関係となる可能性がある。たとえ関係者が同じであっても、コンテキストごとに異なるDIDを使用することは意味があるかもしれない。したがって、Peer DIDは、プライバシーをサポートするためのより優れたツールを開発者に提供する。

**セキュリティの強化**

Peer DIDとそれに関連付けられたデータは単一の公開リポジトリに保存されないため、保護すべき大量のデータはない。これにより、攻撃者が得られる利益は減り、大規模なデータ侵害につながるインセンティブが減る。

**規制上の負担の軽減**

8章で学んだように、GDPRおよびその他の規制では、公的な識別子（不透明なものであっても）が個人データとみなされ、規制の対象となる。Peer DIDはサードパーティによって制御されるリポジトリには保存されないため、そのような取り決めに関する規制の対象にはならない。

**複雑さの軽減**

Peer DIDは、セキュリティ、プライバシー、規制、技術的負担を伴うDIDドキュメントを保存するための複雑なVDRを必要としないため、パブリックDIDよりもシンプルである。

**スケーラビリティの向上**

コスト、複雑さ、技術インフラストラクチャを削減するということは、Peer DIDが公開リポジトリの容量や制限に基づくのではなく、関係する参加者の容量に比例して拡張できることを意味する。

**インターネットアクセスへの依存性軽減**

Peer DIDは、DIDを解決するためにパブリックDIDリポジトリにアクセスする必要がないため、接続が制限されている状況でもうまく機能する。たとえば、WiFiと携帯電話サービスが不安定な地下通路のドアロックを考えてみよう。Aliceは、Bluetoothまたはその他のローカルネットワーク技術を介して扉と接続し、インターネット接続がなくとも扉を開けることができる。

## 14.3.2.2 **Peer DIDの信頼構築**

Peer DIDが識別子と関連する鍵を作成するプロセスは、公開鍵暗号に依存するため、重要性が高い割には単純である。DIDドキュメントを更新するためのPeer DIDプロセスは、自己証明に依存するため、さらに興味深い。

図14-3では、DIDドキュメントのチェーンを作成する簡単な方法を示した。問題は、DIDベースの関係をサポートするために使用されているデバイスがオフラインになると、DIDドキュメントのいくつかの更新が失われる可能性があることである。Aliceと扉の鍵との関係の例に戻ろう。Aliceが頻度は低いものの、ある程度の期間にわたり不定期にその扉を開ける必要があるとする。彼女または扉の鍵は、彼女が地下に降りてこない期間の間にDIDドキュメントを何度も更新する可能性がある。この単純な方法では、Aliceと扉の鍵を同期させるために複雑なネゴシエーションと大量のデータの交換が必要になる。

対照的に、Peer DID仕様では、**デルタ**と呼ばれる変更ドキュメントを使用して変更を詳述するプロセスと、一連のデルタが本物であることを検証するプロセスが記述されている。これが機能するには、Peer DIDベースの関係を処理するエージェントが、以前の状態、つまり誰が状態変更を許可したか、いつそれらの状態変更が発生したかに関する質問に答えることができなければならない。そのエージェントには、これらの履歴の詳細とその周囲のメタデータを追跡するために、**バッキングストア**と呼ばれる永続的なストレージが必要である。

次のコード例（Peer DIDの仕様より）は、DIDドキュメントのデルタをコード化する、**変更フラグメント**と呼ばれるJSONオブジェクトを示している。

```
{
    change: <base64url encoding of a change fragment>,
    by: [ {"key": <id of key>, "sig": <signature value>} ... ],
    when: <ISO8601/RFC3339 UTC timestamp with at least second precision>
}
```

changeフィールドは、変更されるセクションのみを示すDIDドキュメントの断片である。byフィールドは、changeの真正性を証明する鍵と署名のペアの組み合わせである。whenフィールドには、変更がいつ行われたのかが示される。DIDドキュメントの現在のバージョンは、バッキングストアからオリジナルまでのすべての認証された変更フラグメントが累積的に適用されたものである。

Peer DIDを利用して接続を確立する際、双方がDIDドキュメントの**ジェネシスバージョン**（genesis

version）を共有する。ジェネシスバージョンを送信するための形式は、DIDドキュメント全体を含む変更フラグメントである。図14-4は、DIDドキュメントが必要に応じて時間の経過とともに解決されてきた変更フラグメントのチェーンを示している。

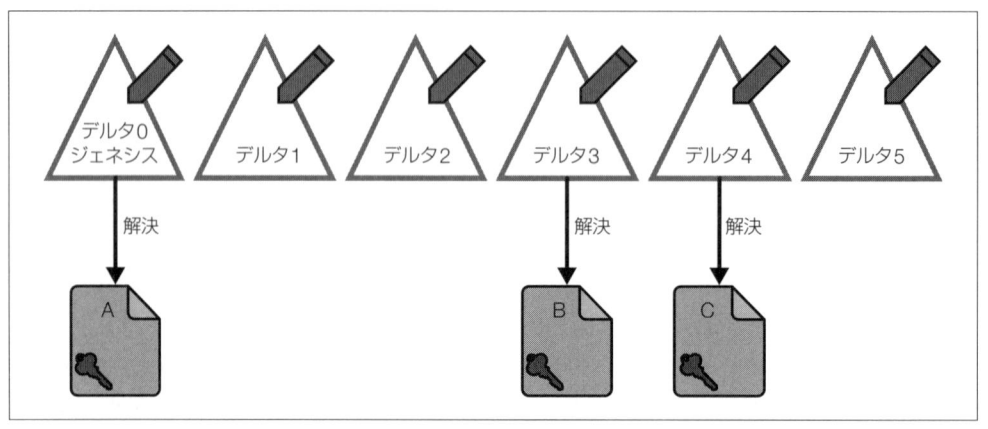

図14-4　解決されたDIDドキュメントを含む一連の変更フラグメント

　やっかいな問題の1つは、2つのエージェントが特定のDIDのDIDドキュメントを同時に変更できる可能性があることである。これは、たとえば、同じ所有者または制御者の2つのエージェントが、同時に鍵をローテーションした場合などに起こり得る。統合による競合を回避するために、バッキングストアは**競合のない複製データ型**（conflict-free replicated data type：CRDT）として機能するように設計されている。CRDTは、その名前が示すように、統合による競合を解決するのではなく、回避するように設計されたデータ型である[12]。そのため、任意のデータ型にはいくつかの制限があるが、DIDドキュメントの使いやすさを制限することなくバッキングストアの設計に組み込むことができる。CRDT、ひいてはDIDドキュメントに関して留意すべき重要な点の1つは、「正しい答え」ではなく、最終的な一貫性を追求しているということである。言い換えれば、複数の関係者が同じDIDドキュメントを同時に編集する場合、最終的には全員が同じドキュメントを参照できるようにする必要があり、複数のバージョンのうちの特定のバージョンを参照する必要はない。ゴールは合意であることから、解決時に全員が同じDIDドキュメントを取得できるようにする。

　このため、一連の変更フラグメントを参照する2つの異なるエージェントが、それらを同じ順序で受け取る必要はない。図14-5は、図14-4の変更フラグメントを示している。今回は、デルタ3とデルタ4が逆の順序で受信されている。

---

※12　ほとんどの人はCRDTのような構造に慣れ親しんでおり、基礎的な技術ではないにせよ、Googleドキュメントなどのサービスのおかげで、統合による競合に関するエラーメッセージを表示することなく、複数の関係者が同じドキュメントを同時に編集することができる。

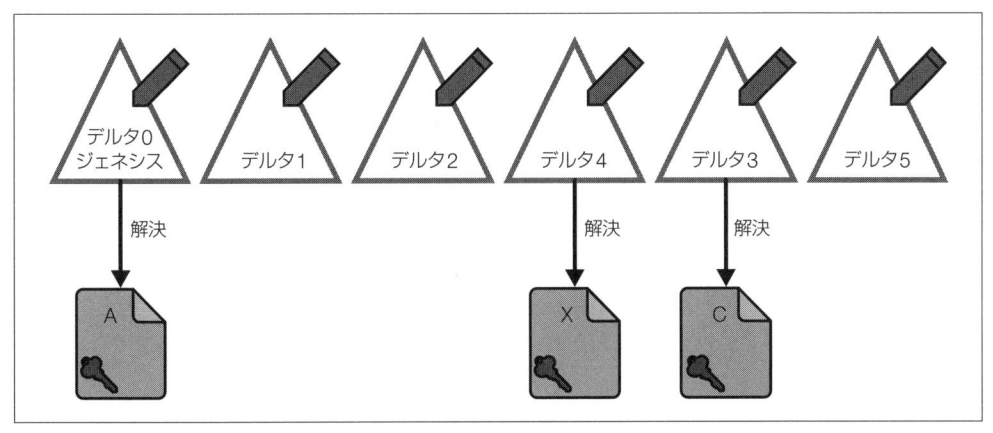

図14-5　変更フラグメントを順不同で配信すると、最終的には同じ解決済みのDIDドキュメント（C）が生成される

デルタ4を受信した後、デルタ3を受信する前に変更フラグメントを解決すると、図14-4で解決されたものとは異なるDIDドキュメント（図14-5の**X**と呼ばれるもの）が表示される。ただし、最終的にデルタ3を受信した後は、図14-4のように、解決されたドキュメントはDIDドキュメント**C**になる。

### 14.3.2.3 Peer DIDの認証と認可

Peer DIDは、さまざまな状況で識別子として使用される。あなたは、あるPeer DIDによって数十億ドルをスイス銀行に隠していることを特定されるかもしれないし、別のPeer DIDによって自転車に鍵をかけるかもしれない。DIDドキュメントは、生死にかかわる状況だけでなく、重要性の低い状況でも使用されるため、Peer DIDに対するDIDドキュメントは、DID仕様で定義されている標準的な認証スキームを超え、よりきめ細かい制御を行うためのauthorizationセクションを追加している[13]。

DIDは複数の鍵のセットに関連付けることができる（DIDドキュメントのpublicKeyセクションは配列である）。DIDごとに複数の鍵が必要になる理由はいくつかある。最も単純なのは、DIDドキュメントに複数の鍵を含めることで、最初の鍵が侵害された場合に備えてバックアップとなる鍵を事前に用意しておくことである。バックアップ鍵の秘密鍵部分をコールドストレージに保管（たとえば、紙に印刷して金庫に保管）しておくと、ハッキングされた場合に盗まれないようにすることができる。

複数の鍵を持つもう1つの理由は、さまざまなレベルの特権を異なる鍵に関連付けるためである。たとえば、ある鍵はDIDを別の主体と交換する権限を持ち、別の鍵はDIDの主体に代わってデジタル署名を行う権限を持ち、3つ目の鍵は認証ルールを追加したり鍵をローテーションしたりしてDIDドキュメントを管理する権限を持つかもしれない。DIDドキュメントでは、アクティビティごとに異なる鍵を使用することによって、DID制御者はタスクごとに必要なセキュリティレベルを提供する方法で鍵を管理することができる。これらの鍵は、異なる目的でDIDを使用し、異なる権限を持つ異なる制御者に

---

※13　DID仕様では、仕様で定義されているコアデータモデルを超えて、さまざまなDIDメソッドがDIDドキュメントのスキーマを拡張できることを思い出してほしい。

よって保持される場合がある。

　Peer DIDの仕様では、Peer DIDドキュメントのauthenticationセクションには最も信頼できる制御者が保持する鍵のみをリストし、その他の使用はすべてauthorizationセクションで管理することを推奨している。authorizationセクションには、profilesとrulesという2つのサブセクションが含まれている。

　profilesセクションでは、鍵が持つ役割に基づいて、さまざまな鍵の信頼プロファイルを宣言する。rolesは、DIDドキュメントの作成者が目的に合わせて定義する任意の文字列である。rulesセクションには、特定の条件下で実行者に権限を付与するためのJSONベースのルール言語であるSimple Grant Language（SGL）で記述された認可ルールが含まれている。以下は、Peer DIDの仕様で定義された認可セクションの例である。

```
"authorization":
  { "profiles": [
    // an "edge" key
    {"key": "#Mv6gmMNa", "roles", ["edge"]},
    // an "edge" and a "biometric" key
    {"key": "#izfrNTmQ", "roles", ["edge", "biometric"]},
    // a "cloud" key
    {"key": "#02b97c30", "roles", ["cloud"]},
    // an "offline" key
    {"key": "#H3C2AVvL", "roles", ["offline"]},
  ],
  "rules": [
    {
      "grant": ["register"],
      "when": {"id": "#Mv6gmMNa"},
      "id": "7ac4c6be"
    },
    {
      "grant": ["route", "authcrypt"],
      "when": {"roles": "cloud"},
      "id": "98c2c9cc"
    },
    {
      "grant": ["authcrypt", "plaintext", "sign"],
      "when": {"roles": "edge"},
      "id": "e1e7d7bc"
    },
    {
      "grant": ["key_admin", "se_admin", "rule_admin"],
      "when": {
        "any": [{"roles": "offline"}, {"roles": "biometric"}],
        "n": 2
      },
      "id": "8586d26c"
    }
```

```
    ]
  }
```

　この例では、4つの異なる鍵に対して4つのプロファイルを宣言し、それぞれのキーに`roles`のセットを割り当てる。次に、`rules`は`profile`の`id`番号または`roles`のセットに基づいて権限を付与する。

　`roles`は任意の文字列であるが、権限は認可を強制するコードによって理解される必要があるため、任意ではない。次のリストは、仕様内の権限リストとそれぞれの簡単な説明である。詳細については、Peer DIDの仕様（https://identity.foundation/peer-did-method-spec/）を参照すること。

**register**

　この権限の所有者は、DIDを識別子として他の当事者に登録することができる。この権限の所有者は、他のエージェントとDIDを交換できる。

**route**

　この権限の所有者は、自分自身のために暗号化されたDIDComm転送メッセージを受信して復号し、含まれているDIDComm暗号化エンベロープを別の鍵に転送することができる。この権限は、メッセージをエッジ（デバイス）エージェントにルーティングするクラウドエージェントにとって便利だが、エッジ（デバイス）エージェントはメッセージを読み取ることができない（セキュリティ上の理由から）。

**authcrypt**

　この権限の所有者は、メッセージを作成し、認証された暗号文として送ることができ、このことは受信者に対してこのDIDに関連付けられたアイデンティティであることを明らかにする。ほとんどの鍵にはこの権限があるが、たとえば、そのDIDサブジェクトになりすますために誰かがそれらを勝手に利用する可能性を制限するために、あなたはIoTデバイスからその権限を削除するかもしれない。

**plaintext**

　この権限の所有者は、プロトコルに関与しているアイデンティティ所有者宛ての平文のDIDCommメッセージを表示することができる。

**sign**

　この権限の所有者は、DIDサブジェクトに代わって、デジタル署名を行うことができる。これは、たとえば、`authentication`セクションに依存する代わりにDIDを認証するために使用することができる。

**key_admin**

　この権限の所有者は、Peer DIDドキュメントの`verificationMethod`セクション、`authentication`セクション、または認可プロファイルリストに他の鍵を追加または削除することができる。その強力な権限のため、この権限は、信頼された制御者が保持する鍵にのみ付与される必要がある。

se_admin

　この権限の所有者は、Peer DIDドキュメントの`service`セクションに項目を追加または削除することができる。

rule_admin

　この権限の所有者は、Peer DIDドキュメントの`authorization rules`リストにルールを追加または削除することができる。`key_admin`権限と同様に、この権限は、信頼できる制御者が保持するキーにのみ付与する必要がある。

rotate

　この権限の所有者は、1回の削除と追加の操作で、関連付けられた鍵定義とDIDドキュメント全体のその鍵へのすべての参照を、新しい鍵定義と参照に置き換えることができる。

　これらの認可により、Peer DIDの実用性とセキュリティが強化される。Peer DIDの機能と利点により、人々のさまざまなデジタル上の関係のサポートを拡張することができる。

## 14.3.3　Key Event Receipt Infrastructure

　Key Event Receipt Infrastructure（KERIとも呼ばれる。https://keri.one/）は、SCIDを作成し、複雑なエンタープライズグレードのマルチパーティ署名や委任ツリーなど、関連するすべての鍵管理を実行するための非集中型システムである。Peer DIDについて理解したので、KERIの概念は非常に親しみのあるものに感じられるだろうし、両者には多くの共通点がある。KERIベースのSCIDはPeer DIDよりも汎用性が高く、しかも、適用範囲が広い。この項では、KERIとPeer DIDを区別する主な機能について説明する。さらに詳しい情報が必要な場合は、KERIの技術文書（https://oreil.ly/XyKVQ）でプロトコル、構成、操作について詳しく説明しているので参照してほしい。

### 14.3.3.1　自己証明型キーイベントログ

　KERIは、DIDドキュメントの変更を記録するのではなく、**キーイベントログ**と呼ばれるデータ構造を使用して、識別子に関連付けられた鍵への変更を記録する。KERI識別子の制御者が鍵をローテーションするたびに、KERIは新しいデジタル署名されたメッセージをキーイベントログに書き込み、変更を記録する。ログ内のキーイベントメッセージは連鎖的に結合される。各イベントメッセージ（生成時のメッセージを除く）には、直前のキーイベントメッセージのデジタルハッシュが含まれている。

　キーイベントログを所有している人は誰でも、ログ内の最後のメッセージの完全性をチェックし、そこに含まれるデジタルハッシュが前のメッセージのハッシュと一致することを確認することで、その信頼性を暗号学的に検証できる。このプロセスは、メッセージの連鎖を最初までたどって継続する。これにより、メッセージが変更されていないこと、および何も削除または挿入されていないことが検証される。

　識別子の制御者は、キーイベントログのコピーを保持する。また、制御者と対話するために識別子を使用する必要がある他のユーザーとそれを共有することもできる。さらに、制御者が鍵をローテートさせると、他のユーザーにイベントメッセージを送信して、イベントログのコピーを最新の状態に保つ

ことができる。

　また、KERIを使用すると、制御者は**ウィットネス**（キーイベントログを検証して署名できる他のデジタルエージェント）を使用することができる。ウィットネスは、生成時のログのコピーと、鍵のローテーションを示すすべてのメッセージも取得する。ウィットネスはこれらを記録し、自らのデジタル署名で証明して、ログ内の最後の公開鍵が識別子に紐付けられていること、および誰も不正行為を行っていないことを示す追加の証拠を提供する。

　KERI識別子は自己証明型であるため、ブロックチェーン、データベース、ディレクトリ、ファイルシステム、スマートフォンなどのデバイスなど、あらゆるシステムがウィットネスとして機能できる。実際、それらすべてが同時にウィットネスとして機能することができ、KERI SCIDはそれらのいずれにも依存しないことを意味する。KERIではこのことを「台帳ロック」回避と呼んでいる。

### 14.3.3.2　鍵の事前ローテーション

　KERIには、秘密鍵が紛失または盗難された場合の被害を軽減するために、**事前ローテーション**と呼ばれる独創的な方法が含まれている。

　Aliceが新しいKERI識別子と関連する鍵ペアを作成すると仮定する。彼女は公開鍵をBobと共有し、必要に応じて秘密鍵を使用する。残念なことに、Malfoyは彼女のコンピューターに侵入し、彼女の秘密鍵を盗んだとする。Aliceは何ができるだろうか？ Bobには、キーイベントログ内の新しい鍵がAliceからのものなのかMalfoyからのものなのかを判別できないため、単に鍵をローテーションして新しい鍵ペアの使用を開始することはできない。AliceとBobが被害を回復するためには、別のチャネルで新しい鍵を共有する必要がある。

　しかし、事前ローテーションによってこの問題は解決される。Aliceは、KERI識別子とその最初の公開鍵と秘密鍵のペアを作成するときに、**次の鍵**ペアも作成し、そのハッシュをキーイベントログに書き込むことで暗号学的にコミットすることができる。Aliceは、安全のためこの新しいバックアップ秘密鍵をオフラインで保存する。現在の秘密鍵を紛失または盗難された場合、次の公開鍵を共有し、必要に応じて次の秘密鍵を使用できる。この鍵はすでにキーイベントログに書き込まれているため、Bobはそれを信頼するために特別なアクションをとらなくても、それをAliceの新しい鍵として認識する。その後、Aliceは別の鍵を事前にローテーションし、キーイベントログメッセージを使用してそれを共有できる。このようにして、彼女とBobは将来の大惨事に備えることができる。

### 14.3.3.3　委任

　委任を実行する鍵のキーイベントログに**委任イベント**を書き込むことで、KERI識別子に権限を委任できる。委任イベントにより、新しい鍵がその親識別子との関係を証明できるようになる。その後、誰でも暗号技術を使用して委任が本物であることを確認できる。新しい委任鍵はフル機能のKERI識別子であるため、自己のキーイベントログを持ち、その権限を他の識別子に委任できる。その結果、ルート識別子に由来する権限を持つ識別子の階層が作成される。

　KERI識別子と鍵の委任により、組織はあらゆる規模や複雑さの委任階層を拡張および管理できる。

また、KERIの個々のユーザーは、複数のデバイスにわたるデジタルウォレットのさまざまなインスタンスを管理できるようになる。

### 14.3.3.4　KERI DIDメソッド

すでに学習したように、DIDは、DIDドキュメントを使用して鍵、サービス、その他の重要な情報に関するメタデータを識別子に添付するための汎用的なインターフェイスである。KERIは、わずかに異なるメタデータを識別子に付加するための特別な技術である。did:keri仕様（https://identity.foundation/keri/did_methods/）では、KERI識別子をサポートするDIDメソッドを作成することにより、KERI識別子とDIDとの互換性が確保されている。

did:keriメソッドは、キーイベントログにデータを含めるために返されるDIDドキュメントを定義している。did:keriのDIDドキュメントにはservicesセクションは含まれていないが、verificationMethodセクションが含まれる場合がある。

did:keriメソッドを使用すると、DIDとDIDメソッドを理解するソフトウェアエージェントがKERI識別子と鍵を処理して使用できるようになる。進行中の作業により、KERIとPeer DIDの互換性がさらに高まることが約束されている。

### 14.3.4　その他の自律型識別子システム

Peer DIDとKERIに加えて、研究者は他のいくつかの自律型アイデンティティシステムにも取り組んでいる。たとえば、Cryptid（https://www.cryptid.tech/）は来歴ログを使用する認証済みのデータシステムに取り組んでいる（https://oreil.ly/2dYoD）。来歴ログはキーイベントログに似ているが、他のサポートデータが含まれている。did:orbメソッド（https://trustbloc.github.io/did-method-orb/）は、自己認証識別子とSidetree v1.0.0プロトコル（https://identity.foundation/sidetree/spec/v1.0.0/）を使用して、DIDドキュメントの更新をエンコードして伝搬させる。

さまざまな自律型識別子システムの最大の課題は相互運用性である。did:keriのようなスキーマは、エージェントがすでに理解しているフレームワーク内で前提となる識別子システムをエンコードするため、エージェントのサポートが容易になる。AliceはPeer DIDを使用でき、BobはKERIを使用でき、Carolはdid:orbを使用でき、これらすべてが安全に相互に通信できるようになるのが理想的だ。

## 14.4　暗号識別子とアイデンティティの原則

従来の識別子と比較して考えてみても、暗号識別子は、アイデンティティの原則（4章から）に完全に準拠していることがわかる。自律型識別子は、原則の要件を満たすアイデンティティシステムの作成に特に優れている。

**ユーザーの制御と同意**

この章で説明したすべての暗号識別子は、ユーザー（またはユーザーの保護者）によって制御され、それらのサブジェクトの自律性をサポートするように設計されている。これらの識別子

の仕様により、制御の境界が作成され、さまざまなアクティビティに対する制御が適切な役割に割り当てられる。

### 制限された利用のための最小限の開示

自律型識別子は動作に外部システムを使用しないため、作成および使用が安価になる。これまで見てきたように、関係ごとに異なる識別子を作成して相関関係を減らし、関係に実用性を持たせるために必要な情報のみを明らかにするよう、DIDドキュメントをカスタマイズすることが可能である。

### 正当と認められる当事者

暗号識別子は、サポートされる関係に介入するサードパーティの管理者なしで動作するように設計されている。関係に実用性を持たせるために必要な当事者だけが、相互作用に参加する必要がある。また、自律型識別子の性質により、関係ごとに異なる識別子を作成できるため、暗号識別子により、各当事者が必要なデータのみを取得できるようになる。

### 方向付けられたアイデンティティ

パブリックDIDは、台帳に登録されているものと同様、全方位的識別子として機能する。Peer DIDおよびその他の自律型識別子は、指向性を持った識別子として機能する。

### 運用と技術の共存

この章で説明してきた暗号識別子は、標準に基づき、かつ、相互運用性を目指し、複数の運用者と技術が連携して機能し、人、組織、物のアイデンティティニーズを満たすことができる。もちろん、新しい技術が絶えず発明され、組織が経済的利益を求めて競い合っているため、そのビジョンの実現は常に危険にさらされている。

### ユーザーの統合

暗号識別子は、管理当局が介入することなく、識別される個人や組織の管理下に置かれるように設計されている。したがって、その管理を行うユーザーは、これらの識別子の作成、管理、使用において不可欠なコンポーネントとなる。

### 特定のコンテキストに依存しない一貫したエクスペリエンス

暗号識別子は、その管理を行うユーザーをエクスペリエンスの中心に置き、使用する技術についての選択肢を与える。その結果、ユーザーは、コンテキストや用途が大きく異なっていても、一貫したユーザーエクスペリエンスを得ることができる。

4章の方向付けられたアイデンティティの説明のところで、識別子について最初は単純に見えるが、必要なプロパティを持つように設計するのは難しい場合があることを学んだ。暗号識別子は、アイデンティティの原則を尊重する有用な識別子を作成するために必要な技術を提供する。

# 15章
# Verifiable Credentials

アイデンティティシステムの主な役割の1つは、正当性を検証された情報を転送できるようにすることである。ログインする際は、認証のための最低限の情報（多くの場合はユーザー名とパスワード）を送信する。また、アイデンティティシステムはプロファイル情報や認可情報を転送する場合もある。

4章では、アイデンティティメタシステムとそのプロパティについて学んだ。アイデンティティメタシステムは、アイデンティティシステムを構築できるシステムであることを思い出してほしい。メタシステムは、アイデンティティシステムを構築するための基盤を提供し、統一されたユーザーエクスペリエンスを提供するためのカプセル化されたプロトコルを備える。メタシステムは、自律性、プライバシー、柔軟性についてユーザーに選択肢を提供する必要がある。モジュール性と多中心性（より一般的には**非集中化**と呼ばれる）により、メタシステムが単一の組織によって制御されないことが保証される。そして、さまざまなエンティティを認識、記憶し、応答する必要がある情報はコンテキストに依存し、状況によって大きく異なるため、メタシステムでは**多態性を持ったデータレコード**（異なるデータスキーマを使用するレコード）を定義できるようにする必要がある。

明らかに、多中心的かつ多態的なアイデンティティシステムは、現在使用されている認証サービスと認可サービスのみを提供する従来のアイデンティティおよびアクセス管理（IAM）システムよりもはるかに柔軟で機能的である。しかし、メタシステムの特性を持つシステムは私たちにとって馴染みのないものではない。このことは、現代の生活を可能にするために私たちが使用している豊富な資格情報システムに注目すればわかる。たとえば、Aliceは運転免許証と従業員IDを持っているとする。どちらも特定のコンテキスト（運転や仕事）だけでなく、その外でも機能する。Aliceは、自分が21歳以上で雇用されていることを証明するために、運転や仕事以外のコンテキストでこれらを組み合わせて使用する可能性がある。

どのような資格情報が存在できるかを決定する中央機関はない。Aliceの食料品店はロイヤリティプログラムの会員カードを発行するかもしれない。また、彼女が週末に手伝っているボランティア団体は彼女が身に着けることができるバッジをくれるかもしれず、そうすることで、支援を必要とする人は彼女が頼れる人物であると知るのである。Aliceが映画に行くと、私たちが**チケット**と呼ぶ、一度だけ使用できる証明書が発行される。クリーニング店の引換券、処方箋、駐車券なども資格情報の例であ

る。Aliceが医師を訪ねて（何度も何度も繰り返し）病歴を記入するとき、**自己発行の資格情報**を作成していることになる。

　組織や個人が活動する多種多様な状況に合わせて作成する資格情報は際限なく存在する。資格情報ベースのアイデンティティシステムの利点は、その柔軟性にある。

## 15.1　資格情報の性質

　映画のチケットや病歴を説明するために私が**資格情報**という言葉を使うと、資格情報を特別な権限を持つ組織が発行する正式な文書だと考えることに慣れている読者は不思議に思うかもしれない。**資格情報**は、クレームを含む構造化されたドキュメントである。**クレーム**は、ある種の属性を表す名前と値のペアである。2章を思い出してほしい。属性とは、対象が**誰である**かではなく、**何である**かについてのステートメントである。資格情報には多くのクレームを含めることができる。一部のクレームには複数のパートが含まれる場合がある。

　図15-1は運転免許証を示している。運転免許証には19のクレームが含まれており、一部は複数のパートから構成されている。たとえば、クレーム2は対象者の名前、Betty Nelsonである[1]。クレーム4は、運転免許証番号、その発行日と有効期限を含む複数のパートからなるクレームである。クレーム12は制限コードである。この場合、Aは制限がないことを意味するが、その他の制限では眼鏡が必要になったり、運転が日中のみに制限されたりする場合がある。

　クレームに加えて、運転免許証には他の情報も含まれている。右上隅の円内の星は、運転免許証が米国連邦政府のREALID法に準拠していることを示す。この法律では、特に、住所や生年月日など、一部のクレームの身元確認が必要である。この写真は、免許証の提示者が本人であることを認証するために使用される生体認証である。裏面には一連の運転許可が記載されており、これにはオートバイや商用車の運転に対する許可が含まれる場合がある。

　この運転免許証はユタ州が特定の目的のために発行するドキュメントであるが、Bettyがそれを見せたい人に見せることを妨げるものは何もない。そして、他の人がそのクレームを信じることを妨げるものは何もない。その結果、国民ID資格情報がない米国では、州発行の運転免許証が、運転に関係のない自分自身のことを証明するために、人々がさまざまな場面で使用する基礎的な身分証明書となっている。

---

[1]　同じ名前を持つ人が多数存在する可能性があるため、名前は識別子ではなく属性である。

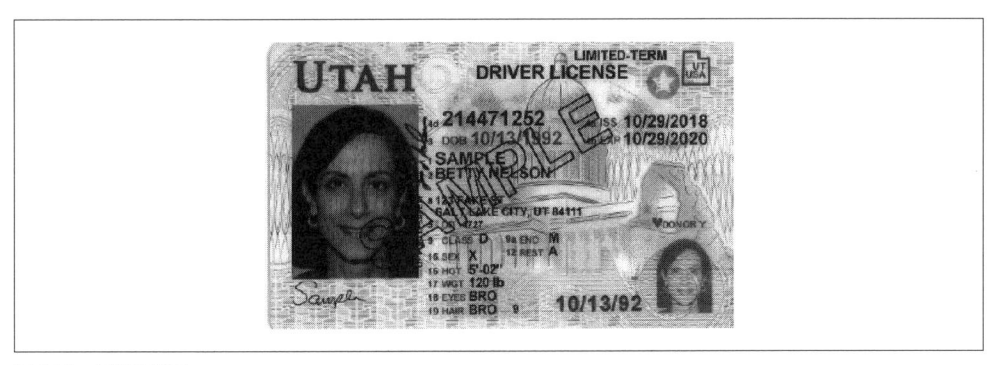

図15-1 運転免許証

### 15.1.1 クレデンシャル交換における役割

ユタ州がBettyに運転免許証を発行し、雇用主による住所確認のために彼女が運転免許証を提示する、というシナリオでは、ユタ州、Betty、そして彼女の雇用主が**クレデンシャル交換**と呼ばれるプロセスに参加することになる。

図15-2は、クレデンシャル交換における役割と、各当事者が他の当事者と持つ関係を示している。さらに詳しく見てみよう。

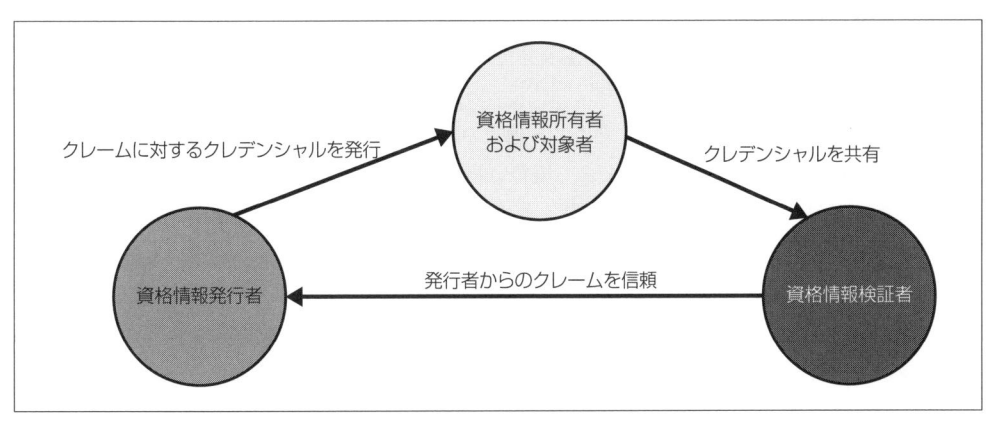

図15-2 クレデンシャル交換における役割

**資格情報発行者**

**資格情報発行者**は、資格情報の対象についての情報を知っており、その情報を含む資格情報を発行できるエンティティである。自己発行の資格情報の場合、資格情報の発行者と対象者が同一となるが、通常は、その発行者はその資格情報の所有者を対象として資格情報を発行することが多い。

### 資格情報所有者および対象者

資格情報は、内包する属性群が指し示すエンティティを対象として発行される。**資格情報所有者**は、資格情報の発行先であり、後で使用できるように資格情報を保管するエンティティである。わかりやすくするために、この図では資格情報の所有者が対象者でもあると仮定しているが、後見などの状況や対象が個人ではない場合には、所有者が対象者以外の人物になる可能性もある。

### 資格情報検証者

所有者は、その資格情報を転送するために、**資格情報検証者**と資格情報を共有する。検証者は発行者が発行した資格情報を利用して業務処理等の実行や制御を行う。状況に応じて、検証者は所有者の認証にも関与する場合がある。

この章全体および本書の残りの部分では、これらの役割を単に**発行者**、**所有者**、**対象者**、および**検証者**と呼ぶことがよくあるので、覚えておいてほしい。

## 15.1.2　クレデンシャル交換による信頼の転送

7章の冒頭で、私は「信頼はすべての関係の中心である」と述べ、**信頼**とは、特定のドメインにおいて、自分自身や自分の利益のために、恩恵を得たり保護したりするような行動を実行するため、進んで他の個人やエンティティに依存する性質であると定義した。人間関係が有益であるためには、私たちは他者を信頼しなければならない。そのために私たちはときに自分を抑え、他者に依存することによるリスクを負わなければならない。人は自分自身を危険にさらす場合、法律、規制、慣習、過去の経験に頼って信頼のギャップを埋めようとする。

しかし、私たちはもう1つ重要なこととして、他人の言うことにも依存する。他人の発言は必ずしも公式なものに限られず、非公式なものである場合もある。私たちはそれを**評判**と呼んでいる。他人の発言に依存するもう1つの方法は、資格情報を使用することである。Aliceが映画館のチケットもぎり係に自分のチケットを渡すとき、チケット売り場の人が、Aliceが支払ったと言っている証拠を提示していることになる。彼女が職場の人事担当者（HRO）に運転免許証を見せると、特定の住所に住んでいるという彼女の主張に関して、州が証拠を提示していることになる。

検証者は発行者が真実を語っていると信じなければならないため、これら表明された属性を**クレーム**と呼ぶ。7章で、信頼の基礎としての**出自**について説明したことを思い出してほしい。たとえば、HROは、誰が資格情報を発行したのか、その資格情報に含まれるクレームを作成するためにどのようなプロセスを使用したのか、どのような情報源のデータを使用したのか、その評判はどうなのかを知りたいと考える。運転免許証の場合、ほとんどの雇用主は、記載されている情報の確認要件と州の機関の信頼性により、記載されている情報が信頼できることを知っているだろう。

検証者は、資格情報自体について、いくつかの具体的なことも知りたいと考える。

- 発行者の身元が本物であること

- 所有者が資格情報の対象者であるか、対象者に代わって資格情報を提示する権限を持っていること
- 資格情報が改ざんされていないこと
- 資格情報が取り消されていないこと

　資格情報がこれらの特性を持つことを検証者に提示することにより、検証者は資格情報に正当性があることを確認する。発行者は、運転免許証や従業員IDバッジのような資格情報に発行者が誰であるかを表示し、写真の掲載または他の手段で対象者を識別するための方法を用意し、改ざんができないことを保証するための多くの工夫を施している[2]。特定の資格情報が取り消されているかどうか（期限切れとは異なる）を知ることは、物理的な資格情報の場合はより困難だが、リスクの程度によっては確認されることもある。

　資格情報に正当性があり、検証者がその出自を信じる場合、そのクレームを信頼することができる。HROがAliceの住所提供を信頼するのではなく、HROが運転免許証の発行者を信頼することで、Aliceが資格情報を使用して提供する住所データを確実に使用できるようになる。Aliceが偽の住所を提示していることを疑う必要はなくなり、雇用におけるリスクも軽減される。発行者に対する検証者の信頼は実質的に所有者に移転され、所有者は何らかのクレームの証拠として資格情報を提示する。

## 15.2　Verifiable Credentials

　W3C Verifiable Credential（VC）の仕様（https://oreil.ly/_kqQp）は、物理的な資格情報の機能と利便性を備えたデジタル資格情報を作成するための標準を定義している。もちろん、デジタルであるため、物理的な資格情報では管理できないこともいくつか実行できる。たとえば、デジタル資格情報はより簡単に取り消すことができ、検証者が必要とする情報のみを開示するように設計されている。

　VCの最も単純な形式は、定義されたデータモデルに従って構造化された署名付きJSONドキュメントである[3]。データモデルには、必須フィールドとオプションの拡張機能の追加方法が含まれている。この仕様は、VCのデータモデルを提供するだけでなく、VC内のデータのプレゼンテーションがどのように構成されているかに関する情報も含まれている。

　VC仕様では、資格情報の構造、表現、解釈方法に自由度が与えられているため、さまざまなグループがいくつかの異なる資格情報タイプを実装している。ソフトウェアがさまざまな型を理解して使用できるように、資格情報のタイプが異なったとしても、この仕様により連携できるようになっている。Daniel Hardman氏は5つの特徴に沿ってVCを分類している（https://oreil.ly/KoDdA）。

---

[2]　例えば、運転免許証は、かつてはラミネート加工されており、最上層をはがして写真やその他の情報を変更し、再度ラミネート加工することができた。新しい設計では、それを行うと明らかに改ざんされた運転免許証だとわかるプロセスが使用されている。

[3]　JavaScript Object Notation（JSON）は、JavaScriptで構造化データを表すために使用される構文である。JSONは、JavaScript以外でも構造化データを表現する方法として広く使用されるようになっている。

**スキーマ**

資格情報の**スキーマ**は、その構造を記述している。この資格情報は運転免許証なのか、大学の成績証明書なのか？ という異なるタイプの資格情報を表現することが可能だ。残念ながら、同じタイプの資格情報のスキーマにも、違いが存在する可能性がある。2つの大学が成績証明書に2つの異なるスキーマを使用し、1つは`surname`という名前のフィールドを使用し、もう1つは`last_name`を使用する場合がある。同じタイプの資格情報のスキーマの相違を避けることは、技術的な問題ではなく、政治的な問題だ。`Schema.org`は長年にわたってスキーマの標準化を行っており、Hyperledger Foundation（ハイパーレッジャー財団）などが標準化に取り組んでいる（https://oreil.ly/8hYM1）。

**レンダリング**

VC仕様では、資格情報をいくつかの形式で表すことができる。上述したように、基本形式はJSONドキュメントである。この仕様では、VCをJSON-LDまたはJWT形式で文字列として表現またはレンダリングすることもできる。JSON-LDは、コンテキストリンクを使用してセマンティックメタデータをJSONドキュメント内のフィールドに追加した形式である。JWTについては、13章で学んだことを思い出してほしい。OpenID ConnectでクレームをエンコードするためにJWTが使用されている。

**所有者と対象者の関係**[4]

資格情報の所有者が資格情報の対象者となる場合もあれば、そうでない場合もあることを思い出してほしい。たとえば、Aliceは自分の運転免許証を持っている可能性が高いため、所有者でもあり対象者でもある。しかし、彼女は自宅のあるデバイスの資格情報（その対象がデバイス自身である）も保持しているかもしれない。たとえば、Aliceは自分のノートPCの資格情報を保持している可能性がある（これについては20章で詳しく説明する）。資格情報には複数の対象者を含めることもできる。たとえば、出生証明書には、赤ちゃん、母親、父親、医師が対象者としてリストされる場合がある。繰り返しになるが、所有者は対象者の1人である場合もあれば、そうでない場合もある。

**相関関係**

8章では相関関係について学んだが、そこでは複数の記録をリンクさせることで、対象者のより完全な全体像を作り出すことができる場合のプライバシーリスクについて議論した。資格情報のさまざまなプレゼンテーション方法は、複数の資格情報の対象者を関連付けることができるかどうかに影響する。これについては、この章で後ほど詳しく説明する。

**支払い**

資格情報には無料のものもあるが、有料のものもある。これは物理的な領域だけでなく、デジタル領域にも当てはまる。たとえば、私の雇用主は私に従業員資格情報を無料で発行して

---

※4　Hardman氏はこの特徴を所有者の視点と呼んでいる。

くれる。大学は成績証明書を発行する際、通常は対象者に費用を請求する。無料の他に、クレデンシャル交換の異なる役割の間には、所有者 - 支払い - 発行者、検証者 - 支払い - 発行者、検証者 - 支払い - 所有者、および所有者 - 支払い - 検証者という4つの異なる対となる支払いベクトルがある。どのシナリオも発生しうるシナリオだが、最も一般的で実装が簡単なのは、所有者が発行者に支払うシナリオである。図15-3は、これらの潜在的な支払い関係を示している。これが資格情報マーケットプレイスに与える影響については、この章の後半で説明する。

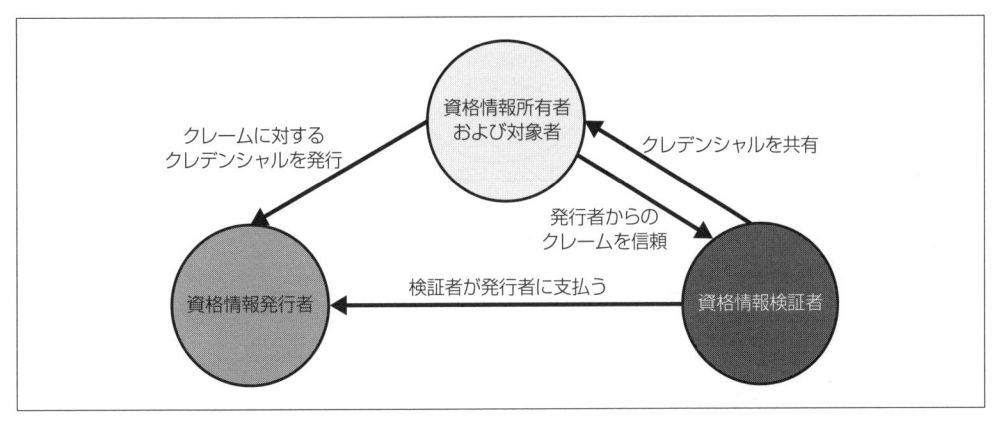

図15-3　クレデンシャル交換における支払い関係

　VCの実装が異なれば、これら5つの特徴の実現を推奨するか、排除するか、要求するか、についても異なる。次節では、これらの選択肢のいくつかについて説明する。VCが提供するさまざまな技術スタックを検討し、自分のニーズとどのように合致するかを判断する際には、これらの特徴を念頭に置いてほしい。

## 15.3　VCの交換

　これまで学んだように、クレデンシャル交換には、発行者、所有者、検証者という3つの異なる役割が関係する。対象者は、たまたま所有者でもある場合にのみ交換に関与する。どの当事者も、さまざまな相互作用のコンテキストにおいて、あらゆる役割を果たすことができ、また、果たすことになるだろう。以下の説明では、Aliceという個人を所有者として使用し、アテステーション組織とCertiphi社という2つの組織をそれぞれ発行者と検証者として使用する。ただし、組織が資格情報を保持することもでき、個人が資格情報を発行して検証できることにも留意してほしい。

　図15-4は、一般に**資格情報のトラストトライアングル**と呼ばれるものの中における、発行者、所有者、および検証者を示している。すでに説明した3つの当事者に加えて、この図には**検証可能なデータレジストリ（VDR）**と呼ばれるものが1つ以上含まれている。クレデンシャル交換についての説明

において、これはブロックチェーンまたは台帳として説明されることがよくあるが、必ずしもブロックチェーンである必要はない。名前に含まれる**検証可能**という用語は、リポジトリではなくデータを指すことに注意してほしい。データが署名され、データに依存するエンティティがその信頼性を検証できるような方法で保存されるのであれば、リポジトリはWebサーバでもかまわない。交換プロセス全体の特性は、VDRのアーキテクチャと特性によって異なる場合がある。

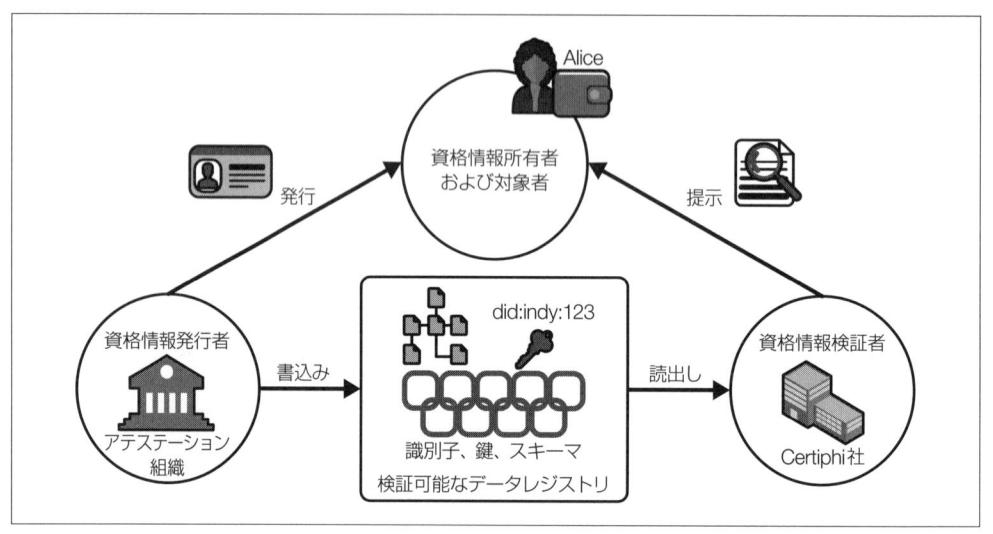

図15-4　VC交換

## 15.3.1　資格情報の発行

　アテステーション組織は、資格情報に対して受け入れ可能なスキーマを作成または見つけてきている。すでに学んだように、スキーマはフィールド名や受け入れ可能な値を含む資格情報の構造を記述している。アテステーション組織は、自身を発行者として識別するパブリックDIDも作成している。アテステーション組織は、作成した発行者DIDにスキーマをリンクする資格情報定義を、VDRに書き込むことができる。パブリックDID、スキーマ、および定義は、異なるVDRまたは同じVDRに書き込むことができる。

　アテステーション組織は、作成した資格情報の定義に基づいて、Aliceの資格情報を作成し、Aliceに発行する。発行セレモニーには通常、Aliceとのやり取りが含まれ、アテステーション組織は、Aliceに資格情報を発行する前に、Aliceを認証する必要がある。Aliceとアテステーション組織はPeer DIDを交換し、相互に承認されたDID関係がすでに確立されているかもしれない。その場合、アテステーション組織はそのDID関係を使用して資格情報をAliceに発行する（この正確なメカニズムについては、19章で説明する）。アテステーション組織は、より伝統的な認証手段（11章で学習した）とTLSで保護されたチャネルを使用して資格情報を発行することもある。本書の残りの部分では、特に断りの

ない限り、DIDベースの対話パターンを想定する。

アテステーション組織は、**Verifiable Credentials**を発行している。VC仕様では、資格情報には、後で検証者によって検証できる**証明**が含まれることが要求される。証明は暗号を利用した署名である。その証明は、資格情報に含まれることを意味する**埋め込み型**である場合もあれば、何らかの方法で資格情報からリンクされていることを意味する**外部参照型**の場合もある。証明の正確な性質は表現によって異なる場合がある。資格情報の証明セクションのフィールドも、VCデータモデルに準拠している限り変更することができる。

## 15.3.2　資格情報の所有

Aliceはデジタルウォレットを使用してさまざまな発行者からVCを収集および所有し、検証可能なデータのプレゼンテーションにまとめる。また、Aliceは、アテステーション組織が資格情報を発行するときに、資格情報を要求して受け入れるために、発行者とのセレモニーを行うソフトウェア**エージェント**も持っている。

エージェントは、AliceのDIDベースの関係（アテステーション組織との関係など）を管理する責任を負い、ウォレットはAliceのPeer DID、パブリックDID[※5]、およびその他の識別子の鍵を所有する。このウォレットは、4章で学んだ一貫したエクスペリエンスの原則に従って、コンテキスト全体で一貫したユーザーエクスペリエンスをAliceに提供する。Aliceは鍵やDIDについて考えない。むしろ、彼女のユーザーエクスペリエンスは、人間関係の確立、維持、終了と、クレデンシャル交換に関連するセレモニーを中心に展開している。18章と19章では、ウォレットとエージェントについて詳しく説明する。簡単にするために、区別が重要でない限り、この章ではウォレットとエージェントの両方に対して**ウォレット**という用語を使用する。

## 15.3.3　クレデンシャルプレゼンテーション

ある時点で、Aliceは自分のウォレットを使用してCertiphi社との関係を確立する。この関係をブートストラップまたは改善する一環として、Aliceは信頼できる情報をCertiphi社に提供する必要があるだろう。たとえば、Certiphi社がAliceの自宅住所を必要とし、アテステーション組織の資格情報にその情報が含まれているとする。住所の要求は、直接（AliceがCertiphi社の支店を訪問している場合）、オンライン（AliceがWebフォームに記入している場合）、または電話（Aliceが顧客サポート担当者と話している場合）で行われる可能性がある。

対話手段に関係なく、Aliceのユーザーエクスペリエンスは一貫している。Aliceのスマートフォンにポップアップが表示され、Certiphi社が彼女の住所を要求し、Aliceが所有している彼女の住所を含む資格情報の選択を提示していることが示される。彼女はアテステーション組織からのものを選択し、ウォレットに含まれる情報がCertiphi社に提示される。Certiphi社は、資格情報に含まれる証明を使用

---

[※5]　人々はパブリックDIDを持っている場合もあれば、持っていない場合もある。通常、組織はパブリックDIDを持ち、組織が持つ多くの関係ごとにPeer DIDも持っている。

して、資格情報の真正性を暗号学的に検証する。

　物理世界での経験から、プレゼンテーションは、Aliceのウォレットが資格情報全体をCertiphi社に転送することと考えるかもしれない。結局のところ、住所を証明するために運転免許証を誰かに見せるとしたら、それを手渡すことになるだろう。だがVC仕様では、さまざまなプレゼンテーション方法が許可されている。一部のプレゼンテーションでは資格情報の完全な転送が発生する場合があるが、常にそうとは限らない。これはクレデンシャル交換の最も重要な機能の1つであるため、次節で詳しく説明する。

　Certiphi社が、Aliceの住所と現在の給与を知る必要があると仮定しよう。彼女は、給与情報を主張する雇用主からの別の資格情報を持っている。AliceのCertiphi社へのプレゼンテーションでは、アテステーション組織からのデータと彼女の雇用主からのデータが結合され、両方の情報が一度に転送される。

　ここで問題となるのはCertiphi社が資格情報を検証するために必要なデータをどのように取得するのかということである。たとえば、クレデンシャルプレゼンテーションにデジタル署名が含まれている場合、Certiphi社はどのようにしてアテステーション組織の公開鍵を見つけるのだろうか？　これが、VDRが重要である理由である。資格情報には、VDR内の情報への参照が含まれ、VDRには、プレゼンテーションタイプ（次節を参照）に応じて、発行者のパブリックDIDおよびDIDドキュメント、資格情報の定義、スキーマが含まれることがある。Certiphi社は、VDRからこの情報を読み取り、それを使用して資格情報を検証する。

　VDRの使用は、検証者が発行者と直接の関係を持つ必要がないことを意味するため、重要である[6]。他のデータ転送方法では、Certiphi社はアテステーション組織のAPIにアクセスし、アテステーション組織のデータを使用するために利用規約に同意し、あるいは、アテステーション組織と法的関係を結ぶ必要があるかもしれない。対照的に、VCは、資格情報の検証者が資格情報を検証するために発行者との関係を必要としないように設計されている。

　このことの重要な結果の1つは、プライバシーの分野で一般に**フォンホーム問題**（phone home problem）と呼ばれている問題を防止できることだ[7]。設計上、アテステーション組織は、Aliceがどこで資格情報を提示するかを知らない。そのため、Webアプリケーションで資格情報を使用し、さまざまな人々や組織とやり取りするAliceを追跡できない。

## 15.4　クレデンシャルプレゼンテーションのタイプ

　クレデンシャルプレゼンテーションの性質は、VC仕様の重要な部分である。VCプレゼンテーションは、検証者がデータの作成者を確認できる方法で、1つ以上の資格情報からのデータをパッケージ化して安全に送信するように設計されている。通常、プレゼンテーションは1つの対象に関するものだが、

---

[6]　VC仕様ではVDRの使用は必須ではないが、VDRを使用しないVC方式では、VDRを使用する方式ほど所有者のプライバシーを保護できない。

[7]　4章の脚注2（33ページ）を参照。

常にそうである必要はない。たとえば、開発チームまたは取締役会に関するクレデンシャルプレゼンテーションには、さまざまな対象に関する資格情報からの情報が含まれる場合がある。

検証可能なプレゼンテーションには次の3つの要素が含まれる。

**プレゼンテーションのメタデータ**
メタデータには、データ構造を検証可能なプレゼンテーションとして識別する必須の`type`プロパティと、プレゼンテーションの`id`やプレゼンテーションを作成する`holder`のURIなど、いくつかのオプションのプロパティが含まれる。

**Verifiable Credentials**
資格情報は、暗号学的に検証可能な方法におけるVCのオプションのリスト、またはVCから派生したデータである。

**証明**
証明はプレゼンテーションに含まれているため、検証者はこれを使用して資格情報または派生データの真正性を検証できる。

この仕様では、資格情報を提示する方法について多くのオプションが提供されている。明確にするために、これらを2つの大きなカテゴリに分類し、それぞれのプロパティ「**完全なクレデンシャルプレゼンテーション**」と「**派生的なクレデンシャルプレゼンテーション**」について説明する。

## 15.4.1　完全なクレデンシャルプレゼンテーション

名前が示すように、**完全なクレデンシャルプレゼンテーション**には、資格情報全体が含まれる。複数の資格情報が関係するプレゼンテーションの場合、参照される各資格情報が含まれる。これは、物理世界で資格情報を提示する方法と似ている。AliceがCertiphi Bankでローンを組む場合、必要な書類（運転免許証、雇用証明書など）をすべて提示するだろう。

完全なクレデンシャルプレゼンテーションがどのように機能するかを確認するために、プレゼンテーションでVCがどのように使用されるかを調べてみよう。以下は、対象者のAliceがサンプル大学の卒業生であることを主張する資格情報の例（VC仕様の例1から変更）である。

```
{
  // これから使用するissuerやalumniOfのような特別な用語を定義するコンテキストを設定する。
  // such as 'issuer' and 'alumniOf'.
  "@context": [
    "https://www.w3.org/2018/credentials/v1",
    "https://www.w3.org/2018/credentials/examples/v1"
  ],
  // 資格情報の識別子を指定する
  "id": "http://example.edu/credentials/1872",
  // 資格情報において期待されるデータが何であるかを宣言する資格情報のタイプ
  "type": ["VerifiableCredential", "AlumniCredential"],
  // 資格情報を発行するエンティティ
```

```
  "issuer": "https://example.edu/issuers/565049",
  "issuanceDate": "2010-01-01T19:23:24Z",
  // 資格情報の対象についてのクレーム
  "credentialSubject": {
    // 資格情報の対象の識別子
    "id": "did:example:ebfeb1f712ebc6f1c276e12ec21",
    // 資格情報の対象についてのアサーション
    "alumniOf": {
      "id": "did:example:c276e12ec21ebfeb1f712ebc6f1",
      "name": [{
        "value": "Example University",
        "lang": "en"
      }]
    }
  },
  // 資格情報の非改ざん性をもたらすデジタル証明
  "proof": {
    // 署名を生成するために利用された暗号署名スイート
    "type": "RsaSignature2018",
    "created": "2017-06-18T21:19:10Z",
    // この証明の目的
    "proofPurpose": "assertionMethod",
    // 署名を検証できる公開鍵の識別子
    "verificationMethod": "https://example.edu/issuers/565049#key-1",
    // デジタル署名値（JWT）
    "jws": "eyJhbGciOiJSUzI1NiIsImI2NCI6ZmFsc2UsImNyaXQiOlsiYjY0Il19..TCYt5X
      sITJX1CxPCT8yAV-TVkIEq_PbChOMqsLfRoPsnsgw5WEuts01mq-pQy7UJiN5mgRxD-WUc
      X16dUEMGlv50aqzpqh4Qktb3rk-BuQy72IFLOqV0G_zS245-kronKb78cPN25DGlcTwLtj
      PAYuNzVBAh4vGHSrQyHUdBBPM"
  }
}
```

　Aliceが、サンプル大学のWebサイトでこの資格情報を使用してTシャツを購入し、同窓会割引を受けたいとする。資格情報の検証者として機能するサイトが完全なクレデンシャルプレゼンテーションを受け入れ、Aliceのウォレットが完全なクレデンシャルプレゼンテーションをサポートしている場合、彼女は次の証明を提示する可能性がある（VC仕様の例2から変更）。

```
{
  "@context":
    [ "https://www.w3.org/2018/credentials/v1",
      "https://www.w3.org/2018/credentials/examples/v1"
    ],
  "type": "VerifiablePresentation",
  // 先の例で発行されたVerifiable Credential
  "verifiableCredential": [{
    "@context":
    [ "https://www.w3.org/2018/credentials/v1",
      "https://www.w3.org/2018/credentials/examples/v1"
    ],
```

```
    "id": "http://example.edu/credentials/1872",
    "type": ["VerifiableCredential", "AlumniCredential"],
    "issuer": "https://example.edu/issuers/565049",
    "issuanceDate": "2010-01-01T19:23:24Z",
    "credentialSubject": {
      "id": "did:example:ebfeb1f712ebc6f1c276e12ec21",
      "alumniOf": {
        "id": "did:example:c276e12ec21ebfeb1f712ebc6f1",
        "name": [{
          "value": "Example University",
          "lang": "en"
        }]
      }
    },
    "proof": {
      "type": "RsaSignature2018",
      "created": "2017-06-18T21:19:10Z",
      "proofPurpose": "assertionMethod",
      "verificationMethod": "https://example.edu/issuers/565049#key-1",
      "jws": "eyJhbGciOiJSUzI1NiIsImI2NCI6ZmFsc2UsImNyaXQiOlsiYjY0Il19..TCYt5X
      sITJX1CxPCT8yAV-TVkIEq_PbChOMqsLfRoPsnsgw5WEuts01mq-pQy7UJiN5mgRxD-WUc
      X16dUEMGlv50aqzpqh4Qktb3rk-BuQy72IFLOqV0G_zS245-kronKb78cPN25DGlcTwLtj
      PAYuNzVBAh4vGHSrQyHUdBBPM"
    }
  }],
  // プレゼンテーション上のAliceによるデジタル署名はリプレイ攻撃から保護する
  "proof": {
    "type": "RsaSignature2018",
    "created": "2018-09-14T21:19:10Z",
    "proofPurpose": "authentication",
    "verificationMethod": "did:example:ebfeb1f712ebc6f1c276e12ec21#keys-1",
    // 「challenge」と「domain」はリプレイ攻撃を防ぐ
    "challenge": "1f44d55f-f161-4938-a659-f8026467f126",
    "domain": "4jt78h47fh47",
    "jws": "eyJhbGciOiJSUzI1NiIsImI2NCI6ZmFsc2UsImNyaXQiOlsiYjY0Il19..kTCYt5
    XsITJX1CxPCT8yAV-TVIw5WEuts01mq-pQy7UJiN5mgREEMGlv50aqzpqh4Qq_PbChOMqs
    LfRoPsnsgxD-WUcX16dUOqV0G_zS245-kronKb78cPktb3rk-BuQy72IFLN25DYuNzVBAh
    4vGHSrQyHUGlcTwLtjPAnKb78"
  }
}
```

完全なクレデンシャルプレゼンテーションの構造は単純である。プレゼンテーションの証明は資格情報の証明とは異なることに注意してほしい。どちらも公開鍵への参照を提供する。資格情報の証明の鍵は、資格情報の発行者のDIDに関連付けられたDIDドキュメントから取得される。資格情報の証明は、資格情報が改ざんされていないことを誰でも確認できる署名である。

　プレゼンテーションの鍵は、所有者（この場合は対象者でもある）のDIDドキュメントから取得される。プレゼンテーション上の署名（先の例のproof）が資格情報の対象者と一致する場合、この鍵は対象者DIDの所有権も証明する。プレゼンテーションの証明により、検証者はプレゼンテーション

の完全性を保証できる。検証者が必要な情報を送信すると、その証明要素に含まれる`challenge`と`domain`と呼ばれる追加フィールドが提供される。これは、他の当事者が**プレゼンテーションをリプレイすること**、つまり、意図した検証者以外の誰かに資格情報を提示することを防ぐのに役立つ。

　完全なクレデンシャルプレゼンテーションによるプライバシーへの影響を理解するには、例の`credentialSubject`フィールドに対して他のクレームを含めるために以下の修正を行うことを検討してほしい。

```
"credentialSubject": {
  "id": "did:example:ebfeb1f712ebc6f1c276e12ec21",
  "overallGPA": {
    "id": "did:example:f4566e12ec21ebfeb1f712abd564",
    "GPA": [{
      "value": "2.43"
    }]
  },
  "degrees": {
    "id": "did:example:bc45afe12ec21ebfeb1f7128fed4",
    "undergraduate": [{
      "BA": "Communications",
      "Honors": "NONE"
    }]
  },
  "alumniOf": {
    "id": "did:example:c276e12ec21ebfeb1f712ebc6f1",
    "name": [{
      "value": "Example University",
      "lang": "en"
    }]
  }
}
```

　現在、Aliceの資格情報は彼女を卒業生として特定するだけでなく、彼女の成績平均（GPA）と取得した学位も主張する。彼女は、コミュニケーションの学位を取得していることを証明するために資格情報を使用するときに、キャンパスのWebサイトで自分のGPAが公開されても気にしないかもしれないが、その情報がLinkedInに公開されることは望まないかもしれない。完全なクレデンシャルプレゼンテーションでは、Aliceがどこで大学の資格情報を提示しても、そのデータが含まれる。物理的な世界では、これは大きな問題ではない。キャンパス内の店舗のレジ係が、チェックするすべてのIDのデータをすべて覚えているとは期待していないからである。しかし、コンピューターにはそのような制限はない。

　すべての資格情報が個人に必要なプライバシー保護を必要とするわけではない。サンプル大学が、州または中央政府から合法的な教育機関であるという資格情報を持っていると仮定する。あるいは、合法的に登録されているという州からの資格情報を持つビジネスを検討してほしい。このような場合、および組織が関与する他の多くの場合、資格情報内のデータは非公開ではなく公開される。サン

プル大学は、大量のデータを提供することを気にせずに資格情報を共有できる。

## 15.4.2 派生的なクレデンシャルプレゼンテーション

4章で学んだアイデンティティの原則の1つが、**制限された利用のための最小限の開示**であることを思い出してほしい。この原則では、検証者はデータの使用を所有者の同意した用途に制限することを要求している。最小限の開示では、所有者のウォレットがその使用に必要なデータ以上を明らかにしないことも必要である。

例に戻ると、Aliceが学校のWebサイトで自分がサンプル大学の卒業生であることを証明するために資格情報を使用する場合、資格情報に多くのデータが含まれていたとしても、公開されるべきデータは彼女の卒業生ステータスだけである。彼女がLinkedInでコミュニケーションの学位を取得していることを証明するためにそれを使用する場合、GPAを明らかにする必要はないし、GPAは秘密にしておくべきである。

Aliceは単純に資格情報を分割することはできない。証明は資格情報全体に対するデジタル署名に基づいているため、分割によってその証明が持つ検証可能性が失われるからである。彼女は、さまざまな目的に応じて、サンプル大学からさまざまな資格情報を取得できるが、発行される資格情報の数が膨大になるにつれて、Aliceのウォレットはすぐに管理の限界を迎えてしまうだろう。

幸いなことに、このジレンマの解決策の基礎となる技術、ゼロ知識証明（ZKP）については、すでに9章で学習している[※8]。

### 15.4.2.1 ゼロ知識証明と資格情報

ゼロ知識証明は、検証者がプレゼンテーションから得られる追加情報の量を減らすことを目的としている。ゼロ知識証明を資格情報に適用する目的では、通常、**知識のゼロ知識証明（ZKPOK）**として特徴付けられる純粋なゼロ知識証明について話しているわけではないことに注意してほしい。純粋なゼロ知識証明の例は、Aliceは実際の値を明らかにせずに、地球の外周の長さを知っていることを証明できる、といったものである。

一方で、クレデンシャルプレゼンテーションにおけるゼロ知識証明では、実際の値（Aliceの誕生日）、派生値（Aliceの年齢）、さらには値の述語（Aliceは18歳以上）の証明に関係することが多くなる。zkSNARK（123ページ参照）のような技術を使用すると、証明者（所有者）は検証者が認証できる非対話型の証明を生成できることを思い出してほしい。この証明は、所有者が、検証者が提供した関数Cを満たす値を知っていることを示している。これにより、ZKPOKよりもはるかに幅広いクラスのデータ交換が可能になる。この手法により、検証者は関数Cで知りたいことを記述できることに注意し

---

※8　この節では、AnonCredsと呼ばれる派生的な資格情報を作成する方法について説明する。AnonCredsは、IndyプロジェクトとAriesプロジェクトで派生的な資格情報をサポートする手段としてHyperledgerで開発された仕様に基づいている（https://oreil.ly/s9lHF）。他のグループは、技術的に異なる他のタイプの派生的な資格情報を追求しているが、全体的な設計目標は似ている。重要なのは、特定の暗号学的な方法ではなく、目的と広範な技術を理解することであるため、ここでは1つの手法に焦点を当てることにする。

てほしい。可能であれば、所有者はその要件を満たす値を証明する必要がある。これにより、制約のある使用と合意の証明が提供される。

　zkSNARK技術を使用して、検証者が必要とするものと正確に一致する派生的な属性を生成することは、Aliceのプライバシーを保護し、派生的なクレデンシャルプレゼンテーションが「制限された利用のための最小限の開示」の原則を確実に満たすための重要な方法である。

### 15.4.2.2　名寄せとブラインド識別子

　完全な資格情報を提示することによるプライバシーリスクの1つは、識別子による名寄せが可能であることだ。前の例では、資格情報の対象はDIDによって識別される。Aliceがサンプル大学に提示したPeer DIDによって資格情報内で識別されている場合、他の検証者（たとえばLinkedIn）は証明部の署名を検証することはできない。DIDを解決してDIDドキュメントを取得することはできないからだ。その結果、完全なクレデンシャルプレゼンテーションには、識別を行う主体が発行者と識別子の両方を知っている必要がある。

　ユニバーサル識別子を使うことにより、個人に関するデータの名寄せが簡単になる。クレデンシャルプレゼンテーションを行う際にユニバーサル識別子が求められる場合、データの真正性と引き換えにプライバシーを犠牲にする必要がある。もし複数の検証者が、ある書類作成のために所有者の預かり知らないところで結託すると、それぞれの検証者に対して最低限の情報開示をしていたとしても無意味になってしまう。

　14章では、ある関係における参加者が、各々の関係ごとに異なる識別子を使用するとプライバシーが強化されることを学んだ。派生的な資格情報では、**ブラインド識別子**を使用してこの問題を解決できる。これにより、発行者と検証者が所有者の識別子を共有することなく、検証者は資格情報が提示者に対して発行されたことを確実に知ることができる。

　ブラインド識別子を使用するために、Aliceのウォレットは**リンクシークレット**と呼ばれる大きなランダムな文字列を生成し、それを暗号化コミットメントで包み込む。暗号化コミットメントにより包み込むことは、封筒に封入するようなものだと捉えてほしい。Aliceは、アリババの洞窟（9章を参照）のドアを開けるための合言葉を知っていることを証明できるのと同様に、暗号コミットメントに封入されたリンクシークレットを知っていることをゼロ知識で（リンクシークレット自体を提示することなく）証明することができる。Aliceは暗号化コミットメントを生成する際、シークレットとともに**ナンス**と呼ばれるランダムな値を含めることで、コミットメントの値についてもブラインド化する。これは、Aliceがナンスの値を変更するだけで、異なるブラインド化が施されたリンクシークレットを必要なだけ生成できることを意味している。

　Aliceは、資格情報の発行者や検証者にリンクシークレットを明らかにすることはない。サンプル大学がAliceに資格情報を提供するとき、彼女はサンプル大学専用に生成したブラインドリンクシークレットの形式でその場限りの識別子を検証者たちに提供する。AliceがVCとして従業員IDを発行されるとき、同じリンクシークレットに異なるブラインド化を施したものを雇用主に渡す。

　派生的な資格情報でブラインド識別子を使用することには2つの目的がある。まず、Aliceが資格情

報の中の情報を提示するとき、識別子はそのままでは提供しない。ゼロ知識証明を利用することで、Aliceはブラインド識別子に含まれるリンクシークレットを知っていることを証明し、その資格情報が彼女に対して発行されたことを証明することができる。その結果、検証者は、資格情報が確かにAliceに発行されたということを知ることができる。次に、Aliceは、大学の資格情報と従業員の資格情報のデータを関連付けることにより、2つの資格情報が同一の主体を指し示すことを証明することができる。各資格情報に異なるブラインド識別子が含まれている場合でも、Aliceは、検証者に名寄せ可能な識別子を与えることなく、提供された資格情報がすべて同じリンクシークレットによってリンクされていること、つまり同一人物を指すことを証明できる。

　図15-5は、サンプル大学とその雇用主からAliceに発行された資格情報に基づいて、ゼロ知識証明として派生的な資格情報を提示するプロセスを示している。

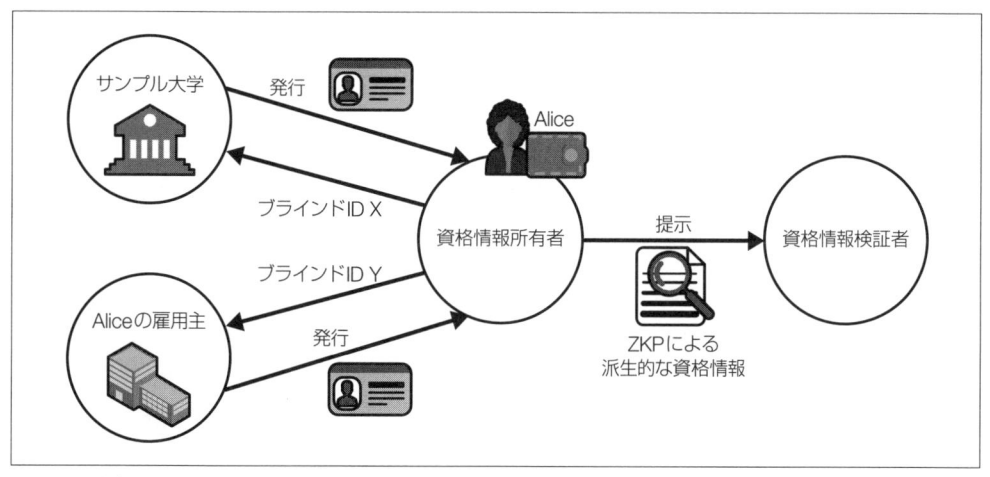

図15-5　資格情報の派生

　派生的な資格情報には、ゼロ知識証明によって処理された属性のみが含まれる。これらの属性は、資格情報が保持するデータから派生する可能性がある（たとえば、Aliceの実際の誕生日ではなく、Aliceが18歳以上であること）。それぞれの派生的な属性は個別に署名されるため、派生的な資格情報全体とは独立して検証および使用できる。

　ゼロ知識証明と暗号学的にブラインド化された識別子を組み合わせて、派生的なクレデンシャルプレゼンテーションを作成することで、Aliceのプライバシーリスクを低減し、検証者による彼女に関するデータの真正性検証を妨げることなく、データ共有への同意を明確に示すことができる。

## 15.5　信頼に関する質問への答え

　VCにより信用の度合いは向上するが、人々や組織が行う取引の多くには信用以上のものが必要である。この節では、このアイデアをより詳細に検討し、検証者が取引の信頼を得るために、これまで説

明した戦術のいくつかをどのように適用できるかを示す。

　Aliceの雇用主がVCを利用し、彼女の雇用状況と現在の給与に関するクレームを含む資格情報を発行したとする。その後、Aliceは銀行に融資を申請する。銀行がローンを処理する前に、彼女は雇用されていて、少なくとも年収75,000ドルを稼いでいるということを銀行に証明する必要がある。銀行は資格情報の真正性を信用し、暗号技術を使用してそれを検証する。

　しかし、銀行が本当に知りたいのは、Aliceが実際に雇用されているかどうかであって、（検証可能かどうかは別として、誰かによって彼女が主張していることが示される）何らかのデータを持っているということではない。その質問に答えるには、クレデンシャル交換では保持できない保証が必要である。以下のようにAliceまたは銀行が知りたいかもしれないことがいくつかある。

- Aliceは実在の人物である
- 雇用主は実在の企業である
- 銀行は本物の銀行である
- Aliceはその雇用主に雇われている
- 給与はその雇用主から支払われている

以下に、Aliceと銀行がこれらの質問に答えるために使用できるテクニックをいくつか紹介する。

### Aliceは実在の人物である

この交換において、銀行は、Peer DIDの交換によって記憶された彼女との関係性を持っているため、Aliceが実在の人物であることを知っている。新規顧客登録の手順の一環として、法律で義務付けられている顧客確認（Know Your Customer：KYC）を実行した。銀行は、その結果を、Aliceが彼女の識別子として提示したDIDと結び付ける。したがって、AliceがそのDIDを使用して銀行に連絡すると、そのアカウントが実在の人物のものであることがわかる。

### Aliceの雇用主は実在の企業である

雇用主が本物のビジネスであることを知るのは少し難しい。たとえ銀行が雇用主の名前を知っていたとしても、資格情報がその企業によって発行されたものであることをどのようにして知るのだろうか？　いくつかのオプションがある。たとえば、雇用主はWebサイトやその他のよく知られた場所でパブリックDIDを公開したり、または、雇用主は銀行やAliceに事業登録ステータスを証明する資格情報を提供したりすることができる。

### 銀行は本物の銀行である

銀行がAliceが実在の人物であることを知っているのと同じ理由、つまりDID交換で、Aliceはその銀行が実在の銀行であることを知っている。重要でありながら見落とされがちなDID交換の利点の1つは、双方が相手を認証できることである。Aliceは口座を開設したときに、その銀行が本物の銀行であることをどのようにして知ったのか？　もし彼女が窓口へ行って手続きをしたのなら、彼女は実体験を通じて知っていたことになる。彼女がオンラインで登録した場合、資格情報やその他の証明を求めた可能性がある。

**Aliceはその雇用主に雇われており、一定の給料をもらっている**

資格情報自体は、Aliceがその雇用主に雇用されており、一定の給与があるというクレームを作成している。銀行は、資格情報のスキーマと定義を検証し、その意味を理解することで資格情報を検証する必要がある。この検証プロセスは銀行内部で行われる。

銀行とAliceがお互いを信頼するようになる方法の多くは、銀行とAliceが参加しているアイデンティティエコシステムのガバナンスに依存する。22章では、さまざまなアイデンティティアーキテクチャでガバナンスが果たす役割と、ガバナンスがどのように信頼を生み出すかについて説明する。

## 15.6 クレデンシャル交換の特性

VCの最も重要な特性は、検証可能なデータを送信できることである。これまで見てきたように、資格情報に関する私たちの物理世界の経験は、資格情報がどのようなものであるかについての考えを狭める可能性がある。あらゆる構造化データはVCで送信可能だ。

VCでデータを転送すると、単にTLSのような安全な接続を使用するよりも信頼性が高まる。TLSにより、送信の機密性が保証される。両方の当事者が証明書を使用する場合、TLSはメッセージの送信者と受信者についての保証も提供する。その意味では、DIDによってサポートされるやり取りに似ている。これらの特性に加えて、VCによるデータ転送では、データの真正性に関する以下の点を証明することができる

- データは送信中、送信前、送信後に改ざんされていない。VCは、データが送信される回数やチャネルに関係なく、データの完全性を保護する検証可能なデータのパケットを表す。
- データは特定の対象に関するものである。
- プレゼンテーションは、資格情報が発行された所有者によって行われる。
- データは識別される特定の発行者からのものである。資格情報を信頼する根拠は、この識別に依存する。
- データは、データの意味を理解するのに役立つスキーマに従って構造化されている。

資格情報ベースのデジタルIDは**ボトムアップ**である。資格情報を使用すると、個人や組織は、自分や他人の発言から自分自身についてのことを証明できる。これは、ユーザーがIDプロバイダーでアカウントを登録し、それに属性を付加する**トップダウン**アプローチとは完全に対照的である。ボトムアップのアプローチにより、柔軟性と自律性が向上する。

VCの信頼モデルには、オフラインの世界での資格情報の仕組みを反映する6つの重要な特徴がある。

**資格情報は非集中であり、コンテキストに応じて使い分けられる**

すべての資格情報を管理する中央機関はない。すべての当事者が発行者、所有者、または検証者になることができる。VCは、あらゆる国、あらゆる業界、あらゆるコミュニティ、またはあらゆる一連の信頼関係に適応できる。

**資格情報の所有者は、どの資格情報を保持して提示するかを自由に選択できる**

個人と組織は、（物理的な資格情報と同様に）所有する資格情報を管理し、何を誰と共有するかを決定する。この自律性は、クレデンシャル交換の重要な特性である。その結果、資格情報ベースのIDは、他の形式のIDよりも柔軟で、より公平で、より包括的になる。

**資格情報の発行者は、資格情報にどのようなデータが含まれるかを決定する**

誰でも資格情報スキーマをVDRに書き込むことができる。誰でも、これらのスキーマのいずれかに基づいて資格情報の定義を作成できる。

**検証者は、どの資格情報を受け入れるかについて独自の信頼性判断を行う**

どの資格情報が重要であるか、またはどの資格情報がどのような目的で使用されるかを決定する中央機関はない。

**検証者は検証を行うために発行者に連絡する必要はない**

資格情報の検証者は、資格情報の発行者と特定の技術的、契約的、または商業的な関係を結ぶ必要はない。VDRは、これらの関係性がなくても資格情報を検証する手段を提供する。

**クレデンシャル交換はクロスドメインの真正性を提供する**

クレデンシャルプレゼンテーションにより、あるドメインから別のドメインに信頼が転送される。Aliceが運転免許証のデータを銀行に提示するとき、銀行が信頼する誰か、つまり州がそれらの属性を認証しているのだから、彼女が提供する属性は信頼できるという証拠を銀行に与えているのである。

　クレデンシャルプレゼンテーションに際し、所有者は複数のソースから発行された属性を自らの意思で組み合わせることができる。たとえば、Aliceは雇用主や銀行との関係に加えて、おそらく州とも関係があり、出生証明書や運転免許証など、州が発行する資格情報を保持していると考えられる。彼女は、成績証明書を表す大学の資格情報を保持している可能性がある。Aliceが保持できる可能性のある資格情報のリストは長く、オンラインとオフラインの関係によって異なる。彼女のウォレットには、何百もの関係とそれに関連する資格情報が含まれている可能性がある。彼女は、これらのいずれかを、任意に組み合わせて使用して、それを受け入れる他の当事者に対して自分自身についての事柄を（場合によっては最小限の開示で）証明することができる。

## 15.7　VCエコシステム

　非集中型クレデンシャル交換をオンラインで実行することは、今までにはなかったものである。これまで説明してきたように、VC交換により、個人や組織は、特定のニーズを満たす認証、認可、およびデータ交換システムを作成する自由と自律性を得ることができる。その結果、アイデンティティ所有者の選択とプライバシーをサポートしながら、アドホックなユースケースも含めた何千ものユースケースをカバーする柔軟なアイデンティティアーキテクチャが実現された。

　4章では、アイデンティティシステムを構築するためのシステムとして**アイデンティティメタシステ**

ムを定義している。DIDとVCは、Cameron氏が述べたアイデンティティメタシステムの特性を備えた、アイデンティティメタシステムの2本の柱である。

### カプセル化プロトコル

DIDおよびVC仕様は、対話用のプロトコルを定義する。**カプセル化プロトコル**を使用すると、その上に他のプロトコルを定義できる。この節では、クレデンシャル交換のための一般的なプロトコルが、考えられるすべてのアイデンティティシステムをどのようにカプセル化するかを示す。19章では、メタシステム上でプロトコルを定義する方法について詳しく説明する。

### 統一されたユーザーエクスペリエンス

クレデンシャル交換はよく知られたセレモニーである。メタシステム上に構築するアイデンティティシステムの種類に関係なく、クレデンシャル交換は同じ方法で行われる。したがって、メタシステム上に構築されたアイデンティティシステムを使用する人々は、何が起こるかを知っている。その結果、特定のコンテキストで対話する方法を直感的に理解できるようになる。

### ユーザーの選択

DIDやVCなどの明確に定義されたプロトコルに基づいて一貫したセレモニーを定義することで、人々や組織は適切なサービスプロバイダーや機能を選択できるようになる。メタシステムを使用すると、コンテキスト固有のシナリオを構築でき、誰も予想していなかったアドホックな対話もサポートできる。

### モジュラー

繰り返しになるが、DIDおよびVC標準とそれらの有効なプロトコルは、さまざまな当事者によって構築および運用される交換可能なコンポーネントの台頭をもたらす。

### 多中心性（非集中型）

上記で説明したように、アイデンティティメタシステムは非集中化されている。誰でも、誰の許可も必要とせずに、必要なだけDIDを生成できる。誰でも資格情報の発行者、所有者、または検証者として機能できる。資格情報をどのように使用するかについては、それぞれが独自に決定する。

### 多態性（異なるデータスキーマ）

理由を問わず、誰でも任意のスキーマで資格情報を定義できるようにすることで、資格情報がさまざまなコンテキストのニーズを満たし、状況のニーズに応じて変更できるようになる。

図15-6は、メタシステムを使用して、その上に構築されたアイデンティティシステムをサポートする方法を示している。これは、**自己主権型アイデンティティ（SSI）**スタックと呼ばれることがよくある。

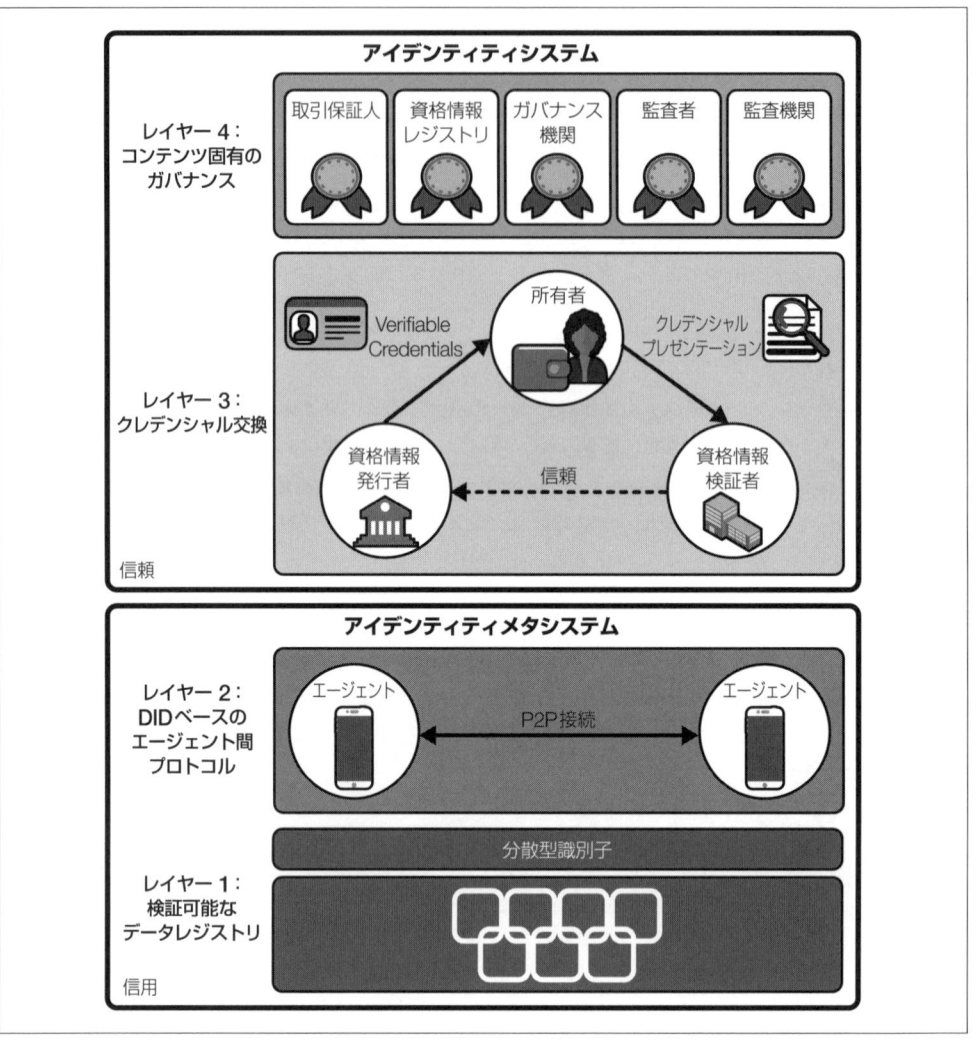

図15-6　SSIスタック

　図15-6のスタックは上半分と下半分に分割されている。「アイデンティティメタシステム」というラベルが付いた下半分には、2つのレイヤーが含まれている。レイヤー1は、基本的な暗号技術であるVDRとDID交換で構成される。レイヤー2は、19章で学習するように、資格情報の発行とプレゼンテーションのためのプロトコルを含む、DIDベースのエージェント間プロトコルで構成される。アイデンティティメタシステムは、暗号学的な信頼性を高める。

　図15-6の上半分は、メタシステム上に構築された単一のアイデンティティシステムを表している。メタシステム上にアイデンティティシステムをいくつでも構築できるが、それらはすべてこの図のモデルに従う必要がある。各アイデンティティシステムにも2つのレイヤーがある。レイヤー3はコンテキスト

固有のクレデンシャル交換であり、特定の使用例のスキーマと資格情報の定義を構成する。レイヤー4はトラストフレームワークであり、図に示すように、複数のアクターが含まれる場合がある。これらのアクターはすべて、設計者と運用者の決定とアクションによって定義されるアイデンティティシステムの信頼を生み出す役割を果たす。目標は、必要なレベルの信頼を実現することである。

アイデンティティシステムは関係を管理することを目的としている。関係の性質によって、検証可能な方法で転送する必要があるデータの正確なニーズが決まる。企業は、たとえそのように考えていなくても、常に資格情報ベースのアイデンティティシステムを定義している。ワークフローで送信されるすべてのフォームや正式な書類、およびデータの束は、潜在的な資格情報となる。以下に、一般的な資格情報の例をいくつか示す。私たちがすでに利用しているものは多くある。

- 社員バッジ
- 運転免許証
- パスポート
- 電信による認証
- クレジットカード
- 事業者登録
- 営業許可
- 大学の成績証明書
- 政府および民間のプロフェッショナルライセンス

以下に、一般に資格情報とは考えられないものの、定義には当てはまるその他の情報を示す。

- 請求書と領収書
- 注文書
- 航空券または電車のチケット
- 搭乗券
- 芸術作品またはその他の貴重品の鑑定書
- ジム（またはその他）の会員カード
- 映画（またはその他）のチケット
- 保険証
- 保険金請求書
- 不動産、車両などの所有権
- 医薬品原料、非遺伝子組み換え食品、倫理的に調達されたコーヒーなどの出自証明書
- 処方箋
- 高額資産の分割所有権証明書
- $CO_2$排出権とカーボンクレジットの移転
- 契約書

中小企業でも領収書や請求書を発行したり、会社のWebサイトを使用する顧客がいたり、従業員の資格情報を発行したりする可能性があるため、ほとんどの企業は少なくとも1つの資格情報を定義する。他の企業はさらに多くを必要とするだろう。潜在的に数千万の異なる資格情報の種類が存在する。多くは共通のスキーマを使用するが、異なる発行者からのそれぞれの資格情報は、異なるコンテキストに対する個別のアイデンティティ資格情報になっている。

上記の単純な資格情報に加えて、引き換え可能な資格情報を使用すると、発行者は資格情報を*N*回のみ提示できるようにすることができる（**二重支出防止**とよく呼ばれる機能）。引き換えの使用例には、出退勤の打刻、選挙での投票、オンラインレビューの投稿、クーポンの引き換えなどが含まれる。

## 15.8　VC交換におけるDIDの代替手段

VCについての説明では、この章以降の章ではDIDが基礎となる識別子であると仮定する。これは、19章で詳しく説明するDIDに基づくメッセージングプロトコルであるDIDCommが、検証可能なクレデンシャル交換の基礎となっているということを意味する。ただし、必ずしもそうである必要はない。

OpenID Foundationは、資格情報の発行（https://oreil.ly/j8-QP）と提示（https://oreil.ly/aHrjZ）のためのいくつかのプロトコルをOAuth上に定義している[9]。これらの仕様は、W3C VCデータモデル仕様をサポートし、完全な資格情報と派生的な資格情報の両方のプレゼンテーションをサポートする。OpenID仕様では、ISOモバイル運転免許証などの他の資格情報形式も許可されている（https://oreil.ly/cuPmX）。

OpenID for Verifiable Credentials（OpenID4VC）は、資格情報の発行と提示のための仕様の定義に加えて、資格情報の所有と提示のためのウォレットを導入している[10]。13章で、OpenID Connect（OIDC）がユーザーを介してIdPとRP間の対話をリダイレクトしたことを思い出してほしい。エージェントは個人の制御下にあったが、OIDC固有のユーザーエージェントは存在しなかった。ある人物がRPで認証するためにいつOIDCを使用したかをIdPが常に知っているという中において、ウォレットを追加することで、OpenID4VCは、フェデレーション契約や対話的プロトコルという形でIdPとRPの間に従来存在していたリンクを壊すことができる。OpenID4VCはウォレットを使った直接プレゼンテーションを提供する。

OAuthとOIDCを拡張してVCの発行とプレゼンテーションをサポートすると、単に認証をサポートするよりも豊富な対話が可能になる。私たちがVCに対して識別したすべてのユースケースは、OpenID4VCでも利用できる。

従来のOIDC IdPでOpenID4VCウォレットを使用することに加えて、OpenIDは自己発行OpenIDプロバイダー（SIOP）の仕様も追加した（https://oreil.ly/tMK-i）。SIOPは、ウォレットを使用するエン

---

※9　OpenID ConnectはOAuthに基づいていることを思い出してほしい。

※10　OpenID4VCの詳細については、OpenID Foundationの入門ホワイトペーパーをお勧めする。
　　　OpenID for Verifiable Credentials: A Shift in the Trust Model Brought by Verifiable Credentials (June 23, 2022).
　　　https://oreil.ly/xgf9S

ティティによって制御されるIdPである。SIOPは、DID、KERI、またはその他のものを識別子に使用する場合がある。SIOPを使用すると、AliceはRPに公開する識別子とクレームを制御できる。DIDと同様、RPとAliceの間のSIOPベースの関係は、従来のOIDCモデルのように、外部のフェデレーション型 IdPによって仲介されない。

AliceがOpenID4VCおよびSIOPをサポートするウォレットを使用してRPに資格情報を提示する場合、Aliceは、作成した自己発行のアイデンティティトークンに基づいてRPとの関係を持つ。SIOPを使用すると、Aliceは特定のIdPから独立してプレゼンテーションを作成できる。その結果、従来のOIDCの場合のように単一のIdPからの情報だけでなく、任意の発行者からの資格情報をRPに提示できるようになる。

他のクレデンシャルプレゼンテーションと同様に、RPは資格情報の正当性を暗号学的に検証できる。これには、Aliceがプレゼンテーションを行うために使用しているウォレットに対して発行されたものであることを確認することも含まれる。RPはプレゼンテーション内の資格情報の発行者の識別子も取得し、提示された情報を信頼するかどうかを決定する必要がある。

資格情報の正当性と出自を判断するには、資格情報の検証の場合と同様に、RPには資格情報の発行者の公開鍵が必要である。OpenID4VCクレデンシャル交換のVDRは、プレゼンテーションでDIDが使用されている場合は台帳またはその他の非集中型データストアである可能性があり、発行者が管理するドメイン名でアクセス可能なPKIまたはWebページを使用して取得される場合もある。これがどのように行われるかに応じて、資格情報の発行者は、RPがどの資格情報を検証しているかを知っている場合もあれば、知らない場合もある。前に述べたように、クレデンシャル交換がこの章で説明したすべての特性を備えているかどうかには、VDRの設計が大きな役割を果たす。

OpenID4VCは、OIDCの大規模な導入実績と、その基礎となるプロトコルと手順に関して開発者が精通していることもあり、VC交換におけるDIDCommの代替手段の重要な候補となり得る。VCのW3C仕様では、資格情報を交換するための基礎となるメカニズムが指定されていないため、他のメカニズムが使用される可能性がある。代替案が必要な場合は、その設計を注意深く精査し、プライバシー、信頼性、機密性の要件を満たしていることを確認してほしい。

## 15.9 資格情報のマーケットプレイス

この章の前半で、資格情報の支払いについて説明した。価値の相互交換を含むあらゆる資格情報のユースケースを予測することは不可能だが、いくつかのユースケースを検討することは有益である。以下のユースケースは、所有者が発行者に対価を支払うパターンのみを対象としているが、検証者が発行者に対価を支払うような他のパターンも可能であり、それによってリストはさらに拡大するだろう。

### 運転免許証
運転免許証は、人々がお金を払って取得する資格情報の好例である。米国だけでも免許を持った運転手が1億1,200万人いる。仮に運転免許証1枚が30ドルで、5年ごとに更新されると仮定すると、運転免許証の発行手数料は年間7億ドル近くになる。

**メンバーシップ**

> ジムのメンバーシップ（会員権）は、資格情報の所有者が発行者に料金を支払うメンバーシップ資格情報の一例にすぎない。「Wellness Creative」によると、2018年の米国のジム会員収入は320億ドルだった（https://oreil.ly/d1h0P）。アイデンティティメタシステム上に構築できるメンバーシップタイプはさらに多くある。

**映画のチケット**

> 映画のチケットも購入されるもう1つの資格情報である。「Hollywood Reporter」は、2021年の世界興行収入を213億ドルと推計しており（https://oreil.ly/AMfzm）、これはパンデミック前の数字より50%減少している。

**航空券**

> 航空券は特別な種類の購入資格情報である。国際航空運送協会によると、2017年の航空旅客数は41億人だった（https://oreil.ly/-ECv）。米国運輸省運輸統計局の報告によると、同年の平均航空運賃は347ドルであった（https://oreil.ly/YK4y6）。したがって、2017年の世界の航空運賃は約1兆4,000億ドルであると推定できる。

**オンライン販売**

> オンライン販売は、所有者が発行者に支払うクレデンシャル交換を使用して実現できる。領収書に対する支払いによって、注文金額と同じ資格情報が発行される場合、すべてのeコマースの支払いを有料の資格情報発行の形式とみなすことができる。支払いを資格情報にリンクすることと、関係性と資格情報の管理を強化するウォレット内にそれを配置することは、資格情報に関連する支払いをオンライン小売の重要なコンポーネントにするだろう。2021年の米国のオンライン小売売上高が8,707億8,000万ドルであることを考えると、これは重要なことである（https://oreil.ly/awfLI）。

これらは、資格情報と値が交換される可能性のある使用例のほんの一部である。これらすべてが必ずしも実現するとは限らないが、資格情報の潜在的な市場は数兆ドル規模であると結論付けるのは簡単である。相互認証されたメッセージングプロトコルを備えたアイデンティティメタシステムは、商業的なクレデンシャル交換を伴うワークフローをサポートする優れたプラットフォームである。

# 15.10　VCは認証と認可を超えてアイデンティティを拡張する

物理的な資格情報は現代社会において不可欠であり、VC標準はその力をデジタル世界にもたらす。さらに重要なことは、VCとDIDを組み合わせると、4章で規定されている要件を満たし、アイデンティティの原則に沿ったアイデンティティメタシステムが得られるということである。次の章では、アイデンティティアーキテクチャを検討して、従来のアイデンティティシステムとアイデンティティメタシステムの特性を理解する。

# 16章
# デジタルアイデンティティアーキテクチャ

イギリスの哲学者であるJohn Lockeは、権力を持つ者とその使い方、そして社会構造への影響について多くの考察を残した。Lockeの理論は、アイデンティティと自立に関する現代の私たちの考え方の基礎となっている。彼は、「主権と独立」が人類の自然な状態であり、私たちは庇護、社会性、商業活動などと引き換えに自由と主権を放棄していると主張した。このトレードオフは、社会の根底を形成するものである。

権力と権威の問題は、アイデンティティシステムにおいて極めて重要である。アイデンティティシステムにおいて、自身が何を、誰に委譲するのか? より簡潔に言えば、「誰が何をコントロールするのか」にこれらの問題が関わるためである。2章では、**コントロールの軌跡**と**自己主権型アイデンティティ (SSI)** の考え方を紹介した。SSIシステムとは、あるエンティティ(個人または組織)が完全にコントロールできるものを、他のエンティティとの関係のルールとともに定義したものである。この章では、3つの抽象的なアイデンティティアーキテクチャの詳細を調査し、それぞれのコントロールの軌跡をより深く理解する。

さらに、オンライン上のやり取りにおける各アーキテクチャの正統性を検討する。Wikipediaの定義 (https://oreil.ly/gs7fw) によると、**正統性**とは「ある権威(通常は統治法や体制)の正統性と受容」である。正統性という考え方は政府に適用されることが最も多いが、技術的なシステム、特に権威的な方法で機能し、人々や社会に大きな影響を与えるシステムについても、正統性に関する疑問を投げかけることができるであろう。アイデンティティ体系が正統であると見なされない場合、それを使用する人々や組織は、自分たちの行動が真正であると他者から認識されず、行動できなくなる。これは、アイデンティティシステムが11章で取り上げた認証方法を使用する主な理由の1つである。

## 16.1　識別子の信頼基盤

これまでの章で、**識別子**とその特性について説明してきた。識別子は、コンピューターシステムが、人からデバイスからデータベースレコードまで、あらゆるものを記憶し、発見するのに役立つ。識別子は、名前空間内で記憶されるものに一意に名前を付ける便利なハンドルであることを学んでき

た。同じ文字列が、あるシステムでは電話番号になり、別のシステムでは製品IDになり得るからだ[1]。

　図16-1に、コントローラ、認証要素、および識別子の関係を示す。識別子は、コントローラによって発行または作成される。コントローラは、認証要素と紐付くことで、その識別子に関して権威を持つことができる。たとえば、Aliceが雇用主の財務システムにログインするとき、そのシステム内で識別子が必要になる。人、組織、ソフトウェアシステム、デバイス、およびその他のものが、コントローラになることができる。コントローラは、識別子が指し示す主体である場合もあるが、必ずしもそうとは限らない。11章で学んだように、認証要素には、パスワード、ICタグ、暗号キーなどが含まれる。コントローラ、認証要素、識別子の間の**バインディング**の強さと性質は、それらの上に構築される関係にも影響を与える。

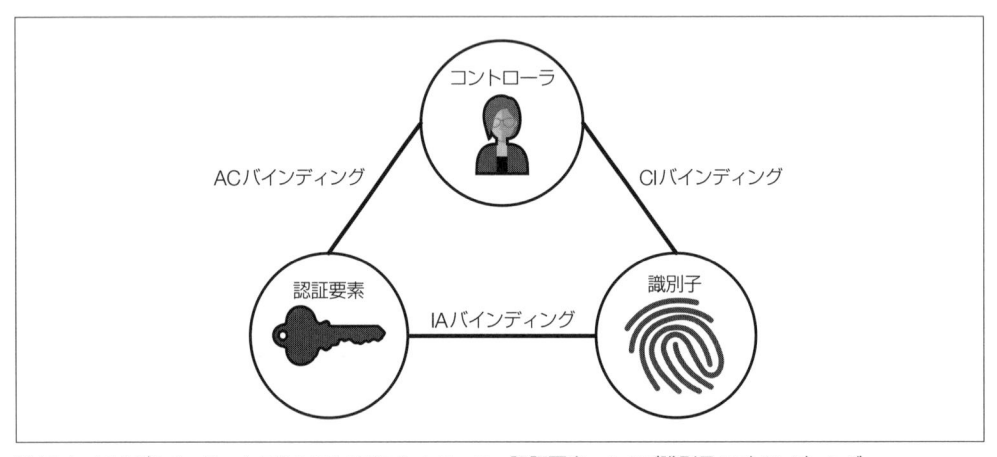

図16-1　アイデンティティシステムにおけるコントローラ、認証要素、および識別子のバインディング

　その理由を理解するために、**Root of trust**という概念を紹介する[2]。Root of trustとは、アイデンティティシステム内の他のコンポーネントが依存する基礎となるコンポーネントまたはプロセスである。これに誤りやエラーが発生すると、図16-1に示すバインディングの完全性が損なわれる。Root of trustはその性質が**代替可能**か**不可能**かによって、プライマリまたはセカンダリとなる。プライマリとなるRoot of trustは代替不可能だ。システムはそのアーキテクチャに応じて、複数のRoot of trustを持つことができる。それらのRoot of trustは合わせて、システムの**信頼基盤**を形成する。

　IDシステムの信頼基盤は、特定の**信頼ドメイン**（コントローラと識別子のバインディングに依存するデジタル活動のセット）に基づく。たとえば、顧客を識別子と紐付けすることで、Amazonは、識別子に紐付いたアクションが顧客（コントローラ）によって実行されたことがわかる。別の見方をすれば、

---

[1]　この節のアーキテクチャの用語と分類は、Sam Smith の論文「Key Event Receipt Infrastructure」に触発された。
　　https://oreil.ly/ZKfET
[2]　暗号の議論では、Root of trustはしばしばハードウェアデバイスまたはコンピューター内の信頼されたハードウェア構成要素を指す。著者の用法はより広範であり、アイデンティティシステムの信頼に依存するあらゆるものを指す。

Amazonがこれらのアクションを選択する際に負うリスクが、CI（コントローラ－識別子）バインディングの強さによって決まるということである。

CIバインディングの強さは、AC（認証要素－コントローラ）バインディングとIA（識別子－認証要素）バインディングの強さに依存する。これらのバインディングのいずれかが攻撃されると、CIバインディングの信頼性が低下し、特定の識別子を通じて行われたアクションが不正となるリスクが高まる。

## 16.2 アイデンティティアーキテクチャ

アイデンティティシステムは、そのアーキテクチャおよび主要なRoot of trustに基づいて、3つのタイプのいずれか1つに大まかに分類できる。

- 管理型
- アルゴリズム型
- 自律型

これらRoot of trustの類型のうち、SSIシステムは、その信頼の根源に関する考え方によってアルゴリズム型もしくは自律型を利用する。また、Sovrinネットワーク（https://sovrin.org/）のようにどちらか片方だけを利用するものもあれば、目的に応じて両方をハイブリッドで利用するものもある。SSIと従来の行政的なものとの正統性の違いを理解するために、それぞれの信頼基盤の特性について説明する。

これらのアーキテクチャは、誰が何をコントロールするのかという点で異なる。この違いは**コントロール権**と呼ばれるものであり、各アーキテクチャにおける信頼の基盤を決定付ける主要なファクターである。コントロール権を持つエンティティは、認証要素の作成（開始）、更新、ローテーション、失効、削除、および委任と、それらの識別子との関係に影響を与えるアクションを実行する。ライフサイクルとして重要なのは、どのようにこれらのイベントが順序付けて実行されているか、また、どのように以前の操作に依存しているかである。これらの操作の記録は、アイデンティティシステムの真実のソースである。

### 16.2.1 管理型アーキテクチャ

**管理型アーキテクチャ**のアイデンティティシステムは、識別子を認証要素にバインドするRoot of trustが管理主体となっている。現在使用されているほとんどすべてのアイデンティティシステムには管理アーキテクチャがあり、その信頼基盤は管理者に基づいている。管理者は必ずしも人ではない。多くの場合、管理者は、それを制御する組織が制定するルールおよびポリシーを実装するために記述されたソフトウェアシステムである。

たとえば、Aliceが電子メールをbob@example.comに送るとき、当然彼女はBob本人にメールを受け取らせたい。Aliceはexample.comの管理者に、Bobとそのメールアドレスの間のバインディングの信憑性を保証してもらうことになる。ほとんどの場合、Bobを認証するシステムは明白ではないので、私たちはバインディングを**信頼**するのではなく、example.comの管理者を**信頼**する必要がある。

　図16-2は、管理型アイデンティティシステムにおけるコントローラ、識別子、および認証要素（管理者の役割を含む）の相互作用と、これらがバインディングの強度に与える影響を示している。コントローラは通常、パスワードの作成、二要素認証（2FA）の登録と設定、または鍵の生成によって、認証要素を生成する。

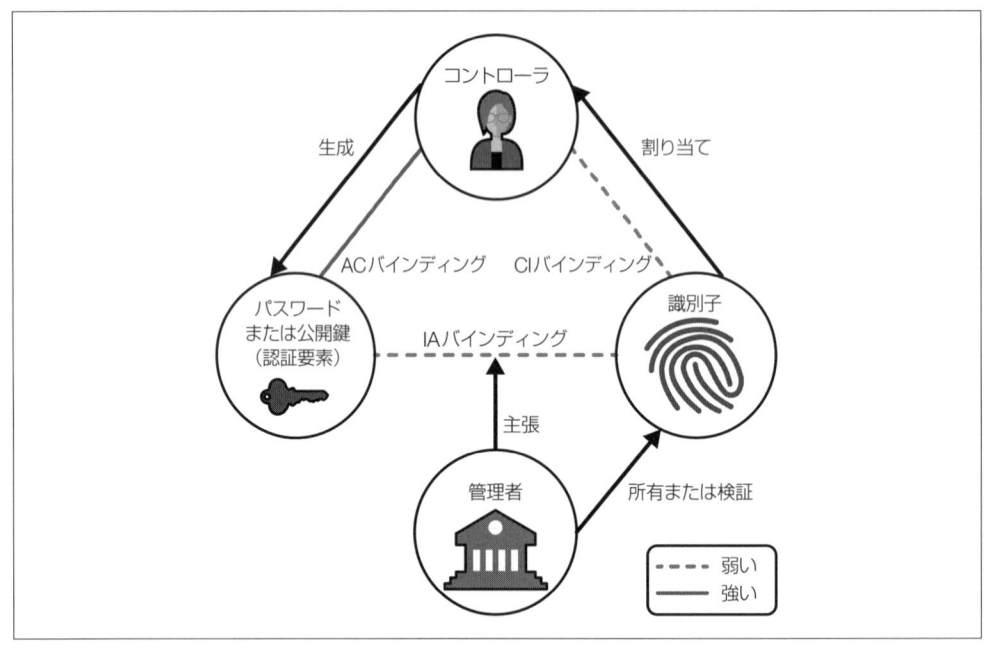

**図16-2　管理アイデンティティシステムにおける信頼基盤**

　識別子がコントローラの電子メールアドレス、電話番号、公開鍵、または他のIDであっても、実際に識別子をコントローラに「割り当てる」のは管理者である。なぜならば、どの識別子を許可するか、更新できるかどうか、IDシステムのドメイン内での正統性は管理者のポリシーによって決定されるためである。このように管理者は、ドメイン内の識別子を制御する。また、管理者はIAバインディングを確立する。従業員のミス、ポリシーの変更、またはハッキングによって、IAまたはCIバインディングのいずれかに影響する可能性がある。そのため、これらのバインディングは比較的弱いと考えることができ（図の点線で示した部分）、ACバインディングだけが強力である。なぜなら、コントローラが認証要素を直接生成するからである[3]。

　管理者の主な役割は、コントローラと識別子の間のバインディングを権威的に有効にすることである。識別子に関する権威ある制御ステートメントは、システムの**真実のソース**である管理者のデータ

---

[3]　これは、認証要素自体の強度について述べているのではなく、コントローラが脆弱なパスワードを選ぶ可能性があることに注意。しかし、脆弱なパスワードでも、コントローラが生成するため、CAバインディングとしては依然として強力である。

ベースに記録され、ソフトウェア、従業員、およびハッカーによって変更される。ここでは、管理者は、顧客のアカウント基盤となるアイデンティティシステムを維持するECサイト自身であるとする。この場合、バインディングはプライベートであり、その完全性はサイトとその顧客のみに関わる。あるいは、管理者がフェデレーション型のログインサービスを提供する場合もある。この場合、管理者は、フェデレーション型のログインに依存する誰に対しても、セミパブリック（一般の公開インターネット上では公開されない半公開）な方法でCIバインディングを主張する。認証局は、CIバインディングを公に主張する管理者の一例であり、その旨を示すデジタル証明書に署名する（9章で学んだ）。

　管理者は、識別子を認証要素とコントローラの両方にバインディングする責任がある。そして管理者が主要なRoot of trustであり、システム全体の信頼の基礎となる。バインディングがプライベート、セミパブリック、パブリックのいずれであっても、バインディングの完全性は、管理者、インフラストラクチャのセキュリティ、ポリシーの強さ、従業員のパフォーマンス、およびその継続的な存在に完全に依存する。これらのいずれかに失敗や誤りが発生すると、バインディングが危険にさらされ、アイデンティティシステムが使用不能になる可能性がある。

## 16.2.2　アルゴリズム型アーキテクチャ

　検証可能なデータレジストリ（VDR）に依存するアイデンティティシステムには、**アルゴリズム型アーキテクチャ**がある。前章で学んだように、パブリックまたはプライベートのブロックチェーン、分散型ファイルシステム、データベースなど、アルゴリズムによって制御され、分散され、コンセンサスに基づくデータストアであれば、VDRとして機能する可能性がある。もちろん、レジストリはアルゴリズム以上に重要なものである。アルゴリズムはコードによって具現化され、人によって書かれ、サーバ上で実行される。コードがどのように書かれ、どのように精査され、どのように実行されるかはすべて、システムの信頼基盤に影響を与える。「アルゴリズム」とは、これらすべての略語にすぎない。

　図16-3は、アルゴリズム型アーキテクチャのアイデンティティシステムで、コントローラ、認証要素、識別子、およびVDRがどのようにバインドされるかを示している。管理型アイデンティティシステムと同様に、コントローラは、通常はDIDまたは他の暗号化識別子に関連付けられた公開鍵と秘密鍵のペアの形で、認証要素を生成する。コントローラは秘密鍵を保持するが、決して共有しない。一方、公開鍵は、識別子を導出するために使用される。公開鍵と秘密鍵はともに、VDRに登録される。この登録は、CIバインディングの始まりである。なぜなら、コントローラは、識別子こそが制御の対象であり、これを主張するために秘密鍵を使用できるからである。VDRにアクセスできる者は誰でも、CIバインディングが真正であることをアルゴリズム的に判断できる。

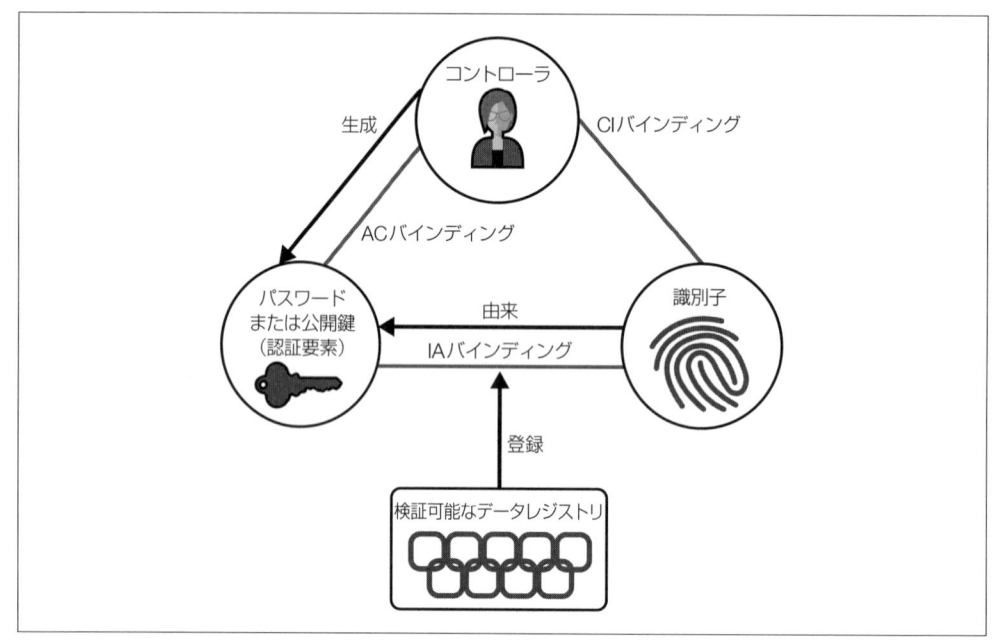

**図16-3　アルゴリズム型アイデンティティシステムにおける信頼基盤**

　**アルゴリズム型**アイデンティティアーキテクチャでは、コントローラは秘密鍵を使用して、識別子に関する権威ある制御ステートメントを作成する。鍵の作成、更新、または破棄を示すイベントは、VDRに記録される。DIDの場合、14章で示したように、これらはDID文書として構造化される。VDRは、識別子と公開鍵のバインディングに関心を持つすべての者にとって、真実のソースとなる。

　パブリックブロックチェーンに基づくVDRの場合、鍵と識別子をバインディングするレコードの作成、変更、削除の方法を一方的に決定する権限を持つ当事者は1人もいない。さらに、9章で学んだように、ブロックチェーンはブロックを順番に並べるので、ブロックチェーンを検査する誰もが、どのアクションが最初に起こったかを検証することができる。パブリックブロックチェーンは、バインディングされたレコードに関する決定を行うために、非集中型で実行されるコードに依存している。アルゴリズムの性質、コードの記述方法、および実行のメソッドとルールはすべて、アルゴリズムアイデンティティシステムの完全性と、その結果、それが記録するあらゆるバインディングに影響を与える。

## 16.2.3　自律型アーキテクチャ

　**自律型アーキテクチャ**のアイデンティティシステムは、アルゴリズムアーキテクチャのシステムと同様に機能する。図16-4に示すように、コントローラは公開鍵と秘密鍵のペアを生成し、グローバルに一意な識別子を導出し、識別子と現在関連付けられている公開鍵を、コントローラが参加する関係の他のパーティと共有する。

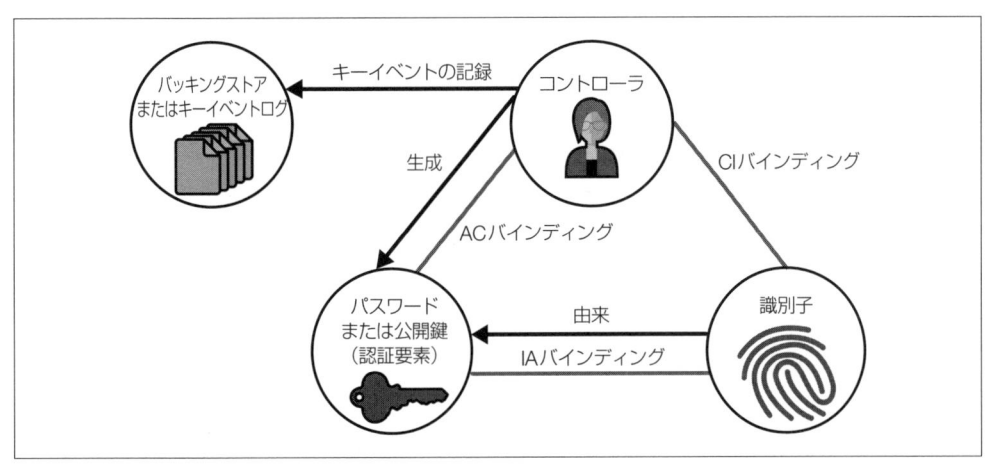

図16-4　自律型アイデンティティシステムにおける信頼基盤

　コントローラは、秘密鍵を使用して、鍵の操作と識別子へのバインディングに関するステートメントに、権威ある否認不能の署名を行い、順序付けられたバッキングストアまたは鍵イベントログに保存する[4]。自律型アイデンティティシステムを可能にするために重要なのは、バッキングストアは単一の識別子のコンテキストでのみ順序付けられなければならないことである。したがって、公開されていない識別子に対する操作を記録する場合は、VDRは必要ない。バッキングストアは、それを必要とする誰とでも共有し、検証することができる。

　コントローラは、識別子のコントロールを証明するデジタル署名を使用して、チャレンジに暗号的に応答することができる。14章で説明したように、自己認証および自己認可により、識別子は自己認証および自己管理になる。その結果、コントローラが識別子を管理および使用することになり、自分自身と識別子の間のバインディングの完全性を証明する場合は、VDRではない外部のサードパーティは必要ない。したがって、誰でも（どんなエンティティでも）、中央機関に頼ることなく独立し、相互運用可能かつ移植可能な方法で、識別子の名前空間を作成し、その管理を確立することができる。したがって、自律型アイデンティティアーキテクチャは、**自己主権的な権限**のみに依存する。

　自律型アイデンティティアーキテクチャには、アルゴリズム型や管理型アーキテクチャよりも優れた点がいくつかある。それらを詳しく見ていこう。

### 自己認証

　自律型アイデンティティアーキテクチャは自己認証であるため、サードパーティに依存することはない。

---

※4　Peer DIDはバッキングストアを使用し、KERIはキーイベントログを使用することを思い出してみると、どちらも目的が似ている。わかりやすくするために、最も一般的である「バッキングストア」という用語を用いる。

**自己管理**

自律型アイデンティティアーキテクチャに基づくアイデンティティシステムは、コントローラによって管理される。他の当事者が関与する必要はない。コントローラが仕事の一部にクラウドサービスを利用する場合でも、相互運用可能で代替可能なように構築できるため、コントローラはキーやその他の重要な情報にアクセスできる唯一の管理者となる。

**低コスト**

自律型識別子の作成と管理は事実上無料である。自律型アイデンティティは、実質的に自由に作成および管理できる。

**セキュリティ**

鍵は非集中化されているため、盗まれる可能性のある秘密の宝庫は存在しない。個人がハッキングされる可能性がないとは言わないが、管理型アーキテクチャのようにハッカーを惹きつける秘密の大規模なデータベースは存在しない。

**規制コンプライアンス**

自律型識別子を公に共有したり、組織のデータベースに保存したりする必要がないため、個人データに対する規制上の懸念を軽減することができる。8章で学んだように、GDPRおよびその他の規制体制は、アイデンティティシステムのオーバーヘッドコストを大幅に増加させる可能性がある。

**スケーラビリティ**

自律型識別子は、一部の中央システムではなく、すべての参加者の合計コンピューティング能力で拡張する。そのアーキテクチャの非集中的な性質により、事実上、無制限のスケーリング能力が得られる。

**独立性**

自律型アイデンティティアーキテクチャは、特定の技術に依存しない。さまざまな暗号アルゴリズムとプロセスを使用して実装することができる。

**オフライン操作**

自律型アイデンティティアーキテクチャに基づくシステムは、ピアツーピアで動作するためにオンラインである必要がない。バッキングストアと差分データを連携する仕組みがあれば、システムは外部のサポートに依存せずに、ピア同士で独立して円滑に動作することができる。その結果、AliceはBluetoothを通して、WiFiのない地下室のドアと自律的なピア関係を形成することができ、Aliceとドアの両方がその相互作用の信頼性を検証することができる。

## 16.3　アルゴリズム型アイデンティティと自律型アイデンティティの実践

　私たちはみな、管理型アイデンティティシステムに精通しており、常に使用している。一方で、アルゴリズム型や自律型アイデンティティアーキテクチャはあまり馴染みがない。

　アルゴリズム型識別子と自律型識別子をサポートするために、いくつかの開発が並行して行われている。覚えているかもしれないが、DIDの仕様は、VDR上に存在するアルゴリズム識別子の主要な指針となるものである。DIDはさまざまなデータストアに保存できるように、多くのDIDメソッドを提供している。DIDには、アルゴリズム型識別子として理想的な、再割り当て不可、解決可能、暗号的に検証可能、非集中化といった重要な特性がある。

　DIDをアルゴリズム型識別子として使用する場合、コントローラは、VDRにステートメントを記録することで、識別子とその識別子がバインディングされる鍵について、暗号的に権威あるステートメントを作成することができる。VDRは、アクセスできる人なら誰でも評価できる、キーイベントの記録を提供する。VDRに記録する目的は、既存の関係を持たないパーティが、識別子とコントローラおよび公開鍵との関連を評価できるようにすることであるため、記録は通常公開される。

　ほとんどのデジタル関係はピアツーピアであり、自律型識別子を使用する必要がある。Peer DIDおよびKERIは、自律型アイデンティティシステムの基盤として機能するために必要な特性を持つ自律型識別子として推奨されている。

　Verifiable Credentials（VC）発行者は公開識別子を必要とすることを思い出してほしい。この公開識別子はアルゴリズム化され、VDRに格納される。アルゴリズム型識別子により、ピアツーピアの関係でないときに識別子のプロパティを公然と発見できる。

　アルゴリズム型と自律型アイデンティティシステムがどのように相互作用するかの一例として、Sovrin Networkを考えてみよう。Sovrinの台帳（VDRとして機能）には、VC発行者のパブリックDIDが記録されている。しかし、人、組織、および物は、台帳を必要とせずにPeer DIDを使用して関係を形成する。アルゴリズム型アイデンティティシステムと自律型アイデンティティシステムの両方をハイブリッドに使用することで、クレデンシャルの交換が実用的で安全かつプライベートになるように設計されている。

　さらに一歩進んで、自動識別子に基づく関係に参加するエンティティは、依然としてアカウントシステムを使用して、それらの識別子を、企業がその関係に有用性を持たせるために覚えておく必要のある他の情報とリンクさせる。アカウントシステムは、本質的に管理的である。18章と19章では、SSIシステムにおける関係の性質と運用について説明し、これら3つのアーキテクチャがどのように連携するかを示す。

## 16.4　アイデンティティアーキテクチャの比較

　表16-1に、管理型、アルゴリズム型、および自律型アーキテクチャの信頼基盤をまとめる。コントロールの軌跡、真実の情報源、Root of trust、信頼の基盤がそれぞれ異なることに注意してほしい。

表16-1　管理型、アルゴリズム型、および自律型アイデンティティアーキテクチャの信頼基盤

| プロパティ | 管理型 | アルゴリズム型 | 自律型 |
|---|---|---|---|
| コントロールの軌跡（制御権限） | 管理者 | コントローラ | コントローラ |
| 信頼できる情報源 | 管理データベース | VDR | バッキングストア |
| Root of trust | 管理者 | VDR | コントローラ |
| 信頼の基盤 | 管理者 | VDR／暗号化 | 暗号化手法 |

　管理型アーキテクチャの場合、管理者はこれら4つすべてを直接制御する。アルゴリズム型アーキテクチャの場合、VDRはコントローラがすべての鍵操作を担当できるように設計されているため、コントローラが制御の中心となる。識別子に関連する鍵の代わりに、特別な管理鍵を使用することもある。VDRを運用する組織や人は、運用記録を一方的に変更するために必要な鍵に**決してアクセスすべきではない**。自律型アイデンティティアーキテクチャには第三者は関与しない。プレーヤーはすべて、コントローラの直接制御下にあるソフトウェアシステムである。

　表16-2は、管理型、アルゴリズム型、および自律型のアイデンティティシステムのアーキテクチャ特性をまとめたものである。アルゴリズム型および自律型アーキテクチャは非集中型であるのに対して、管理型システムにはサードパーティ管理者という単一障害点があることがわかる。また、管理型システムは、プライバシー保護機能をアーキテクチャに組み込むのではなく、ポリシーによるプライバシー保護に依存している。そして、8章で議論したように、プライバシーを保護する考え方は、データを収集、利用し収益を最大化しようとする管理者と真っ向から対立することが非常に多い。これは弱いプライバシーポリシーにつながる可能性がある。

表16-2　管理型、アルゴリズム型、および自律型アイデンティティシステムのアーキテクチャプロパティ

| プロパティ | 管理型 | アルゴリズム型 | 自律型 |
|---|---|---|---|
| 集中 | はい | いいえ | いいえ |
| 検証を人間に頼る | はい | いいえ | いいえ |
| プライバシー・バイ・デザイン[5] | いいえ | はい | はい |
| 運用上の第三者に依存している | はい | はい | いいえ |

## 16.5　権力と正統性

　この章では権力と正統性について話をする。暗号通貨イーサリアムの生みの親であるVitalik Buterinは、「The Most Important Scarce Resource Is Legitimacy（最も重要な希少資源は正統性）[6]」と題したブログ投稿の中で、正統性が非集中型の試みの成功にとって極めて重要である理由について論じている。

---

※5　訳注：詳細は18章にて説明。

※6　https://vitalik.eth.limo/general/2021/03/23/legitimacy.html

　こうした「奇妙で理解しがたい制限」は、正統性に根ざしている。非集中型システムが成功するためには、合法的であると見なされなければならない。その正統性は、プログラマーや採掘者のようなシステムとそれを可能にする人々が、書かれたルールと書かれていないルールの両方に従っていると見なされるかどうかに結び付いている。正統性は技術的な問題ではなく、社会的な問題なのだ。

　正統性に関して、憲法学者のPhilip Bobbittは次のように述べている。

> 憲法秩序の特徴は、その正統性の根拠である。私たちが現在暮らしている産業国民国家の憲法秩序は、「我々に権力を与えれば、国民の物質的幸福を向上させる」と約束した[7]。

　言い換えれば、正統性は憲法秩序、すなわち統治機構とその明示的・暗黙的な約束に由来する。人々は、自分たちの主権の一部を放棄することによって、自分たちの期待に応える憲法秩序に正統性を与える。

　この章での議論と上記の要約表から、これら3つのアーキテクチャでは、パワー（支配の所在）の持ち方がまったく異なることがわかるだろう。管理型システムでは、管理者がすべての権力を握る。17章では、アイデンティティシステムのアーキテクチャが、それがサポートするデジタル関係の質と実用性に直接影響することを論じる。具体的には、管理型アイデンティティシステムに固有の力の不均衡は、貧弱な関係を生み出す。対照的に、SSIシステム（アルゴリズム型および自律型の両方）によって生み出される力のバランスは、すべての当事者がそれに貢献できるため、より豊かな関係をもたらす。

　明らかに、管理型アイデンティティシステムには正統性がある。そうでなければ、誰も使用したり信頼したりしない。新しいアーキテクチャであるアルゴリズム型システムと自律型システムは、使用を通じて自分自身を証明するには至っていない。しかし、Bobbittが言うように、各アーキテクチャは、その約束と、関係内の他の当事者を認識、記憶、および信頼するというアイデンティティシステムの目的をどれだけうまく達成しているかという点で評価できる。これらは主に、アーキテクチャの信頼基盤と、特定のアーキテクチャ内でシステムを実装するときの具体的な選択によって決まる。

　管理型アイデンティティシステムは、管理者が許可する限り、管理者が行動するために使用できるアカウントを約束する。また通常、これらのアカウントは安全でプライベートであることも約束されている。しかし、人々や組織はますますプライバシーを気にするようになり、セキュリティ侵害のニュースが毎日のように報道され、その正統性が損なわれつつある。プライバシーの約束は、かなり限定的であることが多い。管理者は信頼の基礎であるため、管理型システムは、管理者とそのシステムの全体的なセキュリティに応じて、管理者が識別子を認識し、記憶し、信頼することを許可する。しかし、アカウント保持者は、管理者を認識し、記憶し、依存する上で、管理システムからいかなる支援も受けない。この関係は管理者側に傾いている。この考え方は次の章で詳しく述べる。

　SSIシステムは、誰でも安全かつ個人的にオンライン上の人間関係を構築することを約束する。また、VCを使って選んだ相手と、自己認証された属性および第三者認証された属性を信頼できる形で共

---

※7　Philip Bobbitt『The Garments of Court and Palace』（Atlantic Books刊、2013年）

有できる手段を提供することを保証している。これらは、私が「**忠実度**」と呼んでいる性質に具現化されている。アルゴリズムおよび自律型アイデンティティシステムがこれらを保証する限り、それらは正統なものと見なされる。

　アルゴリズム型アイデンティティシステムおよび自律型アイデンティティシステムの両方が、関係内の識別子を認識、記憶、および信頼するための強力な手段を提供する。アルゴリズム型システムの参加者は、重要なRoot of trustおよび信頼基盤としてVDRを信頼しなければならない。明らかに、VDRに対する信頼は、VDRを実装するために使用されるコードや、VDRの運用を管理するガバナンスプロセスなど、多くの要因に依存する。

　自律型アイデンティティシステムの信頼基盤は暗号化である。これは、デジタル鍵管理がその正統性の重要な要素であることを意味する。人々や組織がこのようなシステムの鍵を簡単に管理できなければ、信頼されない。

## 16.6　ハイブリッドアーキテクチャ

　この章では、現在使用されているアイデンティティシステムの高レベルアーキテクチャと、より豊かで信頼できるオンライン関係、より優れたセキュリティ、およびより高いプライバシーを約束する新しい設計について説明した。これらのアーキテクチャから生じる信頼基盤を探ることによって、オンラインアイデンティティの基盤としてのこれらのアーキテクチャの正統性を分析した。アルゴリズムによるパブリック識別子と自律型プライベート識別子を組み合わせたハイブリッドシステムは、インターネットに普遍的なアイデンティティレイヤーを提供することができる。これによって、セキュリティとプライバシーが向上し、摩擦が減り、新しいより優れたオンライン体験が提供される可能性がある。

# 17章
# デジタル関係の真正性

文化をどう変えるか？「Architecture Eats Culture Eats Strategy」(https://oreil.ly/0eyca) というタイトルのブログ記事で、多くの企業がピーター・ドラッカーの「企業文化は戦略に勝る」という言葉に縛られ、この課題の解決を先送りにしていると、CIO戦略評議会の検証・評価担当ディレクターであるTim Boumaは指摘している。アーキテクチャ（一般的な意味でのアーキテクチャ。必ずしもコンピューターアーキテクチャのみを指すわけではない）は、どのような戦略が成功するか、どのようなユースケースがあり得るのかを決定することから、企業文化の上位に位置付けられるとBoumaは主張する。

Boumaは、飛梁※1や印刷機など、さまざまな例を挙げて、述べている。

> 私は、現実的かつ永続的な変化に焦点を当てるほうが、企業文化の変化に期待して戦略を立てる無駄な努力よりも多少は良いと考えている。マネジメントの第一人者であるピーター・ドラッカーによれば（そして自身の経験によれば）、そんなこと（企業文化の変化）は起こらない。より良いアプローチは、永続的な変化を誘発するようなアーキテクチャ（組織に関すること）に集中することだ。その永続的な変化が企業文化の変化を促し、戦略は自然に後からついてくる。

本章は、この考え方に基づいている。アイデンティティシステムは、デジタル世界における私たちの活動の基盤となるため、デジタルアイデンティティシステムのアーキテクチャは、オンラインにおける文化や関係性、そして究極的には、私たちに何ができて何ができないかを左右する。

5章では、アイデンティティそのものではなく関係性を構築し管理するためにデジタルアイデンティティシステムを構築することを提案し、完全性、ライフサイクルおよび有用性の観点からデジタル世界における関係性について論じた。アイデンティティシステムは関係性の構築と管理を行うために用いられ、そのアーキテクチャはサポートする関係性の種類、つまり対象とする企業や組織などの文化に強く影響を与える。そして、その関係性の質が、私たちがデジタル世界で快適な生活を送れるかどうかを決定するのである。

この章では、先ほど説明したアーキテクチャをベースに、本物のデジタルな関係性をサポートするシ

---

※1　訳注：建築用語で、屋根を寄棟（よせむね）にする際に小屋束（こやづか）を載せるために用いる石造のアーチを指す。

ステムを構築するために、アーキテクチャをどのように活用できるかを探る。アーキテクチャは文化を生み出し、文化はシステムが育む人間関係の基礎となる。本物の人間関係は、私たちが効果的で楽しいオンライン生活を送るために不可欠なものだ。

## 17.1 管理型アイデンティティシステムが貧弱な関係を作り出す

1990年代、私はEコマースツールの草分け的ベンダーであるアイモールの創業者兼CTOだった。1996年の時点で、私たちはショッピングカートが必要だと判断した。このショッピングカートは、1回のセッションで買い物客の購入履歴を記録するだけでなく、買い物客が訪問するたびに**誰であるか**を知ることができる。このような革新には、アイデンティティシステムの構築が必要だった。初期のWebの精神に則り、Perlで書かれ、Berkeley DBに個人データを保存するカスタムメイドのものだった。

初期のWeb企業はみな同じ問題を抱えていた。つまり、人々のことを知る必要があるのに、人々が「自分が誰であるか」をサイトに伝える信頼できる方法がなかったのだ。そのため、各企業は独自のアイデンティティシステムを構築した。こうして、Webが拡大し、あらゆるサイトが人々について知るための独自の方法を必要とする中、何千もの識別子を収集する私やあなたの旅が始まったのだ。

これらのアイデンティティシステムはそれぞれ管理型であり、アイデンティティシステムを運用する組織と、その顧客、市民、パートナーなどの人々との関係を作成する。管理型アイデンティティシステムは、前章で学んだように、フェデレーションによる連携の際はともかく、大部分が自己完結型であり、管理者を中心に置く。図17-1にその基本構造を示す。

管理型システムは所有されているものであり、閉鎖的である。管理される人々や物事の目的ではなく、所有者の目的のために実行される。目的とはすなわち、規定と許可である。それは統治のための官僚制であり、ルール、手続き、形式的な相互作用パターンに依存している。新しいパスワードは必要か? それも、パスワードの規則に従う必要がある。会社の利用規約に従わない場合、あなたは手段を講じることなくアカウントを失う可能性がある。

前の章で説明したように、管理型アイデンティティシステムは通常、管理者が目的を果たしリスクを軽減するために必要な属性のみを含む単純なスキーマを使用する。90年代に私や他の人々が解決していた問題は、**可読性**（legibility）であった。この用語は、管理型システムが周囲の物事を単純化、目録化、および合理化することによって、どのように物事を管理しやすくするかを説明するために使用される。アイデンティティシステムは、管理者のリスクを軽減しながら、人々に継続性と利便性を提供するために、可読性を高める必要がある。

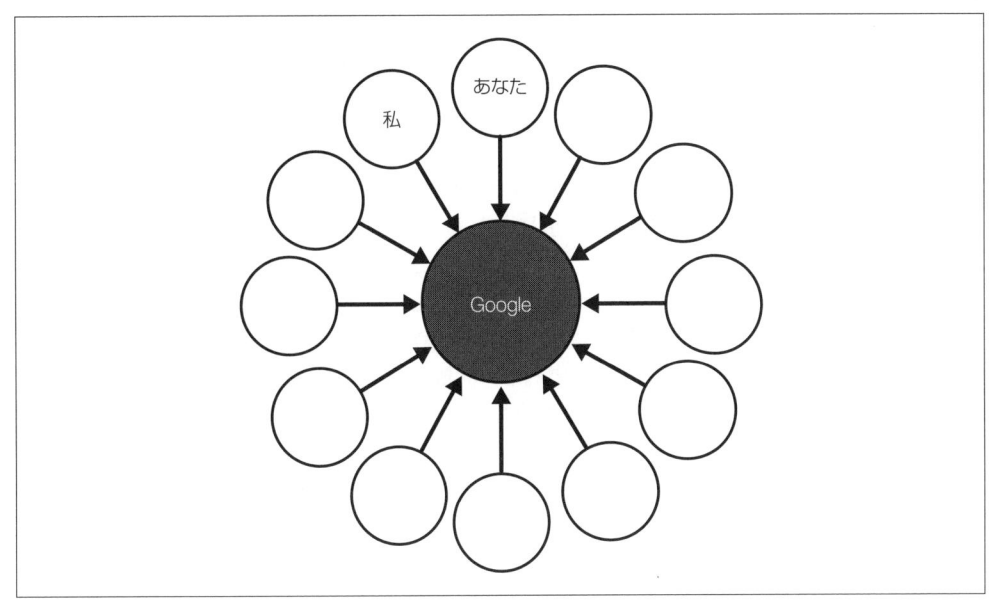

**図17-1 管理型アイデンティティシステムは管理者を中心に置く**

　Venkatesh Raoは、読みやすさとそれが意図しない結果をもたらすことに関するJames C. Scottの重要な著書『Seeing Like a State』[2]の有益な要約を、記事に書いている（https://oreil.ly/RLdUA）。Scottの著書は、国家と市民の関係について深く掘り下げている。しかし、Raoは、Scottの分析は現代の多くの組織にも当てはまると指摘する。組織は、顧客について確かな情報を正確に知ろうとすると、必然的に官僚的な関係が生まれる。

　行政の身分制度は、官僚主義的な文化のために管理する人間関係において、制度的不平等を生じさせる。オンラインライン上でのやり取りはすべて、システムとそれを利用する人々を管理するために構築された官僚制の監視下で行われる。

　管理型アイデンティティシステムの設計者は、識別子を割り当て、管理スキーマおよびプロセスを定義し、IDシステムおよびそれが生み出す関係の目的を設定するという**想像的な作業**を行う。システム上の権力のアンバランスがあるため、管理者には怠けてもよい余裕がある。管理者にとっては、誰もが構造的に同じであり、可読性を高めるために同じスキーマに押し込まれている。これは非常に効率的だ。なぜなら、彼らは人々をユニークにするすべての資質を無視し、自分たちのビジネスだけに集中する余裕を持てるからである。

　一方、こうした官僚制度の主体は、David Graeberが言うところ（https://oreil.ly/SD66a）の**解釈労働**、つまり制度を理解すること、制度が何を許し、何を許さないのか、そして自分の目標を達成する

---

※2　James C. Scott『Seeing Like a State: How Certain Schemes to Improve the Human Condition Have Failed』（New Haven, CT: Yale University Press刊、2020年）

ために制度をどのように曲げることができるのかを理解することに委ねられている[3]。技術的にだけでなく、手続き的にも同様である。アイデンティティの原則が思い起こさせるように、共通のプロトコルやユーザー体験は存在しない。その結果、主体は、管理者が許可する方法以外には、関係を運用する方法を持たない。

管理型アイデンティティシステムのアーキテクチャは官僚文化を生み出すので、その文化がどのような戦略や能力を生み出すのか不思議に思うかもしれない。Graeberの『The Utopia of Rules』からの引用を下記に示す。

> 冷たく非人間的で官僚的な関係は、現金取引によく似ており、どちらも同じような長所と短所がある。一方では魂がない。一方では、単純で、予測可能で、少なくとも一定の条件の範囲内では、誰もが多かれ少なかれ同じように扱われる[4]。

現在のデジタルアイデンティティシステムの構造上、インターネットは取引関係を最も得意としている。Eコマース企業、ソーシャルメディアプロバイダー、銀行などとのオンライン上の関係は、冷淡で非人間的だが、比較的効率的でもある。その意味で、Webはその約束を守っている。

しかし、現代のデジタル世界を定義するようになった制度化された行動枠は、2つの点でその主体を疎外する。第一に、彼らは互いに孤立し、疎遠になる。彼らはデジタル身体化されていないため、個人が自分自身としてオンラインで活動する方法はない。第二に、あるドメイン内でのオンライン活動や関連データのコントロールを、そのドメインの管理者に委ねることになる。

管理型アーキテクチャとそれが生み出す官僚的文化は、いくつかの避けがたい、残念な結果をもたらす。

### 貧弱な関係

**管理的文化は**、システムがサポートする機能を制限する**貧弱な関係を作り出す**。たとえば、ソーシャルメディアプラットフォームは、人々がオンラインで他者と（対称的または非対称的な）リンクを形成できるように設計されている。このようなシステムにおける関係は、現実の人間関係を二次元の厚紙で切り取ったようなものだ。私たちは、遊園地の壁に囲まれた庭と同じように、現実の生活を反映しない複数の壁に囲まれた庭に住んでいるのだ。

### 監視経済

Shoshana Zuboffが書いているように、管理型システムは、私たちの将来の行動を予測するだけでなく、操作しようとする製品の原料として、私たちのオンライン行動を利用するために、脆弱なプライバシー規定に依存する監視経済を作り出している[5]。多くの管理関係は、私たち

---

※3 Jack Ozzieは、一見バラバラに見える一連のメッセージに意味を織り込むという同様の作業を、テキストの集合体と呼んだ。通訳作業は、参加者に要求される実際の作業を強調する。https://oreil.ly/jyk4J

※4 David Graeber『The Utopia of Rules: On Technology, Stupidity, and the Secret Joys of Bureaucracy』（London: Melville House刊、2015年）、p152

※5 これは、8章で論じた『The Age of Surveillance Capitalism』の中心的なテーマである（92ページ参照）。

のオンライン行動に関するデータを収集するために設定されている。管理者は、どのような動作が許可され、どのような動作が報われるのかなど、これらの関係の性質を制御する。管理者は、そのコントロールを使用して利益を最大化する。

### 単一障害点

管理型システムでは、私たちの生活の重要な部分が、いつか必ず消滅する企業のシステムの中に含まれている。すべての企業は、倒産する。Novell and the Burton Groupの共同設立者であるCraig Burtonは、以下のように述べた[6]。

これは選択の問題である：自由な選択か、あらかじめ決められた選択肢か。リーダーシップは移り変わる。政策は期限切れになる。企業は破綻する。システムは崩壊する。これらの危険を最小限に抑える選択の自由を私に与えてほしい。

## 17.2　取引関係に代わるもの

取引関係は、通常は売買に焦点を当てているが、必ずしも明確ではない。取引関係は、ビジネス取引のように見える。それらは互恵性に基づいている。

AmazonやNetflixとの関係は取引上のものだ。それは適切なことで、期待していることでもある。しかし、X（旧：Twitter）上での関係はどうだろう？ 友人や同僚、あるいは家族との関係だと主張するかもしれない。しかし、それらは取引関係に分類されている。

X上での人間関係は、Xの管理下にあり、Xはそれらの関係を収益化するために促進している。直接収益化に参加しているわけではなく、またそれに気づいていないとしても、それでも自身が持つことのできるインタラクションの種類、頻度、親密さは、収益化によって左右される。Xは、自社に最も利益をもたらす種類のインタラクションを促進し、さらには促進することを目的として、プラットフォームを構築し、製品を決定している。私の注意と活動は、取引における商品である。私や私の友人がXの関係の中でできることは、Xによる許可に完全に依存している。この分類からすると、私たちのオンライン上の関係の大部分は取引的なものである。電子メールを除けば、**相互作用的な関係**と呼べるものはほとんどない。

電子メールは、取引的で管理されたオンライン上の人間関係という風景に対する、明るい例外の1つである。電子メールがどのように違うのかを探ることは、取引関係に代わるものがどのようなものかを理解するのに役立つ。電子メールの違いについて探っていこう。

AliceとBobが電子メールを交換する場合、両者はそれぞれの電子メールプロバイダーと管理上、取引上の関係を持つが、AliceとBobのやり取りは必ずしも1つの電子メールプロバイダーの管理領域内で行われるわけではない。最も明白な違いは、電子メールがオープンプロトコルに基づいていることである。このたった1つの重要な違いが、電子メールの使われ方に大きな影響を与える。

---

[6]　2019年6月、著者との私的なやり取り。

### ユーザーがメールサーバを選択して制御する

メールクライアントでは、AliceとBobは複数のメールプロバイダーを選択できる。必要に応じて、独自の電子メールサーバを運用することもできる。

### ユーザー体験は一貫する

メールクライアントの動作は同じで、接続先のサーバに関係なく、ユーザー体験は一貫している。Aliceのメールクライアントが、適切なプロトコルを話すメールサーバと通信している限り、同じユーザー体験を提供できる。

### クライアントは代替可能

Aliceは、メールを受信する場所を変更することなく、提供される機能に基づいてメールクライアントを選択できる。

### ユーザーは同時に複数のクライアントを使用できる

Aliceは、自宅で1つのメールクライアントを使用し、職場で別のメールクライアントを使用しても、一貫した1つのメールのビューを表示できる。自分のコンピューターやスマートフォンが手元にない場合は、Webクライアントからメールにアクセスすることもできる。

### 必要なのはメールアドレスのみ

Aliceは、Bobのメールアドレス以外は何も知らなくても、Bobにメールを送信できる。Bobがメールを受信して処理する方法に関する詳細は、Aliceには関係ない。Bobのアドレスにメールを送信するだけである。

### メールサーバは、所有権の境界を越えて相互に通信可能

AliceはGmailを使用し、BobはYahoo!メールを使用する場合がある。いずれにせよ、メールは配信される。

### メールプロバイダーは簡単に変更可能

AliceはGmailを使用していても、カスタムドメインを使用できる。彼女は過去に自分のサーバを運用していたかもしれない。Gmailがなくなったとしても、彼女は再び自分のサーバを稼働させることができた。彼女が使用しているサーバについて、他の誰も知ったり気にしたりする必要はないのである。

　要するに、電子メールはインターネットのアーキテクチャを念頭に置いて設計されたものである。電子メールは非集中化されている。それはオープンであり（必ずしもオープンソースというわけではないが）、IMAPとSMTPというコアプロトコルを使用するクライアントとサーバを構築することができる。その結果、電子メールは選択の自由を最大化し、混乱の可能性を最小化する。

　電子メールが提供する機能や利点は、私たちがあらゆるオンライン上の人間関係に求めるものと同じである。4章で概説したメタシステムの特性を参照すれば、電子メールがメタシステムの要件を満たしていることがわかるだろう。これらの特性により、電子メールを使って相互作用的な関係を作り出す

ことができる。重要な洞察は、相互作用的な関係をサポートするシステムは、必要に応じて取引的な関係も容易にサポートできるということである。しかし、その逆は真ではない。取引的な関係を構築するためのシステムは、相互作用的な関係をサポートすることは簡単ではない。

SlackやTeamsのようなソーシャルメディアやメッセージングプラットフォームの台頭にもかかわらず、電子メールが使われ続けているのは、電子メールがより豊かな人間関係をサポートしているからだと私は考えている。電子メールが現代のオンライン上の相互作用的な関係をサポートするのに適したプラットフォームだと言っているのではない。電子メールには明らかな弱点がある。最も顕著なのは、電子メールは人間関係の当事者の相互認証をサポートしていないため、スパムやフィッシング攻撃などの問題に悩まされることだ。あまり知られていないが、同様に不適格なのは、電子メールは、その上に他のプロトコルを重ねるのが容易ではないということである——多目的インターネットメール拡張機能（MIME）の創造的な使用は別として。

相互作用的な関係に対する現代的な回答としては、仮名や、刹那的なものから完全に認証されたものまで、あらゆる種類の関係をサポートする必要がある。本章の残りの部分では（そして、本書の残りの大部分でも）、アイデンティティアーキテクチャをどのように使用して相互作用的な関係をサポートできるかを検討する。

## 17.3　自己主権型という代替案

自己主権型アイデンティティ（SSI）システムは、管理的な取引モデルに代わるものを提供する。SSIはより豊かで相互作用的な関係をサポートする。SSIは、自律型の識別子の交換によって共同プロビジョニングされるピア関係に基礎を置く。力の不均衡によって関係の一方の当事者が相互作用の条件を決定できることが保証されている管理システムで、識別子とアカウントをプロビジョニングするのではない。このアーキテクチャは、両者が共通のプロトコルでやり取りするツールを持つことを意味する。

16章では、管理型、アルゴリズム型、自律型のアーキテクチャが頻繁に一緒に使用されることを説明した。図17-2に、次の図を示す。

- Aliceはアテステーション組織とBobと**自律型アーキテクチャ**に基づいたピア関係を持っている。

- アテステーション組織、Alice、およびBobは、クレデンシャル交換に**アルゴリズム型アーキテクチャ**を使用する。

- アテステーション組織とAliceの間のピア関係はともかく、アテステーション組織は**管理的な**性質の企業エージェントとウォレットを使う。Aliceの自律性はピアとしての立場によって強化されるが、アテステーション組織は彼女をそのドメイン内で読み取れるようにしたいと考えているだろう。

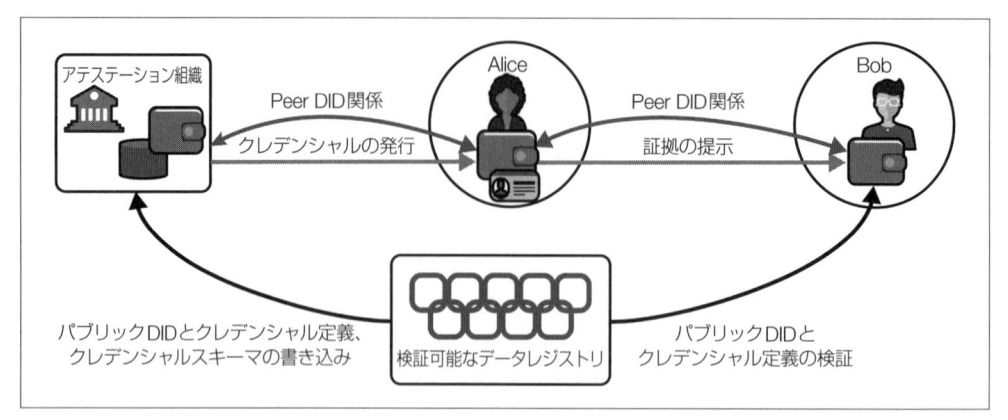

図17-2　混合アーキテクチャのアイデンティティメタシステム

　図17-2に示す相互作用は、15章（図15-6）のクレデンシャル交換の説明で示したアイデンティティメタシステムのコンテキスト内で起こっている。

　アイデンティティメタシステムの混合アーキテクチャには、いくつかの重要な機能がある。

#### プロトコルによって媒介される

　介在する管理当局によって仲介される代わりに、メタシステム内のアクティビティはピアツーピアのプロトコルを使用する。これまで述べてきたように、プロトコルは相互運用性の基盤であり、スケールを可能にする。一連の相互作用のルールを定義することで、プロトコルは、電子メールのSMTPやIMAPがそうであるように、その性質や内容について過度に規定することなく、起こりうる相互作用の種類を特定する。その結果、メタシステムは、多くの異なるコンテキストとニーズに適応できる柔軟な相互作用のセットをサポートする。

#### 非階層的である

　メタシステムにおける相互作用は、階層的ではなくピアツーピアである。単に分配しているだけではなく、非集中型なのだ。アテステーション組織のシステムは管理型であるにもかかわらず、Aliceはその影響をほとんど受けない。非集中化は自律性と柔軟性を可能にし、参加者がどのアクターの影響からも独立していることを保証する。次節で詳しく説明するように、どんな中央集権的なシステムも、さまざまなユースケースをすべて予測することはできない。また、誰がどのような目的でシステムを使用するかを、単一の行為者が決定することは許されない。

#### 一貫したユーザー体験を提供する

　一貫したユーザー体験によって、人々は何を期待すればよいかを知ることができ、文脈に関係なく、どのような状況でもどのように接すればよいかを直感的に理解することができる。

#### 多形性である

　任意の関係性で必要な情報は、コンテキストによって大きく異なる。1章で学んだように、ア

イデンティティメタシステムが保持するコンテンツは、さまざまな状況をサポートするのに十分な柔軟性を備えている。

これらのアーキテクチャの特徴は、**プロトコロジカル**（プロトコルに基づく）と表現する文化を生み出す。アイデンティティメタシステムのプロトコロジカルな文化とは、次のようなものである。

**オープンでパーミッションレス**

メタシステムには、Doc Searls と Dave Weinberger が頭文字 NEA（https://oreil.ly/LVIiE）として列挙したインターネットの3つの長所と同じものがある。つまり、**誰でも使える、誰でも改良できる、誰でもアクセスできる**ように、メタシステムが検閲に強いことを保証するために、特別な注意を払わなければならない。メタシステムを可能にするプロトコルとコードはオープンであり、レビューと改良が可能でなければならない。

**エージェント的**

メタシステムによって、人々は自己主権のもと、自律したエージェントとして行動することができる。SSIの最も重要な価値は自律性であり、誰かが一方的にルールを決めるような管理システムの中にいることではない。自律性には、システムの参加者が仲間として相互作用することが必要であり、メタシステムのアーキテクチャはそれをサポートする。

**包括的**

包括性とは、オープンであること、許可がないこと以上の意味がある。そのデザインは、取り残される人々がいないようにしなければならない。たとえば、未成年者のように、法的な理由で自分自身で行動できない人もいる。また、難民や障害のある人のように、後見人の助けが必要な人もいる。デジタル後見制度への支援によって、自分で行動できない人々も参加できるようになる。

**フレキシブル**

メタシステムによって、人々は適切なサービスプロバイダーや機能を選択することができる。何十億もの個人が、それぞれ効果的なデジタル生活を送るために必要となるすべてのシナリオを、単一のシステムで予測することはできない。メタシステムは、文脈に応じたシナリオを可能にする。

**モジュール性**

アイデンティティメタシステムは、限られた部品や部分を持つ単一ベンダーの単一の集中型システムであってはならない。むしろ、メタシステムは交換可能な部品があり、さまざまな当事者によって構築、運用される。プロトコルと標準がこれを可能にする。モジュール性は、自律性と柔軟性の重要な要素である代替可能性をサポートする。

**普遍的**

成功したプロトコルは、1つだけが生き残るまで他のプロトコルを食いつくす。プロトコルに

基づくアイデンティティメタシステムは、相互運用性を促進するネットワーク効果を持ち、普遍性につながる。これは、1つの組織が管理するという意味ではなく、1つのプロトコルがすべての相互作用を媒介し、エコシステム内のすべての人がそれに準拠するという意味である。

## 17.4　真正の関係をサポートする

SSIは、従来の取引的なアイデンティティアーキテクチャではサポートできないデジタル生活が想定されている。SSIの混合アーキテクチャとそこから生まれる文化は、より豊かで本物の関係をサポートする。SSIは、オンライン上で仲間として行動し、自分が入り込んだ関係を管理するためのツールを提供することで、オンライン上の関係を運用する手段を人々に提供する。19章では、SSIがどのように人々にデジタルな関係の運用を可能にしているのか、詳しく探ってみたい。

さらに、SSIは**事前**に想定されていなかった、あるいは想像できなかったアドホックな相互作用を、プロトコルを介して可能にする。以下の項では、いくつかの例を挙げる。

### 17.4.1　プラットフォームの仲介排除

多くの実体験がデジタル化に成功しているが、その結果、便利さとは裏腹に、相互媒介によって搾取されやすくなっている。私たちは、人間の尊厳を尊重し、企業の利益のために搾取される隙を与えない、デジタル化された体験を必要としている。たとえば、アイデンティティメタシステムが、食品宅配プラットフォームを仲介しないシステムの基盤になり得ることを考えてみよう。

プラットフォームは両面市場[※7]にサービスを提供する。Uber、Airbnb、Monster、eBayなどのプラットフォーム企業はよく知られている。Visa、Mastercard、その他のクレジットカードシステムもプラットフォームである。プラットフォームが人気のあるWeb 2.0ビジネスモデルであるのは、提供者が市場の片側から、場合によっては両方からサービス料を引き出す魅力的な方法を生み出すからだ。プラットフォームは大きなネットワーク効果をもたらし、自然独占となる傾向がある。

プラットフォーム企業は、同業者間の自然なやり取りであるべきものに仲介し、法外な賃料を課すことで大成功を収めてきた。プラットフォームが何の価値も提供していないというわけではない。問題は、彼らがサービスに課金していることではなく、彼らの介入的な立場が、市場を作り、価格を設定する力を与えすぎていることなのだ。プラットフォームは、関連するサービスプロバイダーを発見する手段、取引を促進するシステム、参加者が信頼のギャップを乗り越えるための信頼の枠組みなど、参加者にとって価値のあるものをいくつか提供している。複利のように、これらの役割のいずれかに小さな優位性があれば、ネットワーク効果によってその優位性が利用され、参加者が特定のプラットフォームへと誘導されるため、時間とともに大きな効果をもたらす可能性がある。

2020年のCOVID-19の閉鎖期間中、New York Times紙は「As Diners Flock to Delivery Apps,

---

※7　訳注：両面市場（英語で「Two-Sided Market」）とは、属性の異なる2つのグループ（売り手と買い手など）が共通のプラットフォームで取引する市場を指す。

Restaurants Fear for Their Future」という見出しの記事を掲載した（https://oreil.ly/ukFE0）。この記事によって、プラットフォームがユーザーに対して持つ権力が浮き彫りにされている。

しかし、いったんロックダウンが始まると、彼がパートナーのCharlie Greeneとオハイオ州コロンバスで経営していた酒場レストランにとって、アプリは実質的に唯一のビジネス源となった。宅配業者への手数料が、料理や人件費よりもレストランの最大のコストになってしまったのだ。Pierogi Mountainの主要なデリバリー会社であるGrubhubは、平均的注文数から40％以上多くの注文を受けている。MajeskyのGrubhubの明細によると、その結果、彼のレストランは、ほぼ収支均衡の状態から大赤字に転落した。4月下旬、Pierogi Mountainは閉店した。
「契約するしかないが、交渉の余地はない。」失業申請中のMajeskyは、配達アプリについてこう語った。「ほとんど人質状態になってしまう」のだと。

こうした問題に対する標準的な対応は、規制の強化である。この記事では、食品宅配プラットフォームが請求する手数料を抑制するために、市、郡、州が行った試みのいくつかを紹介している。より良い対応は、仲介業者を必要としないマーケットプレイスを作ることである。

SSIをサポートするアイデンティティメタシステムは、仲介者なしに市場を創造する基盤となるシステムを構築するための普遍的なトラストフレームワークを提供する。

図17-3は、基盤となるアイデンティティシステムの集中型または非集中型アーキテクチャから、食品流通のためのさまざまな戦略がどのように生まれるかを示している。プラットフォームを仲介しないようにするには、メタシステムの上にピアツーピアのマーケットプレイスを作成する必要がある。メタシステムはピアツーピアの関係を作成し管理する手段を提供するが、このマーケットプレイスを定義するには、参加者間で交換されるメッセージを決定し、たとえば顧客がテイクアウトレストランを見つける方法などの発見手段を作成する必要がある。

これらのメッセージは、市場によって単純なものから複雑なものまであり、Verifiable Credentials（VC）交換や、より問題に特化したものを使って交換されるかもしれない。ディスカバリーを提供するが仲介はせず、取引そのものには関与しない形のサービスを提供するビジネスがあるかもしれない。たとえば、そのようなビジネスは、レストランがメニューを定義し、ショッピングカートを作成し、ディスカバリーを提供するというサービスを提供するかもしれない。しかし、信頼による取引はプロトコルを介して行われているため、加盟店はこのサービスを類似のサービスに置き換えて、競争を生み出すことができる。

仲介者を介さずに市場を構築することで、市場に参加するコストを大幅に削減し、参加者は自由にイノベーションを起こすことができる。このような結果はプロトコルによって達成されるため、イノベーションを阻害したり、新規参入者が遵守することを困難にして既存企業を囲い込むような、新たな規制を設ける必要はない。また、これらのシステムは、行政当局を排除することで、人間の尊厳と自律性を維持する。

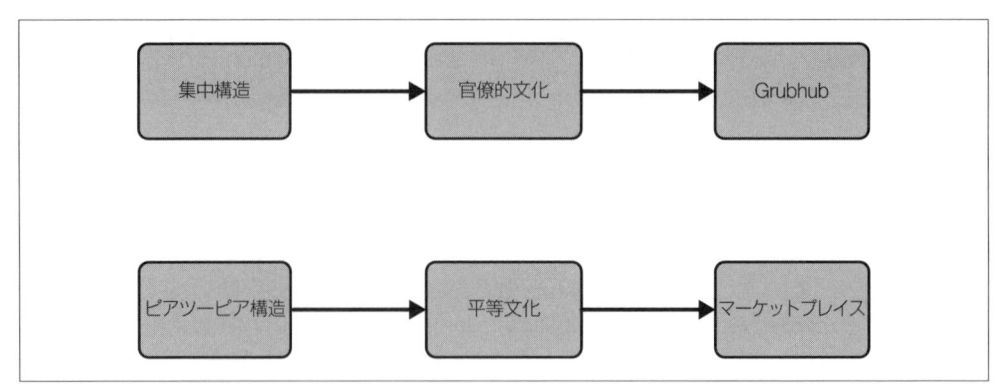

図17-3　アーキテクチャが文化と戦略に及ぼす影響

## 17.4.2　自動車事故後のやり取りのデジタル化

　自動車事故後に発生するやり取りは、管理領域に取り込むことが難しい日常活動のわかりやすい例である。こうしたやり取りはアドホックなものであるため、大部分はまだデジタル化されていない。アイデンティティメタシステムは、物理的な世界で常に起こっているような、アドホックで、厄介で、予測不可能な相互作用を可能にする。

　あなたに自動車事故の経験がないことを祈るが、たとえそうでなかったとしても、このシナリオは数日、場合によっては数週間にわたって進行する多くの資格情報を含むことを知っていることであろう。次の図は、重大事故後の初期調査で使用される認証情報の一部を示す。

　このシナリオでは、AliceとBobの2人のドライバーが事故を起こしたとする。幸いけが人はいなかったが、ハイウェイパトロールが現場に来て事故報告をしている。図17-4に、発生する可能性のあるやり取り（主に資格情報の交換）を示す。

　AliceとBobはどちらも、レポートの作成に不可欠なデジタルウォレットにいくつかの資格情報を持っている。これらには以下が含まれる。

- Aliceの場合はユタ州公安局（DPS）、Bobの場合はカリフォルニア州自動車局（DMV）が発行した運転免許証
- 各保険会社が発行した保険証明書
- 各車両のメーカーが発行する車両製造書類
- ユタ州とカリフォルニア州のDMVが発行した車両登録

加えて、警察官はハイウェイパトロールのバッジを付けている。

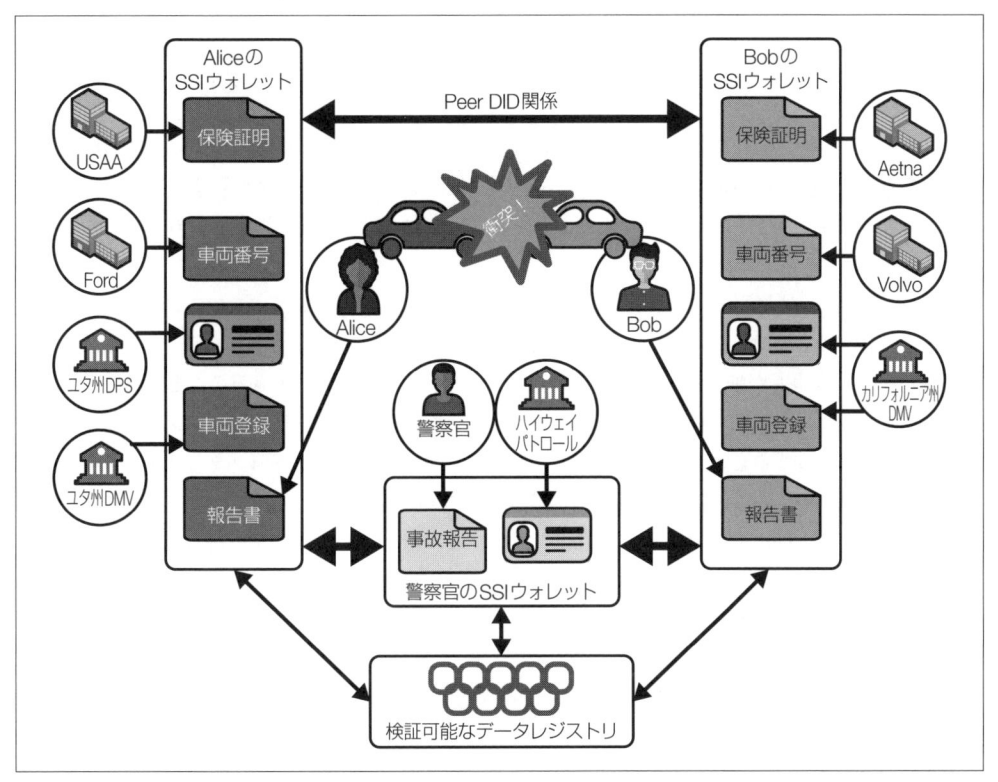

図17-4　自動車事故での資格情報の使用

　AliceとBobは陳述書を作成して署名しなければならず、警察官は証明書を作成する。

　通常、これらの文書はそれぞれ紙か、せいぜいPDFである。それらは交換され、コピーされ、ファイリングされる。これをすべてデジタルで行おうとすると、複雑で特殊なソフトウェアシステムが必要となり、さまざまな当事者や権限によって受け入れられるかどうかが分かれることになる。

　SSIメタシステムは、標準ベースのVCの柔軟な交換をサポートするオープンで非集中型システムを提供することで、この状況を変える。各証明書は、適切な発行者が独立して作成し、Alice、Bub、およびパトロール警官が保持し、希望する任意の当事者に提示することができるのだ。

　SSIメタシステムでの展開はこうだ。事故の後、AliceとBobは携帯電話のSSIウォレットを使って関係を作る[※8]。警官が現場に到着すると、AliceとBobはそれぞれ警官との関係性を築く。これらの関係を使用して、それぞれが保有する資格情報に基づく情報を交換できる。AliceとBobは、何が起こったかについての陳述書を作成する。ハイウェイパトロールの警官が事故報告書を作成する。これらは、当事者間で共有できる資格情報でもある。

　その後、AliceとBobは資格情報交換を使用して、事故報告書と互いの情報をそれぞれの保険会社と

---

※8　次の2つの章では、ウォレットとエージェント、およびそれらの相互作用について詳しく説明する。

共有する。彼らは、事故報告書から情報を得る必要のある整備士や自動車整備工場にサービスを依頼するかもしれない。そして、修理の見積もりや修理完了に関する証明可能な明細書を保険会社に提出する。

SSIメタシステムの非集中化された性質により、AliceとBobが異なる州に住んでいて政府組織と構造が異なるという事実に関係なく、これらすべての情報を交換できる。AliceとBobは異なる保険会社を使用していても、交換することは可能である。この交換は、出身州の中にいるか外にいるかに関係なく機能する。

VCの説明で学んだように、各資格情報の受け手は、それが改ざんされていないこと、それを提示した当事者に関するものであること、および特定のエンティティによって発行されたことを検証できる。標準規格は、各当事者が独自の資格情報を発行でき、他者がそれを理解できることを保証する。標準規格とプロトコルは、特別な目的の車両事故報告システムを構築し、閉鎖的なエコシステムにすべてのプレーヤーが参加する必要がなく、交換を実現することを可能にする。SSIメタシステムを可能にする標準規格によって、各参加者はアドホックなシナリオを巧みにこなすことができる。

このシナリオは、車がインターネットに接続され、独自のアイデンティティを持っている場合、さらに興味深いものとなる。たとえば、Bobの車の加速度計は、事故前と事故中にデータポイントを測定しているかもしれない。このデータは、彼の陳述書または警察官の事故報告書に含まれる可能性があるのだ。車両自体がエージェントを持ち、VCを消費、保留、または生成することができる。ただし、車両のアイデンティティは車両の所有者が所有し、管理しており、事故に巻き込まれたドライバーではない可能性がある（20章では、IoTにおけるアイデンティティについて議論する）。

実生活は複雑で厄介である。物理的な世界での活動を反映したデジタルなやり取りを可能にする唯一の希望は、人々、組織、物が独立して自律的に行動できる非集中型システムにある。

## 17.5　デジタル領域における正統な地位の獲得

kidOYOの開発者兼創設者であるDevon Leffretoは、2020年のブログ記事で、「あなたは政府と正確な業務上の関係性を築いていない」と、考えさせられるようなことを述べている（https://oreil.ly/p7APQ）。

私が考えたのは、「政府だけではない」ということだ。キーワードは**運用関係**だ。オンライン上では、おそらく電子メールを除いて、人々はあまり運用関係を持たない。ネット上での人間関係は、電子メール以外にはあまりない。私たちはオンライン上で多くの人間関係を築いているが、その貧弱さによって自律的な行動が妨げられているため、それらは運用可能なものとは言えない。私たちの無力さは、官僚的な関係に内在する力の不均衡の結果である。

管理型アイデンティティシステムが生み出す貧弱な関係に対する解決策は、自己主権的な権限を運用し、オンラインで他者と仲間として行動するために必要なツールを人々に提供することである。今想像したようなシナリオは、現実世界では常に起こっている。レストランで食事をしたり、実店舗で買い物をしたりするとき、あなたは管理システムの中で行動しているわけではない。むしろ、**具現化された**

**エージェント**として、あなたは自分自身のために行動することで、長く続いているものであれ、生まれたばかりのものであれ、関係性を実際に操作しているのである。アイデンティティメタシステムは、デジタル世界で具現化され、自律的に行動するために必要なツールを人々に提供する。

幾度となく、さまざまな人々が非集中型マーケットプレイスやソーシャルネットワークを作成しようとしたが、失敗してきた。これらのシステムが失敗するのは、人々が主権者との関係で行動し、プラットフォームではなくプロトコルを介して行動することを可能にする確固たる基盤に基づいていないからであると私は考える。インターネットにはプロトコルを媒介とするシステムのわかりやすい例があるが、アイデンティティのための同様のシステムを構築するという困難な作業には取り組んでいない。したがって、私たちが行動するとき、確固たる基盤や十分なレバレッジなしに行うことになるのだ。

遊園地で効果的な生活を送ることができる人は誰もいない。同様に、現在のWeb 2.0インターネットの管理システムの中では、その魅力にも関わらず、デジタル領域における自律的なエージェントとして機能することは不可能である。皮肉なことに、1990年代にインターネットはプロトコルを媒介とするメタシステムによってCompuServeとProdigyの壁に囲まれた庭を破壊したが、監視資本主義はそれらをWeb上に再構築した。SSIの出現、プロトコルに関する合意、およびそれらを運用するためのメタシステムの作成は、非集中型の相互作用がオンライン体験のような生活を生み出すデジタル世界を約束する。アイデンティティのメタシステムと、その結果としてのより豊かな関係は、人々が自律した人間として自分自身のために行動する機会を与え、効果的なオンライン生活を送ることができるよう尊厳をサポートし、オンラインの未来を約束する。

# 18章
# アイデンティティウォレットと
# エージェント

前章では、**デジタル身体化される**ことについて述べた。この表現は奇妙に感じるかもしれない。究極的にはインターネットは物理的な世界を超越することができる。私が言いたいことを理解しやすくするため、本書の中で物理的な体験とデジタルな体験を対比するために使った例を思い出してほしい。

その例（レストランの例）では、物理的な世界において私たちは周囲と対等な存在（ピア）としてスタッフや食事客、レストランの中の物と、包括的に管理するシステムを介することなく自律的かつ相互に作用できる、ということを述べた。一方、デジタルの世界では、ピア同士が自律的にコミュニケーションをとることはほとんどない。

ユーザーエクスペリエンス（UX）デザインに精通しているなら、**具現化体験**という用語を知っているかもしれない。具現化された体験の設計では、手のジェスチャーに応答するスマートウォッチや、着用者に信号を送るための触覚など、従来とは異なる方法によるコンピューターシステムとの対話の種類に焦点が当てられる。私が**デジタル身体化**と言うとき、もっと根本的なことを言っていると理解してほしい。デジタル身体化において、デジタル上に具現化された人（または組織）は、デジタル上で自律的に他の人々や組織や物やシステムとピア同士で対話をすることになる[※1]。

デジタル身体化は、1章で述べた実体論の考え方に関連がある。実体論では、属性は「他のエンティティの存在に関係なく、そのエンティティの存在自体」によって存在すると考えられていることを思い出してほしい。実質的に、管理者が管理しているシステムでは、自立して存在できるデジタルアイデンティティは作れない。なぜなら、そのようなシステムは、その存在を管理者に依存しているからである[※2]。

具現化するにはツールが必要である。私たちがデジタルの世界で行動するために使用する主要なツールであるブラウザやアプリは、その基盤となるアーキテクチャに依存するために十分ではない。アイデンティティシステムのアーキテクチャが官僚的な文化を生むのと同じように、Webクライアントサーバのアーキテクチャは固有の力の不均衡をもたらす。ピアツーピアアーキテクチャは、クライアン

---

※1　とは言え、この2つの考え方は無関係ではない。コンピューティングシステムがより普及し、ユーザー体験がよりアンビエントになるにつれて、デジタルの具現化の必要性はますます重要になる。

※2　Marshall McLuhanは1977年という早い時点で、電子メディア全般に関してこの問題を認識していた。彼はそれを化身と呼んだ。https://www.youtube.com/watch?v=ULI3x8WIxus

トサーバシステムのように振る舞うことがあるが、その逆はない。クライアントサーバアーキテクチャは、ピアベースの関係をサポートするために使用するのは困難である。クライアントは、構造上、常にサーバに依存する。

16章では、**コントロールの軌跡**と**コントロール権**の概念について論じた。アイデンティティアーキテクチャを、部分的には、コントロールしている所在がどこにあるかによって対比する。これは、デジタル身体化という別の考え方だ。コントロールの軌跡はどこにあるのか？単一の方法でその権限を行使するのか、または複数のツールを使って頭の中だけで想像する分断された方法によって行使するのか？**デジタル身体化は、人々がコントロール権を行使するための一貫した方法を提供する。**適切なツールがあれば、人々は最終的にデジタル世界で暗黙知を身につけることができ、3章で学んだオンラインアイデンティティの核心的な問題の1つを克服するかもしれない。

この章では、ピアツーピア関係をサポートするように設計されたアイデンティティウォレットおよびエージェントについて説明する。まず、ウォレットとエージェントの性質について説明し、そのセキュリティ特性を探り、次に、ウォレットとエージェントがサポートする相互作用パターンが、いかにしてピア関係を構築し、オンラインで自律的に行動する力を持つのか、コントロールの権限はどこにあるのかを示す。

## 18.1　アイデンティティウォレット

私たちの物理的な財布は、歴史的には通貨を入れるためのものである。ただし、これは財布の最も面白くないユースケースではないだろうか。人々が財布に入れるものの多くは、彼らが持っている人間関係や権限を示すものである。さらに、ほとんどの人は、財布を持たずに家を出ることはあまりない。

しかし、物理的な財布が持つ機能はたかが知れている[※3]。デジタルの世界では、ほとんどすべての便利なことを成し遂げるためのツールが必要である。私たちがデジタルでやり取りするために使用するソフトウェアを**ウォレット**と呼ぶことは、実はこのツールを正当に評価していない。15章では、ウォレットと**エージェント**（行動を起こすためのツール）を区別した。この章では、これら2つのツールをさらに区別し、それらがどのように連携するかについて説明する。

**デジタルアイデンティティウォレット**は、鍵、識別子、Verifiable Credentials（VC）を収集して保持する、安全で暗号化されたデータベースである。ウォレットはデジタルアドレス帳でもあり、コントローラの多くの関係を収集して維持する。ウォレットは、他の人と関わるために必要なプロトコルを話すソフトウェアエージェントと組み合わされている。本書の他の箇所では、**ウォレットをウォレットとエージェントの両方の省略形**として使用し、両者を注意深く区別していないが、この章では、どのツールがどのアクションを実行するかについて、より具体的に説明する。

Aliceのデジタルウォレットは、管理者としての彼女が安全に保管する必要がある、そこには、以下が含まれている可能性がある。

---

※3　ウォレットという言葉に異議を唱える人はいろいろといると聞いたが、今のところ定着している別の言葉は思いつかなかった。今のところ、業界では**ウォレット**という言葉が使われている。

- 彼女が作成または受信した分散型識別子（パブリックDID、Peer DID、KERI識別子など）
- ピアとの関係の管理に使用するバッキングストア（またはキーイベントログ）
- DIDに関連するキーは、おそらく他のキーにも関連する。たとえば、SSHキーはデジタルウォレットで安全に管理可能
- PKIデジタル証明書とそれに関連付けられた秘密鍵
- 暗号通貨のキーとアドレス
- Aliceが保有するVC
- 領収書、保証書、および（VCとしての）権利書
- Aliceが適切なVCを持っていない物理的なクレデンシャルのPDFまたはその他のデジタル表現
- ユーザー名とパスワード
- Aliceが自己発行のVCsを作成したり、Webフォームに記入したり、単に安全に保管したりするために使用するあらゆる種類の個人データ

多くの人は、この種のデータをパスワードマネージャーやAppleのキーチェーンなどのOS固有のツールに保存している。暗号通貨を保有している人は、キーとアドレスを保存するための**クリプトウォレット**を1つ以上持っている。これらのさまざまな**初期のウォレット**は、以下のいくつかの問題に悩まされている。

- 多くの場合、**プロプライエタリシステム**である。そのため、管理型アイデンティティシステムについて説明した多くの問題に悩まされている。最も大きな制限は、所有者が許可する目的にのみ使用できることである。
- オープンであり、他の関係者がそこに何かを保存できるようにしているかもしれないが、ユースケースの種類は**厳密に制御**されている。
- **柔軟性に欠ける**データスキーマを使用しているため、保存できるデータの種類が制限されている。
- オープンスタンダードに基づいて構築されていないため、**人々を特定のプラットフォームに縛り付けている**。たとえば、パスワードマネージャーに保存したすべてのログインデータをすべて入力し直すなんてことはしたくない。
- **一貫性のあるユーザー体験に欠けている**。パスワードマネージャー、キーチェーン、スマートフォンのウォレット、クリプトウォレットの動作はすべて異なる。キーチェーンのような同じツールでさえも、1つの組織によって作成されているにもかかわらず、プラットフォームごとに異なることがある。

アイデンティティウォレットは、これらの問題を克服し、すべての重要なドキュメントと関係を1つの一貫した場所に置けるという利点がある。したがって、多くの人々は機密データを初期のウォレットからアイデンティティウォレットに移行することを選択するだろう。

アイデンティティウォレットの文脈で耳にする可能性のある他の用語は、**パーソナルデータストア**と**ボールト**だ。アイデンティティウォレットに保存される可能性のあるさまざまな情報は、デジタルに関

連する雑多な詰め合わせバッグのように感じるかもしれない。アイデンティティウォレット、パーソナルデータストア、ボールトの境界線は曖昧だが、サイズとデータの種類の両方によって区別される。ボールトは私の**すべての**デジタルなものを保管するための安全な場所であり、パーソナルデータストアは**私について**持っているすべての情報を保持し、アイデンティティウォレットは他の人を認識し、記憶し、対話するために使用する情報にすぎない。

これら3つのボールトのもう1つの重要な違いは、提供しなければならない保護のレベルだ。図18-1は、さまざまな種類の個人情報に対して必要とする可能性のある保護レベルを示している[4]。暗号通貨の鍵のような情報には、Amazonや友人と交わしたメッセージよりもはるかに強力で堅牢なセキュリティ保護が必要だ。パーソナルデータストアやボールトは、アイデンティティウォレットよりも保持するデータの保護が弱い場合があり、これらの区別は、アイデンティティウォレットに、どのデータを含めるべきか、そのデータをどの程度のセキュリティで保護する必要があるかなどを考慮するための設計と実装に関する指針を提供している。この指針に基づいて、より安全で効果的なアイデンティティウォレットを設計・実装することが可能となる。

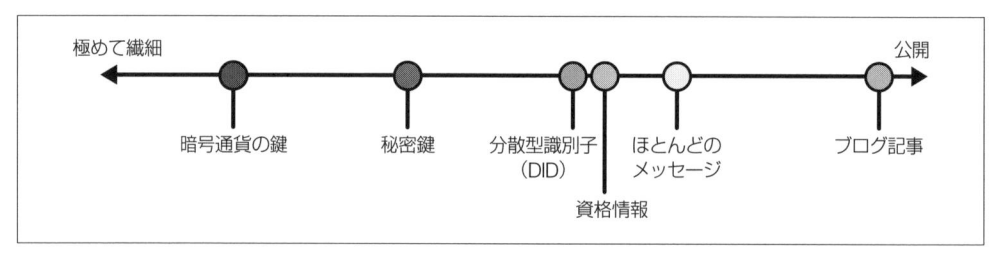

図18-1　個人データの相対的な保護要件

## 18.2　プラットフォームウォレット

AppleとGoogleの2大スマートフォンプラットフォームベンダーは、それぞれOSにウォレットを組み込んでおり、システムのすべてのユーザーが利用できる。これらはプラットフォームの一部であるため、**プラットフォームウォレット**と名付けた。

これらのウォレットは、ブラウザのキーチェーンやパスワードマネージャーと同じ問題を持つことが多いが、いくつかの利点があり、OSに組み込まれているため実用性を高められる。

プラットフォームウォレットを使用すると、サードパーティは携帯電話上のアプリからのクレデンシャルをウォレットに入れることができる[5]。たとえば、クレジットカードを安全に保管し、使用する手段は、長年にわたって提供されてきた。プラットフォームウォレットに最初に最も広く使用された

---

※4　この図は、2021年10月発行のHyperledger Aries Projectの「Aries RFC 0050: Wallets」から引用。
https://oreil.ly/52Pc3

※5　ここでいう資格情報は一般的な意味であり、VC標準に準拠していない。

サードパーティのクレデンシャルの1つは、航空券だ。図18-2は、Apple Walletに入れたデルタ航空の搭乗券を示している。

図18-2　デルタ航空の搭乗券

プラットフォームウォレットの搭乗券は、旅行者が急いでいる状況で提示できるため、非常に便利だ。ウォレットはロック画面に通知をプッシュして、ほぼ瞬時にアクセスすることができる。これはとても便利だ。

他の企業も、私の地元の劇団のような小さな会社でさえ、同様のチケットやパスを使い始めている。

これらのウォレットの主な欠点は、独自開発であることだ。それらはオープンである一方、管理もされている。プラットフォームベンダーのルールに従っている限り、誰でもクレデンシャルを配置できる。彼らの独自開発は性質上、人々を特定のプラットフォームに閉じ込めている。

AppleやGoogleなどのプラットフォームプロバイダーは、ユーザー体験の向上と、人々をプラットフォームに閉じ込めるためのウォレットの重要性を認識している。他のアプリベンダーも同様である。

今後数年間、デジタルウォレットの市場では大きな競争が繰り広げられると思われる[6]。

## 18.3　エージェントの役割

　**アイデンティティエージェント**は、ウォレット内のすべてのものを管理するソフトウェアサービスである。エージェントは、ウォレットが保持するすべてのアーティファクトを格納、更新、取得および削除する。ウォレットの管理以外にも、エージェントは以下の多くの重要なタスクを実行する[7]。

- 他のエージェントとのメッセージの送受信
- ウォレットに暗号化キーペアを生成するように要求する
- ウォレットとの暗号化されたデータのやり取りを管理する
- 署名や署名の検証などの暗号化機能の実行
- ウォレット内のデータのバックアップと取得
- DIDドキュメントが更新されたときに他のエージェントと通信することによる関係の維持
- 他のエージェントへのメッセージのルーティング

　図18-3は、エージェント、ウォレットおよび基礎となるOSの関係を示している。現在のほとんどの実装では、単一のエージェントと単一のウォレットがペアになっているが、APIが存在するということは、1つのエージェントが複数のウォレットを使用したり、複数のエージェントが1つのウォレットにアクセスしたりできることを意味する。ルーティングを実行するだけのエージェントなど、一部の特殊なエージェントはウォレットを必要としない場合もあるが、ほとんどの場合、少なくとも独自のキーを保存する必要がある。

　ウォレットのキー管理機能には、暗号鍵の生成、保存、ローテーション、削除などのイベントが含まれる。キー管理は、OSおよび基盤となるハードウェアと連携して実行される。OSとハードウェアは、キー保管用のセキュア・エンクレーブと、鍵管理機能を実行するための信頼できる実行環境を提供することが理想的である。

---

[6]　ウォレットの市場の詳細については、Darrell O'Donnellによるホワイトペーパー「The Current and Future State of Digital Wallets」(Continuum Loop、2019年4月) を参照してほしい。
https://oreil.ly/aP_kK

[7]　これらのID固有の機能に加えて、エージェントは支払いにおいても役割を果たすことができる（15章を参照）。アイデンティティウォレットに支払いを組み込むことで、認証情報の形式であるかどうかにかかわらず、IDデータの価値交換がより簡単かつ安全になる。エージェントへの支払いの組み込みについては、この章の範囲外であるため、ここでは詳しく説明しない。

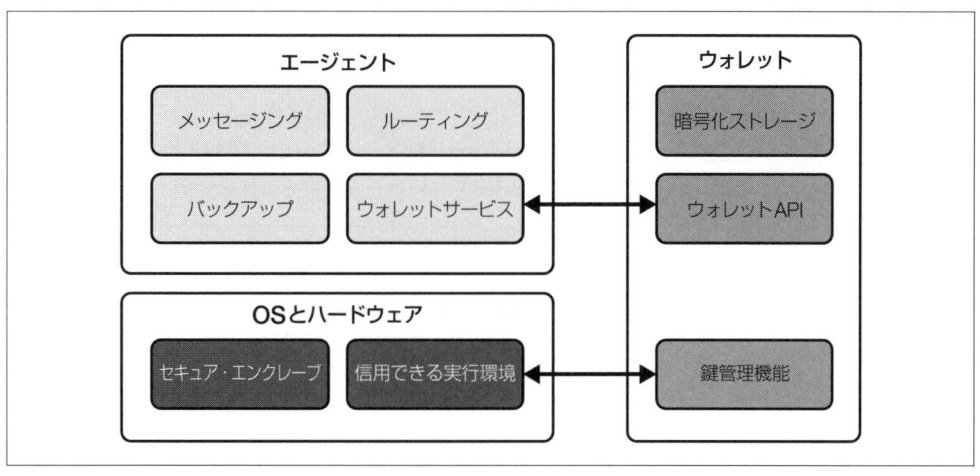

図18-3　アイデンティティウォレットとエージェントの関係

　図18-3に示す基本機能は、アイデンティティとはあまり関係がないように思われるかもしれない。認証やクレデンシャル交換などのアイデンティティ関連の機能は、これらの基本機能の上に構築される。エージェントは、VCを発行、要求、および受け入れることができる。また、エージェントはクレデンシャルを提示して検証する。特別にデザインされたメッセージを使用して、これらの動作は実行される（19章を参照）。

## 18.4　ウォレットとエージェントのプロパティ

　ここまでで説明したアイデンティティウォレットとエージェントには、現在ほとんどの人が使用している初期のウォレットとは異なるいくつかの重要なプロパティがある。

### オープン、代替可能、ポータブル

　17章で電子メールの特性について述べた際に、システムが標準プロトコルセットに基づいている場合に生じる重要な機能群を示した。Aliceは、アイデンティティウォレットとエージェントから、電子メールで享受しているのと同じような利点、つまり、選択肢、一貫性のあるユーザー体験、柔軟性（アイデンティティメタシステムのすべての設計機能）を実感できるはずだ。

### セキュア・バイ・デザイン

　セキュリティは、アイデンティティウォレットとエージェントにとって譲れない機能である。一部のセキュリティ機能は、機密メッセージングをネイティブにサポートする関係の基礎として分散型識別子（DID）交換を相互に認証した結果である。
　一部のセキュリティ機能は、ウォレットの暗号化されたストレージや、ウォレットAPIなどの優れたエンジニアリングに依存する。また、エコシステム全体のガバナンスから生じるもの

もあるが、これについては21章と22章で取り上げる。

**プライバシー・バイ・デザイン**

8章で学んだように、プライバシー・バイ・デザインは、すでに構築されているシステムにプライバシーへの配慮を付け加えるようなものではない。プライバシー保護を設計の原則として適用するためのものである。アイデンティティウォレットとエージェントは、15章で学んだように、ゼロ知識証明（ZKP）やその他の手法を使用して個人データの開示を最小限に抑え、データを適切に暗号化して意図した相手にのみ見えるようにし、ブラインド識別子などの手法を使用して名寄せ防止機能を組み込むことで、プライバシーに配慮した設計を行うことができる。

**自律**

アルゴリズムと自律型アイデンティティシステムアーキテクチャの重要なコンポーネントとして、エージェントとウォレットは、識別子と個人データに対する制御権限を行使するためのツールを人々に提供する。この制御は、デジタル関係における自律性の基礎である。

**一貫性があり、親しみやすいユーザー体験**

セキュリティの世界には、「独自の暗号資産を書くな」という格言がある。アイデンティティには「独自のインターフェースを書くな」という共通の言葉が必要だと思う。VCに基づくデータ交換をサポートすることで、アイデンティティウォレットとエージェントは、多くのタスクを処理する単一の手段を提供する。アイデンティティウォレットとエージェントの重要なUX機能の1つは、ユーザーが暗号鍵とDIDを操作しないことである。むしろ、デジタル上の関係とクレデンシャルを管理する。これらは、人々が慣れ親しんだものである。

# 18.5　SSIインタラクションパターン

ウォレットでサポートされるエージェントは、自己主権型アイデンティティで使用される3つの単純な認証および認可パターンを可能にする。これら3つはすべて、標準VC交換パターンの応用にすぎない。それらを理解することは、ウォレットとエージェントの要件を理解するのに役立つ。

## 18.5.1　DID認証パターン

最も単純な認証パターンは、自律型識別子を使用してピア関係を確立する。相互認証機能があるため、自律型識別子に基づく関係を認証に使用できる。

図18-4に、DID認証パターンを示す。このパターンには2つの当事者が登場し、どちらもエージェントを利用している。

- Aliceの携帯電話はSSIエージェントを持っている
- Bravo社には、一部のリソースを保護するIAMシステムに関連付けられた企業エージェントがいる

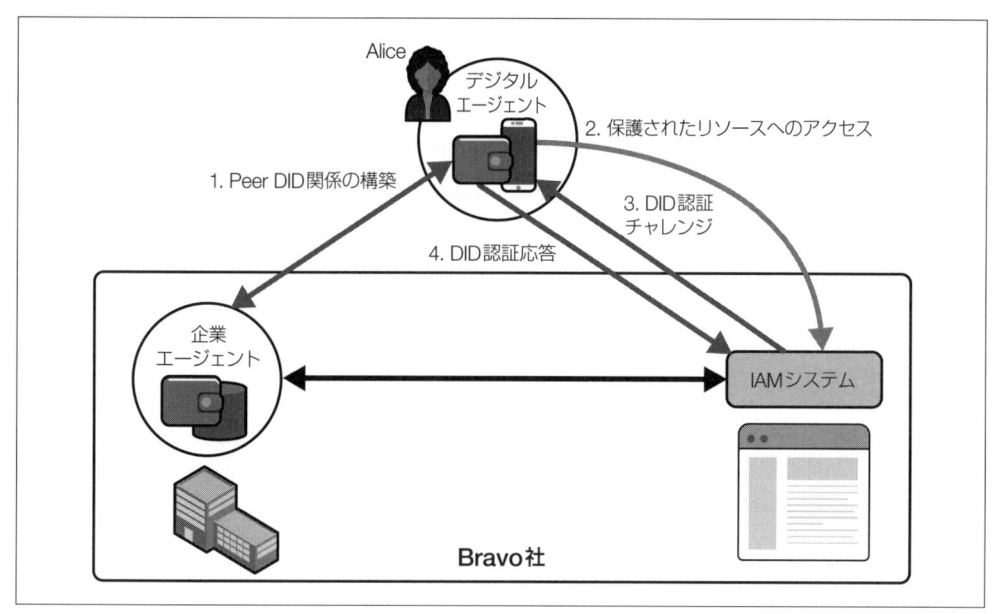

図18-4 単純なDID認証の対話パターン

対話パターンには、次の手順がある。

1. AliceとBravo社はPeer DID関係を確立する。つまり、各エージェントはPeer DIDを生成し、DIDコントローラへの接続方法を識別する公開鍵と、サービスエンドポイントURIを含む関連するDIDドキュメントとともに、それを他のエージェントに送信する。ここまで学習したように、自律型識別子は自己認証型であり、各当事者はDIDに関連付けられた情報を使用して相手を認証できる。

2. Aliceは保護されたリソースにアクセスしようとする。要求はBravo社のIAMシステムによって仲介される。この要求の一部として、AliceはDID をBravo社のIAMシステムに送信する。この方法には、いくつかのサブシナリオがある。たとえば、QRコードをスキャンしたり、Bravo社のシステムのDIDにリンクされている人間が読むことができる識別子を入力したりできる。

3. IAMシステムは、Bravo社の企業エージェントと連携して動作し、Aliceの電話を介してAliceのウォレットにDIDベースの認証チャレンジを発行している。これはチャレンジレスポンス認証の一種である（11章を参照）。

4. Aliceはエージェントからチャレンジの通知を受け、Bravo社のチャレンジに対する応答を発行するようにエージェントに指示する。

Aliceの応答を受け取ったBravo社は、応答内容を検証し、アクセスを許可または拒否する。

この相互作用については、注意すべき点がいくつかある。まず、AliceとBravo社はPeer DIDを使用しているため、検証可能なデータレジストリ（VDR）は認証に関与しない。ご存じのとおり、Peer

DID関係では、両方の当事者が、鍵のローテーションや暗号化バッキングストア内のストアの更新など、関連する鍵イベントを相手に通知する義務がある。このパターンは単なる認証であり、認可ではない。認可は、IAMシステムが別のソースから入手した情報に基づいて行う必要がある。たとえばPeer DIDの関係が別の認証済みコンテキスト内で確立された場合、Aliceにロールベースのアクセス制御（RBAC）のグループを割り当てたり、IAMシステムがAliceのDIDに関連付けた属性を使用してポリシーベースのアクセス制御（PBAC）を使用したりできる。

　ここで説明する相互作用パターンでは、いくつかの詳細が省略されている。Markus Sabadelloは、彼の講演「Introduction to DID Auth for SSI」で、このパターンの10種類の異なるバリエーションを挙げている（https://oreil.ly/GQllU）。具体的な認証シナリオに関連する詳細については、この講演を確認することをお勧めする。

## 18.5.2　単一パーティによるクレデンシャル認可パターン

　DID認証パターンは単純だが、状況によっては必要な柔軟さを持たないことがある。より複雑なシナリオでは、デジタルウォレットとエージェントはVCを使用して、コントローラが何らかのアクションを実行する権限を持っている証拠を提供できる。最初に検討するシナリオは、同じ組織がクレデンシャルを発行して検証する場合である。

　図18-5に、単一のパーティを認可するパターンを示す。このシナリオの当事者は同じくAliceとBravo社である。相互作用パターンは次のとおりである。

1. Bravo社はクレデンシャルを発行するため、パブリックDIDとクレデンシャルの定義をVDRに書き込む。また、必要に応じて、スキーマと失効レジストリを書き込むこともできる。これらをVDRに保存することは、Bravo社がクレデンシャルを外部で使用する予定がなければ、厳密には必要ない。しかし、これは非常に安価で簡単なステップであり、クレデンシャルが計画されたときには予想されていなかった将来のユースケースを可能にするため、VDRに保存することをお勧めする。

2. AliceとBravo社は、以前と同様にPeer DID関係を確立する。Bravo社がこの関係に使用するDIDは、ステップ1で作成したパブリックDIDではないことに注意する。代わりに、Bravo社はAliceとの関係専用のPeer DIDを作成する。これにより、Bravo社はパブリックDIDに影響を与えることなく、関係を簡単に更新または終了できる。Peer DIDは無料であるため、必要であればどこでも使用すべきだ。

3. Bravo社はAliceにクレデンシャルを発行する。このクレデンシャルの発行の性質、内容、およびコンテキストは、Bravo社とAliceの特定のニーズによって異なる。Bravo社は資格情報発行者であり、Aliceは資格保有者である。

4. Aliceは保護されたリソースにアクセスしようとする。リクエストはBravo社のIAMシステムによって仲介される。上記のDID認証パターンと同様に、IAMシステムは企業エージェントとそのウォレットと連携して動作する。

5. Bravo社は、Aliceに関する属性を知るために頼りになるPBACシステムを使用していると仮定する。IAMシステムは、エージェントを使用してAliceのエージェントにクレデンシャルのリクエストを行う。この要求は、Aliceがアクセスしようとしているリソースを保護するポリシーに必要な、特定の属性だけを要求する。

6. Aliceは要求を確認し、自分が保持しているクレデンシャルに基づいて属性の証明を発行する権限をエージェントに付与する。応答には、共有される情報を最小限に抑えるために、クレデンシャル全体ではなく、Bravo社が必要とする属性のみが含まれる。

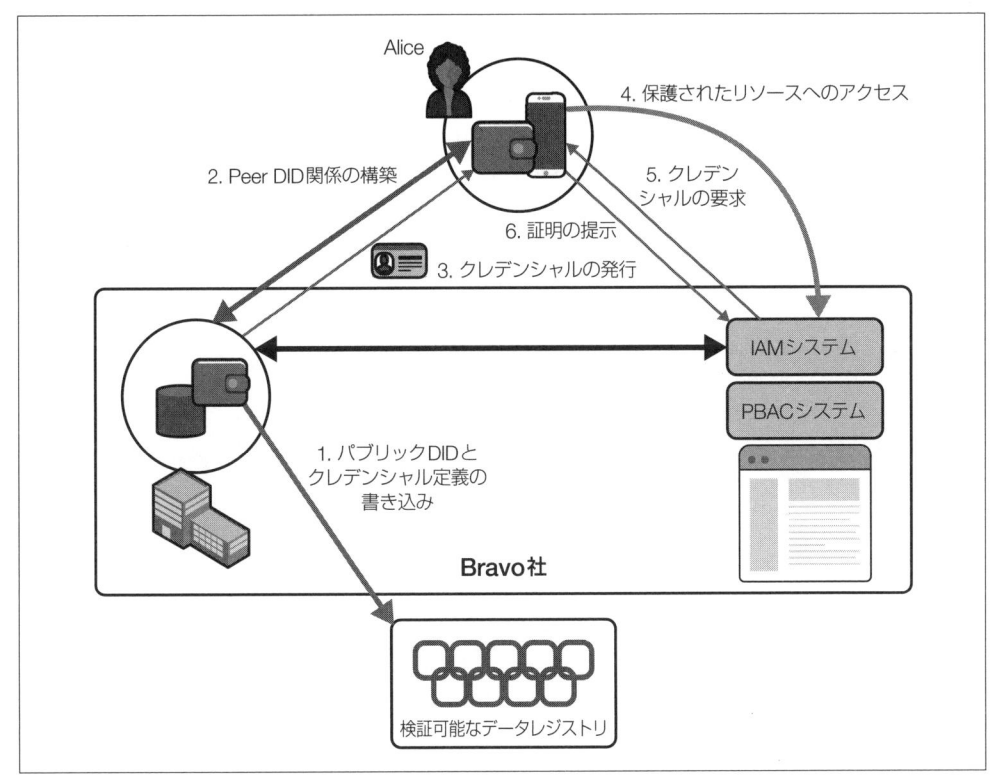

図18-5　単一パーティによるクレデンシャル認可パターン

　PBACシステムは、提示された証明書の属性を使用して、Aliceのアクセスを承認する。

　この相互作用についても、注意すべき点がいくつかある。まず、Bravo社はクレデンシャルを所有しているため、クレデンシャルを確認するために必ずしもVDRにアクセスする必要はない。彼らは、それを検証するために必要な情報をすでに知っている。しかし、AliceがBravo社以外の場所でそれを提示することにした場合、他人がそれにアクセスするかもしれない。

　さらに、Bravo社の場合、Aliceが保持しているクレデンシャルを使用して、保護されたリソースに

アクセスする権限を検証することは、一元化された属性ストアよりも柔軟性が高く、信頼性が高い可能性がある。VDRを使用すると、Bravo社内のサブ組織が、誰が発行したかに関係なくクレデンシャルを検証できるため、集中化されたデータ要求と重大な障害点が最小限に抑えられる。また、Bravo社のPBACシステムの中央の属性ストアを構築し、企業内のすべてのシステムをリンクするのではなく、各システムを独立させ、独自のポリシーに基づいて意思決定を行える。おまけとして、これはBravo社が保存する個人データが少なくなり、リスクが軽減されることを意味する。

　Bravo社の他のサービスはBravo社がAliceについて保持しているすべてのデータにアクセスする必要がないため、最小限の開示を使用することでリスクがさらに軽減される。また、クレデンシャルを使用して信頼できる属性を提示するのは迅速であるため、これらのサービス自体を格納する必要はない。サービスが必要なときはいつでもAliceに問い合わせて、サービスとのやり取りの間、データをキャッシュし、その後削除するだけで、必要に応じて再びアクセスできる。

　鋭い読者は、最後の2つの段落を読んで、「しかし、Peer DID関係を利用するには、すべて同じデジタルエージェントとウォレットにリンクする必要があるのではないか？」と疑問に思うだろう。答えはノーである。各サービスは、Aliceと独自のPeer DID関係を持ち、クレデンシャルの属性を検証し、それがAliceであることを知ることができる。彼らが知る必要があるのは、組織が使用するパブリックDIDとクレデンシャルの定義だけである。

### 18.5.3　マルチパーティクレデンシャル認可パターン

　単一パーティパターンを拡張することで、複数のパーティを含めることができる。このパターンでは、Bravo社という1つのエンティティがクレデンシャルを発行しているが、別のエンティティであるCertiphi社がクレデンシャルを検証し、その属性を使用してAliceのリソースへのアクセスを承認する。

　図18-6は、Certiphi社がAliceの認可の一部としてBravo社によって主張された属性を使用する方法を示している。対話パターンは次のように進行する。

1. Bravo社はクレデンシャルを発行しているため、パブリックDIDとクレデンシャルの定義を台帳に書き込む。さらに、必要に応じてスキーマと失効レジストリも書き込む。
2. AliceとBravo社はPeer DID関係を確立する。
3. Bravo社はAliceにクレデンシャルを発行する。
4. AliceとCertiphi社が、Peer DID関係を確立する。
5. AliceはCertiphi社の保護されたリソースにアクセスしようとする。リクエストは、Certiphi社のIAMシステムによって仲介される。
6. Certiphi社はPBACシステムを使用しているため、IAMシステムはAliceに対してクレデンシャルのリクエストを行い、ポリシーがリソースへのアクセスを許可するために必要な特定の属性を要求する。
7. Aliceはリクエストを確認し、自分が保持しているクレデンシャルに基づいてこれらの属性を提示することをエージェントに許可する。エージェントはAliceにBravo社のクレデンシャルを使用す

るオプションを与えるが、これはCertiphi社の要求を満たすために必要な属性を持っているからである。

8. Certiphi社は、プレゼンテーションの忠実度を暗号学的に検証して、プレゼンテーションがBravo社からのものであり、Aliceに関するものであり、改ざんされていないこと、取り消されていないことを確認する。また、証明の属性の出自を検証する必要がある場合もある。Certiphi社は、このパターンのクレデンシャル検証ツールである。

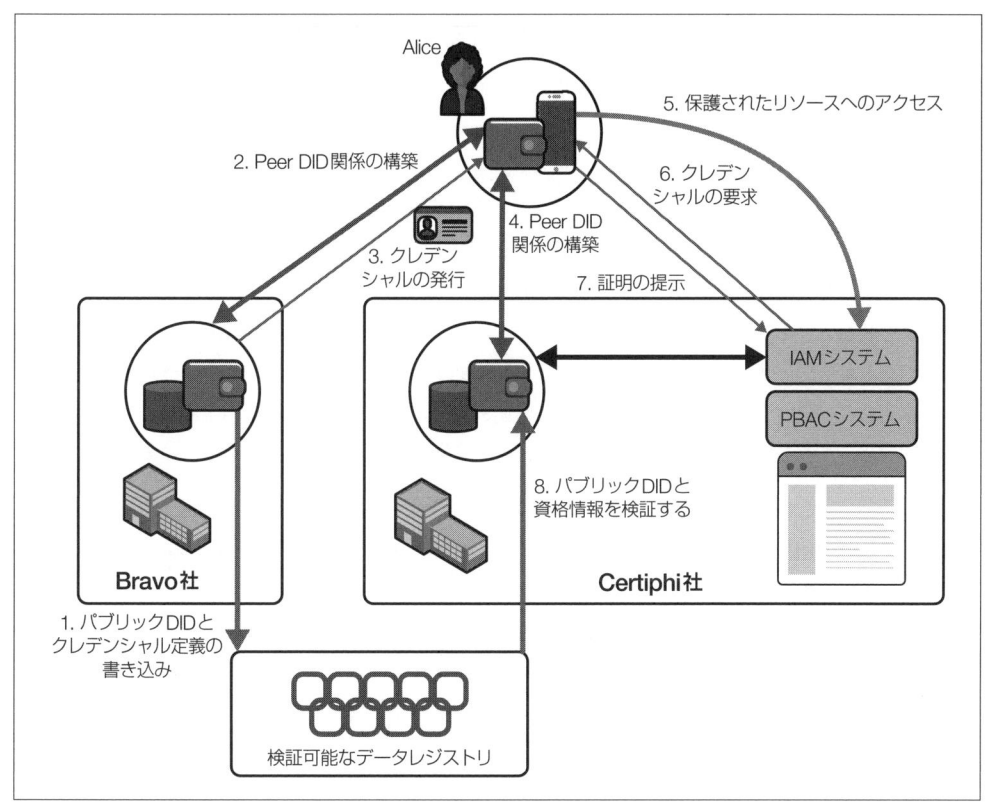

図18-6　マルチパーティのクレデンシャルベースの認可パターン

　Certiphi社のPBACシステムは、提示された証明書の属性を使用して、Aliceのアクセスを承認する。

　このパターンにも、注意すべき点がいくつかある。第一に、ステップ4でAliceとCertiphi社が作成するDID関係は一時的なものである可能性がある。当事者が要求しない限り、永続的である必要はない。AliceとBravo社の関係は、Bravo社がAliceについて何かを主張するクレデンシャルを発行したため、おそらく長続きする。

　第二に、Bravo社とCertiphi社の間には直接的なつながりや関係はない。既存のビジネス関係や技術的な関係は必要ない。Certiphi社はBravo社のAPIに接続する必要はない。VDRを使用すると、

Certiphi社は直接接続しなくてもクレデンシャルに関する重要なことを知ることができる。

　第三に、単一パーティのパターンと複数パーティのパターンの主な違いは、ステップ8（クレデンシャルの忠実度と出自の確認）である。忠実度のチェックは、暗号化を使用して自動的に実行できる。しかし、15章で学んだように、出自の決定は、Bravo社によって証明された属性を信頼できるとCertiphi社が判断することを含むため、些細なことではない。

　起源はガバナンスの問題であり、技術的な問題ではない。ガバナンスの問題は、15章で説明したように、単純なものから複雑なものまである。22章では、この点について再び詳しく説明する。

## 18.5.4　一般化された真正なデータ転送パターンの再検討

　これまでのすべての対話パターンは、15章でお馴染みの一般的なデータ転送パターンを特殊化したものである。ここでは、前の3つのパターンをその中に配置できるように、一般的なパターンについてもう一度説明する。図18-7に示す一般的なデータ転送パターンは、単純な認証および認可パターンを超えて、ワークフローでアイデンティティデータを使用する。

　このパターンでは、いくつかの例外を除いて、すべての相互作用は、前の項のマルチパーティの認可パターンと同じである。1つは、ステップ5でAliceが、保護されたリソースではなく、続行するためにデータを必要とする一般的なWebサービスにアクセスしていることである。WebサービスはIAMシステムである可能性があるが、必ずしもそうである必要はない。もう1つは、Webサービスが、フォームへの入力などのワークフローの一部として、提示された証明書のデータを使用することである。

　これまでのすべてのパターンは、このパターンの特殊化と見なすことができる。たとえば、次のように説明できる。

- Peer DID関係は、すべてのケースで相互認証された通信チャネルを提供する。これを使用して、関係が最初に確立されたエンティティと通信していることをいつでも知ることができる。これは、あらゆる認証システムの中核となる要件である。
- PBACのVCを使用した属性の転送は、信頼できる方法で属性データを転送するための特殊なケースにすぎない。
- 15章で学んだように、一般的なパターンで転送されるデータは、単一の資格情報から取得する必要はない。実際、サービスはAliceが保持しているクレデンシャルを知らなくても属性を要求できる。Aliceのエージェントは、要求された属性をAliceが保持するクレデンシャルと照合する。Aliceは、必要に応じて特定の属性にどのクレデンシャルを使用するかを選択できる。
- 図18-7では、AliceがWebサービスにアクセスしている様子が示されているが、これはWebを超え、さらに詳細に一般化できる。オンラインワークフローに必要なデータは、VCを使用して転送できる。次の章では、DIDベースのメッセージングがこれの基盤となる方法について説明する。
- このパターンにはAliceと2つの組織が関係しているが、ユーザーがクレデンシャルの発行者と検証者になれない理由はない。これらの図のどの当事者も、どの役割も果たすことができる。

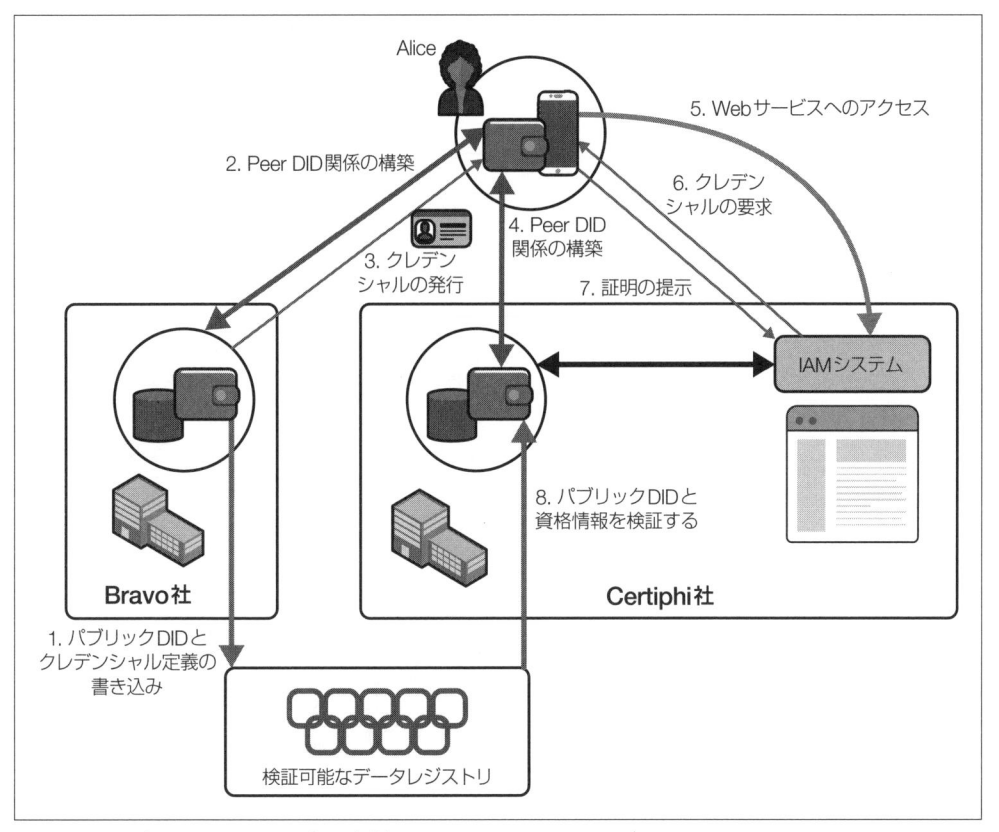

**図18-7　クレデンシャルベースのデータ転送パターン**

　認証や認可などの従来のIAM機能を特別な目的の真正なデータ転送と見なすと、従来の範囲を超えてアイデンティティが大幅に広がる。このようにデジタルアイデンティティの視野が広がったことで不快感を覚える人もいるかもしれないが、これは、アイデンティティではなく関係を管理するためにアイデンティティシステムを構築するという認識と完全に一致していると言える。すべての関係はユニークなのである。柔軟で信頼できるVCは、これらの関係に独自のサービスを提供し、単なる認証と認可を超えたデジタルアイデンティティを移行する手段を導入する。

## 18.6　携帯電話を紛失した場合はどうなるか？

　人々が重要で機密性の高いデータをすべてアイデンティティウォレットに保存している場合、必然的に発生する災害からその情報を保護することが重要になる。暗号鍵を使用するシステムの主な懸念事項の1つは、暗号鍵を使いやすくするだけでなく、攻撃者や単純な損失からも保護することである。多くの暗号システムは、鍵のバックアップ、リカバリ、セキュリティに関するユーザー体験が低いため、時の試練に失敗している。これは、暗号通貨の普及を妨げている理由の1つだと思う。では、アイデン

ティティウォレットとエージェントはどのようにして同じ運命を回避できるのだろうか？ ※8

　問題を引き起こす可能性のあるシナリオは多数ある。

- Alice が携帯電話を紛失した
- Alice は電話のロックを解除できない
- Alice が暗号鍵を紛失した、または忘れた
- Alice のノート PC がハッキングされた
- Alice がランサムウェア攻撃の被害に遭った

　これらの共通項は、Alice が自分のアイデンティティウォレットを管理するエージェントを制御できなくなったことである。幸いなことに、Alice はこの可能性に備えることができ、回復を可能にし、彼女の秘密を安全に保つことができる。

　本書のここまでで、DID、VC、およびそれらの暗号化の基盤の基本について理解した※9。この理解は、公園のベンチで Malfoy に携帯電話を盗まれたことに気づいた Alice を追うときに役立つ。まず、Alice の携帯電話にはロック解除のための暗証番号という弱い保護しかないと仮定する※10。Alice は、喪失に気づくとすぐに2つのステップを行う。

## 18.6.1　ステップ1：Alice が紛失したエージェントの権限を取り消す

　携帯電話を紛失したことに気づいた Alice の最初の行動は、彼女の代理人としての役割を果たすことができる電話自体の権限を削除することである。エージェントを取り消すことで、Alice は Malfoy がデバイスの暗証番号を突破された場合にエージェントを使用する方法を制限する。Alice になりすますには、Alice のキー、クレデンシャル、およびリンクシークレットだけでなく、Alice が代理として許可したエージェントから派生的なクレデンシャルプレゼンテーションを提示する必要がある。

　Alice は、自分がコントロールできる他のエージェントを使用してデバイスを取り消す。それは、ノート PC 上のエージェントかもしれないし、クラウド上でコントロールするものかもしれない。もちろん、そのためには、彼女がこれらの準備をし、携帯電話を紛失する可能性に備える必要がある。また、エージェントを取り消すために複数のエージェントの制御を要求することもでき、そうすることで、1つのエージェントの制御を失っても、攻撃者がまだ制御している他のエージェントを失効させるリスクはなくならない。

　Alice は、この機能をサポートするエージェントと VDR を使用しているため、エージェントを取り消

---

※8　この節の資料は、Daniel Hardman による Sovrin Foundation（ソヴリン財団）の優れた論文に基づいている。
　　　https://sovrin.org/library/lost-phone/

※9　この説明では、Alice のエージェントが Hyperledger Aries リファレンスエージェントの多くの機能を備えていることを前提としている。これは、Alice の窮地に役立ついくつかの特定の機能を議論の根拠としている。これらの機能について、他のエージェントソフトウェアにも組み込めないものはない。

※10　この説明では、遠隔操作で電話を消去する機能など、Alice のスマートフォン OS が提供する可能性のある支援は無視する。Alice は、その救済策を利用する必要があるかもしれないが、Alice は、それに頼らずにアイデンティティ資産のコントロールを回復できるはずである。

すことができる。エージェントの認可はVDRに保存され、VDRが実行する派生的なクレデンシャルプレゼンテーションの事前設定プロトコルでは、取り消されていないエージェントから提示を行う必要がある。Aliceがエージェントを取り消すと、失効がVDRに書き込まれ、クレデンシャルプレゼンテーションを確認すると、エージェントが取り消されたことがわかる。たとえMalfoyが非常に巧妙で、電話のセキュア・エンクレーブ上の秘密鍵を削除できたとしても、Aliceになりすまして認証情報を提示することはできない[11]。VDRへの失効の書き込みは、ほぼ瞬時に行われ、グローバルに反映される。

デバイスの削除や消去に依存するスキームとは異なり、エージェントを取り消すには、エージェントがオンラインである必要はない。Aliceは、Malfoyが電話の電源を切り、SIMチップを取り外した場合でも、エージェントを取り消すことができる。

エージェント失効の最も重要な機能の1つは、元に戻せることである。後で電話を取り戻した場合、Aliceはエージェントの取り消しを解除して、そのエージェントに含まれるキーとクレデンシャルを引き続き使用できる。これにより、Aliceは積極的になり、用心深くなることができる。エージェントのコントロールを失った可能性があると感じたときはいつでも、コントロールできるようになったと確信するまで、エージェントの代理としての承認を取り消すことができる。

## 18.6.2 ステップ2：Aliceがリレーションキーをローテーションする

エージェントを取り消すと、Malfoyはいかなるクレデンシャルの提示においてもAliceになりすますことができなくなる。しかし、侵入できたとしても、Aliceのピア関係の鍵を使って、Aliceの仲間とのメッセージに署名したり、暗号化したりすることは可能である。これを防ぐには、Aliceが秘密鍵をローテーションする必要がある。Peer DIDやKERI識別子などの自律型識別子の利点の1つは、関係の基礎となる識別子を変更することなくキーをローテーションできる点である。

すべてのキーをローテーションさせるためのAliceのユーザー体験は、ボタンを1回押すだけの簡単なものである。裏では、Aliceが制御し、取り消しを実行するために使用しているエージェントは、Aliceが共有した各DIDの基になるキーをローテーションし、各DIDベースの関係のDIDドキュメントを更新する必要がある。DIDがパブリックの場合は、VDRへの書き込みが必要になる。Peer DIDの場合、Aliceのエージェントは通常の方法を使用して、差分に基づいてピア関係内の他のパーティにDIDドキュメントの変更を通知する。

## 18.6.3 Aliceが守ってきたもの

エージェントとリレーションキーを取り消すという2つの簡単な手順を実行することで、Aliceは多くのことを成し遂げた。

- Malfoyは、盗まれたウォレットとエージェントの中身を使用して、既存または新しい関係で彼女

---

※11 これらの機能の基礎となる技術の詳細については、Drummond Reed、Jason Law、Daniel Hardman、Mike Lodder による「DKMS (Decentralized Key Management System) Design and Architecture V3」（https://oreil.ly/O5XKa）を 参照してほしい。

になりすますことはできない

- Aliceは、自分が制御する他のエージェントを使用して、既存の関係とクレデンシャルを引き続き使用できる
- Aliceは、Malfoyが別のコンテキストで悪用することを恐れることなく、既存のクレデンシャルを使用して新しい関係を確立できる
- MalfoyはAliceのクレデンシャルやリレーションキーを制御できないため、Aliceの名前で新しいクレデンシャルを要求できない
- Aliceは、新しい電話を購入し、エージェントをインストールし、古い電話と同じように、同じ関係とクレデンシャルで使用できる

その結果、Aliceの差し迫ったリスクは軽減され、少なくともSSIベースのリレーションシップとクレデンシャルについては、電話が盗まれることによる長期的な影響はほとんどない。

## 18.6.4　Aliceのウォレット内の情報を保護する

最初、Aliceの電話には、ロックを解除するためのPINという弱い保護機能しかないと想定した。では、Aliceのウォレットの秘密はどうやって守られているのかという疑問が湧いてくる。アイデンティティウォレットは暗号化され、ベストプラクティスとして、ロック解除キーは個別に保管される。この暗号化により、Malfoyはウォレットに保存されているアイテムに関するメタデータ（作成日や変更日、サイズ、データタイプなど）を見ることができる可能性がある。

ロック解除キーが提供する保護は、主に基盤となるOSの機能である。Aliceのデバイスに、単純なPINではなく生体認証で保護されたセキュア・エンクレーブがあり、ウォレットが機密データをエンクレーブに保存するように設計されている場合、MalfoyはAliceのウォレットに侵入するためには非常に苦労しなければならない可能性が高まる。

仮に、Malfoyがなんとかウォレットに侵入したとする。これで、MalfoyはAliceが知っているすべてのDID、キーペア、およびクレデンシャルを確認できるようになったとする。彼は、Aliceの誕生日、運転免許証の情報、またはアカウント番号などのクレデンシャルに保存されている機密情報などの個人情報を見つけることができる。しかし、おそらく、Aliceの銀行口座とクレジットカードは、クレデンシャルのチャレンジに正しく対応する能力によって保護されている。したがって、Malfoyはキーとクレデンシャルを使用してアカウントにアクセスできないため、アカウント番号を取得することはあまり役に立たない。

15章で相関関係のないクレデンシャルの提示について説明したことを思い出してほしい。Aliceのウォレットには**リンクシークレット**と呼ばれる情報がある。名前に「シークレット」を使用することから、その情報がAliceに悲惨な結果をもたらすという考えを与えるかもしれないが、そうではない。リンクシークレットは、クレデンシャルがAliceに発行されたときに目隠しされた識別子を作成するために使用され、Aliceは派生したクレデンシャルの提示でZKPを使用して、目隠しされた識別子の値を明かすことなく知っていることを証明する。Aliceはエージェントを取り消したため、Malfoyはリンク

シークレットを使用して新しいクレデンシャルを要求したり、情報の照会を行ったりすることはできない。リンクシークレットは常にブラインドで使用されるため、過去または未来のAliceのクレデンシャルの提示と関連付けることはできない。Aliceは、Malfoyがそれを知っていても、リンクシークレットとそれに基づくクレデンシャルを引き続き使用できる。

　要するに、Malfoyがウォレットに入っても、Aliceに大きな危害を加えることはできない。

### 18.6.5　検閲耐性

　**検閲**とは、誰かが話すのを妨げる行為である。8章で学んだように、音声は話者に代わって通信されるデータパケットとして定義される。AliceのエージェントはAliceに代わって発言をしているので、Aliceを検閲する最善の方法は、Aliceのエージェントをコントロールすることである。

　先ほど説明したように、ハッカーがAliceのデバイスを盗んでAliceの通信を混乱させる可能性はほとんどなく、他のデバイスのエージェントも同じように簡単に使用できる。彼女のデバイスがハッキングされると、彼女の発言は完全にブロックされる可能性があり、彼女は間違いなくそれに気づく。だが、メッセージは暗号化され、安全なチャネルで送信されるため、特定のメッセージや受信者を選び出すことはできない。たとえハッカーがDIDを見ることができたとしても、8章でこの用語を定義したように、Aliceが誰と話しているのかを特定することはできない[12]。

　Aliceのアイデンティティエージェントを使用して通信を検閲する最善の方法は、エージェント自体に埋め込むことである。これを防ぐことはソフトウェアセキュリティの問題であり、信頼できるソースからのソフトウェアの使用、コードと操作のレビューの実施、インストールされたアプリが改ざんされていないことを確認するなど、答えはセキュリティ対策としてお馴染みの方法である。これはいずれも、アイデンティティエージェントやウォレットに固有のものではない。

　Aliceにとって最大の脅威は、エコシステムを制御または強制できる政府やその他のアクターであり、すべてのエージェントがエコシステムを使用する人々や組織をスパイしている。これは暗号化で解決できる問題ではない。ここで問題となるのは、ガバナンスと人権の問題である。

## 18.7　Web3、エージェント、デジタルの具現化

　この記事を書いている2022年時点では、Web3はホットな話題である。私が特に気に入っているWeb3の定義は、以下のようなものである。

Web1：読み取り
Web2：読み取り
Web3：読み取り、書き込み、所有

「Web3」という名前が使われ続けるかどうかはわからない。そして、私は「**所有**」が適切な言葉かど

---

※12　これは、DIDがパブリックではなくピアであることを前提としている。プライバシーは、関係にパブリックDIDではなくPeer DIDを使用する大きな利点の1つである。

うかもわからない。**自律性**は、たとえそれがより適切であったとしても、それほど簡潔ではない。しかし、Web3の背後にある考え方は、その始まりとなった暗号通貨現象をはるかに超えて、多くの人々の共感を呼ぶと思う。

2021年後半、Tim O'Reillyは、産業変革におけるバブルの役割に関する優れた議論「Why It's Too Early to Get Excited About Web3」を発表した（https://oreil.ly/hBF-E）。彼はこの歴史的な視点を使って、Web3とその発展段階のどこに立っているかを見ている。O'Reillyの指摘の1つは、私たちのアーキテクチャは分散型モデルと中央集権型モデルの間で変動する傾向があるということだ。彼は、Clayton Christensenの引力的利益保存の法則を用いて、なぜこのようなことが起こるのかを示している（https://oreil.ly/X2xyy）。

> 私はWeb3のビジョンとしての理想主義が大好きなのだが、私たちは以前にもそこにいた。私のキャリアの中で、私たちは非中央集権化と中央集権化のサイクルを何度か経験してきた。パーソナルコンピューターは、誰でも構築でき、誰も制御できないコモディティPCアーキテクチャを提供することにより、分散コンピューティングを実現した。しかし、Microsoftは、プロプライエタリなOSを中心に業界を再集中させる方法を考え出した。オープンソースのソフトウェア、インターネット、World Wide Webは、フリーソフトウェアとオープンプロトコルによってプロプライエタリソフトウェアの束縛を打ち破ったが、数十年のうちに、GoogleやAmazonなどは、ビッグデータに基づく巨大な新しい独占企業を築いた。

O'Reillyの大まかな主張は、多くの可能性を秘めているものの、多くの人に非集中型の体験を提供するアプリケーションはまだ存在しないということである。熱狂的なファンは非集中型金融（De-Fi）に注目したがるが、私はそれだけでは十分ではないと思う（彼もそうだと思う）。中央集権的な決済システムは問題の大きな部分を占めているが、それが最も根本的な問題であるとは思わない。最も根本的な問題は、現在のWebには、人々が真の意味で存在し、自律的に行動する手段が不足していることだ。私が言うところの、**デジタル身体化**が実現していない。

Fred Wilsonは、Web3の配下にある技術がどのように機能するかを誰よりも深く理解しており、「Why Web3?」の記事の中で次のように説明している（https://oreil.ly/rlBF1）。

> すべては、アプリケーションの裏にあるデータベースに帰着する。そのデータベースが単一のエンティティ（企業、ビッグテックなど）によって管理されている場合、そのデータベースの所有者／管理者に巨大な市場支配力が発生する。

これは、16章でコントロールの軌跡とアイデンティティアーキテクチャについて学習したことと共鳴するはずである。アルゴリズムと自律型アイデンティティアーキテクチャにより、Wilsonのアプリケーションデータベースは分散化されている。前述したように、企業は誰とやり取りしているかを追跡するためのシステムを持ち続けるだろう。しかし、人々はまた、これらの企業との関係を追跡するためのソフトウェア（アイデンティティエージェント）を持つことになる。さらに重要なことに、エージェントを

使用すると、他の誰かの管理システムに制御されることなく、相互に対話できる。それこそが、アイデンティティエージェントの最も重要な利点である「**デジタル世界への存在の投射**」である。

　次の章では、エージェントと、エージェントとの対話の中心となるプロトコルであるDIDCommが、インターネット上に安全かつプライバシーを尊重するアイデンティティ対応のメッセージングオーバレイを作成する方法について説明する。

# 19章
# スマートアイデンティティエージェント

　これまでの章では、エージェントとその機能について説明してきたが、メッセージを交換するということ以外、エージェントがどのように機能するかについてはあまり触れてこなかった。この章では、エージェントが使用するプロトコルであるDIDCommと、自己主権型インターネットを形成する上でのDIDCommの重要性について説明する。DIDCommは**カプセル化プロトコル**であり、他のプロトコルを内部で実行できる。ここまでは、クレデンシャルの交換でエージェントが果たす役割に焦点を当ててきたが、DIDCommが持つその特徴により、エージェントを他の用途でも利用できるようになる。任意のプロトコルの対話に使用されるエージェントを**スマートエージェント**と呼ぶ。

　まず、自己主権における権威と自己主権型コミュニケーションとの関係について説明する。次に、DIDCommメッセージングと、プロトコルを定義する方法を学習する。クレデンシャル交換プロトコルは、多くあるプロトコルのうちの2つにすぎない。この章の最後の部分では、人々がオンライン上での関係性を構築する上でスマートエージェントが果たす役割について説明する。

## 19.1　自己主権における権威

　**自己主権型アイデンティティ**（SSI）という言葉より、**非集中型アイデンティティ**について話しているのを耳にすることが多いかもしれない。主権という言葉は非常に難しく、否定的に捉える人もいるし、意味を理解しない人もいる。個人的には、非集中化は実装戦略であり、結果や機能ではないため、アイデンティティシステムを説明するのに非集中型という言葉を使うのは好きではない。Web3についてQuoraで書いた回答で、私は次のように述べている（https://oreil.ly/BELbP）。

> 非集中化は純粋な善であり、あらゆる悪に対する答えであるとよく言われるが、実際には、非集中化は単なる実装戦略にすぎない。Web3の目標には、自己主権（自律性と独立性）と検閲耐性が含まれる。分散化はこれらを達成するための良い方法だが、（技術的な意味での）非集中化されたサービスがこれらのどちらも達成しないことは想像に難くない。
>
> これらの目標の略語として「非集中化」を使うのはかまわないが、目標を意味するのであって、その実施手法を意味するのではない。

　非集中化はゴールではない。目標ははるかに壮大で、**人間の尊厳と自律性**を尊重するデジタル世界に他ならない。

　Jay Graberは「Web3 Is Self-Certifying」の記事中で、Web3を、**自己認証Webプロトコルによって実現されるユーザー生成の権限**と定義している（https://oreil.ly/-QCaB）。これは、前の章の最後に示した定義よりも微妙である。私は、ユーザー生成よりも自己主権の方が、活動の権威の源泉をよりよく物語っていると思うので好きである。それに、ユーザーというと、私は次の薬を求めて誰かに依存する麻薬中毒者を連想してしまう。「主権」という言葉は、私たちの不可侵の自己と、Web2に蔓延する管理上の識別子やアカウントとの間の本質的な違いを説明するのにふさわしい言葉だ。それでも、私は主権の権威の源泉（Sovereign Source Authority）と自己認証プロトコルの観点からWeb3を定義しているGraberの仕事が好きである。

　図19-1はGraberの理論に基づき、Web 1.0とWeb 2.0とWeb 3.0を区別したものである。マトリックスの軸は、誰がコンテンツを生成するか、誰が権限を持っているかを区別している。

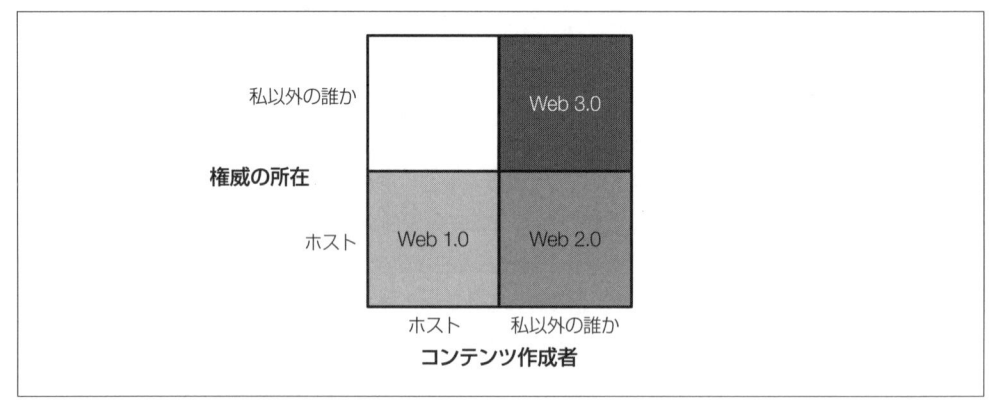

図19-1　Web 1.0とWeb 2.0とWeb 3.0の比較

　この図では、**ホスト**はどこかのサーバである。Web 1.0では、それは私の机の下のマシンにすぎず、私以外のユーザーという概念はなかった。言い換えれば、私がホストしたWebサイトには、ログイン、認証、アイデンティティがなかった。Webサイトは私以外の誰にでも公開されるが、読み取り専用だったため問題はなかった。Web 2.0は、コンテンツをホストする必要性と、コンテンツを生成したいという願望を分離した（たとえば、Radio、Typepad、WordPressなどのプラットフォームでのブログを書くこと）。その後、X（旧Twitter）、Facebook、その他のソーシャルメディアプラットフォームがこの役割を果たし、巨大企業になった。これらのシステムはすべて、管理者アカウントを使用して**マルチテナントWebサービス**を提供する。Web 3.0では、人々は自分の権限でコンテンツ（広義）を生成することに戻りつつある。

　自己認証については、14章で学習した。密接に関連する考え方は、**自己管理**である。自己管理とは、Web 2.0でいう「私はパスワードを持っている」という意味ではなく、管理者以外に制御する人、

つまりコントローラがいないという意味で、管理者によって制御されていることを意味する。

　ここに、私が言いたいことの例を示そう。IPFS（https://ipfs.tech/）とNoFILTER（https://nofilter.org/）を使って完全自己管理型のブログを作った。IPFSは、ハッシュをアドレスとして使用してファイルをアドレス指定する分散型ファイルストレージシステムである。NoFILTERは、自らを「世界初の止められない、検閲されない、プラットフォーム不要の非集中型言論の自由アプリ」とブランド化している。ファイルを保存するサーバはなく、ブラウザで実行される一連のJavaScriptファイルがあるだけである。アイデンティティは、ブラウザで実行され、識別子としてイーサリアムアドレスを使用するJavaScriptアプリケーションのMetaMask（https://metamask.io/）を介して提供される。

　NoFILTERを使用していくつかの投稿を作成し、それがどのように機能するかを示した。私のNoFILTERブログはこちらからアクセスできる。

```
https://nofilter.org/#/0xdbca72ed00c24d50661641bf42ad4be003a30b84
```

　#の後の部分は、NoFILTERで使用したイーサリアムアドレスである[1]。1つの投稿を見ると、次のようなURLが表示される。

```
https://nofilter.org/#/0xdbca72ed00c24d50661641bf42ad4be003a30b84
/QmTn2r2e4LQ5ffh86KDcexNrTBaByyTiNP3pQDbNWiNJyt
```

　イーサリアムアドレスの後のスラッシュに続く追加の識別子に注意してほしい。これは、その投稿の内容のIPFSハッシュであり、IPFSで直接利用できる。IPFSに保存されるのは、以下のJSONである。

```
{
  "author": "0xdbca72ed00c24d50661641bf42ad4be003a30b84",
  "title": "The IPFS Address",
  "timestamp": "2021-10-25T22:46:46-0-6:720",
  "body": "<p>If I go here:</p><p><a href=\"https://ipfs.io/ipfs/QmT57jkkR2sh2
i4uLRAZuWu6TatEDQdKN8HnwaZGaXJTrr\";>..."
}
```

　ブラウザで実行されているJavaScriptは、そのJSONを人間が読める形式にレンダリングする。

　私の知る限り、このシステムは完全に非集中化されている。アイデンティティは、MetaMaskを使用して誰でも作成できるイーサリアムアドレスにすぎない。ファイルは、インターネット上のプロバイダーによって、非集中型の方法でIPFSに保存される。これらは、サーバ上ではなくブラウザで実行されるJavaScriptを使用してブログ投稿にレンダリングされる。どこからでもJavaScriptファイルにアクセスできる限り、中央サーバに依存することなく記事を書いたり読んだりできる。私が投稿できることとできないことを指定したり、私を検閲したり、監視したり、私と私の投稿を仲介したりする第三者（ホストやプラットフォーム）は存在しない。

　私はイーサリアムアドレス形式の自律型識別子を使用してNoFILTERブログを管理しているが、

---

※1　URLのフラグメント部分（#の後のすべて）はブラウザでのみ使用され、URLで識別されるサーバには送信されないことを思い出してほしい。そのため、イーサリアムアドレスはNoFILTERに送信されない。これは、ブラウザで実行されているJavaScriptによってのみ使用される。

MetaMaskウォレットは多くのパスワードマネージャーに比べると洗練されていない。このシナリオのエージェントはまだ機能的に弱く、真に自己主権型の体験を提供していない。鍵を簡単にローテーションしたり、クレデンシャルを使用して信頼できる情報を提供したりすることはできない。そのためには、前の章で説明したような**スマートアイデンティティエージェント**が必要である。

## 19.1.1　自己主権型コミュニケーションの原則

「Self-Sovereign Communication」[2]の中で、Oskar van Deventerは、DIDによって可能になるコミュニケーション層について論じている。これは、前の章で、エージェントがDIDに基づいてメッセージを交換すると述べたのと同じ層である。Van Deventerは、自己主権型のコミュニケーションに必要な9つの要件を提示している。

1. 通信チャネルは、機械読み取り可能な発行者、保有者、検証者のやり取りに使用可能でなければならない
2. 通信チャネルは、盗聴、なりすまし、メッセージの改ざんおよび否認から保護されなければならない
3. 両当事者は、互いをデジタルで見つけ出し、通信チャネルを確立できること
4. 取引相手間のコミュニケーションチャネルは永続的でなければならない
5. 通信チャネルは本質的に対称でなければならない
6. 通信チャネルは、取引相手間または第三者に不必要に情報を開示してはならない
7. 通信チャネルは一方的に閉鎖できるものとする
8. 通信チャネルは、必要以上に第三者に依存してはならない
9. 通信チャネルは、法的傍受などの法的要件への準拠を可能にする必要がある

　これらは、スマートエージェントで使用されるような自己主権型メッセージングシステムに必要な重要なプロパティである。

## 19.1.2　合意に基づく説明責任

　Oskar van Deventerの最後の指摘は、最も物議を醸すものになりそうだ。実際、これを読んだとき、私の最初の行動は議論を始めることだった。法執行機関に暗号化された通信へのアクセスを許可する一般的な答えの1つは、本人以外の誰かにメッセージを復号化する手段を提供する技術的な「バックドア」を作成することである。法的要件を遵守することが、スマートエージェントのメッセージングへのバックドアを作成することを意味するのであれば、私はそれに反対する。

　法律を遵守するためにバックドアを使用することの問題点は、開発者とクラウドオペレーターが、誰が善人であるかを判断する必要があるということである。非集中型通信システムの要点は、バックドアが暗示するような集中型の単一障害点を回避することである。

---

※2　https://www.tno.nl/en/newsroom/insights/2021/04/self-sovereign-communication/

その答えの1つは、8章で学んだ暫定的な真正性である。プライバシーを保護しながら人々に説明責任を負わせる唯一の方法は、合意によってメッセージの信憑性を暫定的に保つことである。

そのために、Daniel Hardmanは、彼が「相互交渉による説明責任」と呼ぶものを提案している。Hardmanのアイデアは、デジタル透かしと匿名性という2つの機能を組み合わせて、説明責任を可能にする分散型システムを構築することだ。もっと詳しく見てみよう。

1つ目の機能は、データのサービス条件を指定する**デジタル透か**しである。透かしは、共有の背後にある条件を記載した、元のドキュメントに暗号署名された追加情報である。たとえば、販売契約書には、法的召喚状がない限り、受取人がドキュメントの特定の側面を開示してはならないというデータ共有条件を含めることができる。

2つ目は**暫定的な匿名性**で、識別情報は暗号化され、暗号化されたパッケージは受信者と共有される。識別情報を復号化するための鍵は、仲介者の下で第三者と共有され、特定の条件下でのみ鍵を受信者に開示するという法的要件がある。

Hardmanの提案は、これらを、特定の通信手段やデータ共有の状況に適応するように調整された、当事者間のオプトイン合意の非集中型システムとすることである。法的合意は、政府の一形態であり、アクセスのために満たさなければならない要件を定義している。彼はこれを「合意に基づく説明責任」と呼んでいるが、これは、両当事者が共有データの取り扱い方法について合意を交渉するためである。

合意に基づく説明責任は、通信チャネルへの自由なアクセスを望む人々を喜ばせるものではないだろう。しかし、これはバックドアがもたらす問題の多くを解決すると同時に、データを共有している当事者が交渉したように、合法的な使用のためにプライバシーを保護するバックドアの代替手段である。

## 19.2　DIDベースの通信

DIDとDIDベースの通信（DIDComm）は、SSIスタックのレイヤー2を形成し、Verifiable Credentials（VC）を介してアイデンティティ情報を交換するための安全な通信層を提供する。DIDCommは、その柔軟性と、DIDCommメッセージング上でプロトコルを定義する機能により、DIDCommによって実現されるアイデンティティ層と同じくらい重要である。

図19-2は、今ではお馴染みのアイデンティティメタシステムスタックを示している。レイヤー2は、DIDベースのエージェント間メッセージングシステムであり、DIDCommメッセージングによって実現される。

DIDCommプロトコルは、Decentralized Identity Foundation（DIF）でホストされているDIDComm仕様（https://oreil.ly/ZX-Np）によって管理されている。現在承認されているバージョンは2.0である[※3]。

---

※3　訳注：最新版は2.1である（https://identity.foundation/didcomm-messaging/spec/v2.1/）。2024年11月11日参照。

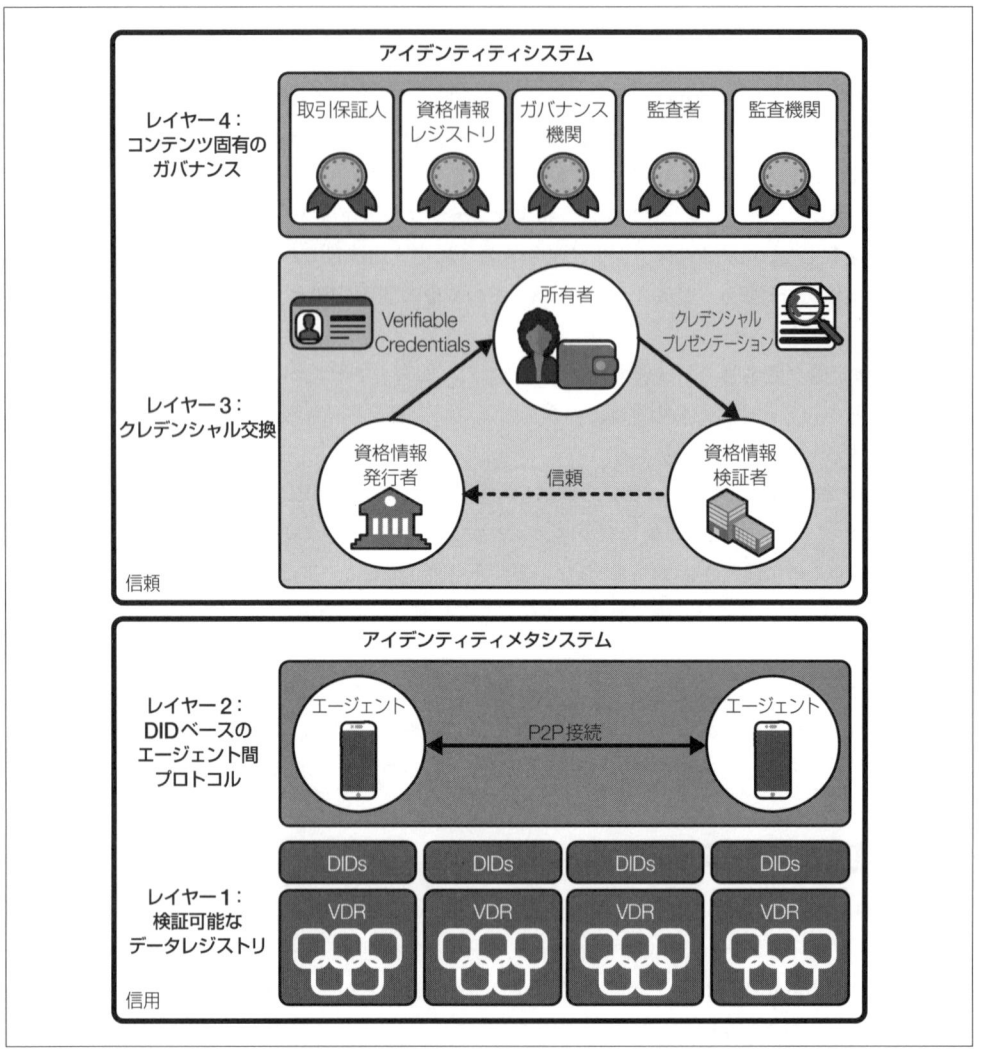

図19-2　アイデンティティメタシステムスタック

　仕様書の冒頭の文には、「DIDCommメッセージングの目的は、DIDのカスタマイズされた設計の上に構築された安全でプライベートな通信方法を提供することである」と記載されている。

　仕様では、DIDCommを通信**方法**として記述していることに注意すべきである。これは、DIDCommがメッセージを送信したり、他の人とチャットしたりするだけの方法ではないことを意味する。DIDCommメッセージングを使用すると、個々のメッセージをアプリケーションレベルのプロトコルとワークフローのように構成できる。これにより、DIDCommメッセージングは重要な意味を持つようになる。

このため、DIDCommメッセージングは、DIDベースの関係が意味する信頼の枠組みの中で、さまざまな種類のやり取りを行うための基盤技術となっている。

## 19.3　DIDの交換

以前、AliceがDIDと組織とDIDを交換することについて何度か話題にしたが、それがどのように行われるかについては説明していなかった。Aliceが新しいPeer DIDを作成してBobに電子メールで送信し、BobがAlice用に作成したDIDで返信するとする。しかし、このやり方は両方とも技術的な複雑さに巻き込まれてしまう。DIDの生成、保存、検証をどうするかについて理解する必要が出てくるのだ。

DID Exchange Protocol 1.0と題されたHyperledger Aries RFC 0023（https://oreil.ly/gyNhs）は、DIDを交換するためのプロトコルであり、AliceとBobの代理として動作するスマートアイデンティティエージェントによってプロセスを自動化できるものである[4]。図19-3はDID交換を示す。

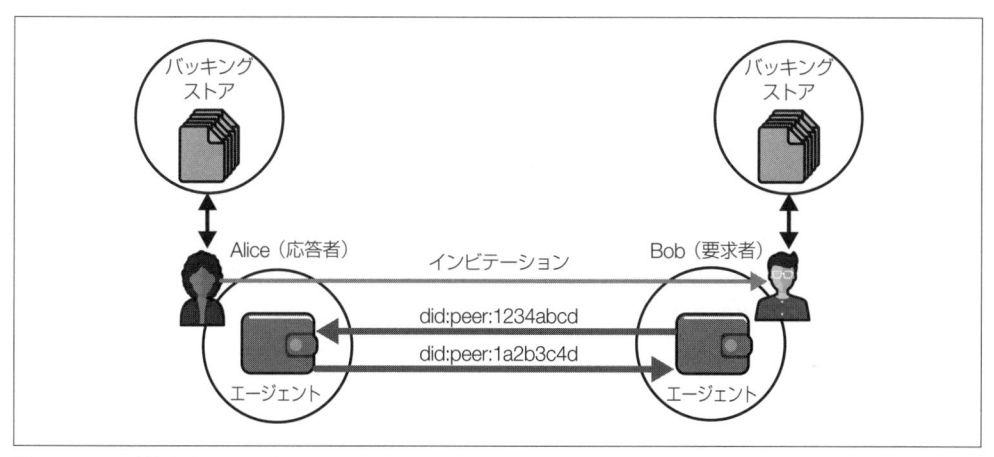

図19-3　DID交換をするAliceとBob

DID交換プロトコルでは、登場人物は**要求者**と**応答者**のどちらかの役割を持つ。図19-3では、Bobが要求者で、Aliceが応答者である。

対話は、AliceがAries RFC 0434 Out-of-Band Protocol（https://oreil.ly/DrFCY）で記述されているプロセスを使用して、Bobに明示的なインビテーションメッセージを送信することから始まる。または、BobはパブリックDIDからの暗黙の招待を使用する場合もある。たとえば、Bobがクレデンシャルを検証しているとする。するとエージェントは、クレデンシャルのDIDを解決してDIDドキュメントを取得できる。エージェントはDIDドキュメントから、交換を開始するために必要な情報を取得できる。

---

※4　DIDComm v2は、プロトコルにDID交換を組み込む。各DIDComm v2メッセージには、送信側のDIDと公開鍵の両方が含まれている。その結果、ここで説明するDID交換プロトコルを使用して行われるDIDとキーの交換は、メッセージがDIDComm v2で転送されるたびに行われる。DIDを明示的に交換する方法も理解しておくと役立つため、明示的な交換プロトコルについても説明する。

Out-of-Bandメッセージの仕様が重要なのは、AliceがBobとの新しい接続を必要とする可能性があるためである。その場合、彼女はすでに確立されているDIDComm接続を使用して彼にメッセージを送ることはできない。Out-of-Bandメッセージはプレーンテキストであり、QRコードまたはクリック可能なURLとして、電子メールメッセージまたはその他の便利なチャネルで送信できる。通常、AliceはDIDComm機能を持つスマートエージェントをすでに所有しているが、Bobは持っていない可能性がある。インビテーションは彼にそれを得る機会を与える。

Bobのエージェントは、インビテーションを使用して、DIDを生成するために必要な情報を取得し、それを最初のDIDドキュメントとともにAliceへのリクエストとして送信する。Aliceのエージェントは、特定のDIDメソッドを使用して、BobのリクエストにあるDIDを評価する。リクエストには、Aliceのエージェントがリクエストを受け入れるべきかどうかを評価できるように、インビテーションに関する情報が含まれている。エージェントは、BobのDIDとDIDのドキュメントをバッキングストアに保持する。最後に、DIDを生成し、Bobの応答を作成する。

Bobは、Aliceから提供されたDIDとそのDIDメソッドを評価し、その情報をバッキングストアに保持することで、Aliceの応答を処理する[5]。これらの手順を完了すると、AliceとBobはDIDを交換し、DIDCommメッセージングを使用して相互に通信を開始する準備が整ったことになる。

## 19.4 DIDCommメッセージング

AliceとBobがDIDを交換すると、DIDCommプロトコルを使用してメッセージを交換するために使用できるDIDベースの関係が確立される。AliceがBobに、夕食への招待、仕事のオファー、請求書などのメッセージを送信したいとする。Aliceのスマートエージェントは、メッセージをプレーンテキストのJSONメッセージとして作成する。Aliceのエージェントは、BobのDIDを解決してBobのDIDドキュメントを取得し、次の2つの重要な情報を取得する。

- BobのエージェントがAliceとBobの関係に使用している公開鍵
- メッセージを配信できるサービスエンドポイント：Web、電子メール、またはAliceとBobが合意した他のどんなトランスポートでもかまわない

AliceはBobの公開鍵を使用してプレーンテキストメッセージを暗号化し、AliceとBobの関係用に作成した秘密鍵を使用して署名する。エージェントはBobへの配達を手配する。これは、Bobのエージェントへの直接接続である場合もあれば、仲介者を介したルーティングを伴う場合もある。図19-4に、AliceとBobの関係を使用したメッセージの交換を示す。

BobのスマートエージェントがAliceのメッセージを受信する。AliceのDIDを解決して取得したDIDドキュメントで、Aliceがこの関係に使用する公開鍵を検索する。

BobはDID文書の公開鍵を使って、送信者がAliceかどうかを署名を利用して認証し、AliceとBob

---

※5 物事がうまくいかず、エラーが発生して伝達される可能性のある場所がいくつかある。仕様では、正確な相互作用ステップを理解するための、これらのステートマシン図の詳細を提供する。

の関連付け用に作成した秘密鍵を使用して復号化する。Bobのエージェントは、相互プロセスを使用して応答を送信できる。

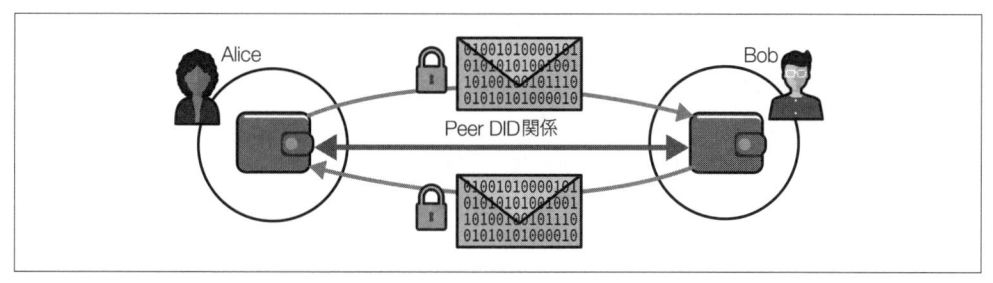

図19-4 AliceとBobのメッセージ交換

DIDCommのやり取りは本質的に非同期である。したがって、図19-4に示すやり取りは一般的なものだが、他のバリエーションも考えられる。

- DIDCommは、プロトコルの非同期かつ単方向の性質により、順番や要求や応答を必要としないため、不定期に接続されるエンドポイントをサポートできる
- DIDCommのやり取りには、2つ以上のパーティを含めることができる
- メッセージのフォーマットはJSONだけではない

## 19.4.1 DIDCommメッセージングの特徴

DIDCommプロトコルは、以下の特性を持つように設計されている。

**セキュア**

メッセージのセキュリティは、プロトコルが非階層的（ピアツーピア）接続と非集中型設計をサポートし、エンドツーエンドの暗号化を使用することによって実現される。

**プライベート**

メッセージのプライバシーは、相関関係を減らし、プライバシーを強化するために、関係ごとに作成されるPeer DIDの交換に基づいて構築される。

**非集中**

DIDCommの非集中化は、DIDの非集中化されたプロパティに依存している。DIDCommメッセージングには、特定の仲介者、オラクル[6]、またはプラットフォームは必要ない。

---

[6] 訳注：外部のデータソースとブロックチェーンを結び付ける役割を果たすもの。具体的には、スマートコントラクトが外部の現実世界のデータを必要とする場合、オラクルがそのデータを取得しブロックチェーン上に提供する。ブロックチェーンの外部の出来事を内部に取り込むための「橋渡し役」として機能する。

**相互運用可能**

相互運用可能なプロトコルとして、DIDCommは特定のOS、プログラミング言語、ベンダー、ネットワーク、ハードウェアプラットフォーム、または検証可能なデータレジストリ（VDR）に依存しない。

**トランスポートにとらわれない**

相互運用性に加えて、DIDCommはHTTP(S)1.xおよび2.0、WebSocket、インターネットリレーチャット（IRC）、Bluetooth、近距離無線通信（NFC）、シグナル、電子メール、モバイルデバイスへのプッシュ通知、アマチュア無線、マルチキャスト、カタツムリメールなど、あらゆるトランスポートメカニズムを使用できる。

**ルーティング可能**

電子メールと同様に、AliceとBobは仲介者を介したメッセージのルーティングをサポートしているため、直接接続しなくても互いに話すことができる。1つのメッセージが、異なるトランスポートを経由することもある。

**拡張性**

プレーンテキストメッセージのJSONデータ構造は、DIDCommの上位にある高レベルのプロトコルをサポートするために、他のデータを含めることができる。これについては、後のセクションで説明する。

## 19.4.2　メッセージ形式

AliceとBobが交わすメッセージをプレーンテキストで記述しても、そのメッセージが構造化されていないことを意味するわけではない。DIDCommメッセージは、JSON Webメッセージ仕様であるJWMに基づいている（https://oreil.ly/r2wY6）。DIDComm仕様の次のメッセージ例は、DIDCommプレーンテキストメッセージの一般的な要素を示している。

```
{
  "id": "1234567890",
  "type": "<message-type-uri>",
  "from": "did:example:alice",
  "to": ["did:example:bob"],
  "created_time": 1516269022,
  "expires_time": 1516385931,
  "body": {
    "message_type_specific_attribute": "and its value",
    "another_attribute": "and its value"
  }
}
```

これらのほとんどは一目瞭然であるが、いくつか補足説明が必要なものがある。本文以外はすべてヘッダー情報である。idはメッセージ識別子であり、送信者が送信するすべてのメッセージで送信者

に固有である必要がある。typeは、本文の構造を記述する発行済みスキーマを識別するURIである。toフィールドは、複数の受信者に対応するための配列である。bodyは、送信されるメッセージの特定のタイプに応じて、この場合はJSONとして構造化できる。

　メッセージには、他の任意のデータでメッセージを補足するための添付ファイルを含めることもできる。添付ファイルはキーと値のペアに含まれており、キーはattachmentsを示し、値は添付ファイルのデータを含むJSONオブジェクトの配列である。これらは、MIMEタイプのサポートを含め、電子メールの添付ファイルとよく似ている。

　構造化された本文と添付ファイルをサポートしているため、DIDCommはクレデンシャルの発行と提示に適している。しかし、その拡張性は、単なるクレデンシャルの交換以外にも役立つ。

　図19-5に、署名および暗号化されたDIDCommメッセージを示す。プレーンテキストメッセージにはデータとメタデータの両方が含まれ、署名エンベロープ（メディアタイプJWS［JSON Web Signature］で識別される）と暗号化エンベロープ（メディアタイプJWE［JSON Web Encryption］で識別される）でラップできる。

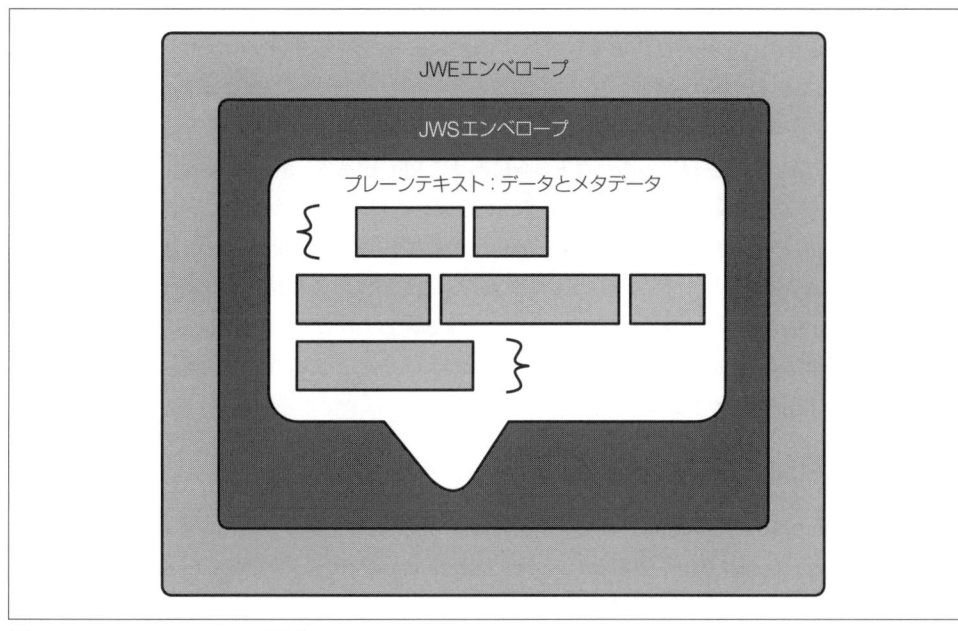

図19-5　DIDComm メッセージ形式

　DIDCommはデフォルトでメッセージをJWEエンベロープに入れて、不正な受信者からコンテンツを隠し、整合性を保証する。またJWEエンベロープは、許可された受信者のみが送信者が誰であるかを知ることを保証する。

　DIDComm通信は相互に認証および暗号化されたDIDCommチャネル内で行われるため、受信者が

送信者を知るために署名エンベロープは必要ない。署名付きメッセージは、プレーンテキストメッセージの発信元を第三者に証明する必要がある場合に使用される。

8章で、メッセージのプライバシーにおける重要な要素は非否認能力であることを思い出してほしい。AliceがBobにプライベートメッセージを送信した場合、BobはAliceが送信したことをCarolに証明できるべきではない。

メッセージに不必要に署名すると、受信者が他の人に対して、誰がそのメッセージを送ったかを証明することが可能になってしまうため、署名は必要な場合のみ使用されるべきである。

## 19.5 プロトコルの力

DIDCommは拡張性を考慮して設計されており、その上でプロトコルを実行できる。非同期の単方向メッセージングを最小公倍数として使用することで、DIDCommの上にその他のほぼすべての対話パターンを構築できる。DIDComm上で実行されるアプリケーション層プロトコルは、相互運用性をサポートしながら、拡張性も可能にする。

**プロトコル**は、一連のやり取りのためのルールを定めたものである。やり取りの種類を決めるというのは、細かい性質や内容を厳密に決めすぎることではない。プロトコルは、レストランでの食事の注文、ゲームのプレイ、大学への出願など、特定のやり取りのワークフローを形式化する。

Hyperledger Ariesプロジェクトには、DIDCommメッセージ内にカプセル化可能な、採用済み、承認済み、実証済み、および提案中のプロトコルに関するRFCがある（https://oreil.ly/FuQ1C）。スマートエージェントは、Peer DIDを交換して接続を作成したり、クレデンシャルを要求して発行したり、クレデンシャルの提示を使用して属性を証明したりすることだけを目的とすると考えがちだが、これらはDIDCommメッセージングプロトコル内で実行するために定義された特定のプロトコルにすぎない。RFC 0036は、クレデンシャルを要求および発行するためのプロトコル仕様だ（https://oreil.ly/wlIYG）。RFC 0037は、事前送信クレデンシャルのプロトコル仕様である（https://oreil.ly/rf1Qf）。その他、何十、何百というプロトコルが使用可能だ。

### 19.5.1 三目並べをプレイする

Daniel Hardmanは、DIDCommを使用するプロトコルの定義に関する包括的なチュートリアルを提供している（https://oreil.ly/S-qE-）。Hardmanは、DIDCommメッセージングで三目並べを再生するためのプロトコルのサンプル定義を示している。

三目並べプロトコルは、許可されるメッセージの種類、ゲームの状態、および各ゲームの状態で許可されるメッセージを定義する。DIDCommプロトコルにとっては馴染みがあり、理解しやすいためお勧めだ。

プロトコルは、それぞれの役割に対してステートマシンによって各役割にどのような状態があり、その状態間でどのように遷移するかを定義する。三目並べの場合、プレーヤーという1つの役割が、2人の当事者によって担われる。図19-6は、DIDComm関係を使用して三目並べで遊んでいるAliceとBob

を示している。それぞれがゲームの状態をローカルで追跡し、プロトコルによってゲームのプレイが許可されているメッセージを送信する。

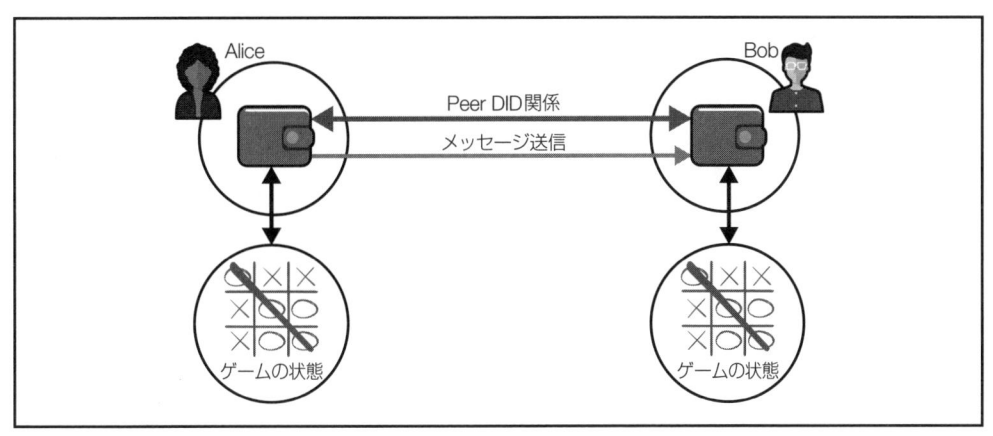

図19-6　三目並べをするAliceとBob

　表19-1の列は、イベント（許可される2つのメッセージタイプ、moveおよびoutcomeのそれぞれに対する送信と受信）を表す。行は許可される状態である。各セルは、次に遷移する状態、エラー、または到達不能状態を示す。

表19-1　三目並べでのプレーヤーの役割のためのステートマシン

| 送信ムーブ | 受診ムーブ | 送信結果 | 受信結果 | |
|---|---|---|---|---|
| my-move | their-moveかwrap-up | エラー：problem-reportの送信 | トランザクションdone | トランザクションdone |
| their-move | 不可能 | my-moveかwrap-up | トランザクションdone | トランザクションdone |
| wrap-up | 不可能 | エラー：problem-reportの送信 | トランザクションdone | トランザクションdone |
| done | 不可能 | エラー：problem-reportの送信 | 無視 | 無視 |

　この表により、許可された状態でplayerが行う可能性のあるアクションを理解できる。たとえば、playerがmy-move状態の場合、ムーブメッセージを送信し、ゲームが続行中か終了中かに応じて、their-moveまたはwrap-up状態のいずれかに遷移することができる。また、ゲームを放棄したい場合は、単にdoneに移行することもできる。

　moveメッセージは、メッセージのtypeを指定するJSON構造である。これは、DIDベースのURI、メッセージスレッドを確立するためのid、プレーヤーが使用しているマーク（Xまたは0）を識別するためのmeというフィールド、これまでの動きのリスト、およびオプションのcommentを使用する。

```
{
  "@type": "did:sov:SLfEi9esrjzybysFxQZbfq;spec/tictactoe/1.0/move",
  "@id": "518be002-de8e-456e-b3d5-8fe472477a86",
  "me": "X", "moves": ["X:B2"],
  "comment": "Let's play tic-tac-toe. I'll be X. I pick cell B2."
}
```

outcomeメッセージは、DIDベースのURI、thread識別子、winner、およびオプションのcommentを使用してメッセージのtypeを識別するJSON構造である。

```
{
  "@type": "did:sov:SLfEi9esrjzybysFxQZbfq;spec/tictactoe/1.0/outcome",
  "~thread": { "thid": "518be002-de8e-456e-b3d5-8fe472477a86",
  "seqnum": 3 },
  "winner": "X",
  "comment": "You won!"
}
```

表19-1に示す状態テーブルとこれらのサンプルメッセージを使用して、ゲームの開始から終了まで進行するために必要なメッセージフローを想像できるはずだ。このプロトコルは、ルールに沿って作成できるメッセージとトランジションを規定し、三目並べのゲームで起こり得るすべての結果を説明している。

## 19.5.2　クレデンシャル交換以外のプロトコル

DIDCommは、次のような、人々がオンラインで行う可能性のあるあらゆる種類の対話に特化したプロトコルを転送するために使用できる。

- 委任
- コメント
- 通知
- 売買
- 交渉
- 契約の制定と執行
- 第三者へのデジタル資産や情報の預け入れおよび取り出し（エスクロー）
- 所有権の譲渡
- スケジューリング
- 聴講
- エラーの報告

これらはすべて、前の項で説明した三目並べのプロトコルよりも複雑で、より多くの役割を持ち、各役割には独自のステートテーブルとより多くのメッセージタイプがある。ただし、スクリプト化されたやり取りを可能にするために指定される方法は、すべて同様だ。

　この部分的な一覧からわかるように、DIDCommはクレデンシャルを接続して交換するための安全でプライベートな方法だけではない。むしろ、ほとんどすべてのオンラインワークフローを実行するために、インターネットに安全でプライベートなオーバーレイを提供する基盤プロトコルである。DIDCommは、4章で説明したアイデンティティメタシステムのカプセル化プロトコルとしてふさわしいものだ。

# 19.6　スマートエージェントとインターネットの未来

　スマートエージェントは、前の節で説明したような追加のプロトコルをサポートする機能を備えており、デジタルライフを構成するワークフローの多くを仲介できる。その中核として、エージェントは以下の機能を提供する。

### アイデンティティと信頼の確立

　DIDとVCを交換することで、エージェントは、やり取り全体がデジタルであってもリモートであっても、アイデンティティを確立し、VCの形であなたを信頼する他の理由を提供できる。

### 関係マネジメント

　DIDを交換すると関係が確立されるが、関係は時間の経過とともに変化する。新しい情報と相互作用のパターンが出現する。利那的な関係は、相互作用を繰り返すうちに、より永続的になり、新しいサービスが必要になる。エージェントは、コントローラに代わってこれらの変更を管理する。

### 安全で機密性の高い構造化されたメッセージ共有

　DIDCommは、交換されたDIDに関連付けられたキーに基づいてメッセージの機密性を保証する基本的なメッセージングプロトコルを提供する。メッセージは、他のプロトコルをDIDCommメッセージにラップできるように構成されている。別の言い方をすれば、DIDCommはトランスポートプロトコルである。これらのプロトコルを理解しているエージェントは、メッセージを交換し、構造化されたワークフローに参加できる。

　先ほど説明したプロトコルを使用すると、スマートエージェントは、人々が日常的に直面するタスクの多くを支援できる。

### 支払いと価値交換

　すべての関係が取引であるわけではないが、多くは取引である。エージェントは、デジタル取引を簡素化するために、コントローラに代わって価値交換を仲介する必要がある。

### プライベートで安全、かつ信頼できるデータ共有

　エージェントは、VCを発行して使用する機能を通じて、プライベートで安全な本物のデータ共有を提供する。ほとんどの人は、この機能の素晴らしさをあまり理解していないと思う。VCについて考えるとき、人々は運転免許証、大学の成績証明書、従業員証、映画のチケット

など、お馴染みのものに頼る。しかし、前章で説明したように、構造化データはVCとして共有でき、その際、より伝統的なクレデンシャルに対して提供されるような信頼と信用を付与できる。

### 売買

決済と価値交換を基盤として、エージェントは企業や個人との商取引のためのスマートなデジタルアシスタントとなり、取引全体のワークフローを管理できる。

### 所有権の譲渡

エージェントは、財産の譲渡を簡素化する上で重要な役割を果たすことができる。たとえば、自動車の販売には、銀行、保険会社、DMVとのやり取りが含まれる場合がある。エージェントは、このようなさまざまな関係におけるやり取りを仲介するのに役立つ。この詳細な例を20章で説明する。

### モノとの対話

エージェントは、モノのインターネットとのやり取りをより簡単に、よりやりがいのあるものにするタスクを実行できる。これについても、20章で詳しく説明する。

他にもたくさんの有用性がある。実際、**あらゆる**ワークフローをDIDComm上のプロトコルとして定義できるため、複数の関係者がエージェントの助けを借りて共同作業を行うことができる。

## 19.7　デジタル上の関係の運用化

スマートエージェントは、人々がデジタル上の関係を運用するためのツールである。前の4つの章で学習した内容を復習し、すべてをまとめて、Aliceがデジタル上の関係を運用する方法を理解しよう。図19-7は、Aliceと彼女の関係を示している。

この図では、Aliceにスマートエージェントがある。彼女はエージェントを使用して、BobとCarolだけでなく、多くの組織との関係を管理する。BobとCarolにもエージェントがいる。彼らはお互いに関係があり、CarolはAliceと同じようにBravo社と関係を持っている。これらの関係は、Peer DID（太い矢印）の形で自律型識別子によって可能になる。各参加者が使用するエージェントは、ブラウザがWebで行ったように、一貫したユーザー体験を提供する。エージェントを使用しているユーザーには、DID（識別子）は表示されませんが、代わりに、他のユーザー、組織、および物との関係が表示される。

これまで学習してきたように、これらの自律的な関係は自己証明型であり、信頼基盤を第三者に依存しない。また、両者は相互に認証されており、関係の各当事者が他方を認証できる。さらに、先ほど学習したように、これらの関係では、DIDCommプロトコルに基づくセキュリティで保護された通信チャネルが使用される。相互認証が組み込まれているため、AliceはPeer DIDベースの関係を持つすべてのユーザーと信頼できる通信チャネルを持っている。

前述したように、Aliceはさまざまな組織と関係がある。これらの各組織は、他のエンタープライズ

システムと統合された**企業エージェント**を使用する。そのうちの1つであるアテステーション組織は、DIDComm発行クレデンシャルプロトコル（https://oreil.ly/8xbmv）を使用してAliceにVCを発行した（細い矢印）。このプロトコルは、Aliceとアテステーション組織のPeer DID関係によって実現されるDIDCommベースの通信チャネル上で実行される。

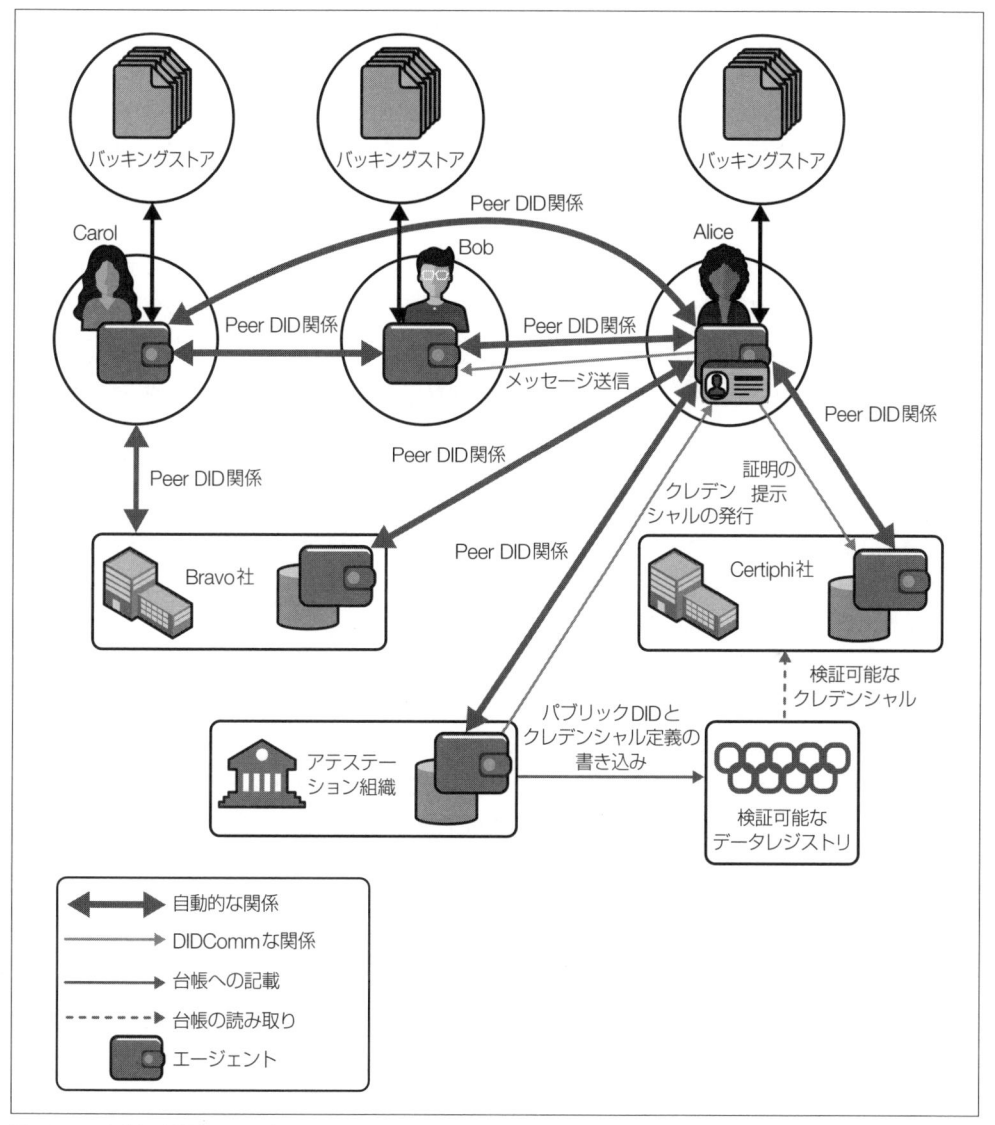

図19-7　デジタル関係のエージェント

Aliceが後で自分の住所など、何かをCertiphi社に証明する必要があるとき、彼女はDIDCommか

ら派生したクレデンシャルの証明を提示する（https://oreil.ly/_D0av）。これも、Certiphi社とのPeer DID関係によって有効になる。

Aliceは、友人のBobとCarol、そして3つの組織という5つの異なるエンティティと関係を持っている。各関係は、Peer DID形式の自律型識別子に基づいている。

すべての組織はエージェントを使用して、相互および顧客との自律的な関係を管理する。クレデンシャルの発行者として、アテステーション組織には、VDRに記録されたパブリックDIDの形式のアルゴリズム識別子がある。VDRでアルゴリズム識別子を使用すると、Certiphi社がクレデンシャルを検証するときに、クレデンシャル定義とパブリックDIDを検出できる。15章で学習したように、この目的には、疎結合をあきらめる意思がない限り、パブリックVDRを使用する必要がある。疎結合は、スケーラビリティ、柔軟性、および分離を提供することを忘れないでほしい。分離は、VC交換のプライバシー保護を約束する上で極めて重要である。

各企業は、関係が約束されたユーティリティを提供するために必要な属性やその他のプロパティを追跡する。これらは、組織によって独自の目的のために管理され、信頼の基点が組織によって管理されるデータベースであるため、**管理システム**である。これらの管理システムと、今日のオンラインアイデンティティで一般的な管理システムとの違いは、組織のみがそれらに依存していることである。Alice、Bob、Carolは、エージェントに対する独自の自律的な信頼のルートを持っている。

Aliceは複数のエージェントを雇用する場合がある（図には1人だけを示しているが）。Aliceのエージェントは、第三者に頼ることなく、オンラインで誰とでも安全で信頼できるコミュニケーションチャネルを作成、管理、利用することを可能にする。これまで見てきたように、Aliceのエージェントは、プロトコル対応の特定のやり取りが発生する場所でもある。Aliceのエージェントは、Aliceがデジタルライフを管理するために使用する柔軟なツールである。

### 19.7.1　複数のスマートエージェント

Peer DIDベースの関係がますます一般的になるにつれて、人々は単一のエージェントを持つだけではなくなる。各エッジデバイスにエージェントを配置し、クラウドに複数（おそらく多数）を配置する。一部のエージェントはルーターとして機能し、特定の要求を処理したり、特殊なタスクを実行したりできるエージェントにメッセージを自動的に取得する。一部のエージェントは、車やスマートホームなどを制御する。自動化された推論を使用して作業を実行する人もいる。

しかし、その機能や割り当てられた操作に関係なく、すべてのエージェントは、それを制御するエンティティに代わって機能する。組織が採用する企業エージェントは、社内のITシステム、顧客関係管理（CRM）システム、IAMシステム、および構造化された情報を他のユーザーと安全に共有する必要がある企業のその他の部分に接続されている。

これまで述べてきたように、人々はまた、**スマートエージェント**と呼ばれるエージェントが、彼らに代わってデジタルで具現化することで、オンライン上の他のエンティティとピアとして自律的に行動できるようになる。17章の自動車事故の例で見たように、スマートエージェントは、人々が日常のタスクを管理するのを支援する上で重要な役割を果たす。医師の予約をスケジュールしたり、バイクを購入

したりするのを手伝ってくれるスマートエージェントがいることを想像してみてほしい。

スマートエージェントを使用すると、ユーザーは管理上の仲介者（Facebook、Signal、WhatsApp など）なしで、友人や使用するビジネスとピアネットワークを作成できる。スマートエージェントを使用すると、構造化データの署名付きバンドルをクレデンシャルの形式で交換できる。Aliceはスマートエージェントを使用して、ブログの投稿や画像を共有できる。スマートエージェントのネットワークは、ピア間で信頼できる構造化データを交換し、オンラインで他の人とつながることができるという価値に加えて、安全性、セキュリティ、プライバシーを提供する分散型ソーシャルグラフを形成する。

## 19.7.2　スマートエージェントビジョンの実現

スマートエージェントのビジョンを実現するために必要な作業の一部は、すでに完了している。既存の企業は、DIDとVCを交換するために必要なDIDCommメッセージングプロトコルとサポートプロトコルを話すエージェントと関連ウォレットをすでに提供している。問題は、これらが「Verifiable Credential」という名前のように、クレデンシャルを交換するための単なるソフトウェアにすぎないエージェントのビジョンに基づいて制限されていることである。SSIで働く人々がスマートエージェントに対して持っているビジョンは、はるかに広範である。

このビジョンを実現するには、エージェントが多様なユーザーの多数のニーズに適応できるように、拡張性を持たせる必要がある。スマートエージェントとして機能するために必要な機能をソフトウェアに組み込むことはできないが、クレデンシャルに対するユーザーのニーズをいくつかの一般的な種類にまとめることはできない。スマートエージェントには、次の機能と属性が必要である。

- スマートエージェントは、人、場所、組織、スマートなもの、愚かなもの、概念、さらにはポットホールなど、あらゆるものを表現またはモデル化できる計算ノードでなければならない
- スマートエージェントは、代替可能なホスティングモデルを採用する必要がある。Aliceは複数のエージェントを持つだけでなく、さまざまな場所でエージェントをホストする。たとえば、彼女の新しい車には、メーカーがホストするエージェントが付属している場合がある。彼女はそれをそこに置いておくか、別の場所に移動するかを選択できなければならない
- スマートエージェントは、新しい機能を階層化できる拡張可能なサービスモデルを使用する必要がある。スマートエージェント内の機能では、サービスが疎結合であることを保証するプログラミングモデルを使用する必要がある。スマートエージェント内で状態の変化を分離すると、既存のサービスに干渉することなく新しいサービスを追加できる
- スマートエージェントは、現在のシステムよりも用語、アプリ、データをより適切に制御できる必要がある。スマートエージェントは、さまざまなエンティティのデータを明確に分離する。特定のエンティティを表すエージェントと、その中の特定のビジネス能力を表すサービスは、データとその処理をきめ細かく制御する。たとえば、車を売却する場合、出張サービスとその関連データを削除した後、車両のスマートエージェントを新しい所有者に転送できる。

たとえば、車を売却する場合、旅行サービスとその関連データを削除した後、メンテナンスサービ

スの一部として保存されているメンテナンス記録はそのままにして、車両のスマートエージェントを新しい所有者に譲渡できる。これについては、20章で詳しく説明する

## 19.8　デジタルメモリ

　現実の生活は複雑で厄介である。物理的な世界での活動を反映したデジタル上のやり取り可能にする唯一の希望は、各人、組織、または物が独立して自律的に行動できるようにする非中央集権型システムである。

　この章の冒頭では、人々がWeb3と呼んでいるものと、それ以前のものとの違いについて議論した。スマートエージェントとDIDCommプロトコルに関する前述の説明は、デジタルリレーシップを運用する方法と、そのようなスマートエージェントがデジタルライフで人々に提供する可能性のある機能を理解するための基盤を提供した。

　Marshall McLuhanは、私たちの物事がいかにして私たち自身の拡張になるかについて、広範囲に書いている[7]。操縦者は「私のエンジン」や「私の車輪」と言い、パイロットは「私の翼」や「私の舵」と言うかもしれない。3章では、デジタル世界の根本的な制限としての暗黙知に関するPolanyiの考えについて説明した。その暗黙知は、彼が「**内在**」と呼ぶもの、つまり、私たちの感覚は車、飛行機、靴、ハンマー、自転車などに宿るものによって得られる[8]。スマートエージェントは、デジタル領域で人々を拡張し、私たちが物理的にツールに自然に自分自身を拡張するのと同じように、デジタル世界の仮想ツールに住むことを可能にする。

　人、場所、物との物理的な相互作用の記憶は、意識的な努力をせずに暗黙のうちにそれらと対話する能力に大きな役割を果たす。仮に、クレジットカードでコーラを買うために街角の店に行く。この状況では、レジ係、店内の他の人、そして私はすべて共通の経験を共有している。参加者の誰も、やり取りを所有していると主張することはない。しかし、私たちはみな、自分の記憶を保持している。このやり取りの本当の記録は1つもない。すべての参加者は、（文字通り）異なる視点を持っている。

　一方、店舗は、施設として、コーラを販売したことと、それに関連するクレジットカード取引の記憶を保持している可能性がある。このトランザクションのデジタルメモリは、イベントのどのアナログメモリよりも長く保持できる。デジタル記録であるため、私たちはそれを信頼し、真実であると考えている。たとえば、法廷で私が特定の時間に店にいたことを証明するなど、目的によっては、その記録は役に立つ。しかし、レジ係が友好的だったか失礼だったかを思い出すなど、他の目的では、デジタルメモリはひどく非力である。

　オンラインでは、人々はデジタルな記憶しか持っていない。そして、それらを保存、管理、呼び出し、使用するためのツールはほとんどない。デジタルの記憶は、デジタルの身体性の大きな特徴の1つ

---

※7　Marshall McLuhan『Understanding Media: The Extensions of Man』(New York: Signet Books刊、1964年)
　　　訳注：邦訳は『メディア論―人間の拡張の諸相』（マーシャル・マクルーハン著、栗原裕、河本仲聖 訳、みすず書房刊、1987年）

※8　Michael Polanyi, "Tacit Knowing: Its Bearing on Some Problems of Philosophy," *Reviews of Modern Physics* 34, no. 601 (October 1962).

であり、人々がデジタルの世界に立ち、独自の視点、記憶、行動力を持つ場所を提供すると思う。私たちは、自分自身のデジタルメモリを持たずにオンラインで仲間になることはできない。

　アプリケーション開発における最近のトレンドの1つはマイクロサービスであり、それに伴いデータの非正規化が進んでいる。データに信頼できる唯一の情報源がある必要はなく、多くの場合、あり得ないという認識により、アプリケーション開発は集中化の制約から解放された。これにより、より簡単に構築および運用できる分散アプリケーションが実現し、回復力があり、拡張性も向上している。これと同じ考え方が、デジタルインタラクション全般にも当てはまると思う。デジタルシステムは**真実に基づく**単一の記録を提供できるし、提供すべきであるという考え方から解放されることは、より自律的でより豊かな相互作用につながる。

　StJohn Deakinsは、これを「アナログとデジタルの記憶格差」[9]と呼んでいる。この分断は、人々と行政機関（たとえば、アカウントにあなたの記録を持っている人）の間の力の不均衡の1つの原因である。この章で説明したスマートエージェントの他のすべての機能に加えて、スマートエージェントがデジタル具現化の基礎となるためには、人々がデジタルメモリを総合的かつ包括的に管理するためのツールも提供する必要がある。

　スマートエージェントは、私たちのデジタルパーソナリティの基盤を提供し、デジタルメモリを管理するだけでなく、すべてのデジタル関係を運用できるようにする。誰もが自分の視点を持つことで、出来事のデジタル記憶を豊かにすることで、より現実に近いデジタル世界が実現するだろう。

---

[9]　訳注：原著者による解説は以下。
　　https://www.windley.com/archives/2021/11/digital_memories.shtml

# 20章
# モノのインターネットにおけるアイデンティティ

　私はPhillipsのソニックケアーという歯ブラシを使っている。その歯ブラシはヘッドの交換時期が来ると黄色いライトが点灯し知らせてくれる。初めてライトが点灯したとき、私はヘッドを交換した後にどのようにライトを消すのかを疑問に思い、Googleで調べてみた。

　結論から言うと、ライトのリセット方法を気にする必要はなかった。歯ブラシのヘッドを変えればライトは消えたのである。一方で、試しに古いヘッドを取り外して元に戻しただけではライトは消えなかった。それぞれのヘッドは歯ブラシ本体から識別するための固有の識別子を持っている。この識別子はヘッド交換を知らせるだけでなく、ヘッドの種類に応じて歯ブラシのモードを切り替えるのにも用いられる。

　Phillipsはこの技術をBrushSyncと呼び、これにはRFID（radio frequency identification）が使用されている。各ヘッドにRFIDチップが埋め込まれており、歯ブラシの本体はヘッドからデータを読み取りヘッダに合わせて設定を変更する。

　Phillipsと顧客の双方にメリットがあることから、私はこのRFIDのユースケースを気に入っている。このIoTユースケースは多くの歯ブラシのヘッドを販売することによりPhillipsが利益を得るという彼らのビジネスモデルに沿っている。また、顧客はヘッド交換の通知を受け取り、ヘッドを交換するだけで通知をリセットできる。

　現状、プライバシーに関する懸念は多くはない（歯ブラシはインターネットと接続せず、Phillipsへの通信も行われない）。しかしながら、RFIDチップを内蔵する製品が増えるにつれて、ゴミ収集車のスキャナーがチップを含む廃棄物と住所を関連付けることが想像できるだろう。もしかすると、将来的には廃棄時にRFIDチップを無効化するゴミ箱が求められるかもしれない。

　友人のEric OlafsonはRiotという企業における創業時期の投資家の1人である。Riotのユースケースは、RFIDベースの識別子を利用することによりビジネスと顧客の課題を解決するもう1つの例だ。Riotは企業がRFIDを利用して在庫管理を行うための技術を提供している。これにより手元の在庫を把握しきれないという店舗の大きな課題を解決できる。Riotでは毎朝店舗のクイックスキャンで在庫管理システムを更新する。これにより、物理的な在庫とデータ同期ができていない店舗を把握することができる。私はアプリで欲しい商品の在庫がある店舗を確認してから、店舗を訪れるのだ。RiotはRFIDを

商品の中ではなく、商品タグに付けている。人々が服の中に大量のRFIDチップを身につけた状態で歩き回ることで生じる多くのプライバシーの懸念を回避するためである。

BrushSyncとRiotはどちらも、ビジネス課題解決のために識別子を物理的なモノに割り当てている。つまり、個々の製品に対して一意の識別子を付与することはビジネスにも顧客にも有益であると示しているのである。これはアイデンティティ活用の幅広さに加え、人と識別子の紐付け以外の領域における重要性を物語っている。

この章ではまず、現在のIoTでアイデンティティを有効にするモデルとプロトコルについて議論する。具体的には現在のモデルの限界を探り、新たな解決策について検討する。この章は直近の6つの章で学習したSSIの技術とプロトコルがどのように目新しく、より良いモデルをもたらすかについての議論で締めくくる。

## 20.1　デバイスアクセスコントロール

デバイスを制御できるユーザーを管理することはIoTの基本的な機能である。デバイス、つまりモノは（今はまだ）自律的ではないため常に人や組織の制御下にある。11章、12章で学習したように、認証と認可はアクセスコントロールの基盤となっている。互いのデバイスを安全に接続することはAPIにとっても、所有者のコンピューターシステムにとっても容易なことではない。コネクテッドデバイスは個人情報を保持している。このようなデバイスが遍在するようになると、コネクテッドデバイスが持つデータが蓄積され人々の生活の重要な情報を導き出してしまう。つまり、プライバシーの問題を引き起こす可能性があるのだ。たとえば、コネクテッドカーは車の現在地とスピード、走行履歴、だれが運転していたか、給油、メンテナンスの記録まで把握している。つまり合法の用途であっても非合法な用途であっても、個人情報の宝庫と言える。

コネクテッドデバイスの最も一般的なパターンを図20-1に示す。AliceがBravo社の電球を新しく購入したとする。図において、Aliceは携帯のアプリを利用して、コネクテッド電球のメーカーであるBravo社が運営するサーバとAPIにアクセスしている。

電球もまたインターネットに接続しており、Bravo社のAPIを使用してデータを送信している。そのデータは電球により生成されてBravo社のサーバに保存されるが、そのデータの中にはAliceの個人情報や、彼女がいつ部屋にいるかといったデリケートな情報を含む可能性がある。そのため、Aliceの携帯、電球、Bravo社のサーバ間のチャネルは安全で認証されたものであるべきだ。

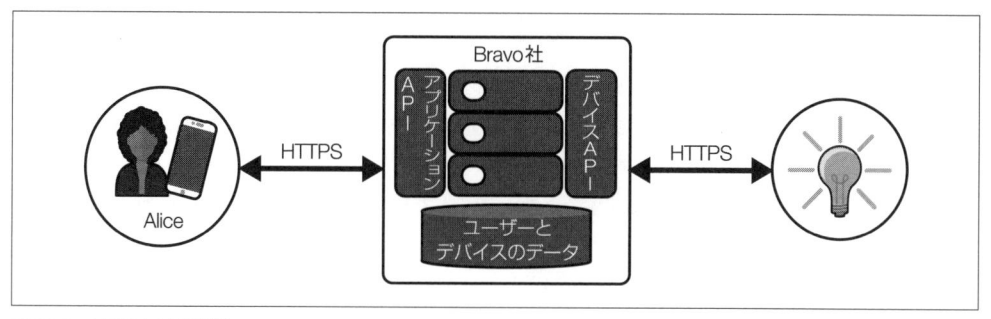

図20-1　IoTにおける関係

　図20-1で示したパターンに加えて、Aliceの携帯はBravo社に直接接続するのではなく、Bluetooth接続用のネットワークプロキシとして使われる場合がある。多くの場合、シンプルで電力消費の少ないデバイスはプロキシとして機能するスマートハブを持つ。

　デバイスの接続をサポートし、所有者がデバイスに関連付けられるデータを制御できることを保証するには、製造者が少なくとも下記のことを行える前提が必要である。

- デバイスに一意の識別子を割り当てる
- セキュリティで保護されたチャネル経由でデバイスを登録する
- デバイスを認証する
- 所有者とデバイス間の関連付けを行う

　これらの要件を満たすシステムを実装するのには多様な方法がある。この節では、後半2つの条件を満たす方法としてOAuthを例に挙げて議論する。OAuthの基礎については13章で触れている。コネクテッドデバイスの売上が増加するにつれ、個人のデータに関するAPIが広く使用されるようになった。その結果OAuthは、デバイスの所有者が、データへのアクセスをどのアプリに許可するかを選択するためのプロトコルとして選ばれるようになった。OAuthのフローではどのデータをどのアプリと共有するかを決定させる。

　13章で学んだように、OAuthはユーザー名とパスワードを共有することなく、APIなどのリソースへアクセスを制御するという特定の目的のために設計された。OAuthが登場する前は、AliceがBravo社にサードパーティアプリを通じたデータアクセスを許可したい場合、該当アプリ上でユーザー名とパスワードをBravo社に渡す必要があった。Bravo社はユーザー名とパスワードを保存し、アプリへのアクセスが必要な際はAliceとしてログインするのだ。このようにAliceのユーザー名とパスワードを使うことで、Bravo社は暗黙的にAliceがアプリを通したアクセス許可を行っていることを示す。

　それとは対照的にOAuthプロトコルでは、Aliceのユーザー名とパスワードをBravo社に渡さないことを思い出してほしい。その代わりに、サードパーティアプリのAPIはBravo社にアクセストークンを提供する。Aliceやアプリは、Bravo社にAliceのデータへアクセスさせる必要がなくなれば、トークンを無効化することが可能だ。

## 20.1.1　デバイスでのOAuth利用

　2013年、私はKickstarter（クラウドファウンディングサービス）でFuseという名前の、図20-1のパターンに沿ったコネクテッドカープロジェクトを立ち上げた（https://oreil.ly/lQhAG）。Fuseにはセルラー接続を搭載した既製のOBD-II device（https://oreil.ly/DH_at）を使用した[1]。そのデバイスと、デバイスのオンラインプロキシとして機能するクラウドベースのAPIはCarvoyantという企業から提供されており、Carvoyantから提供されたデバイスは、Carvoyantのサーバに接続するための仮想モバイルネットワーク上でセルラーサービスを用いて事前にプロビジョニングされていた。

　CarvoyantはOAuthを用いて車のAPIアクセスを許可した。13章の用語に当てはめると、モバイルアプリを備えたクラウドサービスである。Fuseはクライアント、Carvoyantのアカウントシステムは認可サーバ（AS）、CarvoyantのAPIはリソースサーバ（RS）である。Fuseは車の所有者にCarvoyantのアカウントを作成し、OAuthを使ってAPIでの車に関するデータアクセスを承認するように求める。このやり取りは、標準的な認可コードグラントである。

　Fuseは、デバイスをインターネットに接続するのにOAuthを使用することの長所と短所、および車から収集されるデータが適切に受け渡しされることの重要性を示すのに役立った。ほとんどの場合、OAuthは所有者が自分のデータの用途を制御しながら、FuseのシステムをCarvoyantのAPIに接続するための素晴らしい選択肢だと言える。その大きな利点は、OAuthのプロセスが一般的によく理解されており、多くのライブラリとAPIプラットフォームがAPIプロバイダーとクライアント開発者の両方にサポートを提供していることである。しかしながら、OAuthは完全な解決策とは程遠い。ここからはその理由を見ていこう。

## 20.1.2　IoTにおけるOAuthの欠点

　OAuthにはいくつかの制限があることから、デバイス認証の普遍的な解決策として理想的だとは言いがたい。ここでは、その制限を、デバイスの制限と所有者の自主性の2つのカテゴリに分けて考える。

### 20.1.2.1　デバイスの制限

　前述の内容から、現在のコネクテッドデバイスの概ね普遍的要素の1つは、クライアントと直接通信をしないことである。その代わりに、クラウドベースのサービス、ゲートウェイ、または携帯など、他の何かがプロキシとして機能する。これは多くの場合、デバイス間の調整などアクセスコントロール以外の理由で必要とされる（もしくはあることが望ましい）。多くのデバイスが本格的なマイクロプロセッサではなく、小型のマイクロコントローラを搭載しており、TLSを用いたHTTPの処理はおろかJSONオブジェクトをパースするメモリや処理能力さえ持っていないことがほとんどである。

　さらにデバイスにはディスプレイがないことが多く、設定やその他のやり取りが難しい。また、デバ

---

※1　OBD（on-boarddiagnostics）は1996年以降にアメリカで販売されたすべての車に標準で搭載されているハードウェアインターフェースポートである。このポートは車両内部のCAN bus（https://en.wikipedia.org/wiki/CAN_bus）のイベントにアクセスできる。

イスがリダイレクト処理のためにWebブラウザを搭載している可能性は低い。この制限によりOAuth のフローの実用性を狭めてしまうのである。これらの制限は、デバイスとクライアントのどちらがAPI を提供しようと発生する。

これらの課題を軽減する方法はいくつかある。最もわかりやすい方法は図20-1のパターンを用いることだ。そこではより高性能なコンピューターやスマートフォンがデバイスと所有者の間に位置し、物理的なデバイスのプロキシとして機能する[2]。多くの場合、後者のプロセスはアドホックで標準化もほとんどされていない。結果として、デバイスに接続して使用するユーザー体験は非常に多様である。さらに、これらのアドホックな仕組みのセキュリティは、それを作成するプログラマーの能力に依存する。

もう1つのアプローチは、電力消費の少ないデバイスへの接続をより容易にすることである。MQ Telemetry Transport（MQTT、https://oreil.ly/QFzd2）のような代替トランスポートプロトコル、Constrained Application Protocol（https://oreil.ly/xu23s）のような相互的なやり取りを行うためのプロトコル、Datagram Transport Layer Security（https://oreil.ly/-TWy7）のようなセキュリティプロトコルを単一、もしくは組み合わせて用いることで解決できる可能性がある。ただ残念なことに、商用のIoT 製品でそれらが用いられるケースはあまり見かけない。

ディスプレイがないことが主な問題である場合、ほとんどのデバイスがBluetooth、Wi-Fi、QRコードといった手段で携帯やデバイスに接続させ、設定を完了させる。

### 20.1.2.2　所有者はどこにいる？

OAuthのフローは、最初の接続を承認する人がいるシステムに向けて設計されている。すでに電力消費が少ないデバイスが、Webブラウザベースのフローをサポートするのには能力が不足していることについて議論したが、もう1つ問題がある。

13章で学んだように、OAuthはリフレッシュトークンをサポートしている。リフレッシュトークンは、古いアクセストークンの有効期限が切れた際にASを持つクライアントが新しいトークンを取得するときに用いられる。通常、所有者がリフレッシュトークンを使用するためにアクセスを再認証する必要がないため、コネクテッドデバイスにとっては問題とならない。問題となるのは、何らかの理由でリフレッシュトークンが使用できず、所有者がアクセスの再認証を求められる場合だ。

OAuthの初期立案者が想定していたWebやモバイルでの通信において、APIにアクセスするのはアプリとやり取りを行う人間であったため、これは大きな懸念事項ではなかった。つまり必要に応じて誰かが再度アクセスを承認できたのだ。

デバイスでは別の問題が発生する。デバイスは多くの場合、直接的なコマンドではなく環境に反応するため、必ずしもデバイスの所有者がアクセスコントロールの問題に対処できるわけではない。私はFuseでこの問題に直面したのだ。OBD-IIデバイスはイグニッションのオンオフといった車のイベントに反応した。イグニッションのオンオフが起こると、Fuseはイベントを処理し、時としてデバイスや

---

[2] このプロキシは**デバイスシャドウ**や**デジタルツイン**と呼ばれることがある。私はBruce Sterlingのspace と Timeを組み合わせた造語である **spime**（https://oreil.ly/IH1Qk）のほうが好きだ。しかしながら、どのような呼称であれ、デバイスと分離され、デバイスの代わりとなる計算ノードが必要である。

APIからの追加情報を必要とした。そしてこれらの処理に人間は関与せず、すべてバックグラウンドで行われる。その結果、リフレッシュトークンの使用に失敗した場合、Fuseは所有者に（メールやその他の手段で）、アクセスコントロールに問題が生じたためログインして対処する必要があると通知するほかなかった。その間FuseはAPIから切り離され、期待されたタスクの実行ができない状態となる[3]。この問題は、デバイスがプロキシを持つことで軽減されるわけではないことにも注意が必要だ。

コネクテッドカーのシナリオは、コネクテッドデバイスやOAuthが人の存在に依存するという問題も指摘している。たとえば、AliceがBobに車を貸すとどうなるか？ どのようにAliceはBobのアクセスを許可し、彼の行為を制限できるのか？ デバイスとASが通信できない場合はどうなるのか？ これらの問題はさまざまな方法で解決できるが、デバイスのメーカーごとに異なる方法で解決すると、IoTは相互運用ができなくなる。

### 20.1.2.3　魔法のように協調する

前述したような課題があったとしても、OAuthは現在のIoTの多くの課題に対する実現可能な解決策を提供する。しかし依然として、何十台、何百台ものインターネット接続デバイスが容易に相互接続し、所有者のために機能を提供する世界をサポートするためには、現在のOAuthが提供する以上のものが必要になる。

GluuのMike Schwartzはこれを、「魔法のように協調する」問題と呼んだ（https://oreil.ly/IxBVa）。これをSchwartzはコネクテッド電球、照明スイッチの例を挙げて説明している。「照明スイッチと電球を買うなら、魔法のように連携する必要がある」と彼は述べている。このシナリオでは電球がRPで、スイッチがクライアントだ。

コネクテッドデバイスを直接連携させることは困難である。Philips Hueのような市販の電球製品は、ハブと独自の接続システムを使用する。またTP-LinkのKasaのように、Wi-Fi対応デバイスを使用してハブを使わずに、他のメーカーのデバイスから切り離された単一のアプリ内にすべてを配置しているものもある。電球やスイッチをすべて1つのベンダーから購入する人ばかりではないだろうし、ましてや所有し得るすべてのコネクテッドデバイスを1つのベンダーから購入する可能性は低いだろう。

## 20.2　モノのCompuServe

私のような人間であれば、Kasaに接続されたコンセントからGoogle Nestの温度センサーまでコネクテッドデバイスを揃えているだろう。それらのデバイスの問題は、それぞれが独立していることである。つまり、それらが容易に相互通信を行うことはないのだ。

現在販売されているほとんどすべてのコネクテッドデバイスは、モバイルアプリをダウンロードし、メーカーのサーバでアカウントを作成し、新しいデバイスをアカウントに紐付けるという手順を購入者

---

※3　Fuseの多くはデータの欠陥したタイミングを認識し、FuseのアプリとCarvoyantのデータを同期させることでこの問題を解決していた。OAuthの公平性のため、たとえアクセストークンのリフレッシュに問題がなくとも、システムの一貫性を保つためにかなりのエラーハンドリングコードが必要だっただろう。

に案内している。これがどのように実装されるかはさまざまだが、最終的に携帯でデバイスを制御できるようになる。

現在のほとんどのIoTビジネスモデルは、ベンダーがデータを掌握できるよう戦略的に設計されたクラウドベースのアーキテクチャが中心だ（図20-1参照）。IoTが実を結ぶには、デバイスを接続するためのより良い方法が必要になるだろう。単にネットワークに接続してから、メーカーの管理下にあるアカウントに接続するだけでは不十分なのである。デバイスは相互に接続し、所有者が使用するサービスに接続する必要がある。もちろん所有者はそれらのやり取りを統合したいと考えるだろう。そのためにはデバイスをメーカー問わず接続する必要があるのだ。

デバイスに多様な接続方法が必要な理由には、次のようなものがある。

- APIを使用して、天気や価格データといったコンテキストデータやその他のデータを検出する
- 他のデバイスやシステムと連携することで、自宅のピーク電力使用量を削減するなどの目標を達成する
- 所有者の意図を自動的に反映できるシステムと統合する。たとえば、8時間以上不在の場合にのみ温度調節の頻度を減らすなど

より豊かな接続を実現するには、現在のメーカー中心のコネクテッドデバイスエコシステムから、真のIoTに移行する必要がある。これらのやり取りを安全にし、所有者のプライバシーを保護するには、現在採用されているよりも洗練されたアクセスコントロールの方法が必要となってくるのだ。

## 20.2.1　オンラインサービス

1986年を思い起こすと、私は幸運にもカリフォルニア大学デービス校の大学院に入学していたため、早くからインターネットにアクセスすることができた。その当時の私は、インターネットに接続できるごく少数のうちの1人であった。しかしながらオンラインで友人とコミュニケーションを取りたい場合は、CompuServe、Prodigy、America Online（AOL）、またはその他の独自の**オンラインサービス**を利用していた。各サービスではメールを送信することができたが、その相手は同じサービスの利用者に限られた。また、それらのサービスは利用者に議論の場も提供していた。つまり、今日私たちが**アプリ**と呼ぶものに含まれる機能がすべて備わっていたのである。ただし、これらのサービスはサイロだったため、それぞれが他のサービスと相互運用することはできなかった。

1990年代半ば、Webへの関心が高まり、多くの企業がダイヤルアップインターネットサービスプロバイダー（ISP）ビジネスに参画した。インターネットに接続すると、メールを送ったり、フォーラムに参加したり、Webサイトを見たり、オンラインストアから買い物をしたりすることができる。AOLがオンラインサービスビジネスからISPへの移行を成功させた一方で、90年代初頭の他のオンラインサービスはそうではなかった。

## 20.2.2　Online 2.0：サイロの逆襲

オンラインサービスビジネスは、ありとあらゆる体験をユーザーに提供しようとしていた。彼らは

囲い込んだ顧客基盤を活用して、企業にアクセス料を支払わせることで収益を得た。実際に今日インターネットで流行しているものの多くが、これらのオンラインサービスビジネスをより洗練させたものであることは、明らかである。Web 2.0はWebというよりも、80年代から90年代初期のオンラインビジネスモデルを再現するものだ。もしかすると、「Online 2.0」と呼ぶべきかもしれない。

　この違いを理解するために、GmailとFacebookメッセンジャーについて考えてみよう。17章で述べたようにGmailはSMTPやIMAPのようなインターネットメールプロトコル上にある巨大なWebクライアントにすぎないため、Gmailのアカウントを利用してインターネット上のあらゆるメールシステムのどのアカウントにもメールを送信できる。また、Gmailを使いたくない場合は、他のメールプロバイダーに切り替えることが容易である（少なくとも独自のドメインを持っている場合）。

　一方、Facebookメッセンジャーは、Metaが許可する手段でのコミュニケーションのみをサポートしている。それだけでなく、Metaが選択したクライアント以外は利用できない。Metaは、Metaにとっての最善を考えてクライアントの選択を行う。ほとんどのWeb 2.0ビジネスモデルでは、Web 2.0企業の利益が必ずしもユーザーの利益と一致しない。企業が製品を相互運用可能にしないのは、あくまで意図的なものなのである。たとえばWhatsAppはオープンプロトコル（XMPP［Extensible Messaging and Presence Protocol]）を利用するが、他のXMPPクライアントとの相互運用は行わないようにしている[4]。

　IoTに目を向けてみよう。実際のところ現在のIoTはインターネットに求められるオープンで相互運用可能なネットワークにはなっていない。現状、これまでの過ちを繰り返す形で構築されたサイロの集合体であり、孤立したメインフレーム、互換性のないLAN、AOL、CompuServe、Prodigyといったサイロ化されたネットワークと同等のものである。私たちが構築しようとしているものは、モノのCompuServeと呼ぶのが適切かもしれない。

## 20.2.3　実際にオープンなモノのインターネット

　もし、私たちが本当の意味でモノをインターネット化させたというならば、インターネットそのものと同様にオープンで非集中型、非階層的なシステムがコアとして存在しているはずである。しかしながら、そんなものはない。確かに、私たちはTCP/IPとHTTPを使用しているが、APIを用いた相互運用性を最低限考慮しているだけで、閉鎖的、中央集権的で階層化された方法を用いている。

　IoTは汎用機からインターネットと汎用プロトコルの一連の流れに続くステップであり、個人の自律性と選択をサポートするシステムである必要がある。IoTは、私たちの生活のあらゆる事象を仲介するコンピューティングデバイスを想定している。モノのCompuServeではなく、真のモノのインターネットを構築した場合にのみ、IoTは期待された利益をもたらす、もしくは許容できるものになると、私は信じている。

　インターネットを「オープンだ」と述べるのは、その根底にある3つの概念、すなわち非集中化、非

---

※4　私は「Googleが良い、Metaが悪い」という議論をしているわけではなく、単にGmailとFacebookメッセンジャーを比較しているだけである。多くのGoogle製品はMetaと同様に1980年代の「オンラインサービス」を再現しており、独自のロックインを行っている。

階層（ピアツーピア接続性とも呼ばれる）、相互運用性を表すキーワードとして言及しているためだ。

　2章で学んだように、非集中化と非階層は同じではない。両者の違いを思い出すために、2つの例を挙げよう。10章で学習したDNS（Domain Name System）とMetaだ。DNSは非集中化されているが、階層的である。ゾーン管理者は、ゾーンファイルを更新し、非集中化された方法で、ドメイン内のどのサブドメインがどのIPアドレスに対応するかを決定する。しかしながら、DNSがこれらのマッピングの意味について包括的な合意を得る**方法**は、階層的である。各トップレベルドメイン（TLD）のいくつかの有名なサーバは、TLD内のさまざまなドメインのサーバを指し、そのサーバがさらに内部のサブドメインのサーバを指し示すといった流れだ。マッピングの階層コピーは1つだけである。

　一方でMetaは、非階層だが中央集権的である。MetaのOpen Graphは人々を非階層的な形式に、つまりピアツーピアで関連付けるが、もちろんこれは完全に中央集権的な行為だ。Graph全体はMetaの管理するMetaのサーバ上に存在する。

　相互運用性は独自に開発されたシステム同士がやり取りすることを可能にする。つまり相互運用により、基本的な機能を損なうことなく、あるシステムやサービスを別のものに置き換えることができるようになるのだ。たとえば前述のように、私はメールプロバイダーとしてGmailを使用しているが、Hotmailを使用しているユーザーとメールすることができる。また、Gmailが気に入らなければ別のプロバイダーで代用できる。

　これら3つの概念はオプションではない。非集中化、非階層、相互運用性をサポートするオープンシステムを開発しない限り、真のIoTは成し得ないのだ。では、IoTの基盤となるプロトコルはどこにあるのか、という疑問を抱くのはもっともである。TCP/IP、HTTP、MQTTといったプロトコルは、IoTのモノが相互運用するための**必要な要件を満たさない**。言い換えれば、多くの重要なプロセス（ディスカバリなど）が特定できないままなのだ。

# 20.3　モノのCompuServeに代わるもの

　ブロガーでジャーナリストでもあるCory Doctorowは、「Peloton Bricks Its Treadmills」の記事において、フィットネス機器メーカーPelotonのランニングマシンへの製品リコール対応について論じている（https://oreil.ly/Rdo6f）。そのリコール対応の一部は、ファームウェアのアップグレードだった。Pelotonは、すべてのランニングマシンにファームウェアのアップグレードを行うのではなく、いったんすべてのランニングマシンを文鎮化したのち、サブスクリプション契約をしているユーザーのマシンにのみアップデートを適用したのである[5]。

　これは現在のIoTのアーキテクチャの欠陥を指摘している。インターネットに接続したモノを購入したとしても、実際にはモノを**レンタルしている**にすぎないのだ。つまり何百ドル、何千ドルも前払いしているにも関わらず、それを所有していないのである。アカウントの利用規約では一般的に、メーカーはいかなる理由であっても償還なしでアカウントを利用停止にすることができる。多くの製品が関連す

---

[5]　**文鎮化**という用語は、ファームウェアの更新によって役に立たなくなったハードウェア、つまり文鎮以上の機能をもたないハードウェアを表すために用いられる。

るクラウドサービスなしでは機能しないため、アカウントの凍結によりデバイスが動作しなくなるのだ。

　Pelotonが私のアカウントを凍結したとしても、私の生活に支障はない。しかし将来的に、銀行、買い物、旅行、その他多くのことに使用するアイデンティティドキュメントのルート認証局が、何らかの理由で私のアイデンティティを利用停止状態にした場合はどうだろうか[6]。もしくはFordが私のアカウントを凍結し、車が動かなくなったらどうだろう。

　これまで、アイデンティティシステムにおける自律性の必要性について述べてきた。自律性は、IoTの基盤となるアイデンティティシステムにおいても同様に重要である。人々は生活の中にあるインターネットに接続されたモノを制御できなければならない。また、他者によって提供されるシステムやサービスは必然的に管理される。しかしそれらのシステムやサービスの提供元が人々とその生活を制御する必要はない。

　モノのCompuServeのアーキテクチャは図20-2のようになる。これは図20-1と同じだが、権限と制御範囲を示すためにボックスを追加した。

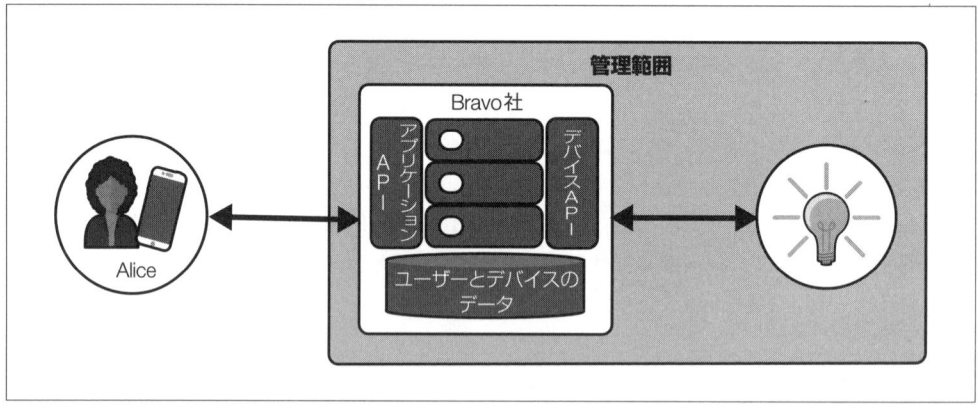

図20-2　モノのCompuServeのアーキテクチャ

　上記のように、Aliceは携帯のアプリを用い、メーカーのAPIを介してコネクテッド電球を制御する。灰色のボックスで示されているように、すべてがデバイスのメーカーに管理されている。

　図20-3に示す代替モデルを示す。私はこれを**モノの自己主権型ネットワーク**と呼んでいる。

---

※6　これは、私の好きなSFの1つ、Vernor Vingeの『Rainbows End』に基づいたシナリオである。Rainbows Endは現在のアイデアや技術を取り入れ、30年後、40年後にどうなっているのかを問うのに適した作品であるため、担当している全学生に読ませている。言うなれば、生きたい世界をどう作っていくかを考えさせる一環なのだ。

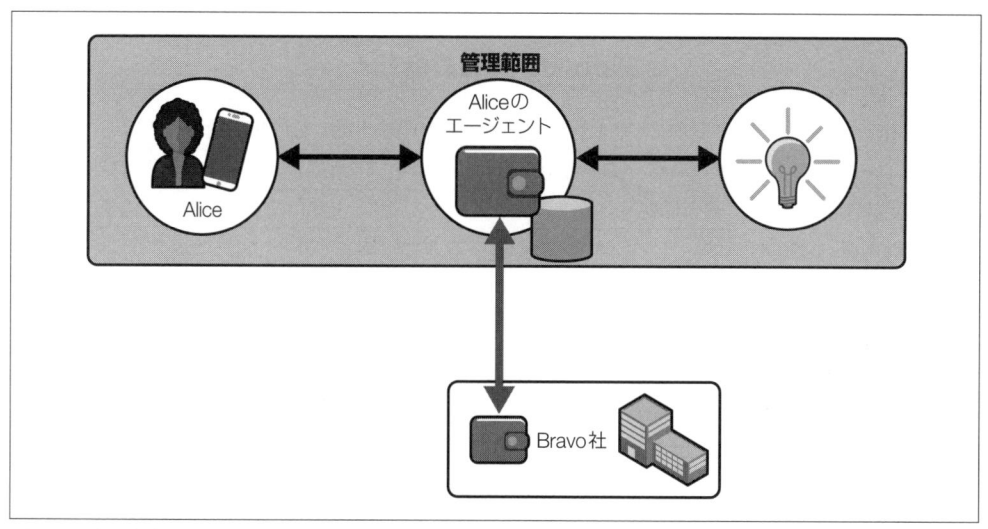

図20-3　自己主権型IoTのアーキテクチャ

　このモデルにおいて、デバイスとそれに関するデータは、メーカーではなくAliceによって管理される。デバイス、およびAliceがデバイスとのやり取りに用いるスマートエージェントはメーカーと関連付けられるが、メーカーの制御下にはない。Aliceはデバイス、そこから生成されるデータ、およびデータを処理するエージェントを制御している。注意しておきたいのが、これはAliceがコーディングをしたり、すべてを管理したりする必要があるという意味ではないことだ。彼女は**エージェンシー**と呼ばれるクラウドサービスで、エージェントを動かすことができ、エージェントのコードはメーカーが記載する可能性がある。もしくはメーカーが記載したコードの代わりになるコードを用いていたり、追加でコーディングしている可能性もある。ここで重要なのは、Aliceに決定権があることだ。真のIoTは自己主権型なのである。

　そのような自己主権型モデルが実現するのか疑問に思うかもしれない。先に紹介したFuseはこのモデルを採用しながらも、所有者の携帯のアプリによってデバイスを制御するという馴染みのあるユーザー体験を維持していた。2013年当時、DIDCommはまだ存在していなかったため、19章で説明したようなエージェントはDIDCommエージェントではなかった。その代わりに、**Pico**と呼ばれるオープンソースでルールベースのエージェントが基盤にとなっていた。

---

## Pico：SSIのためのモノ

Picoは、プログラム可能なスマートエージェントを探求するために私が運営しているオープンソースプロジェクトである（https://oreil.ly/JtmQY）。Picoについての詳細な議論は本書の範囲外だが、Picoは長年の間、非集中型アイデンティティとIoTに関する私の研究の基礎となっている。

Picoは、ピアツーピア通信と計算をサポートするネットワークに配置することができる。Picoの協調ネットワークはアクターモデル[7]の分散システムであり、他のPicoからのメッセージに反応し、それらのメッセージ応じて状態を変化させ、他のPicoにメッセージを送る。Picoは、Picoにインストールされたルールに対してメッセージを配信するための内部イベントバスを持っているのだ。それらのルールは宣言型のイベント式に合わせて実行する。つまりPicoはそのバス上のイベントと、各ルールのイベント式で宣言されたイベントシナリオを照合するのである。Picoのエンジンは、どのイベント式がどのイベントに一致するかの実行ルールを計画する。実行中のルールは追加のイベントを発生させる可能性があり、そのイベントも同様に処理される。

Picoは、複雑なIoTアプリをサポートできるプログラミング可能なSSIエージェントシステムを提供する。Fuseの車両所有者は自分でデータを管理する。一方で、エージェントとして動作するPicoはFuse用のエージェンシーでホストされていたが、別のPicoエージェンシーを設定することや、独自のエージェンシーをホストすることもできた。もちろんFuseのPicoは機能を損なうことなく、同じように動作しただろう。

Picoのおかげで Fuse は各車両に自律的な処理エージェントを容易に提供することができ、それらをまとめることができた。Picoはピアツーピアのアーキテクチャをサポートしているため、1台の車両を複数のフリートに設定することや、複数の所有者を持つフリートを持つことが容易であった。

## 20.4　自己主権型モノのインターネット

私は10年以上にわたりFuseやその他のプロジェクトを通じて、自己主権型のモノのインターネット（self-sovereign Internet of Things：SSIoT）の実現を目指してきた[8]。SSIoTにおいて、Aliceは彼女のモノや彼女の制御下にあるプロキシと直接的な関係を持っている。図19-7では、Aliceと人、組織との関係を示したが、この図では**モノ**については図示していなかった。そのため、図20-4にはBravo社の電球について追記している。

---

※7　訳注：並列処理プログラミング技法の1つ。
※8　モノが主権的で自律的にはなり得ないため、**自己主権型IoT**という用語は自律的なモノを意味するのではなく、所有者の自己主権型権限の下にコントロール範囲があるという意味で解釈すべきである。

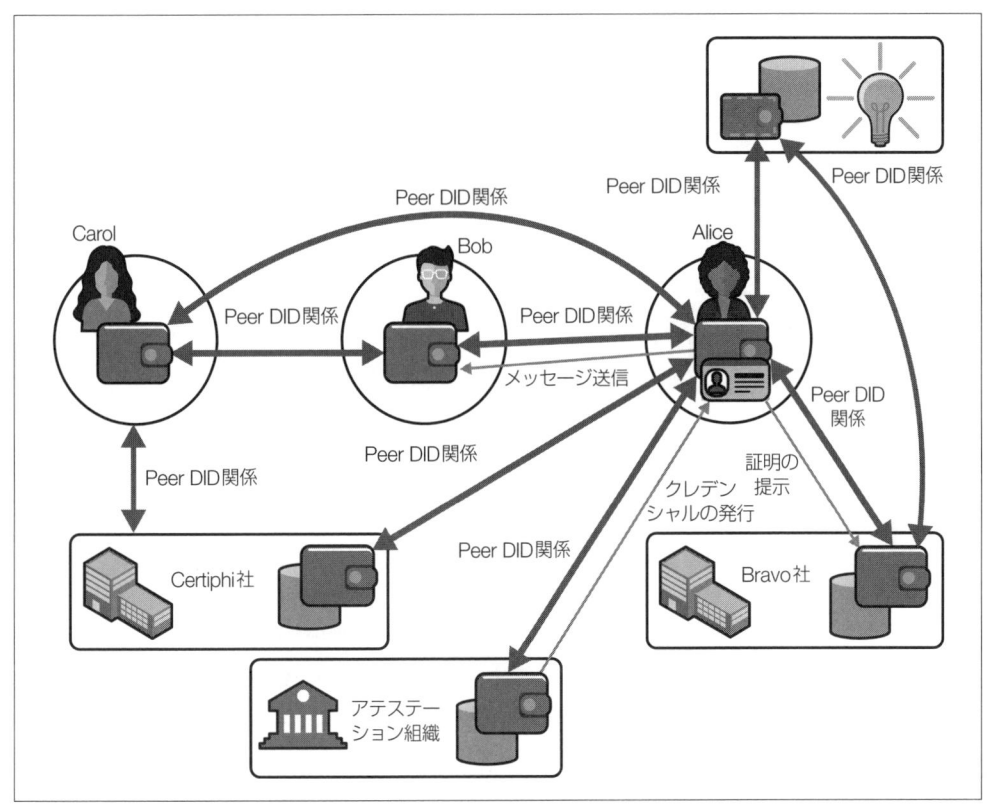

図20-4 Aliceが電球との関係を形成する

　図20-4で電球はAliceの関係ネットワーク内にある。電球にエッジエージェントを実行できる性能が
あるか、電球がエージェントとして機能する**デバイスシャドウ**、**spime**[※9]、**Pico**によってプロキシされ
ているかのどちらかだ。Aliceは電球のエージェントとDIDベースの関係を持っている。また、彼女は
電球と同様にメーカーであるBravo社とも関係を持っている。最後の2つはオプションだが役に立つも
のだ。重要なのは、完全にAliceの制御下にあることである。

## 20.4.1　IoTに対するDIDの関係

　モノのCompuServeとSSIoTの対比をより理解するために、Alice、電球、Bravo社に焦点を当てて
みよう。

　図20-5では電球メーカーによって仲介されるのではなく、Aliceは電球と直接DIDベースの関係を
持っている。Aliceも電球もエージェントとウォレットを持っている。また、Aliceは企業エージェン
トを運営するBravo社ともDIDベースの関係を持っている。Aliceは電球やBravo社と自由にやり取り

---

※9　訳注：359ページの脚注を参照。

し、場合によっては仲介役にもなることがある。

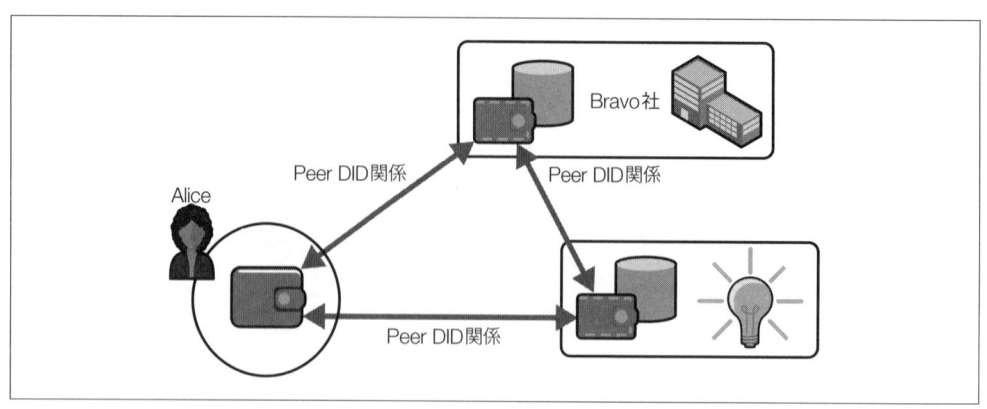

図20-5　Aliceの電球とメーカーとの関係

　図20-5は電球とBravo社間のDIDベースの関係も示している。モノのCompuServeでは、Aliceはデータのプライバシーを気にするかもしれない。しかしSSIoTではAliceはポリシーをコントロールし、共有されるものを制御できる。たとえば、彼女がサービスを必要とするときに電球の診断情報を共有することを許可する場合もあるだろう。さらに、Bravo社がリモートで電球を修理することを許可するクレデンシャルを発行し、修理が終わり次第それを取り消すこともできる。次の項から、SSIoTの多くのユースケースのうちの3つについて述べる。

## 20.4.2　ユースケース1：ファームウェアの更新

　モノのCompuServeにおける問題の1つは、デバイスのファームウェアを安全に更新することにある。モノのCompuServeにはファームウェアの更新を安全に行う手段が数多くある。それらの手段はメーカーごとにわずかに異なる。SSIoTは電球に対するファームウェアの更新が、ハッカーではなくメーカーによるものだと判断するための標準的な方法を提供する。

　図20-6に示すようにBravo社は検証可能なデータレジストリ（VDR）にパブリックDIDを書き込んでいる。そのためBravo社はファームウェアの更新内容に署名するために、そのパブリックDID[10]を使用することが可能だ。また、Bravo社は電球の製造時にそのパブリックDIDを埋め込んでいる。そして、電球はVDR上のBravo社の公開鍵を検索し、署名を検証するためにDIDを解決することができる。これにより、ファームウェアのパッケージがBravo社のものであることが保証される。また、DIDによってBravo社はデバイスに保存されているDIDを無効化せずに、必要に応じて鍵をローテーションすることが可能である。

---

※10　パブリックDIDに紐付いた秘密鍵を指す。

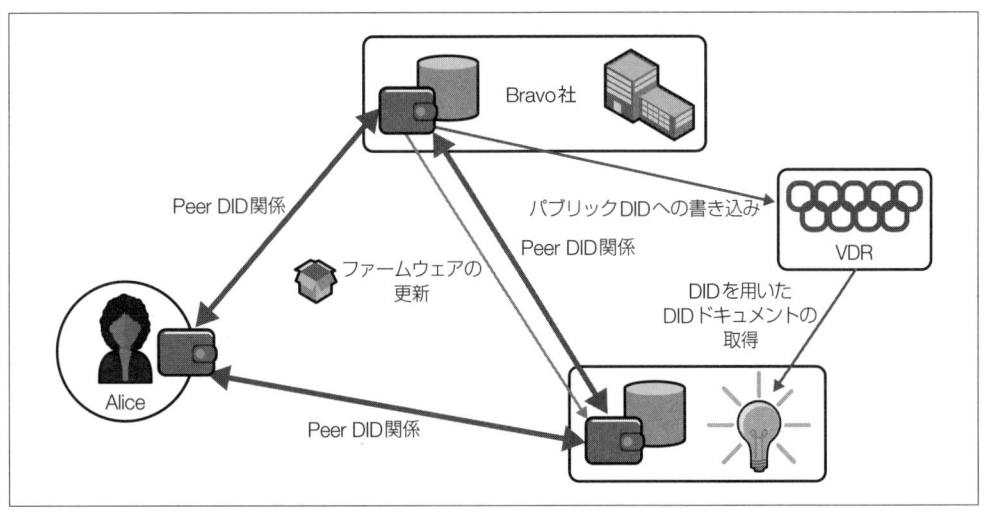

図20-6　Aliceの電球のファームウェアを更新する

　もちろん、デジタル証明書もこの問題を解決することができる[11]。つまりこのファームウェアの更新の例はそれと同等の手段である。安全なファームウェアの更新のため、デジタル証明書の代わりにSSIoTを使用する利点は、Bravo社が他のことにSSIoTを使用した場合も、自社製品で証明書コードをサポートしたり、証明書や更新に費用を支払ったりせずに、無料でSSIoTを利用できることである。

### 20.4.3　ユースケース2：所有権の証明

　AliceはVerifiable Credentialsを利用して、特定のモデルの電球を所有していることを証明できる。図20-7はこれがどのように機能しているかを示している。

　電球のエージェントはDIDCommの導入プロトコル（https://oreil.ly/bO7zr）を実行することで、Bravo社にAliceの存在を知らせる。このように信頼するものからの仲介に基づいて関係を構築するため、AliceはBravo社をより信頼できるようになる。

---

[11] デジタル証明書を使うことの問題は9章で学んだように、証明書に有効期限があることだ。メーカーは証明書を更新できるデバイスを作ることでそれを管理しようとするが、この複雑さが理由でIoTデバイスに証明書が使われることはほとんどない。

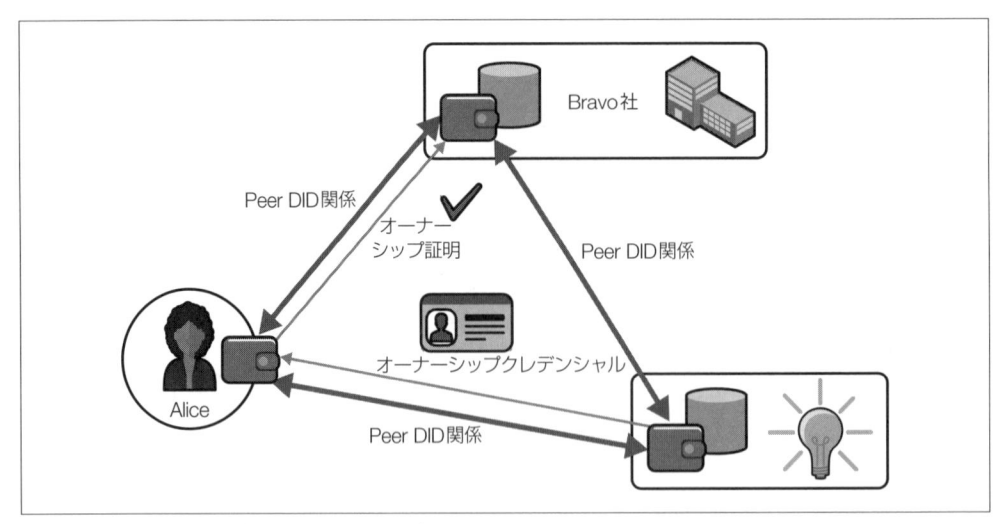

図20-7　Aliceは電球の所有を示すためにクレデンシャルを用いる

　さらに、Aliceは自分が所有者であるという資格情報を電球から受け取っている。これは一種の刷り込みである。ユースケースによっては安全性が不十分かもしれないが、電球のようなものには十分であろう。Aliceがこの資格情報を持つことで、自分が所有者であることを証明できる。具体的にはサポートやリワード、その他の恩恵を受け取るためにBravo社のWebサイトで所有者であることの証明を行うことが考えられる。しかしながら他にも活用される可能性はある。たとえば、「Bravo社の電球を所有していることを証明すると、Certiphi社の照明スイッチが10ドル割引される」などだ。

### 20.4.4　ユースケース3：実際のカスタマーサービス

　企業に電話をかけた際、オペレーターから保留にされ、本人確認のために多くの質問に答えたり、シリアル番号やモデル番号を1人のオペレーターに伝えて、再度別のオペレーターに伝えたかと思えば通話が切れてしまい、もう一度最初からやり直さなければならないといった経験をしたことがある人は多いだろう。あるいはオペレーターと話すことさえできずに、自動応答のループにとらわれることもあったかもしれない。

　AliceとBravo社のDIDベースの関係は、そのような事象を解消する。DIDCommのメッセージングは、相互認証されたコミュニケーションチャネルを作成し、チャネル内の各主体は追加の認証を必要とせずに正しい相手と通信していることを識別できる。これにより認証の手間が減り、安全性を上昇させることができる。さらに前述のように、Aliceは自分がBravo社の電球の所有者であることを証明できる。

　また、DIDCommのメッセージングはより高度なアプリケーションプロトコルをサポートすることができるため、ユーザー体験はより豊かになる。図20-8に簡単な例を示す。

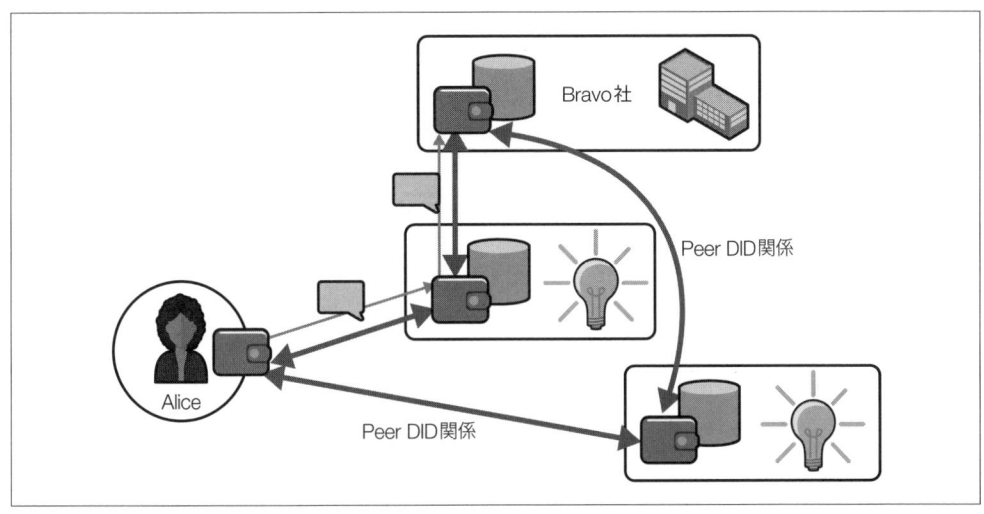

図20-8　Aliceは所有物を管理するのに特化したスマートエージェントを利用する

　図20-8でAliceはBravo社の電球を2つ持っている。さらにAliceは自分の持ち物とやり取りをするための特別なスマートエージェントを持っていると仮定しよう。Aliceのスマートエージェントは一般のエージェントが持つ機能に加え、彼女の所有しているモノ、それらとの関係を管理するためのユーザーインターフェースを持っている[12]。

　Aliceがモノとベンダーを仲介する場合、Bravo社製のモノを2つ所有していると、Aliceがそれらとやり取りをする際に問題となる。具体的には意図したデバイスからBravo社に対する適切な情報を得るために、シリアルナンバーやその他の識別子を用いなければならなくなってしまう。しかしこのモデルをひっくり返してモノに仲介をさせることで、問題は容易に解決する。AliceがBravo社にコンタクトを取りたいときにエージェントのボタンを1つクリックすれば、彼女の選択した電球がトランザクションを仲介してくれるのだ。電球はBravo社に関連情報を連携できるため、Aliceが改めて電球の情報を伝える必要はない[13]。

　Aliceのエージェントはそれぞれのモノのエージェントと関係を築いており、モノ同士も関係を持つ可能性がある。これらのエージェントはベンダーのメッセージルーティングのためのアプリケーションプロトコルを実行しているかもしれない。このプロトコルは、顧客サポートのシナリオで電球がAliceの代わりに行動することを可能にするサブプロトコルを利用している。そして、CRMツールはこれらのプロトコルを理解するために作られる可能性がある。

　このアイデアに取り組んでいるHearRoのCEOであるVic Cooperは、以下のように述べている。

---

※12　カスタマーサービスでのやり取りの窓口としてモノを用いるというアイデアは、以前から私の頭の中にあった。2013年に書いたこのブログ記事「Facebook for My Stuff」(https://oreil.ly/qICSV) は、当時の社会用語でそれについて論じている。

※13　Doc Searlsは「Market Intelligence That Flows Both Ways」(https://oreil.ly/frG5b) という記事で、**モノを媒介とするモデル**がどうしてこれほど有効なのかを見事に説明している。

ほとんどのコミュニケーションはプロセスの中で起こる。そして、［顧客］はある状態をAからBに変化させるというベクトルを持っている。「壊れてしまったので修理してほしい」「失くしてしまったので、交換してほしい」「新しいものが欲しいので代金を払いたいが、カードが拒否された」このような問い合わせがカスタマーサービスに寄せられる。これらの問い合わせに最小限のコストで対応するためには、経緯を知る必要がある。つまり、なぜ電話をかけてきたのかを知る必要があるのだ。これを私たちのコンテキストに加えるには、顧客の意図を汲み取ることと長期間の関係性の管理の2つが必要である。SSIには、私たちのやり取りで生じる「なぜ」の部分を処理するための素晴らしい能力がもう1つある。それにより、SSIを使って人とモノとの関係性を運用することができるのだ[14]。

19章で述べたように、運用可能な関係はどのような関係性に対しても永続性とコンテキストを提供する。製品そのものを議論に含めると、2つの電球の例が示すように、より完全な経緯を伝えるにあたり信頼できる接続には「誰が」だけでなく、「何を」も含むことができるので、所有者の手間を減らす顧客向けアプリを構築できる。Aliceがどの電球の修理を必要としているかを自動で把握することは単純なコンテキストの一部ではあるが、顧客の手間を軽減することにつながる。

さらに、やり取り自体が、アイデンティティとやり取りの当事者に対してのDIDベースの接続を持つ永続的なオブジェクトになることができる[15]。顧客と企業は、相互間でのやり取りにツールを活用できるようになった。また、必要に応じてやり取りに他社を呼び込むことができる。やり取り自体が対話とともに進化する永続的なつながりとなっていくのだ。私は最近、金融サービス会社Charles Schwabとの数十回の通話を含む、1か月におよぶカスタマーサポート部門とのやり取りを経験した。私にとっても彼らにとっても、その労力の大半は、コンテキストの再確立を繰り返すことだった。CRMツールは1つの側面でしかないため、それを提供することはできない。顧客に対し、その関係を運用するツールを提供することで、この問題は解決する。

## 20.5　SSIoTにおける関係

前節では、Aliceが自分の所有するデバイス（電球）と関係を持つという例を紹介した。私たちがIoTに取り付けるデバイスの多くは、かなり単純で、使用例も限られているだろう。しかしながら、より豊かな可能性を提供するものもある。Fuseから得た教訓の1つは、車は豊富なエコシステムにおける複雑なデバイスであるということだ。ここでは、将来のSSIoTにおけるAliceとFord F-150トラックとの関係を探る。

図20-9は、車が持ち得るいくつかの関係を示している。車にとって最も重要な関係は、所有者との

---

※14　著者との私信。
※15　やり取り自体がDID関係の一部かもしれないという考え方の実現には、時間を要するかもしれない。真のIoTが実現すれば、そこにあるのは物質的な接続されたモノだけではない。やり取りをするオブジェクトはクレデンシャルを保存する独自のスマートエージェントを持つことができ、すべての参加者が時間とともにやり取りを継続できるようになる。これによりコンテキストを維持し、ワークフローを提供し、関係する全員が必要に応じてアクセスできる記録としての役割を果たす。

関係だ。しかし車の所有者はずっと同じではない。車両の製造直後、その所有者は製造者である。その後、車の所有者はディーラーとなり、さらに個人や金融会社となる。そしてもちろん、車はしばしば売りに出される。つまり車は、その生涯を通して多くの所有者を持つことになるのだ。その結果、車のエージェントには、所有者の変更とそれに伴う権限の変更を処理するのに十分な機能が必要となる。

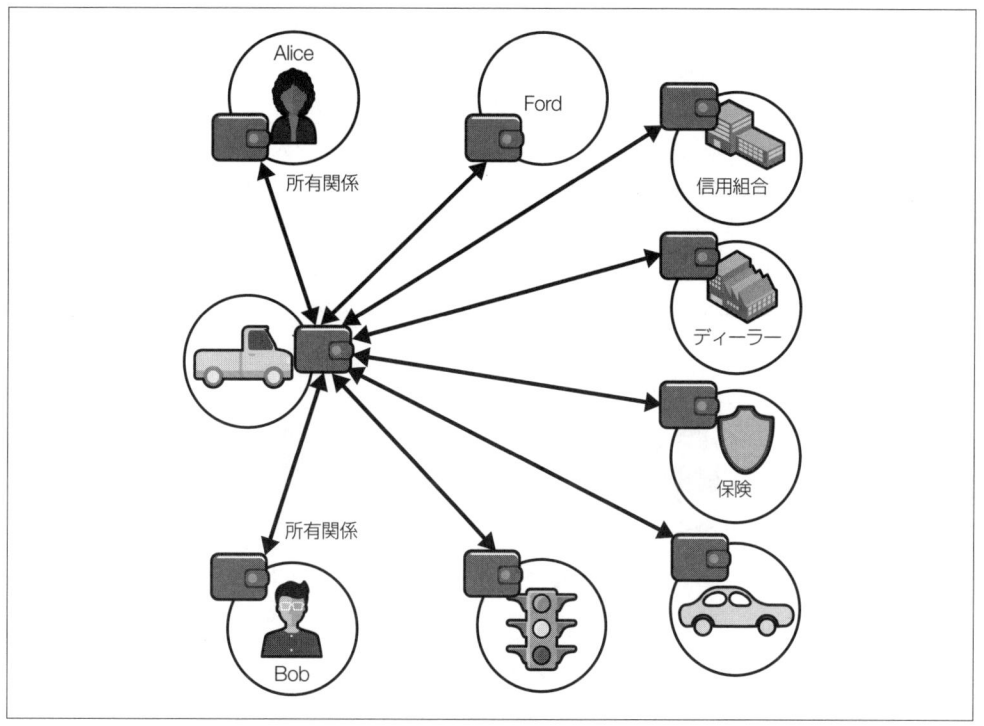

図20-9　車にまつわる関係

　車は所有者だけでなく、ドライバー、同乗者、歩行者など他者との関係を持つ。そして、その関係の性質は時間とともに変化する。たとえば、車は販売後もメーカーやディーラーとの関係を維持する必要があるだろう。このような関係の変化に伴い、権限も変化する。

　車は所有者との関係だけでなく、修理工場、ガソリンスタンド、保険会社、金融会社、政府機関など、交通エコシステムにおける他のプレーヤーとの関係も持っている。車はこれらのプレーヤーと長期にわたってデータや金銭を受け渡しする可能性がある。そして車は他の車両、信号、道路、さらには甌穴（道路の劣化によりできる穴）とも関係を持ち得る[16]。

---

[16] 繰り返しになるが、なぜ甌穴がIoTに関連するのかを不思議に思うかもしれない。私のブログ記事「Pot Holes and Picos」（https://oreil.ly/AyEJH）では、物理的な世界を映し出すデジタルの世界を想像したとき、穴のようなつながりのないものがインターネット上でどのように存在を示し、利用されるようになるのかを説明している。適切に設計されたIoTは、真のメタバースになり得るのである。

以下の項ではAlice、トラック、その他の人々、機関、モノに関連する3つのシナリオについて議論する。

### 20.5.1　複数の所有者

モノのCompuServeがうまく扱えない関係の1つが、複数の所有者が同時に存在するケースである。この問題に対して試行錯誤する企業もあれば、この問題を考慮しない企業もある。この問題はサービスプロバイダーがモノへの接続を仲介する場合に複数の所有者を考慮し、それらの関係が時間とともに変化することを受け入れなければならないことだ。高度な製品であればエンジニアリングの努力は正当化されるが、他の多くの製品ではそれは実現しない。図20-10では2人の所有者であるAliceとBobとトラックの関係を示す。この図はシンプルでありながらも、トラックが複数の所有者に対応する複雑さを秘めている。最大の障害は、開発者がトラックのエージェントで実行するサービスを開発するときに、単一の所有者を想定しないようにすることだ。それをサポートするためのインフラはDIDCommに組み込まれており、Introduceのようなサブプロトコルの標準的なサポートも含んでいる。

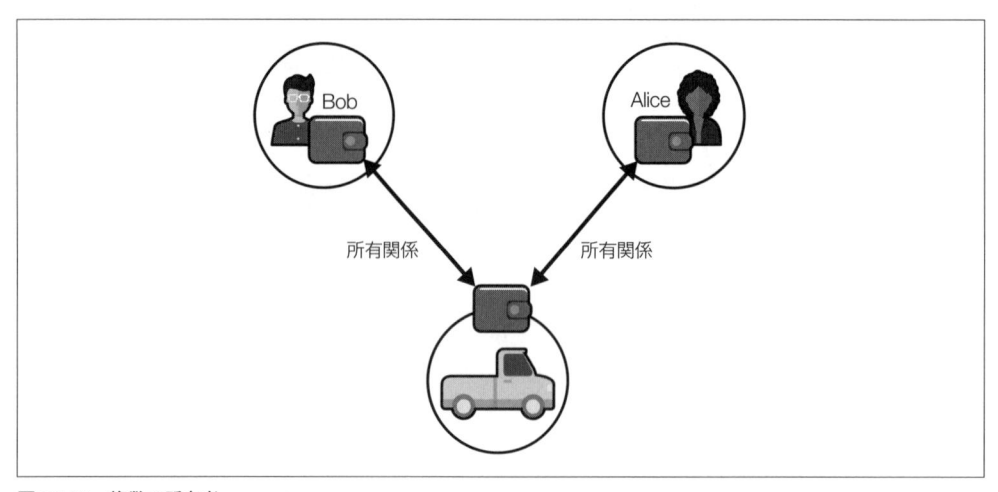

図20-10　複数の所有者

### 20.5.2　トラックの貸し出し

人々はいつも友人や隣人に無料もしくは有料でモノを貸し出す。Airbnb、Vrbo、Outdoorsyのようなプラットフォームは、価値の高いレンタルをサポートするために構築されている。しかし仲介プラットフォームなしで、いつでも何でも貸し借りをできるとしたらどうだろうか。図20-11はAliceのトラックを借りたがっている友人のCarolとの関係を示している。

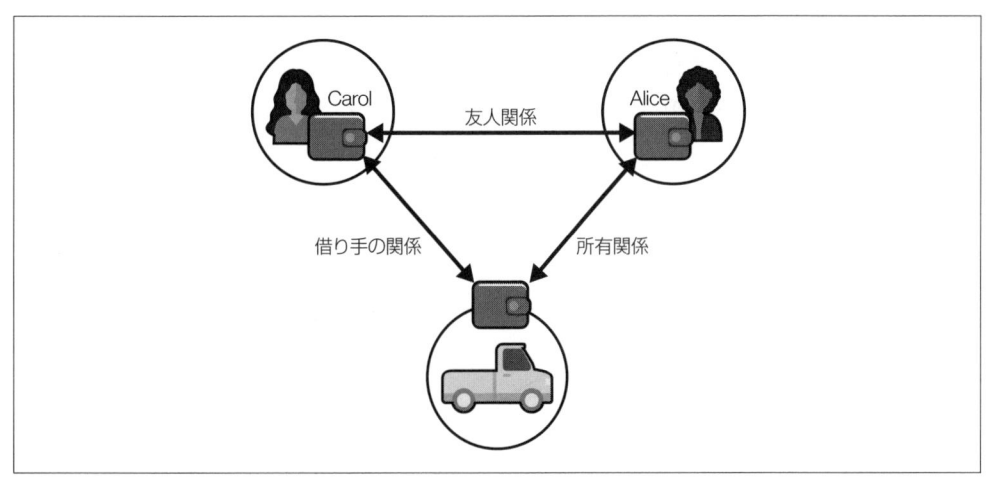

図20-11　トラックの貸し出し

　複数の所有者を持つシナリオのように、AliceはまずCarolと接続し、Introduce protocolを使ってトラックに彼女を登録する。これにより、トラックがCarolと接続するための許可が与えられる。そして、トラックのエージェントがどのようなプロトコルとデータをCarolのエージェントに提示するかを伝える。また、AliceはトラックとCarolの関係の有効期限を設定する。借り手の関係によりどのようなパーミッションを与えられるかは、当然モノの性質に依存する。

　トラックがさまざまな活動のために保存するデータは、これらの関係性に依存する。たとえば、トラックの所有者は行程を含むすべてを知る権利がある。しかし車を借りた人は、自分の行程を見ることはできても、他のドライバーの行程を見ることができないようになっているべきだ。関係性がやり取りを決めるのだ。もちろん、トラックは複雑なエコシステムの中では非常に複雑なモノである。シャベルのようなもっと単純なものであれば、誰がそのシャベルを持っていて、どこにあるのかを追跡するだけでよい。しかし前のセクションで学習したように、モノ自体がそのやり取り、位置、状態を追跡することには価値がある。

## 20.5.3　トラックの売却

　車の売却は前述のシナリオよりも複雑である。2012年、私の会社であるKynetxはSwiftのInnotribeイノベーショングループのためにこのシナリオを試作し、Sibosで発表した。Purple Tornado（https://thepurpletornado.com/）のHeather Vescentは、非階層的なDIDComm環境でバイクの販売がどのように行われるかについてのビデオを作成した（https://oreil.ly/m_fpT）[17]。

　図20-12でAliceは自分のトラックをDougに売っている（AliceとDougがどのように出会い、価格交

---

[17] 2012年に当然DIDCommは存在していなかった。私たちはInnotribeがDigital Asset Grid（DAG）と呼ぶものを構想しており、エージェントの代わりにパーソナルクラウドという言葉を使っていた。しかし、DAGの想定していた運用は、DIDによって実現されるDIDComm対応のピアツーピアネットワークに現存するものと非常によく似ていた。

渉をしたかは考慮しない。この例では販売そのものに焦点を当てる）。取引を完了させるために、Alice
とDougは**販売関係**を作る。それぞれが信用組合や銀行と関係を持ち、Dougが取引を開始し、Alice
が確認するのだ。それと同時にAliceは新しい所有者としてトラックにDougを登録する。

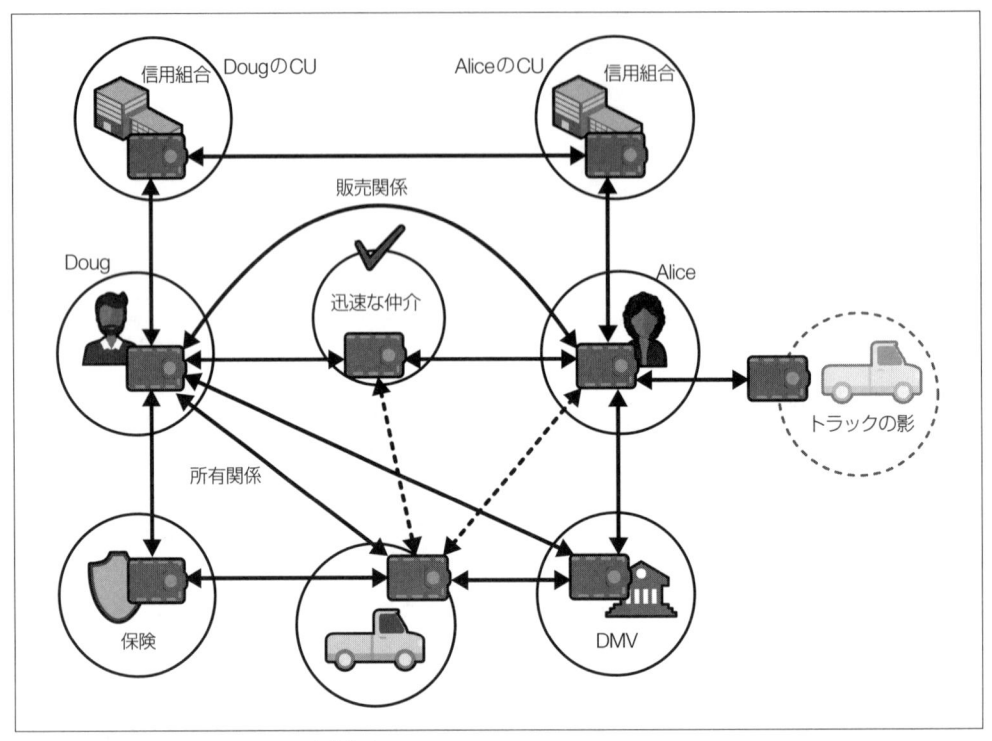

図20-12　AliceがDougにトラックを売却する

　Alice、Doug、トラックはすべてDMVと接続しており、この関係を利用して所有権を移転する。
また、Dougは彼のエージェントを使ってトラックを登録し、ナンバープレートを取得することができ
る。さらにDougは保険会社との関係も持っている。彼が保険会社にトラックを登録することで、保険
会社は保険証発行サービスの仲介を行うことができる。

　Aliceがもう所有者ではないとしても、トラックはDougがアクセスすべきでない、Aliceが削除した
くない旅行やメンテナンスの情報を記録している。また、このトラックは物理的なデバイスには接続
されていないが、Aliceが何年にもわたって所有していた情報のコピーを持っている。そのため、Alice
はこのトラックのデジタルツイン[18]を作成する。このデジタルツインにはトラックと同じように、この
データにアクセスし使用するための機能がすべて備わっている。同時に、AliceとDougはどのデータ

---

※18　訳注：インターネットに接続した機器などを活用して現実空間の情報を取得し、サイバー空間内に現実空間の環境を
　　　再現することを指す（359ページの脚注参照）。
　　　参考：https://www.soumu.go.jp/hakusho-kids/use/economy/economy_11.html

をトラックに残すかを交渉することが可能だ。たとえば、DougはAliceの旅行やガソリン購入に関する
データは取得しない可能性が高いが、メンテナンスの情報は求めるかもしれない。

## 20.6 SSIoTを解き放つ

DIDCommに対応したスマートエージェントは、人、組織、モノ、さらには交流ログのようなソフト
な情報までも含む、洗練された関係性ネットワークを構築するために使用できる。そのネットワーク
における関係は現実世界における関係のように、豊かで多様だ。モノはそれ自身がエージェントを動
かすことができるにせよ、モノをホストするデジタルツインを用いるにせよ、永続的に存在し、自身の
エージェントとデジタルウォレットを制御し、独立して振る舞うことができるのであれば、はるかに有
用である。モノは所有者が指定したルールに従うことで、関係ネットワーク内の他者からのメッセージ
に反応し、応答するようになる。

本章の例は現在ではまだ運用されていないかもしれないが、議論したことすべて、すでに存在する
テクノロジーを使って実現可能だ。モノのCompuServeを構成する管理システムの仲介を取り除き、
非集中型のピアツーピアアーキテクチャに移行することで、私たちは自己主権型なインターネットのモ
ノのとてつもない可能性を解き放つことができる。

# 21章

# アイデンティティポリシー

これまでの章では、さまざまな種類のアイデンティティ技術について説明してきた。しかしながら効果的で安全なアイデンティティシステムの運用には、単なるテクノロジー以上のものが必要である。そのために、広く**ガバナンス**と呼ばれるものが必要とされるのだ。この章では、ガバナンスの基本ツールであるアイデンティティポリシーに焦点を当てる。一般にポリシーは効果的に階層型組織を運営するためのツールであると考えられるが、市場やネットワークでも同様にポリシーが使用される。22章ではアイデンティティエコシステムを効果的に運営するためのポリシーおよびその他のツールの適用について議論する。

## 21.1　ポリシーと標準

ポリシーと標準を区別するために少し時間をとろう。**標準**とは特定の性能を規定したり、特定の製品やサービスを指定したり、品質要件を設定したり、ベストプラクティスについて述べたりするものである。一方、**ポリシー**とは規範のことである。ポリシーは標準を参照することが多いが、標準を超えて、特定のコンテキストにおける標準の使用を管理したり、義務付けたりすることもある。本書を通じて、私は多種多様な標準に言及してきた。これまで取り上げた標準にはOAuth、SAML、OpenID Connect、さまざまな暗号化アルゴリズム、WebFinger、LDAP、DNS、TLS、パスキーのCTAPとWebAuthn、分散型識別子（DID）、Verifiable Credentials、DIDCommなどがある。標準は必要ではあるが、相互運用性においては不十分な場合が多い。ほとんどの標準には、互換性のない実装や不完全な実装を受け入れてしまう余地がある。実装のゆとりは、標準が受け入れられ、技術の変化に強いことを保証するために必要な部分だと言える。

結果として、多くのアイデンティティポリシーは標準を参照するが、その標準がどのように使用されるかについての詳細な定義を含むことになる。たとえば、14章ではDIDの仕様と、そこから選択できるさまざまなDIDのメソッドについて学習した。これらのDIDメソッドはそれぞれ暗号化署名スイートや、使用する検証可能なデータレジストリなどを決定する。DIDを使用する組織はDIDの仕様そのものを参照するだけではなく、メソッドを選択し、組織やグループがどのようにDIDを使用するかにつ

いてのポリシーを作成しなければならない。

　外部標準に加えて、アイデンティティシステムのほとんどの実装ではソフトウェアおよび実行環境についても選択が必要である。多くの場合、これらの選択は明示的な内部標準またはアーキテクチャ上の決定となる。

## 21.2　ポリシーのスタック

　多くの組織ではセキュリティポリシーが策定されており、その中にはアイデンティティの課題に触れているものもある。私はこれらのポリシーにおけるアイデンティティのパートを切り離し、セキュリティポリシーだけでなくその他ビジネスの重要なパートを構築するための、包括的なアイデンティティへのアプローチを作り上げることを提唱している。

　どのようなポリシーが必要で、どの標準をサポートするかを判断するには、組織が何をしていて、アイデンティティがその活動にどのような影響を及ぼすかを検討するのがよい。図21-1にアイデンティティポリシーのスタックを示す。中央のポリシーは、標準とアーキテクチャの決定に基づいている。その結果として、活動を管理する基盤が提供される。ポリシー作成には、トップダウンのアプローチのほうが時間短縮の観点から有用である。

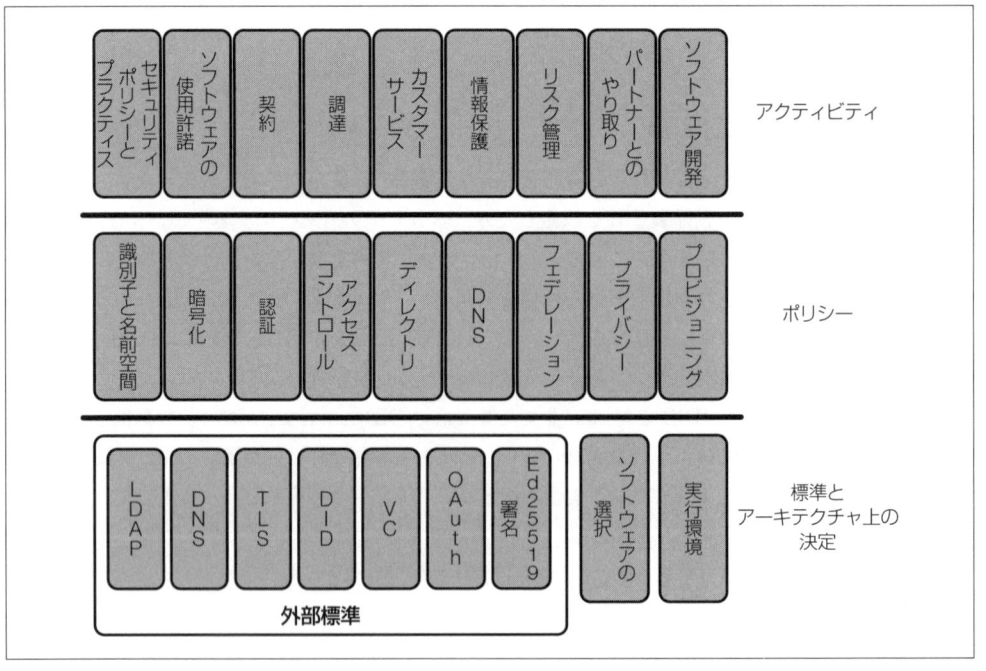

図21-1　ポリシーのスタック

　図21-1には識別子と名前空間、暗号化、認証、アクセスコントロール、ディレクトリ、DNS、フェデ

レーション、プライバシー、プロビジョニングのポリシーが含まれている。これらは単なる例であり、管理されるアクティビティによっては異なるポリシーが必要となる場合がある。スタックの最上位レイヤーはセキュリティポリシーとプラクティス、ソフトウェアの使用許諾、契約、調達、カスタマーサービス、情報保護、リスク管理、パートナーとのやり取り、ソフトウェア開発など、組織にとって重要な活動を記録する。

## 21.3　優れたアイデンティティポリシーの属性

　ポリシーは適切な振る舞いを定義し、その実行基盤を形成するためにいくつかの重要な特性を備えている必要がある。

### 実行可能であること

　優れたポリシーは、既存の技術とリソースで実行可能でなければならない。技術的な制御が常に可能とは限らない。ポリシーはその分野の専門家を含むチームによって作成されるべきである。さまざまなグループからの同意を得るためのレビュー過程で、実行不可能な点を洗い出し、対策を打たなければならない。

### 強制力

　強制力はコンプライアンスを強制するためのツールではなく、統一性を確保し、フィードバックを収集するためのツールである。実行可能とするためにはポリシーに何をすべきかの明確なガイドラインを含み、実行過程を明確に示す必要がある。強制力については、この章の後半で詳しく説明する。

### 理解しやすいこと

　ポリシーに従う人々は、そのポリシーを理解する必要がある。インターネットを利用していると、何ページにもわたる契約書の読みにくい条項や条件に出くわすことがある。これらは理解させるために書かれていないことを揶揄される場合があるが、もしかすると**理解できな**いように書かれているのかもしれない。良いポリシーを書くには、フォーマルな言葉とインフォーマルな言葉の間の微妙なラインを行き来する必要がある。ユーザーはフォーマルな言葉を「堅苦しい」『尊大である」と感じることが多いが、インフォーマルな言葉では言うべきことを明確に伝える正確さに欠けることが多い。いずれにせよ、読みやすいように短い文章や箇条書きリストを使い、端的で明瞭な表現にする必要がある。段落（およびサブパラグラフ）には、参照しやすいように番号を振る。受動態は責任の所在が不明瞭になるため、可能な限り避けるべきである。テンプレートを参照しながらポリシーの作成を始めることを求める組織も多いだろう。

### 組織的に取り組むこと

　ポリシーは組織の目標と結び付いたものであり、合意を示すものでなければならない。各ポリシーが、組織内の影響力のある人々の間で合意されていることほど重要なことはない。ポ

リシーによっては、単一の組織以外の人々の合意を必要とする場合もある。これについては次の章で詳しく説明する。

**実践的であること**

「ただ仕事を終わらせる」ことを目的とする人は、制約が多すぎたり、理解できなかったり、非現実的であると感じるポリシーを避けようとする。あなたの主目的の1つは、機能しないポリシーを作らないようにすることである。特定のポリシーをどんなに重要だと捉えても、多くの人が自発的に採用しなければ、時間の無駄になることを忘れてはならない。

## 21.4　意思決定の記録

ポリシーの作成と維持には、多くの重大な決定が求められる。ウィキペディアでは、**アーキテクチャ上の決定**を「アーキテクチャ上の重大な要件を扱う設計上の決定は変更が困難、あるいは変更するのにコストがかかると認識されている」と定義している（https://oreil.ly/QVPr2）。**アーキテクチャ**という言葉からソフトウェアやハードウェアについての決定を思い浮かべるかもしれないが、アーキテクチャ決定の方法論は、その他の重要な決定を行う際に適用することが可能だ。たとえばあなたの勤務先で管理アーキテクチャを実装する場合、その全体的なアーキテクチャの中には無数の意思決定を反映した数多くのポリシーが存在することになる。

ポリシーを、そのような決定を**記録する**場所として考えるのではなく、ポリシーがそれらの決定を**反映**し、**参照**するものと考えればよいと思う。「私たちはEd25519署名スイートを使用する」というポリシーを作りたいと考えると、それは人々がソフトウェアを開発する方法（ポリシーの目的）を管理することになる。しかし、私はこれらの決定をアーキテクチャ上の決定記録（Architectural Decision Records：ADR）に分割して記録することを好んでいる（https://oreil.ly/hI6nw）。

意思決定の動機を理解することは、意思決定の影響を受ける人々にとって役に立つ。ADRは、重要なアーキテクチャ上の決定を体系的に記録するためのプロセスである。ADRはバージョン管理された文書に意思決定の背景と意図された結果を記録するものであり、正当化、更新、廃止が必要な際、後のグループが意思決定の理由を理解するために使用できる。また、軽量ADRは識別子、タイトル、ステータス、コンテキスト、決定、結果で構成される。

ADRを記録するためのプロセスが整備されると、ポリシーの作成者はADR番号（およびハイパーリンク）により決定を参照することができ、ポリシーを読む人に、自身や自身の仕事に影響を与える決定に関する履歴とその背景を参照する場を提供することが可能だ。たとえば、暗号技術を利用したデジタル署名に関するアーキテクチャ上の決定に依存するポリシーには、関連するADRを参照するセクションがあるかもしれない。ポリシーを参照することで、アーキテクチャ上の決定が行われる場合があることに注意してほしい。ポリシーとアーキテクチャ上の決定プロセスは、相互に補強し合うものである。

## 21.5 ポリシーの要求決定

アイデンティティポリシーは通常次のような要求を受けて作成される。

- ビジネスに着想を得たプロジェクトとプロセス
- セキュリティ考慮事項
- プライバシーに関する考慮事項
- 情報ガバナンス
- 外部からの要求
- 既存のポリシー対するフィードバック

以下の項ではそれぞれを順番に分析していく。

### 21.5.1 ビジネスに着想を得たプロジェクトとプロセス

私が、ユタ州のCIOだった際に、州全体のメタディレクトリプロジェクトに取り組んだ。このプロジェクトは明確なビジネス要求によって推進された。なぜなら、知事をはじめとする関係者が州のWebサイトのURLを改善し、職員のメールアドレスを短くすることを望んでいたためである。これを達成するために何百人もの人々の力が必要とされ、命名規則やディレクトリのやり取りに関するポリシーに影響を与えた。

ビジネスプロジェクトやプロセスからポリシーを推進することは、やや純粋さに欠けるように思える人もいるかもしれない[1]。しかしながらそこが重要なのだ。図21-1のポリシースタックは、トップダウンのアプローチを促すことを示している。ポリシーを必要な場所に紐付けることで、より優れたポリシーを取得し、使用されないポリシーの作成を避けることができる。

例として、アイデンティティ基盤の更新を検討しているとする。そして基盤更新のコストを正当化するために、パスワードリセットにかかるコストが十分に削減できると判断する。このようなプロジェクトはいくつかの重要なアーキテクチャ上の決定と、関連するADRを生み出す。もしかするとFIDOに移行することになり、ハードウェアトークン、プラットフォーム認証器、サポートされるブラウザ、ベンダー、および統合方法に関するアーキテクチャ上の決定が必要になるかもしれない。これらの決定は命名、識別子、および認証ポリシーを作成または更新する機会となる。その場合でも、パスワードリセットプロジェクトを完了するために必要なポリシーの一部を作成し、ポリシーの他の部分の作成は別の機会に見送る場合がある。

このアプローチの危険性は、ビジネス要件によって、既存のポリシー作成プロセスでは不可能なほど迅速な決定を迫られる場合があることだ。この問題は、次の3つの方法のいずれかで軽減できる。

1. ポリシーから意思決定を分離し、可能であればより迅速に進められるADRプロセスを使用す

---

[1] この項の**ビジネス**という言葉は、営利を目的とした階層的な組織だけを意味するのではなく、グループや組織が目標を達成するために必要なこと、という、より一般的な考えも含んでいる。

る。一部のビジネス要件は、ポリシーに従うアーキテクチャ上の決定で満たすことができる。

2. 主要な分野のポリシーやADRを使用する必要が生じる前に、前もって作成する。たとえば、セキュリティ違反のために数日以内に暗号化に関する意思決定を行う必要があるかもしれない。そのような意思決定が必要になるまでポリシーの作成や決定を待っていたのでは、ポリシーの作成に十分な時間がとれない。

3. ポリシーに関する疑問を迅速に解決するための手段を作成する。このプロセスを使用してすぐに回答が必要な特定の質問に関するポイントポリシーを作成し、その後、組み込みのフィードバックメカニズムを含むより長いポリシープロセスを使用して、このポイントポリシーがより一般的な解決策になるよう繰り返す。

いずれにせよ避けるべき2つの例を紹介する。一方の例は、ポリシーのプロセスが遅々として進まず、重要なビジネス上の意思決定やその実行が遅れてしまうことだ。これは確実に不満を生み、人々にシステムの中ではなくその周りで働くことを強いる。もう一方の例は、ポリシーや指針がない状態で、思いつきでアイデンティティ基盤が作られ、構造に一貫性がないものができあがることだ。

Amazonは一方通行のドアと双方向のドアという比喩を用いて、意思決定にアプローチしている。後戻りできない決定は簡単に取り消すことができないものである。誤った決断がもたらす影響は大きいため、十分に注意する必要がある。一方、後戻りできる決定は容易に覆すことが可能だ。これらは実験的に、素早く行うことができる。この比喩は、ポリシーを策定する際の熟考度合いを導くのに有用である。

前述したパスワードリセットの例では、ハードウェアトークンに移行し、パスワードの完全な廃止を決定することは、後戻りができない決定である。その理由は、パスワード方式に戻るのにコストがかかり、困難であるためだ。したがって、それを取り巻くポリシーへの問いかけは慎重に行う必要がある。しかしながら、まずはパスワードの再設定をより負担の少ないものにするために、パスワードの要求事項に関するポリシーを更新することから始めるとよいかもしれない。このようなポリシーの変更は、迅速かつ低コストで、後戻りできる決定である。さらに、監視が可能で、必要に応じて容易に元に戻すこともできる。

## 21.5.2　セキュリティの考慮事項

アイデンティティポリシーの最も重要な役割の1つは、組織やネットワークのリソースを保護することである。情報セキュリティについては多くのことが書かれており、ほとんどの大きな組織にはこの重要なタスクに専従する人員が存在する。ポリシーが対処すべきアイデンティティについての課題に関連するセキュリティポリシーがすでに存在する場合もある。

アイデンティティは情報セキュリティを有効なものにするが、情報セキュリティに包含されるものではない。実際にアイデンティティとはほとんど関係のない、セキュリティに関する重大な考慮事項がある。このことは図21-1のポリシースタックに示されているように、セキュリティポリシーがアイデンティティポリシーから分離され、その上に構築されるべきであることを示唆している。

ネットワークセキュリティ、許容できる利用、およびファイアウォール要件などの従来のセキュリティポリシーは、一般的に名前付け、認証、暗号化、およびアクセスコントロールなどの概念を用いる。しかしながら、これらの課題に関するポリシーは集約されていないことがほとんどである。組織のセキュリティポリシーを見直すと、これらの課題に関して互いに矛盾していることに気づけるかもしれない。

アイデンティティポリシーをセキュリティポリシーから分離するには、それぞれのセキュリティポリシーを書き換え、より一般的なアイデンティティの課題を取り除き、その代わりにアイデンティティポリシーを参照させる必要がある。そうすることで、セキュリティポリシーの要件がアイデンティティポリシーの内容を推進するようになる。

情報セキュリティがポリシーとして開発、実装されるために、ポリシーのガバナンスプロセスには常にセキュリティの専門家を含めるべきである。情報セキュリティの要求がアイデンティティポリシーの作成において重要な役割を果たすべきである一方で、組織内の他の重要な要求を小さく見せてしまわないように配慮すべきだ。

### 21.5.3　プライバシーに関する考慮事項

セキュリティポリシーと同様に、プライバシーポリシーはアイデンティティポリシーに依存する。通常、セキュリティポリシーはアイデンティティポリシーとは分けて考えられるが、プライバシーに関する考慮は、アイデンティティ基盤がプライバシーに関する要求を抜け漏れなく満たすようにするためにアイデンティティポリシーに包含されることもある。

8章ではプライバシーが組織のアイデンティティに関する決定にどのような影響を与えるかについての重要な情報が記載されている。あなたのアイデンティティポリシーは、設計方針としてプライバシーをサポートしているか？ 組織はさまざまな関連規制および法律に準拠しているか？ データ収集に関するビジネス上の必要性が明確で、それが意思決定およびポリシーに反映されているか？ データの価値とプライバシーのコストの間で適切なトレードオフが行われているか？ 最も重要なことは、顧客、パートナー企業、従業員に関する情報を、自分自身のデータの取り扱いに望むのと同じように取り扱っているかである。これらの質問やその他の質問は、適切なプライバシープラクティスをサポートするアイデンティティポリシーの指針となる。

### 21.5.4　情報のガバナンス

多くの組織は機密情報を保護するために、情報ガバナンスプロセスを導入している。この中にはプライバシーに関連するものもあるが、保護すべき情報は個人を識別する情報だけではない。企業秘密、企業の業績、その他の重要なデータはすべて、権限のない第三者から閲覧できないよう保護する必要がある。

情報ガバナンスはアクセスコントロールの決定とポリシーに最も大きな影響を与える。アイデンティティポリシーの要件を推進する情報ガバナンスの重要な質問には次の内容が含まれる——情報はどこに格納されている？ 誰がアクセス可能か？ それはいつまで保持されるのか？ どのように破棄されるの

か？

　あなたの組織の基盤がポリシーベースのアクセスコントロール（PBAC）をサポートしている場合、多くの情報所有者や管理人はPBACツールで直接アクセスコントロールポリシーを書くことができる。これらの、細かく自動的に実施されるアクセスコントロールポリシーは、より幅広く、より一般的なポリシーに準拠しなければならない。そのために、アイデンティティポリシーは明確で完全でなければならない。

## 21.5.5　外部要件への対応

　政府の規制当局や大きなパートナー企業などの外部ソースは、しばしばアイデンティティ基盤に対して要件を持っている。これらの要件がアイデンティティポリシーを生み出すのだ。8章ではGDPR、CCPA、HIPAA、Sarbanes-Oxley、Gramm-Leach-Bliley Actなどのいくつかの法的および規制要件について説明した。組織に適用されるいずれかの規制要件が、導入するポリシーに影響を与える。

　外部要件のいくつかは業界団体によって策定され、あらゆる思惑や目的に対して法的効力を持つ（「一般に公正妥当と認められた会計原則」など）。また自主的なものでありながら、組織が何らかの理由でそれを遵守するという結論を出しているものもある。

　いずれにせよ、あなたの組織はこれらの要件を満たす必要があるが、それはアイデンティティ基盤の管理を難しくする。アイデンティティポリシーはその点で、要件の成文化および標準化だけでなく、外部からの要件を満たすためのプロセスを提供する。

## 21.5.6　既存のポリシーに関するフィードバック

　組織にどのようなポリシーが必要かを決定することは、反復的な作業であり、一過性の出来事ではない。優れたビジネスプロセスと同様に、ポリシーのプロセスにもフィードバックの仕組みが定義される必要がある。フィードバックが適切に実施されると、どのポリシーが機能しており、どのポリシーが機能していないかについての情報が得られる。また、このプロセスによって、既存のポリシーを適用、実行する際に生じる疑問を解消するために策定する必要のあるポリシーも示される。

## 21.6　アイデンティティポリシーの策定

　優れたアイデンティティポリシーの5つの重要な属性についてはすでに説明した。これらの具体的な属性に加えて、以下の重要なガイドラインを踏まえることで、ポリシーが実装、実行、理解可能で、実用的でビジネスによって生み出されることを確実にできる。

**実行できない、または実行されないポリシーはリリースしない**
　無視されるポリシーを作成するとプロセスが弱体化する。

**ポリシーのレビューフレームワークを構築する**
　レビューフレームワークは、各ポリシーのステータス情報とレビューのスケジュールを含むド

キュメントである。

## 良いポリシーは頻繁に更新する必要がないほど汎用的なものである

ポリシーは明確なものでなければならないが、組織の業務運用が変わるたびに妥当性を失うほど具体的にするべきではない。

## ポリシーの中で特定の標準や製品を参照することは避ける

その代わりに、ADRの集合体である相互運用性フレームワークを使用して、特定の製品や標準を呼び出す。ポリシーの中で相互運用フレームワークから特定の決定を参照するだけにするのだ。このようにすることで、新しい製品や標準がリリースされても、継続的にポリシーを更新する必要がなくなる。

## ポリシーはプロセスやベストプラクティスを規定すべきではない

言い換えれば、ポリシーは「どのように」ではなく「何を」について語るべきである。一方でADRはプロセスや実施上の決定を記録するのに適している。

## ポリシーに機密情報や専有情報を記載すべきではない

通常、ポリシーを効果的なものにするためには広く知らせる必要がある。機密情報の記載を避けられない場合は、ポリシーが情報ガバナンスプロセスによって適切に分類され、その分類によってポリシーにアクセスする必要のあるすべての人がアクセス可能なことを確認する。

## ポリシーは短くし、モジュール化されたドキュメントにする

大規模でモノリシックなポリシーは書かないようにすること。モジュール化されたソフトウェアと同じようにモジュール化されたポリシーの構造を開発し、必要に応じて特定のセクションを相互参照するべきである。この利点は似通っている。短いモジュール化されたポリシーとは以下のようなものである。

- 複数の場所から参照して再利用できる
- 特定の分野の専門家によって書かれることによる利点を持つ
- 長期間にわたって適切である
- メンテナンスが容易である

## 人事チームと法務チームをレビュープロセスに含める

これは、ポリシーを実行する際に特に重要である。適切なレビューがなければ、ポリシーを破った個人に対して対処できない可能性が高まってしまう。

## ポリシー作成のプロセス管理には、文書管理システムやバージョン管理システムを使用する

同システムは、ポリシーの完成後の配布やバージョン管理にも使用可能である。ポリシーをワードプロセッサーで作成し、ワークフローにメールを使用し、配布のために簡単なWebサイトを作成するといったワークフローは、修正頻度の少ない少数のドキュメントには有効だが、より更新頻度の高いポリシーの維持プロセスには不向きである。

**スクラッチで始めるよりも、市場にサービスを提供している多くのベンダーやコンサルティング会社からポリシーのテンプレートを購入することを検討する**

あるいは、コンサルタントを雇用し、組織に特化したアイデンティティポリシーのセットをまとめさせれば、それによりプロセスを活性化し、短期間で実行可能なポリシーが得られるかもしれない。

作成する具体的なポリシーは、状況に応じてこれらのセクションのすべてまたは一部のみを含むことができる。

## 21.7　ポリシーの概要

ポリシーはどのように見えるべきだろうか。通常、アイデンティティポリシーには、識別可能なアウトラインに沿った一連のセクションがある[2]。各ポリシーにはタイトルと識別子を設けるべきだ。下記のセクションに沿って構成することを推奨する。

**セクション1：目的**

このセクションは通常1～2段落の長さで、「なぜこのポリシーが必要なのか」という問いに答える。

**セクション2：スコープ**

このセクションも一般的に短く、ポリシーがカバーする範囲を特定する。

**セクション3：ステータス**

このセクションでは、ポリシーのステータスを特定する。たとえば、「開発中」「検討中」「承認済み」「利用停止」「失効」などである。

**セクション4：定義**

このセクションは、ドキュメントの残りの部分で使用される用語の定義を単に列挙したものである。明確な定義をすることは、後のセクションでの曖昧さを避け、ポリシーの本文で概念の説明が長くなるのを避けるために重要だ。このセクションのポイントは、辞書的な定義を与えることではなく、その組織特有の定義と、その言葉がポリシーの中でどのように使用されるかについての情報を与えることである。

**セクション5：参考文献**

このセクションは、このポリシーの本文中で使用される他のポリシー、標準、アーキテクチャ上の決定、ドキュメントのリストである。

---

※2　これについて考えすぎないように。たとえばGitHubのようなバージョン管理システムを使用している場合、ドキュメントのURIが識別子として機能し、ハイパーリンクを使って簡単にポリシーを取得できるという利点がある。

**セクション6：ポリシー**

このセクションはドキュメントの本文であり、ポリシーの要求事項を詳細に述べる。

**セクション7：規律措置**

このセクションでは、ポリシーに違反した場合にどのような措置が取られるかを記述する。措置には、人事上の措置のように個人に対するものもあれば、予算上の措置のように組織に対するものもある。通常、人事上の措置の場合はポリシーに直接記載することはせず、適切な人事ポリシーを参照させる。

**セクション8：役割分担**

このセクションには、ポリシーとそのレビュー、修正、実行の責任者を記載する。その際、ポリシーが人事措置によって古くならないように、名前ではなく役職とポジションで記載する。

**セクション9：改訂履歴**

このセクションでは、日付と主な変更点から各改訂についてドキュメント化する。ただし、使用するバージョン管理システムのメタデータにこの情報が自動的に含まれている可能性が高いため、多くの場合はそれで十分かもしれない。ポリシーの変更に組織の他部門からの承認が必要な場合は、改訂履歴セクションにその情報を含めることができる。

　ポリシーのスタイルとフォーマット統一するために、組織のポリシーテンプレートを作成し、すべてのポリシーに適用することを推奨する。

# 21.8　ポリシーのレビューフレームワーク

　作成するポリシーには、ポリシーを評価するフレームワークを組み込むべきである。フレームワークは、実際にはスケジュール以外の何ものでもない。したがって一般的に短く、比較的議論の余地のないものとなる。レビューフレームワークは以下の要素から構成される。

- ドキュメントの目的を述べた導入部
- ポリシーに関するスケジュール表。この表にはポリシーの識別子とタイトル、責任者またはグループ、ステータス（例：承認済み／最終のドラフト／RFCドラフト）、承認日、レビューサイクル（例：毎年／半年ごとなど）の列を含める
- どの月にどのポリシーがレビューされるかを示す、当年度の日程一覧表
- ポリシー作成者がレビュースケジュールを提示する際の指針となる、さまざまな種類のポリシーをどのような頻度でレビューすべきかのガイドライン

　スケジュール自体は、カレンダーまたは会計年度の最終月にレビューし、次年度に向けた新しいレビュー日程一覧を作成する。

## 21.9　アイデンティティポリシーの評価

　ポリシーは最初に作成されたとき、およびレビューまたは修正の必要が生じたときに再評価する必要がある。このプロセスはルーティーンとしてセミフォーマルな手順で実施し、レビュー機関に簡潔な報告を行うのが最も効果的である。どのような種類のポリシーであれ、評価は難しいものだ。下記はポリシーをレビューし、評価するために使用するのが好ましい基準だ。

### 完全性

　理想的なことを言うと、ポリシーは起こり得るあらゆる状況をカバーするものである。しかしながらコストの問題、起こり得るすべての問題を予見することは不可能であるため、それは現実的ではない。そのため最適なアプローチは、特定のコンテキストに対して完全なポリシーを作成し、不測の事態が発生したときにポリシーを追加することである。建築業界では建築基準の作成にこの方法を用いており、この方法は有効であったと言える。レビュー機関はそのポリシーに影響を及ぼすあらゆるインシデント報告をレビューし、関連するインシデントを防止、あるいはその重大性を軽減するような変更について勧告を行うべきである。

### 有効性

　ポリシーの有効性を測るためには、組織にそのポリシーが達成したい目標があり、レビューされるポリシーがその達成にどのように貢献するかを理解している必要がある。

### コスト

　これを評価するのは難しいかもしれないが、ポリシー（または既存のポリシーの変更）に対する賛否を論証するために、少なくとも見積もる価値はあると言える。見積もりにはポリシーに従う場合のコストと、ポリシーを実行しない場合のコストを含めるべきである。コストの見積もりは通常、ポリシー全体ではなくポリシーの構成要素について行うのがより容易だ。

### リスク

　ポリシーは相対的なリスクを比較するのが難しい場合がある。要するにパスワードの定期リセットを強制するか、自発性に任せるかの選択を行っている。たとえば、定期的なパスワード変更を強制すべきかどうかだ。多くの場合、最善策はリスクを見積もることである。最も重要なのはそのプロセスを利用して、リスクに関する主な関係者の合意を形成することである。結果として、誰もが同じような観点からポリシーとその実行に取り組むようになる。

## 21.10　規律措置

　ポリシーを作成しても、それが実行されなければ意味がない。建築基準が施行されなければどれほど効果がないかを想像してみてほしい。ポリシーの実行は委員会に任せられるような義務ではない。また、サービスを提供する可能性のある同じ運営グループが、ポリシーの実行まで行うべきではない。優れたカスタマーサービスを提供すると同時に、警察の役割を果たすのは困難なことだ。

ポリシーは、それを必要とする人々に効果的に配布されるようにすべきである。この取り組みの一環として、ポリシースイートに関する研修プログラムの作成を検討し、新入社員オリエンテーション、管理職向けの研修、その他の会議に、必要に応じてこのプログラムを含めるとよい。

ポリシーをどれほど厳格に遵守するかは、コンプライアンス違反がどれほどのコスト影響をもたらすかに依存する。たとえば、あなたの組織が多額の罰金を課される可能性のある規制監視下にある場合、外部規制の遵守に関するポリシーを厳格に実行する義務があるかもしれない。

重要なポリシーには、承認に関する文を含めることを検討するとよい。これは、責任者が自分たち（または組織）がポリシーを遵守することを表明するという署名入りの声明のような、簡単なものでよい。責任者がコンプライアンス声明に署名できない場合は、コンプライアンスを徹底するに至るまでのロードマップ作成支援プログラムを用意し、主要なマイルストーンについての報告を求めるとよい。

コンプライアンスを測定し、奨励するための最も効果的な手法の1つが、定期的な監査の実施である。以下は監査を計画、実施する際に覚えておくべき重要なポイントである。

- 監査の実施についての承認が得られていることを確認すること
- IT部門や経営幹部などのグループや個人を監査対象から除外しないこと
- 監査を実施前に告知しないこと
- 可能な限り、監査を懲罰の伴わないものにするための独創的な方法を見つけること。聞こえは悪いが、コンプライアンスの測定手段として、監査後にキャンディや石ころをオフィスに置いておくだけでも、従業員に過度な脅威を与えずに問題を警告することができる
- 標準的な監査方式を開発すること
- ポリシーの種類ごとにカスタムの監査手順を作成すること。たとえば、パスワードの監査は、コーディング規約の監査とは大きく異なる
- 監査実施のためのプロセスを作成し、ポリシーでそれを参照すること
- 監査結果をドキュメント化し、共有すること

コンプライアンス違反に対する罰則も、適用される場合はポリシーに含める。実行可能なポリシーを作成するには、通常、法律や人事の専門家にポリシーのレビューとコメントを要求する必要がある。ポリシーを厳格にしすぎて、コンプライアンスを守りながら重要な業務が行えなくなり、デッドロックが生じないように注意すること。また、切迫した状況である場合には、例外を認める手段を設けることも重要である。

ポリシーおよび実行のポイントは、実用的なデジタルアイデンティティ基盤を構築し運用できるようなコンテキストを作成することである。結果として、強制措置は処罰を与えるものではなく、プロジェクト、組織、および従業員がコンプライアンスを徹底できるよう支援することを目的とする必要がある。

## 21.11 手順

ポリシーと密接な関係にあるのが手順である。ポリシーは「何を」を定義するのに対し、手順は「どのように」を定義する。手順はADRに記録することが可能である。適切なポリシースイートは手順を作成するための基礎となる。手順は、特定の状況下で取るべき具体的な行動の概要を示し、出来事やインシデント（それが予期せぬものであったとしても）をどのように処理するかを示すものである。適切に定義された手順は再現可能な結果を生み出すことから、手順はポリシーと同様に重要であると言える。

手順はポリシーに与えられた権限の下、活発に作成されることもある。しかし多くの場合、特別な権限なしに必要に応じて生まれるものだ。それは自然なことであり、適切なことである。重要なのは、ポリシーが手順を作成するためのコンテキストを提供することである。建築のたとえに戻ると、建築基準は建設業者が独自の建築手順を作成することを許可する必要はないが、最も優れた建設業者は建築基準を念頭に置いて手順を作成する。

作成可能な一般的手順の中で最も重要なものの1つが、インシデントの処理手順である。インシデントの処理手順は、よくある予測できるインシデントに対する事前計画ドキュメントである。手順では責任範囲、取るべき行動、およびエスカレーションプロセスを定義する必要がある。企業内の他の組織は、それぞれの責任範囲について特定のインシデント処理手順を定義してもよいが、それらは抜け漏れのないように一般的なインシデント処理手順のもとで行われるべきものだ。

## 21.12 ポリシーがシステムを完成させる

実用的なシステムとは、テクノロジーやアーキテクチャを超えたものである。ポリシーはテクノロジーだけでは解決できない課題を解決するための構造、ガイダンス、一貫性、および制御方法を提供する。

この章では、ポリシーの作成方法を詳細に説明し、アイデンティティアーキテクチャを補強するポリシースイートに組織が求め得るものの具体例を示した。次の章では、ポリシーの存在理由である「ガバナンス」について取り上げる。

# 22章

# アイデンティティエコシステムにおけるガバナンス

　私は、2016年にSovrin Foundation（https://sovrin.org/）を創設した際に、議長を務めていた。Sovrin Foundationは、Sovrin Networkと呼ばれる1つのアイデンティティメタシステムについてのガバナンスを提供するために設立された、国際的な非営利組織である。私と志を同じく人々は、**すべての人にアイデンティティを提供する（Identity for all、組織のビジョンそのものでもある）**ためのアイデンティティエコシステムにはガバナンスが必要であることを知っていたため、この組織の立ち上げを行った。皮肉なことだが、非集中型システムは集中型システムに比べて、**より高度なガバナンスを必要とされる**ことも多く、運用方法について都度、場当たり的な意思決定を行うことも多い。非集中型システムは、これらの特性を事前に把握していなければ崩壊してしまうのである。

　7章では、デジタルアイデンティティインフラの設計における一貫性と、それによって生まれる信頼と信用が社会的結束を形成するという説明をした。集団は、結束力によって、一連の思想やプロセスをもとに結果に向けて心を1つにして活動できるのである。説明した4つのタイプの組織（仲間、機構、市場、ネットワーク。「7.5　一貫性と社会システム」参照）がどのように一体感を生み出すのか疑問に思ったかもしれないが、その答えがまさにガバナンスだと言える。

　ガバナンスという言葉を聞くと、大統領府、立法府、裁判所、その他の政府機関を思い浮かべるのではないだろうか。哲学者のMark Bevirは、彼の優れた著書の中で、ガバナンスを「社会的組織と社会的調整のすべてのプロセス」と定義している[1]。ほとんどの人はガバナンスを階層的、官僚的な組織によって行われるプロセスとして捉えているが、Bevirの定義には部族社会、市場、ネットワークにて用いられる社会的調整と組織化のプロセスも含まれている。Bevirは以下のように表現している。

　　したがってガバナンスとは、政府、市場、ネットワークで行われるかどうかにかかわらず、また、家族、部族社会、公式または非公式の組織、領土かどうかにかかわらず、さらに、法律、規範、権力、言語を通じて行われるかどうかにかかわらず、あらゆる統治・管理プロセスを意味する。

---

※1　Mark Bevir『Governance: A Very Short Introduction』（Oxford: University of Oxford Press刊、2012年）

Bevirのガバナンスの定義における**ソーシャル**という言葉は、集団や組織の間で発生する相互作用があることを指し示している。つまりガバナンスとは、調整と組織化を目的としたあらゆる活動またはプロセスであると言える。Bevirは、社会規範、法的権力、話し方や書き方、さらには強制力なども含めて、すべてガバナンスの一部であると指摘している。たとえば、とある場面である人が「それは無礼だ！」と発言して社会規範を喚起するような行動をしたとする。これは、実際の法律と同じくらい、聞いている人々の行動を規制できる効果があるかもしれない。

私たちは、特定の目標を達成するために本書を通して多くのテクノロジーについて学習した。そのほとんどは組織化と調整に関する事項である。特にデジタルアイデンティティのような技術的な領域において、ガバナンスには社会的および技術的なプロセスとコントロールが多くの場合は含まれている。ガバナンスの最終的な目標は、常に一貫性を持たせることである。本章では、アイデンティティシステムを管理し一貫性を生み出すための社会的および技術的プロセスについて説明する。16章で学習したいくつかのアイデンティティアーキテクチャは、すべて異なる方法で個別に管理されている。本章の冒頭で、各アイデンティティアーキテクチャのガバナンスについて説明する。次に、最も興味深いメタシステム、3つのタイプの混合であるハイブリッドアーキテクチャの管理について説明する。さらに続けて、このメタシステムに依存するクレデンシャルエコシステムの管理について説明を行う。そして最後に、アイデンティティシステムのガバナンスが、どのようにしてその正統性を保持するのか、または損なうことにもなるのかを探る。

# 22.1 アイデンティティ管理システムにおけるガバナンス

誰もが、人生のほとんどの時間において何らかの管理組織に関わってきている。学校、大学、企業はすべて、何かしらの物事を管理する、階層的に組織された機関である。その結果、あなたはこれら機関の働きを見て、実際に所属し従うことで、ガバナンスに関する多くのアイデアをおそらく吸収している。ポリシーの策定、公布、および実施は、まさに社会の一般的なプロセスと言える。

17章では、アイデンティティ管理に関するエコシステムに蔓延する官僚的文化について説明した。官僚的文化は力の不均衡をもたらす。そこには、意思決定を行い、ポリシーを策定する集団または組織が存在する。そして、ポリシーは管理組織がガバナンスを効かせるために使用する主要なツールの1つである。おそらく、前章のポリシーに関する議論は、このような管理組織の視点を持って読まれたのではないだろうか。実際、ポリシーについてはこのような階層的管理組織のイメージなくして書き示すことは難しい。ほとんどの場合において、優れたポリシーの施行は優れたコーポレートガバナンスと同義と言える。リーダーたちは予期せぬ問題が発生したときには確かに場当たり的な意思決定を行うことができる。このときにまさにポリシーこそが、ミスの防止、セキュリティの強化、コストの削減などの、アイデンティティシステムの運用の一貫性を確保するツールとなる。

アイデンティティ管理システムにおけるガバナンスの重要な目標は、**使用および運用の指針となる明確で包括的な一連のポリシーを作成する**（create a clear and comprehensive set of policies that will guide its use and operation）ことである。一連のポリシーにより、許可されることと許可されていない

ことを従業員、パートナー、および顧客に理解させた上で、アイデンティティシステムの全体的な目標と全員の行動が一致しているかどうかを確認していくことで一貫性を生み出すのである。たとえば、顧客やパートナーはアカウント作成のときに利用規約に同意するが、利用規約はポリシーに基づいていなければならない。

フェデレーション型アイデンティティシステムでは、優れたポリシーの策定がさらに重要になる。13章で学習したように、**フェデレーション**とは、アイデンティティに関する決定の一部を別の組織にアウトソーシングするプロセスである。Googleのソーシャルログイン機能を使用して、Webサイトの利用者を認証する場合、ログインのための認証情報の確認はGoogleにアウトソーシングされる。Googleは事前に認証連携の条件が設定されている認証機能を提供するプロバイダーである。Webサイトの認証にGoogleを使用するための利用登録には、Googleのポリシーに従ってGoogleの利用規約に同意する必要がある。このように、ソーシャルログインはどこでどのように扱うのが適切か、そして利用登録する組織が受け入れることができる条件を持つかどうかを判断するのに、ポリシーが役立つ。

従業員ポータルと福利厚生サービスプロバイダーの間の連携などの他のタイプのフェデレーションでは、通常は事前調整による同意が必要である。このような状況では、連携する両方のシステムのポリシーが機能する。これらポリシーに従って、セッションの長さ、データの共有と保持、アクセス制御などの動作設定を管理する場合がある。

アイデンティティ管理システムにおいて、テクノロジーと標準仕様に関するアーキテクチャ上の決定も、統制に一役買っていると言える。IAMシステムの選定においては、たとえばアイデンティティシステムでできることとできないことを選択する必要がある。ベンダーが異なれば機能も特徴も異なるシステムとなるため、ベンダー選択はガバナンスの行為そのものであるし、選択によって何が可能で何ができないかの境界線を設定する。ベンダーやシステムの選択を行った後、組織は一部の機能を無効にしたり、デフォルトオフの機能をオンにしたりする可能性があり、こうして一連の可能性の範囲内で許容できるものかどうかの境界線を決定する。繰り返しになるが、これらの選択によって何が可能で何ができないかの境界線は変わるのである。

同様に、フェデレーション型アイデンティティの動作は、標準で定義されたプロトコルによって規定されている。たとえば、OpenID Connect、OAuth、SAMLなどのフェデレーションプロトコルは、システムや参加者が果たす役割と動作を規定する。結果として各構成要素は役割範囲を制限され、プロトコルに基づき動作を制御されるため、プロトコルの選択はガバナンスの行為そのものと言える。

アイデンティティ管理システムを安全に運用するために必要なタスクの多くは、IAMインフラストラクチャと統合された技術システムを使用することで制御できる。これらのタスクを実行するシステムは、**IGA (Identity governance and administration)** と呼ばれている。通常、IGAシステムは、アイデンティティチームとセキュリティチームが、職務、役割、ワークフローの分離を念頭に置いており、自動的なアクセスの制御とその確認を可能にするツールを提供している。IGAシステムは、IAMシステムをルールに従って管理することで、ポリシーで義務付けられているであろう監査、レビューとチェックを自動化できる。その結果、異常なアクティビティに関するアラートを提供してポリシー準拠を確認できる、よりシンプルでエラー耐性のあるアクセス制御システムが実現する。

## 22.2　自律型アイデンティティシステムの管理

　16章で説明した自律型アイデンティティシステムは自己認証型であるため、ポリシーよりもテクノロジーによってほぼそのすべてが管理される。自律型識別子に基づくアイデンティティエコシステムはピアツーピア方式であり、各アクターは自己主権的な権限を行使して、テクノロジーと実行者を選択する。

　自律型識別子は、その基礎となる暗号化技術によって自己認証する。その暗号化技術は、コントローラ、その公開鍵、およびそれら識別子の関係について、（7章で定義されている意味での）信頼性を提供する。コントローラは、秘密鍵を用いてキーに対する操作と識別子のバインディングに関するステートメントに否認を防ぐための署名をすることができる。正当に実装されていれば、別のアクター（システム等）が公開鍵と識別子を使用してこれらのステートメントを検証できる。

　Lawrence Lessigの有名なエッセイ「Code Is Law」(https://oreil.ly/0N1mI) では、実際にコードを書いた開発者によってシステムが規制されることの意味を探っており、下記のように示されている。

> コードは規制をする。実際に値を適用するか、しないかのどちらかを決める。自由な動きを許すこともあれば、それを不可とすることもできる。プライバシーを保護したり、監視をする。人はどのようにコードで規制を行うのか、その方法について選んでいると言える。そのコードを書くのはプログラマーである。つまり、人々がそのデジタル空間の規制を決めているわけではない。持ち得る選択肢は、私たちが集団で彼らの選択に役割を果たすか——つまりこれらの価値がどのように規制されるかを決定するか、もしくは、プログラマーがその役割を持つことを許可するかのどちらかである。

　自律型アイデンティティシステムは**ほぼそのすべてが**テクノロジーによって管理されていると私が言うとき、この**ほぼ**には、Lessigの**集団的な**「私たち」(Collective"we") が入り込む余地のことを指している。

　他のアクターは、コントローラとその鍵、実装、コードベースの完全性、および標準の選択について質問を提起するかもしれない。たとえば、AliceとBobがデジタルな関係性をもとに、自律型識別子を交換するとする。BobがAliceから署名されたメッセージを受け取ったとき、それが本当にAlice本人なのか、悪意ある手段で彼女の鍵を盗んで使っている偽物ではないかを、どうやって知ることができるのだろうか？　もし、Bobが署名されたメッセージを検証しようとして失敗したとしたら、それはその署名自体が間違っているためなのか、それとも署名検証アルゴリズムの実装にバグがあるためだろうか？誰かがAliceのブラウザ（User-Agent）やウォレットなどのエージェントにボットを仕掛けたのだろうか？　アルゴリズムに根本的な欠陥があるのか？[2]

　これらの質問に対する答えは、技術ではなく社会的な要素を踏まえて考える必要がある。たとえば、Bobはなりすまし攻撃者が知らないことをAliceに尋ねることで、その人がAlice本人であることを確認

---

[2]　TLSは、過去に同様の問題に悩まされている。たとえば、Heartbleedと呼ばれる脆弱性はOpenSSLコードベースのバグであり、Web上の何百万ものサーバにセキュリティホールをもたらした。TLS 1.0プロトコルは、中間者攻撃に対して脆弱であることが判明したのである。TLS 1.2では、その脆弱性はなくなり、設計についてより確実な保証を提供するために正式に検証されている。

することがあるかもしれない。または、Aliceが使用しているエージェントは、セキュリティ機能をしっかりレビューしたということで信頼に値するかもしれない。エージェントは一連のアルゴリズムを実装している。そして開発者はこの実装方法を選択している（これも社会的現象と言える）。アルゴリズムは、正式な方法による査読または分析の対象となっているのである。これらはすべて、AliceとBobがプライベートな環境と同じく秘密の会話をすることができるかどうかに影響を与える社会的プロセスなのである。

これらすべてのプロセスが組み合わさって、アルゴリズム型アイデンティティシステムにガバナンスを提供する。そのガバナンスは、個人または組織が意思決定を行う管理システムのガバナンスよりもパッチワーク的である。たとえば、プロトコル標準はガバナンスプロセスによって厳しく管理されている。標準化団体は、委員会がプロセスを遵守することを形式化し保証するために多大な努力を行っている。コードは、クローズドまたはオープンなプロセスで開発される（後者は一般に**オープンソース** [open source] と呼ばれる）。開発者でなくてもその透明性によって何が起こっているかを監視したり、欠陥を明らかにすることができるため、オープンなプロセスのほうがより信頼できると言える。サードパーティは、認定プロセスを使用してエージェントを明示的に証明する場合もあれば、製品提供に含めることで暗黙的に証明する場合もある。

Bobはこれらすべてを知っているか、あるいはまったく知らないかもしれない。しかし、これらの仕組みにAliceのメッセージの真正性と機密性に対する彼の信用がかかっているのである。パッチワークのようなプロセスに信頼を置くのは気が引けるかもしれないが、インターネットの大部分の仕組みも同じ基礎で動いている。たとえば、TLSがどのように機能するかを理解している人はほとんどいないが、それでもTLSは機能してデータを保護している。結局のところ、自律型アイデンティティシステムのガバナンスは、機能させるアルゴリズム、プロトコル、そして実装に大きなギャップがないようにするために、たくさんの問題に配慮している多くの関係者に依存している。

## 22.3　アルゴリズム型アイデンティティシステムの管理

アルゴリズム型アイデンティティアーキテクチャの際立った特徴は、検証可能なデータレジストリ（VDR）である。VDRはスキーマ、クレデンシャル定義、失効レジストリなど、クレデンシャルに関連するその他の情報と、DIDドキュメントに関連付けられたパブリックDIDが格納される。つまり、VDRに対するガバナンスがアルゴリズム型アイデンティティシステムの信用と正統性において、重要な柱なのである。

図22-1は、読み取りと書き込みの権限に基づいて、いくつかの一般的なVDR（またはVDRの実装方法）を2軸で分類した。VDRは、読み取りについては**パブリック**または**プライベート**、書き込みについては**パーミッション**または**パーミッションレス**のいずれかに分類できる。書き込みはパーミッションかつ読み取りがプライベートであることはあまり意味がないので、そこは分類対象外とする。

ビットコイン、イーサリアム、その他多くのブロックチェーンに基づくVDRは公開されており、誰でも保存されているレコードを読むことができ（ただしレコードは暗号化されている可能性がある）、誰でもレコードを書き込むことができる。9章で述べたように、**パーミッションレス**なブロックチェーン

は、いわゆるビザンチン障害を克服し二重支出を防ぐように設計されており、作成者が秘密鍵をしっかりと管理している限りは記録が不正に書き込まれるのを防いでいる。

　**パブリックパーミッションレス台帳**に基づくVDRには、ガバナンスがないわけではない。しかし、そのガバナンスは利害関係者間の相互作用を通じて作成される。たとえばビットコインの場合、変更を提案できる開発者たち、コードの変更を受け入れるかどうかを決定する各ノードオペレーター（miners、採掘者やマイナーとも呼ばれる）、（VDRなどの）ユースケースにビットコインを使用するかどうかを決定する人々が存在する。これらの各当事者は、ビットコインブロックチェーンとその上で動作するアプリケーションの継続的な正統性について、毎日個別に決定を下している。これは、ネットワークを管理する社会的プロセスである。

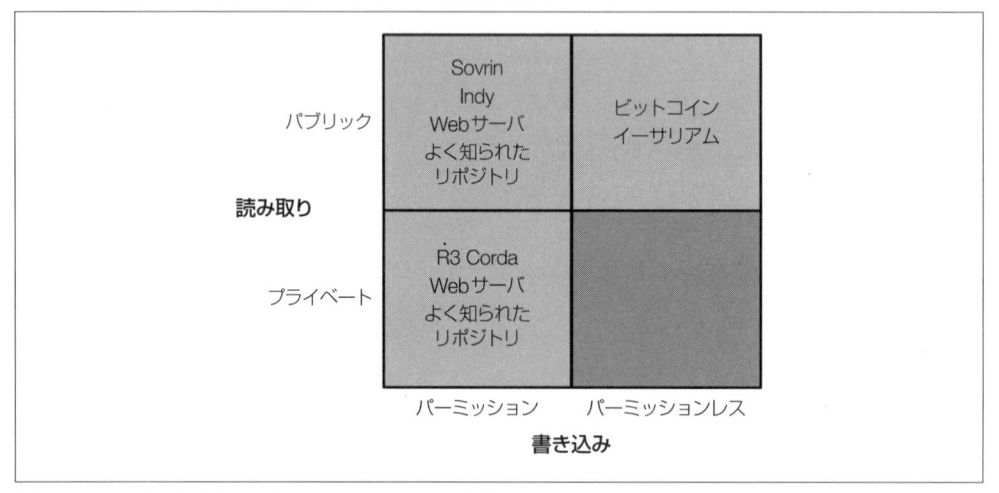

図22-1　アルゴリズム型アイデンティティシステムの分類

　R3 Cordaは、企業のコンソーシアムが独自の目的のために通常運用するオープンソースの分散型台帳であり、**プライベートパーミッションVDR**の一例である。Cordaの特定のインスタンスを管理する組織のみが、台帳の読み取りと書き込みを誰に許可するのか定義できる。管理上のコーポレートガバナンスプロセスを通じて、コンソーシアムはこれらのルールを決定する。

　HTTPをベースにした、またはよく知られたリポジトリに基づくVDRは、単一の組織によって一元管理される場合がある[3]。プライベートパーミッション台帳のガバナンスは、VDRを運用するコンソーシアム内の当事者間で交渉するという点で、フェデレーション型アイデンティティシステムのガバナンスと酷似している。コンソーシアム自身の正統性とその運営方法に、このガバナンスモデルの正統性はかかっている。

　ここで、**パブリックパーミッション**モデルとしてHyperledger Indyコードベースで実行しているネッ

---

[3]　たとえば、RFC 5785（https://oreil.ly/KcIGx）では、既知情報を検索するための補助として URI で使用できるパス ~/.well-known/ が指定されている。

トワークであるSovrin Networkに話を戻す。VDRは誰でも読むことができるが、書き込みは、Sovrin
エコシステムの参加者からの幅広いオープンなインプットに基づいた、広大なSovrin Networkガバナン
ス文書（https://oreil.ly/qODvu）に従って動作する一連のノードによって制御される。

　他の台帳やHTTPベースのシステムに基づく他の**パブリックパーミッション**VDRは、同様のガバナ
ンスモデルである場合もあれば、より一元化されている場合もある。パブリックパーミッションシステ
ムの正統性は、ガバナンスポリシーとそれに従う各ノードオペレーターの完全性に依存する。

　信頼性やスケーラビリティなどの、オンラインシステムが対処しなければならない通常あり得る運用
上の問題を超えて、VDRが解決しなければならない重要な問題が、**検閲**[4]（censorship）である。3つ
のVDRモデルは、それぞれ異なる方法でこれに対処している。

### パブリックパーミッションレスVDR

　パブリックパーミッションレスVDRは、その動作がアルゴリズムを実装するコードによって
決定されるため、支持者は主要な機能として検閲耐性を宣伝することがしばしばある。しか
し、悪魔は細部に存在する。たとえば、ほとんどのパーミッションレスブロックチェーンの完
全性は、ブロックチェーンを運用するノードの大部分を制御する個人や組織に一切依存してい
ない。大規模なマイニングプールは、ブロックとして機能する一種の連合を形取るため、
完全性を脅かす可能性がある。同様の理由で、ビットコインやイーサリアムのようなよく知
られた頻繁に利用されるブロックチェーンは、トラフィックの少ないシステムよりも信頼でき
ると言われている。トラフィックの少ないシステムでは、検閲耐性に関する理論的な保証が
あっても、ブロックチェーンを維持しているノードがそれほど多くないという実状によってそ
れが覆されてしまうからである。それにもかかわらず、パブリックパーミッションレスVDR
は、3つのモデルのいずれよりも検閲耐性があるとされている。

### プライベートパーミッションVDR

　プライベートパーミッションVDRは通常、検閲耐性に関する保証が最も弱いとされる。VDR
ネットワークを運用する組織が、誰を、そして何を検閲するかなど、運用に関して必要な決
定を下すことができるためである。誰がシステムを使用しているかや、VDRとユースケース
が明確であり、かつプライベートVDRは完全にクローズドなエコシステムで使用されるの
で、検閲耐性に関する保証の弱さは、メンバーにとっての懸念事項とはならない。

### パブリックパーミッションVDR

　これらのVDRはSovrin Networkと同様に、検閲耐性を保証するためにガバナンスに関する公
式発表をよりどころにしている。単一のノードオペレーターが独自にレコードの検閲を決定す
ることはできない。変更または削除された記録が通知される台帳の公開性により、外部の第
三者が検閲をチェックできる。したがって、パブリックパーミッションVDRの正統性は、現
代の民主的な国民国家の正統性が判断される方法と同様に、そのガバナンスの中立性、透明
性、および公平感に依存すると言える。

---

※4　特定のノード運営者によるデータの改ざんや検閲のこと。

## 22.4　ハイブリッドアイデンティティエコシステムにおけるガバナンス

BriscoeとDe Wildは「Digital Ecosystems: Evolving Service-Oriented Architectures」[5]の中で、生物学的エコシステムの特性を模倣するデジタルエコシステムについて、「デジタルエコシステムは分散し、適応性があり、多様で、自己組織化され、スケーラブルである」と説明している。物理世界とデジタル世界で成功しているたくさんのアイデンティティシステムは、　似たような特性を持っている。図22-2は、図19-7を再現したもので、このハイブリッドシステムにおけるガバナンス機能について議論するための基礎として、アイデンティティエコシステム内で運用される構成要素とその性質を示している。

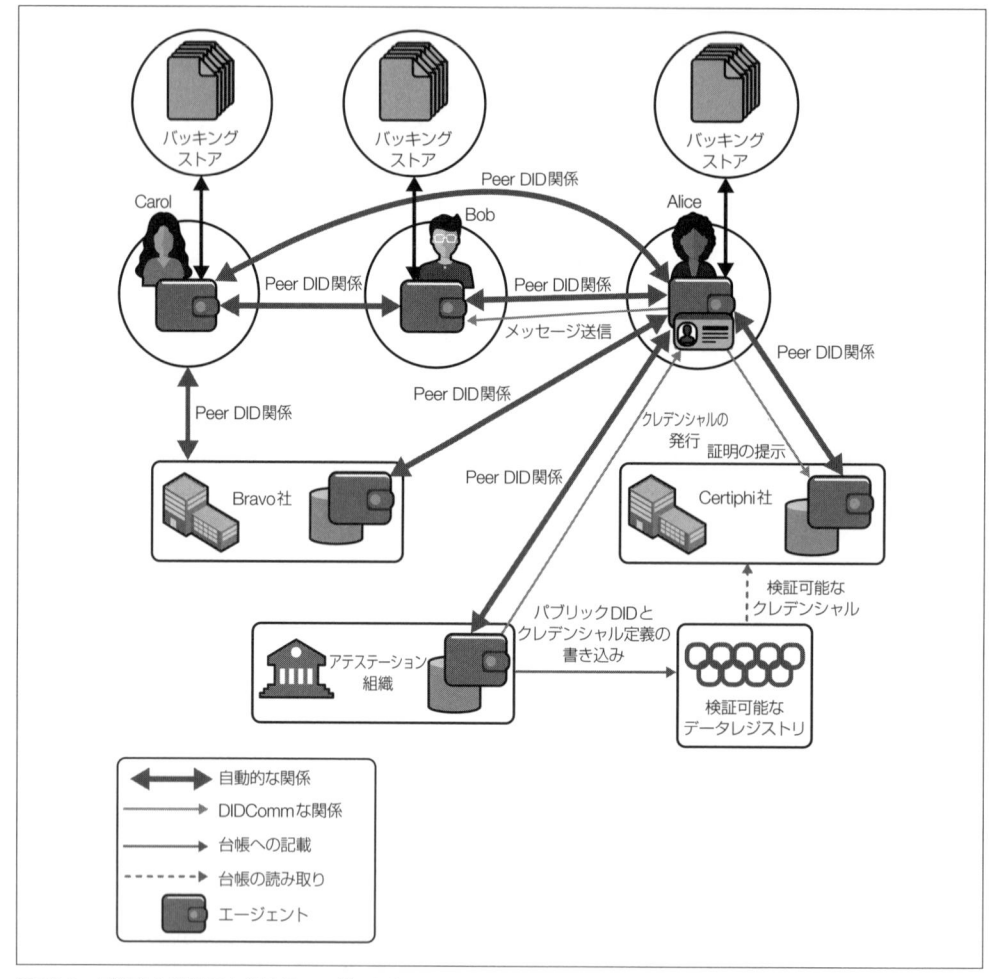

図22-2　デジタル関係における各エージェント

※5　Gerard Briscoe and Philippe De Wilde, "Digital Ecosystems: Evolving Service-Oriented Architectures" (Conference on Bio-Inspired Models of Network, Information and Computing Systems, IEEE, 2006).

Alice、Carol、Bobは、自律型アイデンティティアーキテクチャに伴う関係を共有する。同様に、Aliceはアテステーション組織、Bravo社、およびCertiphi社とPeer DIDベースの関係がある。

ただし、これら3つの組織でAliceのアカウントを管理するIAMシステムは管理用になる。つまり、アテステーション組織はクレデンシャルの発行者であり、Certiphi社はクレデンシャルの検証者であり、Aliceはクレデンシャルの所有者である。したがって、各当事者は1つ以上のアルゴリズム型アイデンティティシステムに参加していると言える。

図22-2に示すアイデンティティエコシステムは、ガバナンスのパッチワークに複数のアクターが参加する、ネットワーク化された組織の一形式である。各々のアイデンティティ管理システムは、他のすべてのシステムとは異なる方法で管理されている可能性がある。この図はPeer DID関係のみを示しているが、これらの関係の一部はKERI準拠の自律型識別子に基づいている可能性がある。VDRが1つだけのこの図では、Alice、アテステーション組織、およびCertiphi社は、ただ1つのセットのVDRガバナンスポリシーに参加している。しかし、Aliceは異なるVDRのクレデンシャルを持つことができるため、それぞれに左右される可能性があり、Certiphi社のような検証者がそれらの異なるVDRで発行されたクレデンシャルを受け入れたい場合は、順番に参加させる必要がある。

エコシステム内のガバナンスモデルの幅広さと複数の利害関係者は、アイデンティティメタシステムの現実そのものである。ネットワーク化されたエコシステムの利害関係者は相互依存しており、パッチワークのガバナンスポリシーは必然的にエコシステム内の他の利害関係者に影響を与える。彼らが独自の変化で対応すると、エコシステムは再び調整される。ネットワーク内のアクターはこれらの相互作用を通じてお互いを信頼することを一般的に学習している。

ネットワーク化されたエコシステムは、すべての参加者が平等なリソースを持っている場合、安定したガバナンス関係が構築できる可能性がより高くなる。しかし通常のアイデンティティメタシステムでは、一部のアクター（VDRなど）が比較的大きな権力を有する立場にあるため、そうはならない。アクターのリソースや権力が平等ではない状況における公平性と安定性は、VDRのパートナーの選択と、その選択肢を知らせる特定ポリシーへの公約に依存する。これは危険をはらんだ方法であり、設計者はすべてのアクター、特にVDRのような潜在的に大きな権力を持つアクターのガバナンスポリシーに注意を払う必要がある。

## 22.5　独立したアイデンティティエコシステムの管理

ある種のクレデンシャルを使用する日常的なやり取りについて考えてみよう。映画のチケット、ポイントカード、クレジットカード、運転免許証などの政府発行の身分証明書などは、各々が特定の目的のために設計されたアイデンティティエコシステムを表していると言える。発行者と、その発行者におけるガバナンスの強度に基づいて、これらのクレデンシャルの一部は意図された目的を超えて広く使用されている。

たとえば、ポイントカードの仕組みをデザインする食料品チェーン店のマーケターは、自らがアイデンティティエコシステムを構築しているとは思わないかもしれないが、実際には構築していると言

える。本書で学んだことの多くは、ポイントカードプログラムやその他のクレデンシャルを用いた成功ユースケースを作成する際に役立つ。7章では、信用と信頼について、信用は忠実度に基づいており、信頼は出自に基づくと区別している。これらの概念は、次の項で説明するクレデンシャルガバナンスの必要性を理解するのに役立つものである。

## 22.5.1　クレデンシャルの忠実度と信用

クレデンシャルの発行と提示のプロセスは、結果的に人々の**信用**（Confidence）に影響を与える。これらのプロセスは、VDRとエージェントの運用を管理するためのアーキテクチャと標準規格の採用や利用の判断に従ってコントロールされる。下記にクレデンシャルの**忠実度**について確認できるすべての質問を示す。

- このクレデンシャルのDIDはどのように解決されたか？　別の言い方をすれば、DIDメソッドを信頼しているか？
- 結果として得られるDIDドキュメントが、私が受け取ることを意図しているDIDのコントローラのものであると確信しているか？
- クレデンシャルの定義が改ざんされていないか？
- 定義で参照されているスキーマが改ざんされていないか？
- 検証者は、クレデンシャルが改ざんされていないことを検証できるか？
- クレデンシャルは、それを提示している主体に発行されたか？
- 提示は、検証者と関係性のある所有者によって行われるか？
- 発行者はクレデンシャルを取り消したのか？

これらの質問に対する答えは、クレデンシャルの発行と提示に使用されるテクノロジー、アーキテクチャ、アルゴリズム、およびプロトコルを理解することで把握できる。VDRとクレデンシャルの証明方法を適切に選択することで、テクノロジースタックを評価でき、さらにクレデンシャルを暗号的に検証してその忠実度の信用を得るのである。

## 22.5.2　クレデンシャルの出自と信頼

クレデンシャルの忠実度よりも難しい問題が、クレデンシャルの**出自**（provenance）とそれを**信頼**（trust）できるかどうかの判断である。前の項の質問のリストに「**DIDは私が思っている当事者によって管理されているか？**」が含まれていないことに注目してほしい。たとえば、Aliceが大学や雇用主から受け取ったクレデンシャルに基づいて導出されたクレデンシャルを提示した場合、検証者はどのようにその情報が実際にそれらの機関からのものであることを信頼できるのか？

各クレデンシャルには、発行者の識別子（通常はパブリックDID）が含まれる。検証者はDIDを解決し、DIDドキュメントを取得できる。DIDドキュメントには、公開鍵とサービスエンドポイントが含まれる。検証者は、次の方法のいずれかまたはすべてを使用して発行者の識別子の**出自**を判断し、信頼を獲得する。

### パーソナルナレッジ

識別子は、クレデンシャル交換以外のその他の相互作用を通じて検証者に認識されている可能性がある。たとえば、Aliceのクレデンシャルの検証者は、彼女の大学や雇用主と別でやり取りをしていた可能性がある。機関であろうと人であろうと検証者は、対話する当事者のパブリック識別子を含む個人アドレス帳を作成する。

### Out-of-Band検証

検証者は、RFC 5785で説明されているような既知のディスカバリスキーム（https://www.ietf.org/rfc/rfc5785.txt）のDIDドキュメント内のサービスエンドポイントを使用でき、識別子がエンティティによって要求されているか、さもなければPKIを使用して識別されていることを確認できる。たとえば、大学のDIDドキュメントにTLSを使用して保護されたWebサーバを含む場合、ドメインを認証するデジタル証明書は、おそらくそのサーバの所有者もまた識別する。9章で確認したとおり、証明書の種類によっては識別子がAliceの大学に関連付けられていると信じるように検証者を先導してしまう可能性がある。彼らは特定の目的のために、必要な証明のレベルと、証明書がそのレベルの証明をできるかどうかを評価する必要がある。

### Web of Trust

発行者の識別子は、信頼できる人によって検証者に紹介されるか、信頼できる人と移行的に関連付けられる人であると言える。このカテゴリは、Pretty Good Privacy（PGP）やその他の公開鍵暗号方式システムが識別子と公開鍵の間のバインディングの真正性を確立するために使用するWeb of Trustモデルと同様である。ただし、この場合は、検証者はすでに公開鍵へのバインディングに信用を持っていると言える。その代わりに、検証者は識別子とドメイン、または発行者のための他のよく知られたパブリック識別子の間のバインディングを確認しようとするだろう。

### Verifiable Credentialsに含まれるクレーム

識別子は、発行者に発行されたVerifiable Credentials（VC）に含まれる他の信頼できるクレームを頼りにすることによって検証できる。これは、銀行が信頼できる他の書類（運転免許証やパスポートなど）を使用して、新しい口座名義人の身元を確認する方法と似ている[6]。発行者を知っているからこそ、それらの文書を信頼するのである。

パーソナルナレッジ、Out-of-Band検証、Web of Trustはすべて、クレデンシャルの発行者への信頼を築くために使用できるが、VCを頼りにすることで最もスケーラブルかつ自動的にできる。図22-3は、図15-3でお馴染みのトラストトライアングルの上にその働きを示している。

---

[6]　銀行におけるケースでは、このプロセスはマネーロンダリング防止法によって厳しく規制されており、Know Your Customer（KYC）と呼ばれている。

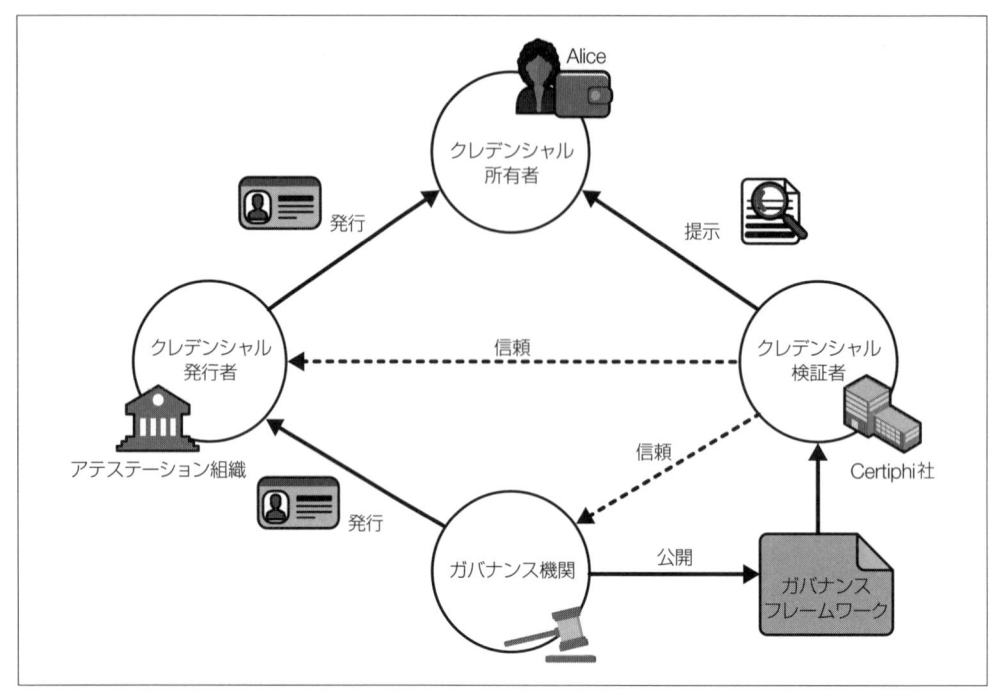

図22-3　クレデンシャル交換のダイヤモンド

　図22-3では、わかりやすくするためにVDRを省略し、さらに下部に2つ目のクレデンシャル交換のトライアングルを追加してダイヤモンドを作成している。この例では、Aliceはアテステーション組織によって発行されたクレデンシャルを持ち、それをCertiphi社に提示している。アテステーション組織もまた**ガバナンス機関**によって発行されたクレデンシャルを保持している。ガバナンス機関は、**ガバナンスフレームワーク**、すなわち公開されたポリシーとルールに従い特定の方法で運営することを義務付ける文書を公開している。

　たとえば、アテステーション組織が米国を拠点とする銀行の場合、ガバナンス機関は、米国のすべての国立銀行と連邦貯蓄金融機関の認可、規制、監督を行う通貨監督庁（OCC）となる。Certiphi社はOCCの公開識別子を把握し、そのガバナンスフレームワークにアクセスできる。これにより、Aliceが提示したクレデンシャルは銀行が出自であることを知り得るため、そのクレデンシャルを信頼できる。

　Certiphi社はどのようにしてOCCを信頼するようになったのか？　古いジョークの言葉を借りれば、それは亀の甲羅の上に平面的な地球が乗っている世界観（地球平面説）である（turtles all the way down、https://oreil.ly/KmJ7t）。OCCは、米国財務省からクレデンシャルを取得している。ある時点で、Certiphi社はクレデンシャルチェーンに最終的な権威を有する組織に遭遇する。この例では、米国財務省は、自身の権限が最終的に米国憲法に基づいており、また基づいていることを容易に特定可能である上で、米国の金融機関を規制する権限が米国法で確立されているため、機能を果たしていると言えるのである。

前述したように、組織のクレデンシャルは通常公開されているため、パブリックディレクトリで自由に共有できる。組織はこの種のクレデンシャルに対して通常は最小限の開示を必要としないため、完全なクレデンシャルの提示が適切である。たとえば、アテステーション組織はAliceに自分自身のクレデンシャルを発行するだけでなく、OCCからのクレデンシャルもAliceに付与できる。Aliceはクレデンシャルを提示するだけで、アテステーション組織が要求したデータの提供と同時に、そのクレデンシャルが国立銀行からのものであることを証明できるのである。

### 22.5.3 ドメイン固有のトラストフレームワーク

ドメイン固有のトラストフレームワーク（7章で説明）は、人々や組織が信頼の質問に答えるのに役立つ手段を提供する。図22-3のガバナンスフレームワークは、ガバナンス機関が提供する全体的なトラストフレームワークの一部である。

ガバナンス機関は政府機関である必要は**ない**。実際、ほとんどが民間組織である。VCの使用法に関するルール、手順、およびテクノロジーの決定者の誰でも、その資格証明のガバナンス機関であると言える。ポイントカードプログラムについて前述した例では、ポイントカードを発行する会社が資格情報のガバナンス機関である。図22-3のガバナンスドキュメントに加えて、当該ドメインにおけるトラストフレームワークには、クレデンシャルのクレームを信頼するために必要なテクノロジー、ビジネスプロセスおよび法的契約が含まれる場合がある。この機関の決定により、指定されたドメインのためのトラストフレームワークが作成される。

トラストフレームワークは、アドホックに作ることができる。たとえば、ポイントカードプログラムでは、資格情報を発行する食料品店は、他ユーザーが資格証明をどのようにやり取りするかを考慮せずにほとんどの決定を下すため、決して資格証明を公開しない可能性がある。この場合は、他の誰もこのポイントカードに依存していないため、食料品店だけが資格証明がどのように管理されているかを把握すれば事は足りる。

しかし、対話する各パートナーが使用するアイデンティティエコシステムのトラストフレームワークは、より正式なものでなければならない。これは、クレデンシャルベースのアイデンティティエコシステムと同様に、フェデレーション型アイデンティティエコシステムにも当てはまる。トラストフレームワークの設計は、最初は気が遠くなるように思えるかもしれないが、実例がたくさんあることを覚えておいてほしい。銀行、大学、スポーツリーグ、クレジットカード、その他多くの組織の管理および規制を行う機関は、数十年、場合によっては何世紀にもわたって行ってきている。では、何が新しいかと言うと、デジタル技術の機能によって、認証情報を使用して他のユーザーに役立つ可能性のあるネットワークを簡単に作成するための技術的手段を多くの組織に提供する、つまりエコシステムを形成する、ということができるようになったのである。

Trust Over IP（ToIP）Foundation（https://trustoverip.org/）は、Linux Foundationの非営利下部組織であり、組織のトラストフレームワークの理解、構築、展開を支援することを目的としている。ToIPは、当事者間の機密性の高い直接的な通信接続を提供するグローバルスタンダードの確立を推進している。個人や組織が、相互運用可能なデジタルウォレットとクレデンシャルの利用機会を理解し活用で

きるよう支援を行っている。ToIPの他の活動の中には、サンプルプロセス、管理文書、ガバナンス体系の提供がある。もし自身のアイデンティティエコシステムを設計している場合にはToIPが役に立つ。

## 22.6 アイデンティティエコシステムの正統性

16章で、アイデンティティシステムの正統性は、部分的には管理構造に由来すると述べた。ガバナンスに関する本説明の後、あなたはアイデンティティエコシステムのすべての部分の正統性を分析する準備ができたと言えるようになるだろう。

図22-4は、本書で何度か説明したSSIスタックを再現したものである。各エコシステムの基盤となるアイデンティティメタシステムは、レイヤー1に示すように1つ以上のVDRに依存する。各VDRは、運用を定める標準や技術の選択を含めて、アルゴリズムアイデンティティシステムについて以前説明した方法で管理される。

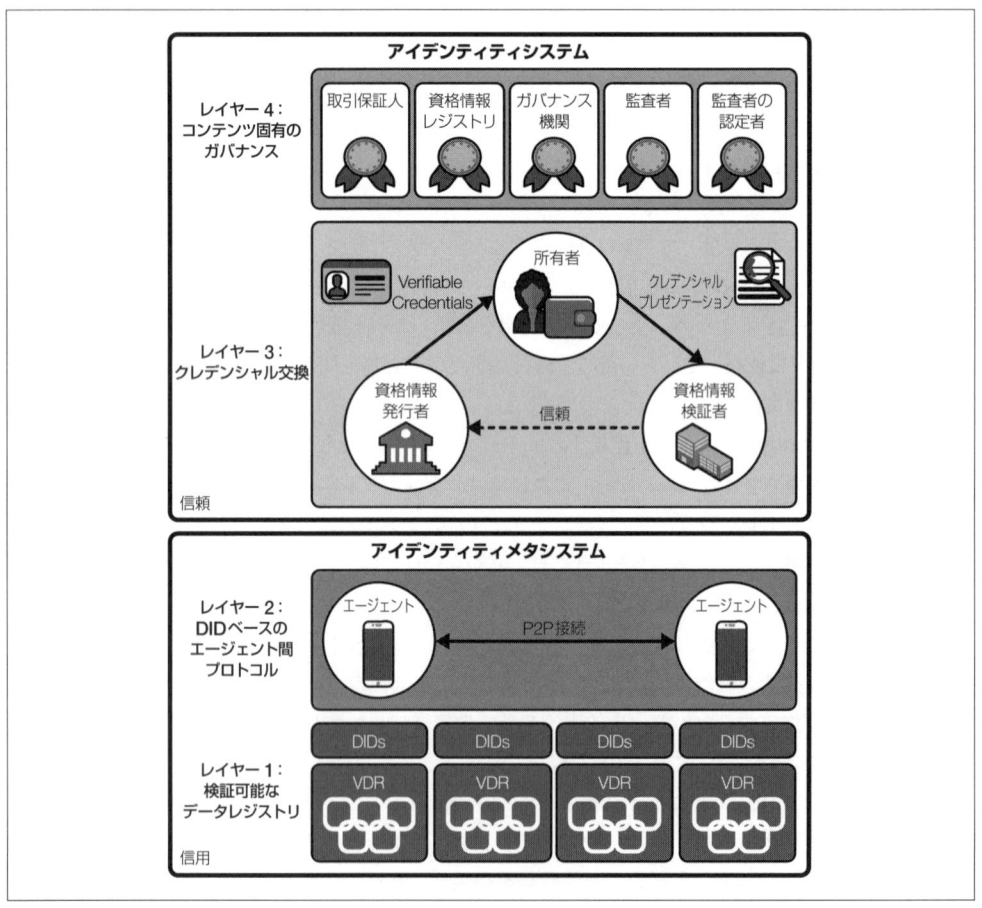

図22-4　SSIスタック

　レイヤー2のピアツーピア接続は、それらが依存する自律型識別子の標準および実装コードによって管理される。運用を定義している標準ドキュメント以外に明白なガバナンスは存在しないかもしれないが、開発者と人々がエージェントの実装について行う選択は、このレイヤーにネットワーク化されたガバナンスを提供する。レイヤー1とレイヤー2の技術的な選択とガバナンスは、メタシステム自体の信頼を形成し、エコシステムアーキテクトが正統性を認識して使用するように導いている。

　各アイデンティティエコシステムは、クレデンシャルとスキーマを定義し、クレデンシャル提示モデルを選択し、そして場合によってはエコシステム内で発生する相互作用のガバナンスフレームワークを提供する。通常は、各組織の参加するアクターは実行方法を管理するポリシーを保持している。一方で、個々人は正式なポリシードキュメントを持っていないが、その他アクターが行った合意内容を含む同意記録を持っている。新たなアクターの参加は、エコシステムのガバナンスフレームワークによって、または特定の管轄における規制と法律や個人の価値観によって規制される場合がある。さらに、8章で学んだように、新たな参加によって、GDPRやCCPAなどの法律を通じてエコシステム内の他のアクターに何かしらの義務を課す可能性がある。

　メタシステムの選択を含むエコシステムの明示的および暗黙的な技術的な選択そしてガバナンスは、そのエコシステム内のアクターの真正性と、彼らが共有するデータの真正性が信頼できるように設計されている。メタシステムや技術の選択は、エコシステムの正統性、ひいてはその採択に直接影響する。私は、4章で紹介した「アイデンティティの原則」を知らない人でも、アイデンティティエコシステムが、エコシステムとして正統性を享受できるかどうかに影響を与える原則をどれだけ尊重し、従うことができるかどうかが重要だと信じている。たとえば選択肢が与えられた場合、人々や多くの組織は**正当と認められる**当事者のみを含む**制限された利用のための最小限の開示**によってプライバシーを尊重するシステムを選択し、**方向付けられたアイデンティティ**を使用する。同様に、**運用と技術の共存**の原則によって必須とされる相互運用性は、提供するエコシステムを成長させるネットワーク効果を促進する。そして、本書で何度も論じてきたように、**ユーザーの制御と同意、ユーザーの統合、特定のコンテキストに依存しない一貫したエクスペリエンス**は、自律性と人間の尊厳の尊重をサポートし、人々が効果的なオンライン生活を送ることができるアイデンティティエコシステムを生み出すのである。

　アイデンティティエコシステムの中には取るに足らないものもあり、その場合人々は正統性についてほとんど要求はしない。しかし、他のエコシステムには重要なものも存在し、地域的、国内および国際的な影響を及ぼす。国民IDカード、パスポート、運転免許証などは、明らかに重要だと言える。また、金融システムや大学の成績証明書などの根底にある信頼モデルのように、あまり理解されておらず評価されていないものもある。アイデンティティメタシステムの基盤となるテクノロジーと、デジタルアイデンティティエコシステムに適したガバナンスモデルを組み合わせることで、非常に重要なエコシステム（および他のエコシステム）をデジタル領域にしっかりと移行するためのソリューションが提供できるのである。

# 23章

# 生成アイデンティティ

　毎学期、私は学生たちに対して「あなた自身が住みたい世界を構築する」にはどうすればよいかという疑問を投げかけている。私たち技術者には、人を尊重し、より良い生活を送り、夢を叶えるための仕組みを作っていく責務がある。アイデンティティシステムの設計者、アーキテクト、プロダクトマネージャー、および開発者は、使用する人々の生活に影響を与えるような選択を毎日行っているのである。その影響は些細なことや平凡なこともあれば、そうではない場合もよくある。

　前章の終わりで述べたように、人々がアイデンティティの原則を尊重するシステムを選択することに対して、私は楽観的な見方をしている。相互運用可能なエコシステムのネットワーク効果は、単独運用のシステムを超えて、より確実に成長するだろうと見ている。しかし、現在のデジタルアイデンティティの実装においては特に、莫大なリソースを消費し途方もない利益を得るような監視経済を可能にする危険が伴うことがある。結果として、コンピューターシステムは私たちの私生活を侵食し、コミュニケーション手段を管理することになる。どのようなアイデンティティシステムを構築すべきかを熟考する中で、このことを無視することはできない。

　本書を通して、私はアイデンティティの原則に従ったアイデンティティメタシステムが、アイデンティティの問題をどのように克服できるかについて問いかけてきた。ここまでの内容から、哲学、アーキテクチャ、プロトコル、テクノロジー、およびデジタルアイデンティティの現代的な概念を構成する社会的背景について多くのことを学習した。もし、1つだけに絞るとしたら、アイデンティティは人々が通常信じているよりもより複雑で微妙なニュアンスがあるものだと言うことを理解してくれればよい。アイデンティティの微妙な点についての誤解は、人々がオンラインで経験する多くのセキュリティ、プライバシー、自律性の問題の核心をなすものであると言える。

　この章では、2つのアイデンティティメタシステムを取り上げる。1つは現在存在するもの、もう1つは出現しつつあるものについて説明し、本書を締めくくりたいと思う。ジェネレイティビティの概念を紹介し、それを用いた自己主権型システムの生成的な特性と、それが結果として私たちのデジタルの未来にもたらす影響を探っていくこととする。

## 23.1　2つのメタシステムの物語

　ここまで学習したアイデンティティ技術から、どのようにメタシステムの設計が行われてきたのか、その方法について2つの異なる視点が生まれる。私はこの2つを、ソーシャルログイン（Social Login：SL）メタシステムと自己主権型アイデンティティ（Self-Sovereign Identity：SSI）メタシステムと呼んでいる。

### 23.1.1　ソーシャルログインメタシステム

　最初に、現在のシステムを確認してみる。SLメタシステムはさまざまな「Log in with...」、つまりMeta、Google、Apple、X（旧Twitter）、Amazonなどの大企業がサポートする各アイデンティティシステムから構成されている。SLは、OAuthおよびOpenID Connect（OIDC）プロトコルを使用して基盤化されており、管理型アーキテクチャを使用している。当然、SLメタシステムにおいて認証をサポートしているのは大企業だけではないが、認証のアウトソーシングを検討している組織にとってはアカウント数が最も多いために魅力的だと言える。

　図23-1はSLメタシステムの関係を示す。Aliceはアテステーション組織のアカウントを持っており、**アイデンティティプロバイダー（IdP）**は、SLサービスを提供する。また、Bravo社とCertiphi社のアカウントも持っており、アテステーション組織と関係している。Aliceとアテステーション組織間の関係は、認証サービスの提供以外の目的で作成された可能性もある。その場合、アテステーション組織は主たる機能ではなく、副次的な機能として認証を提供していると言える。Bravo社とCertiphi社とアテステーション組織の関係は交渉によって構築されたものではなく、アテステーション組織からすべてのパートナーに対して同意することを要求した一連の利用規約に基づいている。SLメタシステムでは、アテステーション組織がシステムの軸だと言える。誰もがアテステーション組織と関係を持ち、アテステーション組織に依存しているのである。

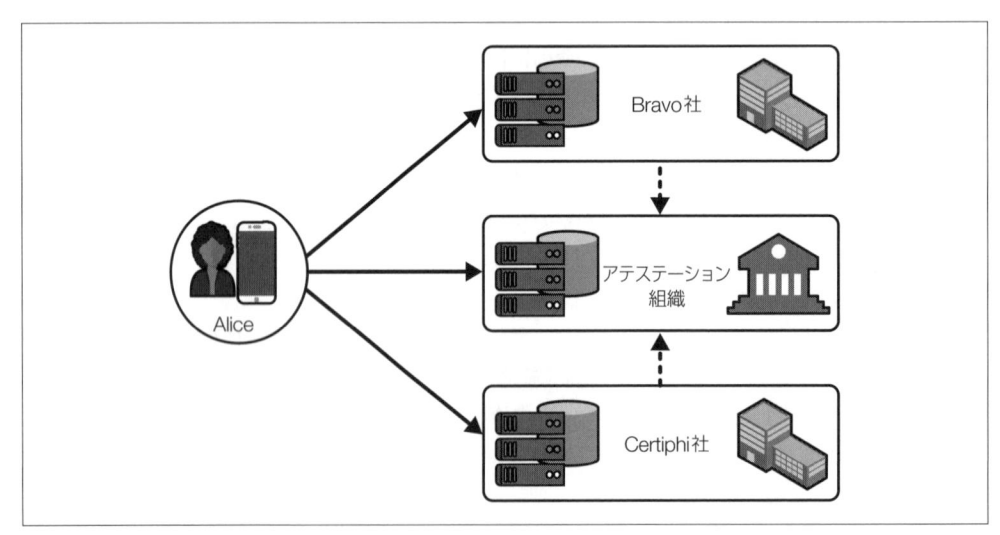

図23-1　SLメタシステムの関係

　アイデンティティの原則に照らして評価すると、SLメタシステムは素晴らしい積み重ねによってでき
あがっているものだとわかる（原則の復習が必要な場合は4章を参照）。下記にその内容を示す。

### ユーザーの制御と同意

　Aliceは、Bravo社とCertiphi社のWebサイトまたはアプリで「Login with Attester（アテス
テーション組織）」を選択しているため、自ら認証の選択をコントロールしており、アテス
テーション組織を使用する**リライングパーティ（RP）**に暗黙的に同意している。Bravo社と
Certiphi社は、可能な限り多くのアカウントを幅広くカバーするために複数のIdPをサポート
している可能性が高く、IdP自身の決定によって制限されることがあるとはいえ、Aliceに選
択肢を提供している。

### 制限された利用のための最小開示

　認証が主な用途である場合、情報開示は限られた範囲となることが重要である。Bravo社と
Certiphi社はAliceがアテステーション組織を使用していることを認識しており、アテステー
ション組織はAliceがBravo社とCertiphi社を使用していることを認識しているとする。Alice
が自ら読んだ上で同意する利用規約によって、使用が制限されるかどうかは決まる。使用の
範囲にアテステーション組織のAliceに関する他のデータへのアクセスが伴う場合、認可の範
囲（13章を参照）を定めた利用規約によってBravo社およびCertiphi社と共有される内容を
Aliceに明確に示さなければならない。

### 正当と認められる当事者

　トランザクションを完了するには認証サービスが必要であるため、あなたはアテステーション
組織が正当なアクターであると主張することもできる。AliceとBravo社がこの利用規約に同
意したという事実は、アテステーション組織を正当なアクターと見なしている証拠である。
しかし、アテステーション組織はその中心的な位置から、AliceがただBravo社にログインし
ていると見るだけではなく、ログインサービスを使用してBravo社にログインしている他のす
べてのユーザーと、Aliceがログインサービスを使用してログインしている他のすべてのサイ
トについても認識している。Bravo社は必ずしも知る必要がないのだが、Aliceがアテステー
ション組織にアカウントを持っていることを知ることになる。

### 方向付けられたアイデンティティ

　SLは、ほぼ独占的に全方位的識別子（パブリック識別子と呼ぶ）を使用する。アテステー
ション組織は、AliceのアクティビティをWeb上で相互に関連付けることができる。これは、
Aliceが作成している関係は指向性を持った識別子（ピア識別子）に基づいていないためであ
る。

### 運用と技術の共存

　OIDCなどの基盤となるプロトコルを使用すると、SLをWeb、アプリ、その他のブラウザ、
またはブラウザに類するその他の操作系で使用できる。OIDCは伝統的に転送できるデータ

の種類が限られていたが、15章で学んだように、OIDC経由でクレデンシャルを転送する最近のイノベーションにより改善されている。

### ユーザーの統合

OAuthとOIDCによって、Bravo社とCertiphi社はAliceのブラウザを介してリダイレクトすることで、アテステーション組織の認証サービスを利用できる。この構造によって、一連の流れにAlice自身が含まれて統合されていることが、相互作用における必要な部分と言える。

### 特定のコンテキストに依存しない一貫したエクスペリエンス

あるWebサイトから別のWebサイトへのリダイレクト、またはアプリ内から別のWebサイトへのリダイレクトは、少しぎこちない動作に感じるかもしれないが、動作としては**一貫性があると**言える。Aliceはこのプロセスに慣れてくると、何が起こっているかを追跡でき、信頼できるWebサイトであるアテステーション組織にログインしていることを知ることができる。1つ以上のIdPを使用している場合、別のIdPの操作性はそれぞれで大きく異なる可能性がある。たとえば、ある人はログインでパスキーを使用し、別の人はログインでパスワードとSMSベースのMFAを使用する可能性がある。このように、認証のユーザー体験は一貫性に欠けるかもしれないが、それはSLメタシステムが依存しているWeb全体から継承されている問題と言える。

SLメタシステムの2つの大きな問題は、正当と認められる当事者と方向付けられたアイデンティティの原則に関する小さなことのように思えるかもしれないが、これがまさにSLが使われる方法と場所を制限しているのである。

SLメタシステムのアーキテクチャは大部分が管理的なものであるため、人々の間のピア関係を容易にサポートすることはできない。したがって、SLメタシステムは組織との取引関係に利用を限定されてきた。一般ユーザーは、IdPのさまざまなWebサイト以外に対話するための特別なツールを持っておらず、これらのWebサイトはIdPのパートナーのWebサービスとアプリによる認証以外はサポートされていない。したがって、SLは**人々を勝手に具現化したものでもなく、自律性を与えたものでもない**。アテステーション組織の役割そのものでもある**アイデンティティプロバイダーという名称**は、AliceがSLメタシステムにおけるAlice自身のアイデンティティのソースではないという事実を物語っている。

最近の取り組みによって、Verifiable Credentials（VC）を使用して真正性の高いデータをOIDCプロトコル上で送信するようなリッチな転送方法を提供できるようになったにもかかわらず、SLの使用は認証に大きく制限されている。これらVCの最近の取り組みは、デジタルアイデンティティの重要な部分なのだが、これだけでは密接な関係をサポートするのに十分とは言えない。

SLのアーキテクチャはIdPを中間に配置するため、組織が顧客との関係における優位性を放棄することを望まない銀行などの一部業界では、SLは受け入れられてはいない。

最後に、私のようにプライバシーへの懸念からSLよりもRPの認証システムを使用することを好む人もいる。SLの主要なメリットである「覚えるパスワードが少なくてすむ」ことは、優れたパスワードマネージャーを使用している場合にはそれほど重要なメリットではないように感じる。一方で、SLシス

テムによって自身が監視されているという脅威は非常に現実的な問題だと言える。

　付け加えると、これらの制限があったとしても、SLメタシステムが企業と人々に同様な有用性を提供している大きな成功であることは否定できない。次は、SSIメタシステムの調査に移るとする。

## 23.1.2　自己主権型アイデンティティメタシステム

　SSIメタシステムは、暗号識別子とVCに基づいており、管理、アルゴリズム、および自律型アーキテクチャをハイブリッドに使用している（19章では、デジタル関係の運用に関する議論に本メタシステムを例示した）。

　図23-2に、SSIメタシステムの関係を示す。Aliceはアテステーション組織、Bravo社、Certiphi社と関係を持っている。アテステーション組織はAliceにクレデンシャルを発行し、Aliceは必要に応じてBravo社とCertiphi社に提示できる。このようにSSIメタシステムでは、AliceがSSIメタシステムの中心にいるのである。

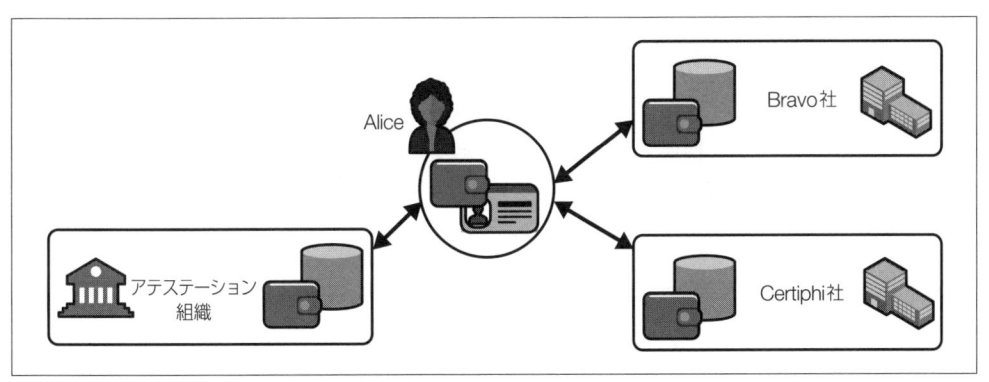

図23-2　SSIメタシステムの関係

　SSIメタシステムは、アイデンティティの原則によく適合している。

### ユーザーの制御と同意

　Aliceは、誰と関係を持ち、どのクレデンシャルを保持し、自身のクレデンシャルからどのデータを他のユーザーと共有するかを自ら選択している。

### 制約された利用のための最小開示

　Aliceは派生的なクレデンシャルプレゼンテーションを作成でき、特定の要求に必要なデータのみを開示する。開示に対する彼女の同意の範囲が共有される内容に応じて暗黙的に示される。

### 正当と認められる当事者

　Aliceが自身のクレデンシャルのデータをCertiphi社と共有した場合、アテステーション組織は彼女が何を共有したか、誰とそれを共有したかを知ることはない。

**方向付けられたアイデンティティ**

SSIはこれまで学習したように、パブリック識別子とピア識別子の両方を異なるコンテキストで使用し、取引の参加者（または他の誰か）が、Aliceのアクティビティを勝手に関連付けることができないように制限する。

**運用と技術の共存**

自律型識別子は、一時的な関係と長期的な関係の両方をサポートできる。VCは柔軟で信頼できるデータ共有方法であると言える。DIDCommはカプセル化を行うプロトコルとして、スマートエージェントを介してメッセージングプラットフォーム上で任意のワークフローを独自プロトコルとして定義できる。SSIメタシステムはこれら3つの機能の組み合わせにより、信じられないほど多様なアプリケーションでの使用可能性を確保している。

**ユーザーの統合**

スマートエージェントはSSIメタシステムの中心に位置し、すべてのプレーヤーにオンライン関係を運用するためのツールを提供し、人々の関係を完全に制御できる方法で人々がシステムに統合されることを保証する。

**特定のコンテキストに依存しない一貫したエクスペリエンス**

アプリケーションに関係なく、SSIメタシステムはその根底において、どのように関係性とクレデンシャルを管理するかというユーザー体験の1つの可能性を示している。どちらもほとんどの人々にとって馴染みのある経験であり、さまざまなコンテキストで使用できる。

SSIメタシステムは、アイデンティティの原則に非常によく準拠しているため、Cameronが定義した理想的なメタシステム（4章を参照）とより密接に連携している。SSIメタシステムアーキテクチャの柔軟な性質により、非集中型プレーヤーがニーズに合ったアイデンティティシステムを定義、構築、および展開できる。これはジェネレイティビティ（Generativity）と呼ばれている。

## 23.2　ジェネレイティビティ

2006年にJonathan Zittrainは、インターネットとそれに付随する何十億ものパーソナルコンピューター、タブレット、スマートフォンの能力について、説得力と先見の明のある考察を書いた[1]。彼は、ジェネレイティビティを「大規模で多様で統一性を持たないオーディエンスによって推進される、突然の変化を生み出す技術の全体的な能力」と定義し、「ジェネレイティビティとは、さまざまなタスクにわたるレバレッジ、さまざまなタスクへの適応性、習得の容易さ、およびアクセス性に対する技術能力の機能である」と加えている。

Zittrainは、インターネットとそれに付随するコンピューターの極端なジェネレイティビティを見事に

---

[1]　Jonathan Zittrain, "The Generative Internet," Harvard Law Review 119, no. 7 (2006): 1974.
（https://oreil.ly/4N9r6）

説明し、ネットワークとそれに付随するコンピューターの両方のオープン性がなぜそれほど重要なのか
を説明した。そして、インターネットの生成的性質に対する脅威について議論し、いくつかの脅威に
対処しながらもインターネットが生成的であり続ける方法を提案している。Zittrainの説明と提案は、
単なるアイデンティティシステムだけではなく幅広い範囲を差し示すため、より詳しく知りたい場合は
Zittrainの論文を時間をかけて詳しく調べることをお勧めする。

　生成的システムは、いくつかの基本的なルール、構造、特徴を使用して、非常に多様で予測不可能
な振る舞いを生み出す。Zittrainは、テクノロジーのジェネレイティビティを評価するための4つの重要
な基準を提示している。

### レバレッジの量

生成テクノロジーは、困難な仕事を容易にし、ときには不可能を可能にすることがある。レ
バレッジは労力を削減するデバイスの容量によって測定される。

### 適応性

生成テクノロジーは、ほとんど修正することなく、あるいはまったく修正を加えることなく、
さまざまな用途に適用できる。レバレッジがテクノロジーの深さを物語るのに対し、**適応性
（Adaptability）** はその幅広さを物語る。飛行機、のこぎり、鉛筆など、多くの便利なデバイス
は優れたレバレッジを持っているが、その範囲と用途は限られている。

### 習得のしやすさ

生成テクノロジーは、新しい用途への適応と導入が容易である。何十億人もの人々が、PC、
タブレット、またはスマートフォンを使用しているが、どのように機能するかの詳細を理解せ
ずに、自身の重要なタスクを実行できている。彼らがテクノロジーを使いこなせるようになる
と、その学びをさらに幅広くさまざまなタスクに応用することができる。

### アクセシビリティ

生成テクノロジーは、簡単に手に入れられアクセスすることができる。アクセスとは、コス
ト、展開、規制、独占力、機密、および人為的な希少性をもたらすその他のすべての機能で
ある。

　私は上記で概説したZittrainのフレームワークを使用して、SSIメタシステムにおける2つのレイヤー
のジェネレイティビティを探索してみることとする。具体的には、レイヤー2のDIDCommによって形
成されるセキュアなオーバーレイネットワークと、レイヤー3で行われるクレデンシャル交換を対象と
する。

## 23.3　自己主権型インターネット

　ジェネレイティビティは、非集中型のアクターに協力関係、複雑な構造と振る舞いを生み出す手段
を提供する。すべての可能な用途について考えられる人やグループは存在しない。ただし、それぞれ

が考える自身の用途に合わせて、システムを自由に適応させることができる。自己主権型インターネットのアーキテクチャは、そのジェネレイティビティが依存するいくつかの重要な特性を示す。自己主権型インターネットの真の価値は、他者がイノベーションを起こすことができるような、レバレッジがあり、適応性があり、使用可能であり、アクセス可能な、安定したプラットフォームを提供することである。

　分散型識別子（SSIスタックのレイヤー2のDID）の交換によって形成されたネットワーク関係は、インターネット上で新しい、よりセキュアなレイヤーを形成する（19章を参照）。さらに、DIDCommのプロトコル特性により、そのレイヤーは特に有用で柔軟性があり、まさにインターネット自体を反映している。

　このような「レイヤー」は、**オーバーレイネットワーク（overlay network）** と呼ばれる。オーバーレイネットワークは、ネットワークの根底にあるパスに対応する仮想リンクから構成される。セキュアオーバーレイネットワークは、非対称鍵暗号に基づくアイデンティティレイヤーに依存し、メッセージの完全性、否認防止、および機密性を確保する。TLS（HTTPS）はセキュアオーバーレイだが、対称ではないため不完全である。さらに言うと、ピアツーピアプロトコルではなくクライアントサーバプロトコルを使用するネットワーク層をオーバーレイするため比較的柔軟性に欠けると言える。

　図23-3は、インターネット自体のルーティングインフラストラクチャ上にあるメッセージングノード（スマートエージェント）のオーバーレイネットワークを示している。「Key Event Receipt Infrastructure（KERI）」[2]でSam Smithは、セキュアオーバーレイネットワークについて重要な点を述べている（https://oreil.ly/hoRmK）。

　アイデンティティシステムのセキュリティオーバーレイの重要で本質的な特徴は、コントローラ、識別子、およびキーペアをバインドすることである。送信側コントローラは、公開鍵と秘密鍵のキーペアの公開鍵に排他的にバインドされる。公開鍵は一意の識別子に排他的にバインドされる。送信側コントローラもまた、一意の識別子に排他的にバインドされる。このようなアイデンティティシステムベースのセキュリティオーバーレイの強度は、これらのバインディングをサポートするセキュリティに依存する。

---

※2　Samuel M. Smith, "Key Event Receipt Infrastructure (KERI)," arXiv, October 11, 2021.

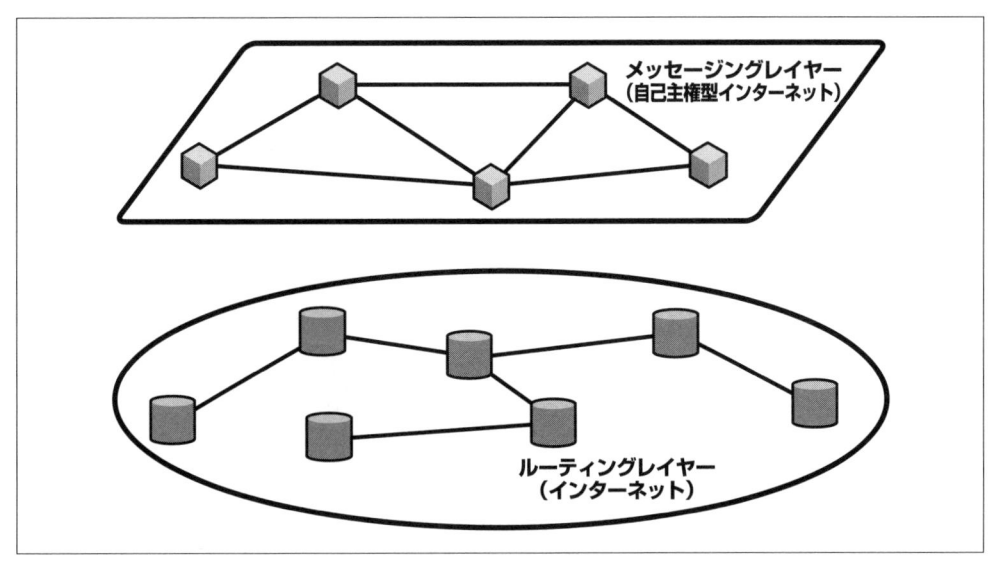

図23-3　既存のインターネットのオーバーレイとしての自己主権型インターネット

　図23-4（16章から転載）は、Smithが言及したセキュアオーバーレイの3つのコンポーネント間のクリティカルなバインディングを示している。

　ここで重要な点は、ジェネレイティビティの観点から見ると、Peer DID交換によって作成されたピアツーピアネットワークが、自律型アーキテクチャによるオーバーレイを構成し、コントローラ、識別子、および認証要素（公開鍵と秘密鍵のペア）の間の可能な限り強力なバインディングを提供することである。さらに、このネットワークは自律型識別子が自己認証を行うため、外部の信頼基礎（VDRなど）を必要としない。

　DIDは暗号関係の構築を可能にし、非対称暗号の誕生以来悩まされてきた重要な鍵管理の問題を解決できる。その結果、一般の人々がDIDとスマートエージェントを基にした汎用のセキュアオーバーレイネットネットワークを使えるようになったのである。

　19章で学習したように、ユーザーがこれらの関係を使用するときに作成されるDIDネットワークは、TCP/IPと同じくらい柔軟で便利なプロトコルであるDIDCommを提供する。

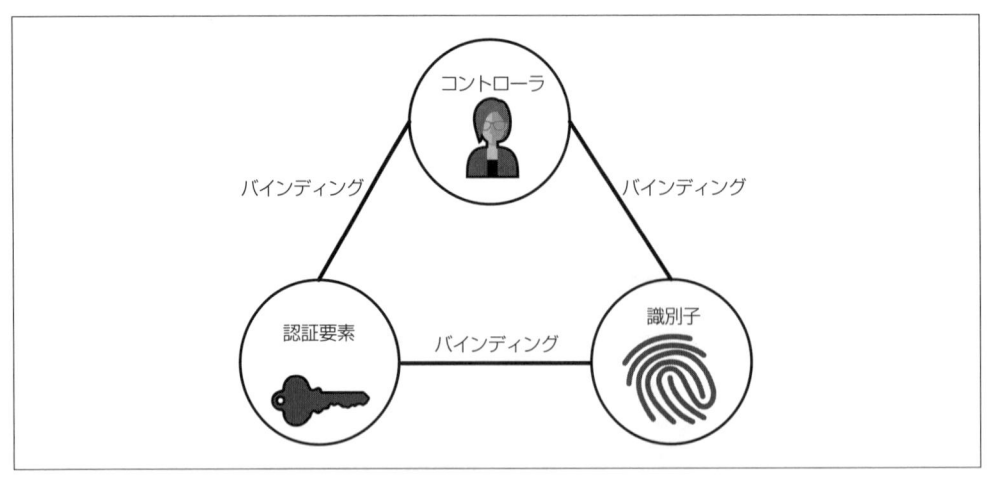

図23-4　IDシステムにおけるコントローラ、認証要素、および識別子のバインディング

　DIDCommはTCP/IPと同様の機能を提供するため、DIDComm対応のピアツーピアネットワークを介した通信は、インターネット自体と同じくらい生成的特性を持つ。したがって、DIDComm接続によって形成されるセキュアオーバーレイネットワークは**自己主権型インターネットそのもの**を表し、外部のサードパーティを必要とせずに、安全で信頼できる方法で基盤となるインターネットのピアツーピアメッセージングをエミュレートするのである[3]。

## 23.3.1　自己主権型インターネットの特性

　「World of Ends」の中で、Doc SearlsとDave Weinbergerは、インターネットの3つの長所を列挙している（https://oreil.ly/Q8KTK）。

- 誰も所有していない（No one owns it）
- 誰でも利用できる（Everyone can use it）
- 誰でも改善できる（Anyone can improve it）

　これらの美徳とも言える長所は、自己主権型インターネットにも当てはまる。その結果、自己主権型インターネットはジェネレイティビティを支える重要な特性を示している。最も重要なものは次のとおりである。

> **非集中**
> 　非集中は、「誰も所有していない」という事実から直接生じている。これは、システムの非集

---

※3　確かに、セキュアオーバーレイは多くのサードパーティがいるネットワーク上で実行されており、その中には良性なものもあれば悪性のものもありえる。　自己主権による機能的なセキュアオーバーレイのエンジニアリングにおけるチャレンジの一部は、これらのサードパーティが自己主権型インターネットに及ぼす影響（たとえば、検閲に対するエンジニアリング）を軽減することである。

中化の程度を判断するための主要な基準である。

### 非階層

2章では、非階層とはノードがランク付けされていない非階層型（nonhierarchical）組織であることを学んだ。これは、口語的には**ピアツーピア組織（peer-to-peer organization）**と呼ばれている。DIDCommベースの自己主権型インターネットのノードは、ピアとして相互に関連している。システムのアーキテクチャにノードの固有のランク付けがないため、非階層なのである。

### 相互運用可能

自己主権型インターネットへの接続に使用するプロバイダーやシステムに関係なく、プロトコルに従っている限り、それを使用している他のユーザーと対話できる。

### 代替可能

代替可能性は、相互運用性の副産物である。DIDCommプロトコルは、これを使用するシステムが相互運用性を実現するために、どのように動作しなければならないかを定義している。したがって、プロトコルを理解している人なら誰でもDIDCommを使用するソフトウェアを作成できる。これにより人々はプロプライエタリなシステムに縛られずに、さまざまなソフトウェア、ハードウェア、およびサービス製品を選択できる。使い勝手のよい代替可能性は、選択肢と自由をもたらす。

### 信用と検閲耐性

自己主権型インターネットそのものがダウンしたり、機能しなくなったり、価格が上がったり、害を及ぼす人物や、それを使用する人物によって乗っ取られたりすることを心配することなく、人々、企業、その他が使用できなければならない。これは、システムが利用可能になるという単純で技術的な信頼以上に必要なことであり、検閲の問題にまで及ぶ要素である。

### 非独占的でオープン

誰にも自己主権型インターネットを法定通貨で変える力はない。また、メンテナンスと運用は分散化されて実行されており、単一の組織の手に集中化されてもいないため、突然廃業して運用が停止されることもない。なぜなら、自己主権型インターネットは、技術やシステムを超えた合意（agreement）であり、稼働させたいと考える人々が十分にいる限り機能し続けるからである。

次の項では、これらのプロパティがどのように組み合わされて、依存するインターネットと同程度に生成的なセキュアネットワークオーバーレイを作成するかを分析する。

## 23.3.2　自己主権型インターネットのジェネレイティビティ

Zittrainのジェネレイティビティ評価のフレームワークを適用することは、自己主権型インターネットの生成的であるという特徴を分析するのに有用である。

### 23.3.2.1　レバレッジの能力

Zittrainの言葉を借りれば、レバレッジとは、ある物体が「通常は成し得ないこと、努力しても達成できないことを達成可能とする」という範囲を示す。レバレッジは力を倍増させ、新たな機能や特徴をイノベーションするために必要な時間とコストを削減する。インターネットと同様、プロトコルとしてのDIDCommの拡張性は、この上に専用ネットワークとデータ分散サービスを生成可能とする。これらのサービスに安全、安定、信頼できるプラットフォームを提供することで、DIDCommベースのセキュアオーバーレイネットワークはこれらのイノベーションに伴う労力とコストを削減する。

現代のオペレーティングシステムのAPIと同様に、DIDCommはメッセージの完全性、否認防止、機密性をサポートする標準化されたプラットフォームを提供する。これによってプログラマーは、本来作成に必要なハイコストで困難な開発を必要とせずに、信頼できるメッセージシステムの利点を享受できる。

#### 適応性

適応性とは、変化のない複数のアクティビティに対するテクノロジーの有用性と、新しいユースケースのサービスにおける修正を許容する能力を指す。適応性は、レバレッジの能力と直交する。たとえば、飛行機は驚異的なレバレッジを提供し、物資や人を長距離に素早く輸送する。しかし、飛行機は輸送以外のアクティビティにはあまり役には立たず、さまざまな用途に合わせて簡単に改造できるわけでもない。何百ものユースケースをサポートするテクノロジーは、少数のユースケースでしか役に立たないテクノロジーよりも生成的であると言える。

TCP/IPと同様に、DIDCommはセキュアメッセージングレイヤーがどのように使用されるのかについて定義されてはいない。従って、DIDCommネットワーク内のノードによって形成されるネットワークは、あらゆるアプリケーションに適応可能である（19章で学習）。さらに、DIDCommベースのネットワークは非集中化され自己認証されているため本質的に多くの用途に拡張可能である。

#### 使いやすさ

使いやすさ（Ease of user）とは、テクノロジーをどれだけすぐに、簡単に、広く、採用して適用できるかを示す。自己主権型インターネットをサポートするセキュアで信頼できるプラットフォームを持つことで、開発者はプラットフォームの基盤となる暗号や鍵管理の複雑さを気にせずアプリケーションを開発できる。

同時に、DIDCommベースのネットワークは、標準インターフェースとプロトコルにより接続の確立と使用に必要なスキルを軽減でき、一貫したユーザーエクスペリエンスをユーザーに提供できる。ブラウザがWeb上で一貫したユーザーエクスペリエンスを提供するのと同様に、DIDCommベースのスマートエージェントは、基本的なメッセージングと基本的なメッセージングシステム上で実行される特殊操作に対して、一貫したユーザーエクスペリエンスをユーザーに提供できる。

特筆すべきは鍵管理であり、これはインターネット用のセキュアオーバーレイネットワークに対するこれまでの試みのアキレス腱となっていた要素である。14章で学習したように、DIDは関連する公開鍵を間接的に参照するため、識別子を更新することなく必要に応じてキーをローテーションできる。これでユーザーが鍵を管理したり確認したりする必要性が大幅に減少する。人々は自身の関係に注目することができ、代わりに基盤ソフトウェアがこれらの鍵を管理するのである。

### アクセシビリティ

アクセシブルなテクノロジーは、入手が容易であり、安価であり、検閲耐性がある。DIDCommのアクセシビリティは、非集中型で自己認証的性質の産物である。Peer DIDは自由に作成でき、人々がすでに所有しているデバイスではわずかな計算のみが必要になる。プロトコルと実装ソフトウェアは、知的財産上の制約なしに誰でも自由に利用できる。複数のベンダーや、さらにはオープンソースツールでさえDIDCommを簡単に使用できる。DIDComm接続を開始してデジタル関係を形成するために、中央の管理人やその他のサードパーティは必要ない。その上、特定の第三者を必要としないことで検閲がより困難になる。

## 23.4　生成アイデンティティ

自己主権型インターネットの重要な特徴の1つは、ルールロジックに従って稼働することであり、メッセージングレイヤーはプロトコルを介したメッセージ交換の実装をサポートしている。この拡張性はジェネレイティビティの支えとなっている。自己主権型インターネット上で定義された2つの最も重要なプロトコルはVCの交換をサポートする。これら自己主権型インターネット上で機能する2つのプロトコルが、生成アイデンティティを提供するグローバルなアイデンティティメタシステムを生み出すのである。

前章で、クレデンシャル交換の仕組みと、クレデンシャル交換のために提供されるDIDとDIDCommのサポート、そして、その性質と特性について深く理解でき たと思う。ここでその内容を繰り返す必要はないと考えるが、復習が必要な場合は19章の「19.7　デジタル上の関係の運用化」を確認してほしい。

クレデンシャル交換の特性（15章に列挙）は、そのジェネレイティビティをサポートするいくつかの重要な特性の根底にある。また、クレデンシャル交換は、非集中、オープン化、パーミッションレス、包括的、エージェント的、フレキシブル、普遍的というSSIメタシステムの重要な特性を継承している（17章を参照）。クレデンシャル交換がこの特徴をサポートする以外にも、特筆に値する複数の特徴がある。クレデンシャルの交換とは次のとおりである。

### プライバシー

プライバシー・バイ・デザイン（PbD）は、SSIメタシステムのアーキテクチャに深く組み込まれている。PbDは、関連付けることができないPeer DIDの使用の内包、最小限の開示のため

の派生的なクレデンシャルプレゼンテーションの使用、発行者から検証者の分離など、いくつもの根本的なアーキテクチャの選択に反映されている。

### 相互運用可能

VCには、あらかじめ定義されたスキーマなどの標準フォーマット、発行と提示そして検証の標準化プロトコルがある。クレデンシャル交換はシングルな仕組みではなく、限られた部分と部品を持つ単一ベンダーによる中央集権的システムでもない。むしろ相互運用性は、さまざまなアクターによって構築され運用される互換性のある仕組みによって成り立っている。

### 信用と検閲耐性

検閲耐性は、一部は技術的、一部はガバナンスの話である。人々、企業、そしてその他は、インフラストラクチャが利用不可になってしまうことを心配することなくクレデンシャルを交換できる必要がある。代替可能なツールとクレデンシャルは、自律性と組み合わされてシステムの検閲耐性を獲得するのである。検閲の最大の脅威はVDRにあり、これにより検証者はクレデンシャル提示の忠実度を確保できる。22章で学んだように、ガバナンスは検閲耐性を持つVDRを支えるための重要な要因である。

クレデンシャル交換は、これらの特性により多くの特定のコンテキストとユースケースに一致する何百万もの異なるアイデンティティシステムを構築できる。次の2つの項（23.4.1、23.4.2）では、クレデンシャル交換のジェネレイティビティと生成アイデンティティにおける役割を分析していくことにする。

## 23.4.1　クレデンシャル交換のジェネレイティビティ

SSIメタシステムの生成特性をよりよく理解するには、クレデンシャル交換のジェネレイティビティを評価するためのZittrainのフレームワークを適用することが有益である。本項では、彼が示した4つの基準それぞれについて少し時間を使って学ぶこととする。

### 23.4.1.1　レバレッジの能力

従来のアイデンティティシステムは非力で、認証と管理者に必要ないくつかの基本的属性に重点を置いたとても単純な関係をサポートしている。このとき、所有者以外の誰かが簡単に活用することはできない。ユーザーはSAMLまたはSLメタシステムのOIDCによるフェデレーションによって、IdP認証の専門技術を標準的な方法で活用できるが、認証そのものはデジタル関係の全体から見た有用性のほんの一部にすぎない。

17章で論じたように、レバレッジのためのクレデンシャル交換能力は、Uber、Airbnb、Grubhubなどのプラットフォーム企業を仲介するシステムの基盤となる可能性がある。プラットフォーム企業は、当事者間の取引を仲介するために独自のトラストフレームワークを構築でき、参加者間の自然なやり取りであるはずのものに法外な料金を請求することができてしまう。クレデンシャル交換は、トラストフレームワークを公開し、各サービスのオープンな市場を作り出すことができる。

SSIメタシステムでのクレデンシャル交換は、15章で説明したすべてのユースケースをサポートし、

発行者、検証者、および所有者側での開発作業は最小限に抑えられている。また、基盤となるシステムは相互運用可能であるため、クレデンシャルに関する1つのアイデンティティ問題を解決する必須ツールの投資さえ行えば、新たな投資を都度行うことなく、多くの場面で活用できる。クレデンシャルを定義するためのコストは非常に低く（通常100ドル未満）、そして、一度定義されてしまえばクレデンシャルを発行するコストはゼロとなる。組織は少額の投資で、さまざまなユースケースに対して、さまざまなタイプの何百万ものクレデンシャルを発行できるようになる。

### 23.4.1.2　適応性

クレデンシャル交換に基づくアイデンティティシステムは、ピアとしてオンラインで活動し、お互いに相互作用し、関係を管理する。そのためにオンライン関係を運用するためのツールを人々に提供する。さらに、クレデンシャル交換により、**先験的**（a priori）かつ想像を超えるアドホックなやり取りが可能になる。

これまで説明してきた多岐にわたるクレデンシャルのユースケースは、クレデンシャルそのものの柔軟性を物語っている。ワークフローで送信されるすべてのデータの束は、潜在的にクレデンシャルとして扱われることもあり得るのである。クレデンシャルはデータのための信頼できるコンテナにすぎないため、通常はクレデンシャルを用いるとは考えられないような適用可能なユースケースが、他にも多数存在するのである。

あらゆる関係における各参加者に必要とされる情報は、コンテキストによって大きく異なってくる。クレデンシャル交換プロトコルは、コンテキスト依存やアドホックも踏まえた、さまざまな状況をサポートできる十分な適応性を備えている必要がある。

### 23.4.1.3　使いやすさ

SSIメタシステムでのクレデンシャル交換のコアな特徴の1つは、新しいアプリケーションやユーザーエクスペリエンスを必要とせずに、私が説明した無数のユースケースをサポートしていることである。自己主権型インターネット上のクレデンシャル交換アクティビティの中心であるスマートエージェントは、2つの主要なアーティファクト、つまり（DIDベースの接続を経由した）関係とクレデンシャルと、それらを管理するためのユーザーエクスペリエンスをサポートしている。複数のベンダーがスマートエージェントを提供しているが、基盤となるプロトコルは（Webブラウザと同じように）共通のユーザーエクスペリエンスを提供している。人々は何が起きているのかを一貫性のあるユーザーエクスペリエンスにより把握できるため、コンテキストに関係なくあらゆる状況でどのように対話するかを直感的に理解できる。

### 23.4.1.4　アクセシビリティ

クレデンシャル交換はオープンで、標準化され、複数のベンダーによってサポートされているため、コンピューター（またはインターネットに接続された他のデバイス）にアクセスできる人なら誰でも簡単に利用できる。つまり、使用はデジタルアクセス手段と法的な能力を持つ人々に限定されるべきでは

ない。クレデンシャル交換の技術的および法的なアーキテクチャが、借用されたハードウェアでの使用についても保護責任をサポートすることで、世界中のほとんどすべての人がSSIにアクセスできるようになる。

## 23.4.2　自己主権型アイデンティティとジェネレイティビティ

2020年のブログ記事「What is SSI?」において、私は、SSIにはDID、クレデンシャル交換、および参加者の自律性が必要であると主張した（https://oreil.ly/hXtDb）。HellōのCEOであるDick Hardtは、この点に少し反論するようにDIDは本当に必要なのかと私に尋ねた。そして、そのトピックについて、いくつもの楽しい議論をしたのである。

Dickのコメントについて考えているうちに、問題はDIDやVCではなく「実装上の選択肢」であることに気づいた。重要なことはDIDやVCの特性である。たとえば、OpenID4VCとSIOP（15章で議論）は、DID上に構築されたものと同じ特性を持つSSIメタシステムを形成するために使われる可能性がある。

また、管理アイデンティティシステムでは生成アイデンティティを提供できないことに気づいたのである。クレデンシャル交換のプロトコルのみでなく、クレデンシャル交換プロトコルが定義され動作する自己主権型インターネットの特性を考えると、自己主権型アイデンティティは生成的であると言える。SSIのようなクレデンシャルを交換するものを実装する可能性があったとしても、DIDCommを通じて有効化される自己主権型インターネットがなければ、生成的エコシステムを構築するために必要なレバレッジと適応性、やユビキタス化するためのネットワーク効果は提供されないのである。

インターネット上で一般的に提供されているデジタルアイデンティティへのアプローチは、私たち一般利用者を難しい立場に追い込んでいる。つまり人々のプライバシーとセキュリティは、管理型アイデンティティアーキテクチャによって脅かされている。その上さらに、認証と属性提供という基本的な行為は、相互運用性がほとんどない何千ものWebサイトで繰り返し同様のプロセスが行われているため、混乱、フラストレーション、および不必要なコストが発生している。現実の世界で毎日行われているようなアドホックな属性の共有を、現在一般的に使用されているアイデンティティシステムはどれもサポートしていないのである。その結果の現状は、とても生成的であるとは言いがたいものだ。複数の参加システムの属性に依存するエンティティは、それぞれのAPIにカスタムして統合を行う必要がある。これは複雑で、時間とコストがかかるため、一般的には高付加価値なアプリケーションでのみ実現可能である。

アイデンティティメタシステムは、自己主権型インターネット上で実行されるプロトコルを介したクレデンシャル交換をサポートすることで、上記の問題を解決し、生成アイデンティティの実現をすべての人に約束できる。生成アイデンティティは、人自身と人の生まれ持った自律性をもって、生き生きとした自然なオンラインアクティビティを実現する。さらに、世界中の人々の経済的アクセスを手助け

し、ソーシャルインクルージョン※4の問題を真に捉え解決することで、尊厳と有効性を備えたデジタルライフを可能にするのである。

## 23.5　デジタルの未来

　本章の冒頭で、SLメタシステムとSSIメタシステムの2つのメタシステムについて説明した。SLメタシステムは、インターネット上での通常のビジネスを表すものであり、Web 2.0を可能にし、大きな有用性をもたらした。しかし、それはコストを伴うものだったと言える。

　Shoshana Zuboffは著書『The Age of Surveillance Capitalism』※5の中で、「デジタルの未来は私たちのホームになり得るのか」と問いかけている。その答えは、私たちが利用可能なデジタルな体験を、誰が決定しコントロールするかにかかっていると言える。私たちの経験は、私たち自身の目標、欲求、ニーズに基づいているのか、それともWeb 2.0を支配している企業の目標に基づいているのだろうか？

　SSIメタシステムは、人々がデジタルで具現化されたエージェントとして自律的に行動し、効果的なオンライン生活を送るためのさまざまな選択肢を提供する。これら2つのメタシステムのアーキテクチャの違いから、これまで詳細に議論してきたとおり、その存在理由を説明している。**アーキテクチャは文化に勝り、文化は戦略に勝る**（architecture eats culture and culture eats strategy）ことを覚えてほしい。SSIメタシステムのジェネレイティビティは、非集中型アクターのオンラインエコシステムを生み出し、それによって**私たち全員がデジタルのホームを見つけることができる**のである。

---

※4　訳注：社会的包摂（ソーシャルインクルージョン）は、誰も排除されず、全員が社会に参画する機会を持つこと。持続可能な開発目標（SDGs）が大切にしている「誰一人取り残さない」という理念そのものである。

※5　訳注：邦訳情報は、92ページを参照。

# 訳者あとがき

このたび、本書が完成し、皆様にお届けできることを大変嬉しく思います。

15年以上前にデジタルアイデンティティを学び始めた頃、参考書が少なく苦労しました。

2023年の夏に本書を初めて手に取った際、この本があれば理解が早かったかもしれないと思い、同じ思いを抱くであろう今学び始めた方々のためにも翻訳を進めたいと思いました。

本書の翻訳にあたっては、共同で取り組んでくださった監訳者と翻訳メンバーの他、多くの方にご支援いただきました。心より感謝申し上げます。本書が読者の皆様にとって有益な一冊となることを願っております。

（柴田 健久：序章〜2章担当）

「デジタルアイデンティティ」という言葉が何を示しているのか、というシンプルなようで複雑な問いについて、技術面だけではなく物理世界でのアイデンティティとも比較しながら、その本質をさまざまな視点で考察されている本書は訳者としても本当に勉強になりました。このような翻訳の機会をくださった皆様、誠にありがとうございました。

（花井 杏夏：3〜6章担当）

このたびは本書の翻訳という貴重な機会をいただき、ありがとうございました。アイデンティティには抽象的な概念が多く登場する中で、本書のように詳細まで向き合って解説された文献は非常に貴重なものと感じており、私自身も大変勉強になりました。本書の翻訳をともに進めていただいた皆様に心よりお礼申し上げるとともに、読者の皆様がアイデンティティを学ぶ際の一助となることを祈っております。

（宮崎 貴暉：7〜8章担当）

本書の翻訳に携わることができ、大変光栄に思います。デジタルアイデンティティという非常に専門的な分野において、原著の体系化された知識と洞察をなるべく正確に伝えることに努めました。この作業を通じて、私自身も多くの新しい知見を得ることができました。本書が読者の皆様にとって、当分野の理解を深めるための一助となることを願っています。翻訳を支えてくださった皆様に、心から感謝申し上げます。

（塚越 雄登：9章担当）

IT企業に入社してから20年以上、多岐にわたる分野で業務に従事してきましたが、どの分野においてもデジタルアイデンティティの知識が不可欠であると感じています。複雑化するデジタル社会におい

て、個々のアイデンティティをいかに管理し、守り、活用するかは、ますます重要な課題です。このように意義深いテーマを扱う本の翻訳に携わる機会をいただけたことは、大変光栄であり、心から感謝しています。最後に、共訳者の皆様、レビューいただきました皆様に感謝します。

（田島 太朗：10 〜11章担当）

12章、13章の翻訳を担当いたしました。複雑なシステムを設計する上で、アクセス制御ポリシーやフェデレーションは重要な要素です。本書がサービス設計や、未来のデジタルアイデンティティ技術の設計の一助となれば幸いです。この期間も守ってくださった主をほめたたえます。本書に関われて光栄です。著者・監訳者・共訳者・関係者の皆様に心から感謝します。どんな人も簡単に安全なインターネットが使えますように。

（名古屋 謙彦：12 〜13章担当）

このたびは本書をご覧いただき、誠にありがとうございます。本書の翻訳を通じ、長年PKI業界に携わってきた私にとって、ID業界との新たな交流は貴重な経験となりました。また、これからのデジタルトラストを築く上でID技術がいかに重要な要素であるかを改めて実感しています。本書が読者の皆様の学びの一助となれば幸いです。

（村尾 進一：14 〜15章担当）

本書の翻訳という貴重な機会をいただき、大変嬉しく思います。本書はデジタルアイデンティティに関する知見と技術的概念を提供するものです。初めての翻訳作業で、多くのことを学ばせていただきましたが、原著のエッセンスをできるだけ忠実に伝えることを心がけました。この領域での知識が読者の皆様の理解深化に貢献できることを願っています。本書の翻訳に際して多くの方々のご支援をいただき、心より感謝申し上げます。

（瀬在 翔太：16 〜19章担当）

本書の翻訳に際し、多くの皆様からのご協力とサポートに深く感謝申し上げます。18章、19章を担当いたしました。翻訳を通じて、私自身もデジタルアイデンティティに関する多くの知見を深めることができました。この本がID分野に携わるすべての方々にとって、有益なリソースとなることを心から願っています。最後に、本プロジェクトに関与したすべての関係者、そして読者の皆様に深く感謝申し上げます。

（松本 優大：18 〜19章担当）

20章、21章ではそれぞれIoTとアイデンティティポリシーについて取り扱っています。身近な例や混同される用語の区別を通して非常に読みやすい内容となっていると思います。この本がデジタルアイデンティティを学びたい、学び直したい方々の学習の一助となれば幸いです。このような素晴らしい機会を作ってくださった皆様、ともに翻訳を進めてくださった皆様に心よりお礼申し上げます。

（安永 未来：20 〜21章担当）

本書をご覧いただき誠にありがとうございます。本書の広範さと物量はまさにデジタルアイデンティティの重要度そのものだと言えます。デジタルアイデンティティは人々の生活を豊かにするために必須となるものです。本書がその理解を深める一助になることを心より願っています。最後に、原著者であるPhillip Windley様、本書に関わられたすべての皆様、翻訳チームの皆様に深く感謝いたします。

（池谷 亮平：22 〜23章担当）

# 索　引

## ■著者紹介

**Phillip J. Windley** (フィリップ・J・ウィンドリー)

AWS Identity の開発マネージャー。また、世界で最も影響力があり、歴史あるアイデンティティ関連のイベントの1つである Internet Identity Workshop の共同創設者兼主催者でもある。『Digital Identity』(O'Reilly 刊)、『The Live Web』(Course Technology 刊) の著者。以前は、Brigham Young 大学の情報技術室で主任エンジニアを務めており、Sovrin Foundation の創設会長でもあった。さらに、ユタ州の CIO および初期の E コマースツールの開発元である iMALL, Inc. の創設者兼 CTO も務めていた。

## ■監訳者紹介

**富士榮 尚寛** (ふじえ なおひろ)

20年以上にわたりデジタルアイデンティティ分野で活動しており、グローバル規模の認証基盤の導入に関するコンサルティングやアーキテクトの経験を持つ。2018年より OpenID ファウンデーションの理事〜代表理事として OpenID/OAuth をはじめとするデジタルアイデンティティ関連技術の普及啓発に従事している。近年は、分散型 ID と Verifiable Credentials を利用したオンラインでの各種属性証明について取り組んでいる。

## ■訳者紹介

**柴田 健久** (しばた たけひさ)

PwC コンサルティング合同会社 ディレクター。大手シンクタンクを経て、現在は地政学リスクや経済安全保障、各国の政策や規制、サイバー脅威を扱う Trust & Risk Consulting 部門に所属。デジタルアイデンティティ技術を駆使した KYC、認証認可などが専門であり、これら技術をコアとする事業企画などを担当。本書の翻訳のリーダーも務める。

**花井 杏夏** (はない きょうか)

主に OpenID Connect をベースにした顧客向け ID 基盤サービスの開発・導入支援・運用を担当。サービスへの OpenID Connect 導入支援や、ID 基盤デザインをセキュリティ・UX 双方の観点で支援する業務に従事し、安全かつ便利に顧客やエンドユーザが ID を扱える姿を提案・開発している。

**宮崎 貴暉** (みやざき たかあき)

デロイト トーマツ サイバー合同会社にて、主に顧客向けアイデンティティとアクセス管理(CIAM)分野の業務を担当。民間企業の企業内アイデンティティ管理・認証・認可機能に係る戦略策定・規程作成や顧客アイデンティティのリスク管理戦略支援のほか、政府機関向けの調査、身元確認における不正対策等のアイデンティティ関連業務に従事。

**塚越 雄登**（つかごし ゆうと）
デロイト トーマツ サイバー合同会社にて、主に顧客向けアイデンティティとアクセス管理（CIAM）分野の業務を担当。民間企業向けのアイデンティティ管理・認証・認可機能に係る戦略策定や顧客管理システム導入支援のほか、政府機関向けのセキュリティ規程策定など、B2B/B2C/G2Cでのセキュリティアドバイザリーに従事。そのほか、セキュリティ態勢評価や国内外のセキュリティ認証審査対応等に関与。

**田島 太朗**（たじま たろう）
BIPROGY株式会社に所属している。直近10年は、主に金融機関の顧客向けにOAuth2.0、OpenID Connectを利用した製品の提供を担当。現在は、サービスビジネス運営の自動化、業務プロセスの改善を、生成AIを用いて実現することに従事。

**名古屋 謙彦**（なごや よしひこ）
GMOサイバーセキュリティ by イエラエ株式会社 サイバーセキュリティ事業本部 高度解析部にて、デジタルアイデンティティ関連のコンサルティングや、暗号関連の診断、セキュア開発のアドバイザリなどを担当。CISSP。デジタルアイデンティティの技術は、インターネット上で（実世界でも）、僕が僕であることを、あなたがあなたであることを証明できる大切なパーツであり、学生時代から変わらず大好きな技術領域です。

**村尾 進一**（むらお しんいち）
有限会社ラング・エッジ。医療情報の電子保存や政府機関の証書電子化、金融機関向け電子契約サービスなど、PKI技術を活用した電子署名・タイムスタンプのプロダクト・サービス開発に従事。最近は、OpenID ConnectやCIBAなどの認証・認可技術を活用したリモート署名サービスの開発にも携わっている。

**瀬在 翔太**（せざい しょうた）
ソフトバンク株式会社 IT統括 IT＆アーキテクト本部 IT CoE統括部 デジタルID戦略部 IDプラットフォーム開発課にて、OpenID Connectをベースにしたコンシューマ向け認証基盤や、ID基盤システムの開発・保守を担当。IDに関する新サービスのローンチに際し、認証/ID基盤システムとしての要件定義、システム設計のほか、認証データの可視化、分析業務にも従事。入社後から認証系の業務に携わることでID/認証業界への興味、関心を持つ。

**松本 優大**（まつもと ゆうた）
ソフトバンク株式会社 IT統括 IT＆アーキテクト本部 IT CoE統括部 デジタルID戦略部 IDプラットフォーム開発課に所属し、コンシューマ向けの認証基盤やID基盤、ID連携基盤の新規適応と保守開発を担当。主に、認証基盤やID基盤に関する要件定義および基本設計に従事するほか、運用改善やIDライフサイクルの可視化にも関与。

**安永 未来**（やすなが みく）

昨年まではOpenID Connectをベースにした顧客向けID基盤サービスの開発・導入支援から運用までを担当。昨今はOpenID for Verifiable Credential Issuance/OpenID for Verifiable Presentations仕様に合わせたWallet、Issuer、Verifierの開発に従事。

**池谷 亮平**（いけや りょうへい）

日本電気株式会社（NEC Corporation）にてCX＆データ利活用領域のビジネス開発ディレクターを担当。ID認証基盤の大型プロジェクトへの参画をきっかけに、Digital Identity関連の標準規格を学習。その後、OpenID Connect、FAPI（Financial-grade API）やFIDO UAF・パスキーを実装したID認証製品やクラウドサービスの企画・開発に従事。直近はBluStellar Scenarioの企画業務に従事、同時に上記専門技術を活用した提案支援、技術サポートを行う。

## ■カバーの説明

本書の表紙に描かれている動物は、ハシブトゴイ（Nycticorax caledonicus）で、ルーファスゴイサギ（Rufous night heron）とも呼ばれることがあります。Nycticoraxは古代ギリシャ語で「夜のカラス」を意味し、凶兆を示すものとして使われました。1555年には、この用語がゴイサギを指すようになりました。

ハシブトゴイはオーストラリア全土で見られ、一般的に常に水がある場所に生息しています。彼らは日中、背の高い木や葉の茂った場所で休息することを好み、密林の湿地、川の縁、氾濫原、沼地、公園、そして庭園の近くにいます。彼らは数百から数千の繁殖ペアを含むコロニーで繁殖します。これらのコロニーの最大のものはマレー・ダーリング流域で見られます。夕暮れ時には、浅瀬で昆虫、甲殻類、魚類、両生類を食べます。

ルーファス（赤褐色）ゴイサギという名前は、鳥の豊かなシナモン色の上半身から来ています。彼らは白い下腹部、黒いくちばし、大きな頭に黒い冠を持っています。比較的短い脚は黄色で、足と目も黄色です。他のサギと比べて、ずんぐりと中型の体型をしています。

ハシブトゴイの個体数は安定しており、保全リストでは最も懸念の少ない種として記載されています。O'Reillyの表紙に描かれた動物の多くは絶滅の危機に瀕していますが、すべての動物が世界にとって重要です。

# デジタルアイデンティティのすべて
―― 安全かつユーザー中心のアイデンティティシステムを実現するための知識

2024年12月25日　初版第 1 刷発行

| | | |
|---|---|---|
| 著　　　者 | Phillip J. Windley （フィリップ・J・ウィンドリー） | |
| 序　　　文 | Drummond Reed （ドラモンド・リード） | |
| 監　訳　者 | 富士榮 尚寛 （ふじえ なおひろ） | |
| 訳　　　者 | 柴田 健久 （しばた たけひさ）、花井 杏夏 （はない きょうか）、宮崎 貴暉 （みやざき たかあき）、塚越 雄登 （つかごし ゆうと）、田島 太朗 （たじま たろう）、名古屋 謙彦 （なごや よしひこ）、村尾 進一 （むらおしんいち）、瀬在 翔太 （せざい しょうた）、松本 優大 （まつもと ゆうた）、安永 未来 （やすなが みく）、池谷 亮平 （いけや りょうへい） | |
| 発　行　人 | ティム・オライリー | |
| Ｄ　Ｔ　Ｐ | 手塚 英紀 （Tezuka Design Office） | |
| 印刷・製本 | 日経印刷株式会社 | |
| 発　行　所 | 株式会社オライリー・ジャパン | |
| | 〒160-0002　東京都新宿区四谷坂町12番22号 | |
| | TEL　（03）3356-5227 | |
| | FAX　（03）3356-5263 | |
| | 電子メール　japan@oreilly.co.jp | |
| 発　売　元 | 株式会社オーム社 | |
| | 〒101-8460　東京都千代田区神田錦町 3-1 | |
| | TEL　（03）3233-0641 （代表） | |
| | FAX　（03）3233-3440 | |

Printed in Japan （ISBN978-4-8144-0098-0）
乱本、落丁の際はお取り替えいたします。